D1672646

Patrick Horster (Hrsg.)

# Sicherheitsinfrastrukturen

# DuD-Fachbeiträge

herausgegeben von Andreas Pfitzmann, Helmut Reimer, Karl Rihaczek
und Alexander Roßnagel

Die Buchreihe DuD-Fachbeiträge ergänzt die Zeitschrift DuD – Datenschutz und Datensicherheit in einem aktuellen und zukunftsträchtigen Gebiet, das für Wirtschaft,
öffentliche Verwaltung und Hochschulen gleichermaßen wichtig ist. Die Thematik
verbindet Informatik, Rechts-, Kommunikations- und Wirtschaftswissenschaften.
Den Lesern werden nicht nur fachlich ausgewiesene Beiträge der eigenen Disziplin
geboten, sondern auch immer wieder Gelegenheit, Blicke über den fachlichen Zaun zu
werfen. So steht die Buchreihe im Dienst eines interdisziplinären Dialogs, der die
Kompetenz hinsichtlich eines sicheren und verantwortungsvollen Umgangs mit der
Informationstechnik fördern möge.


Unter anderem sind erschienen:

*Hans-Jürgen Seelos*
Informationssysteme und Datenschutz
im Krankenhaus

*Wilfried Dankmeier*
Codierung

*Heinrich Rust*
Zuverlässigkeit und Verantwortung

*Albrecht Glade, Helmut Reimer*
*und Bruno Struif (Hrsg.)*
Digitale Signatur &
Sicherheitssensitive Anwendungen

*Joachim Rieß*
Regulierung und Datenschutz im
europäischen
Telekommunikationsrecht

*Ulrich Seidel*
Das Recht des elektronischen
Geschäftsverkehrs
*Rolf Oppliger*
IT-Sicherheit

*Hans H. Brüggemann*
Spezifikation von objektorientierten
Rechten

*Günter Müller, Kai Rannenberg,*
*Manfred Reitenspieß, Helmut Stiegler*
Verläßliche IT-Systeme

*Kai Rannenberg*
Zertifizierung mehrseitiger
IT-Sicherheit

*Alexander Roßnagel, Reinhold Haux,*
*Wolfgang Herzog (Hrsg.)*
Mobile und sichere Kommunikation
im Gesundheitswesen

*Hannes Federrath*
Sicherheit mobiler Kommunikation

*Volker Hammer*
Die 2. Dimension der IT-Sicherheit

*Patrick Horster (Hrsg.)*
Sicherheitsinfrastrukturen

Patrick Horster (Hrsg.)

# Sicherheits-
# infrastrukturen

## Grundlagen, Realisierungen, Rechtliche Aspekte, Anwendungen

vieweg

Alle Rechte vorbehalten
© Springer Fachmedien Wiesbaden
Ursprünglich erschienen bei Friedr. Vieweg & Sohn Verlagsgesellschaft mbH, Braunschweig/Wiesbaden, 199◼
Softcover reprint of the hardcover 1st edition 1999
Der Verlag Vieweg ist ein Unternehmen der Bertelsmann Fachinformation GmbH.

Das Werk einschließlich aller seiner Teile ist urheberrechtlich geschützt. Jede Verwertung außerhalb der engen Grenzen des Urheberrechtsgesetzes ist ohne Zustimmung des Verlags unzulässig und strafbar. Das gilt insbesondere für Vervielfältigungen, Übersetzungen, Mikroverfilmungen und die Einspeicherung und Verarbeitung in elektronischen Systemen.

http://www.vieweg.de

Die Wiedergabe von Gebrauchsnamen, Handelsnamen, Warenbezeichnungen usw. in diesem Werk berechtigt auch ohne besondere Kennzeichnung nicht zu der Annahme, dass solche Namen im Sinne der Warenzeichen- und Markenschutz-Gesetzgebung als frei zu betrachten wären und daher von jedermann benutzt werden dürften.

Höchste inhaltliche und technische Qualität unserer Produkte ist unser Ziel. Bei der Produktion und Verbreitung unserer Bücher wollen wir die Umwelt schonen. Dieses Buch ist deshalb auf säurefreiem und chlorfrei gebleichtem Papier gedruckt. Die Einschweiß-folie besteht aus Polyäthylen und damit aus organischen Grundstoffen, die weder bei der Herstellung noch bei Verbrennung Schadstoffe freisetzen.

Gesamtherstellung: Lengericher Handelsdruckerei, Lengerich

ISBN 978-3-322-89818-0      ISBN 978-3-322-89817-3 (e-Book)
DOI 10.1007/978-3-322-89817-3

# Vorwort

Als gemeinsame Veranstaltung der GI-Fachgruppe 2.5.3 Verläßliche IT-Systeme, des ITG-Fachausschusses 6.2 System- und Anwendungssoftware, der Österreichischen Computer Gesellschaft und TeleTrusT Deutschland ist die Arbeitskonferenz Sicherheitsinfrastrukturen nach den Veranstaltungen Trust Center, Digitale Signaturen und Chipkarten die vierte einer Reihe, die sich einem speziellen Thema im Kontext der IT-Sicherheit widmet.

Die moderne Informationsgesellschaft ist zunehmend auf die Verfügbarkeit der Informations- und Kommunikationstechnik angewiesen. Bei den innovativen Anwendungen treten dabei immer häufiger Aspekte der Informationssicherheit und des Datenschutzes in den Vordergrund. Während in geschlossenen Systemen eine Umsetzung der verlangten Sicherheitsanforderungen zumindest prinzipiell leicht zu realisieren ist, treten die grundlegenden Probleme bei offenen Systemen deutlich an den Tag.

Als Paradebeispiel ist die Diskussion im Umfeld der Entstehung des Signaturgesetzes und der damit verbundenen Signaturverordnung anzusehen. Hier wurde deutlich, daß die Grundprinzipien zwar sehr gut verstanden sind, eine flächendeckende technische Umsetzung bisher allerdings am notwendigen sicheren Zusammenspiel zahlreicher Details scheitert. Die wirtschaftlichen, organisatorischen, rechtlichen und technischen Aspekte der erforderlichen Sicherheitsinfrastruktur werfen dabei Fragen auf, die in diesem Band nicht nur im Kontext digitaler Signaturen behandelt werden.

Die Schwerpunkte der behandelten Themen stellen sich folgendermaßen dar. In einer Einführung werden Sicherheitsinfrastrukturen im Überblick präsentiert. Ausgehend von grundlegenden Basiskonzepten werden Aspekte mehrseitiger Sicherheit und Sicherheitsanforderungen an elektronische Dienstleistungssysteme vorgestellt.

Der Thematik digitaler Signaturen wird durch Beiträge zu Überprüfbarkeit, Effizienzüberlegungen zu Sperrabfragen und zu Haftungsbeschränkungen Rechnung getragen. Außerdem wird ein Signaturkonzept auf der Basis von Sicherheitsklassen erläutert. Praxiserprobte Sicherheitsinfrastrukturen für große Konzernnetze, das Problemfeld Zertifizierungsinstanz und die Verwaltung von Sicherheitsmechanismen zeigen auf, welche Probleme bei Aufbau, Betrieb und Zusammenarbeit von Sicherheitsinfrastrukturen in unterschiedlichen Anwendungen von Bedeutung sind.

Electronic Banking und Electronic Commerce stellen besondere Anforderungen an Sicherheitsinfrastrukturen. Dabei können die entstehenden Plattformen auch für andere Anwendungen zum Einsatz kommen. Neben der Integration zweier Internetbanking-Standards werden Sicherheitskonzepte für offene Systeme und deren Praxisrelevanz betrachtet, wobei ein globaler elektronischer Handel besondere Sicherheitsinfrastrukturen erfordert.

Die zunehmende Bedeutung von Datenschutz und Technikgestaltung kommt in den Beiträgen über IT-Sicherheit als Staatsaufgabe, verletzlichkeitsreduzierende Technikgestaltung, datenschutzgerechte biometrische Verfahren und einen alternativen Gesetzesentwurf für digitale Signaturen zur Geltung. Von besonderer Relevanz wird in Zukunft auch der Datenschutz in der Verkehrstelematik sein.

Sicherheitsinfrastrukturen erfordern die Verwendung kryptographischer Verfahren und Komponenten. Dies betrifft insbesondere die zum Einsatz kommenden Trustcenter und ihre Funktionalitäten. Als Alternative zu Public-Key-Infrastrukturen wird das Konzept identitätsbasierter Kryptosysteme vorgestellt. Zudem werden Möglichkeiten und Risiken von Verfahren zum Key Recovery kritisch reflektiert.

Zeitgemäße Sicherheitsinfrastrukturen verwenden Chipkarten unterschiedlichster Ausprägung als Sicherheitswerkzeug. Es wird erläutert, wie eine benutzerüberwachte Schlüsselerzeugung in Chipkarten verwirklicht werden kann. Hierbei könnten integrierte Zufallsgeneratoren eine besondere Rolle einnehmen, die in zahlreichen Anwendungen zu völligen Neuentwicklungen führen werden. In diesem Zusammenhang kann dann auch eine dublettenfreie Schlüsselgenerierung von Interesse sein. Bei Sicherheitslösungen für das Internet sind Chipkarten ebenfalls von ausschlaggebender Bedeutung. Die erforderlichen Sicherheitsinfrastrukturen müssen dabei nicht nur verschiedene Datenformate beherrschen, sondern auch die diversen nationalen Interessen berücksichtigen. Sichere Internettelefonie und Serveranonymität sind dabei Schlagworte, die häufig kontrovers diskutiert werden.

Bei den angeführten Themen kommen unterschiedliche Sicherheitsinfrastrukturen zur Anwendung. Durch eine sinnvolle Standardisierung und Harmonisierung kann erreicht werden, daß in Zukunft die Realisierung dedizierter Sicherheitsinfrastrukturen leichter zu verwirklichen ist. Zudem wird bei modernen Sicherheitsinfrastrukturen das Sicherheitsmanagement eine entscheidende Rolle einnehmen.

Die vorliegenden Beiträge spiegeln die Kompetenz der Autoren auf eindrucksvolle Weise wider. Mein Dank gilt daher zunächst den Autoren, ohne die dieser Band nicht hätte entstehen können. Bei Dagmar Cechak, Peter Schartner, Mario Taschwer und Petra Wohlmacher bedanke ich mich für die Unterstützung bei der technischen Aufbereitung des Tagungsbandes und für die umfangreichen Vorarbeiten. Mein Dank gilt weiter allen, die bei der Vorbereitung und bei der Ausrichtung der Tagung geholfen und zum Erfolg beigetragen haben, den Mitgliedern des Programmkomitees, J. Buchmann, F. Damm, H. Dobbertin, W. Ernestus, D. Fox, R. Grimm, V. Hammer, F.-P. Heider, S. Kelm, U. Killat, S. Kockskämper, B. Kowalski, P. Kraaibeek, N. Pohlmann, R. Posch, H. Reimer, A. Reisen, B. Sokol, R. Steinmetz, J. Swoboda, M. Waidner, P. Wohlmacher und K.-H. Zimmermann, und dem Organisationskomitee S. Kockskämper, P. Kraaibeek und U. Wechsung, wobei Sabine Kockskämper und Ursula Wechsung die schwere Aufgabe der lokalen Organisation auf sich genommen haben.

Ich hoffe, daß die Arbeitskonferenz Sicherheitsinfrastrukturen zu einem Forum regen Ideenaustausches wird.

Patrick Horster
*pho@ifi.uni-klu.ac.at*

# Inhaltsverzeichnis

# Sicherheitsinfrastrukturen – Basiskonzepte

Patrick Horster[1] · Peter Kraaibeek[2] · Petra Wohlmacher[1]

[1]Universität Klagenfurt
Institute für Informatik – Systemsicherheit
{pho,petra}@ifi.uni-klu.ac.at

[2]Bogenstraße 5a
D-48529 Nordhorn
peter.kraaibeek@t-online.de

## Zusammenfassung

Sicherheitsinfrastrukturen sind Infrastrukturen, die ein festgelegtes Maß an Sicherheit für eine bestimmte Funktionalität liefern sollen. Dies gilt aktuell insbesondere für Kommunikationsbeziehungen, die in zunehmendem Maße über digitale Kommunikationsnetze abgewickelt werden. Um eine sichere Kommunikation wie auch weitere Sicherheitsdienste zu gewährleisten, ist es notwendig, geeignete Sicherheitsinfrastrukturen festzulegen. Alle an ihr Beteiligten, wie Betreiber, Hersteller, Benutzer und Staat, müssen dieser Sicherheitsinfrastruktur das erforderliche Maß an Vertrauen entgegenbringen. Da Vertrauen jedoch subjektiv ist, müssen Methoden und Maßnahmen für seine Objektivierung gefunden werden. Diese Objektivierung kann je nach System – geschlossen oder offen – unterschiedlich gestaltet sein. Innerhalb einer Sicherheitsinfrastruktur werden Vertrauensinstanzen (auch Trust Center genannt) benötigt, die die geforderten Sicherheitsdienste erbringen. Spezielle Trust Center werden unterschieden in Trusted Third Parties oder Personal Trust Center. Geschlossene Systeme werden auch als isolierte Domänen bezeichnet. Innerhalb dieser Domänen existieren eigens definierte Sicherheitsinfrastrukturen. Einzelne Benutzer und Vertrauensinstanzen werden atomare Domänen genannt. Wollen Domänen miteinander sicher kommunizieren, dann müssen sie sich zu alliierten Domänen verbinden, indem sie eine Vertrauensbeziehung miteinander eingehen. In einer Sicherheitsinfrastruktur können die Aufgaben nicht von einer einzigen Vertrauensinstanz erbracht werden. Nicht immer sind komplexe Sicherheitsinfrastrukturen notwendig, um das notwendige Vertrauen in ein System zu erreichen. Nutzt man bestehende Beziehungen und vorhandene Sicherheitsvorkehrungen eines existierenden Systems aus, dann läßt sich oftmals durch eine einfache Sicherheitsinfrastruktur das notwendige Maß an Vertrauen erreichen.

## 1 Der Begriff „Sicherheitsinfrastruktur"

Unter einer Infrastruktur versteht man einen „notwendigen wirtschaftlichen und organisatorischen Unterbau einer hoch entwickelten Wirtschaft (Verkehrsnetz, Arbeitskräfte u.a.)" [Wiss97]. Überträgt man diesen Begriff auf eine „Sicherheits"-Infrastruktur, dann kann man darunter eine Infrastruktur verstehen, die einen notwendigen wirtschaftlichen und organisatorischen, aber auch rechtlichen Unterbau darstellt, mit dem ein zuvor festgelegtes Sicherheitsniveau erzielt werden kann.

Das für eine spezielle Sicherheitsinfrastruktur festgelegte Sicherheitsniveau wird als Rahmenwerk in Form eines Schriftstückes (oft auch als Security Policy oder Sicherheitskonzept bezeichnet) festgehalten, in dem neben den grundlegenden Zielen Sicherheitsanforderungen, aber auch die Beziehungen der Beteiligten und die Leistungsmerkmale der Sicherheitsinfrastruktur mittels Regeln festgeschrieben sind. Als Beteiligte in einer Sicherheitsinfrastruktur können Hersteller von Systemkomponenten, Betreiber der Infrastruktur, die einzelnen Benutzer und der Staat agieren. Alle Beteiligten stehen zueinander in rechtlichen, organisatorischen und technischen Beziehungen. Gegenstand einer Security Policy sind beispielsweise Gesetze, Verträge, Lizenzen, Klärung der Haftung, Gewährleistung der Verfügbarkeit, Bereitstellung der Sicherheitsdienste, aber auch Notfallmanagement. Insbesondere ist es wichtig, Anforderungen zu definieren, deren technische Umsetzung gewährleistet, daß das definierte Rahmenwerk mit seinen Regeln eingehalten wird. Nur so kann eine hohe Akzeptanz der Infrastruktur auf Seiten aller Beteiligten erreicht werden. Die Interessen der genannten Akteure sind, soweit sie nicht widersprüchlich sind, zu berücksichtigen.

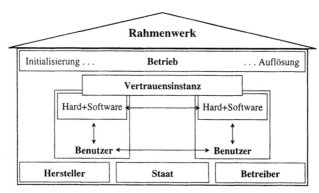

**Abb. 1:** Beteiligte und Komponenten einer Sicherheitsinfrastruktur

Hersteller müssen zuverlässige technische Komponenten liefern, die als vertrauenswürdig eingestuft werden können. Um hier das notwendige Vertrauen zu erhalten, können die Produkte etwa nach den Kriterien der ITSEC geprüft werden. Eine solche Prüfung kann von akkreditierten Prüfstellen vorgenommen werden.

Betreiber sollten die Verfügbarkeit und Robustheit der Sicherheitsinfrastruktur gewährleisten, beispielsweise die Instandhaltung der technischen Geräte zusichern.

Die Sicherheitsinfrastruktur muß für ihre Benutzer in einer transparenten Art und Weise die Sicherheitsdienste wie Vertraulichkeit, Verbindlichkeit, Anonymität und Verfügbarkeit erbringen. Die Benutzer müssen hierzu den eingebundenen Instanzen ein gewisses Maß an Vertrauen entgegenbringen, wobei dieses Vertrauen je nach Dienstleistung unterschiedlich groß sein kann.

Erzeugt beispielsweise eine Instanz kryptographische Schlüssel, die in einem Verfahren für digitale Signaturen eingesetzt werden sollen, dann ist im Vergleich zur Veröffentlichung von Schlüssellisten ein weitaus höheres Maß an Vertrauen erforderlich. Schlüssellisten können so angelegt sein, daß sie von jedem Benutzer auf Authentizität und Integrität geprüft werden können. Auf die Sicherheit und Qualität seines Signaturschlüssels kann der Benutzer im Vergleich dazu nur vertrauen, da es im allgemeinen schwierig ist, die hierfür notwendigen mathematischen Beweise für jeden verständlich darzulegen.

Auch der Staat will und muß seine berechtigten Interessen in entsprechenden Sicherheitsinfrastrukturen vertreten wissen. Hierzu zählen etwa die Einhaltung von Gesetzen, Strafverfolgung, Überwachung und Exportkontrolle. Den potentiellen Gefahren eines Mißbrauchs muß dabei mit geeigneten Maßnahmen begegnet werden.

Operationelle Anforderungen an eine Sicherheitsinfrastruktur können die folgenden Leistungsmerkmale betreffen [Fox 97]:

- Offenheit: Die Sicherheitsdienste, die in einer Anwendung eingesetzt werden, müssen frei wählbar sein. Sie müssen zudem so konzipiert sein, daß sie von Systemen verschiedenster Plattformen verwendet werden können (Kompatibilität).

- Langlebigkeit: Die Verfahren und Mechanismen, mit denen die Sicherheitsdienste realisiert werden, sollten als sicher eingestuft sein, entweder bewiesenermaßen oder dadurch, daß sie öffentlich geführten Diskussionen über einen langen Zeitraum standhalten konnten. Alle technischen Systemkomponenten sollten so angelegt sein, daß sie in einfacher Art und Weise verbessert werden können etwa durch ein Upgrade der Software. Auch das Sicherheitskonzept sollte geeignet geprüft sein, um unverändert für eine lange Zeit bestehen zu können.

- Stabilität: Die Sicherheitsinfrastruktur muß so angelegt sein, daß der Ausfall einer Vertrauensinstanz nicht gleich die gesamte Infrastruktur lahmlegt. Vertrauensinstanzen müssen die Aufgabe einer konkurrierenden Vertrauensinstanz einfach und sicher übernehmen können.

- Erweiterbarkeit: Eine Sicherheitsinfrastruktur unterliegt – bedingt durch technische, wissenschaftliche und rechtliche Veränderungen – einem ständigen Wandel. Sie sollte zum einen erweiterbar gegenüber neuen Verfahren sein, aber auch neue Vertrauensinstanzen sollten hinzugefügt werden können.

# 2 Sicherheitsanforderungen

Sicherheitsinfrastrukturen müssen bestimmte Sicherheitsanforderungen erfüllen. Zunächst muß sichergestellt sein, daß das System innerhalb eines definierten Zeitraumes (beispielsweise zu jeder Zeit) verfügbar ist. In jedem Zustand des Systems, sei es bei der Initialisierung, im laufenden Betrieb oder bei seiner Auflösung, müssen gesetzliche Vorschriften wie etwa die relevanten Datenschutzgesetze eingehalten werden. Um eine sichere Kommunikation der Teilnehmer und die Nutzung weiterer Sicherheitsfunktionen wie die sichere Speicherung von Daten zu gewährleisten, können die Systeme folgende Sicherheitsdienste erbringen:

- Vertraulichkeit: Verschlüsselungsverfahren werden verwendet, um Informationen geheimzuhalten.

- Integrität: Mit Manipulation Detection Codes (MDCs), Message Authentication Codes (MACs) oder digitalen Signaturverfahren ist es möglich, Manipulationen der Daten zu erkennen. In speziellen Umgebungen können durch geeignete Maßnahmen Manipulationen sogar verhindert werden.

- Authentizität einer Kommunikation: Mit Authentifizierungsverfahren (auch: Authentifizierungsprotokollen) kann die Authentizität einer Kommunikation nachgewiesen werden.

Dadurch kann beispielsweise sichergestellt werden, daß die miteinander kommunizierenden Teilnehmer auch wirklich die sind, für die sie sich ausgeben (Nachweis der Identität).

- Authentizität und Integrität von Daten: Digitale Signaturverfahren werden eingesetzt, um Authentizität und Integrität von Daten sicherzustellen.

- Sende- und Empfangsnachweis: Notariatsdienste wie Zeitstempeldienste können dazu verwendet werden, um gegenüber Beteiligten und Unbeteiligten zu beweisen, daß der Sender Daten gesendet oder der Empfänger Daten empfangen hat.

Bei den verwendeten Verfahren, wie Verschlüsselungsverfahren, Authentifizierungsverfahren und Verfahren zur Realisierung digitaler Signaturen, werden kryptographische Methoden eingesetzt. Im Falle der asymmetrischen Kryptographie ist es notwendig, daß jeder Teilnehmer des Systems eindeutig darüber Kenntnis erhält bzw. erhalten kann, wem jeder einzelne öffentliche Schlüssel zugeordnet ist. Hierzu gibt es je nach System – offen oder geschlossen – mehrere Möglichkeiten, denen das folgende gemein ist: der Teilnehmer muß demjenigen vertrauen, der diese Zusammengehörigkeit bestätigt.

Die beschriebenen Sicherheitsanforderungen lassen leicht erkennen, daß die Sicherheitsdienste nicht alleine von einer einzigen Instanz erbracht werden können. Vielmehr ist das Zusammenspiel vieler Vertrauensinstanzen gefragt, die über Kommunikationswege, rechtliche Rahmenbedingungen und organisatorische Maßnamen zueinander in Verbindung gebracht werden müssen. Hier ist eine komplexe Infrastruktur – eine Sicherheitsinfrastruktur – erforderlich, durch die dann letztendlich die Sicherheit des Gesamtsystems gewährleistet werden soll.

Die Benutzer sollen den Sicherheitsinfrastrukturen ihr Vertrauen entgegenbringen. Dies gelingt aber nur dann, wenn den Benutzer das Vertrauen in die physischen Komponenten, in die darauf aufbauenden Funktionalitäten, also den Betrieb, wie auch in den Betreiber der Infrastruktur vermittelt werden kann.

# 3 Klassifizierung von Sicherheitsinfrastrukturen

## 3.1 Offene und geschlossene Systeme

Kommunikationsbeziehungen werden in zunehmendem Maße über digitale Kommunikationsnetze geführt. Die Kommunikation erfolgt hierbei entweder innerhalb geschlossener Systeme oder über Systemgrenzen hinweg (siehe Abb. 2). Geschlossene Systeme zeichnen sich dadurch aus, daß Personen einer fest definierten Benutzergruppe über ein in sich (logisch) abgeschlossenes Netz miteinander kommunizieren. Dieser Benutzergruppe gehören nur solche Personen an, die eine bestimmte Gemeinsamkeit verbindet, wie beispielsweise die Zugehörigkeit zu einem Arbeitgeber. Aufgrund dieser Gemeinsamkeit kann allen Komponenten des geschlossenen Systems ein gewisses Maß an Vertrauen entgegengebracht werden, da die Benutzer beispielsweise durch vertragliche Regelungen im Rahmen ihres Arbeitsverhältnisses dazu verpflichtet sind bzw. verpflichtet werden können. Im allgemeinen kennt in einem solchen System zudem jeder Kommunikationspartner den jeweils anderen, häufig wird dies noch durch persönliche Beziehungen unterstützt. Das Kommunikationsnetz wird dann dazu verwendet, um neben der persönlichen Form der Kommunikation eine weitere, oftmals schnellere und bequemere Kommunikationsmöglichkeit zu bieten. Personen, die nicht der Benutzergruppe angehören und damit außerhalb des geschlossenen Systems stehen, können auch nicht mit einem Mitglied der Benutzergruppe kommunizieren.

Offene Systeme definieren dagegen keine feste Benutzergruppe, prinzipiell kann jeder an diesem System teilnehmen. Die Kommunikationspartner kennen sich hier im allgemeinen nicht. Sie werden lediglich durch die Möglichkeit verbunden, über das Netz miteinander kommunizieren zu können und stehen ansonsten in keiner weiteren Beziehung zueinander. Die Kommunikationspartner benötigen nun Instanzen, die ihnen eine vertrauenswürdige Kommunikation ermöglichen und denen jeder einzelne vertrauen kann. Will man hier Vertrauenswürdigkeit definieren, so erkennt man schnell, daß sie lediglich ein subjektives Bewertungskriterium darstellt. Sie kann jedoch durch das Aufstellen von Angreifermodellen, Risikoanalysen und einem Sicherheitskonzept transparent und damit objektiven Kriterien und Bewertungen zugänglich gemacht werden [FoHK95].

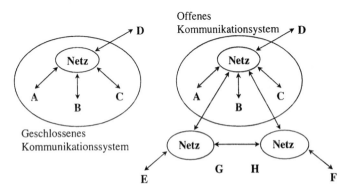

**Abb. 2:** Geschlossene und offene Systeme

### 3.1.1 Domänen

Geschlossene Systeme werden wegen ihrer (logischen) Abgeschlossenheit auch als isolierte Domänen (Herrschaftsgebiete; Gebiete auf denen sich jemand besonders betätigt [Wiss97]) bezeichnet. Bei isolierten Domänen befinden sich die zugehörigen Vertrauensinstanzen in der Regel in einem engen Dienstleistungsverhältnis zum Betreiber des geschlossenen Systems. Dabei kann eine Vertrauensinstanz Teil des Systems sein oder außerhalb des Systems liegend angegliedert sein. Die Dienstleistungen einer Vertrauensinstanz gehören jedoch logisch gesehen zur isolierten Domäne. Die Teilnehmer einer isolierten Domäne vertrauen lediglich den Vertrauensinstanzen innerhalb ihrer Domäne und können aufgrund der Geschlossenheit des Systems nicht mit Personen anderer Domänen kommunizieren.

Kooperieren geschlossene Systeme miteinander, indem ihre Vertrauensinstanzen mit den Instanzen anderer geschlossener Systeme eine Vertrauensbeziehung eingehen, beispielsweise durch die gegenseitige Anerkennung ihrer Sicherheitsdienste oder über die Einbindung einer dritten Vertrauensinstanz, der beide vertrauen, so bezeichnet man diese Systeme als alliierte Domänen. Die Teilnehmer der verschiedenen geschlossenen Systeme können dann miteinander sicher kommunizieren.

Individuelle Benutzer und Vertrauensinstanzen, die keiner Domäne angehören, werden atomare Domänen genannt. Offene Systeme können somit als kommunikationsfähige Vereinigun-

gen von atomaren und alliierten Domänen angesehen werden. In der Praxis stellen beispielsweise Privatpersonen eine atomare Domäne dar. Wollen sie miteinander sicher kommunizieren, können sie sich Vertrauensinstanzen ihrer Wahl anschließen. Nehmen zwei Privatpersonen die Dienstleistungen unterschiedlicher Vertrauensinstanzen in Anspruch, so können sie
nur dann sicher miteinander kommunizieren, wenn die Vertrauensinstanzen ihre Sicherheitsdienste gegenseitig anerkennen.

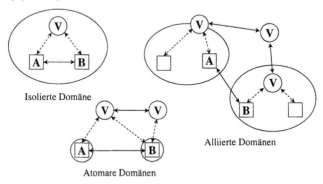

**Abb. 3:** Typen von Domänen

## 3.1.2 Isolierte Domänen

In isolierten Domänen ist es sinnvoll, zwischen zwei Kommunikationsarten zu unterscheiden:
Zum einen die One-to-Many-Kommunikation und zum anderen die Many-to-Many-
Kommunikation. Bei diesen Kommunikationsarten kann das Schlüsselmanagement auf ein
Minimum reduziert werden (siehe Abb. 4).

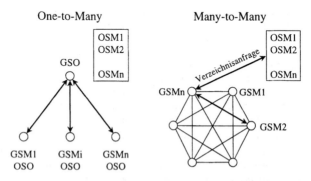

**Abb. 4:** Kommunikationsarten bei isolierten Domänen

Bei einer One-to-Many-Kommunikation können alle Teilnehmer Mi mit nur genau einem einzigen Teilnehmer O kommunizieren und nur Teilnehmer O kann mit allen anderen Teilnehmern Mi kommunizieren. Betrachtet man hier das Schlüsselmanagement, so kann sogar auf

einen Authentication Server verzichtet werden. Es reicht hier aus, den öffentlichen Schlüssel des Teilnehmers O bei allen Teilnehmern Mi authentisch vor Ort zu speichern. Nur Teilnehmer O verfügt dann über eine Liste, die die öffentlichen Schlüssel aller Teilnehmer Mi enthält. Bei einer Many-to-Many-Kommunikation soll jeder Teilnehmer Mi mit jedem Teilnehmer Mj kommunizieren können. Der öffentliche Schlüssel jedes Teilnehmers kann über eine Anfrage an ein Verzeichnis (Authentication Server oder CD-ROM) ermittelt werden, da das Verzeichnis über eine Liste aller öffentlicher Schlüssel verfügt.

### 3.1.3 Alliierte Domänen und atomare Domänen

Alliierte Domänen und atomare Domänen können miteinander Vertrauensbeziehungen eingehen. Das folgende Beispiel zur digitalen Signatur soll diese Interdomänen-Kommunikation verdeutlichen (siehe Abb. 5).

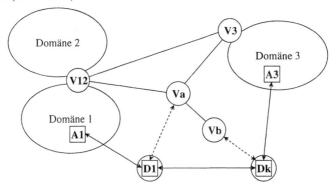

**Abb. 5:** Interdomänen-Kommunikation

Die Teilnehmer Hans Habbel und Kira Kaschek möchten gemeinsam einen Vertrag unterzeichnen. Hans gehört einer anderen Domäne an als Kira. Beide Domänen sind jedoch zueinander alliiert, dadurch, daß sie über mehrere atomare Domänen, die aus verschiedenen Vertrauensinstanzen bestehen, eine Vertrauenskette bilden.

Sowohl Kira als auch Hans signieren das Dokument digital und fügen ihr Zertifikat an. Das Zertifikat enthält eine authentische Zuordnung ihres öffentlichen Schlüssels zu ihrer Person, die durch eine digitale Signatur der jeweiligen Vertrauensinstanz ihrer Domäne bestätigt wurde. Im Fall von Hans war dies die Vertrauensinstanz Stadt Hamburg, im Fall von Kira die Vertrauensinstanz Stadt Klagenfurt (siehe Abb. 6). Diese beiden Instanzen vertrauen sich jedoch nicht gegenseitig, erst ihre alliierten Vertrauensinstanzen Staat Deutschland und Staat Österreich verfügen über ein gegenseitiges Vertrauensabkommen. Dieses Vertrauensabkommen kann dadurch geprüft werden, daß die Staaten die öffentlichen Schlüssel von Stadt Hamburg und Stadt Klagenfurt gegenseitig zertifiziert haben.

Nach erfolgreicher Prüfung aller Zertifikate können dann auch Hans und Kira den jeweiligen Signaturen vertrauen, wodurch die Authentizität der Vertragspartner als nachgewiesen gilt.

kette werden so viele Zertifikate der einzelnen Vertrauensinstanzen (hier: Zertifizierungsinstanzen) überprüft, bis dem Verifizierer eine Zertifizierungsinstanz als vertrauenswürdig bekannt ist. Der öffentliche Schlüssel der obersten Zertifizierungsinstanz (oft auch als Top Level Certification Authority bezeichnet) dieser Zertifizierungshierarchie gilt hierbei als Sicherheitsanker. Er muß dem Verifizierer authentisch vorliegen, d.h., der Schlüssel muß derart gespeichert sein, daß er nicht von einem Angreifer unbemerkt ausgetauscht werden kann.

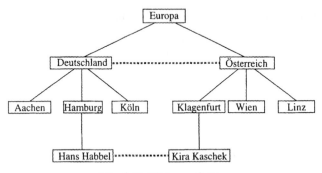

**Abb. 6:** Zertifizierungskette

## 3.2 Schlüsselmanagement

Sicherheitsinfrastrukturen müssen insbesondere ein sicheres Schlüsselmanagement gewährleisten [Heus97]. Die Schlüssel der Kryptosysteme, die zur Wahrung der Vertraulichkeit im Falle der Verschlüsselung, zur Feststellung der Authentizität und Integrität im Falle der Digitalen Signatur eingesetzt werden, müssen in jeder Phase ihres Lebenszyklusses für alle Beteiligten in einem vertrauenswürdigen Zustand sein.

So darf es beispielsweise nicht möglich sein, Schlüssel zu kompromittieren, sei es durch Vorausberechnen oder Raten der Schlüssel vor ihrer Erzeugung oder dadurch, daß die Qualität der Schlüssel und ihrer erzeugenden Funktionen nicht genügend geprüft wurde und so ein einfaches Verfahren angewendet werden kann, um den Schlüssel zu brechen.

Die erzeugten Schlüssel müssen authentisch an ihre Besitzer gelangen und dürfen nicht auf dem Weg dorthin abgehört, ausgetauscht oder gar verloren gehen. Sind die Schlüssel einmal in Gebrauch, dann müssen sie ebenfalls diesen Anforderungen standhalten. Gehen Schlüssel verloren, so muß eine Verfahrensweise beschrieben sein; werden Schlüssel ungültig oder gar kompromittiert, muß eine sichere Vorgehensweise vorgesehen sein, wie das Schlüsselpaar seinen Lebensweg beendet und vernichtet werden kann. Ebenso muß eine Methode festgelegt sein, wie der Benutzer dann wieder die Dienstleistung in Anspruch nehmen kann und neue Schlüssel erhält.

Um all dies zu gewährleisten, müssen Technik und Organisation aller Belange, die die Schlüssel betreffen, das sogenannte Schlüsselmanagement, in geeigneter Weise festgelegt werden. Diese Festlegungen sollten dem Benutzer der Sicherheitsinfrastruktur offengelegt werden, um so das erforderliche Vertrauen in die Sicherheitsinfrastruktur zu erreichen.

## 3.2.1 Sicherheitsanforderungen an ein Schlüsselmanagement

Im folgenden wird ein Überblick über die Sicherheitsanforderungen an ein Schlüsselmanagement gegeben. Das Schlüsselmanagement läßt sich in folgende Gruppen einteilen:

- Erzeugen und Rücknahme der Schlüssel,
- Überprüfen der Schlüssel,
- Beglaubigen der Schlüssel,
- Verteilen und Aufteilen der Schlüssel,
- Speichern der Schlüssel,
- Archivieren der Schlüssel,
- Wechseln von Schlüsseln,
- Vernichten der Schlüssel.

Für jede dieser Gruppen sollten Vorgehensweisen so definiert sein, daß sie als Teil des Schlüsselmanagements zu einer vertrauenswürdigen Sicherheit in der Gesamtheit der Sicherheitsinfrastruktur beitragen. Im folgenden werden mögliche Vorgehensweisen vorgestellt, die in einem Schlüsselmanagement nebeneinander oder auch alternativ zueinander existieren können.

**Erzeugen und Rücknahme der Schlüssel**

Prinzipiell gibt es zwei Orte, an denen Schlüssel erzeugt werden können. Zum einen vor Ort beim Benutzer und zum anderen bei einer externen vertrauenswürdigen Instanz, wobei man hier wiederum zwischen Instanzen unterscheiden kann, die Bestandteil der Sicherheitsinfrastruktur sind (d.h. innerhalb einer zugehörigen Domäne liegen) oder aber externe Diensteanbieter (Trusted Third Parties – außerhalb der Domäne) sind. In der Praxis wird sich aller Wahrscheinlichkeit nach die letztere Möglichkeit als geeignet herausstellen, da die Schlüsselerzeugung beim Benutzer eine sichere Hard- und Software voraussetzt. Im allgemeinen besitzen die Benutzer einer Massenanwendungen kein entsprechendes Know-how, ebenso wird ihnen aus Kostengründen nicht das nötige technische Equipment wie eine abhörsichere Umgebung zur Verfügung stehen. Es bietet sich eine externe Instanz an, die – ähnlich dem Drucken von Banknoten – bestimmte Sicherheitsvorkehrungen baulicher und fachlicher Art vorweist und diese auch auf Dauer gewährleisten kann. Zudem sind für diese Anforderungen entsprechend hohe finanzielle Mittel notwendig, bei denen man davon ausgehen kann, daß sie nur von wenigen aufgebracht werden wollen und können. Es ist somit denkbar, daß externe Diensteanbieter in der Rolle als Trusted Third Party die Schlüsselerzeugung übernehmen werden. Schlüssel können auf unterschiedliche Weisen erzeugt werden, beispielsweise durch physikalische Rauschgeneratoren, die sich in der Praxis als besonders geeignet erweisen könnten. Darüber hinaus existieren mathematische Methoden wie Quasi-Zufallsgeneratoren, die die Eigenschaft besitzen, schwer vorhersagbare Systemzustände zu erzeugen, bei denen es dem Benutzer ermöglicht wird, zu von ihm frei wählbaren Zeiten in den erzeugenden Prozeß einzugreifen und ihn zu beeinflussen. Zudem können Schlüssel mit Hilfe kryptographischer Verfahren erzeugt werden. Bei Rücknahme der Schlüssel ist insbesondere darauf zu achten, daß die bereits verwendeten Schlüssel nicht nochmals vergeben werden. Außerdem muß gewährleistet werden, daß die zugrundeliegende Sicherheitsstrategie (Security Policy) eingehalten wird. Werden Schlüssel in geeignete Token gespeichert, so kann die Rücknahme – etwa durch besonders autorisiertes Löschen – relativ leicht realisiert werden.

**Überprüfen der Schlüssel**

Bei der Erzeugung der Schlüssel muß sichergestellt sein, daß derselbe Schlüssel nur einmal erzeugt und kein weiteres Mal einem eventuell anderen Benutzer zugeordnet wird. Um dies zu gewährleisten, kann ein Schlüsselverzeichnis verwendet werden, in dem die öffentlichen Schlüssel (oder geeignete Hashwerte) aller Benutzer gespeichert sind. Durch einen Vergleich neu erzeugter Schlüssel mit den so gespeicherten Werten kann festgestellt werden, ob der Schlüssel (und damit etwa auch ein Schlüsselpaar) schon existiert. Schlüsseldubletten können somit zumindest lokal verhindert werden. Problematisch wird es jedoch dann, wenn Schlüssel an unterschiedlichen Stellen erzeugt werden sollen. Hier sind Konzepte gefragt mit deren Hilfe eine dublettenfreie Schlüsselgenerierung realisiert werden kann. In [HoSc99] werden hierzu erste Lösungsvorschläge diskutiert.

**Beglaubigen der Schlüssel**

Die Beglaubigung der Schlüssel dient dazu, um dem Kommunikationspartner zu versichern, daß seinem Gegenüber der Schlüssel, den er behauptet zu besitzen, auch beweisbar gehört. Der Stellenwert dieser Aufgabe ist abhängig von der Art des Systems.

In offenen Systemen werden Schlüssel im allgemeinen nicht von einer einzigen Instanz vergeben. Die Schlüssel aller Benutzer müssen beglaubigt sein, sonst wäre es möglich, daß ein nicht rechtmäßiger Dritter die Identität eines anderen annimmt und behauptet, der rechtmäßige Besitzer des Schlüssels zu sein. Hier sind vertrauenswürdige dritte Instanzen notwendig, die die Rolle einer Beglaubigungsinstanz übernehmen. Die Zusammengehörigkeit von Schlüssel und Besitzer kann durch Zertifikate (wie X.509 [ISO 93, ISO 96]) gegeben werden, aber auch einfachere Strukturen sind denkbar: beispielsweise ein Authentication Server, auf dem Daten authentisch vorliegen, auf die nur nach einer erfolgreichen Authentifizierung zugegriffen werden kann. Auf die Vertrauensinstanz kann jedoch verzichtet werden, wenn zwischen den Kommunikationspartnern ein Authentifizierungsprotokoll läuft, mit dem die rechtmäßige Zusammengehörigkeit von Besitzer und Schlüssel nachgewiesen werden kann.

In geschlossenen Systemen werden Schlüssel im allgemeinen durch eine einzige Vertrauensinstanz vergeben. Die Benutzer weisen ihre Zugehörigkeit zum System dadurch aus, daß sie nachweisen können, im Besitz des richtigen Schlüssels zu sein.

**Verteilen und Aufteilen der Schlüssel**

Die Schlüsselverteilung stellt seit dem Bestehen der Kryptographie ein Problem dar. Will jeder Benutzer mit jedem anderen vertraulich kommunizieren, so müssen je zwei Benutzer über einen geheimen Schlüssel verfügen, den nur diese beiden kennen. Werden dabei symmetrische Verfahren zur Verschlüsselung eingesetzt, so müssen bei n Benutzern genau $n \cdot (n-1)/2$ Schlüssel über sichere Wege authentisch vereinbart werden. Durch die Konzepte der asymmetrischen (Public-Key-)Verfahren konnte das Problem dahingehend reduziert werden, daß bei n Teilnehmern die Übermittlung von nur insgesamt n geheimen Schlüsseln erforderlich ist. Werden die Schlüsselparameter vom Benutzer selbst (lokal) und nicht von einer Instanz (extern) erzeugt, dann entfällt sogar diese Übermittlung.

Im Falle der asymmetrischen Kryptographie müssen die öffentlichen Schlüssel authentisch bekanntgegeben werden, beispielsweise durch öffentliche Verzeichnisse. Falls Schlüssel ihre Gültigkeit verlieren können, muß es möglich sein, daß sie zurückgerufen werden können, beispielsweise durch öffentliche Sperrlisten.

Neben den technischen und mathematischen Aspekten müssen auch personelle Aspekte berücksichtigt werden. Wie die Vergangenheit schon oft gezeigt hat, ist die Schwachstelle in einem Sicherheitskonzept solcher Systeme die Vertrauenswürdigkeit der eingebundenen Personen. Um ein großes Vertrauen in das System zu erhalten, ist es sinnvoll, daß die Geheimnisse auf mehrere Personen verteilt werden und nicht an eine einzige gebunden sind. Bei geheimen kryptographischen Schlüsseln bieten sich Konzepte wie Schwellenwertschemata [BeKe95] an, bei denen die Schlüssel nur dann wiederhergestellt werden können, wenn mehrere Personen zum selben Zeitpunkt am selben Ort sind und den Besitz von Teilgeheimnissen nachweisen. Nur aus diesen Teilgeheimnissen kann dann das eigentliche Geheimnis rekonstruiert werden. Die Schlüsselrekonstruktion (Key Recovery) ist meist mit einem hohen organisatorischen Aufwand verbunden.

Eine andere Möglichkeit besteht darin, Geheimnisse an einen oder mehrere Treuhänder zu übergeben, die diese dann entweder als Trust Center innerhalb einer Domäne oder als Trusted Third Party einer isolierten oder alliierten Domäne treuhänderisch verwalten. Denkbare Instanzen hierfür sind beispielsweise Notariate. Insbesondere kann so gewährleistet werden, daß der Schlüssel zu jeder Zeit verfügbar und nicht an die Existenz einer Person oder eines Unternehmens gebunden ist.

**Speichern der Schlüssel**

Kryptographische Schlüssel müssen sicher aufbewahrt werden. Es darf nicht möglich sein, daß Unbefugte Kenntnis über geheime Schlüssel erhalten. Um dies zu verhindern, können die Schlüssel beispielsweise unauslesbar auf einem Personal Trust Center (PTC) wie einer Chipkarte gespeichert werden. Das PTC kann durch eine PIN derart zugriffsgeschützt werden, daß nur der rechtmäßige Besitzer nach einer erfolgreichen PIN-Eingabe auf diese Daten zugreifen kann. Die Sicherheitsauflagen können noch höher gesetzt sein, indem beispielsweise nicht einmal der Besitzer diese Daten lesen kann. Durch die Eingabe seiner PIN ermöglicht er nur, daß ein bestimmter Rechenprozeß innerhalb des PTC mit diesem geheimen Datum ausgeführt werden kann (beispielsweise das Berechnen der digitalen Signatur). In Form eines PIN-Briefes kann die hierzu notwendige PIN von der Vertrauensinstanz an den Besitzer vertraulich übermittelt werden.

Eine andere Möglichkeit besteht darin, Schlüssel durch geeignete Schlüsselverteilungskonzepte an mehrere Parteien zu verteilen. Der Schlüssel kann nur dann erhalten werden, wenn die einzelnen Parteien zusammenwirken. Schlüssel können auch zentral an einem Ort aufbewahrt werden, jedoch muß dann der Zugang zu diesem Ort entsprechend gesichert sein.

**Archivieren der Schlüssel**

Schlüssel, die dazu verwendet werden, um gespeicherte Daten entschlüsseln zu können, sollten archiviert werden. Geht ein solcher Schlüssel verloren, dann können die Klartexte mit Hilfe der archivierten Schlüssel wiedergewonnen werden. Die Sicherheit – Zuverlässigkeit und Verfügbarkeit – des Archivs muß dabei durch besondere Maßnahmen gewährleistet sein.

Geheime Schlüssel, die in einem Signaturverfahren eingesetzt werden, werden ausschließlich dazu verwendet, digitale Signaturen zu erzeugen. Diese Schlüssel müssen nicht archiviert werden, da die im Klartext vorliegenden Daten mit einem neuen Signierschlüssel erneut signiert werden können. Da Prüfschlüssel öffentliche Schlüssel sind, müssen sie ebenfalls nicht archiviert werden. Ebenso müssen sogenannte „session keys" (Sitzungsschlüssel), die nur zur temporären Verschlüsselung eingesetzt werden und damit eine kurze Lebensdauer besitzen, nicht archiviert werden. Nach Ende ihres Verwendungszeitraumes sind sie zu vernichten.

**Wechseln der Schlüssel**

Die Sicherheit einer Anwendung hängt maßgeblich von der Sicherheit der verwendeten Schlüssel ab. Werden Schlüssel kompromittiert, dann kann im schlimmsten Fall damit auch die gesamte Anwendung kompromittiert sein. Werden Schlüssel in einer Anwendung häufig gewechselt, dann verringert dies die Wahrscheinlichkeit einer Kompromittierung und verhindert damit auch den möglichen Schaden. Verwendet man Schlüssel über einen langen Zeitraum, dann gibt es zu diesem Schlüssel eine große Menge an Klartext- und Schlüsseltextpaaren. Unter der Voraussetzung, daß man auf diese Paare zugreifen kann, können Attacken auf Kryptosysteme, wie die Known-Plaintext-Attacke, schnell zum Erfolg führen. Werden Schlüssel gewechselt, so müssen die Dokumente, die mit dem alten Schlüssel verschlüsselt gespeichert sind, entschlüsselt und mit dem neuen Schlüssel wieder verschlüsselt werden (Umschlüsselung). Hat ein Angreifer dann sowohl auf die alten chiffrierten als auch auf die neuen chiffrierten Daten Zugriff, so kann er mittels einer Kiss-Attacke [Baue94] versuchen, den (unveränderten) Klartext zu berechnen. Zudem muß die Umschlüsselung in einer sicheren Umgebung vorgenommen werden, da die Daten kurzzeitig als Klartext vorliegen. Diesen Gefahren muß durch geeignete Sicherheitsmaßnahmen entgegengewirkt werden.

**Vernichten der Schlüssel**

Um ein unnötiges Schlüsselmanagement zu vermeiden, sollten Schlüssel, die nicht mehr benötigt werden, sicher vernichtet werden. Werden Schlüssel extern und nicht beim Benutzer selbst erzeugt, dann sollten sie, nachdem sie an einem sicheren Ort wie Chipkarte, Sicherheitsmodul und eventuell Archiv gespeichert wurden, an ihrer Erzeugungsstätte vernichtet werden. Die Vernichtung darf nicht widerrufbar sein [Schn96].

### 3.2.2 Instanzen für vertrauenswürdiges Schlüsselmanagement

Vertrauensinstanzen werden auch als Trust Center (TC) bezeichnet. Unter einem Trust Center versteht man eine Gesamtheit von Einheiten oder Instanzen, die eine wichtige Funktion in einer Sicherheitsinfrastruktur erfüllen und denen diesbezüglich (in der Regel) von den Benutzern Vertrauen entgegengebracht wird. Trust Center können sowohl innerhalb als auch außerhalb einer Domäne liegen und voneinander unabhängig sein, aber auch eine eigene atomare Domäne bilden. Die technische und organisatorische Gestaltung der einzelnen Trust Center können dabei sehr unterschiedlich sein.

Ein Trust Center besitzt die folgenden Aufgaben (siehe Abb. 7):

• Beglaubigungsleistungen wie Personalisierung, Registrierung und Zertifizierung. Sie dienen dazu, um die Authentizität von Daten und die Vertrauenswürdigkeit von Instanzen zu bezeugen.

• Schlüsselmanagement. Hierzu zählen Erzeugen/Zurücknahme, Beglaubigen, Verteilen, Aufbewahren, Archivieren, Wechseln und Vernichten von Schlüsseln (siehe 3.2.1).

• Serverfunktionen in Form von öffentlichen Verzeichnissen, Authentication Servern oder Archivierungssystemen, mit denen Informationen innerhalb der Sicherheitsinfrastruktur bereitgestellt werden können.

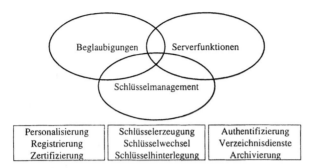

| Personalisierung | Schlüsselerzeugung | Authentifizierung |
| Registrierung | Schlüsselwechsel | Verzeichnisdienste |
| Zertifizierung | Schlüsselhinterlegung | Archivierung |

**Abb. 7:** Aufgaben von Trust-Centern

Spezielle Trust Center lassen sich durch ihre besondere Ausprägung als Trusted Third Party (TTP) und Personal Trust Center charakterisieren. Unter einer Trusted Third Party versteht man ein Trust Center, das als atomare Domäne in Form einer vertrauenswürdigen dritten Instanz Dienstleistungen zur Verfügung stellt. Ein Personal Trust Center ist ein Trust Center, das unter der Kontrolle des Benutzers steht. Benutzer und PTC bilden dann eine alliierte Domäne. Auf einem PTC können sensible und sicherheitsrelevante Daten, etwa geheime Schlüssel, zugriffsgeschützt gespeichert werden, indem vor seiner Aktivierung die Authentifizierung ihres rechtmäßigen Benutzers erforderlich ist (PIN bei Chipkarten). Vertreter solcher PTCs können Chipkarten, Sicherheitsmodule und Personal Digital Assistents (PDAs) sein.

## 3.3 Verbindlichkeit durch digitale Signaturen

Mit Hilfe von digitalen Signaturen soll nachgewiesen werden können, daß bestimmte Daten von einem bestimmten Erzeuger stammen und zudem unverfälscht sind, also mit dem Erzeuger „verbunden" sind. Sicherheitsinfrastrukturen bilden hier eine notwendige Grundlage für die Nachweisbarkeit dieser Verbundenheit oder besser Verbindlichkeit. Zu unterscheiden ist, ob digitale Signaturen auch als Beweismittel in einem Rechtsstreit gültig sein sollen oder nicht. In geschlossenen Benutzergruppen können bi- oder multilaterale Verträge die Anerkennung von digitalen Signaturen als Beweismittel regeln. In offenen Sicherheitsinfrastrukturen wird man mit einer Sicherheitsinfrastruktur, die konform zum Signaturgesetz [BGBl97] aufgebaut wurde, eine erhöhte Beweiskraft einer digitalen Signatur erzielen.

# 4 Beispiele aus der Praxis

## 4.1 Inhaus- und Außerhaus-Kommunikation

Den Unterschied zwischen geschlossenen und offenen Systemen und ihre Notwendigkeit für Zertifikate kann gut am Beispiel von Inhaus- und Außerhaustelefonaten erläutert werden.

Inhaustelefonate zeichnen sich dadurch aus, daß es im Haus (wie Firma, Gebäude) eine Telefonanlage gibt, bei der zu jedem Telefonanschluß eine eigene Telefonnummer existiert. Alle Telefonnummern sind durch ein Telefonverzeichnis veröffentlicht oder/und einer Zentrale bekannt. Jeder Teilnehmer an diesem System kennt den anderen, wenn auch nicht in allen Fällen persönlich, doch wird die Vertrauenswürdigkeit dadurch erreicht, daß man dem geschlossenen System angehört.

Durch einmaliges oder zweimaliges Wählen der Taste mit der Ziffer 0 verläßt der Teilnehmer das geschlossene System und begibt sich in ein offenes System. Er kann nun lokale oder nationale Gespräche führen. Die Rufnummern der Teilnehmer außer Haus erhält er etwa durch die Telefon-Inlandsauskunft oder eine Telefon-CD. Wählt er dreimal die Taste mit der Ziffer 0, kann er die Teilnehmer außerhalb des eigenen Landes erreichen. Bei der Auslandsauskunft kann er die entsprechenden Telefonnummern erfragen. Der Diensteanbieter des Telekommunikationsdienstes kann in unserem Zusammenhang als eine Vertrauensinstanz angesehen werden, die authentische Dokumente (Zertifikate, hier in Form von Telefonbüchern oder als mündliche Telefonauskunft) mit begrenzter Gültigkeit ausgeben. In einem offenen Telefonnetz kann jeder jederzeit Teilnehmer werden, was im Falle der Inhaustelefonnetzes nur der geschlossenen Benutzergruppe erlaubt ist.

## 4.2 Gesundheitswesen

Seit einigen Jahren wird auf nationaler und internationaler Ebene der elektronische Notfallausweis in Form einer Chipkarte diskutiert [EnSW95]. Bei diesem Notfallausweis sind insbesondere Rechtsfragen zu klären, nämlich: wer wann wie auf welche Art auf die auf der Karte gespeicherten Daten zugreifen darf. Ein minimaler Notfallausweis, der von jedem visuell gelesen werden kann, ist auf dem Kartenkörper aufgebracht. Alle weiteren Daten unterliegen dem Datenschutz und dürfen nur von autorisierten Personen eingesehen werden. Durch ein Rahmenwerk wird zudem festgelegt, daß im Extremfall jeder die Daten lesen darf, wenn er im Notfall Hilfe leisten kann – die Frage ist nur, ob er dann auch über das geeignete Equipment verfügt, die Daten lesen zu können. Um die Integrität und die Herkunft der Daten feststellen zu können, werden hier außerdem digitale Signaturverfahren eingesetzt, mit denen der Erzeuger der Daten eindeutig identifiziert, aber auch die Unversehrtheit der Daten geprüft werden kann.

In der Praxis erweist es sich als schwierig, die Interessen aller Beteiligten zur jeweiligen Zufriedenheit zu gestalten. Der elektronische Notfallausweis ist ein Beispiel hierfür. Durch die genannten Möglichkeiten, die sich durch digitale Signaturverfahren ergeben, wird jede Handlung des Arztes nachvollziehbar. Durch etwaige Regreßansprüche ist es bei der Einführung von digitalen Signaturverfahren von Seiten der Ärzteschaft mit Widerstand zu rechnen.

Bei den im Gesundheitswesen Beschäftigten handelt es sich zunächst um ein geschlossenes System, das jedoch in ein offenes System überführt werden kann. Damit kann diese Gruppe mit anderen Benutzergruppen kooperieren, um beispielsweise vertraulich und authentisch zu kommunizieren.

## 4.3 Elektronischer Zahlungsverkehr

Ein Bankkunde nimmt am Service des Home-Bankings seiner Bank teil, indem die Bankzentrale dem Kunden eine PIN vergibt, mit dem sich der Kunde gegenüber dem System von zu Hause aus authentifizieren kann. Zudem erhält er von seiner Bank eine Liste von Transaktionsnummern (TANs), die er zur Authentifizierung seiner Transaktionen verwendet.

Die beschriebene Kommunikation gehört zur Klasse der One-to-Many-Kommunikation: Die Bankkunden kommunizieren lediglich mit der Bankzentrale, die alle ihre Bankkunden kennt. Es findet hier keine Kommunikation zwischen den Bankkunden untereinander statt. Alle an diesem geschlossenen System Beteiligten stehen (im Sinne der One-to-Many-Kommunikation) in einer vertrauenswürdigen Beziehung zueinander, so daß keine Zertifikate benötigt werden. Nur derjenige kann an diesem System teilnehmen, der von Seiten der Bank entsprechend geprüft wurde.

# 5 Fazit

Wie die vorangegangenen Beispiele aus der Praxis gezeigt haben, ist es nicht immer notwendig, komplexe Sicherheitsinfrastrukturen einzurichten, um das notwendige Vertrauen in ein System zu erreichen. Nutzt man bestehende Beziehungen und vorhandene Sicherheitsvorkehrungen eines existierenden Systems aus, dann läßt sich oftmals durch eine einfache Sicherheitsinfrastruktur das notwendige Maß an Vertrauen erreichen.

# Literatur

[Baue94]  F.L. Bauer: Kryptologie: Methoden und Maximen. Springer-Verlag, 1994.

[BeKe95]  A. Beutelspacher, A.G. Kersten: Verteiltes Vertrauen durch geteilte Geheimnisse, in P. Horster (Hrsg): Trust Center, Proceedings der Arbeitskonferenz Trust Center, DuD-Fachbeiträge, Vieweg-Verlag (1995), 101-116.

[BGBL97]  Bundesgesetzblatt (BGBl.) I: Verordnung zur digitalen Signatur (Signaturverordnung - SigV). Juli 1997.

[EnSW95]  W. Engelmann, B. Struif, P. Wohlmacher: Anwendungsbeispiele der digitalen Signatur – Elektronisches Rezept, Elektronischer Notfallausweis und Elektronischer Führerschein, in A. Glade, H. Reimer, B. Struif (Hrsg.): Digitale Signaturen & Sicherheitssensitive Anwendungen, Vieweg-Verlag (1995), 25-35.

[FoHK95]  D. Fox, P. Horster, P. Kraaibeek: Grundüberlegungen zu Trust Centern, in P. Horster (Hrsg): Trust Center, Proceedings der Arbeitskonferenz Trust Center, DuD-Fachbeiträge, Vieweg-Verlag (1995), 1-10.

[Fox 97]  D. Fox: Sicherungsinfrastrukturen, in FifF Kommunikation – Forum InformatikerInnen für Frieden und gesellschaftliche Verantwortung e.V., 3/97, Themenheft Sicherungsinfrastrukturen, September 1997, 11-13.

[Heus97]  A. Heuser: Schlüsselversorgung von Kryptosystemen, in P. Horster (Hrsg.): Fachtagung SIUK 97, Sicherheit in der Informations- und Kommunikationstechnik, Düsseldorf/Neuss, 1997.

[HoSc99]  P. Horster, P. Schartner: Bemerkungen zur Erzeugung dublettenfreier Primzahlen, dieser Tagungsband, 358-368.

[ISO 93]  ISO/IEC 9594-8 I ITU-T Recommendation X.509 (1993): Information technology - Open Systems Interconnection - The Directory - Part 8: Authentication Framework, 1993.

[ISO 96]    ISO/IEC 9594-8 I ITU-T Recommendation X.509 (1996): Final Text of Draft
            Amendments DAM 1 to ITU-T Recommendation X.509 (1993) I ISO/IEC
            9594-8 on Certificate Extensions: ISO/IEC JTC 1/SC 21/WG 4 and ITU-T
            Q15/7, Dezember 1996.

[Schn96]    B. Schneier: Applied Cryptography. John Wiley & Sons, Inc., 1996.

[Wiss97]    Wissenschaftlicher Rat der Dudenredaktion: Duden; Fremdwörterbuch. Du-
            denverlag, 1997.

# Endbenutzer- und Entwicklerunterstützung bei der Durchsetzung mehrseitiger Sicherheit[1]

Gritta Wolf · Hannes Federrath · Andreas Pfitzmann · Alexander Schill

TU Dresden, Fakultät Informatik
{g.wolf, federrath, pfitza, schill}@inf.tu-dresden.de

### Zusammenfassung

Ausgehend von den Begriffen mehrseitige Sicherheit und Architektur wird geklärt, welche Anforderungen eine Sicherheitsarchitektur für die Unterstützung von Endbenutzern und Entwicklern erfüllen sollte. Im Zusammenhang mit der Realisierung mehrseitiger Sicherheit besitzt die Formulierung, Durchsetzung und ggf. Aushandlung von Schutzzielen bzw. Sicherheitseigenschaften große Bedeutung. Sowohl für den Nutzer als auch für den Entwickler mehrseitig sicherer Kommunikationssysteme sind unterstützende Funktionen notwendig, die exemplarisch beschrieben werden. Am Beispiel einer Architektur für mehrseitige Sicherheit (SSONET, Sicherheit und Schutz in offenen Datennetzen) wird die Unterstützung demonstriert.

## 1 Sicherheit und mehrseitige Sicherheit

In den letzten Jahren ist zu beobachten, daß eine Vielzahl von Kommunikationsanwendungen für offene Systeme nach und nach eine Erweiterung um Sicherheitsfunktionen erfährt und alte Sicherheitsanwendungen immer komfortabler werden. Beispiele sind E-Mail-Clients, Secure Shell, PGP. Leider präsentiert sich dem *Endbenutzer* die angebotene Sicherheitsfunktionalität je nach Anwendung auf sehr unterschiedliche Weise; Kommunikationsschlüssel können teilweise nicht anwendungsübergreifend genutzt werden und verbindliche Zusicherungen über die erbrachte bzw. erreichte Sicherheit fehlen meist. Auch dem *Entwickler* von Kommunikationsanwendungen ist es schwer möglich, sich auf standardisierte Sicherheitsschnittstellen zu stützen, wenn er sich überhaupt dazu durchgerungen hat, neben den Primärfunktionen der Anwendungen (d.h. den eigentlichen Aufgaben, die eine Anwendung erfüllen soll) auch Sicherheitsmerkmale anzubieten. Es besteht also im Bereich Sicherheit sowohl Bedarf an Endbenutzerunterstützung als auch an Entwicklerunterstützung.

Unter Sicherheit eines Kommunikationssystems soll die Durchsetzung von Schutzzielen (Vertraulichkeit, Integrität, Verfügbarkeit) trotz Vorhandensein intelligenter Angreifer verstanden werden. Werden bei der Durchsetzung dieser Schutzziele die Sicherheitswünsche aller an einer Kommunikation beteiligten Instanzen berücksichtigt und möglicherweise entstehende Schutzkonflikte erkannt und ausgetragen, spricht man von *mehrseitiger Sicherheit*.

---

[1] Diese Arbeit wurde finanziell unterstützt vom Bundesministerium für Bildung, Wissenschaft, Forschung und Technologie (BMBF) sowie der Gottlieb-Daimler- und Karl-Benz-Stiftung Ladenburg.

Es lassen sich die folgenden Phasen der Aushandlung einer mehrseitig sicheren Kommunikationsbeziehung unterscheiden (hier am Beispiel einer Kommunikation zweier Teilnehmer A und B, siehe Abb. 1):

1. **A:** Explizite Formulierung von individuellen Schutzinteressen (Konfiguration)

2. **A→B:** Übermittlung des Kommunikationswunsches unter Einbeziehung der Schutzinteressen

3. **B:** Explizite Formulierung von individuellen Schutzinteressen (Konfiguration), möglicherweise Rekonfiguration unter Einbeziehung der Interessen von A (Aushandlung). Die Konfigurationsphase für B kann auch vor der Übermittlung des Kommunikationswunsches stattgefunden haben, berücksichtigt dann natürlich nicht unmittelbar die Interessen von A.

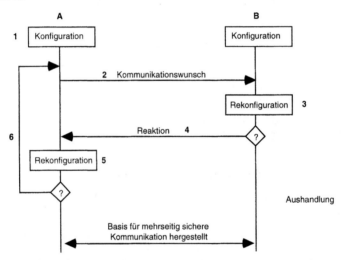

**Abb. 1:** Konfiguration und Aushandlung als Elementarphasen beim Zustandekommen einer mehrseitig sicheren Kommunikationsbeziehung

4. **B→A:** Reaktion von B auf den Kommunikationswunsch von A unter Einbeziehung der eigenen Schutzinteressen. Ggf. ist B bereits mit den Sicherheitswünschen von A einverstanden und dem Aufbau einer mehrseitig sicheren Kommunikationsverbindung steht nichts mehr im Wege.

5. **A:** Ggf. Rekonfiguration der eigenen Schutzinteressen unter Berücksichtigung derer von B (Aushandlung)

6. **A:** Danach kann eine neue Kommunikationsbeziehung ausgehandelt werden (wobei natürlich die Aushandlungsergebnisse der Phasen 3 und 5 der vorherigen Kommunikationen die Konfiguration der folgenden beeinflussen sollten) oder es sind die Grundlagen für eine mehrseitig sichere Kommunikationsbeziehung zwischen A und B geschaffen.

# 2 Sicherheitsarchitekturen

Wenn es möglich sein soll, Sicherheitsfunktionen system- und anwendungsübergreifend nutzbar zu machen, werden Grundfunktionen benötigt, die allen Systemkomponenten (Betriebssystem, Netz, Anwendungen) zur Verfügung stehen. Diese Funktionen werden von einer Sicherheitsarchitektur erbracht.

Der Architekturbegriff umfaßt allgemein die Beschreibung des *Zwecks* und die Beschreibung einer dem Zweck angepaßten *Form*. Neben dem Zweck oder auch der Funktionalität einer Architektur kann unter Form auch die Beschreibung der Integration der Architektur in bestehende Systeme und die Beschreibung der umgebenden Infrastruktur gefaßt werden.

In der Informatik sind im engeren Sinn Systemarchitekturen von Bedeutung. Systeme können Rechner, Rechnernetze, aber auch Programmiersprachen sein. Eine Systemarchitektur beschreibt sowohl in konkreter als auch in abstrakter Form alle wesentlichen Komponenten für den Bau einer Systemlösung. Die Komponenten müssen in ihrem Zusammenwirken die gewünschte Funktionalität der Lösung erbringen. Architekturen beziehen sich auf Lösungen für eine bestimmte Problemstellung oder einen bestimmten Anwendungsbereich. Architekturkomponenten können in Hardware, Software oder der Kombination von beidem implementiert sein.

Unter Sicherheitsarchitektur soll im folgenden ebenfalls eine Systemarchitektur verstanden werden, die es erlaubt, insbesondere die Sicherheits- und Zuverlässigkeitsaspekte eines Rechners bzw. Rechnernetzes zu verstehen und zu beschreiben. Sicherheitsarchitekturen sollen in geordneter und nachvollziehbarer Weise ein Rahmenkonzept für die Integration systemübergreifender Sicherheitsfunktionen in informationstechnische Systeme schaffen. Es muß unterschieden werden, für welche Problemstellungen Sicherheitsfunktionalität realisiert werden soll, z.B. für die

– Sicherung der Kommunikation,

– Sicherung eines lokalen Systems und/oder

– Erfüllung organisatorischer Rahmenbedingungen.

Organisatorische Rahmenbedingungen wie zum Beispiel Schutz gegen Folgen von Naturkatastrophen, Abstrahlsicherheit (physikalische Sicherheit), Richtlinien zu Nutzerberechtigungen (administrative Sicherheit) und Zugangsberechtigungen (Personalsicherheit) [vgl. NoHe90] gehen über die informationstechnischen Aspekte einer Sicherheitsarchitektur hinaus und werden im Weiteren nicht betrachtet.

## 2.1 Ansätze für Sicherheitsarchitekturen

Sicherheitsarchitekturen umfassen aufgrund ihrer systemübergreifenden Konzeption verschiedene Systembereiche: Betriebssysteme, Schnittstellen, (Krypto-)Bibliotheken, Rechnernetze (insbesondere verteilte Systeme) sowie Anwendungen.

Die existierenden Ansätze für Sicherheitsarchitekturen sind jeweils stark von dem Systembereich geprägt, dem sie entstammen. Tab. 1 gibt eine Übersicht über ausgewählte Ansätze.

Die systemübergreifenden Ansätze für Sicherheitsarchitekturen betrachten im wesentlichen die Integration von Sicherheitspolitiken sowie Aushandlungs- und Auflösungsstrategien für Sicherheitskonflikte.

| Systembereich | Typische Vertreter [Literatur] |
|---|---|
| Betriebssysteme | BirliX [HäKK93] |
| | Windows NT [Cust95] |
| Schnittstellen | GSS-API [Linn90] |
| | Microsoft Crypto API [Wiew96] |
| (Krypto)-Bibliotheken | CM++ [BaBI96] |
| | Cryptix [Cryp] |
| | LiSA [BKMM96] |
| | RSAREF [RSA] |
| | SecuDE [Secu] |
| | SSLeay [SSL] |
| Rechnernetze, Verteilte Systeme | Kerberos [StNS88] |
| | DCE [Schi97] |
| | CORBA [OMG95] |
| | TINA/CrySTINA [SBHS97] |
| Anwendungen | Electronic Mail, z.B. Pretty Good Privacy [PGP] |
| | Electronic Commerce, z.B. SEMPER [Waid96] |
| | Zahlungssysteme, z.B. SET [SET97] |
| Systemübergreifende Ansätze | CDSA [CDSA96] |
| | CISS [MPSC93] |
| | DSSA [GGKL89] |
| | PLASMA [Kran96] |
| | REMO [REMO93] |
| | SSONET [SSONET] |

**Tab. 1:** Ansätze für Sicherheitsarchitekturen (Auswahl)

Defizite finden sich vor allem in der Systematisierung der Ansätze, der praktischen Umsetzung sowie der Unterstützung weiterreichender Schutzziele wie Anonymität, Unbeobachtbarkeit, Unverkettbarkeit und Pseudonymität.

Ein entscheidender Aspekt für die praktische Relevanz neuer Sicherheitskonzepte ist die technische und organisatorische Abstimmung der Entwicklung der Sicherheitsarchitektur mit der Entwicklung von zukünftigen Netzarchitekturen allgemein, wie z.B. von CORBA als Middleware-Architektur und der Telecommunications Information Networking Architecture (TINA, [DuNI95]) für Telekommunikationsnetze. Gerade der Mehrseitigkeitsaspekt im Geschäftsmodell neuer Telekommunikationsnetze erfordert das Konzept mehrseitiger Sicherheit.

## 2.2 Anforderungen: Was sollen Sicherheitsarchitekturen leisten?

Im folgenden wird eine Auswahl an Anforderungen und Funktionen angegeben, die Sicherheitsarchitekturen erfüllen sollen. In Anlehnung an CISS [MPSC93, S.87] und [NoHe90, S.9ff] kann die Funktionalität von Sicherheitsarchitekturen wie in Tab. 2 dargestellt untergliedert werden.

Alle 4 Bereiche können Bestandteil einer umfassenden Sicherheitsarchitektur sein, wobei sich die unter 1. fallenden Rahmenbedingungen mit der Umgebung der zu sichernden Rechnersysteme beschäftigen, 2. mit der Sicherheit eines lokalen Rechnersystems und 3. mit Sicherheit bei der Kommunikation. Nur implizit erwähnt wird die Verfügbarkeit. 4. weist direkt auf die Infrastruktur um die Sicherheitsarchitektur hin.

Für die Realisierung mehrseitiger Sicherheit muß 1. und 2. gelöst werden (bzw. wird vorausgesetzt). Unter 3. können Primäraspekte (Anwendung von Sicherheitsmechanismen zur Erreichung von ausgehandelten Schutzzielen) und unter 4. Sekundäraspekte (Infrastruktur wie Schlüsselserver, TTPs etc.) mehrseitiger Sicherheit eingeordnet werden.

| 1. | organisatorische und physikalische Rahmenbedingungen [NoHe90] |
|---|---|

- • physikalische Sicherheit
- - Schutz gegen Folgen von Naturkatastrophen
- - Abstrahlsicherheit
- • administrative Sicherheit
- - Richtlinien der Unternehmensverwaltung dafür, welche Nutzer die Berechtigungen besitzen, mit welchen Systemen was zu tun
- • Personalsicherheit
- - Firmenausweise,
- - Zugangsberechtigungen, etc.

| 2. | Endsystemsicherheit |
|---|---|

- • lokale Datensicherheit
- - Entitätsauthentifikation,
- - Vertraulichkeit von Daten,
- - Integrität von Daten,
- - Zugriffskontrolle,
- - Non-repudiation
- • Softwaresicherheit und Prozeßsicherheit [MPSC93]
- - Software-Authentizität und -Integrität (z.B. gegen Viren, trojanische Pferde, etc.)
- - Sicherheit von Betriebssystemen
- - Implementation von speicherlosen Subsystemen
- • Hardwaresicherheit
- - Hardware-Integrität

| 3. | Kommunikationssicherheit [MPSC93] |
|---|---|

- - Entitätsauthentifikation,
- - Vertraulichkeit von Daten,
- - Integrität von Daten,
- - Zugriffskontrolle,
- - Verbindlichkeit (Non-repudiation),
- - Schutz vor Subliminal Channels,
- - Schutz vor Denial of Service,
- - Sichere Gruppenkommunikation,
- - Anonyme Kommunikation

| 4. | Sicherheitsmanagement [MPSC93] |
|---|---|

- - Schlüsselerzeugung, -speicherung und -verteilung
- - Logging und Auditing von sicherheitsrelevanten Ereignissen
- - Security Recovery
- - Notariatsservice

**Tab. 2:** Anforderungskatalog an Sicherheitsarchitekturen

Für die Durchsetzung mehrseitiger Sicherheit müssen insbesondere Endbenutzer in die Lage versetzt werden, ihre Sicherheitsinteressen zu formulieren. Deshalb sollte neben der Systemunterstützung für die am Design- und Entwicklungsprozeß beteiligten Rollen besonderer Wert auf die Gestaltung der Benutzeroberfläche gelegt werden. In [ElNa87] werden folgende Bewertungskriterien für Benutzerschnittstellen genannt, die auch für die Gestaltung mehrseitig sicherer Systeme gelten können:

- – Einfachheit (simplicity),

- – Effizienz (efficiency),

- – Nutzbarkeit/Benutzerfreundlichkeit (usability).

In Tab. 2 werden einige detaillierte Konzepte zur Erfüllung dieser Kriterien im Rahmen einer Architektur für mehrseitige Sicherheit vorgeschlagen.

# 3  Akteursunterstützung in Sicherheitsarchitekturen

Eine umfassende Sicherheitsarchitektur nützt nichts, wenn die Benutzer nicht damit umgehen können. Am Prozeß von der Erstellung einer Sicherheitsarchitektur bis zur Nutzung gesicherter Anwendungen sind verschiedene Personengruppen bzw. Rollen beteiligt:

1. Entwickler der Sicherheitsarchitektur bzw. Sicherheitsexperten,

2. Anwendungsentwickler, die die Dienste der Sicherheitsarchitektur nutzen und in Anwendungen integrieren,

3. Systemadministratoren, die Einstellungen für ihren speziellen System- oder Organisationsbereich vornehmen oder als persönlicher Berater eines Endbenutzers fungieren,

4. Endbenutzer, die die Anwendungen nutzen.

Jede Rolle erfüllt schrittweise die notwendigen Aufgaben auf dem Weg zur Nutzung einer gesicherten Anwendung. Die Übergänge zwischen den einzelnen Rollen und ihren Aufgaben im Design- und Nutzungsprozeß sind teilweise fließend. Die Aufgaben in den Rollen des Systemadministrators und des Endbenutzers können bei entsprechendem Wissen z.B. von der gleichen Person durchgeführt werden, ebenso wie die Rollen des Sicherheitsarchitektur- und Anwendungsentwicklers oder des Anwendungsentwicklers und Systemadministrators zusammenfallen können.

Es wird diskutiert, bei welchen Tätigkeiten  eine Rolle durch welche Konzepte unterstützt wird und durch die Erfüllung welcher Aufgaben eine Rolle ihren nachfolgenden Unterstützung liefert.

Generell nützliche Grundkonzepte zur Unterstützung des Entwicklungs- und Nutzungsprozesses sind u.a. Abstraktion, Information über Funktionalität und Rahmenbedingungen, geeignete Schnittstellengestaltung, Standardvorgaben, Datenverwaltung, Automation von Prozessen und Fehlermeldungen.

Zunächst muß Nutzern klargemacht werden, welche Funktionalität ihnen die Architektur bietet. Ein geeigneter Mechanismus, Funktionalität Nutzern mit unterschiedlichem Wissensstand – also Experten und insbesondere Laien – nahezubringen, ist die *Abstraktion*. Es wird in allgemeiner Form erklärt, welche Dienste die Architektur erbringt bzw. erbringen kann, wobei von speziellen Details und Einzelheiten abstrahiert wird.

Die Fähigkeit eines Nutzers, seine eigenen Sicherheitsinteressen zu formulieren, hängt jedoch vom Wissen des Nutzers z.B. über die Architektur, Eigenschaften von Sicherheitsmechanismen und möglichen Angreifern ab. Der Grad der eigenverantwortlichen Formulierung von Sicherheitsinteressen durch Nichtexperten kann also nur durch ihre *Informiertheit* erhöht werden. Die Information von Nutzern einer Architektur für mehrseitige Sicherheit geht weit über übliche Hilfetexte hinaus. Es müssen Informationen u.a. über die Leistungsfähigkeit und Anwendbarkeit von Sicherheitsmechanismen, über mögliche Angreifer bei der verteilten Kommunikation im Netz und über Auswirkungen der Nutzung von Sicherheitsmechanismen (evtl. Performanceverluste, Rechtsgrundlagen) bereitstehen und geeignet aufbereitet werden. Zur nutzeradäquaten Aufbereitung der Informationen steht u.a. das Hilfsmittel der Abstraktion zur Verfügung.

Aber auch bei guter Nutzerinformation setzt sich die notwendige Nutzerunterstützung weiter fort. Wichtig für den Konfigurierungsvorgang ist einerseits die nicht nur ergonomische, sondern auch funktionale *Gestaltung der Nutzerschnittstelle* (z.b. Verhinderung nicht plausibler Einstellungen), andererseits auch ein Test der getroffenen Einstellungen und die Ausgabe entsprechender *Nutzerhinweise im Fehlerfall*. Inhaltliche Kriterien hierfür sind z.b. geeignete Schutzzielkombinationen, die Nutzbarkeit von Sicherheitsmechanismen für performancekritische (Echtzeit-)Anwendungen, etc.

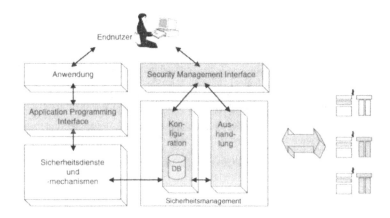

**Abb. 2:** Die SSONET-Sicherheitsarchitektur

Trotz der inzwischen relativ hohen Sensibilisierung für Sicherheitsprobleme und oben genannter Konzepte für die Nutzerunterstützung wird oft kritisch hinterfragt, ob Nutzer denn tatsächlich dazu motiviert werden können, sich mit den Sicherheitsfragen und -problemen ihres Systems zu beschäftigen und eine Anzahl von Einstellungen vorzunehmen. Durch *Standardvorgaben* für möglichst viele Teilbereiche der Konfigurierung der Sicherheitsarchitektur kann dieses Problem zumindest verringert werden. Solche Standardvorgaben sind zum Beispiel sinnvoll für die Einstellungen von Mechanismendetails (Schlüssellängen, Rundenzahlen etc.), die Bewertung von Mechanismen nach dem Grad der erreichbaren Sicherheit und eine dementsprechende Ordnung als Präferenzliste. Aus Anwendungssicht kann bereits eine Auswahl der für die spezifische Anwendung geeigneten Sicherheitsmechanismen vorgegeben werden. Diese Aufgabe kann z.B. durch den Systemadministrator oder sogar den Anwendungsentwickler vorgenommen werden. Solche Standardvorgaben dienen auch als Grundlage zur *Automation* von Teilprozessen.

Ein sekundärer, jedoch trotzdem nicht zu vernachlässigender Aspekt der Nutzerunterstützung ist die *Verwaltung* von Konfigurationsdaten und Standardwerten. Es müssen nicht nur die Einstellungen des einzelnen Endbenutzers, sondern zum Teil auch die ausgehandelten Kommunikationsbasen gespeichert werden. Standardvorgaben sollten aufbewahrt werden, um das System auch nach möglichen Nutzermodifikationen wieder in den Ausgangszustand versetzen zu können.

Im folgenden werden auf der Basis unserer Erfahrungen im Projekt SSONET [SSONET] Konzepte vorgestellt und diskutiert, die dazu beitragen, die am Entwicklungs- und Nutzungsprozeß von Sicherheitsarchitekturen Beteiligten zu unterstützen. Einen Überblick über SSONET gibt Abb. 2.

Die SSONET-Sicherheitsarchitektur bietet eine Sicherheitsmanagementschnittstelle für Endbenutzer und ein API zur Integration von Sicherheitsmechanismen für Anwendungsentwickler. Darüber hinaus ist eine Konfigurationsdatenbank und – zur Umsetzung mehrseitiger Sicherheit – eine Aushandlungskomponente enthalten. Beim Verbindungsaufbau zwischen SSONET nutzenden Kommunikationspartnern wird über Sicherheitseigenschaften und zu nutzende –mechanismen ausgehandelt.

## 3.1 Entwickler der Sicherheitsarchitektur

Voraussetzung für die Entwicklung von Sicherheitsarchitekturen ist das Fachwissen zur Problematik von Sicherheitseigenschaften, -mechanismen und deren Integration in Anwendungen. Auf dieser Basis können Komponenten und Schnittstellen sowohl zur Umsetzung als auch Nutzung von Sicherheitsfunktionalität für Anwendungen implementiert werden.

Entwickler von Sicherheitsarchitekturen können mindestens die folgenden unterstützenden Konzepte für andere am Design- und Nutzungsprozeß Beteiligte bereitstellen:

– ein API mit Sicherheitsfunktionalität (z.B. Kryptobibliotheken) für den Anwendungsentwickler,

– eine Nutzerschnittstelle für Systemadministratoren bzw. Endbenutzer (Security Management Interface, SMI),

– ein Rahmenwerk zur Auswahl von Sicherheitsmechanismen nach Kriterien (wie etwa Performance, Kosten, Sicherheit) für Anwendungsentwickler, Systemadministratoren und Endbenutzer,

– Experteninformation als Grundlage für die Bewertung von Sicherheitsmechanismen für Anwendungsentwickler, Systemadministratoren und Endbenutzer,

– Schnittstellen zu anderen (Sicherheits-)Diensten, z.B. Gateways und Verzeichnisdiensten,

– Vorgehensweisen und die notwendige Infrastruktur zur Einbindung neuer Sicherheitsmechanismen und Expertenbewertungen (inkl. von Aktualisierungen) für Anwendungsentwickler, Systemadministratoren und Endbenutzer.

## 3.2 Anwendungsentwickler

Anwendungsentwickler nutzen das von der Architektur bereitgestellte API zur Integration von Sicherheitsmechanismen (Kryptobibliotheken) auf abstrakter Ebene (siehe zum Beispiel [FMRS94]). Dabei hat sich gezeigt, daß die Abstraktion vom Detail ein gutes Konzept ist: Wenn die Architektur die entsprechende Unterstützung bietet, braucht der Entwickler sich nicht um Details einzelner Mechanismen zu kümmern, sondern kann diese abstrakte Methodenaufrufe wie *crypt()* und *sign()* integrieren (siehe z.B. [BaBl96] oder [PSWW98A]). Als eine höhere Abstraktionsstufe werden sogenannte Aktions- bzw. Schutzklassen, die die einfache Integration bereits kombinierter Schutzziele für bestimmte Anwendungsfälle ermöglichen, in [Wolf98] diskutiert, für die wiederum Standardvorgaben gemacht werden sollten.

Diese können als eine Bibliothek mit Beispielen für Anwendungs- und Ausnahmefälle für Sicherheitseigenschaften vorliegen.

Anwendungsentwickler haben nicht nur eine Sicht auf die zeitliche Abfolge der einzelnen Aktionen, sondern auch auf die Semantik der Aktionen im Anwendungszusammenhang und können deshalb die Gruppierung von Aktionen mit voraussichtlich gleichen Sicherheitsanforderungen vornehmen. Sie können sowohl Sicherheitsinteressen der einzelnen in einer Anwendung vorkommenden Rollen (über die vor der Kommunikation ausgehandelt wird) vorkonfigurieren als auch besonders sicherheitskritische bzw. –unkritische Aktionen identifizieren und dementsprechend eine Spezifikation sinnvoller oder weniger sinnvoller Sicherheitsanforderungen (z.B. für Aktion XY keine aufwendigen Anonymisierungsverfahren einsetzen) vornehmen.

Anwendungsentwickler sollten Werkzeuge zur Verfügung haben, um beispielsweise aus dem abstrakten, generischen SSONET-SMI eine konkret auf die Anwendung zugeschnittene Schnittstelle (entweder an das SSONET-SMI angelehnt oder komplett neu) zu bauen. Hierzu können z.b. abstrakte Beispiele für Ausnahmefälle (vgl. [Wolf98]: einerseits allgemeingültige, wiederverwendbare attributierte Aktionsklassen, andererseits spezifische, anwendungsabhängige Ausnahmefälle) am konkreten Beispiel behandelt werden.

Anwendungsentwickler können wahrscheinlich nur über notwendige Schutzziele, aber nicht über Detaileinstellungen von Sicherheitsmechanismen Vorschriften machen. Aufgrund der Abstraktion sollten sie weder mit Details der Mechanismen (wie Schlüssellängen und Rundenzahlen), noch – im Sinne von flexiblen Sicherheitsarchitekturen – mit einem konkreten Mechanismus (z.B. RSA, DES) konfrontiert werden, also den Mechanismus nur von seiner äußeren Schnittstelle her sehen, um ihn zur Erreichung von Schutzzielen zu integrieren.

Problematisch für Anwendungsentwickler (und indirekt auch für Endbenutzer) ist die Prüfung zugesicherter Eigenschaften eines Programms. Für den Anwendungsentwickler ist die Problematik vor allem dann von Bedeutung, wenn er fremde Bibliotheken in seine Anwendung einbinden will. Ein Ansatz (neben den klassischen Verifikationsansätzen) zur Prüfung von Eigenschaften ist z.B. Programmcode, der einen formalen Beweis seiner Eigenschaften mit sich führt, sog. Proof Carrying Code, siehe [NeLe97]. So kann der Anwendungsentwickler (und später zur Laufzeit auch der Endbenutzer) die Korrektheit des Programmcodes mit Hilfe eines Proofcheckers prüfen oder von einer Instanz seines Vertrauens prüfen lassen.

### 3.3  Systemadministratoren

Systemadministratoren definieren Sicherheitsanforderungen und konfigurieren Schutzziele und Sicherheitsmechanismen. Im Rahmen mehrseitiger Sicherheit ist das entweder in verschiedenen Abteilungen eines Unternehmens, die verschiedene Sicherheitspolitiken durchzusetzen haben, oder in verschiedenen Unternehmen, aus denen Einzelpersonen miteinander kommunizieren, denkbar. Beide Kommunikationspartner haben auf diese Weise Einstellungen gemäß ihrer Sicherheitspolitik vorliegen. Fraglich ist, inwiefern es überhaupt möglich ist, daß einer der beiden nachgibt, ohne seine Sicherheitspolitik zu verletzen.

Zur Konfigurierung nutzt der Systemadministrator das bereitgestellte SMI (Security Management Interface) und trifft Festlegungen für eine bestimmte Netzumgebung bzw. einen Organisationsbereich oder eine Anwendungsumgebung.

Die Vorkonfigurierung für mehrseitige Sicherheit durch Systemadministratoren kann folgende Ziele haben:

a1) Effizienzsteigerung der Aushandlung, solange der Endbenutzer Einstellungen des Systemadministrators korrigieren kann. Wenn Beteiligte Vorschläge vom gleichen Systemadministrator bekommen, kann ihre Aushandlung evtl. schneller zum Ergebnis kommen.

a2) Durchsetzung einer „mandatory policy". Der Systemadministrator trifft Einstellungen, die vom Endbenutzer nicht mehr überschrieben werden können.

Systemadministratoren können aber auch in der Rolle des

b) persönlichen Sicherheitsberaters von Endbenutzern gesehen werden. In diesem Falle handelt er ausschließlich im Interesse des Endbenutzers. Dabei auftretende Sicherheitsanforderungen werden im folgenden (Kapitel 3.4) erläutert.

Ein Systemadministrator, der eine „mandatory policy" (also Mußvorschriften) durchsetzen will, sollte zuerst Regeln zu Zugriffsrechten auf Daten, dann über Daten, die versendet werden dürfen, aufstellen. Erst auf der Basis dieser Regeln (und dem somit eingeschränkten Datenraum) ist es sinnvoll, Regeln zu den die Kommunikation sichernden Mechanismen festzulegen. In Sicherheitsarchitekturen die – wie SSONET – weder Zugriffsrechte noch das Aufstellen von Regeln über versendbare und nichtversendbare Daten unterstützen, sollten demnach über die zu verwendenden Mechanismen keine Mußvorschriften aufgestellt werden. Der Systemadministrator sollte sich also auf die Funktionen, die keine Mußvorschriften aufstellen – a1) und b) – beschränken.

## 3.4  Endbenutzer

Der Endbenutzer nutzt das von der Sicherheitsarchitektur bereitgestellte und ggf. von Anwendungsentwicklern oder Systemadministratoren modifizierte SMI und kann bei der Formulierung seiner Sicherheitsinteressen Voreinstellungen des Anwendungsentwicklers und Systemadministrators überschreiben. Der Endbenutzer soll auf Wunsch sehen können, welche Entscheidungen (zu Empfehlungen oder Vorschriften bzw. Einschränkungen des SMI) jeweils Entwickler der Sicherheitsarchitektur, Anwendungsentwickler oder Systemadministrator gefällt haben. Dadurch weiß der Endbenutzer, wem er vertraut (vertrauen muß), wenn er diese Einstellungen akzeptiert.

Durch die Abstraktion von Sicherheitsmechanismen auf Schutzziele und ggf. auf umgangssprachlich beschriebene Anwendungsfällen von Sicherheitseigenschaften [siehe Wolf98] ist es für den Endbenutzer nicht notwendig, Sicherheitsmechanismen oder sogar deren Details zu konfigurieren, solange er die Einstellungen durch vorangegangene Akteure (Anwendungsentwickler, Systemadministrator) akzeptiert; diesen also vertraut. Zur eindeutigen und klaren Trennung der Sicherheitsfunktionalität für Laiennutzer und Sicherheitsexperten ist die Einführung von „advanced" und „simple" Nutzermodi anzuraten.

Auch für die Aushandlung sind die bisher genannten Konzepte selektiv anwendbar, wie zum Beispiel Abstraktion, Information und Fehlermeldungen. Bei der Aushandlung kommt der möglichst automatischen Abwicklung besondere Priorität zu. Dies ist notwendig, damit der Nutzer beim Verbindungsaufbau möglichst wenige Teilschritte (Rekonfigurationen) vorzunehmen hat und seine Anwendung trotz Sicherheitsfunktionalität und Aushandlung weitestgehend „reibungslos" benutzen kann.

In einigen verteilten Anwendungen sind bereits Ansätze oder auch umfassendere Konzepte für die Konfigurierung von Schutzzielen und Sicherheitsmechanismen durch Endbenutzer vorhanden. Die Realisierungen einzelner Teilaspekte der beschriebenen Konzepte finden sich inzwischen u.a. in Programmen wie Pretty Good Privacy, dem Netscape Navigator oder dem Microsoft Explorer.

**Abb. 3:** a) Wahl des Verschlüsselungsalgorithmus bei PGP; b) Interaktiver „Konfigurationsdialog" bei Netscape

Abb. 3a) zeigt die Auswahlmöglichkeit eines Verschlüsselungsalgorithmus' in PGP ohne weitere Nutzerinformation. Der Netscape Navigator bietet in seinen neueren Versionen bereits gute Nutzerinformationen. Abb. 3b) zeigt einen Warnhinweis über unverschlüsselte Daten.

Die relativ umfassende Lösungsidee des SSONET-Projekts für mehrseitige Sicherheit in verteilten Anwendungen wird u.a. in [PSWW98b] präsentiert. Ein weiteres Beispiel für die Umsetzung mehrseitiger Sicherheit im Bereich der Telefonie ist in [GaPS98] beschrieben und wurde in einer Simulationsstudie getestet.

## Beratungsdienstleistungen:

Die komplexen Eigenschaften von Schutzzielen und Sicherheitsmechanismen sowie deren Wechselwirkungen mit der Umwelt sind schwer zu überschauen. Deshalb sind Endbenutzer oft nicht mehr in der Lage, ohne entsprechende Beratungsdienstleistungen qualifizierte Entscheidungen zu treffen. Im folgenden Abschnitt wird der spezielle Fall von Beratungsleistungen zur Nutzungszeit von Sicherheitsarchitekturen diskutiert; also nicht die Beratung zur Auswahl einer geeigneten Sicherheitsarchitektur. Im begrenzten Umfang wird diese Beratung durch Anwendungsentwickler und Systemadministratoren geleistet. Darüber hinaus kann der Endbenutzer selbst entscheiden, ob er einen weiteren Berater hinzuziehen will. Beratungsdienstleistung unterteilt sich folgendermaßen:

a)   Laden von Konfigurationen/Daten/Informationen von Servern

b)   Kommunikation mit Person (entweder vor Ort oder durch entfernte Kommunikation)

Bei Beratung vor Ort sind keine zusätzlichen Sicherheitsmechanismen für Kommunikation notwendig. Bei entfernten Beratungsdienstleistungen erhalten wir eine neue Rolle: Systemunterstützung für entfernte Beratungsdienstleistungen durch den Berater des Endbenutzers. In diesem Fall sind zusätzliche Sicherungsmaßnahmen notwendig. Es ist ein vertrauenswürdiger (oder überprüfbarer; kontrollierbarer) Pfad vom Endbenutzer zum Berater notwendig (damit Endbenutzer nicht heimlich von der NSA beraten wird). Man könnte eine vorkonfigurierte Anwendung „Beratungsdienstleistung" haben (in der die SSONET-Konzepte angewendet werden), um die Rekursivität abzufangen.

Der Endbenutzer soll sich eine Person seines Vertrauens als Berater wählen können, wenn er dem Systemadministrator nicht vertraut.

Neues Anwendungsbeispiel: Endbenutzer wählt Berater seines Vertrauens und ein Werkzeug zur Systemunterstützung für Remote Consulting. Schickt er ein Duplikat seiner Nutzerschnittstelle an den Berater, sind folgende Sicherheitseigenschaften wünschenswert: verschlüsselt, authentisiert und nicht anonym, Abrechenbarkeit.

Begründungen:

- da keine Realzeitanforderungen bestehen, ist Performance der Sicherheitsmechanismen nebensächlich und sichere Mechanismen sind anwendbar. Eventuell ist keine Aushandlung über Mechanismen notwendig, wenn von Basismechanismen ausgegangen wird, die zunächst bei den Beteiligten vorhanden sind und eingesetzt werden.

- keine Anonymität, da der Berater eh wissen muß, welche Architektur ich benutze; die Identität ist per se nicht schutzbedürftig.

- Zurechenbarkeit, Haftungsfragen: Unterschreibt der Berater alle Ratschläge? Nein, Zurechenbarkeit nur als Ausnahme umsetzen. Für die psychologische Situation der Beratung wird symmetrische Authentikation ausreichen. Müßte der Berater alles signieren, wird er bemüht sein, alle eventuellen Voraussetzungen zur Anwendbarkeit seines Ratschlages aufzuzeigen, was dem Endbenutzer am Ende nicht viel mehr bringt, als wenn er ein Expertensystem benutzen würde, Beispiel: Unter den Umständen v, w, x, y und z ist der Mechanismus a anwendbar.

Schutzwürdige Daten des Kunden (z.B. daß er gerade mit den anonymen Alkoholikern kommunizieren will) sollen nicht an den Berater gelangen, sondern nur das sicherheitstechnische Problem (d.h. Adreßinhalte, Paßwörter, etc. sind auf Anzeige des Beraters auszublenden); es sei denn, das Beratungsgespräch verläuft anonym (was eher unwahrscheinlich ist).

## 3.5 Transparenz zwischen Rollen

Insgesamt gilt, daß sowohl Entwickler der Sicherheitsarchitektur, Anwendungsentwickler als auch Systemadministratoren die Sicherheitsfunktionalität für mehrseitige Sicherheit nicht so stark einschränken (bzw. verdecken) können dürfen, daß der Endbenutzer die Einstellungen nicht wieder rückgängig machen kann. Sie sollen den Endbenutzer nicht bevormunden können, ohne daß dieser es merkt.

Dies bedeutet insbesondere, daß es einen vertrauenswürdigen Pfad vom Entwickler der Sicherheitsarchitektur bis hin zum Endbenutzer geben muß.

# 4 Ausblick

Während die Anforderungen an und Möglichkeiten von Sicherheitsarchitekturen zur Unterstützung und Durchsetzung mehrseitiger Sicherheit inzwischen halbwegs klar sind, so bleibt bzgl. der Umsetzung in kommerzielle Sicherheitsarchitekturen noch viel zu tun. Insbesondere ist es notwendig, gegenseitig voneinander zu lernen, d.h. die Entwickler von Sicherheitsarchitekturen lernen iterativ von den Reaktionen der Benutzer. Diese benötigen zumindest Prototypen von Sicherheitsarchitekturen, um mit dem Themengebiet vertraut zu werden und Wünsche äußern zu können. Dieser Prozeß läßt sich nicht beliebig beschleunigen – umso mehr sollte er rechtzeitig begonnen werden.

# Literatur

[BaBl96]    T. Baldin, G. Bleumer: CryptoManager++ – An object oriented software library for cryptographic mechanisms. In: Information Systems Security, Proceedings of the IFIP SEC'96 Conference, Chapman & Hall, London, 1996, 489-491.

[BKMM96]    I. Biehl, H. Kenn, B. Meyer, B. Müller, J. Schwarz, C. Thiel: LiSA - Eine C++ Bibliothek für kryptographische Verfahren. Digitale Signaturen, DuD Fachbeiträge, Vieweg 1996, 237-248.

[CDSA96]    Common Data Security Architecture Specification, Release 1.0, October 1996.

[Cryp]    Cryptix Library. http://www.systemics.com/software/cryptix-java

[Cust95]    H. Custer. Inside Windows NT. Microsoft Press, Redmond, 1995.

[DuNI95]    F. Dupuy, G. Nilsson, Y. Inoue: The TINA Consortium: Toward Networking Telecommunications Information Services. IEEE Communications Magazine, November 1995, 78-83.

[ElNa87]    C. A. Ellis, N. Naffah: Design of Office Information Systems. Springer Verlag, 1987.

[FMRS94]    W. Fumy, G. Meister, M. Reitenspieß, W. Schäfer (Hrsg.): Sicherheitsschnittstellen – Konzepte, Anwendungen und Einsatzbeispiele. Proceedings des Workshops Security Application Programming Interfaces'94, München, 17./18.November 1994.

[GaPS98]    G. Gattung, U. Pordesch, M. J. Schneider: Der mobile persönliche Sicherheitsmanager. GMD Report 24, Juni 1998.

[GGKL89]    M. Gasser, A. Goldstein, C. Kaufman, B. Lampson: The Digital Distributed System Security Architecture. Proc. 12th National Computer Security Conference 1989, 305-319.

[HäKK93]    H. Härtig, O. Kowalski, W. E. Kühnhauser: The BirliX Security Architecture. Journal of Computer Security 2/1 (1993) 5-21.

[Kran96]    A. Krannig: PLASMA Platform for Secure Multimedia Applications. 2nd IFIP Communications and Multimedia Security, Chapman & Hall, London 1996, 1-12.

[Linn90]    J. Linn: Generic Security Service Application Program Interface. 2nd USENIX Security Symposium, 1990, 33-53.

[MPSC93]    S. Muftic, A. Patel, P. Sanders, R. Colon, J. Heijnsijk , U. Pulkkinen: Security Architecture For Open Distributed Systems. John Wiley & Sons Ltd. Baffins Lane, Chichester West Sussex PO19 1UD, U.K.

[NeLe97]    G. C. Necula, P. Lee: Research on Proof-Carrying Code for Untrusted-Code Security; In: Proceedings of the 1997 IEEE Symposium on Security and Privacy, Oakland, 1997.

[NoHe90]    C. Noack, D. Hennig: Systemsicherheit unter Unix. Carl Hanser Verlag München Wien, 1990.

[OMG95]    OMG. CORBA Security. Document Number 95-12-1. December 1995.

[PGP]        Pretty Good Privacy. http://www.pgp.com

[PSWW98a]    A. Pfitzmann, A. Schill, A. Westfeld, G. Wicke, G. Wolf, J. Zöllner: A Java-based distributed platform for multilateral security. In: Winfried Lamersdorf, Michael Merz: Trends in Distributed Systems for Electronic Commerce. Proceedings of TREC '98 Hamburg, Germany: June 3.-5. 1998, LNCS 1402.

[PSWW98b]    A. Pfitzmann, A. Schill, A. Westfeld, G. Wicke, G. Wolf, J. Zöllner: Flexible mehrseitige Sicherheit für verteilte Anwendungen. Angenommen für KiVS '99.

[REMO93]     REMO: Referenzmodell für sichere IT-Systeme - Überblick. EISS, GMD, IABG, Siemens, TELES 1993.

[RSA]        RSAREF. http://www.rsa.com/rsalabs/newfaq/q174.html

[SBHS97]     S. Staamann, L. Buttyán, J-P. Hubaux, A. Schiper, U. Wilhelm: Security in the Telecommunications Information Networking Architecture - the CrySTINA Approach. TINA'97 Conference, Santiago, Chile, November 17-20, 1997, proceedings published by IEEE Publications 1997.

[Schi97]     A. Schill. DCE - Das OSF Distributed Computing Environment: Grundlagen und Anwendung (2., erweiterte Auflage); Springer-Verlag, 1997.

[Secu]       SECUDE. http://www.darmstad.gmd.de/secude

[SET97]      Mastercard Inc., Visa Inc.: Secure Electronic Transactions (SET) Version 1.0 - Book 1: Business Descriptions, Book 2: Programmer's Guide, Book 3: Formal Protocol Specification. Report, May 31, 1997.

[SSONET]     http://wwwrn.inf.tu-dresden.de/RESEARCH/ssonet/ssonet.html

[SSL]        SSLeay. http://www.psy.uq.edu.au:8080/~ftp/Crypto/

[StNS88]     J. G. Steiner, Clifford Neuman, Jeffrey I. Schiller: Kerberos: An Authentication Service for Open Network Systems. USENIX Conference Proceedings, Feb. 1988, 191-202.

[Waid96]     M. Waidner: Development of a Secure Electronic Marketplace for Europe. ESORICS '96 (4th European Symposium on Research in Computer Security), Rome, LNCS 1146, Springer-Verlag, Berlin 1996, 1-14.

[Wiew96]     E. Wiewall. Secure Your Applications with the Microsoft CryptoAPI. In Microsoft Developer Network News, 3/4 1996, Microsoft Press.

[Wolf98]     G. Wolf: Generische, attributierte Aktionsklassen für mehrseitig sichere, verteilte Anwendungen. Proceedings des Workshops „Sicherheit und Electronic Commerce", Essen, 1./2. Oktober 1998.

# Sicherheitsanforderungen an elektronische Dienstleistungssysteme

Malte Borcherding

BROKAT Infosystems AG
Malte.Borcherding@brokat.com

## Zusammenfassung

Die Verfügbarkeit elektronischer Kanäle für elektronische Dienstleistungen hat in den letzten Jahren stark zugenommen. Sowohl Dienstleister als auch Endkunden haben immer besseren Zugriff auf das Internet und die Mobilfunknetze. Gleichzeitig entstehen immer neue Anforderungen zu Verfahren und Sicherheitseigenschaften durch Standards und anderen Vorgaben. Das vorliegende Papier befaßt sich mit den Anforderungen an Kanäle für elektronische Dienstleistungen und geht dann auf die Sicherheitsarchitektur der E-Services-Plattform „BROKAT Twister" ein, mit deren Hilfe elektronische Kanäle verknüpft werden können.

## 1 Einleitung

Die vergangenen Jahre haben einen radikalen Wandel in der Verfügbarkeit und der Vielfalt von elektronischen Dienstleistungen erlebt. Waren vor wenigen Jahren elektronische Dienste nur spärlich über unkomfortable Verbindungen und mangelhafte Schnittstellen verfügbar, wird heute das Internet ganz selbstverständlich als Zugangsmedium zu Informationen, zum Handel und zu Finanzdienstleistungen genutzt. Neue Anwendungen wie elektronische Rathäuser oder digitale Universitäten sind in greifbare Nähe gerückt. Zusätzlich entstehen immer neue Zugriffsmöglichkeiten durch neue Kommunikationskanäle und Endgeräte, insbesondere im Bereich der mobilen Kommunikation.

Diese Komplexität kann nicht durch einzelne, unabhängige Applikationen bewältigt werden. Es entstehen Kommunikationsplattformen, die eine Verwaltung und Verknüpfung der diversen Dienstleistungen und Vertriebskanäle ermöglicht. Durch diese Diversität entstehen Anforderungen an ein Dienstleistungssystem, die ein hohes Maß an Flexibilität erfordern.

Das vorliegende Papier beschäftigt sich insbesondere mit den *Sicherheits*anforderungen an ein elektronisches Dienstleistungssystem. Konkret wird dann auf die Sicherheitseigenschaften der Plattform BROKAT Twister eingegangen, die im realen Einsatz bereits weite Verbreitung gefunden hat.

## 2 Anforderungen

An sichere elektronische Dienstleistungssysteme werden Anforderungen aus verschiedenen Bereichen gestellt. Neben den technischen Sicherheitsanforderungen sind ökonomische und politische Randbedingungen zu beachten. Sie werden in den folgenden Abschnitten im einzelnen erläutert.

# 2.1 Technische Anforderungen

**Grundlegende Sicherheitsanforderungen:** Von einem sicheren System werden die grundlegenden Eigenschaften Vertraulichkeit, Integrität und Authentizität erwartet. Weitere Anforderungen sind z.b. Nichtabstreitbarkeit und Verfügbarkeit.

**Standards:** Gerade im Sicherheitsbereich ist die Unterstützung von Standards von zentraler Bedeutung. Sie bieten neben einem höheren Investitionsschutz eine höhere Sicherheit als proprietäre Verfahren: Standardisierte Verfahren sind öffentlich zugänglich und typischerweise in weiten Kreisen begutachtet worden. Sicherheitsmängel werden so schnell sichtbar, was bei proprietären Verfahren nicht der Fall ist.

**Anbindung an vorhandene Sicherheitsinfrastrukturen:** Im Idealfall wird eine homogene Ende-zu-Ende-Sicherheit implementiert. In realen Anwendungen kann davon nicht immer ausgegangen werden, da z.b. bankinterne Sicherheitsverfahren nicht ohne weiteres bis auf den Endkunden ausgedehnt werden können. Es muß also ein Übergang zu bestehenden Sicherheitsinfrastrukturen vorgesehen werden.

**Konnektivität:** Die Anbindung an möglichst viele, heterogene Systeme und die Verbindung verschiedenster Kanäle muß möglich sein. Nur so lassen sich bestehende Systeme wie Datenbanken, Zugänge zu Clearingstellen, Anbindungen an BTX-Systeme etc. sinnvoll auf verschiedenen Kanälen zum Endkunden ausdehnen.

**Modularität:** Es ist notwendig, daß ein System zur Bereitstellung elektronischer Dienstleistungen modular aufgebaut ist, um rasch auf veränderte Situationen wie neue Kanäle oder Standards reagieren zu können.

**Sichere Verteilbarkeit:** Gerade im Bereich elektronische Dienstleistungen ist die Verteilung von Komponenten und deren sichere Verbindung von zentraler Bedeutung. Dienstleistungen lassen sich so aus verteilten Quellen bündeln, um z.B. eine virtuelle Bank bereitzustellen, die tatsächlich aus den Angeboten verschiedener, weltweit verteilter Dienstleister zusammengestellt ist.

# 2.2 Ökonomische Anforderungen

Ein System für elektronische Dienstleistungen muß nicht nur sicher sein, sondern auch ökonomischen Anforderungen genügen. Die wesentlichen Anforderungen sind hier *Sicherheitsprofitabilität, Time-to-Market* und *Investitionssicherheit*:

**Sicherheitsprofitabilität:** Daß eine absolute Sicherheit nicht erreichbar ist, ist eine bekannte Tatsache. Etwas vergröbernd gilt auch die Aussage, daß mit einer größeren Sicherheit auch höhere Kosten verbunden sind. Für eine Wirtschaftlichkeitsrechnung müssen daher die Kosten für die technische Sicherheit mit möglichen Kosten, die aus zu geringer Sicherheit entstehen, verglichen werden. Dazu zählen z.B. Kosten aus direktem Betrug und Opportunitätskosten, wie z.B. Imageverlust.

**Time-to-Market:** Gerade im Bereich der elektronischen Dienstleistungen mit seinen sehr kurzen Innovationszyklen ist es von zentraler Bedeutung, daß ein System schnell zum Einsatz kommt und schnell an neue Gegebenheiten angepaßt werden kann.

**Investitionssicherheit:** Es muß sichergestellt sein, daß sich ein System leicht und mit geringen Kosten an veränderte Randbedingungen anpassen läßt. Darunter fallen z.b. neue Sicherheitsstandards oder neue Kanäle zum Kunden, die sich aus neuen Kommunikationstechniken ergeben können.

## 2.3 Politische Anforderungen

Unter diesem Aspekt werden Anforderungen aus der nationalen und internationalen Politik betrachtet, aber auch Anforderungen, die sich aus Forderungen oder Vorschlägen von Verbänden und Gruppierungen ergeben.

**Nationale Gesetzgebung:** Hierunter fallen z.b. Regelungen zu verbindlichen digitalen Signaturen, zur Beschränkung der Verwendung von kryptographischen Systemen und zum Im- und Export von kryptographischen Systemen. Für Anwendungen in Deutschland bedeutet das u.a. eine Berücksichtigung des Signaturgesetzes und der Signaturverordnung und Einschränkungen in der verwendbaren GSM-Sicherheit.

**Internationale Regelungen:** Dieser Bereich umfaßt Regulierungen auf europäischer oder globaler Ebene, wie z.b. Initiativen der Europäischen Kommission zu digitalen Signaturen oder internationale Exportrichtlinien und eine eingeschränkte Verfügbarkeit von sicherer US-Software.

**Verbandsvorgaben:** Elektronische Dienstleistungen unterliegen häufig Regulierungen oder Standards von bestimmten Verbänden oder Organisationen. So gibt es z.b. im deutschen Bankenumfeld Vorgaben des Zentralen Kreditausschuß des deutschen Kreditgewerbes (ZKA) zur Kommunikation im Homebanking-Bereich und zur Verwendung der ZKA-GeldKarte.

# 3 Die E-Services Plattform BROKAT Twister

Ein elektronischer Kanal definiert sich aus einer Zusammenstellung von Anforderungen aus den oben angeführten Bereichen. Will ein Anbieter seine Dienstleistungen nicht nur über einen Kanal anbieten, sondern über mehrere, muß eine sichere Verknüpfung der Kanäle und der beteiligten Datenquellen hergestellt werden.

In den folgenden Abschnitten wird auf die Sicherheitsarchitektur der E-Services Plattform BROKAT Twister eingegangen, die im Bereich des Electronic Banking und Electronic Commerce bereits eine weite Verbreitung gefunden hat. Neben der internen Sicherheit werden die Sicherheitseigenschaften der verschiedenen elektronischen Kanäle erläutert.

## 3.1 Struktur

Der Grundgedanke der Architektur besteht darin, Funktionalität, die in verschiedenen Back-End-Systemen existiert, zu elektronischen Dienstleistungsangeboten zu verknüpfen und in verschiedenen Distributionskanälen bereitzustellen. Grundkomponenten von Twister sind *Gateways*, *Accessoren* und *Services*. Die interne Kommunikation erfolgt über CORBA/IIOP.

**Gateways** bilden die Schnittstelle zum elektronischen Vertriebskanal. Sie können anwendungsspezifisch ausgelegt sein, z.B. zur Anbindung von HBCI- oder SET-Komponenten (s.u.), oder allgemeine Kommunikationszugänge bieten wie z.B. eine Internet- oder GSM-Anbindung.

**Accessoren** stellen die Funktionalität von Back-End-Systemen zur Verfügung. Sie wickeln beispielsweise die Kommunikation mit Datenbanken, BTX-Systemen oder Clearingstellen ab.

**Services** unterstützen die Abwicklung der internen Kommunikation. So existieren z.b. Dienste zum Naming und zur Lastverteilung.

**Repository Defined Objects (RDOs)** definieren, auf welche Weise Anfragen an die Gateways auf Anfragen an die Accessoren abgebildet werden. In ihnen wird daher die Verknüpfungsstruktur der Kanäle festgelegt. Sie enthalten bei Bedarf Applikationslogik, die nicht von den vorhandenen Back-End-Systemen bereitgestellt wird.

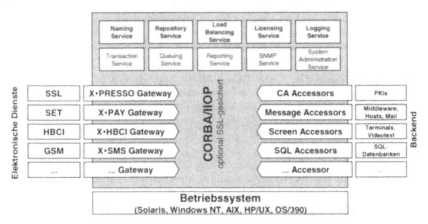

**Abb. 1:** Twister-Architektur

## 3.2 Twister-interne Sicherheit

**SSL-gesicherte Komunikation:** Die Kommunikation zwischen den einzelnen Twister-Komponenten kann optional SSL-gesichert abgewickelt werden (zu SSL s. [3]). Das ermöglicht eine beliebige Verteilung der Komponenten mit Verbindungen über öffentliche Netze. Gateways und Accessoren können damit auch unter der Kontrolle verschiedener Institutionen sein. So kann ein Dienstanbieter z.B. Kundenanfragen über Gateways bündeln und zur weiteren Bearbeitung an Accessoren bei verschiedenen angeschlossenen Unternehmen weitergeben.

## 3.3 Sichere Internet-Anbindung

Zur sicheren Internet-Anbindung steht ein SSL-Gateway zur Verfügung (X•PRESSO). Es kann auf verschiedene Arten mit dem Benutzer kommunizieren: Es kann als HTTP-Gateway mit dynamisch erzeugten HTML-Seiten auftreten, oder als Gegenpart zu SSL-fähigen Applets, die im Browser des Endkunden ablaufen können.

**SSL-Kommunikation mit Applets:** Mit Hilfe von Java-SSL-Klassen können Applets erstellt werden, die direkt SSL-verschlüsselt mit X•PRESSO kommunizieren. Damit werden verschiedene Ziele erreicht:

- Auch wenn der Browser des Kunden nur schwache Verschlüsselung unterstützt, kann zwischen Applet und Server stark verschlüsselt werden.

- Man gewinnt eine server-kontrollierte Sicherheit. Das bedeutet, daß die vom Client verwendete Software auf dem Server gehalten wird und erst bei Kommunikationsbeginn zum Client überspielt wird. Damit wird erreicht, daß der Benutzer eine aktuelle und geprüfte Software zur Verschlüsselung verwendet. Zusätzlich kann sichergestellt werden, daß das Applet nur mit dem zugehörigen Server kommuniziert, womit eine Zweckbindung des Applets erfolgt. Diese Eigenschaft ist hilfreich, wenn die Applets aus Ländern mit Exportrestriktionen an ausländische Kunden übertragen werden sollen.

Zur Verringerung der Download-Zeiten können die Applets als signierte Applets bereitgestellt werden. Sie können dann lokal beim Client gespeichert werden. Ein spezieller Mechanismus sorgt dafür, daß ein lokal gehaltenes Applet nur ausgeführt wird, wenn die Signatur korrekt ist und keine aktuellere Version auf dem Server vorliegt.

**SSL-HTTP-Server:** In diesem Fall kann mit einem SSL-fähigen Browser direkt auf das Gateway zugegriffen werden. Die angefragten HTML-Seiten können Platzhalter beinhalten, die dynamisch mit Informationen aus Accessor-Zugriffen aufgefüllt werden. So können z.B. zum Zeitpunkt der Anfrage aktuelle Kontostände, Börsenkurse oder kundenspezifische Informationen eingefügt werden.

Die Stärke der Verschlüsselung hängt dabei von den Fähigkeiten des Browsers ab. Zur Verstärkung der Verschlüsselung kann ein signiertes Java-Applet als Proxy eingesetzt werden, das im Browser abläuft. Es tritt gegenüber dem Server als stark verschlüsselnder SSL-Client auf, und gegenüber dem Browser als schwach verschlüsselnder SSL-Server.

## 3.4 GSM-Anbindung

Neben dem Internet ist GSM ein wichtiger Kanal zum Kunden. Für eine sichere Kommunikation kann man sich auf die von dem jeweiligen Netzbetreiber implementierten Verfahren verlassen oder eigene Sicherungsschichten einziehen. Im folgenden werden zwei Verfahren zur Übertragung von Einmalpaßwörtern und für eine sichere Ende-zu-Ende-Authentifikation beschrieben.

**Einmal-Paßwörter:** Das Mobiltelefon kann verwendet werden, um einem Benutzer via SMS (Short Message Service) Einmalpaßwörter zukommen zu lassen. So kann z.B. ein Benutzer während einer Internet-Banking-Session ein Paßwort anfordern, es vom Mobiletelefon ablesen und wieder im Browser eingeben. Damit kann auf einfache Weise der Versand von TAN-Listen vermieden oder ergänzt werden. In diesem Fall ist man allerdings davon abhängig, daß das Paßwort an das richtige Endgerät übertragen wird, und daß es nicht abgehört werden kann.

**Mobile Signaturen:** Ein weiterer Schritt besteht darin, auf der SIM-Karte (Subscriber Identification Module) des Mobiltelefons selbst Schlüssel und Algorithmen abzulegen, um eine sichere Ende-zu-Ende-Kommunikation zu ermöglichen. In diesem Fall können beliebige Nachrichten an das Telefon gesendet werden, die dort angezeigt und bei Bestätigung des Benutzers auf der SIM-Karte signiert werden.

Dieses Verfahren setzt voraus, daß der Benutzer eine spezielle SIM-Karte zu Verfügung gestellt bekommt. Dafür ist aber eine sichere Kommunikation von Twister direkt zur SIM-Karte möglich, wodurch Betrachtungen der Sicherheitsmechanismen beim Netzbetreiber überflüssig werden.

## 3.5 Anbindung an PKIs

Es ist notwendig, eine Plattform wie Twister in externe PKIs (Public Key Infrastructures) einbinden zu können, wie z.b. in die entstehende signaturgesetzkonforme Infrastruktur in Deutschland. Die wesentlichen Kontaktpunkte sind die Schnittstellen zu den Benutzerschlüsseln und -Zertifikaten (z.b. Smart Cards) und zur Zertifizierungsstelle (Certification Authority, CA).

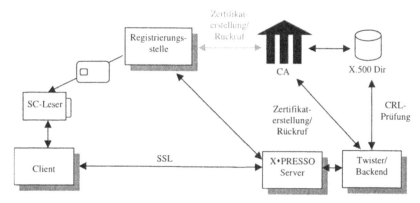

**Abb. 2:** PKI-Anbindung

Die Kommunikation mit der CA kann auf verschiedenen Ebenen erfolgen. Im einfachsten Fall werden Rückruflisten abgefragt oder Zertifikate zur Überprüfung eingereicht. Komplexere Systeme binden die CA auch für die Ausstellung und den Widerruf von Zertifikaten ein.

**CA-Accessoren:** Die Anbindung an CAs erfolgt über Accessoren, wobei für jede anzubindende CA ein eigener Accessor bereitgestellt wird. Die mögliche Funktionalität hängt von der von der CA bereitgestellten Schnittstelle ab. So kann z.b. die Erzeugung von Zertifikaten möglich sein, nicht aber der Widerruf. Die Minimalfunktionalität beinhaltet die Prüfung von Zertifikaten auf ihre Gültigkeit. Diese Prüfung kann entweder über eine von der CA zur Verfügung gestellt Schnittstelle geschehen oder durch einen direkten Zugriff auf ein LDAP-Verzeichnis.

**Client-seitige Anbindung:** Abhängig von dem implementierten System liegen hier PSEs (Personal Secure Environments) in Software oder auf Smart Cards vor. Der Zugriff auf Smart Cards erfolgt weitestgehend über standardisierte APIs (PKCS#11, CT-API). Software-PSEs sind von Hersteller zu Hersteller unterschiedlich. Daher müssen hier jeweils eigene Schnittstellen verwendet werden. Zur Darstellung von zu signierenden Daten kann eine sichere Darstellungskomponente verwendet werden.

## 3.6 Anbindung an andere Authentifikationssysteme

Im praktischen Einsatz werden neben Systemen auf Basis digitaler Signaturen auch PIN-basierte Verfahren eingebunden. Beispiele sind die aus den BTX-Systemen übernommenen PIN/TAN-Systeme und Token-basierte Verfahren.

**PIN/TAN:** Dieses Verfahren wird typischerweise in bestehenden BTX-Systemen angewendet, die in das Internet übertragen werden. Die Prüfung der PINs und TANs erfolgt nicht explizit im Twister-Umfeld, sondern wird von dem bestehenden BTX-System vorgenommen. Als Interface dient ein BTX-Accessor.

**Hardware-Token:** Ein Hardware-Token ist ein kleines Gerät mit einem Display und z.T. einer Tastatur, das einen symmetrischen Schlüssel enthält. Es kann Einmalpaßwörter ausgeben, die auf der Verschlüsselung der aktuellen Zeit oder einer einzugebenden Challenge beruhen. Diese Paßwörter können z.b. in Verlauf einer Internet-Session in den Browser eingegeben werden und auf Twister-Seite überprüft werden. Dazu wird ein Accessor für eine Komponente des jeweiligen Herstellers verwendet.

## 3.7 HBCI

HBCI ist das vom ZKA definierte „Home-Banking Computer Interface". Durch ein HBCI-Gatway kann dieses Protokoll mit Standard-HBCI-Clients abgewickelt werden. Die Ende 1998 aktuelle Version 2.0.1 (s. [1]) legt neben den Nachrichtenformaten für bestimmte Geschäftsvorfälle auch zwei mögliche Sicherheitsverfahren fest:

**DDV (DES-DES-Verfahren)** basiert auf symmetrischen Verfahren zur Signatur und zur Verschlüsselung. Die zugrundeliegenden Algorithmen sind 2-Key-3-DES und RIPEMD-160. Die kundenseitigen Schlüssel werden auf einer Smart Card gespeichert und verwendet.

Die Kundenschlüssel werden nicht zufällig gewählt, sondern leiten sich aus einem Hauptschlüssel (Key Generating Key) und den Kundendaten ab. Damit muß bankseitig nicht jeder Kundenschlüssel gespeichert werden, sondern nur der KGK, mit dessen Hilfe die Kundenschlüssel bei Bedarf neu abgeleitet werden können.

**RDH (RSA-DES-Hybridverfahren)** kombiniert RSA (768 bit) und 2-Key-3-DES für Signatur und Verschlüsselung. Wie die Schlüssel auf Kundenseite zu speichern sind, ist nicht festgelegt. Eine Speicherung auf Diskette ist also möglich; die Verwendung von RSA-Kryptokarten wird allerdings angestrebt.

## 3.8 OFX

OFX ist ein Banking-Standard, der von den amerikanischen Firmen Microsoft, Intuit und Checkfree definiert wurde (s. [2]). OFX definiert keine eigenen Sicherheitsverfahren, sondern verweist auf Standards wie SSL und die PKCS-Standards von RSA. Vom Sicherheitsstandpunkt unterscheidet sich daher ein OFX-Gateway nicht von einem SSL-Gateway. Unterschiedlich ist nur die OFX-Protokoll- und Formatabwicklung.

## 3.9 SET

Der Secure Electronic Transaction Standard (SET) ist aus der Harmonisierung von den separaten Standardisierungsbemühungen von VISA, MasterCard und weiteren Herstellern hervorgegangen (s. [4]). Grundlegende Verfahren sind hier RSA (mind. 1024 bit) und DES. Besonderer Wert wird darauf gelegt, daß die beteiligten Parteien (Kunde, Händler, Betreiber) nur diejenigen Informationen sehen, die sie benötigen.

Im Rahmen von Twister steht ein SET-Gateway zur Verfügung, mit dessen Hilfe ein Zahlungssystem-Betreiber SET-Transaktionen abwickeln kann. Zusätzlich werden Komponenten für den Händler (SET-Server) und Kunden (Java-SET-Wallet) angeboten.

Zusätzlich zu der in SET definierten Zahlung per Kreditkarte können Zahlungssysteme wie GeldKarte, Lastschrift oder Kundenkarten abgewickelt werden. Die übertragenen Daten werden durch die SET-Verfahren oder eine starke SSL-Verschlüsselung abgesichert.

# 4 Zusammenfassung und Ausblick

Den realen Sicherheitsanforderungen an elektronische Dienstleistungssysteme wird am besten eine Plattform gerecht, die verschiedene Verfahren zusammenführen kann und flexibel an bestehende und neue Anforderungen anpaßbar ist. Nur so wird die existierende und in der Praxis unvermeidbare Inhomogenität elektronischer Vertriebskanäle handhabbar.

Zukünftige Entwicklungen beinhalten Anpassungen an entstehende PKI-Systeme, z.B. im internationalen Bankenverkehr und Unterstützung für TLS, den Nachfolger von SSL. Für den Bereich der mobilen Anwendungen ist die Unterstützung von elliptischen Kurven geplant, sowie die Anbindung neuer Protokolle wie WAP (Wireless Application Protocol).

## Literatur

[1]　Aktuelle HBCI-Spezifikationen beim Informatikzentrum der Sparkassenorganisation GmbH (SIZ): http://www.siz.de/siz/hbci/hbcispec.htm

[2]　Open Financial Exchange Homepage: http://www.ofx.net

[3]　Netscape Communications Inc., SSL 3.0 Protocol http://home.netscape.com/eng/ssl3/index.html

[4]　SET Secure Electronic Transaction LLC, http://www.setco.org

# Nachhaltige Überprüfbarkeit digitaler Signaturen

Andreas Bertsch[1] · Kai Rannenberg[1] · Herbert Bunz[2]

[1]Abteilung Telematik – Institut für Informatik und Gesellschaft
Albert-Ludwigs-Universität Freiburg
{bertsch, kara}@iig.uni-freiburg.de

[2]IBM – European Networking Center Heidelberg

## Zusammenfassung

Digitale Signaturen schützen die Integrität und Authentizität von Daten nur so lange, wie die zur Überprüfung notwendigen Kontextinformationen – Erstellungszeitpunkt und Zertifikate – verfügbar und vertrauenswürdig sind. Der Vertrauenswürdigkeit von digitalen Signaturen sind wegen der zugrundeliegenden kryptographischen Verfahren jedoch zeitliche Grenzen gesetzt. Um die Nachhaltigkeit digitaler Signaturen gewährleisten zu können, darf die Kompromittierung eines Schlüssels innerhalb einer Public-Key-Infrastruktur keine Folgen für deren Überprüfbarkeit haben; es wird daher ein Zeitstempeldienst mit Archiv vorgeschlagen. Damit relevante Tätigkeiten der Sicherheitsinfrastrukturdienste stets nachvollziehbar bleiben, hat der Zeitstempeldienst die Erstellung von Zeitstempeln zu protokollieren und deren Korrektheit auf Anfrage online zu bestätigen.

## 1 Einleitung

Der WWW-basierte Electronic Commerce, die am schnellsten wachsende Facette des Internet-Booms, wird von Unternehmen mit großen wirtschaftlichen Hoffnungen begleitet. Die Electronic Commerce Enquête (ECE) [ECE 98] konnte in einer empirischen Untersuchung darlegen, daß seitens der Unternehmen die Potentiale des Electronic Commerce erkannt und ökonomische Vorteile wie verkürzte Transaktionszeiten und Reduktion der Transaktionskosten gesehen werden.

Momentan herrscht jedoch bei EC-Aktivitäten eine Diskrepanz zwischen den ökonomischen Ergebnissen und den darauf gesetzten Erwartungen. So konnten weder nennenswerte Kostenreduktionen noch Zuwächse bei den Marktanteilen, den Umsätzen oder den Gewinnmargen festgestellt werden. Als Ursache dafür konnten von der ECE-Untersuchung die folgenden fünf Hauptgründe ausgemacht werden:

- Es gibt noch keine allgemein üblichen Geschäftsgepflogenheiten.
- Es gibt noch regulatorische Defizite, z.b. digital signierte Verträge.
- Es gibt noch ungeklärte rechtliche Aspekte, z.b. Copyright.
- Es sind keine sicheren Zahlungen über das Internet möglich.
- Es fehlt die Beweisbarkeit von Online-Transaktionen.

Einige dieser Gründe sind darauf zurückzuführen, daß momentan sowohl praktische Erfahrungen mit dem Electronic Commerce als auch objektive Informationen über die mit den elektronischen Zahlungssystemen verbundenen Risiken fehlen. Anders verhält es sich jedoch mit der Beweisbarkeit von elektronischen Transaktionen und den regulatorischen Defiziten bei der Nutzung der digitalen Signatur. Nach dem Signaturgesetz [BT 97] bzw. der dazugehörigen Signaturverordnung [Reg 97] sind die Betreiber von Zertifizierungsstellen zur Bereitstellung von bestimmten Dienstleistungen im Zusammenhang mit der digitalen Signatur, wie dem Verzeichnis- oder Zeitstempeldienst, verpflichtet.

In diesem Text werden zunächst die prinzipiellen zeitlichen Grenzen der Überprüfbarkeit digitaler Signaturen gemäß dem Gesetz zur digitalen Signatur aufgezeigt. Anschließend werden Verfahrensalternativen bzw. Erweiterungen von Diensten einer Zertifizierungsstelle vorgestellt, die dazu beitragen können, daß digitale Signaturen eine nachhaltige Beweiskraft erlangen.

## 2 Zeitliche Grenzen bei digitalen Signaturen

Der Electronic Commerce wird bisherige Formen der Arbeit und des Handels durch neue ersetzen und effektiver gestalten. Die Grundlage des Agierens bilden die dabei ausgetauschten Daten. Voraussetzung dafür ist aber, daß diese Daten bezüglich der Authentizität, Integrität, Vertraulichkeit, Überprüfbarkeit und Verbindlichkeit den papiergebundenen Schriftformen in nichts nachstehen.

Die Ungewißheit eines jeden Empfängers über die Integrität und Authentizität der empfangenen Informationen läßt sich erst durch den Einsatz digitaler Signaturen bzw. allgemein asymmetrischer kryptographischer Verfahren seitens der Absender beseitigen. Dieses Verfahren eröffnet dem Empfänger die Möglichkeit zur Überprüfung der Unversehrtheit der Information und der Identität des Absenders.

Ein wesentliches Merkmal der handschriftlichen Unterschriften ist, daß die Überprüfbarkeit auch nach einem nahezu beliebig großen Zeitraum stets gegeben ist. Die stetige Überprüfbarkeit des mittels kryptographischer Verfahren realisierten Integritäts- und Authentizitätsschutzes von elektronischen Daten kann jedoch nicht als gegeben angenommen werden. Prinzipiell ist die Lebensdauer aller Datenträger begrenzt, und zufällige Fehler bei der Datenspeicherung können niemals ausgeschlossen werden.

Selbst wenn diese Problematik außer acht gelassen wird, sind kryptographische Schutzinformationen vergänglich. Das bedeutet nicht, daß sie sich allmählich auflösen, sondern daß sie ab einem bestimmten Zeitpunkt nicht mehr verifizierbar sind und somit wertlos werden.

Grundsätzlich existieren bei allen Schutzmaßnahmen mittels Verschlüsselung kryptographische und einsatzspezifische Grenzen für die Überprüfbarkeit, die von den folgenden Umständen bestimmt werden:

- Kryptographische Grenzen
  - Verwendete Algorithmen werden schwach, d.h. brechbar.
- Einsatzspezifische Grenzen
  - Überprüfungsinformationen (Zertifikate) sind nicht mehr verfügbar.
  - Eingesetzte kryptographische Parameter (Schlüssel) sind kompromittiert.

Aufgrund dieser Grenzen ergibt sich die Problematik, daß in Zukunft neue „falsche" digitale Signaturen, beispielsweise mit einem kompromittierten Schlüssel, entstehen können. Ohne Kontextwissen, speziell Kenntnis des Erstellungszeitpunktes, kann dann nicht mehr zwischen alten korrekten und neuen falschen digital signierten Dokumenten unterschieden werden. Die Folge ist, daß sämtliche mit diesem Schlüssel jemals erzeugten digitalen Signaturen als potentiell gefälscht angesehen werden müssen und somit wertlos werden.

## 3 Erstellungszeitpunkt für digitale Signaturen

Kryptographische Parameter, wie ein digitaler Signaturschlüssel, werden von einer Zertifizierungsstelle nur für einen bestimmten Zeitraum einer Person zugeordnet und in Form eines Zertifikats o.ä. bestätigt. Um authentizitätsgeschützte Daten nach einer beliebigen Zeitspanne überprüfen zu können, ist es notwendig, den bei der Erstellung der Schutzinformationen bzw. der digitalen Signatur vorherrschenden Kontext zu rekonstruieren, d.h. nachzuvollziehen, welcher Person oder welchem Pseudonym der Schlüssel zum fraglichen Zeitpunkt zuzuordnen war.

Bei der Überprüfung einer digitalen Signatur muß im allgemeinen zunächst einmal deren exakter Erstellungszeitpunkt bestimmbar sein, um überprüfen zu können, ob dieser Zeitpunkt innerhalb des von der Zertifizierungsstelle bestätigten Zeitraums liegt. Theoretisch ist die Überprüfung einer digitalen Signatur auch ohne Kenntnis des genauen Erstellungszeitpunktes möglich. Es muß dann aber sichergestellt sein, daß der digitale Signaturschlüssel vor Beginn und nach Ablauf der bestätigten Zeitspanne niemals zur Erzeugung digitaler Signaturen verwendet wurde und wird. Letzteres bedeutet, daß der digitale Signaturschlüssel mit Ablauf des Zertifizierungszeitraums sicher vernichtet werden muß, um seine weitere Verwendung ausschließen zu können. Des weiteren bedeutet es auch, daß der Schlüssel innerhalb des Zeitraums nicht kompromittiert wurde und es auch zukünftig nicht wird.

Jedoch kann eine Kompromittierung des Schlüssels niemals vollständig ausgeschlossen werden, weshalb die Überprüfung einer digitalen Signatur ohne Kenntnis von deren Erstellungszeitpunkt im allgemeinen nur als eine theoretische Variante ohne praktische Bedeutung anzusehen ist.

## 4 Erstellung und Überprüfung digitaler Signaturen

Digitale Signaturen lassen sich einem Unterzeichner nur dann zweifelsfrei zuordnen, wenn das Erstellungsdatum einer digitalen Signatur und die Zuordnung von Signaturschlüsseln zu Personen durch einem unabhängigen vertrauenswürdigen Dritten bestätigt werden. Hierzu sind ein Zeitstempeldienst (vgl. 4.1) und ein erweiterter Verzeichnisdienst (vgl. 4.3) nötig.

## 4.1  Zeitstempeldienst

Die Bestimmbarkeit des exakten Zeitpunktes der Erstellung einer digitalen Signatur ist für deren Überprüfbarkeit eine notwendige Voraussetzung, denn alle Angaben in den signierten Daten, besonders die Erstellungszeitangabe, unterliegen dem Einflußbereich des Erstellers und sind von ihm manipulierbar. Für die Rekonstruktion des Erstellungskontexts ist eine verläßliche Zeitangabe die notwendige Voraussetzung. Ein Zeitstempel ist eine Bestätigung, daß bestimmte Daten zum angegebenen Zeitpunkt dem Aussteller des Zeitstempels vorgelegen haben. Ein Zeitstempeldienst wird im Rahmen einer Public-Key-Infrastruktur von einem vertrauenswürdigen Dienstleistungserbringer zur Verfügung gestellt. Technisch gesehen besteht ein Zeitstempel aus zwei Informationen:

1. der Hashsumme der vorgelegten Daten und

2. der verläßlichen Zeitangabe.

Beide werden zusammen vom Zeitstempeldienst mit einer digitalen Signatur versehen. Das Format der Zeitstempel sowie das Zugangsprotokoll zum Zeitstempeldienst können beispielsweise auf der Basis des Standards *Time Stamp Protocols* der IETF [TSP 98] realisiert werden.

## 4.2  X.500 Verzeichnisdienst

Zur Verifikation von authentizitätsgeschützten Daten oder digitalen Signaturen sind die zum bestätigten Erstellungszeitpunkt gültigen Überprüfungsinformationen, die Zertifikate des Erstellers bzw. des Zeitstempeldienstes und die Sperrliste der ausstellenden Zertifizierungsstelle, notwendig. Noch ist es gängige Praxis, daß in Schlüsselregistern, wie dem X.500 Directory [ISO/IEC 9594-1], nur die momentan gültigen Schlüssel in Form von Zertifikaten abrufbar gehalten werden.

Der Zugriff auf „historische" Zertifikate und Sperrlisten, d.h. solche, deren Gültigkeitsdauer bereits abgelaufen ist, kann nur über einen Dienst erfolgen, der über ein Archiv mit der Historie aller ausgestellten Zertifikate einer Zertifizierungsstelle verfügt. Dieser Dienst, im folgenden *erweiterter Verzeichnisdienst* genannt, ist eine Dienstleistung einer Zertifizierungsstelle, die im engen aber nicht direkten Zusammenhang mit Public-Key-Verfahren steht, jedoch speziell bei der digitalen Signatur vom Gesetzgeber, vgl. §5 Abs. 1 des Signaturgesetzes [BT 97], gefordert wird.

## 4.3  Erweiterter Verzeichnisdienst gemäß Signaturgesetz

Ein erweiterter Verzeichnisdienst bestätigt auf Anfrage den Status eines Zertifikats zu einem bestimmten Zeitpunkt, d.h. ob es vorhanden und gültig oder gesperrt bzw. abgelaufen war. Im Maßnahmenkatalog für Zertifizierungsstellen nach dem SigG [RegTP 98] sind die funktionalen Anforderungen an diesen Dienst beschrieben, jedoch sind diese weiter zu präzisieren und um zusätzliche Sicherungsmaßnahmen zu ergänzen.

Vom erweiterten Verzeichnisdienst werden die zurückgegebenen Informationen mittels seines privaten Schlüssels digital signiert, damit die Authentizität und Integrität des Abfrageergebnisses vom Anfragenden verifiziert werden kann. Die Antwort des erweiterten Verzeichnisdienstes muß mindestens aus den drei folgenden Informationen bestehen:

1. Angaben zum Status des angefragten Zertifikats;

2. Wiedergabe des angefragten Zeitpunktes, vom Anfragenden spezifiziert;

3. Angaben des Zeitpunktes der Erstellung dieser Auskunft.

Der Zeitpunkt der Erstellung von Auskünften durch den erweiterten Verzeichnisdienst ist für den Anfragenden eine unverzichtbare Information und muß Bestandteil der Antwort sein. An Hand dieser zusätzlichen Angaben können dem Verzeichnisdienst falsche Auskünfte nachträglich zugeordnet werden. Dabei muß danach unterschieden werden, wie die Angabe zum Erstellungszeitpunkt der Antwort zustandekommt:

1. Die Zeitangabe in der Antwort wird vom Verzeichnisdienst selbst erzeugt. Sie unterliegt somit seinem Einflußbereich.

2. Das Anfrageergebnis wird vom Verzeichnisdienst digital signiert und danach wird von einem unabhängigen Dritten für diese Signatur ein Zeitstempel eingeholt, bevor die Antwort dem Anfragenden zugestellt wird.

Im ersten Fall wird das Anfrageergebnis generiert und digital signiert dem Anfragenden zugestellt. Die Angabe zum Erstellungszeitpunkt kann bei zukünftigen Überprüfungen der digitalen Signatur nur solange als Zeitpunkt von deren Erstellung angenommen werden, wie der private Signaturschlüssel des Verzeichnisdienstes noch nicht kompromittiert ist. Wurde der Schlüssel des Verzeichnisdienstes bekannt, kann nicht mehr zwischen den vor und nach der Kompromittierung entstandenen Auskünften unterschieden werden. Ein reguläres Auslaufen des Zertifikats des Verzeichnisdienstes hat solange keine Auswirkung auf die zukünftige Überprüfung der digitalen Signatur einer Auskunft, wie die mißbräuchliche Nutzung des ausgelaufenen Signaturschlüssels ausgeschlossen werden kann. Der Mißbrauch eines „alten" Signaturschlüssels hat beim Verzeichnisdienst dieselben Auswirkungen wie dessen Kompromittierung, d.h. die nachträgliche Erstellung von falschen Auskünften ist möglich.

Im zweiten Fall – digital signierte Antwort des erweiterten Verzeichnisdienstes, die mit einem Zeitstempel versehen wurde – kann auf eine explizite Angabe des Zeitpunktes der Erstellung dieser Auskunft verzichtet werden. Die Zeitangabe im Zeitstempel ist als Erstellungszeitpunkt der Auskunft zu interpretieren. Derartig gesicherte Auskünfte sind vom zukünftigen Status des Zertifikats bzw. des geheimen Signaturschlüssels des Verzeichnisdienstes unabhängig. Das Abfrageergebnis des erweiterten Verzeichnisdienstes muß einen Bezug zur Anfrage enthalten, um den Anfragenden vor Replay-Angriffen zu schützen.

Es gibt verschiedene Möglichkeiten, den erweiterten Verzeichnisdienst technisch zu realisieren, konkret, die Anfragen und deren Ergebnisse darzustellen. Beispielsweise kann als Zugangsprotokoll das *Online Certificate Status Protocol* [OCSP 98] der IETF verwendet werden.

# 5  Überprüfbarkeit von Zeitstempeln

Kryptographische Schutzinformationen, aber auch digitale Signaturen, können letztlich ohne das Mitwirken von zusätzlichen Sicherungsdiensten – Zeitstempeldienst und erweiterter Verzeichnisdienst – nur für Augenblicksentscheidungen genutzt werden, da die Basis der Entscheidung, die Gültigkeit von Zertifikaten, zeitliche Änderungen erfährt. Die Problematik, daß der Authentizitätsschutz von Daten im Augenblick des Ungültigwerdens der Überprüfungsinformationen wertlos wird, kann durch diese beiden zusätzlichen Dienste jedoch nicht prinzipiell gelöst werden, sondern wird auf die Gültigkeit und Überprüfbarkeit des Zeitstempels verlagert. Die Anforderung an elektronische Daten als Basis des Handelns, eine nachhaltige Überprüfbarkeit ihrer Authentizität zwecks Erlangung von Beweiskraft zu gewährleisten, wird durch bisherige Verfahren nicht erfüllt.

Im allgemeinen werden zur Erstellung von Zeitstempeln größere Schlüssellängen als bei den digitalen Signaturen von Teilnehmern eingesetzt, um einen stärkeren kryptographischen Schutz zu gewährleisten. Der Schlüssel des Zeitstempeldienstes kann deshalb auch über einen längeren Zeitraum als die Teilnehmerschlüssel genutzt werden. Grundsätzlich basieren aber Zeitstempel auf denselben asymmetrischen Kryptoverfahren wie digitale Signaturen und sind somit bezüglich ihrer Überprüfbarkeit von denselben Umständen bedroht. Der Zeitstempel zögert infolgedessen nur den Zeitpunkt, zu dem eine digitale Signatur des Teilnehmers nicht mehr verifiziert werden kann, bis zum Ablauf der Gültigkeit seines eigenen Zertifikats oder der Kompromittierung des dem Zeitstempeldienst zugeordneten Schlüssels hinaus.

Die Bedeutung eines nachhaltig überprüfbaren Zeitstempels zur Überprüfung der digitalen Signaturen von Teilnehmern wird im folgenden Angriffsszenario aufgezeigt. Das Szenario läßt sich in zwei Phasen gliedern: in der ersten findet eine normale Nutzung des Zeitstempeldienstes statt, in der zweiten Phase, beginnend mit der Kompromittierung des Schlüssels, werden die Folgen des Angriffs, speziell auf zuvor ordnungsgemäß erteilte Zeitstempel, dargestellt.

Phase 1: Normaler Betrieb

1. Der Teilnehmer signiert ein elektronisches Dokument $D$ mit seinem privaten Schlüssel $K_{User}$ und fordert vom Zeitstempeldienst einen dazugehörigen Zeitstempel an. Dazu übermittelt er dem Zeitstempeldienst den Hashwert $H$ seines elektronisch signierten Dokuments $D_{signed}$.

$$D_{signed} = signed_{K_{User}}(D)$$
$$H = hash(D_{signed})$$

2. Der Zeitstempeldienst $TSS$ generiert für den vom Teilnehmer übermittelten Hashwert $H$ zum Zeitpunkt $t_i$ den Zeitstempel $TS_i$ indem er die Zeitangabe $t_i$ mit dem Hashwert $H$ verknüpft und beide zusammen mit seinem privaten Schlüssel $K_{TSS1}$ signiert.

$$TS_i = signed_{K_{TSS1}}(H, t_i)$$

3. Der Teilnehmer erhält vom Zeitstempeldienst den Zeitstempel $TS_i$ zurück. Er hat so von einer vertrauenswürdigen Instanz die Bestätigung, daß sein Dokument $D$ zum Zeitpunkt $t_i$ existiert hat. Das signierte Dokument kann jetzt zusammen mit dem Zeitstempel versendet oder archiviert werden.

4. Die Überprüfung des vom Teilnehmer digital signierten Dokuments $D_{signed}$ mit dem Zeitstempel $TS_i$ umfaßt die folgenden Schritte:

   (a) Prüfung, ob der Zeitstempel $TS_i$ und das Dokument $D_{signed}$ zusammengehören.

   (b) Prüfung der digitalen Signatur des Zeitstempels $TS_i$, ob sie korrekt ist und ob zum Zeitpunkt $t_i$ der Schlüssel $K_{TSS1}$ gültig war.

   (c) Prüfung der digitalen Signatur des Teilnehmers zum Dokument $D_{signed}$, ob sie korrekt ist und ob zum Zeitpunkt $t_i$ der Schlüssel $K_{User}$ gültig war.

Sind alle oben genannten Punkte erfolgreich verifiziert worden, kann davon ausgegangen werden, daß das elektronische Dokument zum Zeitpunkt $t_i$ dem Zeitstempeldienst vorgelegt hat und daß die digitale Signatur des Teilnehmers authentisch ist.

**Phase 2: Angriff**

5. Dem Angreifer wird der geheime Schlüssel des Zeitstempeldienstes $K_{TSS1}$ zum Zeitpunkt $t_{attack}$ bekannt.

6. Der Zeitstempeldienst erlangt von der Kompromittierung des geheimen Schlüssels $K_{TSS1}$ Kenntnis und initiiert unverzüglich einen Schlüsselwechsel. Der Schlüssel $K_{TSS1}$ wird ab dem Zeitpunkt $t_{K_{TSS1}\ revoked}$ auf der Sperrliste der ausstellenden Zertifizierungsinstanz geführt. Der Zeitstempeldienst ersetzt das „alte" Schlüsselpaar $K_{TSS1}$ durch das „neue" Paar $K_{TSS2}$. Der „neue" öffentliche Schlüssel des Zeitstempeldienstes wird zertifiziert und ist ab dem Zeitpunkt $t_{K_{TSS2}\ start}$ für die Erstellung von Zeitstempeln freigegeben. Der „alte" geheime Schlüssel des Zeitstempeldienstes wird sicher vernichtet. Der Schlüsselwechsel des Zeitstempeldienstes ist damit abgeschlossen.

7. Der Angreifer hat prinzipiell die Möglichkeit, ab dem Zeitpunkt $t_{attack}$ falsche Zeitstempel zu erstellen. Der Schlüssel $K_{TSS1}$ des Zeitstempeldienstes war für die Verwendung im Zeitraum $[t_{K_{TSS1}\ start}, t_{K_{TSS1}\ revoked}]$ zertifiziert.

Der Angreifer kann für jedes elektronische Dokument den dazu passenden Zeitstempel zu einem beliebigen Zeitpunkt $t_j$ innerhalb des Zertifizierungszeitraums des Schlüssels vom Zeitstempeldienst erstellen, d.h. fälschen.

$$TS_j = signed_{K_{TSS1}}(H, t_j) \text{ mit } t_j \in [t_{K_{TSS1}\ start}, t_{K_{TSS1}\ revoked}]$$

Im allgemeinen werden Zeitstempel für von Teilnehmern digital signierte Dokumente ausgegeben. Der Angreifer kann zwar nicht die digitalen Signaturen dieser Dokumente fälschen, dafür jedoch falsche dazu passende Zeitstempel erzeugen. Die gefälschten Zeitstempel müssen in dem Intervall liegen, in dem sich der Zertifizierungszeitraum des kompromittierten Zeitstempeldienstschlüssels mit dem des Teilnehmerschlüssels überschneidet.

$$t_j \in [max(t_{K_{TSS1}\ start}, t_{K_{User}\ start}), min(t_{K_{TSS1}\ revoked}, t_{K_{User}\ end})]$$

Wird bekannt, daß der Schlüssel des Zeitstempeldienstes kompromittiert wurde, haben alle digital signierten und zeitgestempelten Nachrichten ihren Beweiswert verloren, da nicht bewiesen werden kann, ob sie vor oder nach der Kompromittierung entstanden sind. Die Differenzierung zwischen echten und falschen Zeitstempeln kann nicht mit technischen Mitteln erfolgen, so könnte z.B. der Unterzeichner behaupten, daß nachträglich ein gefälschter Zeitstempel an das von ihm signierte Dokument angefügt wurde. Zwar kann in bestimmten Situationen der Entstehungszeitpunkt einer Nachricht aufgrund von nachfolgenden Aktionen zumindest in ein Intervall eingegrenzt werden, z.b. wenn eine digital signierte Bestellung zu einer Überweisung durch den Unterzeichner führte, aber solche Szenarien können bei der Spezifikation einer Sicherheitsinfrastruktur nicht vorausgesetzt werden.

Der Erfolg dieses Angriffsszenarios setzt nicht voraus, daß der Schlüssel des Zeitstempeldienstes innerhalb des Zertifizierungszeitraums kompromittiert wird. Die Kompromittierung könnte auch zu einem späteren Zeitpunkt stattfinden und würde als Sonderfall die Darstellung des Angriffsszenarios erleichtern. In der Beschreibung des Angriffs wurde dieser Punkt dennoch aufgeführt, weil mit dem Wissen, daß eine Kompromittierung eines aktuell gültigen Schlüssel stattgefunden hat, das Schadenspotential offensichtlicher wird.

# 6  Neue Sicherheitsdienste

Um den in Kapitel 5 beschriebenen verfahrenstechnischen Grenzen zu begegnen, sind unterschiedliche Strategien denkbar. Entweder werden bestehende digitale Signaturen, deren Schlüssel bzw. Zertifikate in naher Zukunft ablaufen, stetig durch Hinzufügen von weiteren digitalen Signaturen mit aktuellen Schlüsseln erneuert (vgl. 6.1), oder die Angabe zum Erstellungszeitpunkt wird in Beziehung zu anderen vertrauenswürdigen Zeitangaben gesetzt (vgl. 6.2). Auch durch eine Erweiterung der Funktionalität des Zeitstempeldienstes (vgl. 6.3) kann dem Verlust der Überprüfbarkeit von Zeitstempeln entgegengewirkt werden. Die Lösungsansätze sowie deren spezifische Vor- und Nachteile werden in den folgenden Abschnitten vorgestellt.

## 6.1  Re-Signierung

Der kryptographische Authentizitätsschutz von Daten wird immer dann durch das Anfügen von neuen Schutzinformationen ersetzt oder ergänzt, wenn die bisherigen Schutzinformationen durch das Ungültigwerden der Überprüfungsinformationen ihren Wert zu verlieren drohen. Das Verfahren zur Wahrung der Überprüfbarkeit der digitalen Signatur eines elektronischen Dokumentes läßt sich wie folgt beschreiben:

1. Das Dokument wird digital signiert und mit einem Zeitstempel versehen.

$i$. Das Dokument und alle bisher dazu erteilten Zeitstempel werden zusammen mit einem neuen Zeitstempel versehen, bevor das Zertifikat des zuletzt erteilten Zeitstempels abgelaufen ist.

Das Prinzip ist, Zeitstempel, die in nächster Zukunft nicht mehr überprüfbar sind, weil ihr Zertifikat abläuft, durch solche Zeitstempel zu ergänzen, deren Zertifikate noch längere Zeit gültig sind, damit eine ununterbrochene Kette von einem aktuell überprüfbaren Zeitstempel bis hin zum ersten Zeitstempel der digitalen Signatur entsteht. Die Überprüfung einer digitalen Signatur und Bestimmung ihres Erstellungszeitpunktes ist an Hand einer solchen Kette von Zeitstempeln möglich und läuft in umgekehrter Reihenfolge wie ihre Erstellung ab:

1. Prüfung des letzten Zeitstempels $TS_n$, ob er momentan gültig ist;

2. Prüfung aller Zeitstempel $TS_i$ mit $i \in [1, n-1]$, ob sie zum Zeitpunkt der Erstellung des nachfolgenden Zeitstempels $TS_{i+1}$ gültig waren;

3. Prüfung der digitalen Signatur, ob sie zum Zeitpunkt der Erstellung des ersten Zeitstempels $TS_1$ gültig war.

Eine zwingende Voraussetzung für das Verfahren, digitale Signaturen durch das Hinzufügen von aktuelleren Zeitstempeln über die Zeit gesehen verifizierbar zu halten, ist, daß mindestens zwei Schüssel zur Erstellung von Zeitstempeln existieren. Die Schlüssel müssen dabei für unterschiedliche, jedoch sich überlappende Zeiträume zertifiziert sein. Die Zeitspanne, in der beide Zeitstempeldienst-Schlüssel gültig sind, muß so groß bemessen sein, daß jedem Teilnehmer genügend Zeit zur Re-Signierung seiner Dokumente verbleibt.

Dieses Verfahren hat jedoch eine konzeptionelle Schwäche. Der Zeitpunkt, wann ein Zeitstempel unüberprüfbar wird und deshalb durch einen weiteren zu ergänzen ist, kann nicht immer im voraus bestimmt werden. Das Zertifikat des Zeitstempeldienstes läuft planmäßig zu einem vorhersehbaren Zeitpunkt aus, kann aber im Fall einer Kompromittierung des Schlüssels zur Erstellung der Zeitstempel auch schon früher zurückgezogen werden. Die daraus resultierende Gefahr, daß ein Zeitstempel nicht rechtzeitig ergänzt wurde und somit die stetige Kette von Zeitstempeln unterbrochen ist, kann prinzipiell niemals ausgeschlossen werden.

Zwar gibt es Anwendungsszenarien für digital signierte Dokumente, bei denen ein Bruch in der Kette der gültigen Zeitstempel nicht automatisch zum Verlust des Werts eines Dokuments selbst führt. Im allgemeinen ist die Technik des Re-Signierens aufgrund des verfahrensbedingten Restrisikos jedoch nur eingeschränkt zur Schaffung einer zeitunabhängigen Basis für die Überprüfbarkeit digitaler Signaturen geeignet.

## 6.2 Verkettete Zeitstempel

Verkettete Zeitstempel [Haber, Stornetta 91] stehen mit vorherigen und nachfolgenden in Beziehung, d.h. wer einen Zeitstempel anfordert, erhält zusätzlich noch die Informationen, wer und wann die benachbarten Zeitstempel erhalten hat. Die Verkettung der Zeitstempel untereinander soll vor dem nachträglichen Hinzufügen bzw. Abstreiten von Zeitstempeln schützen und die Sicherheitsanforderungen an den Zeitstempeldienst reduzieren. Eine konzeptionelle Schwäche dieses Verfahrens zur Zeitstempelung ist, daß es notwendigerweise mit dem Erfassen personenbezogener Daten verbunden ist. Auf die daraus resultierende datenschutzrechtliche Problematik wird hier nicht weiter eingegangen. Des weiteren ist in [Just 97] ein Angriffsszenario beschrieben, wie unter Beteiligung des Zeitstempeldienstes der Aufbau einer „falschen" Kette von Zeitstempeln möglich ist. Solche Angriffe können durch alternative Verkettungsmethoden [Buldas et al. 98], regelmäßige Veröffentlichung der Zeitstempel oder Nutzung mehrerer unabhängiger Zeitstempeldienste abgewehrt werden. Dennoch verlangen all diese Verfahren letztendlich eine langfristigen Speicherung der Zeitstempel.

## 6.3 Zeitstempeldienst mit Zeitstempelarchiv

Das Konzept des Zeitstempeldienstes mit angeschlossenem Zeitstempelarchiv ist, den Nachweis, daß bestimmte Daten zu einem spezifizierten Zeitpunkt bei einem vertrauenswürdigen

Dritten vorgelegen haben, so zu gestalten, daß die dabei verwendeten digitalen Signaturen und die Verfügbarkeit ihrer Zertifikate keinen Einfluß auf die zukünftige Überprüfbarkeit der Bestätigung haben. Der Betrieb eines solchen Dienstes kann in zwei Phasen gegliedert werden:

1. Erstellung von Zeitstempeln,

2. Bestätigung von bereits ausgestellten Zeitstempeln.

In der ersten Betriebsphase sind aus der Sicht der Anwender keine Unterschiede zwischen diesem Zeitstempeldienst und jenen Diensten, die gemäß dem Maßnahmenkatalog für Zertifizierungsstellen nach dem SigG [RegTP 98] betrieben werden, auszumachen. Dem Anwender wird ein Zeitstempel für die von ihm vorgelegten Daten erstellt und übergeben, jedoch wird der Zeitstempel zusätzlich noch im Zeitstempelarchiv abgelegt. Die Überprüfung einer digitalen Signatur mit Zeitstempel, beginnend mit der Bestimmung ihres Erstellungszeitpunktes, erfolgt wie bisher, solange das Zertifikat des Zeitstempeldienstes noch gültig ist. Sobald das Zertifikat regulär abgelaufen oder aufgrund einer Kompromittierung des Signaturschlüssels des Zeitstempeldienstes zurückgezogen worden ist, können damit erstellte Zeitstempel nicht länger als authentisch angesehen und dürfen deshalb nicht mehr zur Überprüfung von digitalen Signaturen verwendet werden. Für diesen Fall bietet dieser Dienst eine zweite Betriebsphase.

Der Zeitstempeldienst mit Zeitstempelarchiv hat Kenntnis von allen bereits in der Vergangenheit erteilten Zeitstempeln. Auf Anfrage bestätigt er einen „historischen" Zeitstempel erneut inhaltlich, d.h. ob er zum spezifizierten Zeitpunkt von ihm erteilt wurde. Die Antwort des Zeitstempeldienstes mit Archiv enthält mindestens die folgenden zwei Angaben und wird mit dessen jetzt gültigem Signaturschlüssel unterzeichnet:

1. Wiedergabe des angefragten Zeitstempels,

2. Angabe des Zeitpunktes der Erstellung dieser Auskunft.

Die digitalen Signaturen werden bei diesem Verfahren zum Integritäts- und Authentizitätsschutz von Zeitstempeln und zu deren erneuter Bestätigung verwendet. Der Schutz durch die digitale Signatur muß jedoch nur kurze Zeit Bestand haben, konkret für die Dauer der Übertragung vom Zeitstempeldienst zum Anfragenden und der anschließenden Auswertung durch ihn. Der Fall, daß Zeitstempel wegen der Verwendung von ausgelaufenen oder gar kompromittierten Signaturschlüsseln unbrauchbar geworden sind, bleibt ohne Folgen, da sie erneut angefordert werden können. Die digitale Signatur des Zeitstempels hat nur noch die Funktion einer Transportsicherung von Informationen. Der Schutz des Faktums, daß Daten zu einem bestimmten Zeitpunkt einem vertrauenswürdigen Dienst vorgelegen haben, ist durch die Methode der Archivierung der Zeitstempel zu erbringen. Redundante, verteilte Speicherung von Zeitstempeln, vgl. [Anderson 96], auch in Kombination mit Zeitstempelketten und Quorenverfahren bei der Abfrage können hier geeignete Ansätze sein.

Der Entwurf des Maßnahmenkatalogs zur digitalen Signatur erwähnt im Zusammenhang mit der Sicherheitsbox des Zeitstempeldienstes eine einmal beschreibbare Protokollierungskomponente, vgl. [BSI 97] M-TSS 9. Diese Protokollierungskomponente könnte eine Basis für das Archiv des Zeitstempeldienstes liefern, müßte jedoch mindestens um einen online verfügbaren Auskunftsdienst erweitert werden. Es ist allerdings nicht zu erwarten, daß ein langfristig geführtes und verfügbares Archiv in die Protokollierungskomponente der Sicherheitsbox eines Zeitstempeldienstes paßt.

Konzeptionell ist es beim Zeitstempeldienst mit Archiv notwendig, daß das Erstellen von Zeitstempeln für Anwender als Vorgang erfaßt wird. Aus den protokollierten Vorgängen ergibt sich das Nutzungsprofil des Zeitstempeldienstes. Das Mißbrauchsrisiko, daß ein anwenderbezogenes Nutzungsprofil aus dem Profil des Dienstes gewonnen wird, kann solange ausgeschlossen werden, wie nur die Zeitstempel selbst archiviert werden. Zeitstempel sind lediglich die Verbindung einer Hashsumme mit einer Zeitangabe durch einen vertrauenswürdigen Dritten und nicht mit dem Anwender in Verbindung zu bringen. Es ist anzunehmen, daß Zeitstempeldienste nicht frei verfügbar sind, sondern daß sie nur kostenpflichtig bzw. geschlossenen Benutzergruppen zur Verfügung stehen. Identifizierung- und Autorisierungsinformationen der Anwender gegenüber dem Anbieter des Zeitstempeldienstes dürfen nicht Bestandteil des Zeitstempelarchivs werden, um das Entstehen personenbezogener Nutzungsprofile zu verhindern.

# 7 Fazit und Ausblick

Der Einsatz digitaler Signaturen zum Integritäts- und Authentizitätsschutz von Daten ist stets mit Aufwand – dem Überprüfbarhalten von Schutzinformationen oder dem Rekonstruieren der Bedingungen bei der Signaturerstellung – und damit auch Kosten verbunden. Es gilt, bei der Nutzung dieser Verfahren zwischen den prinzipiell möglichen und den unter praktisch-ökonomischen Aspekten erreichbaren Schutzzielen abzuwägen. Die Anforderungen, beispielsweise an die Nachweisbarkeit der Aktionen, können durch mehrere Faktoren bestimmt sein:

- individuelle zeitliche Grenzen der Nachweisbarkeit,

- juristische Aufbewahrungsfristen.

Die Strategien zur Wahrung der Überprüfbarkeit digitaler Signaturen – Re-Signierung, Zeitstempelketten oder Zeitstempeldienste mit Zeitstempelarchiv – bringen spezifische Vor- und Nachteile mit sich. Daher gilt es, ihre Eignung für den konkreten Anwendungsfall nach technischen und ökonomischen Kriterien zu untersuchen bzw. umgekehrt, geeignete Klassen von Anwendungen zu bestimmen. Dabei ist die zentrale Frage, welche Aufgaben und Dienstleistungen von der jeweiligen Sicherungsinfrastruktur erbracht werden müssen oder können, zu klären.

**Danksagung**
Dank geht an Michael Waidner für hilfreiche Diskussionen und Hinweise.

# Literatur

[Anderson 96]    R. J. Anderson. The Eternity Service. Pragocrypt, 1996.
                 http://www.cl.cam.ac.uk/ftp/users/rja14/eternity.ps.Z

[BSI 97]         Bundesamt für Sicherheit in der Informationstechnik (BSI). Maßnahmenkatalog zur digitalen Signatur. Version 1.0 – 18. November 1997. Bonn.

[BT 97]          Deutscher Bundestag. Gesetz zur digitalen Signatur (Signaturgesetz – SigG) in der Fassung des Beschlusses vom 13. Juni 1997. (BT-Drs. 13/7934, 11. Juni 1997).

[Buldas et al. 98]   A. Buldas, P. Laud, H. Lipmaa, J. Villemson. Time-Stamping with Binary Linking Schemes. In Crypto '98, LNCS 1462. Springer-Verlag, 1998.

[ECE 98]   D. Schoder, R. Strauß, P. Welchering. Empirische Studie zum betriebswirtschaftlichen Nutzen von Electronic Commerce für Unternehmen im deutschsprachigen Raum. Electronic Commerce Enquête – Executive Research Report, Konradin-Verlag, Stuttgart, 1998. Abteilung Telematik, Institut für Informatik und Gesellschaft, Universität Freiburg; Computer Zeitung; Gemini Consulting.
http://www.iig.uni-freiburg.de/~schoder/ece/ece.html

[Haber, Stornetta 91]   S. Haber, W.S. Stornetta. How to Time-Stamp a Digital Document. Journal of Cryptology, 3(2):99–111, 1991.

[ISO/IEC 9594-1]   ISO/IEC 9594-1. Information Technology – Open Systems Interconnection – The Directory: Overview of concepts, models and services, 1993. Auch ITU-T Recommendation X.500.

[Just 97]   M. Just. Some Timestamping Protocol Failures. Technical Report – TR-97-16, Carleton University, Ottawa, Canada, August 1997.

[OCSP 98]   M. Myers, R. Ankney, A. Malpani, S. Galperin, C. Adams. Online Certificate Status Protocol – OCSP. IETF PKIX Working Group – Internet Draft, August 1998.

[Reg 97]   Deutsche Bundesregierung. Verordnung zur digitalen Signatur (Signaturverordnung – SigV) in der Fassung des Beschlusses vom 8. Oktober 1997.

[RegTP 98]   Regulierungsbehörde für Telekommunikation und Post (RegTP). Maßnahmenkatalog für Zertifizierungsstellen nach dem Signaturgesetz. – Entwurf, Stand: 15. Juli 1998.
http://www.bsi.de/aufgaben/projekte/pbdigsig/index.htm

[TSP 98]   J. Adams, P. Cain, D. Pinkas, R. Zuccherato. Time Stamp Protocols – TSP. IETF PKIX Working Group – Internet Draft, 4. Juni 1998.

# Konfigurationsoptionen und Effizienzüberlegungen zu Sperrabfragen nach dem Signaturgesetz

Andreas Berger · Alfred Giessler · Petra Glöckner

GMD Darmstadt - Forschungszentrum Informationstechnik GmbH
{Andreas.Berger, Alfred.Giessler, Petra.Gloeckner}@gmd.de

## Zusammenfassung

Das deutsche Signaturgesetz gibt gesetzliche Rahmenbedingungen zur Verwendung von rechtsverbindlichen digitalen Signaturen vor. Eine der Besonderheiten des Signaturgesetzes ist die Handhabung von Sperrinformationen über Zertifikate. Um eine möglichst zeitnahe Information der Systemteilnehmer über gesperrte Zertifikate zu erreichen, wird ein on-line Auskunftsdienst gefordert, über den die Teilnehmer jederzeit den aktuellen Sperrzustand eines Zertifikates abrufen können. Eine solche Prüfung macht es notwendig, bei jeder Signaturprüfung mehrere Nachrichten mit dem Auskunftsdienst auszutauschen. Es erscheint daher aus Gründen der Performanz und der Kommunikationskosten wünschenswert, auch andere Methoden zur Verwaltung von Sperrinformationen einsetzen zu können. Besonderes Augenmerk verdienen hierbei die Verwendung von Certificate Revocation Lists sowie die kontrollierte Wiederverwendung von Antworten des on-line Auskunftsdienstes. Für typische Anwendungsgebiete werden Szenarien vorgestellt, wie die Handhabung von Sperrinformationen ausgestaltet werden kann. Dabei spielen Abwägungen von Risiken und Kosten sowie Effizienzüberlegungen bei der Übermittlung von Sperrinformationen eine Rolle.

## 1 Einführung

Symmetrische Verschlüsselungsverfahren verwenden den gleichen Schlüssel für das Ver- und Entschlüsseln. Sender und Empfänger einer Nachricht müssen also im Besitz desselben Schlüssels sein, um Nachrichten austauschen zu können.

Die Verfahren der asymmetrische Kryptographie verwenden verschiedene Schlüssel für Verschlüsselung und Entschlüsselung. Die beiden Schlüssel hängen mathematisch voneinander ab, wobei diese Abhängigkeiten allerdings nicht leicht voneinander abgeleitet werden können. Einer der beiden Schlüssel kann veröffentlicht werden, der andere wird geheimgehalten. Ein Teilnehmer kann eine digitale Signatur leisten, indem er das Dokument mit seinem geheimen Schlüssel signiert. Jeder andere Teilnehmer kann dieses Dokument mit dem öffentlichen Schlüssel des Signierers verifizieren. Da der Signierer als einzige Person im Besitz des passenden geheimen Signaturschlüssels ist, muß das Dokument mit dem Schlüssel dieser Person erzeugt worden sein.

Durch diese Eigenschaften sind asymmetrische Kryptoverfahren grundsätzlich geeignet, die Funktion einer eigenhändigen Unterschrift einer Person in der elektronischen Welt abzubilden, sofern noch weitere zusätzliche Sicherheitsvorkehrungen, wie etwa der Schutz der Schlüssel, getroffen werden.

## 1.1 Public Key Infrastrukturen und Zertifikate

Um nun digitale Signaturen verifizieren zu können, ist es notwendig, den jeweiligen öffentlichen Schlüssel einer Person zuzuordnen. Da nicht jeder Teilnehmer ein vollständige Liste der öffentlichen Schlüssel und Namen aller anderen Teilnehmer pflegen kann, delegiert man die Bestätigung der Zuordnung von Schlüssel und Person an vertrauenswürdige Instanzen, sogenannte Zertifizierungsinstanzen oder Zertifizierungsstellen (engl. Certification Authorities, CAs). Zu beachten ist, daß diese Instanzen dahingehend vertrauenswürdig sein müssen, diese Zuordnung richtig durchzuführen. Die Zertifizierungsstellen fertigen digital signierte Dokumente an, die den Namen eines Benutzer und dessen öffentlichen Schlüssel enthalten. Üblicherweise wird auch noch eine Gültigkeitsdauer und eine Seriennummer mit in das Zertifikat aufgenommen. Ein solches Dokument wird dann als *Zertifikat* bezeichnet.

Die Verifikation einer Signatur erfolgt in mehreren Schritten: Zuerst wird das mitgesendete Zertifikat des Signierenden unter Verwendung des öffentlichen Schlüssels der jeweiligen Zertifizierungsinstanz geprüft. Die Gültigkeit des Zertifikates der Zertifizierungsinstanz wird – eventuell über mehrere Stufen mit weiteren Zertifikaten – mit Hilfe des öffentlichen Schlüssels der obersten Zertifizierungsinstanz geprüft. Wenn diese Verifikation erfolgreich war, wird der im Zertifikat des Signierers angegebene Zusammenhang zwischen Benutzer und Schlüssel als gültig angenommen. In einem zweiten Schritt wird dann die Signatur des Dokumentes mit dem im Zertifikat angegebenen öffentlichen Schlüssel des Signierers verifiziert.

Mit diesem Verfahren erreicht man, daß die öffentlichen Schlüssel jedes Benutzers nicht jedem anderen Benutzer bekannt sein müssen. Die Kenntnis des öffentlichen Schlüssels der obersten Zertifizierungsinstanz genügt, um die Zertifikate der einzelnen Zertifizierungsinstanzen und das Zertifikat des Teilnehmerns prüfen zu können.

## 1.2 Sperrinformationen

Sollte die im Zertifikat angegebene Bindung zwischen den Attributen und dem öffentlichen Schlüssel ungültig werden, muß eine Möglichkeit geschaffen werden, diese Bindung wieder aufzulösen. Dies ist ebenso der Fall, wenn der zu dem öffentlichen Schlüssel gehörige geheime Schlüssel kompromittiert wurde. Da Zertifikate – wie andere digitale Dokumente auch – nicht sicher vernichtet werden können, muß ein Dokument ausgestellt werden, welches die Ungültigkeit eines Zertifikates bescheinigt. Die Teilnehmer eines Systems müssen also zusätzlich zum Zertifikat immer auch die Sperrinformationen überprüfen, um den Angaben eines Zertifikates trauen zu können

### 1.2.1 Sperrlisten nach X.509

In den Standards [CCI91, 2196, HFPS98] wird zur Lösung der Sperrproblematik die Erstellung und Verteilung von *Sperrlisten* (engl. Certificate Revocation Lists, CRLs) vorgeschlagen. In diesen Listen werden alle Zertifikate einer Zertifizierungsstelle aufgeführt, die als ungültig betrachtet werden sollen. Es ist also eine *Negativliste*, die alle gesperrten Zertifikate enthält, bis diese Zertifikate das Ende ihres Gültigkeitszeitraumes erreicht haben. Diese Liste wird zusammen mit einem Gültigkeitszeitraum von der Zertifizierungsstelle signiert. Diese Signatur ermöglicht eine einfache Überprüfung der Echtheit einer Sperrliste durch die Anwender. Zur Prüfung der Gültigkeit eines Zertifikates muß also erst einmal das Zertifikat selbst geprüft werden. Daneben muß der Verifikationsprozeß zusätzlich feststellen, ob das Zertifikat in einer gültigen Sperrliste verzeichnet ist. Nur wenn das Zertifikat in dieser nicht verzeichnet ist, wird das Zertifikat akzeptiert.

Zur Optimierung der Übermittlung dieser Sperrlisten ist die Benutzung von sogenannten *Delta CRLs* vorgesehen, bei denen ausgehend von einer Basisliste nur noch die neu hinzugekommenen Einträge in einer eigenen Teilliste vom Teilnehmer abgerufen werden. Diese Teilliste wird dann vom Teilnehmer in die Basisliste integriert.

Eine weitere Optimierung ist die Einführung von weiteren Angaben innerhalb der Liste, auf welche Teilmenge der gesamten Sperrinformation sich eine CRL bezieht. Typisch ist dabei die Angabe eines Intervalls von Seriennummern, für das eine CRL Angaben enthält. Eine Zertifizierungsstelle ist damit in der Lage, sehr große CRLs bei Bedarf in kürzere Listen zu zerlegen, die jeweils nur einen Teilbereich der Seriennummern der Zertifikate umfassen (siehe dazu auch [HBF98]).

### 1.2.2 Online Certificate Status Protocol (OCSP)

Eine weitere Möglichkeit zur Verwaltung und Verteilung von Sperrlisten ist die Verwendung eines Netzwerkdienstes, der auf Anfrage für ein einzelnes Zertifikat den Sperrzustand feststellen und an den Anfragenden zurückliefern kann. In der Internet Engineering Task Force (IETF) Arbeitsgruppe zu Zertifizierungsinfrastrukturen (PKIX) wurde ein Protokoll für diesen Dienst in einer ersten Version beschrieben [MAM$^+$98]. Ein solcher Dienst könnte beispielsweise auf einem zentralen Rechner eines Unternehmens betrieben werden. Die jeweils neuesten Sperrlisten werden von den Zertifizierungsstellen abgerufen, alle Anfragen der firmeninternen Anwender werden auf der Basis dieser Sperrlisten beantwortet. Auf den einzelnen Rechnern der Anwender müssen dann keine Sperrlisten vorgehalten und regelmäßig aktualisiert werden.

### 1.2.3 Positivlisten

Eine andere Methode zur Verwaltung von Sperrinformation arbeitet mit einer vollständigen Liste der ausgestellten Zertifikate einer Zertifizierungsstelle. Jedem dieser Zertifikate wird eine Statusinformation beigefügt. Um den Sperrzustand eines Zertifikates zu ermitteln, muß es in dieser Liste enthalten und als nicht gesperrt markiert sein. Diese *Positivliste* hat den Vorteil, daß ein Zertifikat nicht nur von der Zertifizierungsstelle digital signiert, sondern zusätzlich noch in diese Positivliste eingetragen werden muß. Durch entsprechende organisatorische Maßnahmen kann so das Mißbrauchspotential durch den Betreiber einer Zertifizierungsstelle verringert werden.

# 2 Die Public Key Infrastruktur des Signaturgesetzes

Im deutschen Signaturgesetz wird eine zweistufige Public Key Infrastruktur definiert (Abb. 1). Wurzel dieser Infrastruktur ist die Regulierungsbehörde für Post und Telekommunikation (RegTP). Diese genehmigt den Betrieb der einzelnen Zertifizierungsstellen, welche wiederum die Signaturschlüsselzertifikate für die Teilnehmer ausstellen. Die Genehmigung der RegTP erfolgt durch das Ausstellen eines Zertifikates für die entsprechende Zertifizierungsstelle. Daneben werden noch Zertifikate für den Statusdienst und den Zeitstempeldienst ausgestellt.

Auf der Chipkarte des Teilnehmers wird immer der zum Zeitpunkt der Ausstellung der Karte gültige öffentliche Schlüssel der Regulierungsbehörde als Sicherheitsverankerung abgelegt. Damit ein Teilnehmer auch Signaturen von Teilnehmern verifizieren kann, die auf ihrer Karte einen anderen (neueren oder älteren) Schlüssel der Regulierungsbehörde gespeichert haben, muß die Verankerung über *Cross-Zertifikate* hergestellt werden: Für die jeweils zu anderen Zeitpunkten gültigen Schlüssel werden Zertifikate ausgestellt, so daß bei der Verifikation ein vollständiger Pfad zu dem Schlüssel des jeweiligen Verifizierers aufgebaut werden kann.

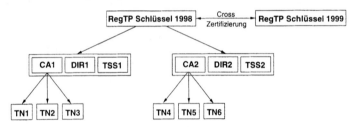

**Abb. 1:** Die Public Key Infrastruktur nach Signaturgesetz

## 2.1 Die Sperrverwaltung des Signaturgesetzes

Die wesentlichen Aussagen zur Sperrung von Zertifikaten findet man in §8 SigG, *Sperrung von Zertifikaten* [Sig97].

(1) Die Zertifizierungsstelle hat ein Zertifikat zu sperren, wenn der Signaturschlüssel-Inhaber oder sein Vertreter es verlangen, das Zertifikat aufgrund falscher Angaben zu §7 erwirkt wurde oder die zuständige Behörde (RegTP - Anm. d.A.) gemäß §13 Abs. 5 Satz 2 eine Sperrung anordnet. Die Sperrung muß den Zeitpunkt enthalten, von dem an sie gilt. Eine rückwirkende Sperrung ist unzulässig.

Eine Sperrung gilt also immer von dem Zeitpunkt an, zu dem sie als gesperrt in das Verzeichnis eingetragen und damit veröffentlicht wird. Es kann dabei durchaus zweckmäßig sein, in den Sperreintrag auch den Zeitpunkt des Bekanntwerdens des Sperrgrundes einzutragen. Dieser frühere Zeitpunkt ist aber nicht der Sperrzeitpunkt im Sinne des Gesetzes, kann aber selbstverständlich als Interpretationshilfe dem Verifizierer angezeigt werden. Offen ist auch noch, wie schnell eine in das Verzeichnis eingetragene Sperrung den anderen Teilnehmern zugänglich gemacht werden muß.

## Sperrlisten

Bei der Verwendung von Sperrlisten läßt sich die Anforderung der sofortigen Veröffentlichung der Sperrung nur schwer erfüllen: Werden Sperrlisten in regelmäßigen Abständen erstellt, so verliert man die Möglichkeit der sofortigen Veröffentlichung. Erstellt man Sperrlisten bei jedem Sperrereignis, so ergeben sich daraus erweiterte Anforderungen für die Sicherung der Verteilung der Listen.

Da die Teilnehmer die Möglichkeit haben sollen, eine Sperrung sofort nach der Eintragung im Sperrverzeichnis erkennen zu können, können periodisch verteilte Sperrlisten diese harte Anforderung nicht erfüllen: Während des Zeitraumes ihrer Gültigkeit können keine weiteren Listen erstellt werden, Sperrungen innerhalb des Zeitraumes werden erst nach Ablauf des Zeitraumes in der nächsten Sperrliste eingetragen (siehe Abb. 2). Damit ist die Forderung nach einer sofortigen Veröffentlichung nicht erfüllbar.

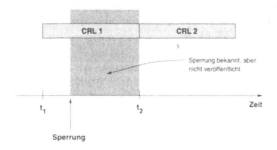

**Abb. 2:** Sperrlistenerstellung in festen Abständen

Als Alternative könnten Sperrlisten immer dann neu ausgestellt werden, wenn ein Eintrag in das Sperrverzeichnis durchgeführt wird. Hieraus ergibt sich jedoch ein Konsistenzproblem, da es nun mehrere Sperrlisten geben kann, die zu einem bestimmten Zeitpunkt gültig sind (Abb. 3).

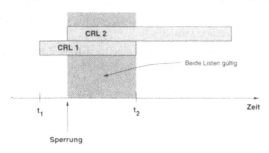

**Abb. 3:** Sperrlistenerstellung bei Sperrereignis

Der Anwender kann dann niemals sicher sein, die jeweils aktuellste Liste abgerufen zu haben. Um in diesem System sicher die neueste Sperrliste zu verwenden, muß der Anwender immer nachfragen, ob die ihm vorliegende Liste noch aktuell ist oder ob es eine oder mehrere neue gibt. Diese Auskünfte müssen also vom Sperrlistenserver über einen gesicherten Kanal übermittelt werden, der sowohl Aktualität sowie Authentizität der übermittelten Daten sicherstellt. Ohne einen solche Sicherung wären Angreifer während des Gültigkeitszeitraumes der Sperrliste in der Lage, eine veraltete Sperrliste dem Verifizierer über einen Maskeradeangriff anzubieten. Diese Anforderung des gesicherten Kanals ist neu und müßte im Gesamtsystem nur für diesen Dienst eingeführt werden.

**Auskunftsdienst**

Im Signaturgesetz wird ein *on-line* Auskunftsdienst – unglücklicherweise "Verzeichnisdienst" genannt – vorgeschlagen. Der Verifizierer kann über diesen Dienst jeweils aktuelle Sperrauskünfte über Zertifikate anfordern. Dieser Auskunftsdienst arbeitet im Gegensatz zu Sperrlisten mit einer Positivliste der von einer Zertifizierungsstelle ausgestellten Zertifikate. Bei einer Anfrage bezüglich eines Zertifikates sind also nicht nur die Antworten *in der Sperrliste eingetragen* oder *nicht in der Sperrliste eingetragen* möglich. Vielmehr kann der Dienst die Aussagen *gültig*, *gesperrt* und *nicht ausgestellt* machen.

Durch die technische Trennung von Zertifizierung und Sperrverwaltung erhofft man eine größere Sicherheit sowie – bei der Einführung eines entsprechenden Gültigkeitsmodells – eine Senkung der Verletzlichkeit des Gesamtsystems im Falle von Kompromittierungen der Schlüssel von Zertifizierungsstellen. Leider ist keine organisatorische Trennung von Zertifizierung und Sperrverwaltung vorgesehen, beide können in derselben organisatorischen Einheit liegen.

# 3 Standardprüfung

Im Falle einer ausschließlichen Verwendung des Auskunftsdienstes nach Signaturgesetz ist es notwendig, daß der verifizierende Teilnehmer zur Ermittlung der Sperrinformation für jedes Zertifikat im Zertifikatspfad den Verzeichnisdienst des jeweiligen Zertifikatsaustellers kontaktiert. Die Menge der übertragenen Daten ist dabei voraussichtlich nicht erheblich, wohl aber die Übertragungs- und Antwortzeiten. Wenn Prüfprozeduren durch die Kontaktierung der Auskunftsdienste eine lange Ausführungszeit brauchen, werden viele Arbeitsvorgänge verlängert und damit die Benutzerakzeptanz verringert.

Zur vollständigen Verifikation ist es ebenfalls notwendig, daß alle diese Verzeichnisdienste zum Zeitpunkt der Verifikation verfügbar sind. Dies macht das Gesamtsystem anfällig für technische Fehlfunktionen oder auch gezielte Angriffe auf technische Infrastrukturkomponenten außerhalb des eigentlichen Systems, wie etwa die verwendeten Netzwerke. Weiterhin ist die Belastung für die Auskunftsdienstrechner durch die große Zahl der Anfragen relativ hoch. Gerade der Verzeichnisdienst der Wurzelinstanz wird erheblich belastet, da dieser einzelne Dienst bei jeder Verifikation kontaktiert werden muß.

## 3.1 Wiederverwendung von Auskünften

Unter bestimmten Umständen können Auskünfte beim einzelnen Anwender oder in einem firmeninternen Dienst zwischengespeichert werden und bei anderen Anfragen wiederverwendet

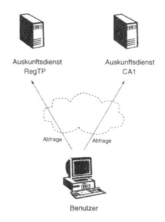

**Abb. 4:** Standardprüfung nach Signaturgesetz

werden. Da eine rückwirkende Sperrung nach Signaturgesetz unzulässig ist, können Sperrabfragen prinzipiell wiederverwendet werden (vgl. Abb. 5, 6 und 7).

**Wiederverwendung von Auskünften mit der Antwort "nicht gesperrt"**

Die Auskunft, daß das Zertifikat zum Zeitpunkt $t_2$ nicht gesperrt war hat der Rechner zwischengespeichert. Bei einer Anfrage für den Zeitpunkt $t_1$, der früher als $t_2$ ist, kann diese Auskunft verwendet werden: Da das Zertifikat zum späteren Zeitpunkt $t_2$ nicht gesperrt war, so kann es auch zum früheren Zeitpunkt $t_1$ nicht gesperrt gewesen sein (Abb. 5).

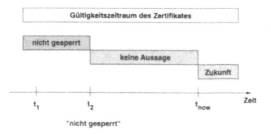

**Abb. 5:** Auskunft "nicht gesperrt" zum Zeitpunkt $t_2$

**Wiederverwendung von Auskünften mit der Antwort "gesperrt"**

In ähnlicher Weise können auch Antworten für gesperrte Zertifikate verwendet werden. Wenn also eine Auskunft vorliegt, daß zum Zeitpunkt $t_2$ ein Zertifikat gesperrt war, so kann daraus geschlossen werden, daß auch an allen Zeitpunkten $t_{now}$, die später als $t_2$ liegen, das Zertifikat als gesperrt betrachtet werden muß (Abb. 6). Für Zeitpunkte vor $t_2$ können keine Aussagen gemacht werden, da der eigentliche Sperrzeitpunkt nicht verzeichnet ist.

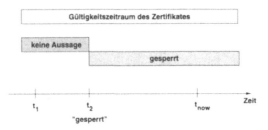

**Abb. 6:** Aussagen bei Auskunft "gesperrt" zum Zeitpunkt $t_2$ ohne Angabe des Sperrzeitpunktes

Die Situation läßt sich erheblich verbessern, wenn der Zeitpunkt der Sperrung in einer Antwort "gesperrt" zusätzlich angegeben wird. In diesem Fall würde die Auskunft vom Zeitpunkt $t_2$ auch den (früher liegenden) Sperrzeitpunkt beinhalten. Damit ist der Bereich, bis zu dem das Zertifikat nicht gesperrt war, genau definiert. Sofern also eine korrekte Sperrauskunft mit dem Status "gesperrt" sowie dem Sperrzeitpunkt vorliegt, müßte für dieses Zertifikat der *on-line* Auskunftsdienst nie mehr kontaktiert werden (Abb. 7).

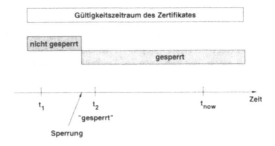

**Abb. 7:** Aussagen bei Auskunft "gesperrt" zum Zeitpunkt $t_2$ mit Angabe des Sperrzeitpunktes

**Nutzen und Risiken bei der Wiederverwendung von Auskünften**

Durch das Zwischenspeichern der Antworten des Auskunftsdienstes können Anfragen an den Auskunftsdienst eingespart werden. Für den Fall der Wiederverwendung von Antworten für nicht gesperrte Zertifikate ist der Nutzen dadurch eingeschränkt, daß alte Antworten nur zur Verifikation digitaler Signaturen verwendet werden können, die vor dem Zeitpunkt des Erhalts dieser Antwort liegen. Ein Großanwender – beispielsweise ein Kaufhaus – der Unterschriften unter digitalen Schecks an einem Point-of-Sale prüfen möchte, kann hier keine Anfragen zum Auskunftsdienst einsparen, da die Anfragezeitpunkte immer zeitlich später als die vorherige Auskunft liegen. Das Zwischenspeichern von Antworten kann allerdings bei der Prüfung von Signaturen unter langfristig gespeicherten Dokumenten verwendet werden.

Bei der Wiederverwendung von Antworten für gesperrte Zertifikate erübrigen sich weitere Anfragen an den Auskunftsdienst, da der Gültigkeitszeitraum eines Zertifikates durch den in der Antwort angegebenen Sperrzeitpunkt präzise definiert worden ist. Da die Zahl der gesperrten Zertifikate (hoffentlich) wesentlich geringer ist als die Zahl der gültigen, ist das Einsparpotential dennoch recht gering.

Ein weiteres Problem bei der Wiederverwendung der Antworten des Auskunftsdienstes ist, daß man sich auf das technisch vollkommen korrekte Arbeiten des Dienstes verläßt. Stellt der Auskunftsdienst einmal fälschlicherweise eine Auskunft "nicht gesperrt" mit einem Zeitpunkt in der Zukunft aus, so wäre es nicht möglich, das Zertifikat bis zu diesem Zeitpunkt zu sperren: Ein Teil der Anwender könnte sonst über den Sperrzustand durch die Wiederverwendung der falschen Antwort getäuscht werden.

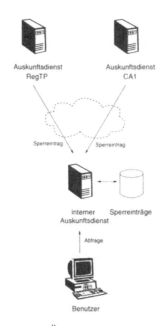

**Abb. 8:** Aktive Übermittlung von Sperreinträgen

## 3.2 Aktive Übermittlung von Sperreinträgen an Großanwender

In einem ersten Szenario möchte ein Großanwender – etwa ein Kaufhaus – den Kommunikationsbedarf mit verschiedenen Zertifizierungsstellen minimieren. Gleichzeitig möchte der Großanwender nicht auf die Möglichkeit der sofortigen Unterrichtung über Sperrinformationen verzichten. Der Großanwender wird mit einzelnen Zertifizierungsstellen vereinbaren, daß neue

Sperreinträge unverzüglich an ihn zu übermitteln sind. Mit Hilfe dieser Übermittlungen aktualisiert der Großanwender eine lokale Sperrliste, die mit einem relativ kleinen Zeitverzug genau der Liste der Zertifizierungsstelle entspricht. Die Anwender innerhalb des Unternehmens verwenden bei der Verifikation nicht den Verzeichnisdienst der jeweiligen Zertifizierungsstelle sondern die lokale Sperrliste des Unternehmens. Als technisches Kommunikationsprotokoll kann dasselbe Protokoll wie zur Kommunikation mit dem eigentlichen Verzeichnisdienst der Zertifizierungsstellen verwendet werden.

Zu lösen sind natürlich Probleme durch Ausfälle der Kommunikationsverbindungen zwischen dem Anwender und der Zertifizierungsstelle. Möglicherweise wäre hier eine Implementation durch eine Mischform von CRLs mit der aktiven Übermittlung von Sperreinträgen vorzuziehen. CRLs könnten dann etwa täglich aktiv vom Großanwender abgerufen werden, nur Veränderungen eines Tages würden übermittelt.

# 4 Sperrlistenbasierte Konfigurationen

Bei der Analyse der Szenarien zeigt sich, daß eine Abwägung des Risikos eines fälschlichen Akzeptierens eines gesperrten Zertifikates gegen die Kosten einer permanenten *on-line* Prüfung notwendig und sinnvoll ist.

In sperrlistenbasierten Konfigurationen werden die Sperrinformationen auf der Basis von Sperrlisten verwaltet. Die Sperrlisten werden zentral auf einem Server für ein ganzes Unternehmen oder lokal für einen einzelnen Nutzer verwaltet.

## 4.1 Abruf von Sperrlisten für einen firmeninternen Auskunftsdienst

Um Aufwand und mögliche Kosten einer automatischen Übermittlung der Sperrinformationen zu verringern, arbeitet im zweiten Szenario ein Unternehmen mit Sperrlisten, die zentral im firmeninternen Netz vorgehalten und regelmäßig aktualisiert werden. Im Gegensatz zum vorherigen Szenario ist hier keine gesonderte Vereinbarung mit den Zertifizierungsstellen notwendig. Das Unternehmen ruft diese öffentlich verfügbaren Listen ab. Wie im vorherigen Szenario verwenden die Anwender innerhalb des Unternehmens bei der Verifikation nicht den Verzeichnisdienst der Zertifizierungsstellen sondern den lokalen Dienst des Unternehmens. Die Aktualität der Sperrinformationen hängt dabei von der Häufigkeit der Ausstellung der Sperrlisten durch die Zertifizierungsstellen sowie von der Häufigkeit des Abrufes durch das Unternehmen ab.

## 4.2 Mobile Benutzer ohne direkte Verbindung

Mobile Benutzer ohne permanente Verbindung mit einem Netz können durch die obigen Szenarien nicht in die Lage versetzt werden, Signaturen zu prüfen. Im dritten Szenario speichert der Benutzer deshalb die Sperrinformationen auf seinem lokalen Rechner. Wie im vorhergehenden Szenario hängt die Aktualität der Sperrinformationen von der Häufigkeit der Erstellung der Liste durch die Zertifizierungsstellen sowie von der Häufigkeit des Abrufs ab. Da der Abruf der Sperrlisten vom Endbenutzer durchgeführt wird, müssen Mechanismen geschaffen werden, wie die Aktualität der Sperrinformationen in einem gewissen Rahmen sichergestellt werden kann.

Zusätzlich wird das Problem großer Sperrlisten diskutiert, da auf mobilen Rechnern – im Gegensatz zu Serversystemen der Unternehmen – der Speicherplatz begrenzt ist. Hier können Methoden zur Vorverarbeitung und Optimierung der rechnerinternen Speicherung von Sperrlisten wichtig werden.

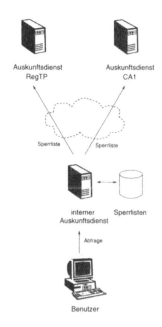

**Abb. 9:** Sperrlisten für einen firmeninternen Auskunftsdienst

## 4.3   Nutzen und Risiken durch die Verwendung von Sperrlisten

Sperrlisten sind ein anerkannter Mechanismus zur Verteilung von Informationen über gesperrte Zertifikate. Da Sperrlisten – ähnlich wie Zertifikate – statische signierte Informationen sind, lassen sie sich gut über ungesicherte System verteilen. Manipulationsversuche an der Liste werden durch die digitale Signatur verhindert. Die Aktualität der Sperrliste läßt sich anhand eines mitsignierten Gültigkeitszeitraums feststellen. Sperrlisten lassen sich also leicht über die üblichen Wege elektronisch verteilen und zentral oder dezentral für die Anwender vorhalten.

Sofern also disjunkte Gültigkeitszeiträume der Sperrlisten verwendet werden, kann sich ein Anwender während eines Zeitraumes darauf verlassen, daß er im Besitz der aktuellen Sperrliste ist und daß auch keine aktuellere Sperrliste existiert. Das Wissen aller Systemteilnehmer ist gleich.

Da die Sperrliste schon kurz nach dem Moment veraltet sein kann, zu dem sie ausgestellt wurde, hätte das Verfahren ein im System verankertes Risikopotential. Sperrungen können frühestens

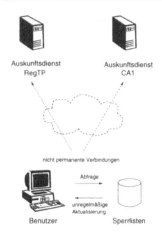

**Abb. 10:** Sperrlisten für einen mobilen Benutzer

zum Zeitpunkt der Ausstellung der nächsten Sperrliste bekannt gemacht werden. Die einzige Alternative dazu ist die Ausstellung von Sperrlisten bei jedem neuen Sperreintrag, wobei dann parallel mehrere gültige Sperrlisten existieren können und deshalb komplizierte Mechanismen der vertrauenswürdigen Verteilung etabliert werden müssen.

Ein weiteres Risiko bei der Verwendung von Sperrlisten liegt in der Natur der Sperrlisten als Negativlisten: Alle ausgestellten Zertifikate sind gültig, sofern sie nicht in der Liste eingetragen sind. Eine unbemerkt kompromittierte Zertifizierungsinstanz könnte also Zertifikate ausstellen, die niemals gesperrt werden können, weil die Seriennummer gefälscht wurde und deren Wert damit auch nicht bekannt ist. Sofern man dieses Risiko umgehen will, müßte zusätzlich zur Übermittlung der Sperrliste noch die Liste aller Zertifikate bei der CA abrufbar sein. Selbstverständlich wird man in dieser Liste nicht die Zertifikate selbst, sondern nur ihre Seriennummern sowie optional einen kryptographischen Hashwert über das Zertifikat ablegen.

## 5   Verwandte Arbeiten

In den Entwicklungen zu Privacy Enhancement for Internet Electronic Mail (PEM, citerfc1421-1424) wird Sperrinformation über CRLs realisiert. Diese CRLs werden über Electronic Mail Nachrichten verteilt bzw. können von den Benutzern per Mail von Zertifizierungsstellen abgerufen werden. Möglich ist auch das aktive Versenden der Sperrlisten durch die Zertifizierungsstellen. PEM bietet die grundsätzlichen Mechanismen zur Sperrverwaltung, wobei die Sperrverwaltung als lokale Angelegenheit des Empfängers gesehen wird. Ein on-line Sperrdienst wurde hier nicht definiert, was sicherlich auch damit zu erklären ist, daß zum Zeitpunkt der Erstellung der Dokumente eine permanente on-line Anbindung an das Internet nicht üblich war.

Ein völlig anderer Ansatz im Bereich der Sperrung von Zertifikaten ist die Möglichkeit zur Ausstellung einer Ungültigkeitserklärung durch den Anwender (key revocation certificate, *suicide note*, verwendet durch PGP [Zim95, Arn97]). Diese Ungültigkeitserklärung ist ein signiertes Dokument, welches vom Inhaber des entsprechenden Zertifikates ausgestellt wird. Die Ungültigkeitserklärung wird an die anderen Teilnehmer verteilt. In diesem Konzept ist der einzelne Benutzer nicht darauf angewiesen, daß die Zertifizierungsstelle die Sperrung durchführt, er kann dies selbst tun. Offen bleibt, wie diese Ungültigkeitserklärungen so an die anderen Teilnehmer verteilt werden, daß der Erhalt sichergestellt ist.

In der Entwicklung der simple distributed security infrastructure (SDSI, [RL96]) wird ein gänzlich anderes Modell vorgeschlagen. Im Zentrum steht hier nicht die Identität eines Teilnehmers sondern der öffentliche Schlüssel. An diesen werden Attribute gebunden, wobei diese Attribute so gestaltet sein können, daß sie einen Teilnehmer identifizieren. Die Sperrung wird in diesem Modell nicht durch Sperrinformationen, sondern durch eine Wiederbestätigung (*reconfirmation*) gelöst. Für SDSI nehmen die Autoren eine on-line Umgebung an, so daß ein Aussteller eines Zertifikates jederzeit zu dessen Status befragt werden kann. Diese Wiederbestätigung kann jederzeit angefordert werden, wobei im Zertifikat auch gewisse Anforderungen für die Häufigkeit der Bestätigungen angegeben werden können. Weitere Modelle finden sich in [Riv98].

# 6 Zusammenfassung

Die in diesem Papier vorgestellten Optionen zur Verwaltung von Sperrinformationen orientieren sich an den Vorgaben des deutschen Signaturgesetzes sowie an etablierter Praxis internationaler Standards.

Das Standardmodell des Abrufs von Sperrinformationen wird nur in bestimmten Anwendungen verwendet werden. Die hohen Kosten des on-line Abrufes dieser Informationen, die hohe Belastung der Auskunftsdienste und die Anforderungen an die Verfügbarkeit aller Dienste wird die Verwendung des Standardverfahrens nur für Anwendungen mit hohem Sicherheitsbedarf rechtfertigen.

Für viele der einfacheren Anwendungen, etwa zur Sicherung einfacher Mailnachrichten, wird wahrscheinlich eine der hier beschriebenen Varianten zum Einsatz kommen. Selbstverständlich muß der Benutzer hier die Möglichkeit haben, die Software manuell auf ein anderes Prüfverfahren umzustellen, sofern der Inhalt eines übermittelten Dokumentes dies für ihn rechtfertigt.

In geschlossenen Anwendungen, etwa in Point-of-Sale Systemen, wird der Betreiber des Systems das zu verwendende Prüfverfahren sehr wahrscheinlich automatisch durchführen. Hier kann dann auch ein Wechsel der Prüfverfahren durch den Inhalt des Dokumentes veranlaßt werden, etwa bei einer Überschreitung eines bestimmten Betrages.

Das letztendlich von einem Anwender gewählte Verfahren hängt von seinem Sicherheitsbedarf, seinen Ansprüchen an die Verfügbarkeit und von den dadurch verursachten Kosten ab.

Überlegungen zu einem funktionierenden Gesamtsystem im Rahmen des Signaturgesetzes sind bis jetzt noch nicht in dem Maße durchgeführt worden, wie es zur Erstellung von Programmspezifikationen notwendig wäre. Viele der Überlegungen werden nur von der Frage der Realisierung der größtmöglichen Sicherheit getragen. Wir glauben, daß es für den realen Einsatz genauso wichtig ist, über kontrolliertes Abweichen von dieser Sicherheit die Kosten für bestimmte Anwendungen senken zu können.

# Literatur

[2196]      ISO/IEC JTC1/SC 21. Draft amendments dam 4 to iso/iec 9594-2, dam 2 to iso/iec 9594-6, dam 1 to iso/iec 9594-7, and dam 1 to iso/iec 9594-8 on certificate extensions. Internationsal Telecommunications Union, Geneva, December 1996.

[Arn97]     Arnoud Engelfriet. The comp.security.pgp FAQ. http://www.uk.pgp.net/pgpnet/-pgp-faq/, September 1997. Version 1.5.

[CCI91]     CCITT. The directory - authentication framework. Consultation Committee, International Telephone and Telegraph, Internationsal Telecommunications Union, Geneva, 1991.

[HBF98]     P. Hallam-Baker and W. Ford. Enhanced CRL Distribution Options. IETF PKIX Working Group Internet Draft, August 1998. Version 1, Work in Progress.

[HFPS98]    R. Housley, W. Ford, W. Polk, and D. Solo. Internet x.509 certificate and crl profile. IETF PKIX Working Group Internet Draft, September 1998. Version 11, Work in Progress.

[MAM⁺98]    M. Myers, R. Ankney, A. Malpani, S. Galperin, and C. Adams. Online Certificate Status Protocol - OCSP. IETF PKIX Working Group Internet Draft, September 1998. Version 7, Work in Progress.

[Riv98]     Ronald L. Rivest. Can we eliminate revocation lists? In *Financial Cryptography 98*, 1998.

[RL96]      Ronald L. Rivest and Butler Lampson. SDSI - A Simple Distributed Security Infrastructure. http://theory.lcs.mit.edu/˜rivest/sdsi.html, 1996.

[Sig97]     Gesetz zur Regelung der Rahmenbedingungen für Informations- und Kommunikationsdienste (Informations- und Kommunikationsdienstegesetz - IuKDG), July 1997. Artikel 3.

[Zim95]     Philip R. Zimmermann. *PGP: Source Code and Internals.* MIT Press, 1995.

# Haftungsbeschränkung der digitalen Signatur durch einen Commitment Service

Birgit Baum-Waidner

Entrust Technologies Europe
birgit.baum@entrust.com

## Zusammenfassung

Der Commitment Service ist ein Notariatsdienst auf einem offenen Netz, z.b. dem Internet. Er enthält eine Registrierungsinstanz für Benutzer und deren öffentliche Schlüssel, und basiert auf einem speziellen Vertrag mit dem Benutzer. Der Commitment Service erlaubt es einem registrierten Benutzer, dem Geschäftspartner eine garantierte Zusicherung zu übermitteln. Eine solche Zusicherung soll auch dann gelten, wenn der Benutzer behauptet, daß seine digitale Signatur gefälscht und die Zusicherung erschlichen wurde. Auf diese Weise kann eine Zusicherung z. B. die Übernahme einer bestimmten Haftung für Schaden beim Empfänger bedeuten für den Fall, daß die digitale Signatur z.b. nach einer Kompromittierung widerrufen wird. Der Commitment Service nimmt hier die Rolle als Zeuge für die Zusicherung (nicht für die digitale Signatur!) wahr und kontrolliert, daß nicht mehr bezeugte Zusicherungen ausgegeben werden als über ein Volumen, das mit dem Benutzer zu Beginn vereinbart wurde. So begrenzt er den schlimmsten Fall für den Benutzer, falls dessen digitale Signatur z.b. durch ein Trojanisches Pferd gefälscht wird. Gleichzeitig ermöglicht er dem Empfänger, sich auf die Zusicherung zu verlassen. Es wird gezeigt, wie dieser Service als Zwischenlösung zum Schutz des Benutzers sowie dessen Geschäftspartners eingesetzt werden kann, solange es noch keine geregelte rechtsverbindliche digitale Signatur gibt, die nicht nur kryptographisch, sondern auch in ihrem Umfeld sicher ist gegen Angriffe. Falls letzteres Problem nicht genügend in Signaturgesetzen und deren Anforderungen berücksichtigt werden sollte, dann könnte sich die vorgeschlagene Lösung auch als Alternative zu einer gesetzlich geregelten digitalen Signatur durchsetzen, indem sie eine vertraglich festgelegte Rechtsverbindlichkeit bietet und gewährleistet, daß ein vom Benutzer definiertes Haftungslimit nicht überschritten wird. Weiterhin kann der vorgestellte Dienst auch allgemeiner genutzt werden, z.B. um nichtabstreitbare Gutscheine zu übermitteln.

# 1 Einleitung

## 1.1 Rechtsverbindlichkeit der digitalen Signatur

Eine digitale Signatur [DiHe76, MeOV97, BKWG98] wird derzeit nicht in derselben Weise als rechtsverbindlich anerkannt, wie die handschriftliche Unterschrift. Mit wenigen Ausnahmen (z.B. Utah) gibt es noch keine durchsetzbare Regelung ihrer Rechtsverbindlichkeit. Das deutsche Signaturgesetz einschließlich der Verordnungen [DigSigG97, DigSigV97] bedeutet zwar einen großen Schritt in diese Richtung, jedoch wird deren Umsetzung noch einige Jahre in Anspruch nehmen. Zudem ist die Haftungsfrage nicht geregelt für den Fall, daß der angebliche Signierer bestreitet, die Signatur erzeugt zu haben. Dies würde im Einzelfall nach Ermessen des Richters entschieden werden. Generell ist die Beweislastumkehr angestrebt, was bedeutet, daß der angebliche Signierer beweisen muß, daß er nicht signiert hat. Dies ist jedoch bei bestimmten Attacken nicht möglich. Daher wird angestrebt, nur solche Komponenten zum Zwecke der Signaturerstellung zu verwenden, mit denen Attacken entdeckt oder sogar mit hoher Wahrscheinlichkeit ausgeschlossen werden können. Weitere kritische Aspekte der Umsetzung werden in [RBHK94] beschrieben.

Auch in anderen Ländern innerhalb und außerhalb Europas werden derzeit Signaturgesetze erarbeitet. Jedoch besteht das Risiko, daß die resultierenden Gesetze unverträglich miteinander sein und damit für grenzüberschreitende Transaktionen Probleme bereiten könnten. Ein wesentlicher Punkt ist hier die gegenseitige Anerkennung von Zertifizierungsinstanzen über Landesgrenzen hinweg.

Auf Europäischer Ebene wird daher am Entwurf einer Europäische Richtlinie zur 'elektronischen Signatur' [CEC98] gearbeitet, um hier eine Harmonisierung zu erreichen. Eine Einigung scheitert momentan jedoch vor allem an der Frage der Anforderungen an Signierkomponenten. Es bleibt ungewiß, wann eine Einigung erzielt werden kann.

Abgesehen von Ansätzen aus Deutschland berücksichtigen die bisherigen Initiativen weltweit nur ungenügend [BaZi99], daß es technische Möglichkeiten gibt, eine digitale Signatur, z.B. mit Hilfe eines Trojanischen Pferdes, zu erschleichen. Ein solcher Angriff mag nicht einmal nachweisbar sein, falls das Trojanischen Pferd sich nach dem Angriff selbst zerstört. Sobald bestimmte Electronic Commerce Anwendungen in breitem Einsatz sein werden und gleichzeitig die digitale Signatur, auf welcher Basis auch immer, rechtsverbindlich sein wird, könnte die Entwicklung solcher Trojanischen Pferde attraktiv für gewisse kriminelle Gruppen werden. Dies könnte je nach Rechtslage dazu führen, daß das Risiko für den Benutzer, den Schaden tragen zu müssen, für Aufträge, die er angeblich gegeben hat, jedes vorhersehbare (geschweige denn, akzeptable) Limit überschreitet. Genau diese Gefahr besteht beispielsweise für jeden, der sich derzeit in Utah zertifizieren läßt. Berücksichtigt umgekehrt die Rechtslage die Möglichkeit solcher Angriffe, kann dies wiederum bedeuten, daß sich der Empfänger einer Signatur nicht mehr auf deren Gültigkeit ohne weiteres verlassen kann, d.h. nicht sicher vor nachträglichen Überraschungen ist.

Genau dieses Dilemma kann durch Anwendung des hier vorgeschlagenen Commitment Service bis zu einem gewissen Grad gelöst werden. Jedoch soll zunächst auf die möglichen Attacken eingegangen werden.

## 1.2 Mögliche Attacken auf die digitale Signatur

Zum besseren Verständnis der Problematik soll hier genauer auf mögliche Attacken eingegangen werden. Für eine allgemeine Diskussion wird auf [Webe97] verwiesen.

Lediglich erwähnt werden sollen die folgenden Attacken:

- Benutzen des Passwords des Benutzers, das auf einem Zettel an seinem Bildschirm oder in der näheren Umgebung hängt.
- Fortsetzen einer Sitzung des Benutzers, der für kurze Zeit seinen Rechner verläßt, jedoch das Password so eingegeben und konfiguriert hat, daß während dieser Zeit keine erneute Eingabe erforderlich ist.
- Erstellen einer Signatur ohne Auftrag des Benutzers, nachdem der Angreifer (oder ein anderer, der ihm die nötige Information direkt oder indirekt weitergegeben hat) schon

einmal zuvor erfolgreich – und im Auftrag des Benutzers – eine Signatur an dessen Stelle geleistet hat.

Diese Attacken lassen sich durch den Benutzer selbst durch etwas Disziplin vermeiden.

Weitere Attacken sind:

- Erpressung, d.h. Erzwingen der Signatur des Benutzers, unter Androhung oder Anwendung von Gewalt. Solche Attacken sind ähnlich schwierig vermeidbar sind wie bei der handschriftlichen Unterschrift.

- Brechen der kryptographischen Signierfunktion des Signierers, d.h., die kryptographische Möglichkeit, eine digitale Signatur gegen Wissen und Absicht des Signierers zu erzeugen. Solche Attacken können nur durch die Wahl geeigneter Kryptosysteme mit großer Wahrscheinlichkeit vermieden werden.

- Schlechte Implementierung der Signierfunktion (mit oder ohne Absicht), so daß es einem Angreifer erleichtert wird, eine Signatur zu erzeugen, ohne im Besitz des Schlüssels zu sein. Eine bösartige Variante beispielsweise wäre, wenn ein bestimmtes vom Implementierer definiertes Password für alle Schlüssel funktioniert. In einem solchen Fall stellt sich natürlich die Frage der Produkthaftung, die hier jedoch ausgeklammert wird.

- Zertifizierenlassen eines Schlüssels unter einem falschen Benutzernamen, und Benutzen dieses Schlüssels zum Signieren anstelle des angeblichen Schlüsselbesitzers. Solche Attacken können durch vertrauenwürdige Zertifizierungsinstanzen vermieden werden, die sowohl organisatorisch als auch technisch absolut verläßlich sind und insbesondere die Identität eines Schlüsselbesitzers genau prüfen.

Im folgenden soll jedoch auf eine heikle Klasse von Attacken eingegangen werden, die etwas weniger bekannt ist, und wogegen es schwieriger ist, sich zu schützen. Es geht um die sogenannten "Trojanischen Pferde", die nicht notwendigerweise in den attackierten Programmen selbst enthalten sind, sondern eher in irgendeinem anderen Programm auf dem Rechner [PPSW97].

Im folgenden sollen zwei Beispiele genannt werden.

- Wir nehmen an, die digitale Signatur wird auf dem Rechner selbst erzeugt. Der Signierschlüssel ist (verschlüsselt oder unverschlüsselt) auf dem PC gespeichert und liegt zu einem Zeitpunkt unverschlüsselt im Hauptspeicher vor. Die üblichen derzeit verfügbaren PC-Betriebssysteme lassen es im Prinzip zu, daß eine Anwendung eine andere laufende Anwendung beobachten und oft sogar beeinflussen kann. Hier kann ein sogenanntes "Trojanisches Pferd" in eine andere Anwendung eingebaut sein und zum Ziel haben, die Ein- und Ausgaben zwischen dem Benutzer und dem Signierprogramm bzw. dem das Signierprogramm aufrufende Electronic Commerce Programm zu beobachten, obwohl die genannten Programme absolut korrekt sein könnten. So kann in einem ersten Schritt das Password abgefangen werden und in einem nächsten Schritt mit Hilfe dieses Passwords eine Signatur unter einem beliebigen Auftrag erzeugt werden. Diese Attacke benötigt also nicht unbedingt den Signierschlüssel im Klartext. Ist dieser einfach zu bekommen, so lassen sich andere Attacken erzeugen.

- Selbst wenn der Signierschlüssel sowie die Signierfunktion auf der Smartcard gespeichert sind, lassen sich noch Attacken finden. Zum einen kann ein "Trojanisches Pferd" immer noch das Password abfangen, das benötigt wird, um den Signierschlüssel zu aktivieren. Selbst wenn dieses Problem durch ausgeklügelte Mechanismen gelöst wird, z.B. durch

Eingabe von PINs und TANs (die man z.b. in Bankanwendungen aber eigentlich gerade mit Hilfe der digitalen Signatur überflüssig machen möchte), bleibt doch eine weitere wirksame Attacke übrig. Sie soll hier die "Fensterattacke" genannt werden: Das Trojanisches Pferd ist hier in eine andere Anwendung eingebaut, die parallel läuft, und beobachtet Eingaben und Ausgaben des Electronic Commerce Programms. Sobald der Benutzer sieht und überprüfen will, was er nun digital zu signieren beabsichtigt, überdeckt das Trojanische Pferd das erwartete Fenster rechtzeitig mit einem gefälschten Fenster, das identisch mit dem zu sein scheint, das der Benutzer erwartet, und auch genau die Angaben zeigt, die der Benutzer digital signieren will. Dies könnte z.b. eine Bestellung bei einem bestimmten Händler über eine bestimmte Ware sein, in bestimmter Stückzahl zu einem bestimmten Preis. Jedoch wird diese Information durch diese Attacke daran gehindert, signiert zu werden. Stattdessen wird eine andere Information „injiziert", so daß der Benutzer ohne sein Wissen etwas anderes digital signiert als er möchte, z.b. eine andere Bestellung zu einer ihm unbekannten Lieferadresse, oder sogar einen Zahlungsauftrag anstatt einer Bestellung.

## 1.3  Mögliche Abhilfe gegen Attacken durch Trojanische Pferde

Leider erlaubt die typische Rechnerausstattung eines typischen „Internet-Surfers" prinzipiell solche Trojanischen Pferde. Wirksame Maßnahmen wären

- sichere PC-Betriebssysteme, die dafür sorgen, daß Applikationen sich nicht gegenseitig beeinflussen können;
- sichere Geräte, die anstelle von Smartcards verwendet werden und nicht nur den Signierschlüssel speichern, die Signaturfunktion ausführen, sondern darüber hinaus auch anzeigen, was tatsächlich signiert werden wird - unbeeinflußt von der CPU des benutzten Rechners. Dies bedeutet, sichere Geräte benötigen ein sicheres Display. Optimalerweise benötigen sie auch eine Tastatur, so daß eine einfache Eingabe des Passwords möglich ist. Absolut notwendig ist das aber nicht, denn das Display könnte ein Zufallspassword zeigen, das (z.b. durch Auf- und Abscrollen) vom Benutzer auf der Rechnertastatur in das tatsächliche Password überführt werden kann, ohne daß ein Trojanisches Pferd auf dem Rechner dadurch Schlüsse auf das Password ziehen kann.
- Eine weitere Möglichkeit wäre natürlich die Abschottung des benutzten Rechners gegen unbekannte Programme durch Disziplin, so wie es innerhalb mancher Firmen üblich oder zumindest gefordert ist. Es ist jedoch unrealistisch, von privaten Benutzern eine solche Einschränkung generell zu erwarten.

Es liegt auf der Hand, daß die mögliche Existenz der genannten Attacken den eigentlichen Zweck der digitalen Signatur untergraben kann, nämlich ein Nachweis zu sein für eine Willenserklärung des Benutzers. Aus diesem Grund versuchte man in Deutschland den Maßnahmenkatalog für das deutsche Signaturgesetz so hoch zu schrauben, daß die Signaturfunktion mindestens durch eine Smartcard, aber je nach Situation eventuell auch durch ein sicheres Geräte geleistet werden muß.

Auch zum Entwurf der EU Richtlinie versucht Deutschland, den sogenannten „Annex III" durchzusetzen, der letztlich in seiner Konsequenz sichere Geräte vorschreiben könnte, zumindest da, wo eine Formvorschrift „Schriftlichkeit" besteht[1] und die digitale Signatur als äqui-

---

[1] Im Deutschen wird die schweizerische „Schriftlichkeit" in diesem Zusammenhang „Schriftform" genannt

valent zur handschriftlichen Unterschrift gesehen werden soll. Da sich der Ministerrat bei seiner letzten Tagung am 27. November 1998 nicht auf den vorgelegten Entwurf für die EU Richtlinie geeinigt hat, ist die Fortsetzung der Diskussion zum derzeitigen Zeitpunkt noch unklar. Es hat sich gezeigt, daß Deutschland, Frankreich und Italien eine solche Regelung mit hohen Sicherheitsanforderungen an Signierkomponenten befürworteten, während Großbritannien, die Niederlande, Finnland und Schweden diese Regelung zu hart fanden und die „Wahl der Komponenten dem Markt überlassen" wollen. Beide Seiten argumentieren, daß die jeweils andere Initiative den Electronic Commerce behindere, einmal durch zu harte Regelungen, die so schnell nicht realisiert werden könnten, beziehungsweise durch fehlende Regelungen, die keine verläßlichen Transaktionen erlaubten. Vor April 1999 wird der Ministerrat die Diskussion nicht fortsetzen. Deutschland hatte bereits im Vorfeld signalisiert, daß es "ohne Annex III keine Direktive" geben werde. Es ist daher durchaus denkbar, daß die EU Richtlinie sich bezüglich der technischen Komponenten weiter in Richtung des deutschen Signaturgesetzes (inkl. Verordnung und Maßnahmenkatalogen) entwickeln wird. Sicher ist zumindest, daß es noch einige Zeit dauern wird, bis eine harmonisierte Gesetzgebung erreicht sein wird.

## 1.4 Commitment Service als alternative Lösung

Die Lösung, die hier vorgeschlagen wird, ist auch trotz unsicherer Rechnerausstattung des typischen Internet Benutzers anwendbar. Sie verhindert zwar nicht die Angriffe wie oben beschrieben, bietet jedoch Sicherheit für den Benutzer, indem sie sein Risiko vorhersehbar macht und Möglichkeit zur Begrenzung gibt, die der Benutzer selbst bestimmen kann.

Der Commitment Service [Baum99] begrenzt das Risiko sogar für alle Angriffe, die oben beschrieben wurden: Erpressung ist auch mit einem sicheren Gerät möglich, und sogar in solchen Fällen kann der Commitment Service (sofern die Signatur unter den Regeln des Commitment Service Gültigkeit hat) den Schaden begrenzen – im Gegensatz zur ausschließlichen Verwendung von sicheren Geräten.

Selbst wenn der Signierschlüssel der Zertifizierungsinstanz (Certification Authority, CA) kompromittiert werden sollte, könnte der Benutzer nachweisen, daß sein Schaden nicht oberhalb einer gewissen Schranke sein kann, sofern er eine Kopie der schriftliche Bestätigung seiner Zertifizierung mit seinem gewählten Limit vorlegen kann und die CA keinen schriftlichen Vertrag mit höherem Limit zeigt.

Als weiterer Vorteil braucht der Commitment Service nicht auf eine Harmonisierung zu warten, sondern er kann praktisch sofort aufgebaut und angewandt werden.

Die hier vorgeschlagene Lösung bietet vor allem Sicherheit für den Signaturempfänger, da ihm Zusicherungen gegeben werden können, auf deren Rechtsverbindlichkeit er sich verlassen kann. Hierfür allerdings ist erforderlich, daß der Signierschlüssel des Commitment Service nicht kompromittiert wird, oder daß der Commitment Service in einem solchen Fall die Haftung übernimmt. Denkbar ist, dass auch er eine gewisse begrenzte Haftung übernimmt und der Rest eben doch zulasten der Signaturempfänger geht. Je mehr Haftung der Commitment Service für die Korrektheit seiner Aktivität übernimmt, desto glaubwürdiger kann der Service gesehen und benutzt werden.

Der Kern des Commitment Service ist eine Registrierungs- und Zertifizierungsinstanz, im folgenden *Commitment CA* genannt, von der angenommen wird, daß die Beteiligten ihr trauen.

Ein weiterer Aspekt dieser Lösung ist die Verwendung einer digitalen Signatur des Benutzers, deren Bedeutung und Gültigkeit innerhalb des Vertrag mit dem Commitment Service festgelegt ist und aus dem ausgegebenen Schlüsselzertifikat hervorgeht. Diese Signatur ist vom Schlüsselinhaber widerrufbar, allerdings nur im Falle einer (auch nicht nachweisbaren) Attacke. Man sollte hier also möglichst keine andere digitale Signatur auf demselben Rechner verwenden, die rechtsverbindlich ist und möglicherweise kein begrenztes Haftungslimit hat. Denn sonst könnte ja gerade diese andere Signatur attackiert werden und – unabhängig vom Commitment Service – genau den Schaden beim Benutzer verursachen, den man durch den Commitment Service vermeiden will.

# 2 Beschreibung des Commitment Service

Der Commitment Service hat Ähnlichkeit mit dem Prinzip der Banken bei Kreditkartenzahlungen (z.B. bei SET [SET97]) oder Cheques, wenn sie den Händlern die "Authorization Response" erteilen, was bedeutet, daß der Kunde zahlungsfähig ist.

In ähnlicher Weise kontrolliert die Commitment CA die ausgegebenen Zusicherungen des Benutzers, so daß sie einen bestimmten Betrag oder eine bestimmte Menge (je nach Art der Zusicherung) pro Monat nicht überschreiten können. Dies gewährleistet die Schadensbegrenzung bei Attacken für den Benutzer. Wesentliche Unterschiede sind jedoch:

- Es handelt sich nicht um ein Zahlungssystem. Beim Commitment Service kann eine verbindliche Zusicherung unabhängig vom später benutzten Zahlungssystem gemacht werden, auch unabhängig von der Zahlung selbst. Sie wird eindeutig an einen Transaktionskontext und an einen Begünstigten gebunden (zur Vermeidung von 'Double-Spending').

- Beim Commitment Service bestimmt der Benutzer selbst die Höhe seines (monatlichen) Haftungslimits. Das Kreditlimit wird dagegen von der Bank bestimmt und ist vom Kontostand und der Vorgeschichte des Kunden abhängig.

- Beim Commitment Service bestimmt der Kunde selbst die Höhe der ausgegebenen Zusicherungen. Bei Kreditkartenzahlungen dagegen können ohne Wissen des Kunden andere, auch höhere Beträge autorisiert werden, z.B. beim Leihen von Mietwagen oder Reservieren eines Hotelzimmers.

- Beim Commitment Service kann die Signatur widerrufen werden im Falle einer Attacke. Die ausgegebene nichtabstreitbare Zusicherung zeigt dabei jedoch dem Signaturempfänger die Verpflichtung des anderen zu bezahlen, zumindest den in der Zusicherung angegebenen Betrag. Wird dagegen nur eine Zahlungsfähigkeit bestätigt, bedeutet dies nicht notwendigerweise eine Verpflichtung zu bezahlen, schon gar nicht im Falle einer (nachgewiesenen) Attacke.

## 2.1 Definition der "Zusicherung"

Unter "Zusicherung" wird hier eine rechtsverbindliche Zusicherung verstanden, die vom Benutzer erfüllt werden muß. Ist eine Bedingung mit dieser Zusicherung verknüpft, so muß die Zusicherung erfüllt werden, falls diese Bedingung erfüllt ist. Hierbei kann diese Bedingung aus einem logischen Ausdruck aus mehreren Bedingungen bestehen.

Der Trick besteht darin, daß der Benutzer sich bei seiner Registrierung zu Zusicherungen (z.B. insgesamt 2000 DM pro Monat) durch einen Vertrag mit der Commitment CA verpflichtet, bevor er weiß, wann, an wen, in welcher Stückelung und ob überhaupt manche oder alle Zusicherungen jemals zu irgendeinem Empfänger gelangen und dort erfüllt werden müssen.

Durch diesen Vertrag ist der Benutzer verpflichtet zur Einhaltung aller von der Commitment CA ausgegebenen Zusicherungen, die der Benutzer später veranlaßt. Dies gilt aber auch für ausgegebene Zusicherungen, die der Benutzer nicht veranlaßt hat, z.B. wenn er Opfer einer Attacke wurde. Genau dies macht die Zusicherung verläßlich und wertvoll für den Empfänger. Allerdings muß der Benutzer keine Zusicherungen erfüllen, die von der Commitment CA ausgegeben werden, nachdem sein (monatliches) Limit bereits überschritten wurde oder nachdem er seinen Schlüssel, der für den Request benutzt wurde, bereits zurückgerufen hat.

Gibt die Commitment CA eine Zusicherung aus und gelangt diese in die Hände des spezifizierten Begünstigten, und ist die Bedingung zur Gültigkeit erfüllt (sofern eine spezifiziert wurde), so muß der Benutzer aufgrund des Vertrages die Zusicherung erfüllen. Dies geht für den Empfänger aus der Zusicherung hervor, die de facto aus einem Zertifikat der Commitment CA besteht.

Man kann dies vergleichen mit Blanko-Gutscheinen oder Blanko-Schecks, die die Commitment CA bis zu einem gewissen Limit ausfüllen und ausgeben kann und soll – wenn alles gut geht, im Auftrag des Benutzers. Selbst im Falle einer Attacke beim Benutzer ist dieser zumindest insoweit geschützt als daß sein vordefiniertes Limit (z.B. 2000 DM pro Monat) nicht überschritten wird. Es wird zwar kein Geld ausgegeben, jedoch eine rechtsverbindliche Zusicherung, die auch per Gericht eingeklagt werden kann, aufgrund des vom Benutzer unterschriebenen Vertrags.

## 2.2 Initialisierung beim Benutzer

Zu Beginn werden der Benutzer und sein Schlüssel beim Commitment Service registriert. Die Commitment CA ist dafür verantwortlich und haftbar, daß die richtige Person registriert wird. Dies ist bei diesem Dienst besonders wichtig, da anschließend Zusicherungen ausgestellt werden, die den Schlüsselinhaber binden.

Der Benutzer legt eine Menge von Zusicherungen fest, die der Commitment Service für eine bestimmte Zeiteinheit (z.B. einem bestimmten Monat) oder insgesamt verwalten soll. Auch kann die Menge der Zusicherung sich auf jeden Monat beziehen, oder es können verschiedene Mengen für verschiedene Monate festgelegt werden.

Beispiele für Zusicherungen sind Geldbeträge, aber es können auch Dinge sein (eine bestimmte Anzahl an Flaschen Wein) oder Dienstleistung (z.B. Stunden an Beratungstätigkeit, Gartenarbeit, Klavierstimmen).

Die Zusicherungen können aus beliebigen Teilmengen der festgelegten Menge der Zusicherungen bestehen. Bei Zusicherungen über Zahlungen dürfen die Zahlungen insgesamt die festgelegte Geldmenge nicht übersteigen.

Gleichzeitig legt der Benutzer für die jeweils möglichen Zusicherungen Bedingungen fest, unter denen ausgegebene Zusicherungen Gültigkeit haben sollen. Eine solche Bedingung kann beispielsweise lauten:

- „gültig nur wenn die Signatur vom Benutzer für kompromittiert erklärt wird", oder

- „gültig nur wenn der Benutzer (z.b. aus finanziellen Gründen) die Transaktion rückgängig machen möchte und dies (z.b. aus Kulanz) akzeptiert wird", oder

- „gültig nur wenn der Signaturempfänger die mit dem Schlüssel S digital signierte Information I vorlegen kann".

- gültig unter der vom Benutzer beim Request der Zusicherung definierten Bedingung. Hier ist gemeint, daß die Bedingung später vom Benutzer definiert werden kann, sobald es um eine konkrete Zusicherung geht.

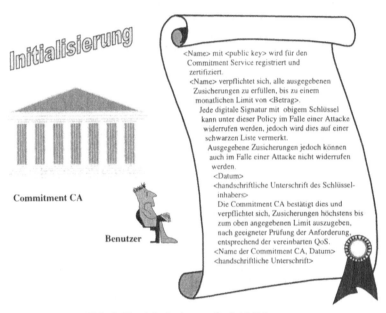

<Name> mit <public key> wird für den Commitment Service registriert und zertifiziert.
<Name> verpflichtet sich, alle ausgegebenen Zusicherungen zu erfüllen, bis zu einem monatlichen Limit von <Betrag>.
Jede digitale Signatur mit obigem Schlüssel kann unter dieser Policy im Falle einer Attacke widerrufen werden, jedoch wird dies auf einer schwarzen Liste vermerkt.
Ausgegebene Zusicherungen jedoch können auch im Falle einer Attacke nicht widerrufen werden.
<Datum>
<handschriftliche Unterschrift des Schlüsselinhabers>
Die Commitment CA bestätigt dies und verpflichtet sich, Zusicherungen höchstens bis zum oben angegebenen Limit auszugeben, nach geeigneter Prüfung der Anforderung, entsprechend der vereinbarten QoS.
<Name der Commitment CA, Datum>
<handschriftliche Unterschrift>

Commitment CA

Benutzer

**Abb. 1:** Vereinfacht dargestellte Initialisierung

Die Gültigkeit einer Zusicherung betrifft nicht das System selbst, sondern nur Signierer und Signaturempfänger. Sie kann theoretisch „blind" durch die Commitment CA bestätigt werden, ohne interpretiert zu werden.

Ein Vertrag mit dem Benutzer legt fest, daß sich der Benutzer zur Erfüllung aller vom Commitment Service ausgegebenen Zusicherungen, unter den jeweils von der CA bestätigten und in der Zusicherung spezifizierten Bedingung, verpflichtet. Dies gilt insbesondere auch für Zusicherungen, die durch Kompromittierung des Signierschlüssels des Benutzers erschlichen wurden, bevor der Schlüssel zurückgerufen wurde. Dies wiederum bedeutet, der Empfänger kann sich die Überprüfung der Gültigkeit des Schlüsselzertifikats ersparen, wenn er eine gültige Zusicherung erhält. Die Notwendigkeit wird verlagert auf die Überprüfung der Commitment CA selbst.

Im Vertrag wird zudem vereinbart, auf welche Weise der Benutzer den Commitment Service veranlassen soll, eine Zusicherung auszugeben, und auf welche Weise der Commitment Service die Anfrage authentisieren soll, z.b. nur das Prüfen der digitalen Signatur des Benutzers einschließlich Prüfen der Schüsselrückrufliste, oder weitergehende Massnahmen zur sicheren Authentifikation, für die im Extremfall der Commitment Service sogar selbst die Verantwortung und Haftung hat. Je nach vereinbartem Verfahren kann der Dienst niedrige oder hohe Kosten verursachen. Ein kombinierter Dienst, z.b. mit verschiedenen Schlüsseln für den Request, oder verschiedene Authentifizierungsmöglichkeiten je nach Höhe der auszugebenden Zusicherung ist ebenfalls denkbar.

## 2.3 Schlüsselzertifikat

Ein Schlüsselzertifikat wird von der Commitment CA ausgegeben, das den Empfänger einer Signatur darüber informiert, daß der entsprechende Signierschlüssel nur im Rahmen der Vereinbarungen mit dem Commitment Service benutzt wird und gültig ist, insbesondere daß eine Signatur vom Schlüsselinhaber geleugnet werden kann, und daß dagegen eine Zusicherung nicht widerrufen werden kann. Zum Schutz der Signaturempfänger verweist das Zertifikat ebenfalls auf eine Schwarze Liste, die Namen oder Pseudonyme und Schlüssel von Schlüsselinhabern enthält, die innerhalb eines bestimmten Zeitraumes eine Signatur als kompromittiert erklärt haben. Dies bedeutet keine Diskriminierung des Schlüsselinhabers, der eventuell tatsächlich Opfer einer Attacke geworden ist, sondern soll lediglich den Signaturempfänger zur Vorsicht ermahnen vor Geschäftspartnern, bei denen offensichtlich solche Attacken auftreten oder die Attacken vortäuschen könnten. Als Konsequenz könnte der Signaturempfänger im Rahmen seines eigenen Risikomanagements eine höhere Zusicherung aushandeln für den Fall einer (angeblichen) Attacke, die z.B. zusammen mit einer Bestellung geschickt wird. Das Schlüsselzertifikat enthält keine Information über die insgesamt ausgegebenen Zusicherungen.

Schlüsselzertifikate können auf Pseudonyme anstatt auf Namen ausgestellt werden, die jedoch im Disputfall aufgedeckt werden können.

## 2.4 Schlüsselrückrufliste

Eine Schlüsselrückrufliste wird von der Commitment CA geführt und sofort erneuert, wenn ein Schlüssel zurückgerufen wird (z.B. als kompromittiert gemeldet). Dies ist nicht anders als bei üblichen Zertifizierungsinstanzen. Lediglich wird hier keine Zusicherung mehr ausgegeben, nachdem der Schlüssel zurückgerufen wurde. Es muß wieder eine neue Initialisierung mit neuem Schlüssel vorgenommen werden.

## 2.5 Anforderung und Ausgabe einer Zusicherung

Möchte der Benutzer einem Geschäftspartner eine verläßliche nichtabstreitbare Zusicherung zukommen lassen, so sendet er einen Request an den Commitment Service (siehe Abb. 2).

Der Benutzer sichert den Request auf die mit dem Commitment Service vereinbarte Weise, d.h. signiert sie im Normalfall mit dem registrierten Schlüssel, und sendet sie an den Commitment Service.

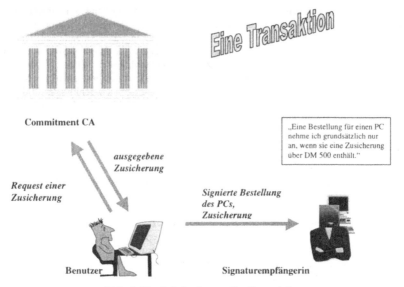

**Abb. 2:** Vereinfacht dargestellte Transaktion

Der Request könnte folgende Information enthalten:

- Service ID des Benutzers
- Benutzer ID (in der Form, wie sie der Benutzer dem Signaturempfänger zeigen möchte und von diesem verstanden wird)
- hash (
  - Eindeutige Kontext ID spezifiziert durch den Benutzer für die beabsichtigte Transaktion,
  - Eine ID des Signaturempfängers (z.b. der Fingerprint seines öffentlichen Schlüssels) ) – die hier gewählte Hashfunktion soll so gewählt werden, daß sie den Inhalt vor der Commitment CA verbirgt. Sie kann auch weggelassen werden, so daß der Inhalt ganz oder teilweise im Klartext vorliegt.
  - Betrag, über den eine Zusicherung ausgestellt werden soll (z.b. DM 500)
- Ggf. Bedingung, unter der die Zusicherung gültig sein soll
- Ggf. weitere Transaktionsinformation, die im Klartext oder verschlüsselt im Zusammenhang mit der Zusicherung einen Zeitstempel von der Commitment CA bekommen soll
- Die digitale Signatur des Benutzers über die gesamte Information

Der Commitment Service führt die vereinbarte Authentifizierung aus, prüft insbesondere, ob der verwendete Schlüssel zurückgerufen wurde, prüft weiterhin, ob zu diesem Kontext an diesen Begünstigten, bzw. für den entstandenen Hashwert, nicht bereits eine Zusicherung ausgegeben wurde, ob die angeforderten Zusicherungen insgesamt das vereinbarte Limit bzw. die vereinbarte Menge aller Zusicherungen nicht übersteigen, unter Einrechnung dessen, was bereits ausgegeben worden ist.

Waren alle Überprüfungen erfolgreich, so stellt der Commitment Service ein digital signiertes Zusicherungs-Zertifikat aus (das hier nur „Zusicherung" genannt wird). Zudem streicht der Commitment Service die ausgegebenen Zusicherungen aus der Menge der Zusicherungen, die noch ausgegeben werden können.

Die Zusicherung kann folgende Information enthalten:

Seriennummer der ausgegebenen Zusicherung

- Öffentlicher Schlüssel des Benutzers

- Benutzer ID (in der Form, wie sie der Benutzer dem Signaturempfänger zeigen möchte und von diesem verstanden wird)

- hash (

    - Eindeutige Kontext ID spezifiziert durch den Benutzer für die beabsichtigte Transaktion,

    - Eine ID des Signaturempfängers (z.B. der Fingerprint seines öffentlichen Schlüssels) )

- Betrag, über den eine Zusicherung ausgestellt wird bzw. werden soll

- Ggf. Bedingung, unter der die Zusicherung gültig sein soll (diese Bedingung kann aus dem Request stammen, oder bereits aus der Initialisierung)

- Ggf. weitere Transaktionsinformation, die im Klartext oder verschlüsselt im Zusammenhang mit der Zusicherung einen Zeitstempel von der Commitment CA bekommen soll

- Datum und Zeit

- Bestätigung daß der obige Schlüssel des Benutzers nicht zurückgerufen wurde

- Signatur der Commitment CA, und Information zur Überprüfung ihres Zertifikats

Das ausgestellte Zusicherungs-Zertifikat wird nun dem Benutzer übermittelt. Dieser kann das Zertifikat überprüfen und weiß im Erfolgsfall, daß sich der Signaturempfänger auf die enthaltene Zusicherung verlassen kann. Letzterer braucht nicht die Schlüsselrückrufliste zu befragen, da das Zusicherungs-Zertifikat dessen Gültigkeit (zum Zeitpunkt der Ausgabe) bestätigt - auch nach einem Rückruf des Schlüssels ist der Benutzer an seine Zusicherung gebunden, wenn sie vor dem Rückruf ausgestellt wurde.

Ein Zusicherungs-Zertifikat kann im Kontext einer eigens dafür spezifizierten Transaktionen als nichtabstreitbarer Gutschein dienen. Eine Bedingung könnte hier lauten „sobald Du Geburtstag hast".

Wenn man Probleme bei der Nachweisbarkeit des zustandegekommenen Vertrags befürchtet (z.B. wenn er mündlich zustandegekommen ist), kann der Händler Zusicherungen über den zu bezahlenden Preis anfordern. Die Bedingung des Signierers könnte hier lauten „sobald die Leistung durch die Gegenseite erbracht wurde". Der Händler könnte damit die Bezahlung gerichtlich erzwingen.

# 3 Haftungszertifikat-Service

## 3.1 Haftungszertifikat-Service als Sonderfall

Der Haftungszertifikat-Service ist ein Sonderfall des Commitment Service. Er ist speziell dazu gedacht, eine Haftung für eine digitale Signatur zu spezifizieren für den Fall, daß der Schlüssel (angeblich oder tatsächlich) kompromittiert wurde. Diese Haftung wird mit Hilfe einer Zusicherung, des Haftungszertifikats, ausgedrückt.

Der wesentliche Charakter des Haftungszertifikat-Service liegt in der speziellen Bedeutung der Zusicherungen, also in der Semantik des Services. Nehmen wir als Beispiel die Bestellung einer Sonderanfertigung eines PCs, Kosten 3.500 DM.

Beim allgemeinen Commitment Service könnte eine Zusicherung folgendermaßen lauten: „500 DM für Transaktionskontext $k$ an Empfänger $E$, gültig nur, wenn die Signatur vom Signierer als kompromittiert gemeldet wird und die Transaktion dadurch nicht zustande kommt." Da die Signatur durch den Vertrag mit dem Commitment Service sowieso als kompromittiert erklärt werden kann und in diesem Fall nicht gültig ist, hat der andere als Entschädigung zumindest eine Zusicherung über 500 DM, die er auf jeden Fall bekommt, unabhängig vom tatsächlichen Schaden.

Beim Haftungszertifikat-Service würde die Zusicherung dagegen wie folgt lauten: „je nach Schaden beim Empfänger E *Haftung bis zu* 500 DM für Transaktionskontext, gültig nur, wenn die Signatur vom Signierer als kompromittiert gemeldet wird und die Transaktion dadurch nicht zustande kommt."

Der Unterschied ist, in letzterem Fall handelt es sich um eine Haftung des Schlüsselinhabers für die Transaktion, die mit seinem Schüssel signiert wurde, und zwar für den Schaden, der im Falle der Kompromittierung der Signatur durch deren Widerruf beim Empfänger entstanden ist – und zwar nur bis zu einer Höhe von 500 DM. Beträgt der Schaden nur 240 DM (Versandkosten plus Aufwand), so beinhaltet die Zusicherung nur eine Verpflichtung, 240 DM zu erstatten. Die tatsächliche Verpflichtung kann durch Einigung (z.B. mit Hilfe von Nachweisen) oder vor Gericht festgelegt werden, jedoch kann sie 500 DM nicht überschreiten.

Ebensogut kann die Verwendung von Haftungszertifikaten auch unter anderen Bedingungen vereinbart werden, z.B. wenn man erlaubt, die Transaktion (nicht die Signatur) zu widerrufen. Dies ist unüblich in normalen Geschäftsvorgängen, jedoch könnte der Haftungszertifikat-Service die Zustimmung des Geschäftspartners zum Widerruf einer Bestellung erleichtern. All diese Konditionen sollten zur Vereinfachung bereits vor Abschluß des Vertrages geklärt werden, z.B. kann die Art der Zusicherung, die durch das Haftungszertifikat bestätigt werden soll, zuvor ausgehandelt werden. Beim Haftungszertifikat-Service würde die Zusicherung entsprechend wie folgt lauten: „je nach Schaden beim Empfänger E *bis zu* 500 DM für Transaktionskontext $k$, gültig nur, wenn die Transaktion aus Gründen, die beim Schlüsselinhaber liegen, nicht zustande kommt."

Die Menge der zu Beginn vereinbarten Zusicherungen besteht hier in einem Maximalbetrag der insgesamt auszugebenden Haftungszertifikate, absolut oder z.B. pro Monat. So mag ein Benutzer sein monatliches Haftungslimit auf DM 1500 festlegen, während er ein anderes Limit für andere Varianten des Commitment Services festlegen kann. Services und Limits können natürlich auch miteinander kombiniert werden.

Eine benutzerspezifizierte Bedingung zur Gültigkeit der Haftungszusicherung gibt es beim Haftungszertifikat-Service, im Gegensatz zum Commitment Service, jedoch nicht.

## 3.2 Haftungszertifikat-Service zur Sicherung digitaler Signaturen

Eine Sicherung der digitalen Signatur kann im Prinzip auch mit dem allgemeinen Commitment Service erreicht werden, jedoch ist es naheliegend, es mit Hilfe des Haftungszertifikat-Service zu erläutern.

Wie zuvor nehmen wir an, daß der öffentliche Schlüssel des Schlüsselpaares zum Signieren bei keiner anderen Zertifizierungsinstanz registriert und zertifiziert wird als bei dem hier vorgestellten Haftungszertifikat-Service - es sei denn, die dort geltenden Regeln und Policies stehen nicht mit diesen in Konflikt.

Aus dem Schlüssel-Zertifikat muß hervorgehen, daß der entsprechende Signierschlüssel nur im Rahmen der Vereinbarungen mit dem Haftungszertifikat-Service (bzw. auch dem Commitment Service) benutzt wird und Gültigkeit haben soll. Dies soll dazu beitragen, daß ein Gericht im Streitfall nicht anderweitig entscheidet.

Der Vertrag mit dem Haftungszertifikat-Service enthält die folgenden Vereinbarungen:

- Der Benutzer erklärt explizit, daß er an alles gebunden ist, was er mit diesem Schlüssel digital signiert, ebenso wie er sich an seine handschriftliche Unterschrift gebunden fühlt.

- Der Benutzer erklärt, daß er bis zum vereinbarten Limit an alle Haftungszertifikate gebunden ist, die vom Haftungszertifikat-Service auf seinen Namen ausgestellt werden, auch wenn er deren Ausstellung nicht veranlaßt hat (d.h. wenn sein Schlüssel kompromittiert wurde).

- Der Benutzer ist nur begrenzt gebunden an digitale Signaturen, die zwar mit seinem Signierschlüssel erzeugt wurden, von denen er aber bestreitet, sie gemacht zu haben - unabhängig davon, ob man ihm dies nachweisen kann oder nicht. In solchen Fällen haftet der Benutzer dem Geschäftspartner gegenüber bis zu dem Betrag, der im beigefügten Haftungszertifikat für diesen Transaktionskontext steht.

- Abhängig von der jeweiligen Policy erklärt sich der Benutzer einverstanden, daß sein öffentlicher Schlüssel auf eine Schwarze Liste gesetzt wird, wenn sein Schlüssel kompromittiert wurde und dadurch ein anderer über die Deckung des Haftungszertifikats hinaus geschädigt wurde.

Die Sicherung der digitalen Signatur für den Empfänger besteht ausschließlich im beigefügten Haftungszertifikat. Die digitale Signatur selbst ist widerrufbar. Jedoch bietet beides zusammen eine Sicherung der digitalen Signatur gegenüber dem Empfänger, erst recht wenn die Haftungshöhe auch dem Transaktionsvolumen entspricht.

Die Haftung, die der Benutzer pro Monat bereit ist einzugehen, entspricht genau seinem Spielraum, Haftungszertifikate den Empfängern zukommen zu lassen. Insofern hat der Benutzer einen Trade-off zwischen erhöhtem Risiko und guten Möglichkeiten den Geschäftspartner zufriedenzustellen, und einem niedrigeren Risiko mit weniger Möglichkeiten.

Streitigkeiten außerhalb dieser Vereinbarung sind außerhalb dieses Kontexts zu behandeln, z.B. Strafverfolgung des Attackers und Entschädigung durch ihn, oder Strafverfolgung des

Signierers wegen Betrugs, z.B. wenn man durch Zeugen oder andere Beweise nachweisen kann, daß er tatsächlich signiert hat.

Selbst für Aktiengeschäfte kann dieser Service verwendet werden. Hierbei wird der Broker generell ein Haftungszertifikat verlangen, das weit über dem erwarteten Verlust liegt, falls er die Transaktion im Falle einer Attacke rückgängig machen sollte. Umgekehrt kann ein Broker bei einem teuren kostenpflichtigen Service seine ausgegebene Information mit Haftungszertifikaten an bestimmte Benutzer unterlegen, die er im Falle von Irrtümern, oder auch im Falle einer Attacke auf seiner Seite, einlösen muß. Dies könnte den Service des Brokers verteuern, da sein Haftungsvolumen mit wachsender Zahl von Abfragen zunimmt.

# 4 Mögliche Varianten

Aus Platzgründen sollen einige denkbare Varianten nur erwähnt werden.

Natürlich kann der Request auch durch den Signaturempfänger erfolgen, jedoch muß diese durch den Schlüsselinhaber selbst spezifiziert und autorisiert werden. Der Nachteil ist, daß der Benutzer weniger Kontrolle hat, wieviele Zusicherungen bereits ausgegeben wurden, und daß eine Anonymität der Transaktion inklusive des Geschäftspartners gegenüber der Commitment CA schwieriger zu bewerkstellen ist, was dagegen in der vorgestellten Variante durch Anwenden einer Hashfunktion leicht erreicht werden kann.

Durch Einschließen des Requests des Benutzers in die Zusicherung kann der Benutzer vor unberechtigt von der Commitment CA ausgegebenen Zusicherungen geschützt werden.

Weiterhin können sowohl der Request als auch die Zusicherung auf anderen Wegen als dem Internet erfolgen, ebenso die Übermittlung der Zusicherung zum Signaturempfänger. Beispielsweise könnte der Request telefonisch erfolgen, die Zusicherung könnte gefaxt werden, und der Benutzer – der zu diesem Zweck nicht einmal einen Signierschlüssel bräuchte – könnte die Zusicherung weiterfaxen innerhalb einer Bestellung per Fax, die vom Empfänger eingescannt werden kann. Dies bedeutet: Die handschriftliche Unterschrift auf einem Fax, deren Rechtsverbindlichkeit sowieso fragwürdig ist, kann "aufgewertet" werden durch eine aufgedruckte, von der Commitment CA digital signierte, nichtabstreitbare Zusicherung. Oder man kann eine Zusicherung telefonisch bestellen, die vom Commitment Service elektronisch zum Empfänger gesandt wird. Auf diese Weise können telefonische Bestellungen für den Empfänger höchst wirksam gesichert werden. Dies zeigt, daß der Commitment Service auch völlig losgelöst von registrierten Schlüsseln existieren kann und auch ohne Signaturen auskommt.

Der Commitment Service kann unter veränderter Semantik auch, z.B. von einer Bank, als "Solvency" Service, oder als "Commitment- and Solvency" Service betrieben werden. Der Solvency Service würde Zahlungsfähigkeit bescheinigen, jedoch nicht die Verpflichtung zu bezahlen. Beim Commitment Service ist dies genau umgekehrt.

# 5 Wer hat Interesse am Commitment Service

Wer würde Interesse daran haben sollte, einen solchen Commitment Service zu betreiben, und wer würde ihn nutzen?

Es liegt auf der Hand, daß es vor allem die Händler auf dem Internet sind, die davon profitieren, denn sie können nicht nur den Besteller identifizieren, sondern sich sogar vor dessen Abstreiten der Bestellung schützen, indem sie eine rechtsverbindliche Zusicherung über einen Betrag verlangen, der ihrem Schaden entsprechen würde. Dies wird dem Händler bereits dieselbe Sicherheit bieten wie wenn Signaturgesetze mit hochsicheren Komponenten in Anwendung wären. Ein weiterer Vorteil ist, daß eine Zusicherung die Abfrage erspart, ob der Schlüssel des Bestellers bereits widerrufen wurde – die Notwendigkeit diese Abfrage wird verlagert auf das Prüfen, ob die Commitment CA selbst mittlerweile Opfer einer Attacke geworden ist, was hoffentlich sehr unwahrscheinlich ist. Der generelle Bedarf der Händler an einer rechtsverbindlichen digitalen Signatur ihrer Kunden liegt auf der Hand. Widerruft der Besteller seine Bestellung (was er ohne digitale Signatur oder handschriftliche Unterschrift ohne weiteres kann, indem er behauptet, er habe das nicht bestellt), so hat heute der Händler das Nachsehen.

Daher liegt es nahe, daß eine Interessensgemeinschaft der Händler einen Commitment Service betreibt, z.B. die Industrie- und Handelskammern, und zwar möglichst im Zusammenhang mit bereits existierenden CAs, die diesen Dienst als Zusatzdienst anbieten könnten. Die Ausstellung der Zertifikate kann kostenpflichtig für den Benutzer sein, dies sollte jedoch durch den Preis oder durch günstige Konditionen beim Händler wieder ausgeglichen werden.

Etwas weniger reizvoll scheint dieser Service für den Benutzer selbst, da ein gewisses Risiko eingegangen werden muß, nämlich geradezustehen für Zusicherungen, die durch Attacken zustandegekommen sind. Jedoch muß man die Alternative betrachten, nämlich eine rechtverbindliche digitale Signatur womöglich ohne generelles Haftungslimit, so daß der Schaden im Falle einer Attacke – die möglicherweise gar nicht nachgewiesen werden kann – wesentlich größer sein kann als der begrenzte Schaden, der beim Commitment Service eintreten kann, da dort die digitale Signatur in diesem Fall einfach widerrufbar ist. Für den Preis eines selbstgewählten Risikos bietet der Commitment Service dem Benutzer eine hohe Sicherheit und gleichzeitig die Möglichkeit, auch dem Händler eine gewisse Sicherheit zu bieten. Es ist abzusehen, daß viele Händler rechtsverbindliche digitale Signaturen vom Kunden verlangen werden, sobald der gesetzliche Rahmen hierfür geschaffen sein wird. Zusicherungen plus widerrufbare Signaturen (im Falle einer Attacke) können diese rechtsverbindlichen Signaturen ersetzen.

Diese Arbeit entstand im Rahmen des ACTS Projekts SEMPER (http://www.semper.org) und wurde gefördert durch die Europäische Kommission und dem Schweizerischen Bundesamt für Bildung und Wissenschaft.

## Literatur

[Baum99]     Birgit Baum-Waidner: Limiting Liability in E-commerce, Chapter 13 in SEMP99.

[BaZi99]     Birgit Baum-Waidner, Rita Zihlmann: Legal Aspects, Chapter 14 in SEMP99.

[BKWG98]     Wendelin Biser, Heinrich Kersten, Bruno Wildhaber, Matthias Gut: Chipkarte statt Füllfederhalter. Hüthig GmbH, Heidelberg. ISBN 3-7785-2634-0.

[CEC98]     Entwurf für EG-Richtlinie über gemeinsame Rahmenbedingungen für elektronische Signaturen, Vorschlag für eine Richtlinie des Europäischen Parlaments und des Rates KOM(1998)297/2, 98/0191 (COD), deutsche Fassung, vorgelegt am 22. Juni 1998.

[DigSigG97]  Gesetz zur Regelung der Rahmenbedingungen für Informations- und Kommunikationsdienste (Informations- und Kommunikationsdienste-Gesetz - IuKDG), Artikel 3: Gesetz zur digitalen Signatur (Signaturgesetz - SigG) vom 22. Juli 1997 (BGBl. I S.1870).

[DigSigV97]  Verordnung zur digitalen Signatur (Signaturverordnung - SigV) in der Fassung des Beschlusses der Bundesregierung vom 8. Oktober 1997.

[DiHe76]  Whitfield Diffie, Martin E. Hellman: New Directions in Cryptography. IEEE Transactions on Information Theory 22/6 (1976) 644-654.

[MeOV97]  Alfred J. Menezes, Paul C. van Oorschot, Scott A. Vanstone: Handbook of Applied Cryptography; CRC Press, Boca Raton 1997.

[PPSW97]  Andreas Pfitzmann, Birgit Pfitzmann, Matthias Schunter, Michael Waidner: Trusting Mobile User Devices and Security Modules; in Computer 30/2 (1997) 61-68.

[RBHK94]  Alexander Rossnagel, Johann Bizer, Volker Hammer, Christel Kumbruck, Ulrich Pordesch, Heinz Sarbinowski, Michael J. Schneider: Die Simulationsstudie Rechtspflege - Eine neue Methode zur Technikgestaltung für Telekooperation, Projektgruppe Verfassungsverträgliche Technikgestaltung e. V. (Provet), Gesellschaft für Mathematik und Datenverarbeitung mbH (GMD), Edition Sigma, Berlin, 1994, ISBN 3-89404-373-3.

[SEMP99]  Gerard Lacoste, Michael Steiner, Michael Waidner (Hrsg): Secure Electronic Marketplace for Europe – Final Report of Project SEMPER; LNCS, Springer-Verlag, to appear.

[SET97]  Mastercard Inc., Visa Inc.: Secure Electronic Transactions (SET) Version 1.0; May 31, 1997.

[Webe97]  Arnd Weber: Zur Notwendigkeit sicherer Implementation digitaler Signaturen in offenen Systemen; in: Müller, Günter; Pfitzmann, Andreas (Hrsg.): Mehrseitige Sicherheit in der Kommunikationstechnik. , Addison-Wesley-Longman 1997, 465-478.

# Eine praxiserprobte Sicherheitsinfrastruktur für große Konzernnetze

Kurt Maier · Olaf Schlüter · Hubert Uebelacker

Giesecke & Devrient GmbH
{kurt.maier, olaf.schlueter, hubert.uebelacker}@gdm.de

**Zusammenfassung**

Die Autoren identifizieren Applikationsfamilien in Netzen - beispielhaft C/S-Kommunikation und Mailverkehr - und beschreiben auf dieser Basis, wie Kommunikationsnetze führender Industrieunternehmen leistungsfähig abgesichert werden. Dabei gibt es im allgemeinen keine omnipotente Einzellösung. Vielmehr werden Architekturen aus leistungsfähigen Einzelbausteinen aufgebaut, die jeweils eine Applikationsfamilie abdecken und im Idealfall interoperabel sind. Hinsichtlich der Leistungsfähigkeit gibt es verschiedene Maßzahlen und Anforderungen. Die wichtigsten Kriterien dabei sind Standardkonformität und Plattformunabhängigkeit. Die multifunktionale Chipkarte rundet die Sicherheitsarchitektur im Unternehmen ab und gewährleistet so ein durchgängig hohes Sicherheitsniveau.

## 1 Einleitung

Änderungsdynamik und Rechnernetze sind zwei Begriffe, die heute untrennbar miteinander verbunden sind. Praktisch permanent müssen sich die Netze an neuen Kommunikationsbedürfnissen im Unternehmen orientieren. Sie sind nie das Produkt eines einmaligen Planungsvorgangs, sondern vielmehr in aller Regel historisch gewachsen und oftmals auch mit den Scheuklappen der jeweiligen Entstehungszeit versehen. Vor diesem Hintergrund ist die Kompatibilität mit dem Vorhandenen das oberste Gebot jeder neuen Netzwerktechnologie. Nicht selten lautet die Devise einfach: Hauptsache, es funktioniert und der tägliche Betrieb kann gewährleistet werden. So entsteht die berüchtigte Heterogenität und sie hat viele Facetten: Applikationen, Netzzugangssysteme, Protokolle, Betriebssysteme und Komponenten sind einige der Bereiche, überall dort kann Heterogenität auftreten.

Heterogenität prägt gegenwärtig die Netzwerk-Welt und eine der offensichtlichsten Folgen daraus ist der Mangel an Sicherheit. Dabei spielt weniger der Aspekt der Systemverfügbarkeit als vielmehr die Vorsorgemaßnahmen zur Gewährleistung von:

- Vertraulichkeit der Informationen und

- Authentizität von Daten

eine Rolle. Man kann sogar soweit gehen und sagen: je heterogener sich Rechnernetze darstellen, desto schwieriger wird es in der Regel, sie abzusichern. Verschärft wird die Situation noch dadurch, daß die Kommunikationsanforderungen im Unternehmen immer mehr zunehmen, insbesondere auch über den Intranet-Bereich hinaus.

Wie aber können große Unternehmen unter diesen Umständen Ihre Netze absichern?

Der derzeit aussichtsreichste Ansatz [UeMa96] ist, eine größtmögliche Unabhängigkeit der Sicherheitstechnik von der Netzwerktechnologie und Rechnerhardware zu erreichen, das heißt, Netzwerksicherheit und Übertragungstechnologie quasi zu entkoppeln. Nur so wird Heterogenität überhaupt handhabbar. Das hat zur Folge, daß sich Sicherheitsfunktionen in und um die Anwendungen wiederfinden. Auf diese Weise können Sicherheitsfunktionen auf verschiedenen Systemplattformen implementiert werden, die Interoperabilität bleibt aber gewährleistet.

Welche Maßnahmen und Funktionen sind aber überhaupt notwendig, um eine Sicherheitsarchitektur für ein großes Unternehmensnetz aufzubauen?

Diese Maßnahmen müssen sowohl den Zugang zum Rechner mit seinen Betriebsmitteln, wie auch den Datenverkehr zwischen den Rechnern abdecken. Ein wirksamer Schutz beschränkt sich dabei aber nicht nur auf eine einzelne Systemplattform. Vielmehr kann nur eine umfassende Sicherheitsarchitektur alle eingesetzten Systeme und Anwendungsprogramme einbinden und so die Sicherheitsproblematik eines Unternehmens lösen. An dieser Stelle wird nochmals deutlich, wie bedeutend die Plazierung von Sicherheitsmodulen in der Applikationsebene ist.

Die Experten des Geschäftsfelds „Netzwerksicherheit" bei Giesecke & Devrient haben zusammen mit Vertretern des Daimler Benz Konzerns bereits vor Jahren standardisierte Sicherheitsdienste auf modularer Basis für den Daimler Benz Konzern entwickelt [HeKu97], die genau dieser Problematik gerecht werden und konzernweit eingesetzt werden können. Praktisch alle Dienste basieren auf dem asymmetrischen RSA-Verfahren, das sowohl zur Verschlüsselung als auch zur digitalen Signatur eingesetzt werden kann.

Im Einzelnen setzen sich diese Dienste zusammen aus:

- Datenverschlüsselung

- Zugangsschutz

- Digitale Signatur

- Schlüsselmanagement

Alle Komponenten können auch SmartCard-basiert eingesetzt werden. Die Unterstützung mit SmardCards erhöht das Sicherheitsniveau insgesamt noch einmal, da die kryptografischen Schlüssel so entsprechend sicher aufbewahrt werden können.

Aufbauend auf diesen Ansatz werden im folgenden die wesentlichen Komponenten einer Sicherheitsarchitektur für große heterogene Konzernnetze vorgestellt.

# 2 Client-Server-Sicherheit und SSL-Standards

Client/Server Infrastrukturen haben die Unternehmensnetze in der letzten Dekade entscheidend geprägt. Die Absicherung dieser Strukturen ist daher eine zentrale Aufgabe für unternehmensweite Sicherheitsarchitekturen.

Zum wichtigsten Standard im Zusammenhang mit Verschlüsselung und digitalen Zertifikaten entwickelt sich derzeit das Kommunikationsprotokoll *SSL* (Secure Socket Layer), das in der Softwareschmiede des Web-Pioniers Netscape entwickelt wurde.

Der Grund für den Erfolg liegt in der vielseitigen Verwendbarkeit und in der vergleichsweise einfachen Integration in heterogene Netze begründet [ScUe97]. Die Funktionsweise ist einfach: Zwischen TCP-Schicht und Anwendungsschicht wird eine zusätzliche SSL-Schicht geschoben.

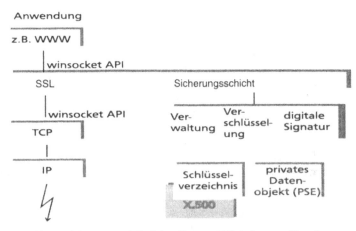

**Abb. 1:** Einbettung und Funktionalität von SSL in Intranet-Umgebung

Damit wird jedes auf TCP/IP aufsetzende Protokoll mit statischer TCP-Portnummer um die Sicherheitsdienste Vertraulichkeit, Integrität und Authentizität (des Servers und optional des Clients) erweitert, ohne daß die Anwendung geändert werden muß. Jedes Anwendungsprotokoll (ftp, http, telnet ...) kann die Dienste von SSL somit nutzen.

Mit der Akzeptanz von SSL steigt zudem auch die Investitionssicherheit: hier ist nicht zu befürchten, daß man in einigen Jahren feststellt, auf das falsche Pferd gesetzt zu haben – eine absolut ernst zu nehmende Sorge von IT-Verantwortlichen.

Wie praktisch alle Kryptografiestandards setzt auch SSL auf bewährte kryptografische Verfahren zur Verschlüsselung. Das RSA-Verfahren wird hier – wie in den anderen Sicherheitsmodulen auch – zum Austausch von (Sitzungs-) Schlüsseln und zur Gewährleistung der Authentizität eingesetzt. Damit wird kein symmetrischer Sitzungsschlüssel (u.a. TripleDES, IDEA,RC4) zweimal benutzt. Für die Gewährleistung der Integrität der Daten sind die Hashfunktionen MD2, MD5 und SHA-1 im Einsatz, die Zertifikate für RSA-Schlüssel werden entsprechend dem *X.509*-Format, einem bereits etablierten Kryptostandard gespeichert. Vor Beginn der Datenübertragung arbeiten Client und Server ein sogenanntes Handshake-Protokoll ab, in dem der Sessionschlüssel ausgetauscht und die Authentifikation der Kommunikationspartner vorgenommen wird. Anschließend wird das SSL Record Protokoll mit Verschlüsselung der Daten ausgeführt.

Praxisgerechte SSL-Implementierungen zeichnen sich durch ein Migrationskonzept für die vorhandene Infrastruktur aus. Das bedeutet, daß Server sowohl gesicherte Kommunikation über SSL zu Clients als auch ungesicherte Kommunikation unterhalten können. Nur so können SSL-Implementierungen in vorhandene große Client/Server Strukturen integriert werden.

Dahinter steckt die Erfahrung, daß viele Sicherheitslösungen zwar starke Kryptografie und Sicherheit bieten, der Betriebsaspekt aber teilweise völlig unbeachtet bleibt. Gerade aber in großen Netzen kommt dem Betriebsaspekt – wie bereits eingangs angeführt – zentrale Bedeutung zu. Sind Betriebsaspekte nicht geklärt, wird von den Verantwortlichen oftmals auf zusätzliche Sicherheitsmaßnahmen verzichtet.

# 3 Mailverschlüsselung

Trotz des Booms, den das World Wide Web in den letzten Jahren erlebt hat, ist EMail nach wie vor einer der meistgenutzten Kommunikationsdienste. Daß Sicherheit gerade beim Versenden von digitalen Mitteilungen ein wichtiger Aspekt ist, hat jedoch noch einen anderen Grund: Während im Web hauptsächlich öffentlich zugängliche HTML-Seiten über das Netz fließen, wird EMail auch ausgiebig für Geschäftsbriefe und beliebig andere, auch sensible Dateien (als Attachments) verwendet.

Vor diesem Hintergrund ist es verständlich, daß bereits im Jahre 1988 ein Internet-Standard (RFC) für die Verschlüsselung von E-Mails entstand. Privacy Enhancement for Internet Electronic Mail (PEM) – so dessen Name – war der erste Versuch, die Verwendung von kryptografischen Mechanismen für einen Internet-Dienst zu standardisieren. PEM ermöglicht das Verschlüsseln und digitale Signieren von E-Mails mit den Methoden der modernen Kryptografie. Für die digitale Signatur und den Schlüsselaustausch wird hierbei das bewährte RSA-Verfahren verwendet, die Verschlüsselung der zu versendenden Nachricht geschieht mit dem ebenfalls hinlänglich bekannten DES. Um öffentliche RSA-Schlüssel an den EMail-Anwender zu binden, sind digitale Zertifikate gemäß dem X.509-Standard vorgesehen.

Vom Industrieverband TeleTrusT e. V., dem alle wichtigen deutschen Kryptografiehersteller angehören, stammt der sogenannte MailTrusT-Standard, von dem inzwischen erste Implementierungen in groß angelegten Feldversuchen auf ihre Interoperabilität getestet werden. MailTrusT ist eine Erweiterung des Internet-Standards PEM um zusätzliche Nachrichtenformate und leistungsfähigere Kryptoverfahren. MailTrusT entstand parallel zum Signaturgesetz, weshalb auch eine Zertifizierungshierarchie und Chipkartenunterstützung vorgesehen ist, sowie digitale Signaturen rechtsverbindlich gemäß Gesetzesvorgaben verwendet werden können.

Ein weiterer Bestandteil von MailTrusT ist eine Schnittstelle für die Verwendung von sogenannten PSEs (Personal Security Environments), die in PEM nicht enthalten ist. Ein PSE ist in der Regel in Form einer Chipkarte realisiert, die die sicherheitsrelevanten Informationen eines Anwenders (wie den geheimen Schlüssel) speichert. MailTrusT wird von allen wichtigen deutschen Kryptoherstellern unterstützt. Vorteilhaft ist die weitgehende Kompatibilität zu PEM, die auch eine verschlüsselte Korrespondenz mit ausländischen Partnern erlaubt.

Durch die Integration in die Internet-Browser hat sich international S/MIME als Verschlüsselungsstandard gut positioniert und Chancen, sich trotz der Probleme des Exports von Kryptografie-Produkten amerikanischen Ursprungs, als weltweiter Verschlüsselungsstandard durchzusetzen. Die weitere Planung bei MailTrusT sieht daher vor, daß zukünftig auch das S/MIME-Format verarbeitet werden kann. Die zugehörige Spezifikation MailTrusT Version 2 steht (Stand Mitte Dezember 1998) kurz vor der Verabschiedung, so daß voraussichtlich bereits Mitte 1999 erste Produkte hierzu von verschiedenen Herstellern angeboten werden. Der Anwender hat dabei den großen Vorteil, daß er verschiedene Kryptoprodukte einsetzen kann, die interoperabel sind. Umfassend wird der Nachweis der Interoperabilität verschiedener Produkte derzeit bei der aktuellen MailTrusT-Spezifikation im SPHINX-Pilot des Bundesinnenministeriums [BSI98] geführt.

Diese Konzepte sind nur praxisrelevant, wenn die entsprechenden Standards auch in Mail-Clients integriert werden. Die von G&D unterstützten Plattformen und in Konzernnetzen plazierten Funktionalitäten umfassen derzeit:

▪ Verschlüsselung und Digitale Signatur integriert in MS Word

▪ Verschlüsselung und Digitale Signatur integriert in MS Exchange/Outlook

▪ Verschlüsselung und Digitale Signatur integriert in den Mail-Client von Lotus Notes

▪ Verschlüsselung und Digitale Signatur integriert in einen Dateimanager auf MS-Basis

Auf der Basis von MailTrusT wird so sowohl die Microsoft Office Linie, als auch der Mail-Client von Lotus Notes abgedeckt. Leistungsfähige Lösung setzen voraus, daß verschiedenste Plattformen in den jeweiligen Versionen unterstützt werden können. Da am Beispiel DaimlerChrysler MS Exchange und Lotus Notes für die strategischen Mail-Plattformen stehen, kann so die EMail-Kommunikation konzernweit abgesichert werden.

# 4 Erweiterung der Sicherheitsarchitektur

Auf der Basis von SSL und mit Hilfe von sicherer Mailkommunikation kann bereits ein erheblicher Teil einer Unternehmenskommunikation gesichert werden. Dennoch gibt es vielfach auch Spezialanwendungen im Unternehmen, die ebenfalls Sicherheitsbedarf haben.

Anforderungen dieser Art werden im Haus G&D mittels kryptografischer Bibliotheksfunktionen umgesetzt. Diese Funktionen, die ebenfalls standardkonform (hier: MailTrusT) arbeiten, zeichnen sich durch ihre Portierungsfähigkeit aus. So wird es möglich, interoperable Sicherheitsbausteine neben Windows beispielsweise auch für SCO-UNIX, RS6000/AIX, HP-UX RM400/SINIX, SINIX-Z DEC/VMS und IBM/MVS anzubieten. Letztendlich sind Portierungen auf alle „compilerfähigen" Betriebssysteme durchführbar. Dadurch sind der Einsetzbarkeit dieser übergreifenden Sicherheitsarchitektur keine Grenzen mehr gesetzt.

Ein sehr häufig anzutreffender Schwachpunkt in den Unternehmensnetzen ist der Paßwortschutz in handelsüblicher Software. Paßwörter sind generell sehr gefährdet. Oft werden sie vom Inhaber aufgeschrieben und können so sehr einfach ausgespäht werden. Aber auch die Übertragung der Paßwörter über Netze ist nicht unkritisch – dort besteht die Gefahr des Abhörens. Die G&D-Architektur bietet nun die Möglichkeit, mit Hilfe zertifikatsbasierter Ausweissysteme die Schwächen der eben angesprochenen Paßwortauthentisierung zu beseitigen. Dabei spielt die SmartCard die entscheidende Rolle – sie ist das sichere Trägermedium für kryptografische Schlüssel.

Authentisierung über Chipkarte ist eine mächtige Waffe für diejenigen, die für Datensicherheit verantwortlich sind. G&D – als weltweiter Technologieführer in diesem Bereich – weicht hier bewußt vom eingangs vorgestellten Ansatz ab, Sicherheit in der Anwendung zu plazieren. Aufgrund der mittlerweile starken Verbreitung von Windows NT Systemen bietet G&D auch Zugangskontrollsysteme für diese Plattform an. Die notwendigen SmartCard Leser gibt es in mehreren Versionen – mittlerweile auch im Low-Price-Segment unter 100 DM.

Wie sieht der SmartCard Einsatz aber in der Praxis aus?

Ein Benutzer betritt das Werk über seinen SmartCard-basierten Werksausweis, der auch seinen Namen und Lichtbild (Laserprint) enthält. Auf seiner Workstation erhält er nur dann ein entsprechendes Login, wenn er sich auf Basis seines Werksausweises authentisieren kann. Um die an ihn adressierten Mails lesen zu können wird ebenfalls durch den Werksausweis eine Authentisierung durchgeführt. Identisch verhält sich das ganze zur digitalen Signatur. Die SmartCard wird so zum integralen Bestandteil der Sicherheitsinfrastruktur im Unternehmen.

# 5  TrustCenter als Herzstück der Sicherheitsarchitektur

Im Zentrum des Managements der netzwerkübergreifenden Sicherheitsinfrastruktur steht das Trust Center. Das Trust Center nimmt alle Aufgaben wahr, die mit der Erzeugung, Verwaltung, Übermittlung, Sperrung und Löschung von kryptografischen Schlüsseln zusammenhängen. Der Betrieb von TrustCentern ist eine komplexe Aufgabe und spielt eine zentrale Rolle für die Sicherheit eines Kommunikationsnetzes. Neben einigen technischen Anforderungen muß ein TrustCenter vor allem auch umfangreiche organisatorische Bedingungen erfüllen, um eine ausreichende Vertrauenswürdigkeit beim Anwender und vor dem Gesetz sicherzustellen.

Zunächst einmal stellt sich bei einem TrustCenter die Frage nach dem Betreiber. Diese Rolle kann entweder vom Unternehmen selbst oder aber von einem externen Dienstleister übernommen werden. Die richtige Entscheidung hängt von der zu verwaltenden Schlüsselzahl, der Art der Schlüsselmedien (Software oder Chipkarten), dem Umfang der eigenen Kernkompetenz und dem gewünschten Sicherheitsniveau ab. In der Regel besteht hierbei aber hohes Outsourcing-Potential. Dieser Trend wird auch durch die steigende Nachfrage nach hochwertigen Schlüsselmedien und höherer Sicherheit bei der Produktion der Schlüssel und Zertifikate verursacht. Sollen Zertifikate und private Schlüssel signaturgesetzkonform erzeugt und gespeichert werden, so muß diese Dienstleistung in der Regel extern erbracht werden, da die Investitionskosten sowohl für die Anschaffung, wie auch den Betrieb von signaturgesetzkonformen Lösungen erheblich sind.

Die Sicherheitsspezialisten von Giesecke & Devrient haben nach Anforderung und in Zusammenarbeit mit dem DaimlerChrysler-Konzern ein TrustCenter Produkt entwickelt, das den Einsatz des RSA-Verfahrens mit authentischen Schlüsseln für dieses und andere große Unternehmen einsetzbar macht. Kernstück ist hierbei eine Schlüsselmanagement-Komponente zur Erzeugung, Authentisierung, Verteilung, Änderung und Sperrung der Teilnehmerschlüssel innerhalb zentraler und dezentraler Organisationsstrukturen. Auch DaimlerChrysler hat das Outsourcing-Potentiel beim Thema TrustCenter erkannt.

Die Erzeugung der RSA-Schlüsselpaare erfolgt in mehreren Phasen. Diese Aufteilung gewährleistet größtmögliche Effizienz bei der Schlüsselgenerierung. Der Effizienzgrad beeinflußt in hohem Maße die Kosten pro erzeugtem Schlüssel. Die Eingaben des Bedieners und die Aktionen der Schlüsselzentrale werden in einem Logbuch aufgezeichnet und können jederzeit ausgewertet werden. Der Betrieb der Software ist eingebettet in ein maßgeschneidertes organisatorisches Sicherheitskonzept.

Neben den Schlüsselzentralen werden Schlüsselverzeichnisse für das Schlüsselmanagement benötigt. Ein zentrales Schlüsselverzeichnis nimmt alle öffentlichen Schlüssel auf. Administrationsfunktionen ermöglichen unter anderem das Einbringen, Lesen und Löschen von

Schlüsseln und das Führen von Weiß-/Schwarzlisten. Das zentrale Schlüsselverzeichnis kann periodisch und automatisch an dezentrale Rechenanlagen verteilt werden. Es steht dort als elektronisches „Telefonbuch" für öffentliche RSA-Schlüssel allen Teilnehmern zur Verfügung. Durch den Einsatz von Directory Services wird die Verteilung der öffentlichen RSA-Schlüssel in Online-Strukturen wesentlich vereinfacht: Die Schlüsselzentralen spielen über den DUA (Directory User Agent) die neu erzeugten öffentlichen Schlüssel ein. Will eine Anwendung auf einen öffentlichen Schlüssel zugreifen, so übernimmt das Directory die systemweite Suche und stellt den gewünschten Schlüssel zur Verfügung. Leider werden X.500 Directory Dienste erst spärlich eingesetzt, so daß die flächendeckende Versorgung mit öffentlichen Schlüsseln der Kommunikationspartner noch nicht gegeben ist. Daher bietet sich alternativ eine Verteilung über SMTP, X.400 oder HTTP an.

# 6 Fazit

Im Bereich Kryptografie sind in naher Zukunft keine bahnbrechenden neuen Methoden zu erwarten – die vorhandene Mathematik ist gut genug. Zentrale Aufgabe ist vielmehr, die bekannten und bewährten Verfahren in vorhandene Systeme zu integrieren. Probleme werden vor allem durch die Heterogenität und Komplexität realer Netze verursacht. Darin liegt die eigentliche Herausforderung und hier sind Fortschritte unverkennbar: Verschlüsselung und Digitale Unterschrift über beliebige Plattformen hinweg sind als Sofortlösung verfügbar. Wirkungsvolle Standards wurden gesetzt, zahlreiche Produkte sind erhältlich. Nun ist das Management an der Reihe, zu erkennen, daß Handlungsbedarf bereits *heute* besteht. Viele Konzerne haben bereits reagiert: an Sicherheitskonzepten für firmeninterne Netzwerke wird fieberhaft gearbeitet, ihre Realisierung schreitet zunehmend voran.

Das beschriebene SSL-Protokoll ist ein pragmatisches und doch wirkungsvolles Werkzeug. Es zeichnet sich nicht nur durch eine starke Verschlüsselung aus, sondern überzeugt durch einfache Migration, Investitionssicherheit und Interoperabilität.

G&D gibt dem MailTrusT Standard in Deutschland gute Chancen, sich als Kryptostandard für Mail zu etablieren - nicht zuletzt aufgrund der bevorstehenden S/MIME Integration. In den Verwaltungsbehörden sind die Weichen schon entsprechend gestellt. Auch DaimlerChrysler geht hier mit gutem Beispiel voran – viele Konzerne werden nachziehen. Es ist klar abzusehen, daß mit der Version 2 MailTrusT-kompatible Produkte auch im internationalen Bereich sehr schnell Marktanteile gewinnen werden. G&D arbeitet daher bereits an der Integration von S/MIME in die MailTrusT-Produktfamilie.

Eine weitere Herausforderung ist der Aufbau von TrustCenter-Strukturen. Viele bisher noch offene Fragen aus dem Bereich der Interoperabilität und Skalierbarkeit werden zur Zeit, stimuliert durch die Verabschiedung des Signaturgesetzes und unter dem hilfreichen Druck praxisnaher Pilotanwendungen, geklärt. Das Tempo dieser Entwicklung nimmt zu. Schon bald könnte ein digitales Zertifikat – sicher aufbewahrt auf einer persönlichen Chipkarte – so selbstverständlich sein wie Personalausweis oder Füllfederhalter.

# Literatur

[UeMa96]    Hubert Uebelacker, Kurt Maier: Mehr Sicherheit für Corporate Networks - Vor- und Nachteile der wichtigsten Technologien. PC-Magazin 42/96; S. 44.

[HeKu97]    W. Heinle, W. Kutschker: Sichere elektronische Kommunikation; Daimler-Benz Sicherungsinfrastruktur zur Verschlüsselung von Informationen und digitaler Signatur. 07/97, Konzernschrift, Stuttgart.

[ScUe97]    Klaus Schmeh,; Hubert Uebelacker: SSL - Der sichere Mittelweg. Internet World, Rubrik: Praxis, Heft 10/97, S.97 - 99; Oktober 1997.

[BSI98]     SPHINX Pilotprojekt des BMI/BSI http://www.bsi.de/aktuell/index.htm Email: sphinx@bsi.bund400.de

# Probleme beim Aufbau, Betrieb und bei der Zusammenarbeit von Zertifizierungsinstanzen

Stephan Hiller

TC TrustCenter for Security in Data Networks GmbH
hiller@trustcenter.de

## Zusammenfassung

Die Aufgaben von Zertifizierungsinstanzen bestehen in der Identitätsfeststellung von Personen, Ausstellung von Zertifikaten sowie dem gesamten Schlüsselmanagement inklusive der Zertifikatrevozierung. In der Praxis hat es sich bereits gezeigt, daß bei der Umsetzung dieser Anforderungen eine Reihe von Problemen zu bewältigen sind. Es muß eine entsprechende Infrastruktur von vertrauenswürdigen Identifizierungspunkten bereitgestellt werden, damit dieser Zertifizierungsdienst einer breiten Öffentlichkeit angeboten werden kann. Weiterhin stellt sich die Frage, welche Zertifikate bzw. Zertifikatsformate in Standardsoftware unterstützt werden und wie deren Sicherheit aufgrund der Exportbeschränkung in den USA einzuschätzen ist. Gerade auch in Hinblick auf das Signaturgesetz in seiner jetzigen Form, ist es oft unmöglich für diese Soft- bzw. Hardware signaturgesetzkonforme Zertifikate auszustellen.

## 1 Einleitung

Im heutigen Geschäfts- und Privatverkehr wird bereits ein Großteil der Tätigkeiten auf den Computer bzw. das Internet verlagert. Die Kommunikation, die früher persönlich, schriftlich oder telefonisch stattfand, wird heute mehr und mehr über das Medium Internet durchgeführt. Dies gilt mittlerweile auch für Dienstleistungen, die ein bestimmtes Maß an Vertrauen in den jeweiligen Kommunikationspartner setzen. Vertrauen in ein Medium, daß sich durch die Möglichkeit der Anonymität auszeichnet und in dem man sich leicht durch den fehlenden persönlichen Kontakt für eine beliebige Person ausgeben kann, ist hierbei ein schwieriges Unterfangen. Hiermit soll nicht angedeutet werden, daß die Anonymität des Internets grundsätzlich aufgehoben werden könnte oder sollte. Es gibt eine Vielzahl von Anwendungen, die auch über das Internet durchgeführt werden können, für die die Anonymität nicht nur gewollt, sondern geradezu gefordert wird, wie z.B. Wahlen oder Abstimmungen jeglicher Art per Internet. Aber auch in diesen Fällen muß sichergestellt werden, daß die Wahlberechtigten ihre Stimme jeweils nur einmal abgeben dürfen, indem eine gewisse Art der Berechtigungsüberprüfung vorgesehen wird.

Die Umsetzung der Anforderungen einer vertrauenswürdigen Kommunikation über das Internet kann durch digitale Ausweise (sog. Zertifikate) realisiert werden, mit denen sich die Kommunikationspartner gegenseitig identifizieren können. Mit einem digitalen Zertifikat bzw. dem dahinterstehenden Schlüsselpaar können neben der Forderung nach Authentizität auch die Integrität und Vertraulichkeit eines elektronischen Dokumentes bzw. einer elektronischen Kommunikation gewährleistet werden. Kryptographische Schlüssel ermöglichen das Signieren, Ver- und Entschlüsseln von Daten sowie die Verifizierung der digitalen Unterschrift. Hierbei ergibt sich das Problem, daß man beim Verschlüsseln von Daten mit dem öffentlichen Schlüssel des Kommunikationspartners nicht absolut sicher sein kann, daß es sich tatsächlich um den Schlüssel des beabsichtigten Kommunikationspartners handelt, denn niemand wird daran gehindert, beliebige Angaben im Zertifikat bzw. Zertifikatsantrag zu machen. Es muß demnach eine Möglichkeit geben, ein Schlüsselpaar eindeutig einer bestimmten Person zuzuordnen. Diese Aufgabe übernehmen die sog. Trustcenter bzw. Zertifizierungsinstanzen. Hierbei handelt es sich um eine kleine Anzahl unabhängiger und vertrauenswürdiger Institutionen, die nach erfolgreicher Identitätsfeststellung ein Zertifikat ausstellen und durch ihre digitale Unterschrift bestätigen, daß dieses Zertifikat und die darin gemachten Angaben zur Person, inklusive des öffentlichen Schlüssel sowie der entsprechende private Schlüssel dem Antragsteller gehören.

Eine Voraussetzung für dieses Verfahren ist das Vertrauen der Antragsteller in die Zertifizierungsinstanz, die für die Identitätsfeststellung verantwortlich ist. Eine wesentliche Grundlage für das Vertrauen in die Dienstleistungen einer Zertifizierungsstelle besteht neben dem gewissenhaften Umgang mit den persönlichen Daten und der Sicherheit des Zertifizierungsprozesses vor allem in der Gewißheit, daß nur der jeweilige Antragsteller im Besitz seines privaten Schlüssels ist. Da gemäß dem Signaturgesetz die Möglichkeit der Fremdgenerierung von Signaturschlüsseln durch die Zertifizierungsinstanzen für die Benutzer zugelassen ist, kommen als Aufbewahrungsort nur Komponenten in Frage, die das Kopieren des privaten Schlüssels nicht zulassen. Daher hat auch die Generierung des Schlüsselpaares sowie die Verschlüsselung von Daten und die Bildung einer digitalen Signatur in den entsprechenden Komponenten zu erfolgen. Hierfür bieten sich evaluierte Smartcards mit einem Kryptoprozessor an, da sie einerseits kostengünstig in Massen herzustellen sind und andererseits aufgrund ihrer Handlichkeit allgemein akzeptiert sind. Auch wenn es nicht möglich ist, den privaten Schlüssel von einer Smartcard zu kopieren, so ist dennoch der psychologische Aspekt der Fremdgenerierung nicht zu vernachlässigen. Durch die Fremdgenerierung ist die direkte Kontrolle der Schlüsselgenerierung durch den späteren Besitzer ausgeschlossen, und so liegt bei einem Mißbrauch die Beweispflicht immer auch bei der jeweiligen Zertifizierungsinstanz. Um einem potentiellen Vertrauensverlust vorzubeugen, sollte die Generierung des Schlüsselpaares auf der Smartcard möglichst durch den späteren Besitzer durchgeführt und der Zertifikatantrag an das Trustcenter zur Signierung übermittelt werden.

# 2 Zertifikatausstellung

Es stellt sich nun die Frage, wer berechtigt ist, Zertifizierungsinstanzen zu betreiben, die digitale Ausweise ausstellen dürfen, mit denen man bereits heute oder in naher Zukunft in der Lage sein wird, Bankdienstleistungen in Anspruch zu nehmen, rechtsverbindlich Dokumente zu signieren oder mit denen man die private Post verschlüsseln kann. Führt man sich vor Augen, wie man mit digitalen Zertifikaten seinen Willen zum Ausdruck bringen kann, so stellt sich zu Recht die Frage, wer diese Ausweise ausstellen darf und nach welchen Richtlinien er hierbei vorgeht.

An erster Stelle scheint hier der Ruf an den Staat zu gehen, Institutionen einzurichten, die sich mit der Ausgabe von Zertifikaten an seine Bürger befassen, zumal das Einwohnermeldeamt eine geeignete Institution für die Identifizierung von Personen wäre. Dieser Weg einer direkten Ausstellung von digitalen Ausweisen für seine Bürger wurde vom Staat jedoch nicht beschritten. Vielleicht aus der Erkenntnis heraus, daß die Anforderungen an eine vertrauenswürdige Instanz in einem Markt mit hohem Innovationspotential eher von privatwirtschaftlichen Unternehmen als von einem doch recht inflexiblen Staatsapparat erfüllt werden können, zumal diese Aufgabe mit einem immensen Schulungsaufwand für die Mitarbeiter verbunden wäre. Außerdem hat es sich in der Praxis bereits gezeigt, daß es nicht ausreicht, lediglich Zertifikate auszustellen. Man muß den Benutzern auch konkrete Anwendungen zur Verfügung stellen, mit denen der Nutzen klar ersichtlich wird. Diese Anwendungen müssen über sicheres Browsen im WWW und sichere Email hinausgehen.

Auch wenn der Staat nicht direkt die Ausstellung digitaler Zertifikate für die Internetnutzer vornimmt, so steckt er dennoch die Rahmenbedingungen für die Erstellung und das Management von digitalen Ausweisen ab, indem er im Signaturgesetz und in der Signaturverordnung die Anforderungen zur Errichtung und zum Betrieb von Zertifizierungsstellen bestimmt. Der eingerichteten Regulierungsbehörde für Telekommunikation und Post (RegTP) obliegt hierbei die Zertifizierung der Trustcenter, die Überwachung der Gesetzeseinhaltung und ggf. die Schließung von Zertifizierungsinstanzen. Mit diesem Gesetz und der dazugehörigen Verordnung übernimmt Deutschland eine führende Rolle bei der Förderung des E-Commerce im Internet.

Die hohen Anforderungen an gesetzeskonforme Zertifizierungsstellen und dem damit einhergehenden hohen Sicherheitsstandard für Zertifikate und deren peripheren Komponenten, werden nicht unerheblich dazu beitragen, das Vertrauen zu schaffen, das notwendig ist, damit der Benutzer bereit ist, über dieses Medium sensible Daten zu übertragen, Finanztransaktionen vorzunehmen und die digitale Signatur als Unterschriftenersatz anzuerkennen. Setzt man einmal die Fälschungssicherheit einer digitalen Signatur in Beziehung zur Sicherheit einer EC- oder Kreditkarte sowie einem handschriftlich signierten Vertrag, so wird kaum jemand leugnen können, daß bei der Bewertung der Betrugsmöglichkeiten, das Pendel eindeutig zugunsten von digitalen Signaturen ausschlagen wird. Wie leicht ist es möglich an die Kreditkartendaten eines Fremden zu kommen, sei es als Angestellter eines Restaurants, Mitarbeiter einer Reiseagentur oder bei unverschlüsselter Übertragung im Internet – und trotz all dieser Unsicherheiten hat sich diese Zahlungsmöglichkeit auf breiter Front durchgesetzt, weil sie bequem, einfach und schnell ist. Die Entwicklung des „Plastikgeldes" in Relation zu Geldscheinen und Münzen bietet eine gute Möglichkeit die Entwicklung und Akzeptanz digitaler Zertifikate in die Zukunft zu extrapolieren. Nach der Einführung von EC- und Kreditkarten war es den Kreditinstituten nur schwer möglich das Vertrauen der Kunden in dieses neue Zahlungsmittel bzw. diese neue Zahlungsweise zu gewinnen. Ein wesentlicher Grund hierin bestand im Medienbruch zwischen „echten" Banknoten und Münzen zu einer Plastikkarte. Vergleicht man diese Entwicklung mit der Einführung von digitalen Zertifikaten, so wird man sogar erkennen, das sich eigentlich kein Medienbruch von der Entwicklung des Plastikgeldes zum Zertifikat vollzieht. Als Speicherort kommt eine Smartcard in Frage, auf der sich das Schlüsselpaar befindet. Der Unterschied zur EC- oder Kreditkarte besteht darin, daß sie verbunden mit einem digitalen Zertifikat weitaus vielseitiger einsetzbar ist. Wirft man einen Blick in die Zukunft, so wird es möglich sein, mit nur einem Zertifikat seine Einkäufe zu tätigen, Zugangskontrollen jeglicher Art zu realisieren, an Wahlen teilzunehmen und Verträge zu signieren. Insbesondere zur letztgenannten Möglichkeit wird das Signaturgesetz die Grundlage schaffen, damit rechtsverbindliche Willensäußerungen über elektronische Netze vollzogen werden können. Damit ist zwar noch nicht die Signatur unter einem Vertrag rechtsverbindlich, da das Signaturgesetz und die Signaturverordnung nur Forderungen an die Struktur eines Zertifikates stellen und die Eigenschaften einer Zertifizierungsinstanz festlegen, dennoch kann allgemein davon ausgegangen werden, daß sich die Gerichte in einem entsprechenden Streitfall für die Rechtsverbindlichkeit einer digitalen Signatur entscheiden werden, wenn die signaturgesetzkonformen Voraussetzungen des Zertifikates erfüllt sind und kein nachweisbarer Betrug vorlag.

Eine weitere, technische Frage besteht darin, wie die ausgestellten Zertifikate sich in bestehende Standards oder eine bestehende Sicherheitsinfrastruktur einbetten lassen, da der Erfolg der digitalen Signatur im netzweiten Geschäftsverkehr nicht unerheblich von der Unterstützung durch Standardsoftware abhängen wird. Hierbei kommt es auf die Erfolgseinschätzung digitaler Zertifikate bei den Softwareherstellern im Rahmen des E-Commerce und auf die Umsetzung der Anforderungen des Signaturgesetzes an. Erschwerend kommt wiederum hinzu, daß die entsprechenden Sicherheitskomponenten der jeweiligen Software einer Evaluierung bedürfen, was für die Softwarehersteller einen Kosten- und Zeitnachteil bei der Vermarktung bedeutet. Auf der anderen Seite kann durch die Überprüfung der Software die Anzahl der Fehler im System verringert werden, was wiederum der Sicherheit und Stabilität zugute kommt. Der Evaluationsprozeß ist in diesem Zusammenhang eine vertrauensbildende Maßnahme für die digitale Signatur.

Es liegt in der Entscheidung der Softwarehersteller, ob sie dem E-Commerce eine Chance einräumen, indem Sie die Möglichkeiten, die der deutsche Gesetzgeber zur Etablierung der Rahmenbedingungen für die digitale Signatur geschaffen hat, in ihren Produkten unterstützen. Alle Prognosen über die Entwicklung der Einkaufsmöglichkeiten im Internet prophezeien dem E-Commerce ein starkes Wachstum in den nächsten Jahren. Eine Grundlage für diese Entwicklung ist die Beseitigung der Rechtsunsicherheit bei digital signierten Verträgen. Das Gesetz zur digitalen Signatur wird einen großen Teil dazu beitragen, daß die elektronische der handschriftlichen Unterschrift gleichgesetzt wird. Sollte diese Bemühung von Erfolg gekrönt sein, so wird dieses Gesetz vielleicht europaweit oder sogar international als Vorlage für ähnliche Gesetzesvorhaben genommen. Problematisch wird die Forderung nach entsprechender Softwareunterstützung und auch nach Rechtsverbindlichkeit überall dort, wo eine Exportrestriktion die Ausfuhr von Produkten mit starken Krypto-Algorithmen verbietet. Diese Restriktion ist ebenfalls gravierend für die Umsetzung des Signaturgesetzes in Deutschland, da ein Großteil der eingesetzten Software aus den USA stammt. Selbst wenn sich dort ansässige Softwarehersteller entscheiden würden ihre Produkte auf Signaturgesetzkonformität abzustimmen, so würden sie dennoch aufgrund schwacher Krypto-Algorithmen bzw. kurzer Schlüssellängen scheitern. Es bestünde hier entweder die Möglichkeit, die kryptographischen Komponenten außerhalb der USA zu implementieren oder Zusatzsoftware zu entwickeln, die die schwachen Verschlüsselungskomponenten zugunsten starker Kryptographie ersetzt.

# 3 Identifizierung

Die Dienstleistung eines Trustcenters besteht im Ausstellen von Zertifikaten. Doch auch wenn dies die Hauptaufgabe einer Zertifizierungsinstanz ist, so gibt es noch weitere Anforderungen, die teilweise mindestens genauso wichtig sind. Hierzu gehört der Aufbau einer Infrastruktur mit entsprechenden Stellen, bei denen sich die Antragsteller identifizieren lassen können, die

Ausstellung von Revozierungslisten und die Bereitstellung eines Public-Key-Servers für die Abfrage und Überprüfung der Gültigkeit von Zertifikaten sowie Zeitstempeldienste.

Bei der persönlichen Identifizierung eines Antragstellers, wie sie vom Signaturgesetz (SigG §5, Abs. 1) und Signaturverordnung (SigV §3, Abs. 1) verlangt wird, stellt sich die Frage, wie dieser Vorgang möglichst einfach realisiert werden kann. Der Aufwand für einen Antragsteller aus München zur Identifizierung nach Hamburg zu kommen, wäre nicht vertretbar. Zu diesem Zweck muß eine Infrastruktur realisiert werden, die es dem Antragsteller ermöglicht, sich bei einer Registrierungsstelle innerhalb einer zumutbaren Entfernung identifizieren zu lassen. Durch einen flächendeckenden Aufbau von Registrierungsstellen oder Ident Points können die Identifizierungen der Antragsteller stellvertretend für das Trustcenter durchgeführt werden. Doch gerade nach Aufnahme der Zertifizierungstätigkeit wird es den meisten Trustcentern nicht möglich sein, eine eigene Infrastruktur aufzubauen, deren Registrierungsstellen sich ausschließlich mit der Identifizierung von Antragstellern beschäftigen. Man muß demnach nach Partnern suchen, die diese Aufgabe zusätzlich zu ihrer Haupttätigkeit mit übernehmen können. Es stellt sich nun die Frage, wer vertrauenswürdig genug ist, diese Aufgabe zu übernehmen. Hierbei zählt jedoch nicht allein das Vertrauen, das das jeweilige Trustcenter in den Ident Point bzw. seine Mitarbeiter setzt, sondern vor allem das Vertrauen der Antragsteller in den Ident Point und damit in den vertrauensvollen Umfang mit den persönlichen Daten. Die Ident Points müssen also Stellen sein, zu denen der Antragsteller ein besonderes Vertrauen hat, weil sie sich durch den behutsamen Umgang mit sensiblen Daten auszeichnen. Zu diesen Personengruppen oder Stellen könnten demnach Notare, Rechtsanwälte, Banken, Behörden, Polizei und sonstige Stellen gehören, denen bereits personenbezogene Daten anvertraut werden.

# 4 Revozierung

Neben der Identifizierung und der anschließenden Signierung des öffentlichen Schlüssels des Antragstellers besteht eine weitere Aufgabe eines Trustcenters darin, die ausgestellten Zertifikate gegebenenfalls vor dem Ablauf ihrer Gültigkeit zu sperren. Der Grund hierfür kann in der Kompromittierung des privaten Schlüssels liegen, so daß nicht mehr gewährleistet werden kann, daß nur der rechtmäßige Inhaber im Besitz seines privaten Schlüssels ist, oder daß bei Einsatz von Chipkarten diese abhanden gekommen ist.

Daher muß vom Trustcenter für den rechtmäßigen Inhaber des privaten Schlüssels die Möglichkeit geschaffen werden, das Zertifikat bzw. das Schlüsselpaar jederzeit zu revozieren, so daß versehen mit einem Zeitstempel, dem Datum der Revozierung, eventuell danach noch geschlossene Verträge für nichtig erklärt werden oder erst gar nicht zustande kommen können. Die Revozierung kann hierbei vom Anwender auf drei verschiedenen Arten vollzogen werden. Entweder durch Signierung eines Revozierungsantrages mit seinem privaten Schlüssel oder durch den Anruf bei einer Revozierungshotline des Trustcenters und der Nennung seines Revozierungspaßwortes, welches der Benutzer bei der Antragstellung angegeben hat. Die zweite Revozierungsalternative ist insbesondere bei komplettem Verlust des privaten Schlüssels relevant. Das Revozierungspaßwort ist nur dem Zertifikatsinhaber und dem Trustcenter bekannt und dient der Authentifizierung des Anrufers und der damit vergebenen Berechtigung zur Sperrung des Zertifikats. Die dritte Alternative besteht in der Stellung einer schriftlichen Antrages zur Sperrung des Zertifikats. Diese Möglichkeit sollte jedoch nur dann gewählt werden, wenn die anderen Alternativen wegen eines Verlustes des privaten Schlüssels und des Authentifizierungspaßwortes nicht mehr möglich sind, da durch die damit verbundene zeitliche Verzögerung ein eventueller Mißbrauch möglich wird.

Die gesperrten Zertifikate werden daraufhin in einer vom jeweiligen Trustcenter signierten Sperrliste (Certificate Revocation List, CRL) veröffentlicht. Dies gibt die Möglichkeit bei Geschäften und sonstigen mit Zertifikaten realisierbaren Dienstleistungen den Status des präsentierten Zertifikates zu überprüfen. Wenn aber die an einer Geschäftsbeziehung beteiligten Parteien jedesmal eine komplette CRL von der Zertifizierungsinstanz übertragen müssen, um die Authentizität einer digitalen Signatur zu überprüfen, so wird dies eine zeitraubende und damit inakzeptable Lösung. Auch wenn man die Möglichkeit der Differenz-CRLs nutzt, um den Datenbestand auf den derzeit gültigen Stand hin zu aktualisieren, so verbessert sich die Situation nicht wesentlich. Denn gerade bei nur gelegentlicher Nutzung von Zertifikaten kann die Aktualisierung ebenfalls sehr umfangreich sein. Außerdem sammelt sich mit der Zeit beim Benutzer ein großer Datenbestand über revozierte Zertifikate an, der das Sperrlistenkonzept nicht gerade attraktiv erscheinen läßt. Es muß demnach entweder eine Ergänzung oder Alternative zum Sperrlistenkonzept geben, das die Möglichkeit bietet, den Status des präsentierten Ausweises sofort mit dem Datenbestand des ausstellenden Trustcenters abzufragen und zwar ohne Übertragung großer Datenbestände.

Eine Alternative zum Sperrlistenkonzept besteht in der Übertragung des präsentierten Zertifikates an die jeweilige Zertifizierungsinstanz mit der Rückgabe des signierten Zertifikatstatusses. Je nach Rückgabewert der Zertifizierungsinstanz kann eine digitale Signatur somit als gültig angesehen und die jeweilige Aktion abgeschlossen werden. Hierzu bedarf es eines oder mehrerer Public-Key-Server, auf denen das jeweilige Trustcenter sämtliche vom ihm bislang ausgestellten Zertifikate für Abfragen bereitstellt. Zum einen können auf dem Public-Key-Server die Schlüssel potentieller Kommunikationspartner gefunden werden, mit denen man vertrauliche Daten an diese verschlüsselt übertragen kann. Auf der anderen Seite dient dieser Server auch dazu den Status eines Zertifikates abzufragen.

# 5 Zusammenarbeit der Zertifizierungsstellen

Jedes Trustcenter muß zur Überprüfung der Gültigkeit von Zertifikaten ein öffentliches Verzeichnis mit von ihm ausgegebenen Zertifikaten bereithalten. Auch wenn die Anzahl der Zertifizierungsinstanzen klein ist, so müssen der Benutzer auf der Suche nach dem Zertifikat ihrer Kommunikationspartner wahrscheinlich mehrere Public-Key-Server durchsuchen, bis das entsprechende Zertifikat gefunden wird. Dieser Aufwand widerspricht jedoch dem Gedanken nach einer einfachen und schnellen Nutzung von Zertifikaten und würde zur Ablehnung bei den Benutzern führen. Mögliche Lösungen für dieses Problem bestehen im gemeinsamen Betrieb einiger, weniger Public-Key-Server oder im jeweiligen Datenabgleich des eigenen Servers mit denen anderer Zertifizierungsinstanzen.

Durch den gemeinsamen Betrieb weniger redundanter Public-Key-Server von mehreren bzw. allen signaturgesetzkonformen Zertifizierungsinstanzen könnten einerseits die Kosten für den Betrieb reduziert und andererseits dem Benutzer einige wenige Anlaufpunkte genannt werden, bei denen er das gesuchte Zertifikat finden wird. Eine ausreichende Redundanz ist hierbei notwendig, um den Ausfall eines Public-Key-Servers zeitweilig zu kompensieren und um die Auslastung gleichmäßiger verteilen zu können. Andererseits bedarf es bei einem Änderungswunsch einer Zertifizierungsinstanz an den Public-Key-Servern der Zustimmung aller am Betrieb der Server beteiligten Zertifizierungsinstanzen, so daß eine Erweiterung der Funktionalität wenn nicht verhindert, so doch erheblich erschwert und verzögert werden kann. Vor dem Hintergrund dieses Problems bei gemeinsam betriebenen Public-Key-Server würden sich jeweils trustcentereigene Server mit Datenabgleich zwischen den Zertifizierungsinstanzen anbieten. Einerseits müssen dann keine Beteiligungsmodelle mehr beachtet werden und andererseits stehen allen Benutzern sämtliche Zertifikate von den am Datenabgleich beteiligten Zertifizierungsinstanzen auf jedem Public-Key-Server zur Verfügung. Allerdings würde sich hier wiederum das Problem der Proprietät ergeben, da der Grund für eine Änderung am Public-Key-Server in einem neuen Funktionsbedarf liegt, der wiederum von den Public-Key-Servern anderer Zertifizierungsinstanzen nicht unterstützt wird. Ein Problem, das bei beiden vorgestellten Modellen gelöst werden muß, besteht in der Policyangleichung der Zertifizierungsinstanzen. Selbst wenn man nur die signaturgesetzkonformen Zertifikate in Betracht zieht, so sind allein bei der Umsetzung von geschlossenen Benutzergruppen eine Fülle von Policies denkbar, die vom Authorisierungsmodell bis hin zur Zugriffsschnittstelle für Zertifikate auf den Public-Key-Server reichen. Ein weiterer wichtiger Punkt, der der Klärung bedarf liegt in der Interoperabilität der Zertifikate verschiedener Trustcenter. Die Zertifizierungsinstanzen und Softwarehersteller sollten sich auf gemeinsame Standards einigen, damit keine proprietären Erweiterungen den Nutzen schmälern, indem sie die Zusammenarbeit zwischen Zertifikaten und Softwarekomponenten verschiedener Anbieter verhindern. Sollten diese Forderungen umgesetzt werden können, so wird ein Zertifikat zu einem homogenen Gut, das von einer beliebigen, vertrauenswürdigen Zertifizierungsinstanz ausgegeben werden kann. Die Differenzierung der Trustcenter wird sich dann über Projektumsetzungen, Preismodelle und unterschiedlichen Zielgruppen vollziehen.

Zur Zeit besteht eine wichtige Aufgabe der Zertifizierungsinstanzen darin, potentielle Nutzer für Sicherheit in Netzen zu sensibilisieren und die Akzeptanz von digitalen Ausweisen herzustellen. Während sich die Notwendigkeit in den meisten Unternehmen bezüglich Datensicherheit, Integrität und Authentizität von Informationen bereits durchgesetzt hat, so muß man immer wieder im persönlichen Gespräch mit Endanwendern feststellen, das sie für diesen Bereich oft nicht ausreichend sensibilisiert sind und sogar sensible Daten häufig unverschlüsselt über das Internet übertragen. Eine Zusammenarbeit zwischen den Trustcentern muß daher auch im Bereich der Öffentlichkeitsarbeit erfolgen, um den Nutzen von Zertifikaten bzw. Sicherheit und Authentizität in elektronischen Netzen zu verdeutlichen.

Es ist zu erwarten, daß die Umsetzung des Signaturgesetzes zu einer Akzeptanz der digitalen Signatur und der Verwendung von Zertifikaten bei den Benutzern beitragen wird. Mit dem Gesetz zur digitalen Signatur geht Deutschland einen Schritt in die richtige Richtung, indem es Rahmenbedingungen schafft, die es im elektronischen Zeitalter ermöglichen Geschäfte, Zahlungsvorgänge, Verträge und Dokumente rechtsverbindlich über Datennetze abzuwickeln. Zertifizierungsinstanzen, die für das Ausstellen entsprechender digitaler Ausweise zuständig sind, tragen einen gewichtigen Teil dazu bei, Vertrauen in diese Möglichkeiten zu schaffen.

# Nutzung von Verzeichnisdiensten zur integrierten Verwaltung heterogener Sicherheitsmechanismen

Rainer Falk · Markus Trommer

Lehrstuhl für Datenverarbeitung
TU München
{falk, trommer}@ei.tum.de

## Zusammenfassung

Reale Netze enthalten meist eine Vielzahl unterschiedlicher Sicherheitsmechanismen. In diesem heterogenen Umfeld findet sich üblicherweise keine homogene und somit einfach handhabbare Sicherheitsarchitektur. Dennoch besteht bei den betroffenen Administratoren der Wunsch nach einer bereichsübergreifenden, einheitlichen Verwaltung, die auf den ständigen Wandel der Konfiguration Rücksicht nimmt. In diesem Beitrag wird gezeigt, wie sich mit Hilfe von allgemeinen Verzeichnisdiensten (z. B. X.500, LDAP) die Integration des Managements unterschiedlicher Sicherheitsmechanismen erreichen läßt. Die Definitionen und Gruppierungen von Benutzern, Diensten und Komponenten können so auf einfache Weise den einzelnen Mechanismen zur Verfügung gestellt werden. Die Komplexität großer Netze wird durch Domänen- und Sichtbarkeitskonzepte beherrschbar. Bestehende Mechanismen lassen sich durch Einfügen von Transformationskomponenten einbinden.

## 1 Einleitung

In realen Netzen werden unterschiedliche Arten von Sicherheitsmechanismen verwendet, die jeweils nur einen Teilbereich der durchzusetzenden Sicherheitspolitik abdecken. Wenn diese unterschiedlichen Mechanismen voneinander getrennt verwaltet werden, ist dies zum einen mit einem großen Aufwand verbunden, zum anderen besteht die Gefahr von Inkonsistenzen. Im laufenden Betrieb stellen insbesonders häufige Konfigurationsänderungen eine Herausforderung dar. Um eine effiziente Verwaltung zu ermöglichen, muß die Administration der unterschiedlichen Mechanismen integriert werden.

In diesem Beitrag stellen wir vor, wie ein anwendungsunabhängiger Verzeichnisdienst (wie z. B. LDAP [WHK97]) für diese Integration verwendet werden kann. Mit Hilfe eines solchen Dienstes lassen sich unterschiedliche Informationen, die zu einem konzeptionellen Objekt wie z. B. einem

Benutzer gehören, einheitlich verwalten. Darüberhinaus ist es auch möglich, die Sicherheitspolitik im Verzeichnisdienst abzulegen. Eine damit verbundene Gefahr eines Leistungsengpasses oder eines *single point of failure* kann durch die Verwendung mehrerer, replizierter Server vermieden werden. Die Verwaltung kann auf mehrere Administratoren (bzw. Administrator-Rollen) aufgeteilt werden, die jeweils nur für einen Teil der im Verzeichnisdienst abgelegten Information zuständig sind. Neben dem Sicherheitsmanagement kann ein Verzeichnisdienst auch für weitere Aufgaben eingesetzt werden.

Unterschiedliche Sicherheitsmechanismen müssen den Verzeichnisdienst nutzen können. Es muß aber nicht zwangsweise der Mechanismus erweitert werden, was aus technischen und ökonomischen Gründen oft nicht möglich ist. Das in diesem Beitrag vorgestellte Konzept erlaubt es, eine Komponente hinzuzufügen, die eine Abb. der im Vereichnisdienst gespeicherten Information in eine mechanismenspezifische Form vornimmt.

Dieser Beitrag ist wie folgt aufgebaut: In Abschnitt 2 geben wir einen kurzen Überblick über Verzeichnisdienste. Anhand eines Beispielszenarios werden in Abschnitt 3 die Probleme erläutert, die bei der Verwaltung heterogener Sicherheitsmechanismen auftreten, und es wird gezeigt, wie Verzeichnisdienste zur Vereinfachung der Verwaltung eingesetzt werden können. Abschnitt 4 erläutert Konzepte, wie eine Sicherheitspolitik auch in großen Netzen effizient definiert werden kann. Abschnitt 5 endet mit einer Zusammenfassung und einem Ausblick.

# 2 Verzeichnisdienste

Ein Verzeichnisdienst ist eine Art Datenbank, die Informationen über Ressourcen bereitstellt. Beispiele für anwendungsspezifische Verzeichnisdienste sind *Domain Name System* (DNS), um im Internet textuelle Namen von Rechnern in IP-Adressen aufzulösen, und *Network Information Services* (NIS), um Konfigurationsdateien in einem lokalen Netzwerk an mehrere Rechner zu verteilen. Bei anwendungsunabhängigen Verzeichnisdiensten (z. B. Novell Directory Services, Active Directory) gibt es auch herstellerunabhängige Standards wie z. B. X.500 und *Lightweight Directory Access Protocol* (LDAP) [WHK97]. Im Gegensatz zu allgemeinen verteilten Datenbanken unterstützen Verzeichnisdienste keine Transaktionen und sie sind auf häufige Anfragen, nicht auf effiziente Änderungen optimiert.

Die hier betrachteten Verzeichnisdienste für verteilte Systeme sind Client/Server-basiert. Sie bestehen aus einem oder mehreren Servern, die die Information bereitstellen, und Clients, die die Information abfragen können. Zur Erhöhung der Verfügbarkeit und zur Skalierung können replizierte Server eingesetzt werden.

**Domain Name System (DNS)**

DNS [Moc87] wird im Internet verwendet, um Rechner in Domänen zu gruppieren und um textuelle Namen in IP-Adresse aufzulösen (und umgekehrt). Darüberhinaus können Ressourcen einer Domäne bekannt gemacht werden (z. B. Mail-Server).

**Network Information System (NIS)**

NIS kann in lokalen Netzen (üblicherweise im UNIX-Umfeld) eingesetzt werden, um Konfigurationsdateien nur einmal auf einem Server vorzuhalten und diese an mehrere Clients zu verteilen. Dies betrifft z. B. Konfigurationsdateien im /etc-Verzeichnis:

**passwd** Enthält für alle Benutzer die Login-Kennung, das (verschlüsselte) Paßwort, die User- und Group-ID, ein Feld zur textuellen Beschreibung (Name), Home-Directory und Login-Shell.

**group** dient der Definition von Benutzergruppen.

**aliases** definiert von Alias-Einträge zu Mail-Adressen.

Ein NIS-Server stellt mehrere NIS-Maps bereit. Eine Map entspricht einer Konfigurationsdatei, die aus mehreren Einträgen besteht. Eine NIS-Map kann komplett eingebunden werden, es können aber auch gezielt einzelne Einträge ausgewählt werden oder Attribute überschrieben werden. Wenn z. b. einem Server-Rechner normale Benutzer bekannt sein sollen, sich diese aber nicht am Server einloggen können sollen, kann deren Paßwortfeld auf * (ungültig) gesetzt werden. Dadurch ist dieser Account auf dem Server gesperrt, der Benutzer ist dort aber trotzdem bekannt.

**X.500 und LDAP**

X.500 [X.500, WRH92] ist der OSI-Verzeichnisdienst, der als verteilter, globaler und universeller Verzeichnisdienst entwickelt wurde. Die abgelegten Informationen sind Einträge (entries), die aus Attributen zusammengesetzt sind. Jedes Attribut hat einen Typ und einen oder mehrere Werte. Welche Attribute in einem Eintrag vorhanden sein müssen oder können, wird durch Klassen definiert (z. B. *person*, *organization*). Jedes Objekt enthält das Attribut objectClass, um zu spezifizieren, zu welchen Klassen das Objekt gehört.

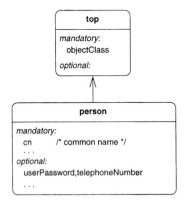

**Abb. 1:** Klassen top und person

Abb. 1 illustriert die Klassendefinitionen von `top` und `person`. Jeder Eintrag enthält ein Attribut *objectClass*, das die Klassen angibt, zu denen der Eintrag gehört. Jeder Eintrag ist eindeutig durch seinen *distinguished name* DN bezeichnet. Die DNs sind hierarchisch strukturiert. Der DN für einen der Autoren könnte z. B. lauten: `cn=Rainer Falk,ou=LDV,o=TUM,c=DE` (siehe Abb. 2).

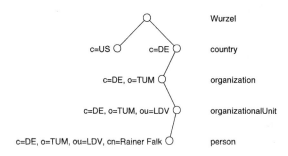

**Abb. 2:** Eintrag für einen der Autoren (*distinguished name*)

Die Klassenhierarchie und die Hierarchie der *distinguished names* sind nicht zu verwechseln: Durch die Klassenhierarchie werden die Klassen und die Vererbungshierarchie definiert, d. h. dadurch ist festgelegt, welche Klassen es gibt und welche Attribute ein Eintrag der jeweiligen Klasse besitzen muß bzw. kann. Die hierarchisch strukturierten *distinguished names* dagegen dienen dazu, einzelne *Einträge* eindeutig zu bezeichnen. Im obigen Beispiel gehört der Eintrag für den Autor zu der Klasse `person`. Dadurch ist festgelegt, welche Attribute dieser Eintrag besitzen kann bzw. muß (diese sind in Abb. 2 nicht dargestellt). Dies sind alle Attribute der Klasse `person` und von deren Vaterklassen (`person` besitzt nur eine Vaterklasse `top`). Durch den *distinguished name* ist der Eintrag für den Autor eindeutig bezeichnet.

Vordefinierte Klassen können erweitert werden, indem Unterklassen definiert werden, die zusätzliche Attribute enthalten. Dadurch können Attribute, die für das Management benötigt werden, hinzugefügt werden.

LDAP wurde als schlanke Alternative zu dem bei X.500 verwendeten Zugriffsprotokoll DAP entwickelt. Ursprünglich war ein LDAP/DAP-Gateway für die Umsetzung von LDAP-Anfragen in Anfragen an X.500-Server zuständig. Mittlerweile sind auch eigenständige LDAP-Server verfügbar, z. B. von der University of Michigan [Uni96].

Es besteht bei Verzeichnisdienst-Servern die Möglichkeit, Zugriffsrechte zu setzen, die festlegen, wer welche Einträge und welche Attribute lesen bzw. setzen kann und wer Einträge anlegen oder löschen darf. Für die Sicherung des Zugangs zum Verzeichnisdienst kann in LDAP Version 3 *Simple Authentication and Security Layer* (SASL) eingesetzt werden [WHK97, Mye97].

# 3  Verwaltung heterogener Sicherheitsmechanismen

## 3.1  Problemstellung

In realen Netzen werden nicht nur sichere Anwendungen verwendet, die auf einer homogenen Sicherheitsinfrastruktur wie z. B. Kerberos oder SESAME aufsetzen. Stattdessen findet sich meist eine Vielzahl unterschiedlicher Mechanismen, die konsistent und der Sicherheitpolitik entsprechend konfiguriert werden müssen.

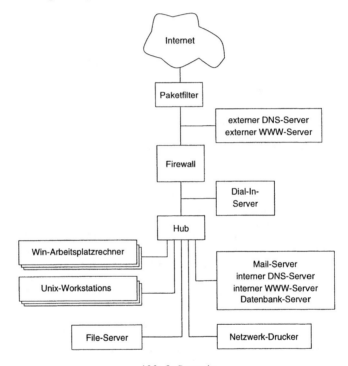

**Abb. 3:** Szenario

Anhand eines einfachen Beispielnetzes, das in Abb. 3 dargestellt ist, soll verdeutlicht werden, an welchen Stellen Informationen über die gleichen Objekte benötigt werden.

- Der Anmelde-Dienst auf den einzelnen Arbeitsplatzrechnern benötigt Informationen über Benutzer und Informationen zu diesen Benutzern wie Authentifizierungsdaten, Home-Directory, User-Id, Login-Shell, und die Information, wer sich am jeweiligen Rechner anmelden darf.

- Manche Anwendungen verwenden eine eigene Benutzer- und Rechteverwaltung, z. B. WWW-Server oder Datenbanken.

- Mail-Server (SMTP, POP3, IMAP) benötigen z. B. für die Zustellung von Mail Informationen über Benutzer. Falls eingeschränkt werden soll, von welchen Rechnern das Versenden von Mails möglich sein soll, benötigt der Mailserver Informationen über die betroffenen Komponenten.

- Der File-Server benötigt Informationen über die Benutzer, aber auch über die Komponenten, von denen der File-Server angesprochen werden darf.

- Der Dial-In-Server benötigt Informationen über Benutzer und deren Authentifizierungsparameter.

- Die Firewall benötigt Informationen über die Benutzer, die Komponenten im Intranet, und die Firewall-Sicherheitspolitik, die festlegt, welche Dienste von wem über die Firewall genutzt werden dürfen.

- Auch im Intranet können Infrastruktur-Maßnahmen zur Verbesserung des Sicherheitsniveaus von Diensten, die keine oder nur schwache Sicherheitsmechanismen aufweisen, verwendet werden. Diese sind in Abb. 3 allerdings nicht dargestellt, um die Übersichtlichkeit zu bewahren. Dies können z. B. einfache Firewalls zwischen Teilnetzen sein, Hostspezifische Firewalls oder Ergänzungen zu vorhandenen Diensten wie `tcp-wrapper` oder `inetd.sec`.

- Sichere Anwendungen wie z. B. `ssh`, S/MIME, PGP oder PEM benötigen Schlüssel bzw. Zertifikate von Benutzern und Komponenten. Zusätzlich ist festzulegen, wer diese Dienste von wo aus nutzen darf.

Bereits dieses einfache Beispiel zeigt, an wie vielen Stellen Informationen über die selben Objekte benötigt werden. Anwendungsspezifische Verzeichnisdienste wie DNS oder NIS werden zwar eingesetzt, diese eigenen sich aber nicht zur integrierten Verwaltung unterschiedlicher Anwendungen und Dienste. Es ist wünschenswert, alle Informationen eines konzeptionellen Objekts zusammenzuführen. Dies kann durch die Verwendung eines anwendungsunabhängigen Verzeichnisdienstes erreicht werden.

## 3.2 Benötigte Informationen

Wenn Verzeichnisdienste eingesetzt werden, ist es nicht erforderlich, darin alle benötigten Informationen zu verwalten. Damit kann ein weicher Übergang zur Nutzung von Verzeichnisdiensten erfolgen. Die Nutzung eines Verzeichnisdienstes bringt v. a. dann Vorteile, wenn die abgelegte Information von mehreren Anwendungen oder an mehreren Stellen im Netz benötigt wird.

Die folgenden Beispiele sollen verdeutlichen, welche Attribute zu den häufig benötigten Objekten Benutzer, Komponente und Dienst abgelegt werden können. Welche Attribute tatsächlich benötigt werden, hängt vom konkreten Einsatzszenario ab.

### Benutzer

- Name, Telefon-, Fax-Nummer, Raumnummer

- Email-Adresse (Internet, X.400)

- Unix-Paßwort, Home-Directory, Login-Shell, User-Id
- Zertifikat X.509
- Parameter für SecureID
- Benutzerschlüssel (z. B. `ssh`)

**Komponente**

- Bezeichnung, Standort
- IP-Adresse, DNS-Name, MAC-Adresse
- (Haupt-)-Benutzer dieser Komponente (bei Arbeitsplatzrechnern)
- für Konfiguration zuständiger Administrator
- Host-Schlüssel, Host-Zertifikat

**Dienst**

- Bezeichnung
- Rechner, auf dem Dienst läuft
- verwendetes Protokoll, Port-Nummer

Alle Attribute, die zu einem konzeptionellen Objekt gehören, werden gemeinsam verwaltet. Zusätzliche Attribute, die wegen einer Einführung neuer Mechanismen benötigt werden, können auch nachträglich ohne großen Aufwand hinzugefügt werden. Für eine effiziente Verwaltung ist es wichtig, mehrere Objekte zu einer Gruppe zusammenfassen zu können.

## 3.3 Zugriffskontrollpolitik

Zugriffskontrolle tritt in mehreren Bereichen auf:

- Die *Computerzugangspolitik* legt fest, wer sich an welchem Rechner anmelden darf.
- Durch die *Netzzugangspolitik* wird festgelegt, wer von wo aus welche Dienste auf welchen Zielrechnern ansprechen darf.
- *Anwendungsspezifische Politiken* legen z. B. die Zugriffsrechte auf die Dokumente eines WWW-Servers fest, oder wer sich an einer Datenbank anmelden darf und welche Rechte er dort besitzt.

Alle Teilbereiche sind auf Informationen über Benutzer, Komponenten und Dienste angewiesen. Es kann aber auch sinnvoll sein, die Zugriffskontrollpolitik selbst im Verzeichnisdienst abzulegen.

- Die gleiche Politik kann an mehreren Stellen im Netz benötigt werden. Es kann z. B. allen Mitarbeitern einer Organisationseinheit das Recht eingeräumt werden, sich an jedem Arbeitsplatzrechner dieser Einheit anzumelden.

• Ein Politikeintrag kann sich auf die Konfiguration mehrerer Sicherheitsmechanismen aus-
wirken. Dies ist der Fall bei der Netzzugangspolitik, falls mehrere Mechanismen zur
Durchsetzung dieser Politik verwendet werden. Dann müssen alle diese Mechanismen
konsistent konfiguriert werden.

Bei anwendungsspezifischen Politiken ist es nicht sinnvoll, die vollständige Zugriffskontrollinformation im Verzeichnisdienst zu halten. Sonst müssten beispielsweise bei File-Servern die
Zugriffsrechte aller Dateien im Verzeichnisdienst abgelegt sein, was offensichtlich nicht sinnvoll
ist. Die Anwendungen können aber ebenfalls die Verzeichnisdienste nutzen, um z. B. Informationen über Benutzer und Benutzergruppen abzufragen. Außerdem lassen sich Voreinstellungen
treffen, z. B. daß Mitglieder einer Benutzergruppe unabhängig von den Zugriffsrechten der einzelnen Dateien nur lesenden Zugriff auf einen File-Server erhalten.

Eine integrierte Verwaltung von Zugriffskontrollinformation ist sinnvoll, wenn die Politik sich
häufig ändert. Bei vielen Firmen gibt es heute Organisationsformen, bei denen dynamisch Arbeitsgruppen oder Projektteams gebildet werden. In diesen arbeiten Mitarbeiter zusammen, die
auch über Organisationsgrenzen hinweg auf projektspezifische Ressourcen zugreifen müssen. Es
genügt hier nicht, nur die Gruppeninformation zu verteilen, da die Politikeinträge selbst häufigen
Änderungen unterworfen sind.

## 3.4 Anbindung heterogener Sicherheitsmechanismen

Es existieren mehrere Möglichkeiten, wie ein Sicherheitsmechanismus auf die von einem Verzeichnisdienst bereitgestellten Informationen zugreifen kann.

• Der Sicherheitsmechanismus kann selbst auf den Verzeichnisdienst zugreifen (z. B. künftige Versionen von sendmail oder login oder Erweiterungspakete zum WWW-Server
apache). Dies erfordert eine Erweiterung der Sicherheitsmechanismen. Künftige Netz-
komponenten (Router, Switch, Hub) sollen die Fähigkeit besitzen, ihre Konfiguration von
einem LDAP-Server zu laden [SF98].

• Ein Gateway kann eine Umsetzung von einem allgemeinen Verzeichnisdienst in einen
anwendungsspezifischen Verzeichnisdienst vornehmen. Dadurch können Anwendungen,
die diesen anwendungsspezifischen Verzeichnisdienst verwenden, ohne Modifikation weiterverwendet werden. Für die Umsetzung von LDAP nach NIS existiert z. B. ypldap
[How97]. Die Information muß im LDAP-Verzeichnisdienst enthalten sein, durch die
Umsetzung kann lediglich mit anderen Protokollen darauf zugegriffen werden. Zur Darstellung der sonst durch NIS verteilten Information sind in [How98] Attributtypen und
Objektklassen definiert.

• Durch Hinzufügen einer Transformationskomponente können auch die Mechanismen eingebunden werden, die zur Konfiguration proprietäre Verfahren nutzen (z. B. Textdateien).
Dabei muß der Mechanismus selbst nicht verändert werden. Die Umsetzung kann in regelmäßigen Zeitabständen erfolgen oder bei Konfigurationsänderungen automatisch angestoßen werden.

In verschiedenen Teilbereichen kann ein Verzeichnisdienst unterschiedlich intensiv genutzt werden. Dies ist wichtig für einen praktischen Einsatz, da dadurch ein sanfter Übergang von bereits

existierenden Techniken möglich ist.

# 4 Beherrschung der Komplexität großer Netze

In Abschnitt 3 wurde betrachtet, wie die Verwaltung unterschiedlicher Sicherheitsmechanismen durch die Verwendung eines Verzeichnisdienstes integriert werden kann. In großen Netzen stellt sich aber noch ein weiteres Problem: Die Managementaufgaben sind auf mehrere Administratoren zu verteilen, sodaß jeder nur noch für einen Teilbereich zuständig ist. Damit ein Administrator den Überblick behalten kann, muß die Aufteilung so erfolgen, daß er nur diejenigen Informationen sieht, die er für seine Aufgaben benötigt.

Die Aufteilung kann anhand mehrerer Kriterien erfolgen:

- Managementaufgabe (z. B. Benutzerverwaltung, Konfigurationsmanagement, Sicherheitsmanagement, ... )

- organisatorische Einheiten

- technologische Bereiche

Für die Aufteilung des gesamten Managements in mehrere Bereiche wurde das Domänenkonzept entwickelt [Slo94]. Darin werden mehrere zu verwaltende Objekte zu einer Gruppe zusammengefaßt, die als Domäne bezeichnet wird. Mehrere Domänen können hierarchisch oder auf gleicher Ebene angeordnet sein. Dies funktioniert gut, solange für die Verwaltung einer Domäne nur die Informationen dieser Domäne relevant sind. Besonders beim Sicherheitsmanagement ist die Konfiguration aber auch von anderen Domänen abhängig, z. B. wenn abteilungsübergreifende Projektteams auf bestimmte Ressourcen zugreifen müssen.

Damit ein Administrator die Übersicht behalten kann und nicht durch Details von anderen Domänen verwirrt wird, die für seine Aufgabe nicht relevant sind, kann das Domänenkonzept um ein Sichtbarkeitskonzept erweitert werden [FT98a]. Jede Domäne *exportiert* bestimmte Informationen. Nur diese sind für Administratoren anderer Domänen zu sehen. Dies entspricht dem Modul-Konzept [Wir85] beim Software-Engineering, bei dem Schnittstellendefinition und Implementierung getrennt werden. Abb. 4 verdeutlicht das Sichtbarkeitskonzept.

**Abb. 4:** Sichtbarkeitskonzept

Das Ziel des Sichtbarkeitskonzeptes ist, die Komplexität der Konfiguration zu verringern und dadurch einem Administrator eine bessere Übersicht über das Netz zu ermöglichen. Unwichtige Details sollen verborgen bleiben. Das Sichtbarkeitskonzept kann dadurch realisiert werden, daß innerhalb eines Verzeichnisdienstes eine Klasse zur Modellierung von Domänen definiert wird. Ein Eintrag der Domänenklasse enthält ein Attribut `exportedGroups`, in dem alle Gruppen eingetragen werden, die für Administratoren anderer Domänen sichtbar sein sollen. Alternativ können auch die Einträge der Gruppendefinitionen selbst ein Attribut enthalten, das angibt, ob diese in anderen Domänen sichtbar sein sollen. Verwaltungswerkzeuge können diese Information auswerten und einem Administrator nur diese eingeschränkte Sicht anbieten. Dadurch ist allerdings nicht unterbunden, daß ein Administrator auch andere, nicht exportierte Gruppen verwenden kann, wenn er es für notwendig hält. Dies kann jedoch – wenn es gewünscht ist – durch die Zugriffskontrolle des Verzeichnisdienstes unterbunden werden.

Bei der Definition der Zugriffskontrollpolitik für Netzverkehr *zwischen* zwei Domänen stellt sich die Frage, wer für die Definition des entsprechenden Politikeintrags zuständig ist. Bei herkömmlichen Modellen wird angenommen, daß lediglich der Anbieter eines Dienstes kontrolliert, wer den Dienst nutzen darf. Aber auch die Nutzung eines Dienstes kann eine Gefährdung darstellen. Deshalb schränken z. B. Firewalls ein, welche Dienste im Internet genutzt werden können. Für Verkehr zwischen zwei Domänen bietet es sich an, daß dieser Verkehr nur dann zugelassen wird, wenn er von *beiden* beteiligten Domänen zugelassen wird. Dies führt dazu, daß jede Domäne weitgehend unabhängig von den Sicherheitsanforderungen anderer Domänen ihre eigene, domänenspezifische Sicherheitspolitik definieren kann [FT98b]. Abb. 5 zeigt die entstehende Hierarchie von Netzsicherheitspolitiken.

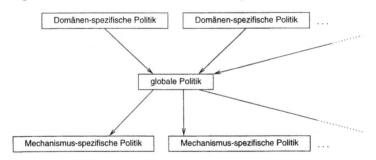

**Abb. 5:** Hierarchie von Netzsicherheitspolitiken

Aus den Domänen-spezifischen Politiken wird die globale Politik abgeleitet. Für einen konkreten Sicherheitsmechanismus ist nur ein Teil der globalen Politik relevant, der als Mechanismusspezifische Politik bezeichnet wird.

Anhand eines einfachen Beispiels, bei dem keine Benutzer betrachtet werden, soll dies erläutert werden. Abb. 6 zeigt das betrachtete Szenario: Domäne d1 besteht aus den Hosts h1, h2 und h3, die Domäne d2 aus zwei Servern, dem File-Server fs und dem Compute-Server cs.

Abb. 7 zeigt die Politikdefinitionen der Domänen d1 und d2[1]. Die Politik der Domäne d1 erlaubt

---

[1]Um die Notation zu verkürzen, werden hier symbolische Namen verwendet. In der Realität werden dafür Bezeichner verwendet, die den jeweiligen Eintrag im Verzeichnisdienst eindeutig beschreiben (distinguished name).

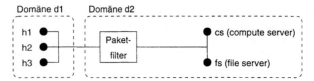

**Abb. 6:** Beispielszenario

| **Domäne d1** | **Domäne d2** |
|---|---|
| *EXPORTS* | *EXPORTS* |
| d1.hosts = { h1, h2, h3 } | d2.cs, d2.fs |
| d1.eng-hosts = { h1 } | *POLICY* |
| *POLICY* | allow from d1.hosts |
| allow from h1, h2 | service nfs to d2.fs |
| service nfs to d2.fs | allow from d1.eng-hosts |
| allow from h1, h2 | service telnet to d2.cs |
| service telnet to d2.cs | |

**Abb. 7:** Politiken der Domänen d1 und d2

es, von den Hosts h1 und h2 der Domäne d1 aus den File-Server fs der Domäne d2 mit nfs und den Compute-Server cs per telnet anzusprechen. Die Domäne d1 exportiert die Gruppen d1.hosts (alle Hosts der Domäne d1) und d1.eng-hosts (alle Entwicklungsrechner der Domäne d1).

Die Politik der Domäne d2 erlaubt es, den Fileserver von allen Hosts der Domäne d1 aus über nfs anzusprechen, der Compute-Server darf aber nur von den Entwicklungsrechnern aus per telnet angesprochen werden. Aus der Kombination der Domänen-spezifischen Politiken ergibt sich die *globale Politik*. Diese läßt zwischen Domänen nur solche Verkehrsbeziehungen zu, die von *beiden* beteiligten Domänen zugelassen sind. In diesem Beipiel ist nfs von h1, h2 nach d2.fs und telnet von h1 nach d2.cs zugelassen.

Bei der Transformation in *Mechanismus-spezifische Politiken* werden nur die Einträge betrachtet, die für den jeweiligen Mechanismus relevant sind. Den in Abb. 6 dargestellten Paketfilter betrifft jeder Netzverkehr zwischen den Domänen d1 und d2. Anhand der Netztopologie können diese Einträge ermittelt werden. Bei dem hier vorgestellten Beispiel sind dies alle Einträge der globalen Politik. Für die Kontrolle des Zugriffs über telnet auf den Compute-Server kann z. B. inetd.sec verwendet werden. Es muß dann ermittelt werden, von welchen Rechnern aus telnet zu d2.cs verwendet werden kann. Hier ist dies nur der Rechner h1. Für die konkrete Umsetzung der Mechanismus-spezifischen Politiken werden Attribute der beteiligten Komponenten und Dienste benötigt (IP-Adressen, verwendete Portnummern). Diese sind in den jeweiligen Einträgen im Verzeichnisdienst enthalten.

# 5 Zusammenfassung und Ausblick

Sicherheitsmanagement in großen, heterogenen Umgebungen stellt eine große Herausforderung dar. In der kommerziellen Praxis besteht i. a. nicht die Möglichkeit, ausschließlich eine homogene Sicherheitsinfrastruktur zu verwenden wie z. B. Kerberos oder SESAME. Stattdessen werden unterschiedliche Arten von Sicherheitsmechanismen verwendet, die nach einer einheitlichen Sicherheitspolitik verwaltet werden sollen. In diesem Beitrag haben wir vorgestellt, wie dazu ein anwendungsunabhängiger Verzeichnisdienst eingesetzt werden kann. Um die Umsetzbarkeit dieses Ansatzes zu zeigen, erweitern wir derzeit Komponenten des Firewall-Toolkits von TIS.

## Literatur

[FT98a]    Falk, R. und Trommer, M.: Integrated management of network and host based security mechanisms. In C. Boyd und E. Dawson, Hrsg.: Proc. of 3rd Australasian Conf. on Information Security and Privacy, LNCS 1438, Springer, 1998, S. 36–47.

[FT98b]    Falk, R. und Trommer, M.: Managing network security—a pragmatic approach. In G. Spafford, Hrsg.: Proc. of Workshop on Security in Large Scale Distributed Systems, IEEE Computer Society, 1998, S. 398–402.

[GS96]    Garfinkel, S. und Spafford, G.: Practical UNIX and Internet Security. O'Reilly, 2. Aufl., 1996.

[HA94]    Hegering, H.-G. und Abeck, S.: Integrated Network and Systems Management. Addison-Wesley, 1994.

[How97]    Howard, L.: Using LDAP as a network information service, 1997. http://www.xedoc.com.au/~lukeh/ldap/

[How98]    Howard, L.: An approach for using LDAP as a network information service. RFC 2307, 1998.

[ISO89a]    Information processing systems – open systems interconnection – reference model – security architecture (part 2), ISO 7498-2, 1989.

[ISO89b]    Information processing systems – open systems interconnection – basic reference model – OSI management framework (part 4), ISO 7498-4/CCITT X.700, 1989.

[Moc87]    Mockapetris, P.: Domain names – concepts and facilities. RFC 1034, 1987.

[Mye97]    Myers, J.: Simple authentication and security layer (SASL). RFC 2222, 1997.

[Opp97]    Oppliger, R.: IT-Sicherheit. DuD-Fachbeiträge. Vieweg, 1997.

[SF98]    Semeria, C. und Fuller, R.: Directory-enabled networks and 3Com's framework for policy-powered networking. 3Com white paper 500665-001, 3Com, 1998. http://www.3com.com/technology/tech_net/white_papers/500665.html

[Slo94]    Sloman, M., Hrsg.: Network and Distributed Systems Management. Addison-Wesley, 1994.

[Uni96]     University of Michigan. The SLAPD and SLURPD Administrator's Guide, Release
            3.3, 1996. http://www.umich.edu/~dirsvcs/ldap/index.html

[WHK97]     Wahl, M., Howes, T. und Kille, S.: Lightweight Directory Access Protocol (v3).
            RFC 2251, 1997.

[Wir85]     Wirth, N.: Programming in Modula 2. Springer, 3. Aufl., 1985.

[WRH92]     Weider, C., Reynolds, J. und Heker, S.: Technical overview of directory services
            using the X.500 protocol. RFC 1309, 1992.

[X.500]     The directory – overwiew of concepts, models and services, ITU X.500, 1988.

# HBCI – Eine sichere Plattform nicht nur für Homebanking

René Algesheimer · Detlef Hühnlein

secunet Security Networks GmbH
{algesheimer, huehnlein}@secunet.de

**Zusammenfassung**

Die im Zentralen Kredit Ausschuß (ZKA) organisierten deutschen Banken haben sich im Homebanking-Abkommen zum 01.10.1998 auf die breite Einführung des neuen Home Banking Computer Interfaces (HBCI) für die Abwicklung von Online-Bank-Transaktionen geeinigt. In diesem Beitrag wollen wir die wichtigsten Merkmale von HBCI kurz vorstellen. Insbesondere zeigt die Erörterung von HBCI, daß die bald flächendeckend vorhandene HBCI-Infrastruktur auch sehr gut für nicht-bankenspezifische ‚X-HBCI'-Transaktionen genutzt werden kann. In diesem Beitrag wollen wir abstrakte Merkmale für Anwendungsszenarien, in denen die Verwendung von HBCI sinnvoll erscheint, herleiten und für konkrete Beispiele, wie Behörden-Transaktionen, neue ‚X-HBCI'-Geschäftsvorfälle definieren.

## 1 Einleitung

Die Anzahl der Online-Konten in Deutschland erfährt ein stetiges Wachstum. Der Löwenanteil der deutschen Banken bietet seinen Kunden die Möglichkeit der Kontoführung über z.b. T-Online oder dem Internet an. Vor der Verabschiedung von HBCI 1.0 im Jahre 1996 existierten bereits Homebanking-Lösungen verschiedener Banken auf Basis des „ZKA-Dialogs", einer 1987 von den deutschen Banken standardisierten BTX/CEPT – Ausprägung, oder andere proprietären Verfahren auf z.b. SSL-Basis. Neben der offensichtlich *umständlichen Handhabung der PIN/TANs* für den Kunden gab es noch eine Reihe weiterer schwerwiegender Probleme:

- Der ZKA-Dialog war *nur für BTX/CEPT/T-Online* konzipiert; andere Transport- und Präsentationsdienste wurden nicht direkt unterstützt.

- In unsicheren offenen Netzen sind *zusätzliche Sicherheitsmechanismen nötig*.

- Da der ZKA-Dialog nur halbherzig standardisiert wurde, entwickelten sich verschiedene, wechselseitig inkompatible, „Dialekte". Von *„Multibank-Fähigkeit"*, d.h. Verwaltung mehrerer Konten bei verschiedenen Kreditinstituten, war also keine Rede.

- Die *Betriebssicherheit* ließ zu wünschen übrig. Brach während einer Sitzung die Leitung ab, so konnte nicht direkt, d.h. ohne Überprüfung des Konto-Auszuges, geklärt werden, ob die letzte Transaktion angenommen wurde.

Deshalb kam man nicht umhin einen neuen Standard für Homebanking festzulegen, der die oben angerissenen Probleme lösen soll. Das Ergebnis war HBCI, was wir in Kapitel 0 näher erörtern wollen. Man wird sehen, daß viele der Design-Ziele von HBCI keineswegs bank-spezifisch sind, sondern vielmehr eine einheitliche, flexible, erweiterbare Sicherheitsplattform für formatierte Transaktionen jeglicher Art beschreiben. Deshalb ist es naheliegend, HBCI und die bald flächendeckend verfügbare HBCI-Infrastruktur zu nutzen, um auch andere On-line-Transaktionen in sicherer Art und Weise durchzuführen. Diese Idee wird in Kapitel 3 aufgegriffen, wo wir abstrakte Merkmale potentieller Einsatzgebiete für dieses „X-HBCI" an-geben und in Kapitel 4 anhand eines konkreten Beispieles zeigen, wie neue Geschäftsvorfälle aussehen könnten. In Kapitel 5 wollen wir den Beitrag mit einem Blick auf die Zukunft von (X-)HBCI abschließen.

## 2  HBCI – Der neue Homebanking-Standard

In diesem Kapitel wollen wir ganz kurz die wichtigsten Merkmale des neuen, von allen deut-schen Banken unterstützten, Homebanking-Standards HBCI anführen. Für eine ausführlichere Darstellung verweisen wir auf [Haub97] oder [HBCISPEC].

Will ein Kunde Bankgeschäfte mittels einer Online-Verbindung tätigen, so initiiert er eine lo-gische Verbindung zu seiner Bank. Diese *Dialog-Initialisierung* dient der Authentisierung der

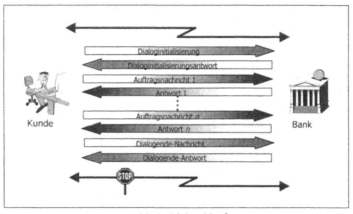

**Abb. 1**: Dialogablauf

beiden Parteien und der Synchronisation der fortlaufenden Nachrichten-Nummer. Somit kann festgestellt werden, ob die letzte gesendete Transaktions-Nachricht vom Kreditinstitut erfolg-reich verarbeitet werden konnte. Zusätzlich werden bei der Dialog-Initialisierung auch die Verschlüsselungs- und Kompressionsverfahren ausgehandelt und ggf. User-Parameterdaten (UPD) und Bank-Parameterdaten (BPD) abgeglichen. Nach erfolgreicher Dialoginitialisie-rung, wie in Abb. 1 dargestellt, schickt der Kunde *Auftragsnachrichten* an die Bank, die ein-zeln von der Bank quittiert werden. Es ist möglich, daß die gesamte Verarbeitung der Aufträ-ge *synchron* erfolgt, d.h. der Kunde hält die Verbindung und wartet bis das Kreditinstitut den jeweiligen Auftrag abgearbeitet hat. Daneben ist es möglich die Verarbeitung der Aufträge *asynchron* durchzuführen. Dabei signalisiert die Bank in der jeweiligen Antwortnachricht le-diglich, daß der Auftrag eingegangen ist. Der Kunde kann nach der Übermittlung der Aufträge die Verbindung beenden und bei einer späteren Sitzung ein Statusprotokoll anfordern um sich über den aktuellen Stand der Verarbeitung zu informieren.

Der Aufbau einer Auftrags- oder Antwort-Nachricht ist schematisch in Abb. 2 dargestellt; ein konkretes Beispiel einer HBCI-Nachricht findet sich im Anhang. HBCI ist eine sogenannte *Nettodaten-Schnittstelle* mit *Trennzeichen-Syntax*. Das bedeutet, daß die übertragenen Daten,

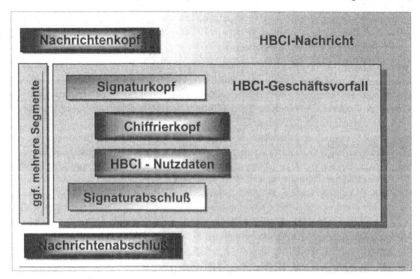

**Abb. 2:** Nachrichtenaufbau

im Gegensatz zu einer z.B. ASN.1-Codierung, keine Information über Ihre Struktur enthalten. Das hat den Vorteil, daß keine Bandbreite durch Struktur-Informationen „verschwendet" wird. Allerdings muß die Struktur einer z.B. Überweisung bei beiden Kommunikationspartnern bekannt sein. Neben *HBCI-spezifischen Formaten*, können auch Binärdaten transparent eingestellt werden. Somit können *Daten jeglicher Art* mit HBCI auf sicherer Art und Weise transportiert werden.

In Abb. 2 ist auch ersichtlich, daß die Verwendung gewisser Sicherheitsmechanismen, wie Verschlüsselung und Signatur vorgesehen ist. In der derzeitigen Spezifikation 2.01 sind für die Verschlüsselung zwei verschiedene Verfahren vorgesehen: Entweder das DES-DES-Verfahren (DDV), d.h. 2-Key-Triple-DES mit Chipkarte, oder das RSA-DES-Hybrid-Verfahren (RDH) als Software-Lösung oder mit Chipkarte. Verschlüsselt wird lediglich ein 2-Key-Triple-DES-Session-Key. Für die Berechnung der Signatur wird entweder 768-Bit-RSA oder ein Triple-DES-MAC verwendet. In beiden Fällen wird RIPEMD-160 für die Berechnung des Hash-Wertes verwendet. Die beiden heute meist verwendeten Ausprägungen (DDH mit Chipkarte oder RDH in Software) dürfen lediglich als Migrationswege angesehen werden:

„Angestrebt wird im Sicherheitsbereich einheitlich eine RSA-Chipkartenlösung auf Basis der derzeitigen RDH-Spezifikationen. Da diese Sicherheitskonzeption momentan aufgrund technischer Restriktionen noch nicht flächendeckend umzusetzen ist, kommt bis zur durchgehenden Realisierbarkeit der RSA-Chipkartenlösung sowohl die DDV-Lösung auf Chipkartenbasis als auch die RDH-Lösung auf reiner Softwarebasis zum Einsatz." (siehe [HBCISPEC] – Teil B, Seite 2).

Diese „technischen Restriktionen" bestehen zum Großteil in der Verfügbarkeit kostengünstiger Chipkarten, die in der Lage sind digitale Signaturen mit z.b. RSA zu berechnen. Deshalb sollte die HBCI-Spezifikation um Sicherungsmechanismen auf Basis Elliptischer Kurven erweitert werden, da hier (siehe z.b. [Hühn98]) eine Implementierung auf kostengünstigen Chipkarten *ohne Koprozessor* möglich ist.

Wie wir sahen, ähnelt HBCI im Sicherheitsbereich stark Schnittstellen-Definitionen, wie EDIFACT. Insgesamt ist HBCI derart konzipiert, daß es flexibel um neue Geschäftsvorfälle, Sicherheitsmechanismen, sowie Übertragungs- und Präsentationsmedien erweitert werden kann. Der Grad der Sicherheit und der Aufwand für eine solche Transaktion gründet in den jeweils verwendeten Sicherheitsverfahren.

Diese Möglichkeiten machen HBCI zu einer derzeit konkurrenzlosen Plattform für Online-Transaktionen. Da sich alle deutschen Banken zur Unterstützung von HBCI verpflichtet haben, besteht die Möglichkeit mit ein und dem selben Homebanking-Client Konten bei verschiedensten Kreditinstituten zu verwalten. Insgesamt darf also damit gerechnet werden, daß mittelfristig die HBCI-Infrastruktur beim Online-Kunden vorhanden ist. Da bei der Konzeption von HBCI tunlichst auf Flexibilität und Erweiterbarkeit geachtet wurde, liegt es nahe, die bald vorhandene Kunden-Infrastruktur für andere, *nicht-bankspezifische, Online-Transaktionen* zu verwenden. Diese Idee wollen wir im nächsten Abschnitt etwas konkretisieren.

# 3 ... auch außerhalb der Bankenwelt

In diesem Kapitel wollen wir abstrakte Merkmale möglicher Anwendungsszenarien ableiten, für die die Verwendung von HBCI als Sicherheitsplattform sinnvoll erscheint. Danach wollen wir anhand konkreter Beispiele aufzeigen, wie neue Geschäftsvorfälle für diese Szenarien aussehen könnten. Diese Möglichkeiten für sogenannte X-HBCI Vorfälle müssen jedoch zunächst vom ZKA akzeptiert und standardisiert werden, bevor sie in Kraft treten können.

Mögliche Anwendungsszenarien für HBCI außerhalb des Bankenumfeldes sollten folgende Merkmale haben:

- Die Transaktionen werden *vom Kunden angestoßen*.

- Die Transaktionen sollten *mehrmals wiederkehrend* vorkommen, wobei der Zeitpunkt der Transaktion nicht absehbar ist.

- Die Transaktion sollte *formulargebunden*, d.h. nicht völlig formlos, ablaufen.

- Die angeforderte Dienstleistung bzw. das Gut sollte *elektronisch übermittelbar* sein. Im Idealfall sollte das übermittelte Gut wiederum einem gewissen vorher festgelegtem *Format* genügen.

- Die Transaktion sollte *quittiert* werden müssen.

- Besonders vorteilhaft ist die Verwendung von HBCI, wenn die Transaktion *mit einer Bezahlung gekoppelt* ist. Der Betrag einer solchen Transaktion sollte nicht allzu klein sein, damit sich eine Überweisung überhaupt lohnt.

Es ist leicht, zu diesen abstrakten Merkmalen, teilweise visionäre, Anwendungsszenarien zu finden, für die HBCI eine geeignete Plattform darstellt. Wir führen einige Beispiele an:

- *Elektronische Reise-Tickets*
  Ein Verkehrsunternehmen, wie z.b. die Deutsche Bahn AG, bietet als Kunden-Service die Reisebuchung per Internet an. Diese Reisebuchung könnte nun per HBCI durchgeführt werden, wobei die Buchungsdaten in Form eines HBCI-Geschäftsvorfalles zur Bahn übertragen werden. Gleichzeitig schickt der Kunde eine signierte Überweisung über den entsprechenden Betrag. Im Gegenzug verschickt die Bahn das Ticket, beim heutigen Stand der Technik mit der Post. Ist die nächste Generation der Bahn-Card mit einem Chip ausgestattet, so kann das elektronische Ticket per HBCI übertragen und auf der Bahn-Card gespeichert werden. Somit stehen die bei der Fahrscheinkontrolle ermittelten Daten sofort dem internen Controlling der Bahn zur Verfügung. Sind noch nicht bei allen Schaffnern entsprechende Lesegeräte vorhanden, um das elektronische Ticket auf der Karte zu überprüfen, so könnte sich der Kunde sein bereits gekauftes Ticket, wie z.b. bei der Lufthansa, an einem „E-TIX" Automaten ausdrucken lassen. Wie die entsprechenden HBCI-Geschäftsvorfälle konkret aussehen könnten, werden wir später erörtern.

- *Elektronische Veranstaltungs-Tickets*
  Das oben für Reise-Tickets erläuterte gilt im wesentlichen auch für Veranstaltungs-Tickets, wie Kino- oder Theater-Karten, Eintrittskarten für Sportveranstaltungen etc.

- *Elektronische Briefmarken*
  Während heute übliche Frankiermaschinen meist bei der Post aufgeladen werden müssen, so könnte die Post auch, entsprechend kryptographisch behandelte, von gewöhnlichen PC's erzeugte, Briefmarken zulassen. Der Ladevorgang für den PC als virtuelle Frankiermaschine könnte leicht über HBCI abgewickelt werden. Die Anzahl und der Einzelwert der Marken würde, zusammen mit einer entsprechenden Überweisung zur Post gesandt. Im Gegenzug erhält der Kunde über HBCI die kryptographisch gesicherten elektronischen Briefmarken von der Post.

- *Elektronische Behördengänge*
  Nicht alle Besuche in Ämtern müssen physikalisch geschehen. Als ein Beispiel sei das Einwohner-Meldeamt genannt. Nach einem Umzug könnte die Ummeldung auch online erfolgen. Man würde einen HBCI-Dialog mit seiner Stadt- oder Gemeindeverwaltung aufbauen, und die neue Adresse innerhalb eines HBCI-Geschäftsvorfalles übermitteln. Fallen für die Ummeldung Gebühren an, so schickt man eine entsprechende Überweisung mit.

- *HBCI-Studentenausweis*
  Auch im universitären Umfeld ist die Abwicklung von Verwaltungsaufgaben mit HBCI denkbar. So wären Geschäftsvorfälle wie die Immatrikulation, Rückmeldung, Prüfungsanmeldung, Abfrage von Prüfungsergebnissen und z.b. die Bestellung von Büchern in der Bibliothek denkbar. Die Semestergebühren könnten mit einer Überweisung die zusammen mit der Immatrikulation bzw. Rückmeldung verschickt wird bezahlt werden.

- **Internet-Shopping**
  Werden z.b. im Internet Güter oder Dienstleistungen bestellt, so könnte die Zahlung dieser durch HBCI-Überweisungen geschehen. Bei größeren Bestellungen könnten EDI-FACT-Datensätze transparent in HBCI-Geschäftsvorfälle eingestellt werden. Damit könnten die Bestellungen sofort den entsprechend nachgelagerten z.b. Logistik-, Dispositions- und Buchhaltungssystemen zugeführt werden. Werden digitale Waren, wie z.b. ein Artikel bei einer Online-Bibliothek, gekauft, so kann auch die Auslieferung der Waren online erfolgen.

- **Elektronisches Rezept**
  Der Arzt könnte ein elektronisches Rezept erstellen, das entweder auf der Patientenkarte gespeichert wird oder an einen zentralen Apotheken-Rechner mittels HBCI übermittelt wird. Kommt der Patient zur Apotheke, so kann eine Zuzahlung mit einer HBCI-Überweisung oder bei kleineren Beträgen mit der Geldkartenfunktion auf der HBCI-Karte verwirklicht werden. Zur Abrechnung werden die entsprechenden Datensätze vom Apotheker kumuliert und per HBCI, evtl. in Kombination mit einer Lastschrift, bei der Krankenkasse eingereicht. Das Aufladen einer Geldkarte wird voraussichtlich als HBCI-Geschäftsvorfall in der HBCI-Version 3.0 enthalten sein.

# 4 Ein konkretes Beispiel – Elektronisches Ticket

Im vorherigen Kapitel führten wir als mögliches Anwendungsszenario die Buchung einer Zugreise mit HBCI an. Hier wollen wir einen konkreten Vorschlag für Geschäftsvorfälle zu diesem Zweck machen. Hier sei nochmals darauf hingewiesen, daß dieser Geschäftsfall ein Vorschlag unsererseits ist. Im Falle einer Standardisierung der X-HBCI Vorfälle durch das ZKA müßte dieser der dann vorgegebenen Maske angepaßt werden.

Die Buchung einer Zugreise würde sich in beispielsweise drei verschiedene Geschäftsvorfälle unterteilen lassen, die alle per HBCI durchgeführt werden könnten. Zunächst sollten die Buchungsdaten des gewünschten Ticket zur Bahn versendet werden. Ist für diese Fahrt eine Platzreservierung erwünscht, so sollte diese ebenfalls per HBCI übertragen werden können. Die anschließende Überweisung der entsprechenden Kosten an die Bahn schließt die Bestellung und Buchung des Bahntickets ab.

Soll ein HBCI-Geschäftsvorfall zu einem X-HBCI-Vorfall erweitert werden, so würde sich lediglich das Segment der HBCI-Nutzdaten ändern.[1]

## 4.1 Das gewünschte Ticket buchen

Die Buchungsdaten, die in dem Nutzdaten-Segment verarbeitet werden müssen, sollen folgende Details enthalten:

| Gültigkeitszeitraum | | |
|---|---|---|
| Art des Ticket | E | Einzelticket |
| | G | Gruppenticket |

---

[1] Die HBCI-Syntax einer Einzelüberweisung finden Sie im Anhang.

| | W | Wochenendticket |
|---|---|---|
| | A | „Guten-Abend"-Ticket |
| Klasse | 1, 2 | |
| Start - Ziel | | |
| Name des Buchenden | | |
| Ermäßigung | 25%, 50%, 75%. 100% | |
| Preis | | |
| Währung | DEM, EURO, $US | |
| Wünsche zur Platzreservierung | R/N | Raucher/Nichtraucher |
| | Fen/Mit/Gan | Fenster/Mitte/Gang |
| | Tisch/- | Tischplatz |
| | Gro/Abt | Großraumwagen/Abteil |

**Abb. 3:** Dateninput für das Segment „Buchungsdaten"

Das Segment „Buchungsdaten" könnte demnach etwa folgendes Aussehen haben:

*HBCI-Nutzdaten:*

```
XHKBUC:4:2+12.12.98-14.12.98+E+Mz-Wi+1+MEIER
FRANZ+50++100,:DEM+51+000+R:Fen:Tisch:Gro´
```

| | |
|---|---|
| **XHKBUC:4:2** | Segmentkopf „Buchungsdaten" |
| **12.12.98-14.12.98** | Gültigkeitszeitraum |
| **E** | Art des Tickets |
| **Mz-Wi** | Start – Ziel |
| **1** | Klasse |
| **MEIER FRANZ** | Name des Buchenden |
| **50** | Ermäßigung |
| **100,** | Preis |
| **DEM** | Währung |
| **51** | Textschlüssel, wie in den BPD festgelegt |
| **000** | Textschlüsselergänzung, zu Textschlüssel |
| **R:Fen:Tisch:Gro** | Platzreservierung |

**Abb. 4:** Buchungsdaten

## 4.2 Platzreservierung

Entsprechend den Buchungsdaten könnte sich auch das Segment „Platzreservierung" gestalten. Bei der Platzreservierung seien etwa folgende Daten relevant:

| | | |
|---|---|---|
| Reisetag | | |
| Zugnummer | | |
| Klasse | 1, 2 | |
| Start – Ziel | | |
| Name des Buchenden | | |
| Preis | | |
| Währung | DEM, EURO, $US | |
| Platzreservierung | R/N | Raucher/Nichtraucher |
| | Fen/Mit/Gan | Fenster/Mitte/Gang |
| | Tisch/- | Tischplatz |
| | Gro/Abt | Großraumwagen/Abteil |
| Wagennummer | | |
| Sitzplatznummer | | |

**Abb. 5:** Dateninput für das Segment „Platzreservierung"

Das Segment „Reservierung" könnte demnach etwa folgendes Aussehen haben:

```
XHKRES:4:2+13.12.98+IC345+1+Mz-i+MEIER FRANZ++3,
+DEM+51+000+R:Fen:Tisch:Gro+12:83'
```

*HBCI-Nutzdaten:*

| | |
|---|---|
| **XHKRES:4:2** | Segmentkopf „Reservierung" |
| **13.12.98** | Reisetag |
| **IC345** | Zugnummer |
| **1** | Klasse |
| **Mz-Wi** | Start – Ziel |
| **MEIER FRANZ** | Name des Buchenden |
| **3,** | Preis |
| **DEM** | Währung |
| **51** | Textschlüssel, wie in den BPD festgelegt |
| **000** | Textschlüsselergänzung, zu Textschlüssel |
| **R:Fen:Tisch:Gro** | Platzreservierung |
| **12:83** | Wagennummer – Sitzplatznummer |

**Abb. 6:** Platzreservierung

## 4.3 Kombinierte Ticketbestellung samt Platzreservierung

Um das Volumen der zu übertragenden Daten gering zu halten, können die Buchung des Tikkets und die Platzreservierung miteinander verbunden werden. Daten, die für beide Geschäftsvorfälle relevant sind, würden somit nur einmal übertragen werden.

Ein Segment „Buchung&Reservierung" könnte demnach etwa folgendes Aussehen haben:

*HBCI-Nutzdaten:*

```
XHKBUR:4:2+12.12.98-14.12.98+E+Mz-Wi+1+MEIER
FRANZ+50++100,:DEM+51+000+J+13.12.98+IC345+3,
:DEM+R:FEN:TISCH:GRO, 12:83+103,:DEM´
```

| | |
|---|---|
| **XHKBUR:4:2** | Segmentkopf „Buchung&Reservierung" |
| **12.12.98-14.12.98** | Gültigkeitszeitraum |
| **E** | Art des Tickets |
| **Mz-Wi** | Start – Ziel |
| **1** | Klasse |
| **MEIER FRANZ** | Name des Buchenden |
| **50** | Ermäßigung |
| **100,** | Preis1 |
| **DEM** | Währung |
| **51** | Textschlüssel, wie in den BPD festgelegt |
| **000** | Textschlüsselergänzung, zu Textschlüssel |
| **J** | Platzreservierung? |
| **13.12.98** | Reisetag |
| **IC345** | Zugnummer |
| **3,** | Preis2 |
| **DEM** | Währung |
| **R:Fen:Tisch:Gro** | Platzreservierung |
| **12:83** | Wagennummer – Sitzplatznummer |
| **103** | Preis |
| **DEM** | Währung |

Abb. 7: Buchung und Platzreservierung

Es ist klar, daß in verschiedenen Bearbeitungsschritten Plausibilitätsprüfungen stattfinden müssen, um einen reibungslosen Ablauf zu gewährleisten. Die Überweisung des Betrages kann durch eine HBCI-Einzelüberweisung geschehen.

# 5 Ausblick

Hat sich HBCI erst einmal als Industriestandard innerhalb der deutschen Kreditwirtschaft etabliert, so wäre ein Fundament geschaffen, das sich die übrigen Wirtschaftszweige zu Nutzen machen könnten. Neue Geschäftsvorfälle, wie wir sie in Kapitel drei und vier angedeutet haben, könnten von Unternehmen und / oder Interessensgruppen in Abstimmung mit dem ZKA definiert werden. Es sollte ein einheitlicher noch nicht belegter Anfangsbuchstabe für X-HBCI reserviert werden. Um die Multibank-Fähigkeit von HBCI nicht aufs Spiel zu setzen darf die Unterstützung von X-HBCI Geschäftsvorfällen für gewöhnliche HBCI-Systeme nicht zwingend vorgeschrieben werden. Die Schaffung einer breiten Anwenderplattform X-HBCI würde für einzelne Unternehmen nicht nur Kosteneinsparungen, sondern - gerade in Verbindung von HBCI mit einer Geldkarte - auch einen enormen Funktionszuwachs bedeuten. Alltägliche Behördengänge, Einkäufe und Bankgeschäfte könnten dadurch stark vereinfacht werden.

Durch die Kopplung von HBCI mit anderen Mehrwert-Diensten könnte sich die Verbreitung von HBCI weiter steigern, was sicherlich im Interesse der deutschen Kreditwirtschaft sein dürfte. Somit wird HBCI auch die Kraft besitzen ein internationaler Standard zu werden.

## Literatur:

[Haub97]     K. Haubner: HBCI-Kompendium, 1997,
             via http://members.aol.com/sxsigma/hbcikomp.pdf

[HBCISPEC]  ZKA: HBCI Spezifikation 2.01, 1998, via
             http://www.siz.de/siz/hbci/hbcispec.htm

[Hühn98]    D. Hühnlein,: Die SmartCard-Algorithmen der nächsten Generation – Elliptische Kurven als RSA-Alternative, in: CardForum, 3-98.

# Anhang – Beispiel „Einzelüberweisung"

Hier sei das konkrete Aussehen einer HBCI-Nachricht anhand einer Einzelüberweisung beschrieben. Wie wir in Abb. 2 gesehen haben, besteht eine HBCI-Nachricht aus verschiedenen *Segmenten*. Auch der Nachrichtenkopf, der Signaturkopf, usw. bilden ein Segment. Ein Segment besteht wiederum aus verschiedenen *Datenelementen*. Besteht ein Datenelement abermals aus mehreren logisch zusammengehörenden *Gruppendatenelementen*, so nennt man dieses Datenelement auch *Datenelementgruppe*.[2] Das jeweils erste Datenelement eines Segmentes ist eigentlich eine Datenelementgruppe – der sog. *Segment-Kopf*.

Grundsätzlich sieht HBCI folgende Trennzeichen vor:

| | |
|---|---|
| + | Ende eines Datenelementes |
| : | Ende eines Gruppendatenelementes |
| ' | Ende eines Segmentes |
| ? | Escape-Zeichen, falls im gewöhnlichen Text Trennzeichen benötigt werden |
| @ | Kennzeichen für binäre Daten |

Im folgenden sei die HBCI-Syntax am Beispiel einer Einzelüberweisung erläutert:

*Nachrichtenkopf:*

```
HNHBK:1:2+000000000315+201+4711+2'
```

| HNHBK | Segmentkennung „Nachrichtenkopf" |
|---|---|
| 1 | Segmentnummer, d.h. erstes Segment der Nachricht |
| 2 | Segmentversion |
| 000000000315 | Länge der gesamten Nachricht in Byte |
| 201 | HBCI-Version 2.01 |
| 4711 | Dialog-ID |
| 2 | Nachrichten-Nummer innerhalb des Dialoges |

*Signaturkopf:*

```
HNSHK:2:3+1+765432+1+1+1::2+3234+1:19960701:
111144+1:999:1+6:10:16+280:10020030:76543:S:1:1+<Zert>'
```

| HNSHK:2:3 | Segmentkopf „Signaturkopf" |
|---|---|
| 1 | Sicherheitsfunktion „1" für Non-Repudiation, wäre „2" für Message Authentication bei DDH |
| 765432 | Sicherheitskontrollreferenz, hierauf bezieht man sich im Signaturabschluß |
| 1 | Bereich der Sicherheitsapplikation, d.h. welche Daten (bei Mehr- |

---

[2] Diese etwas „unkonventionell" erscheinende Bezeichnungsweise ist in der HBCI-Spezifikation [HBCISPEC] definiert.

| | |
|---|---|
| | fachsignaturen) in die Signatur einfließen, „1" heißt es fließen nur Signaturkopf und HBCI-Nutzdaten ein. |
| 1 | Rolle des Sicherheitslieferanten, „1" für Verfasser / Erstsignatur, wäre „2" für Zweitsignatur oder „3" für Zeuge, der nicht für den Inhalt der Nachricht verantwortlich ist. |
| 1::2 | Sicherheitsidentifikation (Details), „1", da der Kunde etwas an die Bank sendet, mittleres leer, da RDH verwendet wird und „2" für eine ID des Kundensystemes (optional) |
| 3234 | Sicherheitsreferenz-Nr., Sequenznummer von der Chipkarte bzw. vom Kundensystem generiert |
| 1:19980817:181559 | Datum und Uhrzeit, d.h. 17.08.1998, 18:15:59 Uhr |
| 1:999:1 | Hash-Algorithmus „RIPEMD-160" |
| 6:10:16 | Signatur-Algorithmus RSA |
| 280 | Ländercode |
| 10020030 | Bankleitzahl |
| 76543 | Benutzerkennung |
| S | Signierschlüssel, „V" wäre Chiffrierschlüssel |
| 1 | Schlüsselnummer |
| 1 | Versionsnummer |
| <Zert.> | Transparent eingestelltes Zertifikat des Signaturschlüssels |

*Chiffrierkopf:*

```
HNVSK:3:2+4+1+1::1+1:19980817:191044+
2:2:13:@96@ <chiffrierter Schlüssel>:6:1+
```

| HNVSK:3:2 | Segmentkopf „Chiffrierkopf" |
|---|---|
| 4 | Sicherheitsfunktion „4" für Verschlüsseln |
| 1 | Rolle des Sicherheitslieferanten „1" für Erfasser, „4" für Zeuge |
| 1::1 | Sicherheitsidentifikation, s.o. |
| 1:19980817:191044 | Datum und Uhrzeit, s.o. |
| 2 | Verwendung des Verschlüsselungsalgorithmus „2" für symmetrisch |
| 2 | Operationsmodus, „2" für CBC |
| 13 | Verschlüsselungsalgorithmus, „13" für 2-Key-Triple-DES |
| @96@<Chiffrierter Schl.> | Mit RSA verschlüsselter Triple-DES-Key |
| 6 | Schlüsselbezeichner, „6" für RSA verschlüsselter Triple-DES-Key, „5" für mit Triple-DES verschlüsselter Triple-DES-Key (für DDV) |
| 1 | Bezeichner für Initialisierungsvektor, zur Zeit ist nur 0.. zulässig |

| 280:10020030:12345:V:1:1 | Schlüsselname, s.o. |
|---|---|
| 0 | Kompressionsalgorithmus, „0" für keine Kompression, andere siehe [HBCISPEC], Teil B, Seite 38 |
| <Zert.> | Transparent eingestelltes Zertifikat des RSA-Verschlüsselungs-Schlüssels |

*HBCI-Nutzdaten:*

HKUEB:4:2+1234567:280:10020030+7654321:280:
20030040+MEIER FRANZ++1000,:DEM+51+000+
RE-NR.1234:KD-NR.9876'

| HKUEB:4:2 | Segmentkopf „Einzelüberweisung" |
|---|---|
| 1234567:280:10020030 | Kontoverbindung Auftraggeber |
| 7654321:280:20030040 | Kontoverbindung Empfänger |
| MEIER FRANZ | Name des Empfängers |
| 1000, | Betrag |
| DEM | Währung |
| 51 | Textschlüssel, wie in den BPD festgelegt |
| 000 | Textschlüsselergänzung, zu Textschlüssel |
| RE-NR.1234: | Verwendungszweck 1 |
| KD-NR.9876 | Verwendungszweck 2 |

*HBCI-Nutzdaten (verschlüsselt):*

HNVSD:4:1+@74@ <Daten, verschlüsselt>'

| HNVSD:4:1 | Segmentkopf „Verschlüsselte Daten" |
|---|---|
| @74@... | 74 Byte, verschlüsselte Daten |

*Signaturabschluß:*

HNSHA:5:1+765432+@96@<Signatur>'

| HNSHA:5:1 | Segmentkopf „Signaturabschluß" |
|---|---|
| 765432 | Sicherheitsreferenznummer, referenziert Signaturkopf |
| @96@... | RSA-Signatur |

*Nachrichtenabschluß:*

HNHBS:6:1 +2'

| HNHBS:6:1 | Segmentkopf „Nachrichtenabschluß" |
|---|---|
| 2 | Nachrichtennummer, referenziert Nachrichtenkopf |

# HBCI Meets OFX Integration zweier Internetbanking-Standards

Claudia Eckert · Klaus Wagner

Technische Universität München, Institut für Informatik
E-mail: eckertc@in.tum.de

## Zusammenfassung

Mit OFX und HBCI existieren derzeit zwei Internetbanking-Standards, die den Bedarf nach standardisierten, sicheren Bankingprotokollen abdecken sollen. Ein wesentlicher Vorteil von OFX besteht in seiner einfachen Integrierbarkeit in bestehende Internet-Umgebungen sowie dem breiten Spektrum an Systemen, die diesen Standard unterstützen. HBCI zeichnet sich durch eine Vielzahl von Geschäftsvorfällen sowie durch die Verwendung digitaler Signaturen gemäß des deutschen Signaturgesetzes aus. Das Papier gibt einen Überblick über die Charakteristika beider Protokolle sowie über die Ergebnisse einer durchgeführten Sicherheitsanalyse. Ausgehend von den Analyse-Ergebnissen wurde ein Integrationskonzept entwickelt, das es ermöglicht, das breite Spektrum bereits existierender OFX-Kundensysteme zusammen mit zukünftigen HBCI-Systemen einzusetzen und gleichzeitig die Sicherheitsleistungen, die HBCI in Bezug auf die Einhaltung gesetzlicher Vorgaben erbringt, wahrzunehmen. Das Papier erläutert das Integrationskonzept und dessen prototypische Implementierung.

## 1 Einleitung

Mit dem Übergang von einer geschlossenen, z.b. Datex-J-basierten, zu einer offenen, Internet-basierten Abwicklung von Bankgeschäften geht ein starker Anstieg der Sicherheitsbedrohungen für Banktransaktionen einher. Standardisierte, sichere Protokolle werden benötigt, um diese Bedrohungen wirksam abzuwehren. Derzeit existieren zwei Internetbanking-Standards, die diesen Bedarf abdecken sollen. Es handelt sich dabei um den Standard OFX (Open Financial Exchange) der Firmen Microsoft und Intuit [3] sowie um den HBCI (Homebanking-Computer-Interface) Standard [4] vom zentralen Kreditausschuß (ZKA) der deutschen Kreditwirtschaft.

Wesentliche Voraussetzung für eine breite Akzeptanz der Internet-basierten Bankanwendungen sind rechtliche Rahmenbedingungen, durch deren Einhaltung insbesondere die Kunden eines entsprechenden Banksystems in die Lage versetzt werden, durchgeführte Transaktionen nachzuweisen. Mit dem am 1.8.1997 in Kraft getretenen deutschen Signaturgesetz [1] werden entsprechende Rahmenvorgaben für digitale Signaturen geschaffen. Das Signaturgesetz umfaßt Regelungen für eine Zertifizierungs-Infrastruktur mit Zertifizierungsinstanzen, deren Aufgabe darin besteht, über digitale Bescheinigungen Signaturschlüssel natürlichen Personen zuzuordnen.

Das Papier ist wie folgt strukturiert. In den Abschnitten zwei und drei werden die Charakteristika sowohl des OFX- als auch des HBCI- Internetbanking-Standards kurz erläutert und die Ergebnisse einer durchgeführten Sicherheitsanalyse präsentiert. Auf der Grundlage dieser Ergebnisse wurde ein Konzept zur Zusammenführung der Standards entwickelt. Abschnitt vier stellt das Integrationskonzept sowie dessen prototypische Implementierung vor. Abschließend werden noch einmal die wichtigsten Ergebnisse des Papiers zusammengefaßt.

# 2  OFX

## 2.1  Protokollüberblick

Open Financial Exchange (OFX) [3] ist ein ursprünglich für den amerikanischen Markt entwickeltes Regelwerk zum Internet-basierten Austausch von Finanzdaten sowie zur Abwicklung von Finanztransaktionen zwischen einem Kunden- und einem Kreditinstitutsystem. Ein wesentlicher Vorteil des OFX-Standards besteht darin, daß er sich durch die Verwendung üblicher HTTP-Header-Strukturen relativ einfach in bestehende Internet-Umgebungen integrieren läßt. Dadurch ist für Bankkunden ein Übergang vom Online-Banking mittels T-Online unter Verwendung von Standardsoftware wie Microsoft Money oder Intuit Quicken auf ein Internet-Banking via OFX ohne Zusatzaufwand möglich, da sich nur der Zugangsweg zum Kreditinstitut ändert. Weiterhin existieren bereits eine Vielzahl von Kundensystemen, die OFX unterstützen.

OFX basiert auf einem Client-Server Modell und realisiert ein Frage-Antwort Protokoll, das zwischen Kundensystem und Kreditinstitutsystem abgewickelt wird. OFX setzt dazu auf dem bekannten Secure Socket-Layer (SSL) Protokoll [2] auf. Das Kreditinstitutsystem besteht aus drei Teilsystemen, dem Profile-, Web- und dem OFX-Server, die auch physisch getrennt realisiert sein können. Die Hauptaufgabe des **Profile-Servers** ist die Bereitstellung eines Namensdienstes; er liefert bei entsprechenden, anonymen Anfragen von Kundensystemen die URL des Web-Servers eines erfragten Kreditinstituts oder das Funktionsangebot des Web-Servers zurück. Die eigentliche Kommunikation zwischen Kunde und Kreditinstitut findet über den **Web-Server** statt, der Anfragen des Kunden empfängt und diese an den OFX-Server weiterleitet. Die Kunde–Kreditinstitut-Interaktion erfolgt nicht im Dialog sondern über gebündelte Anfragen und Antworten. Ein Kundensystem faßt eine oder mehrere Anfragen in einer ASCII-Datei zusammen und überträgt diese mittels des HTTP-Protokolls an den Web-Server. Der **OFX-Server** bearbeitet Anfragen und erstellt eine Antwortdatei, die über den Web-Server an den Kunden zurückgesendet wird. Der Web-Server fungiert somit auch als Application-level Gateway für den OFX-Server.

**Sicherheitsfunktionen**

Um die Vertraulichkeit der Kommunikation zu gewährleisten, ist es notwendig, daß sensible Daten verschlüsselt zu authentifizierten Empfängern übertragen werden, d.h. daß Kunde und Kreditinstitut korrekt authentifiziert werden. Das Kreditinstitut identifiziert und authentifiziert sich gegenüber dem Kundensystem durch die Vorlage eines X.509v3-**Zertifikates**, das von einer Zertifizierungsinstanz CA signiert worden ist. Das Kundensystem ist im Besitz eines Zertifikats für die Instanz CA. Dieses sogenannte Root-Zertifikat wird i.d.r. zusammen mit den Internetbrowsern ausgeliefert. Das Root-Zertifikat ermöglicht es, dem Kundensystem unter Nutzung von SSL das Kreditinstitutsystem zu authentifizieren. Der Kunde authentifiziert sich gegenüber dem Kreditinstitut über seine Benutzerkennung mit einer ihm zugeordneten, persönlichen Identifikationsnummer (PIN). Transaktionen können einzeln über Transaktionsnummern (TAN) autorisiert werden. Die Paßwörter (PINs) und TANs werden auf separaten Wegen, außerhalb des OFX-Protokolls, oder bei der erstmaligen Anmeldung ausgetauscht. Eine Authentifikation des Kunden über ein X.509v3- Zertifikat ist nicht vorgesehen. Abb. 1 skizziert das zugrundeliegende Modell.

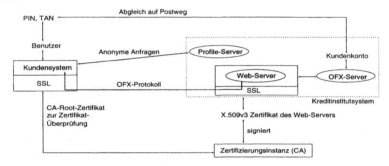

**Abb. 1:** Internetbanking mit OFX

## 2.2 Sicherheitsanalyse von OFX

Das Sicherheitskonzept von OFX beinhaltet zwei Sicherheits-Ebenen, die Channel-Level- und die Application-Level-Sicherheit. Über den Channel-Level wird die Datenübertragung zwischen dem Web-Server und dem Kundensystem und über den Application-Level wird die Übertragung der Paßwörter zwischen Kundensystem und OFX-Server geschützt.

### 2.2.1 Channel-Level

Auf der Channel-Ebene erfolgt die Authentifikation des Web-Servers sowie die Verschlüsselung der übertragenen Daten unter Nutzung des SSL-Protokolls.

**Authentizität**

Die Authentizität des Servers wird in zwei Schritten überprüft. Auf eine Anfrage des Kundensystems antwortet der Server mit seinem Zertifikat, so daß das Kundensystem die Identität des

Servers unter Nutzung des Root-Zertifikats prüfen kann. Über ein Challenge-Response Protokoll muß der Web-Server in einem zweiten Schritt nachweisen, daß er den privaten Schlüssel
kennt, der zu dem im Zertifikat angegebenen, öffentlichen Schlüssel paßt. Auf der Channel-
Ebene wird auf diese Weise nur die Authentizität des Web-Servers überprüft; ist dieser physisch
getrennt vom OFX-Server realisiert, so ist dessen Authentizität nicht sichergestellt.

## Vertraulichkeit

Die OFX-Spezifikation beschränkt die Menge der zugelassenen Verschlüsselungsverfahren auf
DES (56 Bit), RC4 (128 Bit), IDEA (128 Bit) und 3-Key-Tripel-DES (168 Bit). Abgesehen
vom DES mit einer Schlüssellänge von 56-Bit erfüllen die Verfahren heutige Anforderungen
an starke Kryptosysteme. Die symmetrischen Kommunikationsschlüssel werden unter Nutzung
des RSA-Verfahrens ausgetauscht, wobei laut OFX-Spezifikation eine Modullänge von mindestens 1024 Bit gefordert wird. Diese Modulgröße bietet auch mittelfristig ausreichenden Schutz.
Alle Transaktionsdaten zwischen dem Web-Server des Kreditinstituts und dem Kundensystem
werden verschlüsselt übertragen. Demgegenüber erfolgt die Übertragung zwischen Web- und
OFX-Server unverschlüsselt und stellt somit einen Angriffspunkt dar, wenn beide Server physisch verteilt realisiert werden.

## Datenintegrität

Zur Gewährleistung der Datenintegrität wird der Einsatz des SHA-1 Hashverfahrens mit einem
160 Bit Hashwert vorgeschrieben. Das Verfahren und die Größe des Hashwertes garantieren
Kollisionsresistenz. Von den zu übertragenden Daten wird durch SSL unter Verwendung eines Schlüssels ein Message Authentication Code (MAC) erstellt. Der verwendete Schlüssel,
das sogenannte MAC-Geheimnis, wird transparent für Kunden- bzw. Kreditinstitutsystem durch
das SSL-Protokoll aus Daten generiert, die zwischen Client und Server geschützt ausgetauscht
werden (u.a. Master- und Premaster Secret). Ein Angreifer, der versucht, den Message Authentication Code einer Nachricht unbemerkt zu manipulieren, muß dazu im Besitz des MAC-
Geheimnisses sein. Durch die Größe des MAC-Wertes von 20 Byte können Brute-Force-Angriffe
abgewehrt werden. Wiederum gilt jedoch, daß die Daten zwischen Web- und OFX-Server nicht
gesichert werden, so daß Modifikationen, die bei einer Datenübertragung zwischen den verteilten Servern auftreten können, nicht erkennbar sind.

## Beweissicherheit

Mittels SSL kann zwar der vertrauliche und integere Transfer von Transaktionsdaten gewährleistet werden, jedoch stehen keine Dienste zur Beweissicherung zur Verfügung. Das bedeutet,
daß OFX-basierte Systeme Bedrohungen ausgesetzt sind, die sich aus einem nachträglichen Abstreiten durchgeführter Transaktionen ergeben. Da kein Einsatz digitaler Signaturen vorgesehen
ist, werden die Anforderungen des deutschen Signaturgesetzes nicht erfüllt.

### 2.2.2 Application-Level

Auf der Application-Ebene erfolgt die Authentifikation des Kunden auf der Basis eines Paßwort-
Verfahrens. Die Überprüfung der Kundenauthentizität ist die Aufgabe des OFX-Servers, der
sich des Web-Servers zur Kommunikation mit dem Kundensystem bedient. Die Grundlage der

Authentizitätskontrolle bilden zum einen die zwischen Kunde und Kreditinstitutsystem verein-
barten Paßwörter und zum anderen eine RSA-basiert Verschlüsselung des Paßwortes. Initiale
Paßwörter (PINs) werden unter OFX entweder extern über den Postweg zwischen Kunde und
Kreditinstitut ausgetauscht, oder der Kunde erhält ein temporäres Paßwort mit einer sehr kurzen
Lebenszeit.

Zur Durchführung einer OFX-Transaktion muß das Kundensystem sein Paßwort vorweisen. Dazu wird dieses zusammen mit einer vorab mit dem Kreditinstitutsyystem unter Nutzung von SSL
vereinbarten Zufallszahl mit dem öffentlichen RSA-Schlüssel des OFX-Servers, der in dem Zertifikat übermittelt wurde, verschlüsselt. Das verschlüsselte Paßwort wird vom Kundensystem in
einer OFX-Nachricht SSL-verschlüsselt zum Web-Server gesandt. Der Web-Server kann nur die
OFX-Nachricht, nicht aber das RSA-verschlüsselte Paßwort entschlüsseln, da er den zugehörigen privaten Schlüssel des OFX-Servers nicht besitzt. Das verschlüsselte Paßwort wird zum
OFX-Server weitergeleitet, der das Paßwort überprüft und anhand der Zufallszahl Wiederein-
spielungen aufdecken kann. Sind der Web- und der OFX-Server physisch getrennt realisiert,
so kann die Authentizität der Transaktionsdaten weder im Web- noch im OFX-Server geprüft
werden, da einerseits der Web-Server keine Zuordnung zwischen geschützt übertragenen Transaktionsdaten und der Benutzerkennung herstellen und andererseits der OFX-Server nicht die
Integrität der Daten, die zwischen ihm und dem Web-Server ungeschützt transferiert werden,
überprüfen kann.

**Fazit**

Die Analyse hat gezeigt, daß in OFX-Realisierungen im Falle einer dezentralen Server-Imple-
mentierung erhebliche Sicherheitslücken auftreten können. Weiterhin ist festzuhalten, daß die
Sicherungsmechanismen, die für den geschützten Transport von Transaktionsdaten eingesetzt
werden, unzureichend sind, um die Nichtabstreitbarkeit durchgeführter Transaktionen zu gewährleisten, da die Sicherung nur für die Dauer der Übertragung erfolgt und somit ein Mangel an
Beweissicherheit vorliegt. Das Internetbanking von OFX beruht auf einem Vertrauensverhält-
nis zwischen Kunde und Kreditinstitut. Ein Kunde kann im Fall unrechtmäßig durchgeführter
Transaktionen nicht nachweisen, daß er diese nicht veranlaßt hat.

Bei der Portierung von OFX auf den deutschen Markt ergibt sich durch das US-Exportverbot für
Verschlüsselungssoftware ein weiteres Problem, da OFX auf SSL zur Verschlüsselung von zu
transportierenden Transaktionsdaten aufsetzt. Das bedeutet, daß zur Aufhebung der Exportrestriktionen jeder OFX-Server eines Kreditinstituts ein gesondertes Bankzertifikat benötigt, um
nicht den Beschränkungen der Schlüssellängen (u.a. 40-bit für symmetrische Verschlüsselungsverfahren) zu unterliegen.

# 3  HBCI

## 3.1  Protokollüberblick

Im Gegensatz zu OFX wurde der **HBCI**-Internetbanking-Standard in erster Linie für den deutschen Markt unter Berücksichtigung des deutschen Signaturgesetzes konzipiert. Ziel des Standards ist es, eine multibankfähige, standardisierte Homebankingschnittstelle für offenen Sy-

steme zu schaffen, die eine Vielzahl von Geschäftsvorfällen (u.a. Daueraufträge, terminierte Überweisungen, Wertpapiertransaktionen) unterstützt und damit das herkömmliche Funktionsangebot der Überweisung und der Erstellung von Kontoauszügen weit übersteigt. HBCI umfaßt weiterhin die Spezifikation von Sicherheitsmechanismen, die Vertraulichkeit, Integrität, Authentizität und Nichtabstreitbarkeit getätigter Transaktionen sicherstellen.

Gegenstand der durchgeführten Sicherheitsanalyse ist die Version 2.0.1 des Homebanking-Computer-Interface-Standards [4]. Der Standard beschreibt die Schnittstelle zwischen Kunden- und Kreditinstitutsystem. Ein Charakteristikum von HBCI ist, daß das aus dem Online-Banking und auch von OFX bekannte PIN/TAN-Verfahren durch digitale Signaturen ersetzt wird. Unter HBCI werden Informationen zwischen den beiden Systemen im Dialog über ein verbindungsorientiertes Medium unter Nutzung von T-Online oder TCP/IP ausgetauscht. Ein Dialog wird stets vom Kundensystem initiiert und bis auf wenige Ausnahmen auch von diesem terminiert. Ein solcher Dialog ist durch eine systemweit eindeutige Identifikation gekennzeichnet und besteht aus einer Folge von Nachrichten, wobei auf jede Nachricht des Kundensystems das Kreditinstitutsystem zunächst eine Antwort senden muß, bevor das Kundensystem seine nächste Nachricht senden darf. Jede Nachricht zerfällt in eine Folge von Segmenten, die insbesondere Geschäftsvorfallsegmente sein können und damit Aufträge an das Kreditinstitutsystem spezifizieren.

HBCI unterscheidet zwei Varianten, zum einen das **DDV**-Verfahren, das auf einer Chipkartenlösung basiert und ausschließlich das DES-Verfahren einsetzt, und zum anderen das RDH-Verfahren, das RSA und DES verwendet. Abb. 2 skizziert die jeweils zugrundeliegenden System-Modelle.

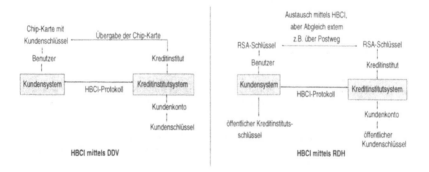

**Abb. 2:** Internetbanking mit HBCI

## 3.2   Sicherheitsanalyse von HBCI

### Kundenschlüssel

Im DDV-Verfahren ist jedem Benutzer ein 2-Key-Tripel-DES Chiffrierschlüssel — der Kundenschlüssel — sowie optional ein Signierschlüssel zugeordnet. Diese Schlüssel sind sowohl auf der Chip-Karte des Kunden als auch in der Bank gespeichert. Von der Chip-Karte wird gefordert, daß die Schlüssel nicht ausgelesen werden können und bei ihrem Einsatz die Chip-Karte nicht verlassen.

Beim RDH-Verfahren besitzen Kunde und Kreditinstitut je ein RSA-Schlüsselpaar, wobei durch HBCI die Modulgröße auf nur 768-Bit festgelegt ist. Eine solche Modulgröße bietet jedoch auf lange Sicht nicht genügend Sicherheit. Im Gegensatz zu der DDV-Chip-Kartenlösung werden bei der RDH-Softwarelösung der Kunden- und der Signaturschlüssel von den jeweiligen Kundensystemen selbst generiert und an das Kreditinstitut gesendet. Die Überprüfung der Authentizität des Signierschlüssel findet außerhalb des HBCI-Protokolls unter Verwendung 'klassischer', nicht-digitaler Unterschriften statt. Dies gilt auch für den Signierschlüssel des Kreditinstituts. Die verwendeten Schlüssel des Kundensystems werden auf dem Sicherheitsmedium Diskette gespeichert; bei ihrem Einsatz müssen sie jedoch das Medium verlassen und werden auf dem Kundensystem eingesetzt. Damit wird die Anforderung des Signaturgesetzes nach Nicht-Auslesbarkeit der Signaturschlüssel aus dem verwendeten Sicherheitsmedium mit der RDH-Softwarelösung nicht erfüllt. Im RDH-Verfahren können die Schlüssel-Paare geändert werden, während der Kundenschlüssel beim DDV-Verfahren fest ist.

**Vertraulichkeit**

Jede HBCI-Nachricht eines Dialogs wird mit einem separaten 2-Key-Tripel-DES Schlüssel im CBC-Modus verschlüsselt. Dieser Kommunikationsschlüssel wird unter DDV mit dem Kundenschlüssel und bei RDH mit dem öffentlichen Schlüssel des Empfängers verschlüsselt und zusammen mit der Nachricht übertragen. Die Schlüsselerzeugung erfolgt bei DDV durch die Chip-Karte, während sie bei RDH durch das Kundensystem durchgeführt wird. Der Standard spezifiziert jedoch keine Anforderungen an die dabei einzusetzenden Zufallszahlengeneratoren und schreibt auch keine Überprüfungen auf schwache und semi-schwache Schlüssel vor. Sind die erzeugten Zufallszahlen vorhersagbar, so ist die Vertraulichkeit der HBCI-Nachrichten nicht mehr gewährleistet.

Da die Struktur der Nachrichten in HBCI festliegt, ist es einfach, daraus auf den Klartext bestimmter Blöcke zu schließen, so daß eine Known-Plaintext Attacke möglich ist, deren Risiko jedoch aufgrund des großen Schlüsselraums ($2^{112}$) gering ist.

Bedrohungen der Vertraulichkeit übertragener Daten können daraus resultieren, daß Teile einer HBCI-Nachricht unverschlüsselt übertragen werden, so daß ein Angreifer Informationen über den eindeutigen Dialog-Identifikator, über den Namen des Kundensystems oder über die Identität des Benutzers extrahieren kann. Diese Informationen können als Basis für eine personenbezogene Verkehrsflußanalyse herangezogen werden.

**Digitale Signaturen**

Signaturen werden unter HBCI nur für Auftragsnachrichten zwingend vorgeschrieben; die Signatur der Antwort durch das Kreditinstitut ist optional. Die Festlegung der signaturpflichtigen Aufträge sowie der zu signierenden Antworten liegt allein im Ermessen des Kreditinstituts; das Kundensystem besitzt keinen Einfluß darauf. Signiert wird ein 160-Bit Hashwert der Nachricht, der mit dem Verfahren RIPEMD-160 erstellt wird; das Verfahren gilt als kollisionsresistent.

Die unter RDH verwendeten Verfahren erfüllen die Rahmenbedingungen des Signaturgesetzes, falls anstelle der Softwarelösung ein RSA-Chip eingesetzt wird. Da bei der Verwendung von DDV der zu verwendende Signaturschlüssel beiden Parteien bekannt sein muß, kann eine signierte Nachricht von beiden erzeugt worden sein; dadurch läßt sich das nachträglich Abstreiten nicht ohne weiteres verhindern.

**Aktiver Angriff**

Problematisch an der HBCI-Spezifikation ist das Verankern separat durchzuführender Kontrollmaßnahmen, wie das Verifizieren der Signatur einer Nachricht und das Prüfen der Integrität eines Dialogablaufs in einem einzigen Mechanismus, dem der digitalen Signatur. Ein Angreifer, der die Kommunikationsverbindung zwischen Kundensystem und Kreditinstitut kontrolliert, kann einen aktiven Angriff so durchführen, daß Aufträge eines Kundensystems mehrfach ausgeführt werden und somit die Doppeleinreichungskontrolle des Kreditinstituts umgangen wird. Dazu muß der Angreifer die Kommunikationsverbindung zwischen Kunde und Kreditinstitut beobachten und auf eine Dialoginitialisierungs-Nachricht seitens des Kundensystems warten. Er fängt die darauf folgende Nachricht des Kunden, die einen verschlüsselten und signierten Auftrag enthält, ab, erstellt eine Kopie, modifiziert die Original-Nachricht und leitet sie an das Kreditinstitut weiter. Dieses wird aufgrund der Manipulationen eine fehlerhafte Signatur feststellen und das Kundensystem zu einer erneuten Übertragung veranlassen. Sendet das Kundensystem die Nachricht ein zweites Mal, so fängt der Angreifer diese erneut ab, generiert eine zusätzliche Nachricht mit der im vorherigen Schritt erstellten Kopie des verschlüsselten und signierten Original-Auftrages des Kunden und sendet diese Nachricht an das Kreditinstitut. Da die Sequenznummer in der Nachricht noch nicht verwendet wurde und die Signatur korrekt ist, wird das Kreditinstitut diese Nachricht akzeptieren, bearbeiten und eine Antwort zurück senden. Diese Antwort fängt der Angreifer wiederum ab und sendet nun die zweite abgefangene Nachricht an das Kreditinstitut, wobei er nur die Nachrichtensequenznummer, die im Klartext vorliegt, anpassen muß. Auf diese Weise kann der Angreifer erreichen, daß der Originalauftrag mehrfach ausgeführt wird. Der skizzierte Angriff ist jedoch mit nicht unerheblichem Aufwand für den Angreifer verbunden.

# 4 HBCI meets OFX

Die durchgeführten Analysen von OFX und HBCI haben gezeigt, daß beide Standards Vorteile bieten. So erhält OFX eine sehr starke Produktunterstützung durch führende Hersteller von Bankensoftware, während der nationale HBCI Standard sehr stark von Banken und Sparkassen gefördert wird, eine Vielzahl (ca. 40) von Geschäftsvorfällen spezifiziert und durch die Verwendung digitaler Signaturen eine Basis zur Erfüllung der Anforderungen des Signaturgesetzes bietet. Um die Vorteile beider Standards nutzen zu können, wurde ein Integrationskonzept zum gleichberechtigten Einsatz beider Standards entwickelt.

## 4.1 Integrationskonzept

Ausgangspunkt des Integrationsansatzes ist eine Umgebung, in der auf der Kundenseite verschiedene Bankanwendungen eingesetzt werden (u.a. Microsoft Money, Intuit Quicken, Handy mit HBCI, HBCI-Anwendungen), die proprietäre Protokolle oder OFX bzw. HBCI verwenden, und in der auf der Seite des Kreditinstituts alle Anfragen an den Bankserver geleitet werden. Die Aufgabe besteht somit darin, die unterschiedlichen Protokolle aufeinander abzubilden. Die Idee des Integrationskonzeptes beruht auf einer Bündelung der Protokolle in einem Gateway, das eine Abbildung auf ein Protokoll vornimmt, so daß auf der Seite des Kreditinstituts die Heterogenität der Umwelt versteckt wird. Freiheitsgrade für die Umsetzung eines solchen Integrationskonzeptes ergeben sich zum einen durch die Einbettung des Gateways und zum anderen durch die Wahl des Protokolls, das der Bankserver unterstützen soll.

### Gateway-Einbettung

Das Gateway kann beim Kreditinstitutsystem angesiedelt und dem Bankserver vorgelagert oder aber auf Seiten der Kundensysteme realisiert sein, so daß alle Bankinganwendungen über ein einheitliches Verfahren mit dem System des Kreditinstituts kommunizieren. Problematisch an der ersten Lösung ist, daß zur Datenübertragung über das Internet verschiedene Bankingprotokolle verwendet werden müssen, da sie erst auf der Seite des Kreditinstituts zusammengeführt werden. Die Sicherheit des gesamten Systems wird von der Sicherheit seines schwächsten Gliedes, hier des entsprechenden Protokolls, bestimmt. Darüberhinaus kann ein Kunde nicht zwischen verschiedenen Protokollen transparent wechseln, da er für jedes der Protokolle dedizierte Authentifikationsmerkmale besitzen muß.

Durch die Angliederung des Gateways an das Kundensystem kann man diese Probleme vermeiden, falls die vertraulichen Daten unter Nutzung eines einheitlichen, sicheren Protokolls übertragen werden und die Authentifikationsmerkmale geeignet abgebildet werden. In dem entwickelte Integrationsansatz wurde deshalb diese zweite Variante gewählt und realisiert.

### OFX versus HBCI als Basis-Protokoll

An Realisierungsmöglichkeiten für das vom Bankserver verwendete Protokoll stehen OFX und HBCI zur Verfügung. Bildet man HBCI auf OFX ab, d.h. der Bankserver ist ein OFX-Server, so müssen die HBCI-Authentifikationsmerkmale des Kundensystems auf die PIN/TAN-basierten Merkmale von OFX umgesetzt werden. Das Gateway benötigt hierfür ein Paßwort des HBCI-Kunden und eine Transaktionsnummer, so daß es die digitale Signatur einer HBCI-Transaktion in eine OFX-Anfrage mit Paßworten umwandeln kann. Diese Informationen sind vom Gateway zu verwalten und über Interaktionen mit dem Benutzer zu erfragen bzw. konsistent zu halten. Das heißt, daß mit dieser Lösung nicht unerhebliche Interaktionen zwischen Gateway und Benutzer erforderlich sind. Bildet man demgegenüber OFX auf HBCI ab, so besitzt der Kunde als Authentifikationsmerkmale entweder eine Chip-Karte oder eine RSA-Diskette mit den persönlichen Chiffrier- und Signaturschlüsseln. Das Gateway muß sich gegenüber dem OFX-Client, also dem Kundensystem, mit einem X.509 Zertifikat authentifizieren und OFX-Anfragen in HBCI-Transaktionen transformieren. Dafür werden die Signatur- und Chiffrierschlüssel des Benutzers benötigt, die sich auf dem Sicherheitsmedium befinden und auf die das Gateway Zugriff erhalten muß. Die Umsetzung von OFX auf HBCI erfordert auf diese Weise keine zusätzliche Interaktion mit dem Benutzer. Da sich darüberhinaus das deutsche Kreditgewerbe für die Verwendung des HBCI Standards ausgesprochen hat, bildet die entwickelte Integrationslösung OFX nach HBCI ab. Problematisch an dieser Entscheidung ist jedoch, daß die aufgezeigten Sicherheitsprobleme von HBCI nicht beseitigt werden.

## 4.2   Grobarchitektur

Die Grobarchitektur der Integrationslösung ist in Abb. 3 skizziert. Das Gateway ist eine Erweiterung der Internetbanking-Software des Kunden und dient einerseits als OFX-Server für das Kundensystem und andererseits als HBCI-Client für den HBCI-basierten Bankserver. Das Gateway wertet eine OFX-basierte Anfrage des Kundensystems aus und baut einen HBCI-Dialog zum HBCI-Server auf, in dessen Verlauf die durch die Anfrage festgelegten Transaktionen durchgeführt werden. Nach Beendigung des HBCI-Dialogs erzeugt das Gateway eine OFX-Antwortnachricht für das Kundensystem.

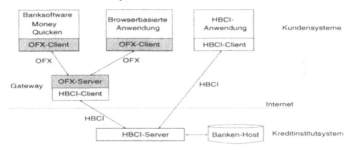

**Abb. 3:** Integr:  ion von HBCI und OFX

**Wichtige Abbildungsaufgaben des Gateways**

Das Gateway bildet eine OFX-Benutzeridentität ab, also die eindeutige User-ID, auf eine eindeutige HBCI-Benutzerkennung, die in unserer Lösung gleichzeitig auch die HBCI Kunden-ID ist. Einer HBCI-Benutzerkennung – und infolge der Abbildung auch einer OFX-Kennung – ist eindeutig ein Sicherheitsmedium mit HBCI-Authentifikationsdaten zugeordnet. Unter OFX authentifiziert sich ein Benutzer über sein Paßwort (PIN) und optional über Transaktionsnummern. Das Authentifikationsmerkmal unter HBCI ist der Signierschlüssel des Benutzers, der auf dem Sicherheitsmedium gespeichert ist und erst nach Vorlage eines Paßwortes zur Verfügung steht. Handelt es sich bei dem Sicherheitsmedium um eine Diskette, so sind die Schlüssel mit dem Paßwort verschlüsselt gespeichert. Die Integrationslösung verwendet das OFX-Paßwort des Benutzers als Paßwort zur Verschlüsselung der HBCI-Schlüssel. Bei Durchführung einer Bankingtransaktion muß sich der Benutzer gegenüber dem OFX-Anteil des Gateways nur mit seiner OFX-PIN authentifizieren. Die HBCI-Merkmale werden automatisch vom Gateway unter Nutzung der PIN zur Entschlüsselung der Authentifikationsdaten von der Diskette extrahiert und zur Kommunikation mit dem HBCI-basierten Kreditinstitutsystem eingesetzt. Eine OFX-Paßwortänderung kann auf diese Weise losgelöst von einer Änderung der HBCI-Schlüssel durchgeführt werden, da nur die Daten auf dem Sicherheitsmedium neu zu verschlüsseln sind. Die Fähigkeiten eines HBCI-Servers (u.a. die unterstützten Geschäftsvorfälle) werden über Bankparameter dem Kundensystem angezeigt, während diese unter OFX über Profile-Message-Sets ausgetauscht werden. In dem integrierten Ansatz kann der Kunde über Profile-Message-Sets die Fähigkeiten des Servers erfragen und das Gateway transformiert Bankparameter in entsprechende Message-Sets.

## 4.3 Implementierung

Das Integrationskonzept wurde prototypisch unter Einsatz eines RDH-basierten Gateways unter Windows NT 4.0 implementiert, wobei die Umsetzung der administrativen Fähigkeiten von OFX nach HBCI im Vordergrund standen (u.a. Benutzeranmeldung, Paßwortänderungen, Abfrage von Sicherheitsvorgaben), so daß bislang lediglich Geschäftsvorfälle umgesetzt wurden, die derzeit auch von browserbasierten Bankinganwendungen unterstützt werden (u.a. Überweisungen, Kontostandsabfragen). Das Gateway besteht aus einem HBCI-Client, der unter Nutzung der HBCI Entwicklungsumgebung des Bundesverbandes der deutschen Banken realisiert wurde, sowie einem OFX-Server, der unter Einhaltung der OFX-Spezifikation entwickelt wurde. Aufgrund der Sicherheitsanalyse von OFX wurde der OFX-Serverteil des Gateways als ein physisch nicht verteiltes Teilsystem implementiert, das aus dem SSL-Server-Modul, dem OFX-Parser-Modul, dem Steuerungs-Modul und dem HBCI-Client-Modul besteht (vgl. Abb. 4).

**Zusammenspiel der Module**

Das **SSL-Server-Modul** realisiert die Aufgaben des Web-Servers des OFX-Protokolls und erhält bei Initialisierung das X.509 Zertifikat sowie den privaten RSA-Schlüssel des OFX-Servers. Empfängt das Server-Modul von einer Bankinganwendung eine Nachricht über den Port 443, so übermittelt es dieser sein Zertifikat und empfängt nachfolgend deren OFX-Anfragen (erkennbar an der Header-Zeile „Content-Type: Application/x-ofx"). Die Anfragen werden über das Steuerungs-Modul an das Parser-Modul weitergeleitet. Der **Parser** überprüft die syntaktische Korrektheit der OFX-Daten, so daß fehlerhafte Daten nicht semantisch falsch interpretiert und verarbeitet werden. Der Parser sammelt die Daten der Anfrage in einer Datenstruktur und leitet diese an das Steuerungs-Modul weiter. Das **Steuerungs**-Modul extrahiert daraus die Identifikations- und Authentifikationsdaten des Benutzers und führt eine Überprüfung der Daten durch. Ist diese erfolgreich, so ist das Modul im Besitz der HBCI-Schlüssel des Kunden. Diese werden zusammen mit der vom Parser aufgebauten OFX-Datenstruktur an den HBCI-Client weitergeleitet. Der **HBCI-Client** baut eine Verbindung zum Server auf und arbeitet die Aufträge ab, die aus der übergebenen OFX-Datenstruktur zu entnehmen sind. Aus den Rückmeldungen des Servers generiert der Client eine OFX-Antwort, die über das Steuerungs- und das SSL-Modul an das Kundensystem geleitet wird.

**Sicherheitsanalyse**

Durch die Verwendung des HBCI-Protokolls zur Kommunikation mit dem Bank-Server können digitale Signaturen zur Beweissicherung verwendet und damit das entsprechende Defizit einer OFX-Realisierung im Hinblick auf Erfüllung der Anforderungen des deutschen Signaturgesetzes beseitigt werden. Durch die vollständige Einbettung des Gateways in das Kundensystem ist zum einen sichergestellt, daß die Sicherheitsprobleme, die mit einer dezentralen Realisierung des OFX-Servers einhergeht, vermieden wird. Zum anderen kann auf diese Weise gewährleistet werden, daß das OFX-Paßwort des Benutzers das Kundensystem nicht verläßt, so daß

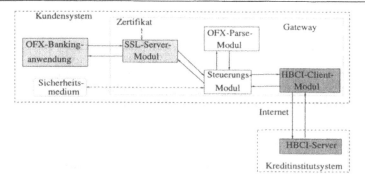

**Abb. 4:** Funktions-Module und deren Zusammenwirken

keine Maßnahmen zur Realisierung der Application-Level Sicherheit notwendig sind. Für die Verschlüsselung der Transaktionsdaten werden die Verschlüsselungsverfahren von HBCI verwendet, so daß keine US-Exportbeschränkungen beachtet werden müssen. Die in der HBCI-Sicherheitsanalyse erkannten Ansatzpunkte für passive und aktive Angriffe existieren jedoch auch in der Integrationslösung, da diese die Spezifikation des HBCI-Standards umsetzt.

## 5 Zusammenfassung

Das Papier präsentierte zunächst die Ergebnisse einer Sicherheitsanalyse der beiden Internet-Bankingstandards OFX und HBCI. Die Vorteile von OFX liegen in seiner breiten Akzeptanz seitens führender Bankingsoftware-Hersteller und seiner relativ einfachen Integrierbarkeit in bestehende Browser, während HBCI vom deutschen Kreditgewerbe unterstützt wird und insbesondere eine Basis zur Erfüllung der Anforderungen des deutschen Signaturgesetzes zur Verfügung stellt. Sicherheitsprobleme bei der Nutzung von OFX in Deutschland ergeben sich durch die Beschränkungen der Schlüssellängen infolge des US-Exportverbotes, durch die fehlende Mechanismen zur Erfüllung des Signaturgesetzes sowie im Falle einer dezentralen Realisierung des Servers durch die ungeschützte Übertragung sensibler Daten zwischen Web- und OFX-Server. Problembereiche von HBCI liegen in den nur teilweise verschlüsselten Nachrichten sowie in der engen Verflechtung von Signaturverifikationen und Datenintegritätsüberprüfungen begründet.

Um die Vorteile beider Standards zu nutzen und gleichzeitig die Problembereiche von OFX zu beseitigen, wurde ein Integrationskonzept entwickelt, so daß vorhandene, OFX-basierte Produkte gleichberechtigt mit zukünftigen HBCI-Systemen eingesetzt werden können. OFX-Anfragen von Bankinganwendungen des Kundensystems werden automatisch durch eine Gateway-Komponente auf HBCI-Transaktionen umgesetzt. Das Gateway fungiert als OFX-Server gegenüber dem Kundensystem und als HBCI-Client gegenüber dem Bank-Server. Ein Benutzer bedient sich wie gewohnt seiner OFX-PIN, um sich dem System gegenüber zu authentifizieren. Diese PIN wird vom Gateway verwendet, um auf die HBCI-Authentifikationsdaten des Benutzers zuzugreifen und diese für den HBCI-Dialog einzusetzen. Die PIN verläßt das Kundensystem nicht. Für die Verschlüsselung der Transaktionsdaten werden die Verschlüsselungsverfahren von HBCI verwendet, die Schlüssel ausreichender Länge einsetzen. Das Gateway bildet die OFX-Authentifikationsmerkmale des Benutzers auf dessen digitale Signatur im HBCI-Kontext ab, wodurch OFX-Anfragen in digital signierte Transaktionen transformiert und die entsprechenden Defizite von OFX beseitigt werden. Der Integrationsansatz bietet jedoch keine Lösung für die aufgezeigten Sicherheitsprobleme von HBCI an, da eine spezifikationskonforme Implementierung gewählt wurde.

# Literatur

[1] Bundesregierung. Informations- und Kommunikationsdienste-Gesetz. DuD Datenschutz und Datensicherheit, 21(1):38–45, 1997.

[2] A. Freier, P. Karlton, and P. Kocher. The SSL Protocol Version 3.0. Netscape Communication Corporation, 1996. http://home.netscape.com/eng/ssl3/index.html

[3] Microsoft, Intuit, and CheckFree. Open Financial Exchange – OFX, 1997. http://www.ofx.net/ofx/noreg.asp

[4] ZKA. Homebanking computer interface – HBCI, 1998. Version 2.01.

# Infrastruktur und Sicherheitskonzept von IEP-Systemen in offenen Netzen am Beispiel von „Quick im Internet"

Norbert Thumb[1] · Martin Manninger[2] · Dietmar Dietrich[1]

[1]TU Wien – Institut für Computertechnik
{thumb, dietrich}@ict.tuwien.ac.at

[2]Austria Card Ges. m. b. H.
mm@acard.co.at

### Zusammenfassung

Seit 1996 ist auf den österreichischen Eurocheque-Chipkarten das IEP[1]-System namens „Quick" implementiert. Dieses bildet die Basis für das am Institut für Computertechnik entwickelte Internet-Zahlungssystem namens „Quick im Internet". Sicherheitsprobleme ergeben sich dadurch, daß das IEP-System nicht für den Einsatz in offenen und daher unsicheren Kommunikationsnetzen entworfen worden ist. Am Kernsystem „Quick" dürfen jedoch keine Änderungen vorgenommen werden; daher muß um diese Einheit herum eine Infrastruktur aufgebaut werden, welche die geforderte Systemsicherheit nach wie vor gewährleistet. Die infrastrukturellen Designentscheidungen, die sich aus der Adaption eines geschlossenen IEP-Systems für ein offenes Kommunikationsnetz ergeben, umfassen die Absicherung der Kommunikation selbst sowie aller beteiligten Komponenten. Angewendet werden Mechanismen wie SSL, beidseitige Authentifizierung und sichere Hardware.

## 1 Einleitung

Internet-Zahlungssysteme (Cybermoney) sind zwar schon seit einigen Jahren ein vielzitiertes Thema, doch der große Erfolg bleibt bei den derzeit in Betrieb befindlichen Systemen noch aus [Wayner96]. Das hochgelobte weil technisch innovative Ecash zählte zu seiner „Blütezeit" z.B. in den USA nicht mehr als 60 Vertragshändler, die größtenteils nicht einmal besonders gefragte Waren im Angebot hatten. Die *Mark Twain Bank* hat dann auch 1998 dessen Verwendung eingestellt, und der ecash-Produzent Digicash ist in den Ausgleich gegangen.

Die Mehrzahl der im Internet vertretenen Händler verhält sich konservativ und bietet dem Kunden als einzige Möglichkeit der Bezahlung das Übersenden seiner Kreditkartennummer. Diese wird oft noch nicht einmal verschlüsselt übertragen. Aber auch wenn zur Absicherung gegen Lauscher das inzwischen verbreitet eingesetzte SSL angewendet wird, bleibt dem Kunden ein nicht zu unterschätzendes Risiko. So kommt es manchmal vor, daß der Händler selbst

---

[1] IEP (Inter-sector Electronic Purse): brachenübergreifende elektronische Geldbörsen, realisiert mittels Smart Cards

die Kreditkartennummer mißbräuchlich verwendet und vom Kunden nicht autorisierte Belastungen des Kartenkontos durchführt. Bis der Fall im Einvernehmen mit der Kreditkartenfirma geklärt ist, sind dann viel Ärger und hohe Kosten angefallen.

Darüber hinaus sind alle Systeme, bei denen Paßwörter, PINs o. ä. auf der PC-Tastatur eingegeben werden müssen, prinzipiell auch als unsicher zu klassifizieren, da diese Daten unter PC-Betriebssystemen nicht notwendigerweise geheim bleiben.

Elektronische Geldbörsen bieten sichere und anonyme Zahlungen und eignen sich daher hervorragend als Basistechnologie für ein Internet-Zahlungssystem. Im Falle der österreichischen „Quick"-Geldbörse ist seit 1996 an einer Internet-Umsetzung gearbeitet worden. Die wichtigsten Designentscheidungen, die – vor allem im Hinblick auf die Beibehaltung des hohen Sicherheitsniveaus - bei der Portierung eines geschlossenen IEP-Systems in ein offenes Netz zu treffen waren, sollen im folgenden am Beispiel Quick exemplarisch gezeigt werden.

## 2 Die Elektronische Geldbörse „Quick"

Bereits seit Januar 1996 ist in Österreich landesweit eine Elektronische Geldbörse im Einsatz. Die Börsenfunktion, genannt „Quick", wurde auf allen Eurocheque- und Bankkundenkarten mit Chip integriert, wodurch die Anzahl der potentiellen Benutzer zumindest 3,2 Mio. beträgt [Europay95]. Außerdem wurden auch vollkommen anonyme Karten ausgegeben, die nur die Börsenfunktion aufweisen. Die Karten mit Kontoverbindung können direkt an Bankomaten gegen das zugehörige Konto aufgeladen werden, während die Karten ohne Kontoverbindung zu diesem Vorgang eine zweite, bankomatfähige Karte benötigen oder in einer Bankfiliale gegen Bargeld geladen werden. Derzeit dürfen aus strategischen Gründen maximal öS 1000,- pro Ladevorgang auf die Börse geladen werden, und der maximal mögliche Börsensaldo beträgt öS 1999,-.

Abb. 1 zeigt einen Systemüberblick der Quick-Geldbörse. Mit einer Kundenkarte können im wesentlichen die beiden Transaktionstypen Laden und Bezahlen durchgeführt werden, die nach CEN 1546 (*Inter-sector Electronic Purse, IEP*) definiert wurden [CEN1546]. Zum Laden der Karte führt man sie in ein Bankterminal (z.B. einen *Bankomaten*) ein, in dem eine Bankterminalkarte installiert ist. Diese dient nur zur Absicherung der Transaktion (mittels der Berechnung von MACs), denn das eigentliche Laden der Kundenkarte erfolgt online gegen die Verrechnungszentrale. Eine Karte ohne Bankomat-Funktion kann nur am Bankschalter gegen Bargeld aufgeladen werden, wobei der Bankmitarbeiter eine zusätzliche Quick-Berechtigungskarte einsetzt, um die Gegenbuchung zu ermöglichen. Ansonsten besteht die Ladetransaktion aus zwei Teilen: einer Bankomat-Transaktion zur Abbuchung des Betrags von einem Konto, wobei natürlich eine PIN eingegeben werden muß, und der eigentlichen Quick-Ladetransaktion.

Zum Bezahlen wird die Kundenkarte in ein Händlerterminal eingeführt, das ebenfalls in verschiedenen Ausführungen[2] existiert, jedenfalls aber eine Händlerterminalkarte beinhaltet. Im Unterschied zur vorher erwähnten Ladeterminalkarte ist die Händlerterminalkarte aber der direkte Transaktionspartner, wodurch die Transaktion offline ausgeführt werden kann. Der

---

[2] Z.B. wurden Sonderlösungen für Taxis und für große Lebensmittelhandelsketten definiert.

Zählerstand der Kundenkarte wird verringert, und der Zählerstand der Händlerterminalkarte wird im Zuge eines kryptographisch abgesicherten Protokolls um denselben Betrag erhöht.

Das Einreichen wird vom Händler über eine Verbindung (Modem oder Datex-P) zur Verrechnungszentrale durchgeführt, um sich den auf der Händlerterminalkarte gespeicherten Betrag auf sein Konto gutschreiben zu lassen. Dabei dient die Karte als Absicherung gegen Datenverlust; die Transaktionsdaten werden primär im Speicher des Terminals gehalten. Da sie ja kryptographisch gesichert sind, führt eine eventuelle Manipulation dieser Einreich-Files nur zum Abweisen der Einreichung durch die Verrechnungszentrale.

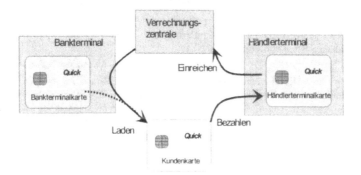

**Abb. 1:** Überblick über Quick

Für eine erfolgreiche Zahlungstransaktion sind also folgende Komponenten nötig: Händlerterminalkarte, Kundenkarte und Händlerterminal. Im Moment der Bezahlung bilden diese drei Komponenten auch physisch eine Einheit. Während einer Transaktion erfolgen i. a. Befehle an die Kundenkarte, Befehle an die jeweilige Terminalkarte und ggf. Kommunikation mit der Verrechnungszentrale, wobei das Terminalgerät für die Ablaufsteuerung des sog. „Quick-Bezahl-Protokolls" zuständig ist. Dieses Protokoll besteht aus einer genau spezifizierten Abfolge von Befehlen an abwechselnd Kundenkarte und Händlerkarte. Jeweils das von der angesprochenen Karte zurückgesendete Ergebnis eines Funktionsaufrufs wird vom Terminal an die jeweils andere Karte als Input für den nächsten Schritt weitergeleitet. In den Karten ist also kein explizites Protokoll implementiert, sondern die Kartenbefehle wie z.B.: „Authentisiere die andere Karte", „Buche Betrag ab" oder „Buche Betrag auf" werden vom Terminal aufgerufen, und dann durch die Karte durchgeführt. Dieser Funktionsaufruf ist erfolgreich, wenn die der Karte als Funktionsparameter mitgelieferten Daten, wie z.B. Signaturen oder Zählerstände, korrekt sind. Wenn also eine Kundenkarte mit falschen Schlüsseln eine Zahlung durchführen will, wird die Terminalkarte selbst und nicht das Terminal die Zahlung ablehnen. Das Terminalgerät andererseits muß selbst keinen Input zum Gelingen des Quick-Bezahl-Protokolls einfließen lassen, es ruft nur die Kartenfunktionen auf. Dies hat zur Folge, daß selbst bei Manipulation am Händlerterminal keine Betrugsversuche gegen das Quick-Bezahl-Protokoll durchgeführt werden können. Die Karten würden diese Versuche ablehnen.

Einzig denkbar wären Manipulationen der Anzeige des Terminals, wobei dem Kunden eine geringere Abbuchung angezeigt wird als tatsächlich durchgeführt wird bzw. Abbuchungen ohne Anzeige, ohne Abfrage und ohne Wissen des Kunden stattfinden. Dabei wird aber das Quick-Bezahl-Protokoll als solches nicht gebrochen, sondern nur das Benutzerinterface zum Kunden kompromittiert.

Eine für eine Zahlungstransaktion bereite „Einheit" besteht also aus einer Kundenkarte, einer Händlerkarte und einem Terminal, das die Ablaufsteuerung (das Quick-Bezahl-Protokoll), außerdem die Benutzerschnittstellen zum Kunden und zum Händler (manuelle Eingabe oder Kassen-Schnittstellen) sowie ein Modul zum Einreichen der Umsätze beinhaltet.

# 3 Infrastruktur von Quick im Internet

*Quick im Internet* (im folgenden nur kurz QuickI) umfaßt aus bankpolitischen Gründen derzeit nur die Vorgänge Bezahlung und Einreichen; das Laden der Karten muß weiterhin im konventionellen System erfolgen.

Grundsätzliche Entscheidungen betreffen einerseits die Frage, welche der bereits im Quick-System eingesetzten Komponenten weiterverwendet werden können und welche neu erstellt werden sollten. Ein weiterer wichtiger Aspekt ist auch, wie die im vorigen Kapitel definierten funktionalen Komponenten räumlich aufzuteilen sind und welche Maßnahmen zur Sicherung gegen Angriffe zu setzen sind, die sich die räumliche Verteilung zunutze machen könnten.

Händler- und Kundenkarte sind unverändert beizubehalten, alle anderen Teile wurden neu implemetiert, blieben in ihrer Gesamtfunktionalität aber gleich.

Zu diesen neu zu implementierenden Teilen zählen das Händlerterminal an sich, das die Smartcard-Leser, die Benutzerschnittstelle zum Kunden, die Benutzerschnittstelle zum Händler, die Einreichung der Händlerguthabens, Sperrlistenüberprüfungen, und die Ablaufsteuerung des „Quick-Bezahlprotokolls" beinhaltet.

In Bezug auf die räumliche Aufteilung wurde ein aus drei Komponenten bestehendes System gewählt. Die Kommunikation zwischen den 3 Komponenten findet ausschließlich über das Internet, also über TCP/IP statt.

- Als Merchantserver kann jedes beliebige der auf dem Markt befindlichen Merchant-server-Händlersysteme verwendet werden, in das dann ein sogenanntes QuickI-Modul integriert wird. Dieses QuickI-Modul ist eine Erweiterung der jeweiligen Merchantserver-Software um die Kommunikation mit dem Paymentserver. Dafür wurde eine Schnittstelle offengelegt, die ggf. von Herstellern oder dem Betreiber ausprogrammiert werden kann.

- Der Paymentserver ist beim IEP-Systembetreiber angesiedelt und wickelt sämtliche QuickI–Bezahlungen ab. Wegen des Prinzips der Abbuchung von einer Kundenkarte und nachfolgender Aufbuchung auf eine Händlerterminalkarte muß für jeden Händler eine bestimmte Anzahl von an den Paymentserver angeschlossenen Terminalkarten vorhanden sein. Die dafür nötige große Anzahl an gleichzeitig möglichen Kartzugriffen wird derzeit durch ein Multiport-Device mit entsprechend vielen seriellen Kartenlesern realisiert. Das vom Paymentserver derzeit verwendete Multiport-Device ist auf maximal 256 Händlerterminalkarten ausbaubar. Für eine darüber hinausgehende Anzahl an Händlerkarten müßten entweder mehrere Paymentserver die Händlerterminalkarten untereinander aufteilen oder ein sogenanntes *Host Security Module* (HSM) gänzlich die (vor allem krypto-graphische) Funktionalität der Händlerterminalkarten übernehmen. Die Guthaben auf den

Händlerterminalkarten werden vom Paymentserver zu vordefinierten Zeitpunkten eingereicht.

- Der Kunde verwendet neben einem beliebigen Webbrowser und seiner Kundenkarte einen Kartenleser[3] und die QuickI-Client-Software. Diese Software läuft am Windows-PC des Kunden im Hintergrund und wickelt die tatsächliche Quick-Transaktion ab. Sie bietet aber auch Zusatzfunktionen wie das Anzeigen des Ladestands und der auf der Kundenkarte gespeicherten Transaktionslogs.

Der Ablauf des Bezahlvorgangs zwischen diesen drei Komponenten ist aus Abb. 2 ersichtlich. Den ersten Schritt setzt der Kunde, der mittels seiner Browsersoftware dem Merchantserver die Bezahlung seines Einkaufs per QuickI aufträgt. Der Merchantserver schickt einen *Payment Request* an den Paymentserver. Dieser schickt wiederum einen *Payment Request* an die im Hintergrund laufende Clientsoftware am Kunden-PC. Die QuickI-Clientsoftware überprüft die Funktion der lokal notwendigen Komponenten (Kartenleser und Kundenkarte). Ist dies gewährleistet, beginnt der Paymentserver die Quick-Zahlungstransaktion. Der Paymentserver allokiert hierzu eine Händlerterminalkarte des involvierten Händlers. Ist die Quick-Transaktion abgeschlossen, wird daraufhin die Meldung über Transaktionserfolg oder Mißerfolg an den Merchantserver geschickt, und dieser kann die Lieferung veranlassen – sei es auf herkömmlichem oder elektronischem Wege.

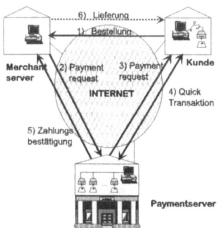

**Abb. 2:** Infrastruktur von *Quick im Internet* und schematischer Ablauf eines Bezahlvorgangs

An der Entscheidung, das Händlerterminal in drei statt zwei Komponenten aufzuteilen, sind einerseits Wünsche des Auftraggebers maßgeblich, der sich aus der direkten Beteiligung an jeder einzelnen Transaktion ein Plus an Eingreifmöglichkeiten erhofft. Alternativ wäre denk-

---

[3] Derzeit unterstützt wird der serielle *Smartcard Leser* „ChipX" der Fa. PDTS und das in Cherrys Tastaturen der Serie „G81-800x" integrierte Modell. In Zukunft soll auch der - durch ein von Microsoft angeführtes Konsortium als allgemeine Schnittstelle zu Smartcard-Lesern definierte - PC/SC-Standard unterstützt werden.

bar, an jeden Merchantserver vor Ort einen eigenen Paymentserver mit einer entsprechenden Anzahl von Händlerkarten mittels „Quick-Internet-Terminals" anzuschließen oder diese Funktionalität durch Dienstleister wie z.b. Internet Service Provider anbieten zu lassen. Ausschlaggebend ist dann aber auch der logistische Aufwand einerseits der Verteilung, Administration und Wartung von Terminals und andererseits der Händlerkartenverwaltung. Außerdem setzte sich der Gedanke durch, die Implementierung möglichst wenig in Hardware und soviel wie möglich in Software durchzuführen, welche sich – vor allem wenn zentral gehalten – einfacher warten läßt. Zur Verwendung der bestehenden Quick-Terminals hätten diese unter großem Aufwand adaptiert und um einen TCP/IP-Stack erweitert werden müssen (die bestehenden beinhalten nur X.25-Unterstützung); ebenso wäre auch deren logistische Verwaltung zu organisieren. Dabei ist zu bedenken, daß die Abnahmetests von Quickterminals durch den Quickbetreiber schon eine äußerst gründliche und langwierige Prüfung sind, nach deren positivem Bescheid Terminalproduzenten kaum eine neue Version oder Änderung planen. Ein weiteres Argument für die zentrale Durchführung von Quick-Zahlung und Einreichung ist die bessere Kontrolle über die Notwendigkeit von Einreichungen, welche im Quicksystem von den Händlern aus Kostenstellungsgründen eher unregelmäßig durchgeführt werden.

Eine technisch genauere Wiedergabe des Ablaufprotokolls von „Quick im Internet" muß hier – wegen vertraglich auferlegter Geheimhaltungsverpflichtungen – entfallen.

# 4 Designprinzipien und -entscheidungen

QuickiI bietet erstens dem Kernsystem, nämlich der Quick-Transaktion, einen transparenten Kommunikationslayer zwischen Kundenkarte und Paymentserver. Zweitens muß die Infrastruktur von „QuickiI" die – als nicht effizient infiltrierbar angesehenen – Händlerterminals ersetzen und über ein offenes Kommunikationsnetz Sicherheit garantieren.

Hierzu ist zunächst zu betrachten, welche Möglichkeiten TCP/IP bzw. das Internet einem Angreifer bietet: Datenpakete können abgefangen, gelesen, unterschlagen oder verfälscht weitergeschickt werden. Ein Angreifer kann eine IP-Adresse spoofen, also vortäuschen, ein bestimmter Teil des Systems zu sein.

Das Quick-Protokoll beinhaltet an sich schon eine gegenseitige kryptographisch abgesicherte Authentisierung zwischen Kundenkarte und Händlerterminalkarte, ist aber nicht verschlüsselt. Bezüglich Sicherung der Kommunikation muß für die Quick-Transaktion gewährleistet sein, daß sie weder lesbar noch verfälschbar ist. Dafür wird zur Verschlüsselung SSL mit 128-bit-RC4 verwendet. Naturgemäß aufwendiger ist es zu gewährleisten, daß nur authentisierte Teile am fünfstufigen Zahlungsvorgang teilnehmen.

Drei verschiedene Ziele von Attacken sind vorstellbar: Attacken um Geld zu gewinnen, Attacken um Quick-Geld zu zerstören (um einzelne Kunden oder das Quick-Gesamtsystem zu schädigen) und Attacken um Waren zu erlangen ohne selbst von der eigenen Quickkundenkarte zu zahlen. Organisatorisch erschwerend für Betrugsversuche, die auf Quick-Geld-Gewinn hinzielen, ist, daß Quickaufbuchungen nur auf Händlerterminalkarten zustande kommen und dann aus dem indirekten Quick-Geldkreislauf nur durch Einreichung bei der Verrechnungszentrale zu Realgewinn zu machen ist. Bei kryptographischen Angriffen sei in Betracht zu ziehen, daß der finanzielle Aufwand zum Echtzeit-Brechen einer kryptographisch gesicherten Quick-Transaktion bzw. einer 128 bit-gesicherten SSL-Verbindung in absolut keinem Verhältnis zum maximal erzielbaren einmaligen Betrugsgewinn von ATS 1.999,-- steht.

Schritt 2 bis 4 aus Abb. 2, also alle genuinen QuickiI-Schritte sind durch SSL abgesichert. Die Sicherung von Schritt 1 obliegt dem Händler, wobei aber ebenfalls Sicherung durch SSL nahegelegt wird. Für solche Zwecke werden im allgemeinen häufig Hybridverfahren eingesetzt. Bei Hybridverfahren werden über rechenintensive asymmetrische Verfahren gegenseitige Authentisierung und der Austausch von symmetrischen Schlüsseln, sog. Sessionkeys, durchgeführt, welche dann für die Absicherung der weiteren Kommunikation verwendet werden und nach Beendigung der Session wieder verworfen werden.

Die Designentscheidungen stützen sich vor allem auf die Evaluation der möglichen Attacken. Es seien in den folgenden Szenarien Kunde A der Angreifer und Kunde B der Angegriffene, die Numerierung der Schritte entspricht der aus Abb. 2.

- Es muß gesichert sein, daß nicht Kunde A eine Bestellung über Produkt X aufgibt und Kunde B dafür zahlen läßt, wenn Kunde B gerade keine Quickzahlung durchführt.

- Auch muß verhindert werden, daß Kunde A mit Produktwunsch X darauf wartet, daß Kunde B eine Zahlung Y durchführt und ihm dann die Bezahlung von X unterschiebt.

- Eine – durch echte Bestellung bei einem Merchantserver entstandene – Zahlungsaufforderung vom echten Paymentserver darf auf dem Weg zum Client nicht verfälscht werden.

- Zahlungsaufforderungen die nicht vom echten Paymentserver stammen, sondern von einem (durch Spoofing o. ä.) gefälschten – notwendigerweise ausgestattet mit einer echten Händlerterminalkarte und dem Wissen um die IP-Adresse des Kunden mit eingesteckter Kundenkarte – sollen vom Client nicht angenommen werden.

Gegen das Inanspruchnehmen von fremden Karten zur Bezahlung können folgende Schritte in Erwägung gezogen werden:

1. Kunde B's Karte kann nicht belastet werden, ohne daß er seine Karte in den Kartenleser steckt.

2. Nach Einlangen des Paymentrequests und vor dem Starten der Quickzahlungstransaktion verlangt das Client-Programm eine Bestätigung, die der Kunde an seinem PC selbst geben muß.

3. Der Kunde B unterschreibt mit einem nur ihm zugänglichen Private Key seine Bestellung, was dem Merchantserver und dem Paymentserver die Authentizität der Bestellung anzeigt.

Neben der allein nicht ausreichenden Sicherung 1 wird auch Sicherung 2 verwendet, da erst diese auf der manuellen Kontrolle durch den Endbenutzer beruht. Sicherung 3 wird wegen des Aufwands für das Management der Schlüssel und außerdem wegen des organisatorischen Aufwands für bestrittene, aber geleistete Zahlungen bewußt nicht gewählt. Sicherung 2 besteht aus der Anzeige von Betrag, Händlername, einer Kurzbeschreibung der Ware und der durch den Händler vergebenen Auftragsnummer (bzw. Rechnungsnummer).

Die anzuzeigenden Daten werden vom Merchantserver zuerst an den Paymentserver geschickt und erst von diesem interpretiert und an den Kunden weitergeleitet. Deshalb wird der Fall unmöglich, daß ein betrügerischer Händler seinem Kunden einen geringeren Betrag zur Bestätigung anzeigt als dann tatsächlich von der Kundenkarte auf die Händlerkarte abgebucht wird.

Diese Maßnahme behindert auch Angriffe gegen Schritt 1, nämlich die Bestellung selbst. Der Kunde sieht vor der Abbuchung noch eine Warenbeschreibung sowie den Händlernamen und Betrag der Zahlung und kann durch Abbrechen der Transaktion solche Angriffe vereiteln.

Das Unterschieben von fremden Zahlungen, wenn Kunde B gerade eine Zahlung durchführt, kann ebenfalls durch unterschiedliche Maßnahmen unterbunden werden:

1. Der Händler schickt neben dem gewünschten Betrag auch eine Produktbeschreibung und den Händlernamen an den Paymentserver, die dieser an das Client-Programm zur Anzeige weiterreicht. Das Client-Programm zeigt die vom Paymentserver gesendete Informationen an, bevor der Kunde um Bestätigung gebeten wird.

2. Auch hier besteht wiederum die Möglichkeit einer kryptographischen Absicherung der Bestellungsdaten durch den Kunden.

Die inhaltliche und betragliche Kontrolle durch den bestellenden Kunden als letzte Instanz bei Alternative 1) erreicht das gewünschte Ziel ohne den durch Alternative 2) notwendigen Mehraufwand durch das kundenseitige Schlüsselmanagement.

Damit vom Paymentserver stammende legitime Payment Requests nicht auf dem Weg zum Kunden verfälscht oder abgehört werden, muß die Verbindung zwischen Paymentserver und Client verschlüsselt werden. Hier stellt sich Verschlüsselung der https-Verbindung zwischen Client und Paymentserver durch 128-bit–SSL als beste der bestehenden kryptographischen Möglichkeiten dar [Freier96].

Als sinnvollste der Alternativen gegen Abhören oder Verändern der Daten für die anderen Kommunikationsschritte 1, 2 und 5 wird auch für diese die Verschlüsselung der Kommunikation per SSL in einer https-Session verwendet.

Der beste Lösungsansatz gegen den Fall, daß ein nachgemachter Paymentserver einem Merchantserver Information über zahlungsbereite Kundenkarten entlockt, ist die gegenseitige Authentisierung von Merchantserver und Paymentserver unter Verwendung eines Zertifikats (nach X.509) einer von beiden Partnern anerkannten Certification Authority, und zwar in den Schritten 2 und 5.

Als Gegenmaßnahme gegen einen durch Spoofing vorgetäuschten Paymentserver ist nach Prüfung der Alternativen definiert, daß sich der die Zahlung anstoßende Paymentserver gegenüber dem Client durch ein Zertifikat einer von beiden Teilen anerkannten CA authentisieren muß.

Eine weitere Designentscheidung ist die Frage, ob im QuickiI-Ablauf der Anstoß für die Quick-Transaktion, also der Verbindungsaufbau zwischen Client und Paymentserver, generell vom Client oder vom Paymentserver angestoßen werden soll. Die Variante des Verbindungsaufbaus durch den Client ermöglicht die Durchführung einer Zahlung auch durch eine Masquerading Firewall, wie sie zur Sicherung von lokalen Netzen oft verwendet wird [Cheswick94]. Die Variante der serverinitiierten Transaktion verhindert dies zwar, ermöglicht aber die Verwendung bei Zahlung von käuflicher Information und erhöht außerdem die Sicherheit des Gesamtablaufs, da jede Transaktion von einer zentralen, überwachbaren Stelle angestoßen wird. Nach Abwägung der Möglichkeiten wird die serverinitiierte Variante verwendet.

Eine grundlegende Designüberlegung war, daß kein Teil bis auf das Kernsystem der Smartcards und den Paymentserver als sichere Komponenten angesehen werden. Das System muß sich gegen Fehlverhalten und Infiltration jeder einzelnen Komponente durch spezielle Gegenmaßnahmen in den anderen Komponenten schützen

Durch obengenannte Methoden lassen sich rein gegen die Kommunikationsmechanismen von QuickiI gerichtete Angriffe von außerhalb vereiteln. Angriffe gegen die Integrität von berechtigten Komponenten sollen folgendermaßen abgefangen werden:

Ein infiltrierter oder vom Betreiber böswillig programmierter Merchantserver kann einem Kunden zwar einen falschen Betrag bei der Bestellung anzeigen, aber derjenige Betrag der von der Kundenkarte abgebucht wird, wird dem Kunden vom Paymentserver – ohne Manipulationsmöglichkeit durch den Merchantserver – angezeigt. Ohne eine solcherart vom Kunden bestätigte Abbuchung von einer Kundenkarte kann ein Händler keine Aufbuchung erlangen.

Die Absicherung des Clients gegen Infiltration hat dagegen größere Bedeutung:

Wenn der unsichere PC nicht nur die Ablaufsteuerung, sondern auch die Benutzerschnittstelle übernimmt, dann ist man einer Vielzahl von Attacken ausgeliefert. Dem Benutzer könnte nicht nur falsche Information über die zu tätigende Transaktion (z. B. ein falscher Preis) angezeigt werden, sondern seine Eingaben (u. a. PINs bei einer späteren Erweiterung um den Ladevorgang) könnten auch protokolliert oder manipuliert werden. Dagegen hilft ein „sicherer Kartenleser", der mit PIN-Tastatur und Display ausgestattet ist und selbst einen Teil der Ablaufsteuerung samt kryptographischer Absicherung übernimmt [Manninger98].

# 5 Bewertung und Zukunftsaussichten

Gegenüber anderen Cybermoney-Systemen hat das hier vorgestellte System „QuickiI" einige Vorteile, aber auch zwei nicht zu vernachlässigende Nachteile. Dadurch, daß sowohl alle Schlüssel als auch das Geld selbst nie im Speicher oder auf der Festplatte eines Computers anzutreffen sind, ergibt sich eine in zweifacher Hinsicht verbesserte Sicherheit. Erstens sind auf einer Chipkarten gespeicherte Daten von außen nicht zugänglich, was das Knacken und Manipulieren von kritischen Daten doch erheblich schwieriger macht. Zweitens kann die kleine, leichte Chipkarte immer mitgenommen und so beaufsichtigt werden, was mit der Festplatte doch etwas unpraktikabel wird.

Die erreichbare Anonymität ist ebenfalls ein Vorteil von Quick, und zwar sowohl gegenüber vielen anderen Cybermoneysystemen als auch gegenüber anderen elektronischen Geldbörsen, die wie die deutsche GeldKarte mit Schattenkonten arbeiten. Dort werden die einzelnen Transaktionen und die Salden der einzelnen Karten zentral gehalten, bei Quick jedoch nicht. Der Händler erfährt nie mehr als eine (nicht aus der Konto- und/oder EC-Kartennummer berechenbare und daher in bezug auf Personen anonyme) Kartennummer. Unter Verwendung der anonym ausgegebenen Quick-Karten ohne Kontobezug, die gegen Barzahlung geladen werden, haben sogar Händler und Betreiber gemeinsam keine Möglichkeit, die Transaktion einer Person zuzuordnen.

Im Gegensatz zu reinen Softwarelösungen bedingt der Ansatz mit der Smart Card den Kauf eines Chipkartenlesers auf seiten des Kunden. Diese sind zwar nicht unbedingt teuer, stellen aber dennoch einen nicht zu vernachlässigenden Kostenfaktor dar. In Zukunft werden Chip-kartenleser Standardkomponenten eines PCs sein und kaum mehr Zusatzkosten verursachen. Die größte Einschränkung des Nutzens der gegenwärtigen Version von QuickI ergibt sich durch die Fixierung der Währung auf den österreichischen Schilling. Natürlich kann eine Lö-sung, die vorerst nur die Verwendung einer einzigen Währung – die noch dazu nicht der US-Dollar ist – vorsieht, nicht als maßgeschneidert für das Internet gelten. Viele Anbieter von in-teressanten Produkten sitzen eben in den USA oder anderen Staaten und hätten wenig Freude mit einer Bezahlung in öS. Umgekehrt ist aber auch nicht einzusehen, warum bei einem Kauf innerhalb der österreichischen Landesgrenzen ein in Dollar oder Finnmark notierendes Zah-lungsmittel verwendet werden soll, wodurch ja pro Transaktion zweimal Wechselkursverluste wirksam werden würden. Es ist also davon auszugehen, daß sich ein häufiger Internet-Shopper mehr als eine Sorte Cybermoney zulegen wird. Schließlich existieren heute ja auch mehrere Kreditkartenfirmen nebeneinander, und nicht mit jeder Karte kann überall bezahlt werden. Mit der Einführung des Euro und auch einer EU-weit einheitlichen elektronischen Geldbörse ergibt sich natürlich ein enorm vergrößerter Einsatzbereich dieser Lösung. Durch den modularen Aufbau ist der nötige Aufwand für eine Umstellung auf eine andere Geldbörse gering – insbesondere dann, wenn sich die europäische Geldbörse so wie Quick an der CEN1546 orientiert wird.

## Literatur

[Europay95]    Europay Austria, Die österreichische Elektronische Geldbörse – Zahlen und Fakten. http://www.europay.at/quick1.htm

[CEN1546]     CEN: prEN 1546, Inter-sector electronic purse; Part 1 - 4, 1995.

[Wayn96]      Peter Wayner: Digital Cash, Academic Press, Chestnut Hill, 1996, ISBN 0-12-738763-3.

[FrKK96]      Alan O. Freier, Philip Karlton, Paul C. Kocher: The SSL Protocol, Version 3.0, Netscape Communications Corp., 1996.
              http://home.netscape.com/eng/ssl3/ssl-toc.html

[ChBe94]      William R. Cheswick, Steven M. Bellovin: Firewalls and Internet Security, Addison-Wesley, Reading, 1994, ISBN 0-201-63357-4.

[MaSc98]      Martin Manninger, Robert Schischka: Adapting an Electronic Purse for Internet Payments, Information Security and Privacy, Lecture Notes in Computer Sci-ence, Vol. 1438, S. 205-214, Springer Berlin, 1998, ISBN 3-540-64732-5.

# Gestaltung und Nutzen einer Sicherheitsinfrastruktur für globalen elektronischen Handel

Gérard Lacoste[1] · Arnd Weber[2]

[1]IBM France
lacoste@fr.ibm.com

[2]Albert-Ludwigs-Universität Freiburg im Breisgau
Institut für Informatik und Gesellschaft
aweber@iig.uni-freiburg.de

## Zusammenfassung

In diesem Papier betrachten wir zunächst die verschiedenen Formen, die der elektronische Handel annehmen wird. Anschließend identifizieren wir mögliche Bedrohungen und diskutieren Gegenmaßnahmen. Wir analysieren den Nutzen eines Frameworks, wie es von *SEMPER* vorgeschlagen wurde. Schließlich diskutieren wir Anforderungen an ein solches Framework.

## 1 Sicherer elektronischer Handel

Unter elektronischem Handel wird eine Vielfalt von Geschäftsprozessen verstanden, die mit den zunehmenden Vorteilen von Computernetzen noch größer werden wird. Um diese Geschäfte auf Netzwerken zu ermöglichen, muß diese Vielfalt elektronisch widergespiegelt und gleichzeitig mit angemessenem Schutz gegen Bedrohungen versehen werden. Hierzu existieren Maßnahmen, wie digitale Signaturen, Verschlüsselung oder on-line Zahlungen.

Die Integration solcher Werkzeuge Geschäftsprozeß für Geschäftsprozeß dürfte jedoch mit derartig hohen Aufwendungen verbunden sein, daß eine schnelle und verläßliche Entwicklung des elektronischen Handels behindert wäre. Ferner ist zu berücksichtigen, daß sich die Schutztechniken verändern werden, um mit dem technischen Wandel und den Bedrohungen Schritt zu halten. Dadurch müßten die Business Applications – der Umsetzung von Geschäftsprozessen in Computerprogramme – permanent angepaßt werden, was zu weiteren beträchtlichen Kosten führen würde. Wahrscheinlich ist es gar nicht machbar, jeden einzelnen Geschäftsprozeß für sich permanent zu aktualisieren.

*SEMPER*[1], ein Forschungsprojekt der EU, schlägt einen vielversprechenden Weg für die Sicherung des elektronischen Handels vor. Sein Ansatz ist der eines Frameworks, das die

---

[1]  *SEMPER* (Secure Electronic Marketplace for Europe) ist ACTS-Projekt AC 026, siehe [Waid96] oder <http://www.semper.org>, auch wegen des *SEMPER* Final Report. Die Autoren danken den Kollegen im Projekt.

Schutzbedürfnisse des gesamten elektronischen Handels adressiert. Das Framework bietet den Business Applications nach Bedarf Zugang zu allgemeinen Sicherheitsdiensten. Diese Dienste beruhen auf existierenden oder neuen Sicherheitsmechanismen, die ins Framework integriert und dann aktualisiert oder erweitert werden können, unabhängig von der Entwicklung, Aktualisierung und Veränderung der Business Applications. Dadurch müssen sich die Entwickler einer Business Application nicht mit den Spezifika und Implementierungsdetails der Schutztechniken befassen.

In diesem Papier betrachten wir zunächst die verschiedenen Formen, die der elektronische Handel annehmen wird. Anschließend identifizieren wir mögliche Bedrohungen und diskutieren die Gegenmaßnahmen. Wir analysieren den Nutzen eines Frameworks, wie es von *SEMPER* vorgeschlagen wurde. Schließlich diskutieren wir Anforderungen an ein solches Framework.[2]

# 2 Arten des elektronischen Handels

## 2.1 Rahmen

Heute ist der kataloggestützte Handel mit Privat- oder Geschäftskunden die bekannteste Form des Internet-Handels. Er findet mit und ohne on-line Zahlung statt. Daneben verhandeln Geschäftspartner bereits heute Verträge über Email, auch wenn die Ergebnisse zum Schluß auf Papier fixiert und mit handschriftlicher Unterschrift übermittelt werden. Dies wird sich ändern. In Zukunft werden maßgeschneiderte Dienstleistungsangebote, on-line Verhandlungen, die Unterzeichnung von Vereinbarungen, selbst Arbeitsverträge wesentliche Facetten des elektronischen Handels darstellen. Electronic banking ist ein anderes bekanntes Element. Diese verschiedenen Formen verdienen angemessenen Schutz gegen mögliche Bedrohungen.

Das Ziel des Projektes *SEMPER* ist es, die Sicherung jeder Art elektronischen Handels zu erleichtern. Im Zentrum der Arbeit stehen jedoch Verkäufe. Während wir theoretisch alle Formen des Verkaufs abdecken, von einer einzelnen Telefoneinheit bis zum Kauf eines Unternehmens, schließen wir pragmatisch Transaktionen aus, die eine Schriftform oder notarielle Beglaubigung erfordern, wie Grundstücksverkäufe oder Testamente. Unternehmensinterne Transaktionsschritte schließen wir aus unserer Betrachtung nicht aus, aber im Mittelpunkt stehen die Transaktionen zwischen verschiedenen Parteien. *SEMPER* ist im Prinzip für alle Netze geeignet, aber wir denken hauptsächlich an das Internet.

## 2.2 Geschäftsprozesse

Verkauf findet in verschiedenen Formen statt. Es kann sich um Waren oder Dienstleistungen handeln. Der Kauf eines Buches kann in Papier oder in elektronischer Form stattfinden, der Kauf von Informationen als Abonnement oder pro Einheit („pay per view"). Der Kauf einer Dienstleistung kann zur Lieferung eines elektronischen Berichtes oder zur Reparatur eines

---

[2]  Dieses Papier basiert auf Experteninterviews, den Anforderungen der Konsortialpartner und auf der Auswertung unserer Versuche (vgl. [BHKL96] und den *SEMPER* Final Report).

Autos führen. Die Interaktion kann direkt mit dem Anbieter stattfinden oder mit einer dritten Partei, die im Auftrag handelt, wie etwa einem Makler oder Notar.

Ein Verkauf besteht typischerweise aus einem mehrstufigen Prozeß. Er umfaßt Verhandlung, Angebot, Auftrag, Auftragsbestätigung, Lieferung, Rechnung und Zahlung, evtl. auch die Klärung von Konflikten. Statt einen Vertrag durch Übersenden und Annahme eines Angebotes zustande kommen zu lassen, können die Parteien, etwa bei hohen Werten, auch vorziehen, einen Vertrag mit zwei Unterschriften zu erstellen.

Ein einzelner Geschäftsprozeß besteht aus einer Auswahl dieser Transaktionsschritte. Wenn das Angebot in einem Katalog fixiert ist, entfällt die Verhandlungsphase. Ob eine solche besteht, kann davon abhängen, wie hoch die Stückzahl ist, wer der Käufer ist, ob ein Rahmenvertrag besteht, etc. Weitere Schritte in Geschäftsprozessen sind ebenfalls optional, wie die Erstellung von Quittungen für Zahlungen oder Lieferungen. Dies hängt wiederum von verschiedenen Faktoren ab, wie der Höhe des Betrags, der Zahlungsmethode, der Art der Ware oder Dienstleistung, oder davon, ob die Zahlung vor oder nach der Lieferung stattfindet.

Die Transaktionsschritte haben eine bestimmte Reihenfolge, wobei manche Schritte mehrfach vorgenommen werden können. Bei manchen Transaktionen wird ein Verkäufer vor der Lieferung eine on-line Zahlung verlangen, bei anderen Transaktionen wird die Zahlung erst bei Lieferung gefordert und manchmal erst nach 60 oder 90 Tagen getätigt. Die Zahlung ihrerseits kann als einzelne Zahlung oder als Anzahlung und Ratenzahlung erfolgen. Ähnliches gilt für die Lieferung. Es kann eine einzelne Lieferung erfolgen, oder eine ganze Reihe, etwa nach Abruf oder zu bestimmten Terminen, z.B. täglich, monatlich, vierteljährlich oder jährlich. Abonnements umfassen immer mehrere Lieferungen. Die Lieferung kann aus Waren bestehen, z.B. einer Zeitung, aus Dienstleistungen, z.B. einer Reparatur, oder aus Geld, z.B. im Falle einer Dividende.

Meistens sind nur zwei Parteien in eine Transaktion involviert, aber es gibt Varianten mit mehreren Parteien. In einer Ausschreibung wird der Käufer Angebote von mehreren Anbietern anfordern. Bei einer Auktion ist die Situation umgekehrt, da mehrere Käufer Gebote gegenüber einem einzigen Anbieter aussprechen. Makeln stellt eine Kombination dieser Szenarien dar. In anderen Fällen können sich die Vertreter der Parteien bei den Transaktionsschritten unterscheiden. Zum Beispiel kann die Verhandlung von der Einkaufsabteilung geführt werden, der tatsächliche Auftrag aber wird vom Manager derjenigen Abteilung unterschrieben, die die Ware benötigt, und die Zahlung wird von der Buchhaltung durchgeführt. Bei manchen höherwertigen Transaktionen muß der bereits vom Einkäufer unterschriebene Auftrag noch von seinem Vorgesetzten unterschrieben werden. Auseinandersetzungen während des Kaufes oder danach können neue Vertreter der Parteien involvieren, oder Dritte zur Klärung einbeziehen.

Geschäftsprozesse können teilweise oder vollständig elektronisch abgewickelt werden. Grundsätzlich muß jede Kombination von elektronischen und nicht-elektronischen Transaktionsschritten widergespiegelt werden können. Die Verbindung zwischen den physischen und den elektronischen Schritten kann aus einer Referenz zu einem Papierdokument bestehen, wie den Bezug auf eine Vereinbarung oder eine Zahlung. Ein Schritt auf Papier kann sich auf eine elektronische Information beziehen, wie einen Katalogeintrag oder eine Nummer aus einem elektronischen Dokument. Darüber hinaus müssen elektronische Dokumente evtl. zusätzlich in Papierform erstellt werden, um mit den Firmenregeln oder Prüfungs- und Steuervorschriften in Einklang zu stehen. Außerdem müssen evtl. Daten in andere elektronische Formulare, etwa in der Buchhaltung, erneut eingegeben werden, solange nicht alle Systeme integriert sind. Offensichtlich erhöhen derartige Brüche die Transaktionskosten, indem sie die Komplexität erhöhen, Zeit benötigen und zu Fehlern führen können.

Unterschiedliche Automatisierungsgrade können auftreten. Abhängig vom Geschäftsprozeß, seinerseits abgeleitet aus der Art der Waren oder Dienstleistungen, werden einige oder alle Parteien ihre Transaktionen automatisch, unter Benutzung eines Computers oder von Hand durchführen. Ein kataloggestützter Laden auf dem WWW läuft vollautomatisch. Dies mag zukünftig auch auf der Käuferseite der Fall sein, wenn Agenten eingesetzt werden. Aber die Käufer und Verkäufer können die Prozesse auch herkömmlich, z.B. durch Austausch von Papierdokumenten, oder computergestützt durchführen, wie per Email.

# 3 Bedrohungen und Gegenmaßnahmen

## 3.1 Bedrohungen

| Bedrohungen im elektronischen Handel | |
| --- | --- |
| **Aus Sicht des Verkäufers** | **Aus Sicht des Käufers** |
| Nicht bezahlt zu werden | Nicht das Angebotene zu erhalten |
| Kein Beweis eines Auftrages/gefälschte Aufträge | Keinen Beleg über die Bezahlung |
| On-line Lieferung ohne Quittung | Zahlung ohne Erhalt der Ware |
| Fälschung der Identität des Verkäufers (z.B. fake server) | Fälschung der Identität des Käufers (z.B. Bestellung unter Angabe eines falschen Namens) |
| Verlust der Privatsphäre (z.B. Abhören der Kundennamen oder teurer Information) | Verlust der Privatsphäre |
| Illegaler Weiterverkauf von Informationen | |
| Gefälschte Identifikation besonderer Kunden (z.B. Käufer, die einen Rabatt oder vertrauliche Daten erhalten) | |

Aus unserer Projektarbeit entstand eine Liste von Bedrohungen des elektronischen Handels. Pragmatisch werden hier nur Bedrohungen bei Verkäufen betrachtet; die Situation kann bei elektronischen Transaktionen ohne Käufer und Verkäufer anders sein, z.B. bei Überweisungen zwischen eigenen Konten oder auch bei juristischen Auseinandersetzungen.

## 3.2 Gegenmaßnahmen

Zahlreiche Gegenmaßnahmen stehen bei Bedarf zur Verfügung, etwa:

• Digitale Signaturen

- Verschlüsselung

- On-line Zahlungen, auch anonym

- Authentisierung

- „Fair exchange" von Informationen, wodurch sichergestellt wird, daß beide Seiten das Vereinbarte erhalten [AsSW99]

- „Mixes", um zu verbergen, wer mit wem kommuniziert [Chau81]

Vgl. den *SEMPER* Final Report für Details. Stetig werden mehr und bessere Maßnahmen entwickelt.

## 3.3 Beurteilung von Gegenmaßnahmen

Gegenmaßnahmen sind typischerweise weder perfekt noch umsonst. Sie haben für die unterschiedlichen Parteien verschiedene Vor- und Nachteile. Für bestimmte Situationen konzipiert, sind sie manchmal jenseits ihrer ursprünglichen Bestimmung nicht optimal oder überhaupt nicht einsetzbar. Deshalb wird eine Vielfalt von Maßnahmen erhalten bleiben und, wenn geeignet, benutzt werden. Ein gutes Beispiel sind Zahlungsmittel. Kreditkarten, elektronische Schecks, elektronisches Bargeld (Wertkarten oder ecash) und Überweisungen unterscheiden sich in puncto Unwiderrruflichkeit, Zahlungsgarantie, Geschwindigkeit und Kosten für den Bezahler und den Zahlungsempfänger. Kreditkarten z.B. können leicht grenzüberschreitend benutzt werden, und der Inhaber kann eine Zahlung widerrufen, sollte einmal ein Händler nicht liefern oder gar betrügen. Ihr Gebrauch ist jedoch für den Händler recht teuer. Deshalb benutzen die Parteien für höhere Summen gern Schecks oder Überweisungen. Entsprechend gilt bei den sich entwickelnden Formen elektronischen Geldes, daß es billig zu verwenden oder anonym ist, aber eine Stornierung ist schwierig, und oft kann man keine hohen Werte damit zahlen. Diese Vielfalt wird höchstwahrscheinlich bestehen bleiben.

Ähnlich werden die Parteien verschiedene Verschlüsselungsverfahren auswählen. Bei wertvoller Information müssen starke Werkzeuge mit langen Schlüsseln verwendet werden. Jedoch kann es nationale Regelungen geben, die einen bestimmten Gebrauch der Kryptographie vorschreiben. Auch werden eventuell unterschiedliche fair exchange-Verfahren gewählt, in Abhängigkeit vom Geschäftsfall. Dabei wird eine dritte Partei eventuell sofort involviert, oder nur im Konfliktfall. Die dritte Partei kann als (inline) Vermittler agieren und z.B. die Information, die die eine Partei an die andere liefern soll, speichern, genauso wie eine Quittung der anderen, und die Dokumente erst weiterschicken, wenn sie beide eingetroffen sind. Die dritte Partei könnte diese Transaktionen leicht mit Zeitstempeln versehen. Es kann aber auch sein, daß die Parteien sich auf eine dritte Partei verständigen, die sie nur im Falle eines Konfliktes benutzen (optimistic). Dann müssen sie den Austausch selbst nicht durch die dritte Partei vornehmen. Im Falle eines Konfliktes würde dann die dritte Partei eine Quittung ausstellen, die als Ersatz benutzt werden kann. Wie wird der rechtliche Status solcher Quittungen, wie werden die Kosten und die Akzeptanz der beiden Optionen sein? Auch hierbei ist möglich, daß mehrere Optionen auf dem Markt verbleiben werden.

Auch bei digitalen Signaturen ist bereits eine Vielfalt von Varianten entstanden. Manche Nutzer gebrauchen die Technik der digitalen Signatur nur dazu, um sich einander der Authentizität eines Dokumentes zu versichern, teilen aber gleichzeitig mit, daß die Unterschrift keine rechtliche Bedeutung habe. Dies schützt sie gegen mögliche Konflikte, wenn ihre Unterschrift gefälscht würde. Dabei kann man das Zertifikat für einen derartigen Signaturschlüssel ohne weiteres durch eine on-line Registrierung erhalten. Das Vertrauen zwischen den Parteien wird dann im Gebrauch wachsen. De facto kann man derartige Signaturen ohne jegliche zentrale Registrierung verwenden, etwa wie in einem PGP key-ring. Man kann sie gut zur Reduktion des Betruges nutzen, ähnlich wie ein Fax mit handschriftlicher Unterschrift. Es besteht dann einfach die Gefahr, daß der Signierer behauptet, seine Signaturimplementation sei kompromittiert worden, wenn der Empfänger das Dokument vor Gericht verwenden will. Kein Papierdokument, das der Signierer während der Registrierung unterschrieben hat, bindet ihn.

Selbstverständlich wird es auch digitale Signaturverfahren geben, die so gestaltet wurden, daß Beweise entstehen. Wir befürchten allerdings, daß viele Verträge, die die Erstellung von Beweisen unterstützen sollen, dieses Ziel nicht erreichen werden, wenn Themen, wie die Sicherheit des Gesamtsystems, nicht klar behandelt werden. Die Empfänger von Signaturen werden wissen wollen, was passiert, wenn ein Signierer behauptet, er sei hintergangen worden und entsprechende Information verlangen, die vielleicht nicht bei allen Verfahren gegeben werden. Um Beweise zu erzeugen, werden sich die Nutzer typischerweise persönlich registrieren müssen. Die Kosten der Registrierung werden ein weiterer Grund sein, daß Variabilität am Markt entstehen wird. Rechtsverbindliche Signaturen erfordern ein sorgfältiges Schlüsselmanagement für den Fall des Verlustes oder Diebstahls, was Kosten hervorrufen wird. Die Methoden, wie Schlüssel widerrufen und ihre Gültigkeit überprüft werden können, werden unterschiedliche Kosten hervorrufen. Einige Zertifizierungsstellen werden on-line Überprüfung von Signaturschlüsseln anbieten, andere werden Listen mit ungültigen Schlüsseln verteilen. Im Falle der on-line Überprüfung kann die Zertifizierungsstelle erfahren, wer die Kunden eines Händlers sind, was nicht gewünscht sein mag. Im Fall von Listen wiederum kann der Empfänger dieses Wissen für sich behalten, aber vielleicht werden nur große Unternehmen in der Lage sein, solche Listen zu handhaben. Für diese jedoch könnten sie die billigste Methode der Schlüsselüberprüfung werden.[3]

Eine weitere Ebene, auf der Signaturimplementationen sich unterscheiden werden, betrifft den Gebrauch sicherer Hardware. Der Grund hierfür ist, daß Signaturimplementation unsicher sein können. So können Kriminelle sich den Schlüssel beschaffen oder das Passwort erraten bzw. abhören. Eine Variante hiervon ist, daß ein (möglicherweise weit entfernter) Krimineller ein Trojanisches Pferd erzeugt, das in einen Computer eindringt. Dieses führt dazu, daß andere Dokumente signiert werden, als die vom Signierer zur Signatur autorisierten. Obwohl ein derartiges Trojanisches Pferd noch nicht beobachtet wurde, ist nicht auszuschließen, daß moderne PCs am Internet von solchen infiziert werden. Dies schließt die Gefahr ein, daß eine Smart Card nicht das Dokument signiert, das am Bildschirm des PCs angezeigt wird [Webe98]. Diese Bedrohung spiegelt sich in den Debatten in Deutschland[4], Frankreich[5] und der

---

[3] Peek & Cloppenburg hatte 1991 aus dem Kreditgewerbe die Sperrdatei der Eurocheque-Karten erhalten [Börs91]. Dadurch konnte das Unternehmen Karten akzeptieren, ohne hohe Kosten für Gebühren oder Rücküberweisungen zu haben. Dies war ein wichtiger Schritt in der Akzeptanz von Kartenzahlungen in Deutschland.

[4] "Für die Erzeugung und Speicherung von Signaturschlüsseln sowie die Erzeugung und Prüfung digitaler Signaturen sind technische Komponenten mit Sicherheitsvorkehrungen erforderlich, die Fälschungen digitaler Signaturen und Verfälschungen signierter Daten zuverlässig erkennbar machen und gegen

EU[6] wider. Ob die Gesetzgeber nun die Benutzung von sicheren Computern mit sicherer Visualisierungskomponente vorschreiben werden oder nicht, die Bedrohung existiert, und es muß damit gerechnet werden, daß Produkte entstehen werden, die einen Schutz dagegen bieten. Dies wiederum heißt, daß Signierer zwischen Signaturverfahren mit und ohne sichere Visualisierung wählen wollen, und man muß annehmen, daß auch die Empfänger erfahren wollen, ob ein Kommunikationspartner solche sichere Hardware benutzt oder nicht.

Eine andere Differenzierung wird entstehen, weil Signaturverfahren mit unterschiedlichen Limits entstehen werden. So wurde vorgeschlagen, daß Signierer eine Ausgabengrenze wählen können, ähnlich, wie Angestellte sie haben, wenn sie für ihr Unternehmen einkaufen. Auch werden Zertifizierungsstellen Haftungsgrenzen für den Fall der Kompromittierung anbieten. Eine besondere Variante hiervon wurde von *SEMPER* vorgeschlagen. Danach schickt der Käufer dem Verkäufer ein Dokument einer dritten Partei, in der diese bestätigt, daß die betreffende Transaktion unter der Grenze liegt. Dies hat nicht nur den Vorteil, daß der Käufer sieht, wenn sich das Restlimit verringert, es bedeutet auch mehr Vertraulichkeit für den Empfänger der Signatur, da die dritte Partei im Prinzip nur den Hashwert des Auftrags und den Betrag signiert [BaZi99].

Last but not least können sich Signaturen darin unterscheiden, ob ein Empfänger die Zertifizierungsstelle des Signierers für vertrauenswürdig hält, ob sie genügend Mittel hat, Fehler auf ihrer Seite zu bereinigen, etc. Alle diese Themen werden zu einer Vielfalt von Signaturdiensten führen, mit unterschiedlichen Preisen, unter denen die Parteien auswählen können.

# 4 Risikomanagement

Wir gehen davon aus, daß der elektronische Handel zunehmen wird, weil er effizienter ist als der traditionelle mit seinen Kosten und Verzögerungen. Dies hat zwei Konsequenzen:

1. Die Nachfrage nach Sicherheitsmaßnahmen zur Sicherung höherwertiger Transaktionen, die heute typischerweise mit Papier abgewickelt werden, wird zunehmen.

2. Die Zunahme des elektronischen Handels wird zu zunehmendem Betrug führen.

Deshalb wird die Nachfrage nach den oben genannten Gegenmaßnahmen zunehmen. Jede Partei wird dabei ihre eigenen Präferenzen entwickeln. Einige werden eine Kosten-Nutzen-Analyse vornehmen und Verluste solange tragen, wie die Gegenmaßnahmen teurer sind. Dies kann dazu führen, daß ein großes Unternehmen einige Schäden von z.B. je EURO 100.000 tragen kann, während dies ein kleines Unternehmen nicht kann, was zu unterschiedlicher Nachfrage nach Maßnahmen führen wird. Andere Parteien werden keine explizite Kosten-Nutzen-Analyse durchführen, sondern üblichen Geschäftsgepflogenheiten folgen. Die bekannteste derartige Regel ist, vor Lieferung einen signierten Auftrag zu fordern. Abhängig von ihren Präferenzen wird jede Partei Authentifikation des Partners, signierte Dokumente,

---

unberechtigte Nutzung privater Signaturschlüssel schützen." (Gesetz zur digitalen Signatur, § 14, Abs. 1, vgl. [RegT98])

[5] "... viruses which are capable of displaying on-screen different information from that used in the actual payment under way." [EPI98]

[6] "'Electronic signature' means a signature ... which ... is created using means that the signatory can maintain under his sole control." (Artikel 2, 1.), vgl. [EC98]

Zahlung oder Verschlüsselung nachfragen, oder mehrere dieser Maßnahmen. Einige Verkäufer werden z.b. signierte Aufträge verlangen und dem Käufer überlassen, wie er später bezahlt. Andere werden sofortige on-line Zahlung verlangen und keine signierten Bestellungen. Wieder andere werden vielleicht nur Verschlüsselung verlangen. Jedoch werden auch die Partner solche Präferenzen entwickeln. Das Ergebnis wird sein, daß jede Partei verschiedene Werkzeuge verfügbar halten wird, und die Parteien deren Gebrauch dann für eine bestimmte Transaktion verhandeln müssen.

# 5  Der Ansatz eines Frameworks

Wir haben nun auf der einen Seite eine Vielfalt von Maßnahmen gegen Bedrohungen und auf der anderen Seite eine Vielfalt von Geschäftsprozessen. Wir glauben, daß es nicht effizient sein wird, und vielleicht gar nicht machbar, in jede einzelne Business Application Gegenmaßnahmen zu integrieren. Dieser Ansatz erscheint nicht nur kostspielig, er wird auch nicht die nötige Flexibilität bieten, um mit der Entwicklung neuer Sicherheitswerkzeuge Schritt zu halten. Wir sind davon überzeugt, daß ein „Security Kernel" gebaut werden kann, mittels dessen jeder Prozeß und jedes Werkzeug nur einmal angepaßt werden muß, und kontinuierlich eine Integration neuer Werkzeuge möglich ist. Die Business Application würde dann die Sicherheitsmaßnahmen nur vermittelt durch den Kernel benutzen. Mit diesem Ansatz wird auch möglich, daß die Käufer und Verkäufer auf einer hohen Ebene leicht spezifizieren, welche Werkzeuge sie benutzen möchten. *SEMPER* hat den ersten Prototypen eines solchen Kernels gebaut.[7]

Man könnte meinen, eine Alternative wäre, die Dokumente von einer Business Software erzeugen zu lassen, und sie dann durch eine Sicherheitsanwendung signieren und verschlüsseln zu lassen. Dies würde bedeuten, daß man von der Business Software aus nicht sehen kann, wer ein Dokument signiert hat, oder zumindest nicht auf sichere Weise. Auch für Zahlungen müßte man die Business Software modifizieren, damit sie die passende Information exportiert und importiert. Die Aushandlung von Zahlungsinstrumenten wäre dann wohl auf der Ebene der Sicherheitsdienste, während das Ergebnis wohl auf Dokumentenebene fixiert werden müßte. Auch „fair exchanges", z.B. von Information oder Geld gegen Quittung, müßten wohl auf der Ebene der Sicherheitsdienste gehandhabt werden. Schließlich sei festgehalten, daß auf der Ebene der Business Software Informationen manipuliert werden könnten. Wie will man wissen, ob Dezimalstellen richtig gehandhabt werden, wenn ein Betrag, den ein US-

---

[7] OBI, das eCo und das OTP Projekt haben gewisse Ähnlichkeiten mit dem *SEMPER* Vorschlag (vgl. <http://www.openbuy.org>, <http://www.commercenet.com/>, <http://www.otp.org>). OBI und eCo sind WWW-orientiert und behandeln niedrigpreisige Transaktionen aus Katalogen. *SEMPER* geht nicht davon aus, daß der Verkäufer einen Katalog auf einem Server hat. *SEMPER* ist auch offen für alle Arten elektronischen Handels. Verhandlungen, menschlichen Interaktionen und hohen Werten wird Rechnung getragen. OBI und OTP sind für on-line Zahlungen eingerichtet worden. *SEMPER* sieht vor, daß die Parteien einige Schritte, wie Angebot und Auftrag, auf dem Netz vornehmen, aber erlaubt auch traditionelle Zahlung. *SEMPER* sieht auch vor, daß der Käufer Sicherheit erfordert. Dies kann heißen, die vollständige Anschrift eines Verkäufers zu erhalten oder ein signiertes Angebot. Oder der Käufer will selbst Felder definieren. Ein Musterbeispiel aus XML/EDI beinhaltet z.B. weder die komplette Anschrift des Verkäufers, noch einen Preis, noch eine Währungseinheit ([Brya98], S. 22). Nicht, daß man dies in XML/EDI Dokumenten nicht ergänzen könnte, aber was sind die Regeln hierfür? *SEMPER* hat Konzepte nach denen Käufer und Verkäufer gemeinsam den Prozeß kontrollieren. Im übrigen wäre es sicherlich möglich, alle diese Bestrebungen in einem einzigen universellen Framework zu integrieren.

amerikanischer Verkäufer in ein Dokument eingegeben hat, an eine deutsche Bank gesendet wird? Wie sollen die Nutzer überprüfen, daß der im Dokument genannte Absender auch derjenige ist, der die Nachricht digital signiert hat? Auch könnten Nutzer getäuscht werden, indem man Informationen in kleinen Fonts oder Anmerkungen speichert. Es besteht die Gefahr, daß für den Nutzer ein derartiges Einwickeln von Geschäftsdokumenten in Sicherheitsumschläge die Qualität des Dokumentes intransparent macht.

Dank des Frameworks muß jedes Werkzeug und jede Business Application nur einmal an den Kernel angepaßt werden. Die Business Application muß an eventuell existierende Erfüllungs- oder Buchhaltungssysteme angepaßt werden. Eine solche Anpassung ist ein teurer Vorgang. Ein wesentlicher Vorteil von *SEMPER* besteht darin, daß, wenn einmal eine Business Application angepaßt worden ist, die Kosten für die Integration eines neuen Werkzeugs erheblich reduziert werden, da man die Anpassung an die bestehenden Systeme nicht noch einmal ändern muß.

Der Security Kernel muß die Charakteristika der verschiedenen Werkzeuge visualisieren. Dies kann zu einer gewissen Komplexität führen, mit der die Nutzer umgehen müssen, aber dies ist unvermeidlich. So wie heute die Nutzer die diversen Charakteristika und Folgen verschiedener Zahlungsmittel kennen, werden sie die Charakteristika und Folgen verschiedener Sicherheitswerkzeuge lernen, insbesondere von Signatursystemen (etwa Rechtsverbindlichkeit vs. Authentisierung).

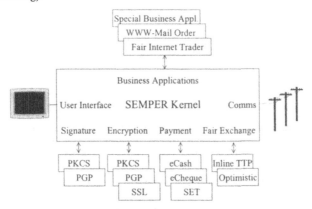

**Abb. 1:** Module, die mit dem *SEMPER* Kernel verwendet werden können

Wir schlagen jedoch vor, daß für verbindliche digitale Signaturen global nur ein einziger juristischer Rahmen verwendet wird. Die Parteien sollten auf Papier mit einer handschriftlichen Unterschrift anerkennen, daß sie für ihre digitale Signatur haften (sinnvollerweise mit Haftungslimits). Damit könnte man wahrscheinlich die Probleme aus unterschiedlicher und sich verändernder Signaturgesetzgebung lösen. Ferner wüßte der Signaturempfänger, was der Signierer anerkannt hat, da es dasselbe Dokument wäre, das der Empfänger signiert hat, zumindest ein ähnliches und kompatibles. In bezug auf verbindliche digitale Signaturen ist es also nicht sinnvoll, daß jeder Empfänger selbst die verschiedenen Gesetze und die unterschiedlichen Allgemeinen Geschäftsbedingungen von Zertifizierungsstellen lesen muß.

Wenn ein derartiger globaler rechtlicher Rahmen jedoch nicht entstehen sollte, kann der Kernel auch so gebaut werden, daß er verschiedene rechtliche Rahmenbedingungen visualisiert. In diesem Fall könnte angezeigt werden, was eine Partei während der Registrierung signiert hat, wie die rechtlichen Regeln in dem betreffenden Land sind, etc.

Ein Security Framework könnte auch erleichtern, sichere Hardware zur sicheren Handhabung von Schlüsseln zu benutzen. Dabei müßte die gesamte Verarbeitung, einschließlich der Visualisierung von Dokumenten, auf solcher Hardware erfolgen [PPSW97]. Es wäre nicht sinnvoll, daß ein Signierer teure sichere Hardware hat, die einige wenige Schlüssel sicher handhabt, während Schlüssel für andere sensitive Anwendungen ungeschützt auf dem PC blieben. Es wäre auch unbequem, Schlüssel für sichere Zahlungen auf einem sicheren Kartenleser zu haben und andere Schlüssel auf einem GSM-Telefon. Auch könnten die Kosten für die Zertifizierung sicherer Hardware auf mehr Einheiten verteilt werden, wenn diese mehrere Schlüssel handhaben kann und damit einen größeren Marktanteil erobert, als in dem Fall stärkerer Segmentierung des Marktes.

# 6 Anforderungen an ein Framework

## 6.1 Unterstützung von Prozessen

Der Handel zwischen zwei Parteien ist typischerweise vom Austausch von Geschäftsdokumenten begleitet, wie Angeboten, Aufträgen, Lieferungen, Zahlungen und Quittungen für die verschiedenen Schritte. Machmal sind dies mehr Dokumente, manchmal weniger, aber großenteils beziehen sie sich aufeinander und wiederholen Informationen. Dies kann gut elektronisch abgewickelt werden. Der Austausch von Dokumenten kann Schritte innerhalb des Unternehmens einbeziehen, wie auch außerhalb der Parteien, etwa bei Konflikten.

Der Security Kernel sollte so gebaut sein, daß er den Transfer von Informationen zwischen Dokumenten abwickeln kann. Deshalb muß das Framework spezifische Felder handhaben können, so daß z.B. Preise automatisch in den nachfolgenden Schritten übernommen werden können. So würde der nach einer Rechnung fällige Betrag automatisch zu einem Zahlungsinstrument transferiert. Dadurch würden Fehler in der Zahlung vermieden. Natürlich würde im allgemeinen jede Zahlung vom Zahler autorisiert. Ein anderes Beispiel ist der Fall von Verhandlungen, in dem der Inhalt der ausgehandelten Felder in ein Angebot oder einen Vertrag eingefügt wird. Die Benutzung von Formularen macht die Überprüfung von Feldern möglich, ähnlich wie in Bank- oder Buchhaltungssoftware. Diese Funktionalität, die wir „elektronischen Prüfer" nennen, kann z.B. sicherstellen, daß ein eingegangenes Dokument, das sich „Angebot" nennt, nur dann als Angebot angezeigt wird, wenn es einen Absender, ein Datum, eine Beschreibung, einen Betrag und eine gültige Währung umfaßt. Andernfalls wird es automatisch abgewiesen oder mit einer Warnung angezeigt. Damit wird die Benutzung von Formularen den Gebrauch vereinfachen, indem Informationen Feld für Feld übertragen, Fehler bei der Eingabe reduziert und Konflikte verringert werden, da die Dokumente korrekt ausgefüllt sind. Sollten dennoch Konflikte auftreten, wird deren Lösung erleichtert, da die Dokumente im Prinzip gültig sind.

Sicherlich ist es sinnvoll, daß die Nutzer definieren können, welche Dokumenttypen sie brauchen und welche Felder automatisch überprüft werden sollen. Dies wird per Nutzer, Formular oder Transaktion geschehen.

## 6.2 Keine Diskriminierung von Anforderungen

Das Framework sollte so gebaut sein, daß keine Gruppe von Akteuren ausgeschlossen wird. Sollte eine Gruppe das Framework für unbrauchbar halten, wird dies mögliche Kostensenkungen durch hohe Stückzahlen verhindern, und diese Gruppe wird eine spezielle Lösung suchen, was den Handel zwischen den Gruppen behindern wird. Fälle, in denen Offenheit erforderlich ist, sind z.B.:

- Starke Verschlüsselung muß genauso unterstützt werden wie nationale Regeln für die Benutzung kurzer oder hinterlegter Schlüssel.

- Verschiedene Sprachen müssen unterstützt werden. Nutzer sollten auswählen können, in welche Sprache Feldnamen übersetzt werden und wie Nachkommastellen angezeigt werden.

- Einige Nutzer werden keine signierten Dokumente benötigen, aber andere werden sie erfordern. Damit wäre es das beste, wenn im Prinzip alle Nutzer in die Lage versetzt würden, signierte Dokumente anzubieten und nachzufragen.

- Schutz der Privatsphäre sollte genauso verfügbar sein wie Verkettbarkeit.

- Es sollte möglich sein, neue Werkzeuge zu integrieren, wie Prozeduren für „fair exchange" oder Copyright Protection.

## 6.3 Ein einziges Nutzer-Interface

Die Nutzer werden davon profitieren, sich leicht sicherheitsrelevante Informationen anzeigen zu lassen, zwischen verschiedenen Werkzeugen auswählen zu können, ihre Vor- und Nachteile zu sehen, und Hinweise auf zusätzliche Schritte zu erhalten, wie die on-line Überprüfung der Gültigkeit von Signaturschlüsseln. Alle derartige Charakteristika sollten in einer einzigen, konsistenten Weise visualisiert werden, die, wiewohl leicht zu verstehend, dem Nutzer ermöglicht, die kommerziell relevanten Differenzen zwischen den Werkzeugen zu erkennen. Ohne eine solches Interface werden die Nutzer mehr Zeit mit dem Lernen zubringen als nötig, werden leichter Fehler machen, etc. Da die Nutzer mehrere Computer bedienen werden, oder auch Telefone und Point of Sale-Terminals, sollten identische Funktionen stets ähnlich visualisiert werden.

# 7 Schlußbemerkung

*SEMPER* hat einen Prototypen mit Kernel, mehreren Business Applications und neuen Sicherheitsdiensten erstellt. Eine Anzahl existierender Werkzeuge wurde adaptiert. Diese Arbeiten werden zu Standards und Produkten führen.

Die Nutznießer eines solchen Frameworks werden die Käufer und Verkäufer sein. Für kleinere Unternehmen und Privatpersonen wird es von Vorteil sein, daß sie Sicherheitswerkzeuge einfacherer und sicherer handhaben können. Gerade diese Gruppen werden sonst mit verschiedenen inkompatiblen und inkonsistent gesicherten Anwendungen kämpfen. Aber auch große Händler werden davon profitieren, da sie erwarten können, daß ihre zukünftigen Kosten für die Anpassung ihrer existierenden Systeme reduziert werden, wenn sie ein neues Signatur-Zahlungs- oder Verschlüsselungsinstrument einsetzen wollen. Auch Zertifizierungsstellen könnten in ein solches Kernel, in allgemein nutzbare Business Applications und Sicherheitswerkzeuge investieren, die ihre Kunden benutzen könnten, womit sie die Dienste der Zertifizierungsstellen leichter in Anspruch nehmen könnten. Dies sollte auf Seiten der Zertifizierungsstellen Vorkehrungen für einen grenzüberschreitend nutzbaren rechtlichen Rahmen einschließen. Insbesondere kleine Unternehmen und Privatpersonen würden von allgemein verwendbaren sicheren Business Applications profitieren, wie sie heute nicht verfügbar sind. In unserem *SEMPER* Final Report schlagen wir ein flexibles Programm vor, den Fair Internet Trader, der ähnlich wie Email benutzt werden kann, aber über Formulare, Überprüfung von Feldinhalten, on-line Zahlung, fair exchange, etc. verfügt. Sobald einmal preiswerte, wenn nicht in der Public Domain verfügbare Implementierungen des Kernels und allgemeiner Business Applications verfügbar sein werden, wird es auch für größere Unternehmen attraktiv sein, spezielle Anpassungen vorzunehmen und so Nutzen aus der Verbreitung des Kernels und der Werkzeuge zu ziehen. Wir hoffen, mit unserem Final Report und einem White Paper die globale Diskussion des Vorschlages ausdehnen zu können. Mehr Informationen zu *SEMPER* finden Sie auf der Homepage <http://www.semper.org>.

## Literatur

[AsSW98]     Asokan, N., Shoup V., Waidner, M.: Asynchronous Protocols for Optimistic Fair Exchange. In: Proceedings of the IEEE Symposium on Research in Security and Privacy, IEEE CS Press, May 1998, S. 86-99.

[BHKL96]     Baert, Ch., Hecht, Th., Kuron, R., Lacoste, G., Livas, D., Petersen, Ch., Schunter, M., Weber, A., Wildhaber, B., Whinnett, D.: Survey Findings, Trial Requirements, and Legal Framework. (1996). *SEMPER* Deliverable 05, verfügbar unter http://www.semper.org/.

[BaZi99]     Baum-Waidner, B., Zihlmann, R.: Legal Framework. Erscheint im *SEMPER* Final Report, 1999, siehe http://www.semper.org/.

[Börs91]     Börsen-Zeitung vom 26.7.1991.

[Brya98]     Bryan, M.: Guidelines for using XML for Electronic Data Interchange. Jan. 25, 1998. http://www.geocities.com/WallStreet/ Floor/5815/guide.htm.

[Chau98]     Chaum, D.: Untraceable Electronic Mail, Return Addresses, and Digital Pseudonyms. In: CACM 24/2, 1981, S. 84-88.

[EPI98]     Europay France vom 10.3.1998. http://www.europayfrance.fr/us/commerce/ secur.htm.

[EC98]     European Commission: Proposal for a European Parliament and Council Directive on a common framework for electronic signatures. COM (1998) 297 final, 13.5.98. http://www.ispo.cec.be/eif/policy/com98297.html.

[PPSW97]     Pfitzmann, A., Pfitzmann, B., Schunter, M., Waidner, M.: Trusting Mobile User Devices and Security Modules. IEEE Computer, 1997, S. 61-68.

[RegT98]     Regulierungsbehörde für Telekommunikation und Post 1998, verfügbar unter http://www.regtp.de.

[Waid96]     Waidner, M.: Development of a Secure Electronic Marketplace for Europe. Proceedings of Esorics '96, Rome, September 1996, verfügbar unter http://www.semper.org/.

[Webe98]     Weber, A.: See What You Sign. Secure Implementations of Digital Signatures. In: Sebastiano Trigila, Al Mullery, Mario Campolargo, Hans Vanderstraeten, Marcel Mampaey (Hrsg.): Intelligence in Services and Networks: Technology for Ubiquitous Telecom Services. IS&N'98. LNCS 1430. Berlin et al. 1998, S. 509-520.

# Sicherheit in der Informationstechnik als Staatsaufgabe

## Horst Samsel

Bundesministerium des Innern
Horst.Samsel@BMI.bund400.de

Fragen der Sicherheit in der Informationstechnik haben in den vergangenen Jahren häufig ein beträchtliches öffentliches Interesse gefunden. Bereits Anfang der 90ziger Jahre wurden die ersten Fälle von Hacking-Angriffen auf Rechnersystemen in den USA bekannt die z.t. von Deutschland aus erfolgt sind.

Danach drangen zunehmend die Gefahren durch Computerviren in das öffentliche Bewußtsein. Es folgten Probleme mit der Sicherheit von Telekommunikationsanlagen, die Abhörbarkeit von Schnurlostelefonen mit analoger Übertragungstechnik wurde bekannt. Die Abhörbarkeit und Manipulierbarkeit von Anrufbeantwortern und in jüngster Zeit die Sicherheitsprobleme von Euroscheckkarten drangen in das öffentliche Bewußtsein.

Im weiteren Zusammenhang der IT-Sicherheit steht auch die kontrovers und engagiert geführte Debatte über Sinn und Unsinn des Sperrens von Internet-Servern auf denen strafbare Informationen zum Abruf bereit liegen. Mehr und mehr rückten auch Fälle in das öffentliche Bewußtsein, bei denen das Internet als Medium zum Transport von Kinderpornographie mißbraucht worden ist. Das sogenannte „Somm-Urteil" und die inzwischen mehrjährige Debatte über ein mögliches Kryptogesetz sollen nicht unerwähnt bleiben. Dasselbe gilt für das Jahr 2000-Problem, und das Gesetz zur digitalen Signatur.

Sobald ein Problem in das öffentliche Bewußtsein rückt, wird von manchen sehr schnell der Ruf nach dem Staat erhoben. Andere fordern dann ebenso schnell wieder mehr staatliche Zurückhaltung. Es kommt sehr schnell zu einer Diskussion über die Rolle des Staates und über sein richtiges Verhalten. Wir haben das in der Vergangenheit immer wieder bei den zuvor aufgezeigten Themen erlebt.

Andererseits ist im Umfeld der IT-Sicherheit bereits in nicht unbeträchtlichem Umfang staatliches Handeln festzustellen. Gestatten Sie mir doch einfach einmal kurz ohne Anspruch auf Vollständigkeit einen Blick auf den bisherigen Normbestand. Wir müssen unseren Blick da durchaus nicht nur auf das relativ neue Gesetz zur digitalen Signatur richten, das natürlich ein besonders gutes Beispiel für Rechtsnormen im Bereich der IT-Sicherheit darstellt, weil ausdrücklich Sicherheitsaspekte angesprochen sind, besonders in der ergänzenden Signaturverordnung. Bereits seit vielen Jahren gibt es die Anlage zu § 6 des Bundesdatenschutzgesetzes (BDSG), die in den sogenannten „Zehn Geboten" neben organisatorischen auch sicherheitstechnische Vorgaben für die automatische Verarbeitung personenbezogener Daten macht.

Eine Vorschrift aus jüngerer Zeit ist § 87 Telekommunikationsgesetz (TKG). Bei dieser Vorschrift, die sich an die Betreiber von Telekommunikationsanlagen richtet, geht es um die erforderlichen technischen Schutzmaßnahmen beim Betrieb von Telekommunikationseinrichtungen. Die Vorschrift ist insofern sehr interessant, als sie als Schutzziele nicht nur Vertraulichkeit sondern auch Integrität und Verfügbarkeit erwähnt.

Schließlich gibt es bereits seit vielen Jahren ein Computerstrafrecht, das als Tatbestandsmerkmale z.T. ebenfalls Sicherheitsanforderungen beinhaltet. So wird z.b. in § 202a StGB die Strafbarkeit des „Ausspähens von Daten" davon abhängig gemacht, daß diese gegen unberechtigten Zugang besonders gesichert sind.

Unmittelbaren Bezug zur Sicherheit in der Informationstechnik haben § 303a und § 303b StGB. Bei § 303a - „Datenveränderung" - ist geschütztes Rechtsgut das Interesse an der Verwendbarkeit der in den gespeicherten Daten enthalten Informationen[1].

Bestraft wird nach dieser Vorschrift derjenige, der rechtswidrig Daten löscht, unterdrückt, unbrauchbar macht oder verändert.

§ 303b Strafgesetzbuch hat als geschütztes Rechtsgut das Interesse von Wirtschaft und Verwaltung am störungsfreien Funktionieren der Datenverarbeitung[2]. Von dieser Vorschrift erfaßt sind u.a. auch die Programme mit Schadensfunktionen, wie z.B. die sogenannten Computerviren, Trojanische Pferde und ähnliches.

Schließlich ist noch das BSI-Errichtungsgesetz (BSIG) zu erwähnen. Neben Aufgabenzuweisungen für das BSI enthält das BSIG mit der ergänzenden Zertifizierungsverordnung Vorschriften über die IT-Sicherheitszertifikate des Bundesamtes für Sicherheit in der Informationstechnik (BSI).

Der vorstehende Querschnitt durch den Normbestand ist nicht abschließend. Er zeigt jedoch bereits, daß es eine Vielzahl unterschiedlichster Regelungen gibt, überwiegend bereichsspezifisch und ohne daß eine Struktur erkennbar wird.

Was aber verstehen wir unter Sicherheit in der Informationstechnik und was ist eine Staatsaufgabe?

Was den Begriff der IT-Sicherheit angeht, möchte ich mich an das BSIG halten. Dort gibt es in § 2 Abs. 2 eine Legaldefinition. Und zwar heißt es dort: „Sicherheit in der Informationstechnik im Sinne dieses Gesetzes bedeutet die Einhaltung bestimmter Sicherheitsstandards, die die Verfügbarkeit, Unversehrtheit oder Vertraulichkeit von Informationen betreffen, durch Sicherheitsvorkehrungen

1. in informationstechnischen Systemen oder Komponenten oder

2. bei der Anwendung von informationstechnischen Systemen oder Komponenten.

Das also zum Begriff Sicherheit in der Informationstechnik, wie ich ihn zur Grundlage dieses Vortrages machen möchte.

---

[1] Tröndle, Strafgesetzbuch und Nebengesetze, 48. Auflage München 1997, § 303a, Rz. 2

[2] Tröndle, a.a.O., § 303b, Rz. 2

Hinsichtlich des Begriffs der Staatsaufgabe möchte ich mich an das Bundesverfassungsgericht anlehnen, und als Staatsaufgabe alle die Dinge verstehen, bei denen der Staat vor allem der Gesetzgeber zur Gestaltung der gesellschaftlichen Ordnung aufgerufen und legitimiert ist.

Der Blick auf den vorhandenen Normbestand macht deutlich, daß bereits de lege lata IT-Sicherheit als Staatsaufgabe betrachtet werden kann. Allerdings bereichsspezifisch und bruchstückhaft, ohne daß übergreifende Strukturen und Zusammenhänge erkennbar wären.

Angesichts dieses vorgefundenen Zustandes liegt es auf der Hand, daß sich die Frage danach stellt, ob es möglich und sinnvoll ist, hier eine Struktur zu schaffen, oder ob gar die Notwendigkeit einer bereichsübergreifenden Regelung der IT-Sicherheit besteht, z.B. in der Form eines IT-Sicherheitsgesetzes.

Eine solche Regelung setzt jedoch ein Regelungsbedürfnis zur Legitimation staatlichen Handelns voraus.

Eine derartige Legitimation könnte dadurch gegeben sein, daß anderenfalls Rechte des Einzelnen gefährdet oder gar beeinträchtigt sind.

Nach meiner Auffassung befinden wir uns in einer gesellschaftlichen Entwicklung die in der Tat zu Risiken und zu Nachteilen für Einzelne führen kann.

Bereits heute ist es nicht mehr möglich auf die Nutzung der modernen Informations- und Kommunikationstechnik zu verzichten, ohne daß zugleich deutliche Einbußen an Lebensqualität hingenommen werden müssen.

Wer auf die Informationstechnik angewiesen ist, sollte aber grundsätzlich auf das reibungslose Funktionieren dieser Technik vertrauen können. Vor allem aber muß er das Vertrauen haben können, daß diese Technik ihm nicht schadet, nicht gegen seine Interessen gerichtet ist. Schaden ist in diesem Zusammenhang in einem weiteren Sinne zu verstehen. Die Technik bietet heute ganz neue Möglichkeiten, personenbezogene Daten der Bürger zu erfassen, zu sammeln, abzugleichen und zu verarbeiten. Durch die Vielzahl personenbezogener Daten, die bei fast jeder Nutzung moderner Informations- und Kommunikationstechniken anfallen, können Profile entstehen, die nicht nur von staatlichen Stellen, sondern auch von der Wirtschaft für weitreichende Möglichkeiten der Manipulationen mißbraucht werden können. Hierdurch kann die informationelle Selbstbestimmung beeinträchtigt werden.

Zudem führt die massive Zunahme des elektronischen Geldverkehrs mit der Nutzung von Geldautomaten, dem Online-Banking, dem Telefonbanking und der Geldkarte dazu, daß der Nutzer aufgrund unzureichender Sicherheitsvorkehrungen Gefahr läuft, daß es ihm „ans Portemonaie geht" oder elektronisch sein Konto geplündert wird. Hierdurch sind bereits in der Vergangenheit beträchtliche Schäden entstanden.

Nicht zu vernachlässigen ist schließlich, daß die Technik, auf die wir angewiesen sind, letztlich auch wirklich funktioniert. Auch hier bestehen hohe Schadenspotentiale

Ich stelle also fest, daß bereits heute die meisten von uns darauf angewiesen sind, die moderne Informationstechnik zu nutzen und daß hierdurch unsere Persönlichkeitsrechte berührt sind, unser Eigentum, und daß wir zugleich einen plötzlichen Ausfall dieser Technik befürchten müssen, obgleich wir uns zunehmend daran gewöhnen und immer mehr darauf angewiesen sind.

Ob unsere Persönlichkeitsrechte wirklich beeinträchtigt sind, ob unser Geld sicher ist und ob wir auf die Funktionsfähigkeit der von uns benötigten Informationstechnik vertrauen können, hängt davon ab, wie gut die Sicherheitsmechanismen der eingesetzten Informationstechnik sind und nun kommt das Entscheidende: Darauf haben die Nutzer in der Regel keinen Einfluß.

Und noch problematischer ist, daß im Regelfall die Herrschaft über diese Technik bei demjenigen liegt, der völlig andere Interessen hat, manchmal sogar gegensätzliche Interessen. Beim Surfen oder Einkaufen im Internet haben die jeweiligen Dienstanbieter eben gerade nicht das Interesse, die personenbezogenen Daten der Nutzer zu schützen, sondern ihr Interesse geht dahin, diese Informationen möglichst gewinnbringend zu verwerten oder jedenfalls ihre Angebote zielgruppenorientiert zu optimieren.

Bei der Nutzung eines Geldautomaten muß der Nutzer hinsichtlich der Sicherheit der Systeme den Banken vertrauen. Gerade die Bank aber ist sein potentieller Gegner in einem Rechtsstreit, sobald es zu mißbräuchlicher Nutzung einer Euroscheckkarte gekommen ist. Das zeigen viele Fälle aus der Vergangenheit.

Die deutlichen Interessengegensätze machen deutlich, daß hier ein Bedürfnis nach der Setzung eines Ordnungsrahmens besteht, der entweder den Einzelnen in die Lage versetzt sich selbst autonom wirksamen Schutz zu verschaffen oder ihm zumindest ein gewisses Maß an Mindestsicherheit garantiert.

Der Gesetzgeber hat diesem Anliegen in Ansätzen auch bereits Rechnung getragen, indem er im Teledienstedatenschutzgesetz (TDDSG), das 1997 im Rahmen des Informations- und Kommunikationsdienste-Gesetzes (IUKDG) beschlossen wurde in

§ 4 festgelegt hat, daß bei Telediensten (z.B. im Internet) der Dienstanbieter dem Nutzer die Inanspruchnahme von Telediensten und ihrer Bezahlung anonym oder unter Pseudonym zu ermöglichen hat. Wie diese Vorschrift von der Wirtschaft umgesetzt werden wird, bleibt abzuwarten. Ich halte sie aber für einen Schritt in die richtige Richtung.

Grundsätzlich entspricht der Ansatz, den Nutzer selbst in die Lage zu versetzen, sich seinen Bedürfnissen entsprechend zu schützen, am ehesten dem Ideal des mündigen Bürgers und seinem Autonomieanspruch. Dieser Ansatz steht aber nicht nur im Widerspruch zu den Interessen der Wirtschaft, die aus Kostengründen ein starkes Bedürfnis nach Standard und nach Einheitlichkeit der Technik hat. Bedacht werden muß auch, daß der Nutzer oftmals aufgrund fehlender Kenntnisse oder Fähigkeiten damit überfordert sein wird, seine Sicherheitsinteressen autonom wahrzunehmen.

Hier ist nach meiner Einschätzung zukünftig die Gestaltungskraft des Staates gefragt.

Wir haben uns jetzt mit der Frage beschäftigt, wie weit Einzelinteressen durch unzureichende Sicherheit beeinträchtigt werden können. Durch Fehlfunktionen oder schlichtes Versagen der Informationstechnik können heute aber auch Beeinträchtigungen gesamtgesellschaftlichen Ausmaßes herbeigeführt werden. Dabei denke ich nicht nur an Informationstechnik die in Kraftwerken auf Flughäfen oder in der Verkehrssteuerung, etwa bei der Eisenbahn im Einsatz ist, auch in anderen Bereichen – denen keine so große Aufmerksamkeit gewidmet wird, z.B. im elektronischen Zahlungsverkehr – hat die Informationstechnik eine so große Bedeutung erlangt, daß der Verlust der Verfügbarkeit der Systeme zu beträchtlichen Schäden führen kann. Als Ursache für derartige Schadensereignisse denke ich auch durchaus weniger an gezielte Angriffe von außen. Denselben Schaden wird viel häufiger die einfache Fehlfunktion aufgrund technischen Versagens oder eines Bedienungsfehlers herbeiführen.

Zugleich werden seit Jahren Einrichtungen die bisher dem öffentlichen Bereich der Daseinsvorsorge zugerechnet wurden zunehmend privatisiert. Das führt dazu, daß in all diesen Bereichen aufgrund der Anwendung ökonomischer Prinzipien Sicherheitsaspekte zunächst einmal vor allem unter Kostengesichtspunkten gesehen werden.

Hier sehe ich ebenfalls einen staatlichen Gestaltungsanspruch darin, einen gewissen Mindeststandard an IT-Sicherheit zu formulieren und durchsetzen. Der bereits zuvor erwähnte § 87 TKG mag dafür ein Beispiel sein.

Zusammenfassend möchte ich folgendes feststellen:

Sicherheit in der Informationstechnik wird zunehmend zur Staatsaufgabe. Ich vergleiche das mit der Entwicklung, die der Datenschutz als Staatsaufgabe in den 70ziger Jahren genommen hat und sage der IT-Sicherheit auch einen ähnlichen Bedeutungsgewinn voraus.

Das gilt nach meiner Einschätzung sowohl für die Schutzansprüche des Einzelnen wie auch die vorhin dargestellten Interessen der Allgemeinheit. Gleichwohl ist die Zeit für eine bereichsübergreifende allgemeine Regelung der IT-Sicherheit gegenwärtig noch nicht reif. Es fehlt noch an technisch-juristischer Grundlagenarbeit. Ansatzpunkte in technischer Hinsicht können aber z.B. das Grundschutzhandbuch des BSI oder das Schutzklassenmodell des BSI sein.

Eine lohnende Aufgabe wäre es, mit der Analyse der Schnittstelle von Technik und Recht die noch anstehende Grundlagenarbeit aufzunehmen.

# Verletzlichkeitsreduzierende Technikgestaltung für Beispiele aus Sicherungsinfrastrukturen

Volker Hammer

Secorvo Security Consulting
provet e. V.
hammer@secorvo.de

## Zusammenfassung

Um „Sicherheit" für soziale Systeme zu erreichen, müssen nicht nur Schadenswahrscheinlichkeiten verringert, sondern insbesondere die Schadenspotentiale begrenzt oder Handlungsoptionen für schwere Störfälle bereitgestellt werden (verletzlichkeitsreduzierende Technikgestaltung). Auch für Sicherungsinfrastrukturen müssen diese Gestaltungsziele bereits in der Entstehungsphase berücksichtigt werden. Der Beitrag diskutiert unter diesem Blickwinkel die Gestaltungsobjekte „Sperrkonzept für Zertifizierungsinstanz-Zertifikate" und „Akzeptanzregeln für die Gültigkeitsprüfungen von Zertifikatketten". Für die beiden Gestaltungsobjekte werden ausgewählte Kriterien der verletzlichkeitsreduzierenden Technikgestaltung an Auslegungsst. fällen konkretisiert.

## 1 Verletzlichkeitsreduzierende Technikgestaltung

„Klassische" Ansätze der IT-Sicherheit setzen an den drei Schutzzielen „Schutz der Vertraulichkeit", „Schutz der Integrität" und „Schutz der Verfügbarkeit" an.[1] Sie sind weitgehend an der Technik orientiert und bemühen sich vorrangig, die Wahrscheinlichkeit von Störfällen gering zu halten (wahrscheinlichkeitsorientiert). Dagegen geht die *verletzlichkeitsreduzierende Technikgestaltung* von vier sozialen Zielen aus. Diese vier Ziele sind: niedriges Schadenspotential, niedrige Schadenswahrscheinlichkeit, Autonomie des sozialen Systems beim Technikeinsatz und schließlich die Erfahrungsbildung der sozialen Systeme im Umgang mit der Technik, sowohl im Normalbetrieb als auch in Störfällen. Für diese vier Ziele kann unterstellt werden, daß sie auf breite Zustimmung als vernünftige Vorgaben einer Technikgestaltung stoßen. Sie eignen sich daher als Ausgangspunkte für eine Anforderungsanalyse und werden hier als normative Vorgaben bezeichnet.[2]

Die vier normativen Vorgaben sind unter den Gesichtspunkten der sozialverträglichen Technikgestaltung allerdings nicht gleichgewichtig. Die größten Gewinne für die Sozialverträglichkeit sind zu erwarten, wenn es gelingt, *Schadenspotentiale niedrig* zu halten. Verletzlich-

---

1   Z. B. ITSEC 1993, 427 ff.

2   Vgl. zur Schwerpunktsetzung „klassischer" IT-Sicherheitsansätze und der Begründung der verletzlichkeitsreduzierenden Technikgestaltung ausführlich Hammer 1999, Kap. 4 - 6.

keitsreduzierende Technikgestaltung zielt deshalb primär darauf, niedrige Schadenspotentiale auch unter den Bedingungen des Einsatzes von Informationstechnik zu erreichen. Die normativen Vorgaben, wie auch die Priorisierung niedriger Schadenspotentiale, können abgeleitet werden aus der Verfassungsverträglichkeit[3], aus der Psychologie[4] und aus dem Ziel, die Überlebens- und Lernfähigkeit sozialer Systeme auch in Störfällen zu gewährleisten[5]. Sie tragen außerdem den spezifischen Problemen Rechnung, die für die Abschätzung künftiger Schadenswahrscheinlichkeiten bestehen. Schließlich greifen sie Sicherheitsprobleme auf, die sich im Begriff des Human-Task Mismatch[6] ausdrücken.

Für eine konkrete Technikgestaltung sind die generalklauselartigen normativen Vorgaben allerdings noch nicht geeignet. Mit Hilfe der Methode der „normativen Anforderungsanalyse" (NORA) können sie jedoch für diesen Zweck konkretisiert werden. Über den Zwischenschritt der „sozialen Anforderungen" werden mit dieser Methode zehn sozio-technische Kriterien der verletzlichkeitsreduzierenden Technikgestaltung entwickelt.[7] Diese Kriterien beschreiben, welche Eigenschaften Technikkomponenten und Einsatzkonzepte aufweisen müssen, damit im Zusammenwirken von sozialem System und Technik die normativen Vorgaben mit dem *Schwerpunkt Schadenspotential* möglichst gut erfüllt werden. Diese sozio-technischen Kriterien der verletzlichkeitsreduzierenden Technikgestaltung sind: Begrenzte Schadenshöhe (K1), Transparenz (K2), Niedrige Störungsdynamik (K3), Graduelle Reduktion sozialer Funktionen (K4), Schadenskompensation (K5), Entscheidungsfreiheit (K6), Anpassungsfähigkeit (K7), autonome Technikkontrolle (K8), Testunterstützung (K9) und Techniksicherung (K10).

Mit den zehn sozio-technischen Kriterien erweitert die verletzlichkeitsreduzierende Technikgestaltung den Gestaltungsraum der IT-Sicherheit um schadenspotentialorientierte, beobachtungsorientierte und handlungsorientierte Sicherungsmaßnahmen. Sie ergänzt die klassischen Ansätze der IT-Sicherheit systematisch um den Schwerpunkt niedriger Schadenspotentiale und berücksichtigt durchgängig eine sozio-technische Sichtweise in der Anforderungsanalyse.

**Technikgestaltung**

Primär sollen Störfälle mit hohen Schadenspotentialen vermieden bzw. beherrscht werden. Zunächst sind daher die Objekte eines Technikfeldes zu identifizieren, die zu *potentiell hohen Schäden* führen können.[8] Hohe Schadenspotentiale können durch einzelne Technikkomponenten, durch das Zusammenwirken von Komponenten oder durch Einsatzkonzepte von IT-Systemen entstehen. Sie sind die relevanten *Gestaltungsobjekte* der verletzlichkeitsreduzierenden Technikgestaltung. Für die potentielle Schadenshöhe sind sowohl *Einzelstörungen* mit hohen Folgen für das soziale System, als auch die möglichen „kritischen" *Störungsverläufe* zu berücksichtigen. Hohe Schadenspotentiale durch Störungsverläufe ergeben sich insbesondere

3   Z. B. Roßnagel/Wedde/Hammer/Pordesch 1990a und Roßnagel/Wedde/Hammer/Pordesch 1990b, 171 ff.;

4   Z. B. Jungermann / Slovic 1993, 167 ff., Rudinger / Espey / Holte / Neuf 1996, 128 ff.

5   Z. B. Guggenberger 1987; Wehner, BSI-Forum 1993, 49f.

6   Leveson 1995, 91-126.

7   Zu den methodischen Grundlagen der normativen Anforderungsanalyse siehe Hammer 1999, Kap. 9 mwN,
    zur Konkretisierung des Kriteriensystems zur verletzlichkeitsreduzierenden Technikgestaltung ausführlich
    Hammer 1999, Kap. 10.

8   Dazu kann das Konzept der technikspezifischen Störungsdynamik herangezogen werden, vgl. , Kap. 8.

auch dann, wenn die Störung nicht rechtzeitig erkannt wird oder die Handlungsmöglichkeiten nicht ausreichen, um den Störfall zu beherrschen (*hohe Störungsdynamik*). Ausgangspunkt der Gestaltungsdiskussion sind dann sogenannte *Auslegungsstörfälle*, die im Kontext von Gestaltungsobjekten auftreten können. Für sie soll durch Sicherungsmaßnahmen sichergestellt werden, daß sie vom sozialen System beherrscht werden können. Die zehn Kriterien dienen dazu, Maßnahmen zu identifizieren, mit denen diese Forderung erfüllt werden kann.

Da sich die Sicherungsmaßnahmen für eine Begrenzung von Schadenspotentialen und eine niedrige Störungsdynamik für verschiedene Schadensarten unterscheiden können, müssen für die verletzlichkeitsreduzierende Technikgestaltung die relevanten Schadensarten des jeweiligen Anwendungsfeldes berücksichtigt werden. Für die rechtsverbindliche Telekooperation, die hier im weiteren als Anwendungsfeld angenommen wird, sind dies z. B. monetäre Verluste und der Verlust der elektronischen Geschäftsfähigkeit. Schließlich muß die Technikgestaltung auch die rollenspezifischen Interessen von Akteuren[9] und die Unterschiede in den Handlungsoptionen verschiedener idealtypischer sozialer Systeme (Individuum, Organisation, gesellschaftliche Gruppe) berücksichtigen.

Eine systematische Darstellung der Gestaltungsdiskussion für Sicherungsinfrastrukturen ist wegen des Umfangs an dieser Stelle nicht möglich. Hier können nur einige wichtige Ergebnisse anhand von zwei Gestaltungsobjekten aus dem Bereich der Schlüsselverwaltung skizziert werden.[10] Die Auslegungsstörfälle werden dabei aus der Perspektive der Gesellschaft betrachtet. Als Schadensart steht der Verlust der elektronischen Geschäftsfähigkeit im Mittelpunkt.

# 2 Gestaltungsobjekt: Sperrkonzept – Sperren von Zertifizierungsinstanz-Zertifikaten

Mit der Sperrung eines Zertifizierungsinstanz-Zertifikats kann auf Unregelmäßigkeiten in der Schlüsselverwaltung reagiert werden. Von einer solchen Sperrung sind zunächst die Schlüsselinhaber betroffen, deren Zertifikate in der nachgeordneten Zertifizierungshierarchie des gesperrten Zertifikats liegen. Aber auch für deren Kooperationspartner können erhebliche Einschränkungen in der rechtsverbindlichen Telekooperation entstehen, wenn viele Schlüsselinhaber von der Sperrung betroffen sind. Deshalb kann die Sperrung eines Zertifizierungsinstanz-Zertifikats aus gesellschaftlicher Sicht auch als Auslegungsstörfall betrachtet werden, der für ein soziales System nicht zu hohen Schäden führen soll.[11]

---

9  Vgl. dazu auch die Ansätze zur mehrseitigen Sicherheit, z. B. in Rannenberg / Pfitzmann / Müller 1997, 21 ff. oder das Gleichgewichtsmodell bei Grimm 1994.

10  Siehe zur Vorgehensweise und vielen weiteren Beispielen ausführlich Hammer 1999, Kap. 11-14. Eine Übersicht über verletzlichkeitsreduzierende Gestaltungsziele für verschiedene Technikkomponenten im Feld Sicherungsinfrastrukturen findet sich unter http://www.provet.org/leute/p-vh.htm.

11  Zum folgenden ausführlich Hammer 1999, Kap. 14.3.

## 2.1 Auslegungsstörfälle

Grundsätzlich lassen sich zwei Auslegungsstörfälle bei der Sperrung von Zertifizierungsinstanz-Zertifikaten unterscheiden: die Sperrung für künftige Verwendung und die Sperrung
wegen Mißbrauch.

**Sperrung für künftige Verwendung**

Im ersten Fall soll das Zertifikat der Zertifizierungsinstanz für *künftig* ausgestellte nachgeordnete Zertifikate nicht mehr gelten. Dies kann der Fall sein, wenn die Zertifizierungsinstanz ihren Betrieb einstellt, ihren Namen ändert, einen Schlüssel vorzeitig wechseln will oder ihr
z. B. die Genehmigung durch die Aufsichtsbehörde entzogen wird, weil sie den Anforderungen des SigG nicht genügt. Der Zweck der Sperrung ist in diesem Fall, die Teilhierarchie von
der Telekooperation auszuschließen, deren Zertifikate unterhalb des Zertifizierungsinstanz-
Zertifikats angeordnet sind und *nach dem Sperrzeitpunkt erzeugt* wurden.

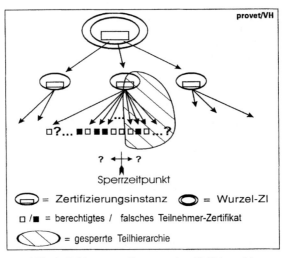

Abb. 1: Zeitbezogene Sperrung einer Teilhierarchie.

**Sperrung wegen Mißbrauchsmöglichkeiten**

Von der Sperrung für künftige Verwendung zu unterscheiden sind Auslegungsstörfälle, in denen der Schlüssel der Zertifizierungsinstanz mißbraucht wurde oder werden kann, um unberechtigte Zertifikate auszustellen. Störungsursachen können sich ergeben, wenn z. B. ein Mitarbeiter unbemerkt die notwendigen Daten in das Zertifizierungsverfahren einschleusen oder
er über das Trägermedium des geheimen Schlüssels und die Identifikationsdaten verfügen
konnte. Der Worst Case muß angenommen werden, wenn der geheime Schlüssel der Zertifizierungsinstanz ausgeforscht wurde. Bei Schlüsselmißbrauch kann im allgemeinen Fall keine

Annahme über die Zahl mißbräuchlich ausgestellter Zertifikate sowie über den Zeitpunkt der Ausstellung und den Gültigkeitszeitraum der falschen Zertifikate getroffen werden.

Aus der Perspektive der betroffenen gesellschaftlichen Gruppe soll in einem solchen Fall einerseits sichergestellt werden, daß eine Teilhierarchie im bereits bestehenden Zertifizierungsgraphen gesperrt werden kann. Dadurch sollen *monetäre Verluste* durch falsche Teilnehmer-Zertifikate verhindert werden. Andererseits soll eine Sperrung aber möglichst wenige Schlüsselinhaber betreffen, die ihren Schlüssel berechtigt einsetzen. Werden deren Zertifikate nämlich gesperrt, kann dies zum Verlust der elektronischen Geschäftsfähigkeit für viele Schlüsselinhaber und dadurch zu großen Schäden im Geschäftsverkehr führen.

Die verletzlichkeitsreduzierende Technikgestaltung fordert, daß die Sicherungsinfrastruktur einen solchen Störfall beherrschen kann. Sie muß durch ihre Reaktionen unter Beweis stellen, daß sie handlungsfähig ist, und so die Vertrauensverluste in ihre Leistungen gering halten. Um gezielt auf die beiden Auslegungsstörfälle reagieren zu können, sind jeweils spezifische Handlungsoptionen für die Vertrauensinstanzen vorzusehen (K3).

## 2.2 Technische Gestaltungsziele
## für die „Sperrung für künftige Verwendung" (Beispiele)

Im Auslegungsstörfall „Sperren eines Zertifizierungsinstanz-Zertifikats für künftige Verwendung" bestehen zwei Handlungsalternativen. In der Variante eins müssen die Verwender der Zertifikate entscheiden können, ob ein Zertifikat nach dem Sperrzeitpunkt erzeugt wurde.[12] Eine Gestaltungsalternative für diese Variante ist im Rahmen von X.509 möglich, wenn durch die Zertifizierungstechnik sichergestellt wird, daß bestimmte Daten im Zertifikat authentisch sind. Zwei Gestaltungsoptionen werden für diesen Ansatz vorgestellt:

- *Authentischer Beginn des Gültigkeitszeitraums*: Alle Zertifikate, deren Gültigkeitsbeginn nach dem Sperrzeitpunkt liegen, werden von der Prüffunktion abgelehnt. Für diese Lösung muß die Prüffunktion davon ausgehen können, daß der Gültigkeitsbeginn von Zertifikaten nicht rückdatiert werden kann. Dies kann erreicht werden, wenn ein gesicherter Zeitpunkt in einem Sicherheitsmodul in das Zertifikat eingetragen wird und anschließend dort auch der Hash-Wert berechnet und mit dem Zertifizierungsinstanz-Schlüssel signiert wird.

- *Authentische Seriennummern der Zertifikate*: Wird die Seriennummer im Sicherheitsmodul des Zertifizierungsinstanz-Schlüssels vergeben und in das Zertifikat eingetragen, kann eine aufsteigende Folge garantiert werden. Der Hash-Wert und das zugehörige Kryptogramm müssen ebenfalls im Sicherheitsmodul berechnet werden. Das Sperrziel wird durch die „Sperrung aller Zertifikate oberhalb der Seriennummer n" erreicht. Diese Lösung ist unabhängig von Zeitangaben. Für die Gestaltungsalternative müßten z. B. CRLs nach X.509 um eine Extension erweitert werden, die diese Semantik repräsentiert.

Zertifikate, Sperrlisten und die Prüffunktion müssen so gestaltet werden, daß die jeweilige „Grenze" zwischen zulässigen und falschen Zertifikaten erkannt werden kann. Außerdem be-

---

12 Beispielsweise wurde in BSI 1997 vorgeschlagen, Zertifikate mit einem Zeitstempel auszustatten. Die Prüffunktion könnte dann den Sperrzeitpunkt des Zertifizierungsinstanz-Zertifikats gegen diesen Zeitstempel prüfen. Diese Lösung weist aber den Nachteil auf, daß der Aufbau von Zertifikaten erheblich erweitert werden muß und dies z. B. nicht ohne weiteres mit dem gegenwärtigen Format von X.509 v3 erreicht werden kann.

nötigt die Prüffunktion eine Information darüber, welche Regel durchgesetzt wird. Diese „Entscheidung" kann beispielsweise implizit für eine gesamte Zertifizierungshierarchie getroffen werden, wenn der Einsatz entsprechender Sicherheitsmodule verbindlicher Bestandteil des certification practice statement der Sicherungsinfrastruktur ist.

Die zweite Gestaltungsvariante besteht darin, den geheimen Schlüssel der Zertifizierungsinstanz zeitgerecht zu vernichten. Da dadurch keine weitere Zertifikate mehr ausgestellt werden können, muß auch keine Sperrung erfolgen. Lediglich wenn nachträglich Mißbrauch festgestellt wird, muß aus diesem Grund gesperrt werden.

## 2.3 Technische Gestaltungsziele für die „Sperrung in Mißbrauchsfällen" (Beispiele)

Ein anderer Auslegungsstörfall liegt vor, wenn festgestellt wird, daß ein Zertifizierungsinstanz-Schlüssel *mißbraucht* wurde, um *in der Vergangenheit* oder *rückdatierte* falsche Zertifikate auszustellen. Je nach angegriffener Zertifizierungsinstanz könnte der Angreifer falsche Zertifizierungsinstanz-Zertifikate oder falsche Teilnehmer-Zertifikate ausstellen. Wenn nicht bekannt ist, welche Zertifikate der Angreifer ausstellen konnte, kann in einem solchen Szenario eine gezielte Sperrung nachgeordneter Zertifikate unzureichend sein. Dennoch soll verhindert werden, daß falsche Zertifikate erfolgreich verwendet werden können. Eine Sperrung muß daher auch die „älteren" falschen Zertifikate erfassen. Im Unterschied zur „Sperrung für künftige Verwendung" muß die Sperrung des Zertifizierungsinstanz-Zertifikats daher *rückwirkend für einen Teilbaum* möglich sein. Diese Option wird aber beispielsweise nach § 7 Abs. 1 SigG ausgeschlossen.

Mit zwei der oben genannten Kriterien zur verletzlichkeitsreduzierenden Technikgestaltung sollen für diesen Auslegungsstörfall beispielhaft weitere Gestaltungsziele entwickelt werden.

**Transparenz (K2)**

Um die Schadenshöhe im Störfall zu begrenzen, muß das soziale System möglichst schnell reagieren können. Das Kriterium Transparenz (K2) fordert daher u. a., daß mißbräuchlich ausgestellte Zertifikate möglichst früh erkannt werden können. Dazu müssen Transparenzmechanismen bereitgestellt werden.

Eine *zentrale Lösung* stellt ein Dienstleister zur Verfügung, indem er anbietet, Zertifikate an einem Verzeichnis berechtigt ausgestellter Zertifikate zu prüfen. Ein solches Angebot ist beispielsweise nach § 5 Abs. 1 SigG vorgeschrieben. Zertifikate, die vorgeblich von einer bekannten Zertifizierungsinstanz ausgestellt wurden und die nicht im Verzeichnis enthalten sind, sind ein deutliches Indiz für Unregelmäßigkeiten mit dem Zertifizierungsinstanz-Schlüssel. Ein Verzeichnisdienst, der eine solche Situation feststellt, müßte unter Transparenzgesichtspunkten nicht nur den Teilnehmer über den Status „unbekannt" informieren,[13] sondern auch eine Alarmmeldung an die zuständigen Stellen übermitteln, z. B. die Regulierungsbehörde. Diese Meldung sollte die erforderlichen Überprüfungen und Notfallmaßnahmen auslösen.

---

13 So bspw. nach Sigl A5 1998.

Entsprechende Überprüfungen können aber auch *dezentral* vom Teilnehmer durchgeführt werden. Da ein Angreifer im allgemeinen Fall die Seriennummern ausgestellter Zertifikate frei wählen kann, genügt eine Liste der Nummern zu diesem Zweck nicht. Erforderlich ist vielmehr eine signierte Liste vollständiger Zertifikate. Je nach Angriffsszenario, das erkannt werden soll, können in eine solche Positiv-Liste nur Zertifizierungsinstanz-Zertifikate oder auch Teilnehmer-Zertifikate aufgenommen werden. In einer solchen dezentralen Lösung sollten die Teilnehmer technisch unterstützt werden, wenn sie Unregelmäßigkeiten an Vertrauensinstanzen melden wollen.

### Niedrige Störungsdynamik (K3)

Ein Beitrag zu einer niedrigen Störungsdynamik (K3) ist u. a. zu erwarten, wenn in der Sicherungsinfrastruktur Handlungsoptionen zur Verfügung stehen, um auf einen erkannten Störfall *gezielt zu reagieren*. Zunächst ist die betroffene Teilhierarchie zu sperren. Allerdings muß der Schaden für den Geschäftsverkehr durch „mitgesperrte" korrekte Zertifikate gering gehalten werden. Zur verletzlichkeitsreduzierenden Technikgestaltung trägt es daher bei, wenn berechtigten Schlüsselinhabern ihre elektronische Geschäftsfähigkeit möglichst schnell zurückgegeben werden kann. Dazu kann z. B. Vorsorge getroffen werden, wenn gesperrte nachgeordnete Teilhierarchien durch „Querzertifikate" wieder in den Wirkbetrieb eingegliedert werden können (Abb. 2). Für ein solches Vorgehen müssen die Zertifizierungstechnik, die Technikkomponenten der Schlüsselinhaber und der Signaturempfänger vorbereitet werden. Falls Zertifikatketten in digital signierte Dokumente integriert werden, [14] sind die Veränderungen in der Zertifizierungshierarchie auch in den elektronischen Dokumenten zu berücksichtigen.

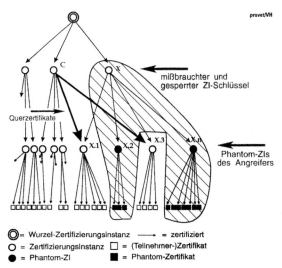

**Abb. 2:** Sperrung eines Teilbaums und Wiederfreigabe mit Querzertifikaten.

---

14 Hammer 1995, 265 ff.

Die Störungsdynamik ist um so niedriger, je geringer die Ausbreitung der Störung und je präziser die Handlungsmöglichkeiten des sozialen Systems sind. Dies ist für den Auslegungsstörfall zu erwarten, wenn die Mißbrauchsmöglichkeiten des Angreifers auf „kleine" Teilhierarchien begrenzt sind. Nach dem Kriterium der niedrigen Störungsdynamik (K3) ist deshalb zu fordern, daß mit jedem Zertifizierungsinstanz-Schlüssel nur eine begrenzte Zahl von Zertifikaten ausgestellt wird. Die so entstehende „breite" Zertifizierungshierarchie erlaubt die Sperrung falscher und die Wiederfreigabe ordnungsgemäßer Teilhierarchien mit feiner Granularität.

## 2.4 Konsequenzen

Wichtigste Konsequenz ist, daß in Sperrkonzepten die beiden Auslegungsstörfälle unterschieden werden müssen. Es muß sowohl die Möglichkeit zur „rückwirkenden Sperrung" der Zertifizierungsinstanz als auch die „Sperrung für künftige Verwendung" vorgesehen werden. Sowohl mit den Optionen des Standards X.509[15] als auch nach den Vorgaben des SigG werden die differenzierten Reaktionsmöglichkeiten bisher (Stand Dezember 1998) jedoch nicht ausreichend unterstützt. Eine Gestaltungsoption bestünde in einer verbindlichen Semantik für den Sperrgrund cACompromise[16], der zur Sperrung der nachgeordneten Teilhierarchie genutzt werden könnte. Ist es nicht gesetzt, würde sich die Sperrung nur auf Zertifikate beziehen, deren Gültigkeitsbeginn nach dem Sperrzeitpunkt liegt, anderenfalls wäre die gesamte Teilhierarchie als gesperrt anzusehen. Allerdings müßte auch – entgegen X.509 (1997) – das Critical Flag der Extension gesetzt werden, um die Interpretationsregel durchzusetzen. Soll die Entscheidung über das Mitsperren von Teilhierarchien unabhängig von diesem Informationsbit realisiert werden, könnte auch eine andere Extension für Sperreinträge definiert werden. Eine spezielle Extension wäre beispielsweise für die Sperrung von Seriennummernbereichen vorzusehen.

Ein weiteres Ergebnis bezieht sich auf die Struktur des Zertifizierungsgraphen (Zertifikate je Zertifizierungsinstanz-Schlüssel und Höhe der Zertifizierungshierarchie). Sicherheitskonzepte für Sicherungsinfrastrukturen sollten berücksichtigen, daß diese Struktur als Gestaltungsobjekt im Sinne der verletzlichkeitsreduzierenden Technikgestaltung genutzt werden kann.

# 3 Gestaltungsobjekt: Akzeptanzregeln für Gültigkeitsprüfungen von Zertifikatketten

Für die Akzeptanz von digitalen Signaturen sind die Gültigkeitszeiträume der in der Zertifikatkette enthaltenen Zertifikate zu prüfen. Diese Bewertung der Relationen zwischen Zeitpunkten und Gültigkeitszeiträumen - und nur diese - wird im hier verwendeten Sprachgebrauch als *Gültigkeitsprüfung* bezeichnet. Sie bezieht sich *nur* auf den Signaturzeitpunkt und die Validity-Angaben der Zertifikate! Die Gültigkeitsprüfung ist damit *ein* Prüftatbestand der Akzeptabilitätsprüfung neben vielen anderen, wie beispielsweise der mathematischen Prüfung oder der Sperrprüfung.

---

15  ITU-T X.509 1997.

16  Informationsbit für einen Sperrgrund

Die Standards X.509 oder PEM fordern für die Akzeptanz einer digitalen Signatur, daß zum Signaturzeitpunkt alle Zertifikate der Zertifikatkette gültig sind.[17] Diese Gültigkeitsregel wird als *Zertifizierungspfad-Gültigkeit* bezeichnet (vgl. Abb. 3). Damit bestimmt der früheste Endzeitpunkt eines Zertifikats in der Zertifikatkette, wann der Schlüsselinhaber mit dem korrespondierenden geheimen Schlüssel seine elektronische Geschäftsfähigkeit verliert.[18]

## 3.1 Auslegungsstörfall

Durch das Ende des Gültigkeitszeitraums eines Zertifizierungsinstanz-Zertifikats ist jedoch nicht nur ein Teilnehmer betroffen, sondern alle Zertifikate des nachgeordneten Teilbaums einer Zertifizierungshierarchie werden gleichzeitig ungültig. Alle Teilnehmer einer Zertifizierungshierarchie sind betroffen, wenn die Gültigkeit des Wurzel-Zertifizierungsinstanz-Schlüssels abläuft.

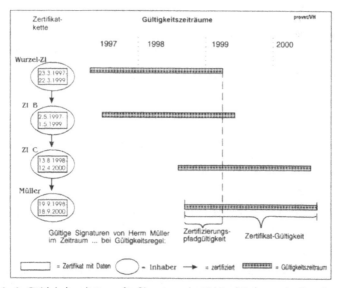

**Abb. 3:** Gültigkeitszeiträume für Signaturen in Abhängigkeit von der Regel zur Gültigkeitsprüfung. Zertifizierungspfad-Gültigkeit ist nur in der Schnittmenge der Gültigkeitszeiträume gegeben. Bei „Zertifikat-Gültigkeit" gilt dagegen die Bedingung, daß sich die Gültigkeitszeiträume der Zertifikate in der Zertifikatkette überlappen müssen.

---

17 Vgl. Bauspieß / Scheerhorn, DuD 1997, 334. Dies scheint auch die Gültigkeitsregel nach X.509 v3 zu fordern, obwohl die Formulierung „Check [...] that dates are valid, [...]" (ITU-T X.509 1997, Kap 12.4.3) auch eine andere Interpretation zulassen würde. Entsprechende Vorschläge finden sich auch bei Grimm / Nausester / Schneider 1990, 8, 35.

18 Zum folgenden ausführlich Hammer 1999, Kap. 14.5.1.

Aus der Perspektive der Gesellschaft führt diese Gültigkeitsregel deshalb zu einer hohen Störungsdynamik. Weil die Ausbreitung der Störung nicht durch „technische Ausbreitung", sondern durch die Synchronisation vieler Komponenten auf ein Ereignis ausgelöst wird, wird sie auch als *Synchronstörung* bezeichnet.

Die Zertifizierungsinstanzen werden zwar versuchen, eine solche Störung durch die Verlängerung von Zertifikaten oder einen Schlüsselwechsel mit den entsprechenden Austauschzertifikaten für die nachgeordneten Schlüssel zu vermeiden. Gelingt der Wechsel nicht rechtzeitig, tritt die Synchronstörung dennoch ein. Zu Störungsursachen können beispielsweise organisatorische Mängel, die Sperrung eines Zertifizierungsinstanz-Schlüssels nach mehrfacher Fehleingabe der Identifikationsdaten, ein technischer Defekt am Trägermedium oder bewußte Zerstörung beitragen.

## 3.2 Technische Gestaltungsziele (Beispiele)

### Alternative Gültigkeitsregel (niedrige Störungsdynamik, K3)

Unter Verletzlichkeitsgesichtspunkten ist eine Variante der Akzeptanzregel für Gültigkeitsprüfungen anzustreben, die Synchronstörungen vermeidet (niedrige Störungsdynamik, K3). Dies ist der Fall, wenn nicht Zertifizierungspfad-Gültigkeit, sondern nur *Zertifikat-Gültigkeit* in der Kette gefordert wird. Unter dieser Gültigkeitsregel ist eine Signatur genau dann gültig, wenn sie im Gültigkeitszeitraum des bestätigenden Zertifikats liegt. Die Kette der Zertifikate $Z_1$ bis $Z_n$ ist gültig, wenn jedes Zertifikat $Z_i$ im Gültigkeitszeitraum des übergeordneten Zertifikats ($Z_{i-1}$) ausgestellt wurde. Die Gültigkeitszeiträume müssen sich daher zwar überlappen, jeder einzelne darf aber über den des übergeordneten Zertifikats hinausreichen. Werden von einer Zertifizierungsinstanz kontinuierlich Zertifikate mit etwa gleicher Gültigkeitsdauer ausgestellt, verteilen sich auch die Gültigkeitszeiträume ohne besondere Maßnahmen. Gelingt ein Zertifikatwechsel einer Zertifizierungsinstanz nicht rechtzeitig, werden zu einem Zeitpunkt daher immer nur einige Teilnehmer-Zertifikate ungültig. Die Zahl der betroffenen Teilnehmer (hilfsweise als Maß für die Schadenshöhe) wächst deshalb nur langsam. Die Prüfregel „Zertifikat-Gültigkeit" vermeidet daher quasi inhärent, daß eine Kopplung eines nachgeordneten Teilbaums an das Gültigkeitsende eines Zertifikats entsteht.

### Transparenz (K2)

Wird dagegen Zertifizierungspfad-Gültigkeit gefordert, müssen gezielte organisatorisch-technische Maßnahmen ergriffen werden, um eine enge Kopplung an das Ende von Gültigkeitszeiträumen der Zertifizierungsinstanz-Zertifikate zu vermeiden. So sollte sichergestellt werden, daß Schlüsselinhaber *rechtzeitig erkennen* können, daß ihr Zertifikat ungültig wird (Transparenz, K2). Dieses Kriterium muß insbesondere für Zertifizierungsinstanzen konkretisiert werden. Für Zertifizierungsinstanzen als Zertifikatinhaber ist z. B. zu fordern, daß eine geeignete Technikkomponente regelmäßig den verbleibenden Gültigkeitszeitraum ihrer Zertifikatkette überprüft. Ab einem Mindestzeitraum wird eine Warnfunktion aktiviert, die den organisatorischen Maßnahmen den notwendigen Vorlauf verschafft.

Aber auch für eine übergeordnete Zertifizierungsinstanz in ihrer „aktiven Rolle" können Transparenzmechanismen realisiert werden. So können die ausgestellten Zertifikate regelmäßig auf ihr Gültigkeitsende überprüft werden. Eine Warnfunktionen kann frühzeitig auf die

Zertifikate hinweisen, die demnächst auslaufen werden. Die Zertifizierungsinstanz kann dann aktiv werden und den betreffenden Schlüsselinhaber, insbesondere nachgeordnete Zertifizierungsinstanzen, darauf hinweisen, daß ein Zertifikatwechsel notwendig ist.

**Niedrige Störungsdynamik (K3) bei Zertifizierungspfad-Gültigkeit**

Eine niedrige Störungsdynamik wird erreicht, wenn im Störfall vor dem Eintreten von Schäden ausreichend Zeit bleibt, um zu reagieren. Die Zertifizierungsinstanz-Zertifikate müssen also bei Zertifizierungspfad-Gültigkeit deutlich vor ihrem Auslaufen gewechselt werden. Dieser frühzeitige Wechsel könnte technisch zusätzlich „motiviert" werden, wenn ab einer vorgegebenen Frist keine neuen Zertifikate mit dem Zertifizierungsinstanz-Schlüssel mehr ausgestellt werden können, obwohl dieser noch gültig ist. Auch Verfügbarkeitsanforderungen für Zertifizierungsinstanz-Schlüssel müssen unter der möglichen Synchronstörung bewertet werden, insbesondere für Wurzel-Zertifizierungsinstanzen.

Die Maßnahmen verringern die Störungsdynamik nur im Vorfeld des Gültigkeitsendes. Sie beeinflussen sie nicht, wenn das Gültigkeitsende eines Zertifizierungsinstanz-Zertifikats doch erreicht wird. Für diese Situation muß für die Teilnehmer eine Handlungsoption geschaffen werden. Eine Möglichkeit besteht darin, daß sie ihre Prüffunktion (temporär) so einstellen können, daß auch Zertifikatketten mit abgelaufenen Zertifizierungsinstanz-Zertifikaten akzeptiert werden. Entsprechendes gilt für Vertrauensinstanzen, die eine on-line-Status-Prüfung für Zertifikate oder Zertifikatketten anbieten. In dieser Variante verzichten die Teilnehmer temporär auf bestimmte Leistungen der Sicherungsinfrastruktur. Diese graduelle Reduktion sozialer Funktionen (K4) trägt ebenfalls in spezifischer Weise zur Verminderung der Störungsdynamik bei.

## 3 Konsequenzen

Durch organisatorische und technische Maßnahmen kann zwar die Störungsdynamik für die Prüfregel „Zertifizierungspfad-Gültigkeit" verringert werden. Aus der Sicht der verletzlichkeitsreduzierenden Technikgestaltung spricht allerdings mehr für die Prüfung nach Zertifikat-Gültigkeit. Bestehende Standards setzen bisher allerdings Zertifizierungspfad-Gültigkeit ein. Ein Wechsel wäre leicht in Sicherungsinfrastrukturen möglich, die für einen abgegrenzten Anwendungsbereich realisiert werden, z. B. im Gesundheitswesen. Für andere Bereiche könnte sich eine Migrationsstrategie anbieten. In Zertifikaten kann in einer nicht-kritischen Extension die Gültigkeitsregel angegeben werden, nach der zu prüfen ist. Sicherungsinfrastrukturen, die Zertifikat-Gültigkeit präferieren, streben trotzdem an, daß die Bedingung „Zertifizierungspfad-Gültigkeit" durch geeignete Zertifikatwechsel erfüllt wird. Beim Eintreten der Synchronstörung würde die Störungsdynamik dann von den Technikkomponenten der Teilnehmer bestimmt: Teilnehmer, deren Prüffunktionen die Extension unterstützt, wären von der Störung nur „langsam" betroffen.

Auch wenn die Gültigkeitsprüfung hier getrennt diskutiert wurde, müssen für konkrete Implementierungen die Wechselwirkungen zu anderen Prüftatbeständen berücksichtigt werden. So müssen bei Zertifikat-Gültigkeit die Zertifikate von Zertifizierungsinstanzen über ihren Gültigkeitszeitraum hinaus im Verzeichnis und gegebenenfalls in Sperrlisten geführt werden, bis das letzte Teilnehmer-Zertifikat des jeweiligen Teilbaums ausgelaufen ist. Je nach Sperrkonzept und -grund muß selbstverständlich auch der Sperrzeitpunkt in Sperrprüfungen in Relation zu Signaturzeitpunkten bewertet werden (vgl. oben Kapitel 2).

# 4 Empfehlung

Mit den sozio-technischen Kriterien zur verletzlichkeitsreduzierenden Technikgestaltung können Gestaltungsalternativen erschlossen werden, die die Schadenspotentiale von Störungen begrenzen oder Beobachtungs- und Handlungsoptionen eröffnen, um sie zu beherrschen. Sie ergänzen die herkömmlichen IT-Sicherheitsansätze. Im Sinne einer sozialverträglichen Technikgestaltung und zur Verbesserung der Akzeptanz gerade in neuen Technikfeldern sollten die Kriterien daher in der Anforderungsanalyse systematisch eingesetzt werden.

Für Sicherungsinfrastrukturen und die Anwendung öffentlicher Schlüsselverfahren sind sie dementsprechend in Entwurfsentscheidungen zu berücksichtigen. Gegenwärtig bestehen noch sehr gute Aussichten, daß durch eine vorlaufende Gestaltung verletzlichkeitsreduzierende Technikvarianten realisiert werden können, beispielsweise für die rechtsverbindliche Telekooperation. Wird die Technik heute nach diesen Zielen gestaltet, können morgen viele Individuen, Organisationen und gesellschaftliche Gruppen von niedrigen Schadenspotentialen profitieren.

# Literatur

[BaSc97]    R. Bauspieß, A. Scheerhorn: Zertifikatswechsel und Schlüsselgültigkeiten – Schlüsselwechsel - Szenarien auf der Basis von RFC 1422. DuD 6/1997, 334-340.

[BSI97]     Bundesamt für Sicherheit in der Informationstechnik (1997, Hrsg.): Maßnahmenkataloge zu SigG/SigV, Version September/Oktober 1997 (Draft), Bonn, 1997.

[Grim94]    R. Grimm: Sicherheit für offene Kommunikation – Verbindliche Telekooperation. Mannheim, 1994.

[Grim90]    R. Grimm, R-D. Nausester, R., W. Schneider: Secure DFN. - Vol. 1: Principles of Security Operations, Version 1, internes Papier, GMD, Darmstadt, 1990.

[Gugg87]    B. Guggenberger: Das Menschenrecht auf Irrtum. München, Wien, 1987.

[Hamm99]    V. Hammer: Die 2. Dimension der IT-Sicherheit – Verletzlichkeitsreduzierende Technikgestaltung am Beispiel von Public Key Infrastrukturen. Braunschweig/Wiesbaden, 1999, im Erscheinen.

[Hamm95]    V. Hammer: Digitale Signaturen mit integrierter Zertifikatkette – Gewinne für den Urheberschafts- und Autorisierungsnachweis.In: H.H. Brüggemann, W. Gerhardt-Häckl (Hrsg.): Verläßliche IT-Systeme – Proceedings der GI-Fachtagung VIS '95, Braunschweig/Wiesbaden, 1995, 265 ff.

[ITSE93]    ITSEC (1993): Kriterien für die Bewertung der Sicherheit von Systemen der Informationstechnik – Information Technology Security Evaluation Criteria (ITSEC). Version 1.2, in: Internationale Sicherheitskriterien – Kriterien zur Bewertung der Vertrauenswürdigkeit von IT-Systemen sowie von Entwicklungs- und Prüfumgebungen, München, 1993, 427 ff.

[ITUT97]    ITU-T X.509 – International Telecommunication Union - Telecommunication sector (1997): ITU-T Recommendation X.509 – Information Technology - Open Systems Interconnection – The Directory: Authentication Framework, 06/1997 (= ISO/IEC 9594-8), 1997 E.

[JuSl93]    H. Jungermann, P. Slovic: Die Psychologie der Kognition und Evaluation von Risiko. In: G. Bechmann (Hrsg.): Risiko und Gesellschaft, Opladen, 1993, 167 ff.

[Leve95]    N. G. Leveson: Safeware - System Safety and Computers. Bonn, 1995.

[RaPM97]    K. Rannenberg, A. Pfitzmann, G. Müller: Sicherheit, insbesondere mehrseitige IT- Sicherheit. In: G. Müller, A. Pfitzmann (Hrsg.): Mehrseitige Sicherheit in der Kommunikationstechnik, Bonn; Reading, Massachusetts, 1997, 21 ff.

[RWHP90a]   A. Roßnagel, P. Wedde, V. Hammer, U. Pordesch: Die Verletzlichkeit der 'Informationsgesellschaft'. Opladen, 1990.

[RWHP90b]   A. Roßnagel, P. Wedde, V. Hammer, U. Pordesch: Digitalisierung der Grund-
            rechte? Zur Verfassungsverträglichkeit der Informations- und Kommunikation-
            stechnik. Opladen, 1990.

[REHN96]    G. Rudinger, J. Espey, H. Holte, H. Neuf: Der menschliche Umgang mit Unsi-
            cherheit, Ungewißheit und (technischen) Risiken aus psychologischer Sicht. In:
            BSI - Bundesamt für Sicherheit in der Informationstechnik (Hrsg.): Kulturelle
            Beherrschbarkeit digitaler Signaturen – Interdisziplinärer Diskurs zu quer-
            schnittlichen Fragen der IT-Sicherheit, Ingelheim, 1996, 128-154.

[BGGS98]    SigI A5 - A. Berger, A. Giessler, P. Glöckner, W. Schneider: Spezifikation zur
            Entwicklung interoperabler Verfahren und Komponenten nach SigG/SigV –
            SigI Abschnitt A5 Verzeichnisdienst, BSI, Bonn, 1998, Version 1.0.

[Wehn93]    T. Wehner: Zum Umgang mit Fehlern. BSI-Forum in KES 5/1993, 49.

# Technische Randbedingungen für einen datenschutzgerechten Einsatz biometrischer Verfahren

Marit Köhntopp

Landesbeauftragter für den Datenschutz Schleswig-Holstein
marit@koehntopp.de

## Zusammenfassung

Biometrische Verfahren werden immer häufiger eingesetzt. Mit ihrer Hilfe läßt sich in vielen Fällen der Grad der Datensicherheit erhöhen. Allerdings können sie ebenso ein erhebliches Risiko für das informationelle Selbstbestimmungsrecht des Einzelnen darstellen. Dem kann nur begegnet werden, indem bei der technischen Realisierung bestimmte Anforderungen umgesetzt werden. Dazu gehören Methoden der Verschlüsselung, der verteilten Datenspeicherung und der Kontrollmöglichkeiten durch den Nutzer. Zusätzlich sind organisatorische Maßnahmen für einen datenschutzgerechten Einsatz erforderlich. Werden diese Randbedingungen eingehalten, können biometrische Verfahren sogar als Beispiel für datenschutzfreundliche Technologien (Privacy-Enhancing Technologies, PET) angesehen werden, mit denen personenbezogene Daten besonders gut zu schützen sind.

## 1 Einleitung

Bei Authentisierungsverfahren unterscheidet man die Bereiche „Wissen", „Besitz" und „Sein". Im Gegensatz zu Authentisierungsverfahren, die auf der Eingabe eines Paßworts (Wissen) oder dem Einlesen einer Chipkarte (Besitz) beruhen, basieren biometrische Verfahren auf physiologischen oder verhaltenstypischen Charakteristika des Nutzers. Durch eine geeignete Auswahl dieser Charakteristika läßt sich eine eindeutige Zuordnung zu einem speziellen Menschen erreichen. Beispiele für biometrische Merkmale, die einzeln oder kombiniert in bestehenden Verfahren ausgewertet werden, sind Gesicht, Netzhaut, Iris, Ohr, Fingerabdruck, Handgeometrie, Venenmuster auf dem Handrücken, Geruch, Wärmeabstrahlung des Körpers, Stimme, Sprechverhalten, Unterschrift, Schreibverhalten sowie Anschlagdynamik auf einer Tastatur [Wirt99].

### 1.1 Einsatzbereiche für biometrische Verfahren

Biometrische Verfahren können beispielsweise zur Zugangs- oder Zugriffskontrolle für IT-Systeme dienen. Ein anderer Einsatzbereich ist die Abgabe von Willenserklärungen; zum Beispiel können beim Versehen von Dokumenten mit einer digitalen Signatur biometrische Merkmale anstatt Besitz und Wissen zur Freischaltung des privaten Schlüssels verwendet werden. Für Verfahren nach dem Signaturgesetz ist vorgesehen, daß der private Signaturschlüssel erst nach einer Identifikation des Inhabers durch Besitz und Wissen angewendet werden kann; biometrische Merkmale können *zusätzlich* genutzt werden (§ 16 Abs. 2 Signaturverordnung (SigV)). Biometrische Verfahren lassen sich aber auch bei Verfahren der digitalen Signatur einsetzen, die dem Signaturgesetz nicht genügen.

## 1.2 Datenfluß in biometrischen Systemen

Damit das biometrische System arbeiten kann, müssen zunächst für alle Nutzer die Referenzdaten gespeichert werden. Diesen Prozeß der Referenzdatenerfassung bezeichnet man als
„Einlernen" (siehe Abb. 1). Dazu werden zunächst die biometrischen Daten der Nutzer (mehrfach) mit Hilfe von Sensoren erfaßt und digitalisiert. Nach bestimmten Regeln werden diese
umfangreichen Informationen zu komprimierten Referenzdatensätzen umgewandelt, die nach
einer Merkmalsextraktion die ausgewerteten Musterinformationen der Originaldaten enthalten. Wenn sich der Nutzer später gegenüber dem System identifiziert, werden seine aktuell
erhobenen biometrischen Merkmale wiederum zu Datensätzen mit den ausgewerteten Musterinformationen reduziert und diese mit den Referenzdaten abgeglichen.

Das Einlernen kann einmalig vor der Nutzung stattfinden; es gibt jedoch auch Systeme, die
adaptiv arbeiten, so daß auch bei sich verändernden Merkmalen wie durch den Alterungspro-
zeß die Funktionsfähigkeit der biometrischen Verfahren erhalten bleibt, ohne gesondert einlernen zu müssen.

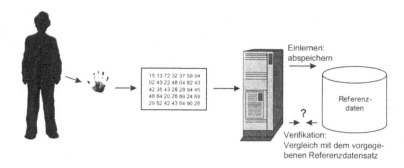

**Abb. 1:** Datenfluß bei biometrischen Verfahren: Einlernen und Verifikation

Man unterscheidet zwei verschiedene Zielsetzungen von biometrischen Verfahren: die Verifikation und die Identifikation. Während bei der *Verifikation* (siehe Abb. 1) die Eingangsdaten
mit den Referenzdaten der Person verglichen werden, als die sich der Nutzer ausgibt, um deren Identität zu bestätigen (1:1-Vergleich mit dem Datenbestand), soll bei der *Identifikation*
(siehe Abb. 2) durch einen 1:*n*-Vergleich mit den gespeicherten Referenzdaten vieler Individuen die Identität einer bestimmten Person festgestellt werden [TTT98].

## 2 Chancen und Risiken biometrischer Verfahren

Biometrische Verfahren bieten Chancen für einen besseren Datenschutz, da sich durch ihren
Einsatz der Grad der Datensicherheit erhöhen kann. Allerdings gehen von ihnen auch Gefahren für das informationelle Selbstbestimmungsrecht aus (s.a. [Weic97]), sofern man nicht die
Anforderungen an einen datenschutzgerechten Einsatz berücksichtigt. Im folgenden werden
die Chancen und die Risiken dargestellt.

## 2.1 Chancen für die Datensicherheit

Da die biometrischen Merkmale an konkrete physiologische oder verhaltenstypische Besonderheiten einer Person gebunden sind, lassen sie sich nur schwer von Unbefugten fälschen oder kopieren. Bei einer korrekten Zuordnung der Identität einer Person zu den Referenzdaten können biometrische Verfahren tatsächlich die Überprüfung leisten, ob es sich um die entsprechende Person handelt. Dagegen ist die Datensicherheit bei Paßwörtern in der Regel als nicht so groß anzusehen, denn Paßwörter können weitergesagt, ausgespäht oder durch Ausprobieren erraten werden, und auch Sicherheitstoken wie Chipkarten sind nicht an die Person gebunden, sondern können weitergegeben oder entwendet werden. Daher wird bei diesen Authentisierungsverfahren nicht der Nutzer selbst, sondern nur sein Wissen und/oder Besitz abgeprüft.

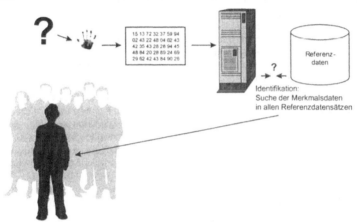

**Abb. 2:** Datenfluß bei biometrischen Verfahren: Identifikation

Vielfach wird als Argument gegen biometrische Verfahren ins Feld geführt, daß ein Angreifer auf das System den berechtigten Nutzer zu einer Authentisierung und damit einer Freischaltung eines Zugangs o.ä. zwingen könnte (gilt ebenso für herkömmliche Verfahren, nur daß sich in diesen Fällen Besitz oder Wissen weitergeben ließen) und sich zu diesem Zweck sogar bei Einsatz entsprechender Verfahren gewaltsam bestimmter Körperteile bemächtigen könnte. Gegen eine erzwungene Authentisierung des echten Berechtigten durch einen unberechtigten Nutzer lassen sich technische Maßnahmen treffen. So kann eine Notfallschaltung ausgelöst werden, wenn die Authentisierung leicht modifiziert erfolgt, z.B. die Person für die Fingerabdruckmessung einen anderen Finger verwendet, der vorher als „Notfinger" bestimmt wurde; bei Spracherkennungssystemen könnte ein vorher vereinbarter „Notbegriff" geäußert werden. Daraufhin würden automatisiert vordefinierte Aktionen ausgelöst werden, z.B. Auslösen eines stillen Alarms o.ä. Viele Systeme sehen bereits „Lebend-Checks" vor, damit die Authentisierung nicht mit nachgemachten oder toten Objekten, z.B. einem abgetrennten Finger, ermöglicht wird.

Es darf jedoch nicht verschwiegen werden, daß die biometrische Sicherheit der Verfahren von Wahrscheinlichkeiten abhängt und kalibriert werden muß. Bei den Einstellungen der Toleranz geht es darum, sowohl den Anteil der fälschlich zurückgewiesenen Nutzer (False Rejection Rate, FRR) als auch den Anteil der fälschlich vom System zugelassenen Personen (False Acceptance Rate, FAR) möglichst klein zu halten. FAR und FRR sind voneinander abhängig, d.h. wenn die eine Fehlerrate steigt, sinkt gleichzeitig die andere. Vielfach verwendet man als Einstellung für das biometrische System den (möglichst minimalen) Wert, bei dem beide Fehlerraten gleich sind, die Equal Error Rate (EER). Wegen der Variabilität des biometrischen Systems nimmt die EER im allgemeinen nicht den Idealwert Null an. Je nach Zielanwendung ist es sinnvoll, auch andere Einstellungen zu wählen: Für besonders hohe Sicherheitsanforderungen kann man beispielsweise eine höhere FRR in Kauf nehmen, so daß berechtigte Nutzer ggf. erst nach mehrfachen Identifikationsversuchen vom System zugelassen werden, aber die Gefahr der falschen Akzeptanz minimiert ist.

Der Grad der Datensicherheit, die bei biometrischen Verfahren erreicht werden kann, hängt in großem Maße vom Schutz der Referenzdaten und den Vergleichsmechanismen ab. Zunächst müssen diese tatsächlich von den Merkmalen der Person stammen, der sie zugeordnet sind. Ihre Integrität muß beim Einlernen, aber auch anschließend stets gewährleistet sein. Darüber hinaus dürfen die Eingabedaten, die die Sensoren aus den biometrischen Merkmalen gewinnen, nicht abgehört und wiedereingespielt, aber auch nicht ohne Mitwirkung des Nutzers einfach reproduziert werden können.

Biometrische Verfahren können in vielen Fällen mehr Sicherheit für eine Verifikation oder Identifikation der Nutzer bieten als herkömmliche Methoden. Inwieweit sich solche Verfahren auf dem Markt durchsetzen können, liegt neben dem Grad an Sicherheit vor allem an der Akzeptanz der Betreiber und der Nutzer. Während aus Betreibersicht insbesondere ein vertretbares Maß an finanziellem und personellem Aufwand von Bedeutung ist, hängt die Akzeptanz durch die Verbraucher stark von der Benutzungsfreundlichkeit, der Sozialverträglichkeit und der datenschutzgerechten Gestaltung der Systeme ab.

## 2.2 Gefahren für das informationelle Selbstbestimmungsrecht

Betrachtet man biometrische Verfahren rein aus Sicht der Datensicherheit, ist die enge Bindung biometrischer Merkmale an eine Person im großen und ganzen zu begrüßen, denn das unterscheidet die Systeme von Authentisierungsverfahren, die lediglich auf Wissen und Besitz basieren. Allerdings wird generell empfohlen, daß die Authentisierungsinformationen für jede Rolle, die der Nutzer wahrnimmt (z.B. Standardbenutzer, Personalreferent mit Zugriff auf geschützte Personaldaten, Systemadministrator), verschieden sein sollen, um mögliche Angriffe aufwendiger zu machen. Ohnehin ist für jede Anwendung zu prüfen, ob die Informationen, die auf die *Identität* einer Person schließen lassen, überhaupt erforderlich sind oder ob nicht vielmehr ein Handeln unter Pseudonym, in der jeweiligen *Rolle*, ausreicht.

Darüber hinaus können biometrische Merkmale nicht abgelegt werden wie beispielsweise ein Dienstausweis oder eine Erkennungsmarke, sondern sind womöglich das ganze Leben lang an die Person gebunden, so daß die Gefahr des Mißbrauchs besteht. Daneben lassen sich die biometrischen Merkmale selbst (Finger, Stimme, Gesicht, Schreibverhalten usw.) nicht wie statische Zugangsdaten bei vertrauenswürdigen Stellen hinterlegen, um in definierten Notfällen auf ein Backup zugreifen zu können.

Die enge Personenbindung der biometrischen Merkmale kann aus verschiedenen Gründen ein Risiko für Datenschutzbelange darstellen. So lassen sich durch Sensoren sehr viel mehr Informationen aufnehmen, als für die biometrische Identifikation gebraucht wird. Ein Beispiel ist die Genomanalyse, aus der sich bereits heute bestimmte Veranlagungen oder Krankheiten ableiten lassen und die künftig möglicherweise noch weitergehende Informationen über persönliche Dispositionen erkennen läßt. Heutzutage werden in einigen Nationen der Europäischen Union Vorschläge diskutiert, das DNA-Profil bereits bei der Geburt zu speichern. Aber auch andere biometrische Merkmale können weitere Informationen liefern, z.B. Iris- und Netzhautscans, an denen sich Diabetes oder Bluthochdruck erkennen läßt. Nicht nur über Krankheiten, sondern auch über die momentane Stimmung der Person können ggf. automatisiert Informationen geliefert werden.

Das können Überwachungstechnologien wie „Human Identity Recognition and Tracking Systems" ausnutzen, die immer weiter ausgebaut werden [STOA98]. So werden beispielsweise Systeme entwickelt, die Menschen anhand ihrer Gesichter sogar innerhalb größerer Gruppen erkennen oder ihren Weg verfolgen. Beobachtungen durch Nachtsichtgeräte können dabei ebenso verwertet werden wie Bilder aus Flugüberwachungen oder Satelliten, analysiert beispielsweise durch neuronale Netze. Andere Systeme identifizieren die Personen über die Stimme, z.B. bei abgehörten Telefongesprächen, anhand ihrer Bewegungen, ihres Verhaltens oder sogar ihres Geruchs. Die Systeme können stationär, z.B. an Grenzstationen, installiert sein, aber auch mobil verwendet werden. Hierdurch sind unbemerkte Erhebungen der biometrischen Daten möglich, die sich für illegale Rasterfahndungen verwenden lassen.

Nicht alle Systeme basieren auf einer Identitätserkennung, sondern in einigen Fällen reicht es aus, wenn auf bestimmtes Verhalten reagiert wird, z.B. Alarmauslösen bei Verdacht auf Autodiebstahl bei „verdächtigen" Bewegungen. Wenn die verdächtigen Aktionen zu weitreichend definiert sind (z.B. Verdacht, wenn die Autotür nicht nach 5 Sekunden geöffnet ist), kann dies die Freiheit des Einzelnen beschränken, da ihm womöglich bestimmte „unverdächtige" Verhaltensmuster aufgezwungen werden.

Nachdem in China bereits 1989 importierte Systeme, die eigentlich für eine verbesserte Kontrolle der Verkehrslast gedacht waren, beim Massaker auf dem Tiananmen-Platz zur Aufzeichnung und Verfolgung der demonstrierenden Studenten verwendet worden waren, werden immer noch ähnliche Systeme in Orte wie Lhasa in Tibet exportiert, in denen es gar keine Verkehrsprobleme gibt. Man kann davon ausgehen, daß auch solche biometrischen Systeme, die für eine Überwachung tauglich sind, von totalitären Regimes eingeführt und zu diesem Zweck eingesetzt werden.

Außerdem können die in biometrischen Systemen gespeicherten Referenzdaten ausgewertet werden. Besonders kritisch ist es, wenn sich aus diesen Daten auf die Identität der natürlichen Person rückschließen läßt. Aber auch eine Rasterfahndung, bei der erhobene und vorverarbeitete biometrische Werte gegen die in der Referenzdatenbank gespeicherten Informationen abgeglichen werden, ist bedenklich. Werden aussagekräftige personenbeziehbare Daten zentral in biometrischen Verfahren gespeichert, bestehen Gefahren für das informationelle Selbstbestimmungsrecht schon wegen der weitgehenden Übermittlungsbefugnisse im Privatbereich und der umfassenden Datenerhebungsbefugnisse der Sicherheitsbehörden. Es bedarf der juristischen Klärung, wie solche Datenbanken im Vergleich zu polizeilichen erkennungsdienstlichen Sammlungen einzuordnen sind.

# 3 Datenschutzgerechte biometrische Verfahren

In diesem Abschnitt werden die Anforderungen an einen datenschutzgerechten Einsatz biometrischer Verfahren formuliert, die durch technische und organisatorische Maßnahmen erfüllt werden müssen [GuKö99]. Es hat sich gezeigt, daß bereits bei der Konzeption und Implementierung auf eine datenschutzgerechte Gestaltung hingewirkt werden sollte, damit möglichst viel Datenschutz technisch im System selbst realisiert wird. Einige Ansätze für technischen Datenschutz in biometrischen Systemen werden vorgestellt.

## 3.1 Anforderungen für einen datenschutzgerechten Einsatz

Aus den beschriebenen Risiken ergeben sich technische und organisatorische Anforderungen, um eine datenschutzgerechte Nutzung der biometrischen Verfahren zu erreichen. Zuallererst sollten stets möglichst wenig Personeninformationen erhoben, gespeichert und verarbeitet werden, denn wo personenbezogenen Daten gar nicht erst anfallen, können auch keine mißbräuchlich genutzt werden. Die vorhandenen Daten sind nach dem Grundsatz der Zweckbindung gegen unberechtigte Zugriffe zu schützen. Ein zentraler Punkt dabei ist die Kontrollmöglichkeit des Nutzers darüber, wie mit seinen personenbezogenen Daten umgegangen wird. Diese Möglichkeit hat der Nutzer am ehesten, wenn sich die Daten in seinem Herrschafts- und Einflußbereich befinden. Doch auch die an anderen Stellen gespeicherten Daten sind gegen unberechtigte Aktionen abzuschotten. Um Vertrauen bei den Nutzern zu schaffen, sollten alle Betroffenen über das biometrische System informiert und ihnen die Arbeitsweise, insbesondere in bezug auf die eigenen Daten, je nach Interesse transparent gemacht werden. Schließlich sind Prüfungen und Kontrollen von Bedeutung.

### 3.1.1 Datenvermeidung und Datensparsamkeit

Das Verfahren sollte so ausgewählt sein, daß die biometrischen Eingabe- und Referenzdaten keinen überschießenden Informationsgehalt beinhalten. Generell muß man sich am Grundsatz der Datensparsamkeit orientieren. Daher sind Verfahren zu bevorzugen, bei denen gar keine personenbezogenen Daten im Klartext für den Betreiber zugänglich sind, z.B. indem sie allein im Nutzerbereich gespeichert und verarbeitet werden oder nur verschlüsselt vorliegen. Wenn nicht von Anfang an auf eine Erhebung bestimmter Daten verzichtet werden kann, sollte geprüft werden, ob nicht im nachhinein eine Anonymisierung oder Pseudonymisierung möglich ist bzw. die Daten nicht ganz gelöscht werden können, weil sie nicht mehr erforderlich sind. Daraus resultieren die folgenden Anforderungen:

- Nur die wirklich erforderlichen Daten dürfen verarbeitet (erhoben, gespeichert, ausgewertet) werden, um das Risiko einer mißbräuchlichen Auswertung zu minimieren.
- Die Daten dürfen keine Hinweise auf die Veranlagung, die Gesundheit oder das Verhalten der Nutzer liefern. Sie sollten nicht auf Dauer an den Nutzer gebunden werden können, da dann die Mißbrauchsgefahr entsprechend lange anhält.
- Aus den im System hinterlegten Referenzdaten allein darf nicht auf die natürlichen Personen oder ihre biometrischen Merkmale (z.B. die analysierte Unterschrift im Klartext) rückgeschlossen werden können. Nach Möglichkeit sollte dies ebenfalls ausgeschlossen sein, wenn die Daten mehrerer biometrischer Verfahren zusammengeführt werden.
- Es dürfen mit Hilfe der Referenzdaten keine Aktionen der Nutzer vorgetäuscht werden können (z.B. Einbringen von falschen Fingerabdrücken oder Unterschriften).
- Für verschiedene Rollen sollten mehrere Pseudo-Identitäten vergeben werden, die sich beispielsweise an unterschiedliche biometrische Merkmale binden lassen. Dazu kann auch die Notfallrolle mit vordefiniertem „Notfinger" o.ä. gehören.

## 3.1.2 Nutzerkontrolle

Die Nutzerkontrolle besteht in einer aktiven Mitwirkung des Nutzers. Das gilt für das biometrische Verfahren an sich, aber auch für die dezentral im Nutzerbereich gespeicherten Daten:

- Es sollten Verfahren ausgewählt werden, die die aktive Mitwirkung der Nutzer erfordern, so daß eine unbemerkte Datenerhebung ausgeschlossen ist.
- Für eine Kontrolle des Nutzers über seine personenbezogenen Identifikationsdaten müssen diese in seinem Verfügungsbereich gespeichert sein. Rein zentrale Lösungen sind daher zu vermeiden. Statt dessen muß für einen Zugriff das Mitwirken des Nutzers notwendig sein, z.B. durch seine aktive Freischaltung der auf einer Chipkarte gespeicherten Daten (dezentrale oder verteilte Speicherung).

## 3.1.3 Sicherheit der personenbezogenen Daten

Jede Form des unberechtigten Zugriffs ist zu unterbinden:

- Die Zugriffsberechtigungen müssen restriktiv vergeben werden.
- Die Vertraulichkeit und Integrität ist für sämtliche gespeicherten Daten zu gewährleisten.
- Sollen Protokollierungen innerhalb der biometrischen Systeme vorgenommen werden (z.B. zur Zugangskontrolle), so müssen im voraus die Art, der Umfang und die Auswertungsverfahren festgelegt werden.
- Für alle gespeicherten Daten in bezug auf die Verfahren (z.B. Eingabe-, Referenz-, Protokolldaten) ist die Zweckbindung zu beachten.

## 3.1.4 Transparenz

Die Verfahren sollten sowohl für die Betreiber und dessen Mitarbeiter möglichst transparent arbeiten (Innentransparenz) als auch in ihrer Funktionsweise, insbesondere in bezug auf den Datenfluß, den Nutzern sowie bei Bedarf Experten und Gutachtern offengelegt werden (Außentransparenz):

- Es darf kein unbemerktes Erfassen und Auswerten biometrischer Merkmale geben; vielmehr sind Verfahren zu bevorzugen, die eine aktive Mitwirkung des Nutzers erfordern.
- Die Nutzer sind über die Funktionsweise der Verfahren zu informieren. Insbesondere ist es notwendig, daß die Nutzer einschätzen können, welcher Grad an Sicherheit erreicht wird und welche Risiken verbleiben.
- In jedem Fall ist die Ordnungsmäßigkeit der Datenverarbeitung sicherzustellen. Dazu gehört, daß die Verfahren für die Nutzer transparent sind, daß die Revisionsfähigkeit gegeben ist und daß eine ausreichende Dokumentation der Datenverarbeitung (Software, Hardware, Datenfluß, organisatorisches Umfeld, Sicherheitsmaßnahmen) erfolgt.
- Um die tatsächliche Sicherheit auch aus Betreibersicht einschätzen zu können, ist ein Test der Verfahren erforderlich. Dabei muß u.a. geklärt werden, ob die Aktionen eines Unberechtigten fälschlicherweise einer anderen Person zugerechnet werden können und wie wahrscheinlich ein fälschliches Akzeptieren unberechtigter Benutzer ist.
- Die Offenlegung der Verfahren ist eine Voraussetzung für ein Datenschutz-Audit oder eine Zertifizierung in Verbindung mit einer Evaluation.

## 3.1.5 Prüfungen und Kontrollen

Unabhängige Stellen, z.B. die Datenschutzbeauftragten, sollten die Verarbeitung personenbezogener Daten durch die biometrischen Systeme kontrollieren. Denkbar sind generelle Evaluationen der jeweiligen Verfahren und Produkte, aber auch ein Datenschutz-Audit für die zugrundeliegenden Konzepte. Darüber hinaus muß den Prüfinstanzen ein Soll-Ist-Vergleich in bezug auf die realen Verarbeitung der personenbezogenen Daten möglich sein.

Die vorgestellten Anforderungen können dazu dienen, auf seiten der Nutzer Vertrauen aufzubauen und eine Akzeptanz biometrischer Verfahren zu erreichen. Dies ist eine Voraussetzung für den breiteren Einsatz und ein Durchsetzen gegenüber herkömmlichen Authentisierungsmethoden.

## 3.2 Lösungsansätze für den datenschutzgerechten Einsatz

Die Technik kann dabei helfen, einige der geschilderten Anforderungen zu lösen. Mit Standardverfahren wie geeigneten Benutzerprofilen und Access Control Lists lassen sich beispielsweise maßgeschneiderte Zugriffsberechtigungen realisieren. Um die Integrität der Daten und Programme zu gewährleisten, kommen allgemein Prüfsummen und digitale Signaturen in Frage. Mit Hilfe von wirksamen Verschlüsselungsverfahren kann man die Vertraulichkeit von Daten sicherstellen. Eine gegenseitige Authentisierung der verschiedenen Systemkomponenten, die auch erfolgreiche Replay-Angriffe verhindert, ist z.B. mit Challenge-Response-Verfahren möglich. Im folgenden werden Ansätze zur Lösung spezieller Anforderungen aus Datenschutzsicht beschrieben.

### 3.2.1 Encrypted Biometrics

Einen solchen Lösungsansatz stellt die Einwegverschlüsselung der hinterlegten Referenzdaten (Encrypted Biometrics) dar, so daß aus ihnen die Originaldaten nicht wiederherstellbar sind. Bei diesen Systemen kann jedoch eine Rasterfahndung mit dem Abgleich erfaßter biometrischer Merkmale (z.B. hinterlassene Fingerabdrücke) nach einer Aufbereitung gegen die Referenzdatenbank Erfolg haben. Daher sind für einen datenschutzgerechten Einsatz noch weitere Anforderungen zu berücksichtigen (siehe Abschnitt 3.1 und [Cavo97]).

### 3.2.2 Biometric Encryption

Das Verfahren „Biometric Encryption" [Tomk96] wurde gegenüber der reinen Daten(einweg)verschlüsselung weiterentwickelt, denn hierbei muß die Eingabe des biometrischen Merkmals (hier: Fingerabdruck) über ein definiertes Gerät erfolgen, für dessen Bedienung das Originalmerkmal erforderlich ist (z.B. bei der Fingerabdruckmessung, indem der Finger über ein spezielles optisches Gerät gleitet). Allerdings scheint hier die Sicherheit, daß hinterlassene Fingerabdrücke nicht abgeglichen werden können, nur darauf zu beruhen, daß die Interna des verwendeten Verfahrens geheim sind. Anderenfalls wäre es mit entsprechendem Aufwand wahrscheinlich möglich, die Abdrücke in das Format zu konvertieren, in dem die Referenzdaten vorliegen.

### 3.2.3 Anonyme Biometrie

Dieser Nachteil wird in einem anderen Verfahren vermieden, das bei der Verarbeitung der biometrischen Eingabedaten für das Einlernen und für den Vergleich mit den Referenzdaten zusätzlich noch eine eindeutige Zufallszahl als Parameter für die Einwegverschlüsselung einfließen läßt [Donn99]. Um aus den Referenzdaten auf den Nutzer rückschließen zu können, muß zusätzlich die Zufallszahl bekannt sein, die in einem Bereich abgelegt sein kann, der sich unter der Kontrolle des Nutzers befindet (z.B. auf einer Chipkarte). Durch die Verteilung der Informationen auf Bereiche, die sich teilweise unter der Kontrolle des Systembetreibers und teilweise unter der Kontrolle des Nutzers befinden, läßt sich der Datenschutz gewährleisten, denn ohne die aktive Mitwirkung des Nutzers kann nicht auf ihn geschlossen werden. Mit diesem Verfahren muß auch die Identität des Nutzers nicht eindeutig abgebildet werden; vielmehr liefern bei Verwendung verschiedener Zufallszahlen dieselben biometrischen Merkmale unterschiedliche Ergebnisse, also unterschiedliche Pseudonyme für denselben Nutzer. Damit erhält man eine „anonyme" oder zumindest „pseudonyme Biometrie". Voraussetzung für diese Methode ist die Eindeutigkeit der Datensätze nach der Merkmalsextraktion, denn nach der Verschlüsselung läßt sich eine Ähnlichkeit, die für eine Authentisierung ausreichen würde, zwischen den aufbereiteten Eingabe- und den gespeicherten Referenzdaten nicht mehr feststellen.

### 3.2.4 Biometrische Ausweise

Ebenfalls auf der Speicherung der sensiblen Informationen beim Betroffenen beruht der Ansatz, bei dem der Nutzer mit einem vertrauenswürdigen portablen Endgerät ausgestattet wird. Dieses Endgerät ist auf den Nutzer personalisiert und darf ohne seine Mithilfe nicht auslesbar sein. Kryptographische interaktive Beweisprotokolle und blinde Signatursysteme gewährleisten die datenschutzgerechte Funktionsweise [Bleu98]: Die Nutzer verwalten ihre eigenen nicht-übertragbaren biometrischen Ausweise und behalten die Kontrolle darüber, wer ihre Ausweise wann einsieht. Damit können sich Nutzer biometrisch identifizieren, ohne ihre Anonymität aufzugeben. Es bleiben sogar die einzelnen Transaktionen eines Nutzers unverkettbar [Bleu99]. Erste Implementierungen, die sich mit jeder biometrischen Erfassung kombinieren lassen, werden für die nächste Zeit erwartet.

### 3.2.5 Biometrie als ein Beispiel für Privacy-Enhancing Technologies

Unter Privacy-Enhancing Technologies (PET) versteht man Techniken, die dazu dienen, Personen die Kontrolle über ihre persönlichen Informationen zu geben. Wie auch Verschlüsselung, blinde digitale Signaturen oder Chipkarten können biometrische Verfahren zum Schutz personenbezogener Daten eingesetzt werden. Die obigen Beispiele zeigen Möglichkeiten auf, unter welchen Umständen Biometrie als PET-Baustein gelten mag (siehe auch [Cavo96], [Wood98], [BoVe99]), z.B. durch verteilte Datenspeicherung in verschiedenen Vertrauensbereichen von Nutzer und Betreiber sowie durch eine Einwegverschlüsselung (siehe Abb. 3).

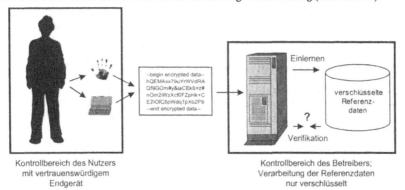

Kontrollbereich des Nutzers
mit vertrauenswürdigem
Endgerät

Kontrollbereich des Betreibers;
Verarbeitung der Referenzdaten
nur verschlüsselt

**Abb. 3:** Unterschiedliche Kontrollbereiche von Nutzer und Betreiber

Solche biometrischen Systeme wie „anonyme Biometrie" oder „biometrische Ausweise" (s.o.) zeigen in bezug auf den Datenschutz eine deutliche Überlegenheit gegenüber herkömmlichen Verfahren, bei denen man sich bei der Entwicklung keine Gedanken über eine datenschutzgerechte Gestaltung gemacht hat. Die cleveren Realisierungen von Datenschutz in biometrischen Systemen, die bisher bekannt sind, benötigen zusätzliche Hardware im Besitz des Nutzers, wodurch Authentisierungselemente des Besitzes und ggf. zusätzlich des Wissens (zur Freischaltung der Nutzer-Hardware) die biometrischen Elemente ergänzen und nicht vollständig ersetzen. Optimal wären vertrauenswürdige Endgeräte (tamperproof). In der Entwicklung sind Chipkarten, auf denen die gesamte biometrische Datenverarbeitung abläuft und die vollständigen Referenzdaten gespeichert sind, z.B. durch Miniaturisierung und Flexibilisierung der biometrischen Sensoren (Foliensensoren für Unterschrift, Fingerprintsensoren, Mikrofone und Kameras), durch Ausbau der Speicherkapazität bei gleichzeitiger Verbesserung der Kompressionsverfahren und durch leistungsfähigere Prozessoren auf den Chipkarten. Ihr Einsatz scheint schon in den nächsten ein bis zwei Jahren realisierbar zu sein [Wirt99].

# 4  Offene Fragen und Ausblick

Für einen datenschutzgerechten Einsatz biometrischer Verfahren reichen die skizzierten Lösungen allein noch nicht aus. Auch beim Vorsehen organisatorischer Regelungen bleiben einige Aspekte offen. Eine Frage, die ebenso bei anderen IT-Systemen relevant wird, doch hier wegen der identifizierenden Daten mit u.U. großem Informationsgehalt einen hohen Stellenwert einnehmen kann, bezieht sich beispielsweise auf die Möglichkeit, daß zu viele Daten erhoben und entgegen der Zweckbindung ausgewertet werden. Technisch kann dies nicht umfassend verhindert werden. Allenfalls können die verwendeten Systeme geprüft, zertifiziert und gegen Manipulationen geschützt werden.

## 4.1  Zwangsweise Einführung biometrische Verfahren

Da der Einsatz von Überwachungstechnologien durch Geheimdienste, aber auch private Organisationen zunimmt, ist von Bedeutung, inwieweit Überwachungen mit Hilfe von biometrischen Identifikationsverfahren technisch bemerkt, verhindert oder zumindest gestört werden können. Doch auch das bewußte und informierte Nutzen biometrischer Verfahren kann problematisch sein, wenn der Betroffene keine echte Wahl hat, sondern zu einer „Einwilligung" quasi genötigt wird, wie dies z.B. im Arbeitsverhältnis der Fall sein kann.

## 4.2  Biometrische Zentralisierung oder „Balkanisierung"?

Auch die Chancen und Risiken einer Standardisierung von biometrischen Verfahren werden unterschiedlich bewertet. Eine aus technischer und wirtschaftlicher Sicht sinnvolle Standardisierung zumindest der Schnittstellen der Systeme darf nicht zu einer Monokultur führen, da dann mögliche Angriffe eine sehr große Auswirkung hätten. Bei einer „biometrischen Zentralisierung" werden Gefahren für den Datenschutz befürchtet, da dann gespeicherten Daten u.U. leichter zusammenzuführen und zu verdichten wären. Statt dessen wird für eine „biometrische Balkanisierung" plädiert, bei der unterschiedliche biometrische Verfahren von verschiedenen öffentlichen und privaten Betreibern eingesetzt werden [Wood98].

## 4.3 Offenlegung und Sicherheit

Schließlich muß diskutiert werden, inwieweit die Offenlegung biometrischer Identifikationsverfahren einerseits erforderlich ist, um dem Transparenzgebot des Datenschutzes zu genügen, sich aber andererseits Grenzen für die Offenlegung ergeben, weil sie die Sicherheit des Systems gefährden könnte. Wie bei Filtertechnologien im Internet mag die Kenntnis des Verfahrens eine Umgehung (d.h. fälschliche Akzeptanz oder fälschliches Zurückweisen) ermöglichen. Ein Ansatz zur Lösung dieses Problems könnte darin bestehen, daß dem Nutzer gegenüber zumindest die Stationen für die Verarbeitung seiner Daten transparent gemacht werden, ohne die Details der Merkmalsextraktion zu erläutern. Vertrauenswürdige Stellen könnten die Unbedenklichkeit zertifizieren. Allerdings muß man sich darüber im klaren sein, daß „Security by Obscurity" selten ein guter Weg ist. Zum einen wären Angriffe von internen Mitarbeitern möglich (z.b. Rekonstruktion von biometrischen Unterschriftsdaten), zum anderen würden Sicherheitsbehörden die Herausgabe der Interna und Nutzung dieser Mechanismen fordern. Ein Ausweg läßt sich wieder durch die Verwendung kryptographischer Verfahren mit Schlüsseln, die nur im Besitz der Nutzer sind, realisieren.

## 4.4 Ausblick

Auch wenn sich, wie diese Überlegungen zeigen, ein datenschutzgerechter Einsatz biometrischer Verfahren nicht allein technisch erreichen läßt, ist die entsprechende Technikausgestaltung doch von großer Bedeutung, wenn man eine verbesserte Datensicherheit ohne eine Beeinträchtigung des informationellen Selbstbestimmungsrechts der Betroffenen gewährleisten möchte. Dies wird Einfluß darauf haben, inwieweit die Nutzer biometrische Verfahren akzeptieren.[1]

## Literatur

[Bleu98]    Bleumer, Gerrit: Biometric yet Privacy Protecting Person Authentication. In: Proc. Workshop on Information Hiding, April 1998, LNCS, Springer. http://www.research.att.com/library/trs/TRs/98/98.1/98.1.1.body.ps

[Bleu99]    Bleumer, Gerrit: Biometrische Ausweise – Schutz von Personenidentitäten trotz biometrischer Erkennung. In: DuD, Vieweg, 3/99.

[BoVe99]    Borking, John; Verhaar, Paul: Biometrie und Datenschutz – Bedrohungen und Privacy-Enhancing Technologies. In: DuD, Vieweg, 3/99.

[Cavo96]    Cavoukian, Ann: Go Beyond Security – Build In Privacy: One Does Not Equal The Other. In: Cardtech/Securtech 96 Conference, Atlanta, 14.-16. Mai 1996. http://www.eff.org/pub/Crypto/960514_kavoukian_priv-sec.speech

[Cavo97]    Cavoukian, Ann: Privacy-Enhancing Technologies: Forging Ahead Into Unchartered Territory. In: 19th International Conference of Data Protection Commisioners, Brüssel, 17.-19. September 1997.

---

[1] **Danksagung:** Ich danke Lukas Gundermann vom Landesbeauftragten für den Datenschutz Schleswig-Holstein für seine kritischen Anmerkungen und Korrekturen.

[Donn99]    Donnerhacke, Lutz: Anonyme Biometrie. In: DuD, Vieweg, 3/99. Vortragsfo-
            lien unter http://www.iks-jena.de/mitarb/lutz/security/biometrie/security/

[GuKö99]    Gundermann, Lukas; Köhntopp, Marit: Biometrie zwischen Bond und Big
            Brother – Technische Möglichkeiten und rechtliche Grenzen. In: DuD, Vie-
            weg, 3/99.

[STOA98]    European Parliament, Scientific and Technological Options Assessment
            (STOA): „An Appraisal of Technologies of Political Control". Zwischenstudie,
            Luxemburg, September 1998. http://jya.com/stoa-atpc-so.htm

[TTT98]     TeleTrusT Deutschland e.V.: Bewertungskriterien zur Vergleichbarkeit bio-
            metrischer Verfahren. TeleTrusT AG 6 „Biometrische Identifikationsverfah-
            ren", Stand: 28. August 1998. http://www.teletrust.de/main/A6/kk.zip

[Tomk96]    Tomko, George J.: Biometric Encryption – New Developments in Biometrics.
            In: 18th International Privacy and Data Conference, 19. September 1996.
            http://infoweb.magi.com/~privcan/conf96/se_tomko.html

[Weic97]    Weichert, Thilo: Biometrie – Freund oder Feind des Datenschutzes? In: Com-
            puter & Recht (C&R), 6/97, S. 369-375.

[Wirt99]    Wirtz, Brigitte: Biometrische Verfahren – Überblick, Evaluierung und aktuelle
            Themen. In: DuD, Vieweg, 3/99.

[Wood98]    Woodward, John D.: On ‚Biometrics and the Future of Money'. Testimony for
            the Hearing of the Subcommittee on Domestic and International Monetary Po-
            licy, U.S. House of Representatives, 20. Mai 1998, Washington D.C..
            http://www.house.gov/banking/52098jdw.htm

# Ein österreichischer Gesetzesentwurf für die digitale Signatur[1] mit dem Konzept von Sicherheitsklassen

## Christian Reiser[2]

EUnet Österreich
C.Reiser@Austria.EU.net

### Zusammenfassung

Drei Juristen und ein Techniker haben Anfang 1998 in Österreich einen Gesetzesentwurf für die digitale Signatur vorgestellt, der, aus zu diesem Zeitpunkt bestehenden Gesetzen lernend, das Konzept der Sicherheitsstufen einbringt.

Diese Sicherheitsstufen erleichtern die Anforderungen von Vertraulichkeit der Kommunikation, Flexibilität, Kostenorientierung, Wettbewerb, Vertrauen in die Zertifizierungsstellen undInternationalität. Diese unterschiedlichen Klassen werden hier beschrieben. Im Anhang sind auch jene Bereiche des Gesetzesentwurfs wiedergegeben, die die Sicherheitsstufen betreffen.

## 1 Einleitung

Das Internet entwickelt sich derzeit rapide vom ursprünglichen Forschungsnetzwerk über die Spielwiese der unendlichen Information zu einem kommerziellen Kommunikationsmedium und ist auf dem besten Wege, Telefon und Fax abzulösen.

Viele der oftmals kolportierten Probleme des Internet, insbesondere im rechtlichen Bereich reduzieren sich jedoch bei genauer Betrachtung darauf, daß keine Sicherheit dahingehend besteht, mit wem man kommuniziert.

Nach den meisten Rechtssystemen, so auch in Österreich, ist es kein Problem, Verträge über das Netz abzuschließen, problematisch wird es erst, wenn etwas schief geht, und die Identität der Kommunikationsteilnehmer bewiesen werden muß.

---

[1] Dieser Entwurf wurde von Dr. Viktor Mayer-Schönberger, damals Assistent an der Rechtswissenschaftlichen Fakultät der Universität Wien, jetzt Professor für Internetrecht und -politik in Harvard, Mag. Michael Pilz, Partner der Rechtsanwaltskanzlei Freimüller-Noll-Obereder-Pilz, Dr. Gabriele Schmölzer, Assistenzprofessorin an der Rechtswissenschaftlichen Universität Graz und dem Autor dieses Artikels geschrieben.

[2] Dipl.-Ing. Dr. Christian Reiser ist Manager Security Consulting beim österreichischen Internetserviceprovider EUnet. Mit seinem Team berät und betreut er Firmen mit Internetanschluß in Sicherheitsfragen, hält Vorträge und veröffentlicht diverse Artikel zu dem Thema. Sein Buch „Internet – Die Sicherheitsfragen„ ist im Verlag Carl Ueberreuter erschienen. Neben den technischen Fragen der Sicherheit behandelt er in diversen Arbeitskreisen auch die rechtlichen Fragen in Zusammenhang mit der Nutzung des Internets.

Die Technik ist auch in diesem Bereich wieder einmal weit voraus. Digitale Signaturen existieren; es gibt dafür Algorithmen, Technologien und einsatzfähige Programme. Doch wie immer, wenn es um Sicherheitsfragen geht, muß die Technik von einem entsprechenden organisatorischen und rechtlichen Umfeld begleitet werden.

Gesetze zur digitalen Signatur, die die organisatorischen Maßnahmen erst auf fundierte Grundlagen stellen, gibt es in mehreren Staaten der USA wie auch in zwei Ländern der EU und werden in mehreren anderen Ländern, sowie auf Ebene der EU diskutiert. Im Zuge dieser Entwicklung, aus den bestehenden Gesetzen lernend und auf den EU-Entwurf eingehend, wurde in Österreich ein Gesetzesentwurf entwickelt, der viele Schwierigkeiten in diesem Bereich durch folgende Idee beseitigt: das Konzept beliebig vieler Sicherheitsstufen.

Grundlegend sind unterschiedliche Sicherheitsstufen im Computerbereich nichts Neues. Sowohl bei der Netzwerk- als auch bei der Datensicherheit sind sie seit längerem bekannt. Durch den deutschen Entwurf, der dieses Konzept nicht vorsieht, wurde es auch in anderen Diskussionen nicht ausreichend beachtet.

Dieser Artikel führt die wichtigsten Anforderungen auf, die an ein Gesetz zur digitalen Signatur gestellt werden müssen, und zeigt, wie diese durch die Einführung mehrerer Sicherheitsstufen erfüllt werden können. Der vollständige Expertenentwurf ist in [May& 98] veröffentlicht.

# 2 Grundgedanke

Der wichtigste Aspekt eines Gesetzes zur digitalen Signatur ist, das Umfeld zu schaffen, damit jeder Benutzer neuer elektronischer Medien die Mechanismen hat, um vertrauenswürdige Informationen gegen Abhören gesichert, und vor allem sicher authentifiziert, übertragen zu können. Insbesondere muß der Empfänger die Identität des Senders beweisen können. Um diesen Zustand jedoch über längere Zeit sinnvoll aufrecht erhalten zu können, bedarf es mehrerer wichtiger Begleitmaßnahmen.

## 2.1 Vertraulichkeit der Kommunikation

Die beste Authentifizierung ist unzureichend, wenn die Vertraulichkeit der zugehörigen Nachricht nicht gewährleistet ist. Daher muß das Gesetz so gestaltet sein, daß es grundsätzlich und unwiderruflich den Einsatz aller geeigneten Maßnahmen zum Schutz der Vertraulichkeit explizit erlaubt.

## 2.2 Flexibilität

Das Gesetz muß so gestaltet sein, daß es mit neuen Technologien in sinnvoller Zeit umgehen kann. Es darf nicht vorkommen können, daß eine neue, besonders sichere Methode der digitalen Signatur nicht eingeführt werden kann, weil das Gesetz für diese Technologie nichts vorgesehen hat oder sogar dem entgegenstehende Regelungen beinhaltet.

## 2.3 Kostenorientierung

Das Gesetz muß so gestaltet sein, daß für Unterschriften mit geringerer Signifikanz auch billigere Methoden der digitalen Signatur eingesetzt werden können. Prinzipiell kostet jede digitale Signatur sowohl einmalig (pro Zeitspanne) für die Anschaffung des Zertifikates, als auch bei jedem Unterschriftsvorgang und jeder Unterschriftenüberprüfung. Diese Kosten gilt es gegenüber dem „Risikopotential" einer Unterschrift zu relativieren.

## 2.4 Wettbewerb

Das Gesetz muß so gestaltet sein, daß jeder, der die notwendigen Voraussetzungen in den Bereichen technischen Know-Hows, operativer Organisation und finanzieller Abdeckung mit sich bringt, auch Zertifizierungsstelle werden kann. Dies ist ein essentielles Kriterium, um die geforderte technische Flexibilität auch „auf den Markt" bringen zu können.

## 2.5 Vertrauen in die Zertifizierungsstellen

Das Gesetz muß so gestaltet sein, daß jeder Benutzer digitaler Signaturen auch Vertrauen in die Zertifikate haben kann, die er bekommt. Dazu ist es nötig, daß die Zertifizierungsstellen von einer unabhängigen Kontrollstelle regelmäßig überprüft werden.

## 2.6 Internationalität

Das Gesetz muß so gestaltet sein, daß es den Anforderungen eines internationalen Kommunikationsmediums ohne Grenzen – wie dem Internet – standhält. Singuläre Insellösungen, die sich auf den geographischen Bereich eines Staates beschränken, sind daher grundsätzlich abzulehnen. In diesem Umfeld sind jedoch auch Lösungen, die zum Beispiel nur für die EU gelten, zwar ein erster Schritt, jedoch zu wenig.

Erst wenn man obige Punkte umsetzt, kann man ein Gesetz zur digitalen Signatur schaffen, das den Benutzern neuer Kommunikationsmedien endlich das Werkzeug liefert, das sie für den täglichen Einsatz benötigen. Dadurch können sie die grundlegende Möglichkeit, die Vorteile von Geschwindigkeit und Kostenersparnis auch in den Bereichen nutzen, in denen sich eine Umsetzung auszahlt. Dies gilt überall dort, wo derzeit noch langsames, unpraktisches Papier Verwendung findet, man aber eine schnellere und unkompliziertere Kommunikationsmöglichkeit braucht.

# 3 Umsetzung

Dem Bedürfnis nach Vertraulichkeit der Kommunikation konnte im Gesetzesentwurf sehr leicht Rechnung getragen werden. Im ersten Abschnitt des Entwurfs wurde eine Bestimmung eingeführt, die explizit beliebige technische Maßnahmen zur Sicherung der Vertraulichkeit erlaubt. Damit wird der derzeitigen Unsicherheit der Benutzer elektronischer Kommunikationsmedien begegnet, die dazu führt, daß viele es nicht wagen, kryptographische Software für die Kommunikation einzusetzen. Derzeit befürchten viele, die Investitionen zu verlieren, wenn der Einsatz von Verschlüsselungssoftware vielleicht verboten oder eingeschränkt wird.

Ein derartiges Verbot ist jedoch nicht notwendig, da es keinen sinnvollen Grund gibt, Verschlüsselung einzuschränken oder zu verbieten. Leider ist die Sinnhaftigkeit nicht immer eine Kategorie für die Gesetzwerdung. Eine derartige Regelung würde nur die ehrlichen Benutzer treffen, und jene Gruppen, die Verschlüsselung für illegale Zwecke einsetzen, nicht davon abschrecken. Die üblicherweise kolportierten organisierten Verbrecher, Mädchen- oder Drogenhändler werden sich kaum an ein Verschlüsselungsverbot halten. Außerdem ist es in Zeiten von Steganographie nicht wirklich exekutierbar. Der Passus im Gesetzesentwurf dient zur Klarstellung insofern, als die Kryptographiefreiheit durch die Kommunikationsfreiheit ohnehin umfaßt ist.

Das Hauptkonzept des Gesetzes, die Einführung verschiedener Sicherheitsklassen, dient zugleich der Flexibilität, der Kostenorientierung und dem Wettbewerb.

Es bestehen Bedenken, daß durch ein zu starres Gesetz die Entwicklung und der Einsatz neu aufkommender besserer technischer Möglichkeiten verhindert werden könnten. Wenn im Gesetz beschrieben wird, welche Technologie rechtlich anerkannt wird, dann ist es nicht möglich, etwas Anderes, Besseres einzusetzen. Eine Gesetzesänderung kann oft mehrere Jahre dauern, und das ist zu langsam.

Daher wurde im Gesetzesentwurf das Konzept der Sicherheitsklassen eingeführt, die nicht direkt im Gesetz definiert sind, sondern auf dem Verordnungsweg festgelegt werden. Das ist flexibler, und kann leichter an technische Gegebenheiten angepaßt werden.

Jede Sicherheitsklasse hat definierte technische, organisatorische und haftungsmäßige Rahmenbedingungen. Eine Zertifizierungsstelle deklariert sich als einer dieser Sicherheitsklassen angehörig und muß diese Bedingungen einhalten.

Sollte eine neue, bessere Technologie marktreif werden, so kann leicht eine weitere, bessere Sicherheitsklasse definiert werden, und der Verwendung dieser Technologie steht nichts mehr im Wege.

Damit ist auch das Kriterium der Kostenorientierung leichter zu erreichen. Jede digitale Signatur verursacht Kosten. Zunächst einmalig, um das zugehörige Zertifikat zu bekommen. Dabei fallen voraussichtlich Gebühren an sowie unter Umständen Kosten für Hardware (Token), aber auch der Aufwand des Benutzers darf nicht vernachlässigt werden. Wahrscheinlich muß der Benutzer mit diversen Dokumenten persönlich bei der Zertifizierungsstelle oder einer ihrer Registrierungsniederlassungen erscheinen. Der damit verbundene Aufwand darf nicht unterschätzt werden.

Weiters gilt es aber auch, die Kosten jeder einzelnen Unterschrift zu beachten. Diese setzen sich sowohl aus der Zeit zusammen, die man dafür braucht, als auch aus dem Rechenaufwand, der sowohl beim Erstellen als auch bei der Überprüfung anfällt.

Es ist daher nicht zielführend, alle digitalen Signaturen mit höchstmöglicher Sicherheit auszuführen. Die Unterschrift für den Kauf einiger Musik-CDs ist daher anders zu handhaben, als für einen Pachtvertrag über 99 Jahre, und diese wieder anders als für Bezahlungen im Bereich von weniger als einem EURO. Dies kann leicht durch die Verwendung verschiedener Sicherheitsklassen erreicht werden. Jeder Teilnehmer eines Vertragsabschlusses kann daher definieren, daß er Unterschriften einer gewissen Sicherheitsklasse oder höher akzeptiert, und hat damit das Werkzeug, seinen Aufwand und seine Kosten in Grenzen zu halten.

Durch die Sicherheitsklassen wird weiters auch der Wettbewerb erleichtert. Wenn es nur eine im Gesetz definierte technische Variante für die digitale Signatur gibt, so müssen alle Zertifizierungsstellen den damit verbundenen, voraussichtlich ziemlich hohen Aufwand treiben. Das schreckt sicher viele Organisationen davon ab, Zertifizierungsstelle zu werden.

Bei verschiedenen Sicherheitsklassen besteht jedoch die Möglichkeit, auch Zertifikate mit weniger Aufwand zu betreiben, die durchaus ihre Berechtigung haben. Bei mehr Wettbewerb ist auch mit geringeren Kosten für den Benutzer zu rechnen.

Bei allen Vorteilen der verschiedenen Sicherheitsklassen darf man jedoch nicht den Punkt des Vertrauens der Benutzer vergessen. Wer auch immer eine digitale Signatur erhält, muß abschätzen können, welche „Qualität" diese hat. Jedenfalls kann er herausfinden, welcher Sicherheitsklasse die jeweilige Signatur angehört, und kann in diesem Zusammenhang feststellen, welche technischen, organisatorischen und haftungsmäßigen Maßnahmen damit verbunden sind, er weiß jedoch noch nicht, inwieweit er der Zertifizierungsstelle vertrauen kann.

In diesem Zusammenhang ist es unerläßlich, daß die Zertifizierungsstellen von einer unabhängigen Instanz regelmäßig überprüft werden. Diese Lizenzierungs- oder Akkreditierungsstelle muß zu fairen, das heißt für alle gleichen und marktwirtschaftlichen Bedingungen und Kosten feststellen, ob eine Zertifizierungsstelle den Kriterien der von ihr angegebenen Sicherheitsklasse entspricht.

Erst wenn die entsprechenden technischen, organisatorischen und finanziellen Voraussetzungen erfüllt sind, kann eine Zertifizierungsstelle als vertrauenswürdig angesehen werden. Bei den technischen Voraussetzungen gilt es zu überprüfen, ob die eingesetzten Algorithmen, die Soft- und Hardware entsprechen. Organisatorisch ist festzustellen, ob entsprechende Schulung der Mitarbeiter und die nötige Dokumentation vorliegt, und bezüglich der finanziellen Abdeckung ist festzustellen, ob ein entsprechender Haftungsfonds besteht. Dieser kann zum Beispiel aus einer Versicherung oder aus Rücklagen bestehen

Eine derartige Lizenzierungs- oder Akkreditierungsstelle muß eine weisungsungebundene Behörde sein, die auch innerhalb der Bürokratie ungehindert agieren kann. Dafür sollte eine unabhängige Verwaltungsbehörde eingerichtet werden.

In Ermangelung wirklich internationaler Mechanismen erleichtert das Konzept der Sicherheitsstufen auch die internationale Verwendbarkeit der digitalen Signatur. Für die nationale Anerkennung internationaler Zertifikate reicht es hier aus, wenn es eine Definition gibt, welche ausländischen Zertifikate welcher österreichischen Sicherheitsstufe entsprechen. Wenn die österreichische Akkreditierungsstelle derartige Kompatibilitätslisten publik macht, haben es nationale Benutzer, die eine ausländische Unterschrift akzeptieren möchten, sehr leicht, herauszufinden, was von der Qualität der jeweiligen digitalen Signatur zu halten ist. Nach der Feststellung, welcher Sicherheitsstufe sie entspricht, kann mit dieser Unterschrift ebenso umgegangen werden wie mit jeder inländischen.

# 4 Ausblick

Der Entwurf für ein österreichisches Gesetz zur digitalen Signatur wurde Anfang 1998 erstellt und im Laufe des Frühjahrs mit diversen österreichischen Stellen diskutiert. Dabei gab es grundsätzliche Zustimmung von den verschiedensten Interessensvertretungen, wie zum Beispiel der Industriellenvereinigung, dem Verband der Internet-Service-Provider Österreichs (ISPA), der Arbeiterkammer (AK) oder der Bundeswirtschaftskammer (BWK). Ebenso stimmten Vertreter der österreichischen Koalitionsparteien SPÖ und ÖVP zu.

Die Initiative dieses Gesetzesentwurfs hat bisher erreicht, daß die österreichische Bundesregierung den Handlungsbedarf im Bereich digitaler Signatur erkannt und einen Gesetzesentwurf bis Ende 1998 versprochen hat. Dieses Versprechen wird wohl nicht gehalten werden. Außerdem wurden die sechs wichtigsten Grundideen dieses Entwurfs, darunter auch die Sicherheitsklassen, bereits im Ministerrat beschlossen.

# 5 Zusammenfassung

Drei Juristen und ein Techniker haben Anfang 1998 in Österreich einen Gesetzesentwurf für die digitale Signatur vorgestellt, der, aus zu diesem Zeitpunkt bestehenden Gesetzen lernend, das Konzept der Sicherheitsstufen einbringt. Dieser Entwurf wurde in Österreich ausführlich diskutiert und hat bis zum Zeitpunkt des Erstellens dieses Papers zumindest erreicht, daß eine dies betreffende Sensibilisierung stattfand. Jedenfalls arbeiten derzeit mehrere Ministerien an einem Gesetzesentwurf zur digitalen Signatur. Es gilt abzuwarten, wie dieser aussehen wird.

## Literatur

[MPRS98]    Viktor Mayer-Schönberger, Michael Pilz, Christian Reiser, Gabriele Schmölzer: Sicher & echt: Der Entwurf eines Signaturgesetzes. In: medien und recht, Verlag Medien & Recht, Juni 1998, S. 107-115.

**Anhang:** Relevante Ausschnitte des Expertenentwurfs

[...]

### § 1 - Zweck

Zweck dieses Gesetzes ist die Förderung und Sicherung des elektronischen Geschäftsverkehrs durch Schaffung der notwendigen Rahmenbedingungen, insbesondere für den Aufbau einer marktwirtschaftlichen Infrastruktur zum Zwecke der Authentifizierung und Sicherheit elektronischer Kommunikation.

### § 2 - Wahl der technischen Mittel

Jedem steht es frei, beliebige technische Methoden zur Sicherung und Authentifizierung der elektronischen Kommunikation zu verwenden. Eine Verpflichtung zum Einsatz bestimmter technischer Methoden oder zur Hinterlegung privater Schlüssel besteht nicht.

### § 3 Begriffsbestimmungen

(1) Eine digitale Signatur ist ein unter Anwendung technischer Methoden mit einem privaten Schlüssel erzeugtes Siegel für digitale Daten, das mit Hilfe des zugehörigen öffentlichen Schlüssels den Inhaber des dabei verwendeten privaten Schlüssels und die Unverfälschtheit der Daten erkennen läßt.

(2) Eine Zertifizierungsstelle ist eine natürliche oder juristische Person, welche die Zuordnung von öffentlichen Schlüsseln zu natürlichen Personen bescheinigt und der für diese Tätigkeit nach den Bestimmungen dieses Gesetzes eine Lizenz erteilt wurde.

(3) Eine Zertifizierungsklasse ist das in einer Zertifizierungsverordnung jeweils festgelegte Bündel an Rechten, Pflichten, Anwendungsbereichen und Rahmenbedingungen für die Errichtung und den Betrieb einer Zertifizierungsstelle, die Zertifikate in der jeweiligen Sicherheitsstufe vergibt.

(4) Ein Zertifikat ist eine mit einer digitalen Signatur versehene digitale Bescheinigung über die Zuordnung eines öffentlichen Schlüssels zu einer natürlichen Person.

(5) Ein Zeitstempel ist eine mit einer digitalen Signatur versehene digitale Bescheinigung einer Zertifizierungsstelle darüber, daß ihr bestimmte Informationen in digitaler Form zu einem bestimmten Zeitpunkt vorgelegen haben.

(6) Die Lizenzierungsstelle ist eine mit hoheitlichen Aufgaben betraute unabhängige Verwaltungsbehörde nach Art 133 Abs 4 B-VG, die über die Vergabe und den Entzug der Lizenz der Zertifizierungsstellen entscheidet.

## § 4 Lizenzierung von Zertifizierungsstellen

(1) Der Betrieb einer Zertifizierungsstelle im Sinne dieses Gesetzes bedarf einer Lizenz der Lizenzierungsstelle. Im Antrag sind die gewünschten Zertifizierungsklassen anzugeben.

(2) Die Lizenz ist binnen sechs Wochen, sofern nicht aufgrund besonderer Umstände, wie der Unvollständigkeit der vom Antragsteller beizubringenden Unterlagen oder notwendiger zusätzlicher Erhebungen eine längere Entscheidungsfrist notwendig ist, zu erteilen, wenn

1. nicht Tatsachen die Annahme rechtfertigen, daß der Antragsteller nicht die für den Betrieb einer Zertifizierungsstelle erforderliche Zuverlässigkeit besitzt, und

2. der Antragsteller nachweist, daß die für den Betrieb einer Zertifizierungsstelle erforderliche Fachkunde vorliegt, und

3. der Antragsteller glaubhaft machen kann, daß die Sicherheit und Vertraulichkeit der Daten gewährleistet ist, und

4. wenn nicht zu erwarten ist, daß bei Aufnahme des Betriebes die Voraussetzungen für den Betrieb der Zertifizierungsstelle nach diesem Gesetz und der Zertifizierungsverordnung nach § 17 dieses Gesetzes nicht vorliegen werden, und

5. wenn der Antragsteller nachweist, daß er über die für seine Zertifizierungsklasse notwendige wirtschaftliche Leistungsfähigkeit, insbesondere über eine je nach Zertifizierungsklasse ausreichend hohe haftungsrechtliche Bedeckung verfügt.

(3) Die erforderliche Zuverlässigkeit und Fachkunde sowie die übrigen Voraussetzungen sind an Hand der in der Zertifizierungsverordnung festgelegten Kriterien für die jeweils beantragte Zertifizierungsklasse zu beurteilen.

*Jedermann kann um eine Lizenz als Zertifizierungsstelle ansuchen und muß dabei gleichzeitig die Zertifizierungsklassen angeben, für die er zertifizieren will. Das Vorliegen der entsprechenden Bedingungen für diese Klasse - diese ergeben sich aus der Zertifizierungsverordnung - werden von der Regulierungsbehörde geprüft.*

*Die Zertifizierungsverordnung muß dabei für jede Zertifizierungsklasse die Anforderungen für folgende Bereiche Zuverlässigkeit, Fachkunde, technische und organisatorische Sicherheitsmaßnahmen sowie wirtschaftliche Leistungsfähigkeit angeben.*

*Bewußt wurde die Nachweisverpflichtung dieser Anforderungen so gewählt, daß vom Antragsteller nichts Unmögliches nachgewiesen werden muß, gleichzeitig aber die Regulierungsbe-*

*hörde alle notwendigen Aspekte einer Prüfung unterziehen kann. Der Regulierungsbehörde wurde eine enge Frist zur Bearbeitung der Ansuchen gesetzt, um etwaigen langen Entschei-dungsprozessen vorzubeugen (vgl. § 15 Abs 1 TKG).*

## § 5 Vergabe von Zertifikaten

(1) Jede Zertifizierungsstelle hat natürliche Personen, die ein Zertifikat beantragen, entspre-chend den Kriterien der jeweiligen Zertifizierungsklasse der Zertifizierungsverordnung zu-verlässig zu identifizieren. Sie hat die Zuordnung eines öffentlichen Schlüssels zu einer identi-fizierbaren Person durch ein Schlüsselzertifikat zu bestätigen und dieses jederzeit für jeden über öffentlich erreichbare Telekommmunikationsverbindungen nachprüfbar und mit Zu-stimmung des Schlüsselinhabers abrufbar zu halten. Im Falle der Ausstellung eines Zertifika-tes an eine minderjährige Person ist gemäß § 7 Abs 1 Z 8 der Umstand der Minderjährigkeit im Zertifikat kenntlich zu machen.

*Abs 1 umreißt die Kernaufgabe der Zertifizierungsstelle: die Bestätigung der Zuordnung eines Zertifikates zu einer natürlichen Person.*

*Der Entwurf sieht bewußt nur Zertifikate natürlicher Personen vor. Das ist auch im „wirkli-chen Leben" so: juristische Personen handeln nicht von selbst, sondern immer nur durch ihre aus natürlichen Personen bestehenden Organe. Diesen sind Zertifikate zuzuordnen. Auch das deutsche Signaturgesetz und der EU-RL-Entwurf sehen keine Zertifikate für juristische Per-sonen vor. Gegen Zertifikate für juristische Personen spricht vor allem auch das komplizierte technische Problem des teilweisen Widerrufes („Revocation").*

*Abs 1 normiert eine Verpflichtung der Zertifizierungsstelle, zu ihren Bedingungen zu zertifi-zieren. Insoweit besteht Kontrahierungszwang.*

*Abs 1 normiert die Verpflichtung der Zertifizierungsstelle - allerdings nur mit Zustimmung des Betroffenen - das Zertifikat öffentlich zugänglich zu halten. Dieses „Telefonbuch"-Service kann von der Zertifizierungsstelle selbst oder in ihrem Auftrag wahrgenommen werden. Die Zustimmung des Betroffenen erlaubt auch nicht-veröffentlichte Zertifikate analog zur „Ge-heimnummer" beim Telefon und wird dem datenschutzrechtlichen Anspruch auf Verfügungs-gewalt beim Betroffenen selbst gerecht.*

[...]

(3) Die Zertifizierungsstelle hat Fälschungen der Daten für Zertifikate durch geeignete Vor-kehrungen hintanzuhalten. Die Ausgestaltung dieser Verpflichtung ergibt sich aus den bei Erteilung der Lizenz in Konkretisierung der Vorgaben der Zertifizierungsverordnung zur je-weiligen Zertifizierungsklasse gemachten Auflagen und Bedingungen.

(4) Eine Erzeugung des privaten Schlüssels ist der Zertifizierungsstelle nur für dafür vorgese-hene Zertifizierungsklassen gestattet. Die dafür notwendigen Voraussetzungen ergeben sich aus der Zertifizierungsverordnung und sind in der Lizenzerteilung zu konkretisieren. Eine Speicherung privater Schlüssel bei der Zertifizierungsstelle oder an dritter Stelle ist jedenfalls unzulässig.

*In der Regel sind private Schlüssel nur beim Betroffenen von diesem zu erzeugen. Allerdings kann es Anwendungsfälle geben, in denen die Betroffenen nicht die technischen Komponenten zur Schlüsselerzeugung zur Verfügung haben und daher auf die Zertifizierungsstelle zurück-greifen. So könnte etwa auf einer Magnetkarte für das Parken (maximaler Wert öS 500,-) ein Zertifikat gespeichert sein. Zur Erstellung dieser Parkkarte darf nicht Voraussetzung sein, daß jeder einen Magnetkartenleser samt PC zu Hause hat. Für derartige Bereiche muß es genügen, daß die Zertifizierungsstelle (in diesem Fall etwa die Parkhausgesellschaft) privates und öffentliches Zertifikat erzeugt und auf der Magnetkarte für den Kunden speichert. Eine Speicherung privater Schlüssel außer beim Betroffenen selbst ist aber aus Sicherheitsgründen in jedem Fall unzulässig.*

(5) Zertifizierungsstellen haften für von den ihnen verschuldeten Schaden. Aus der Haftung kann sich die Zertifizierungsstelle durch Nachweis der Einhaltung der ihr in der Lizenzerteilung auferlegten Betreiberpflichten im Einzelfall befreien. Die Haftung der Zertifizierungsstelle ist für jeden einzelnen Schadensfall auf den in der Zertifizierungsverordnung festgesetzten Betrag für die jeweilige Zertifizierungsklasse des betroffenen Zertifikats, höchstens jedoch auf eine Million Euro beschränkt. Die Lizenzierungsstelle ist von jeder Zertifizierungsstelle von der Anhängigkeit eines Verfahrens auf Schadenersatz aus diesen Bestimmungen unverzüglich in Kenntnis zu setzen. In einem derartigen Fall ist die Lizenzierungsstelle verpflichtet, die Geschäftätigkeit der Zertifizierungsstelle zu überprüfen.

*Im Bereich der Haftungsregelung für von der Zertifizierungsstelle verursachte Schäden sind die unterschiedlichsten Interessen abzuwägen und zu bewerten, ohne jedoch der Versuchung zu erliegen, zu extremen Lösungen zu greifen. So konnten keine ausreichenden Gründe gefunden werden, warum die Tätigkeit einer Zertifizierungsstelle so „gefahrengeneigt" sei, daß die Normierung einer strikten Gefährdungshaftung angezeigt wäre. Denn dies würde -insbes in einem dualen System - nur dazu führen, daß sich kein Dienstleister als Zertifizierungsstelle lizenzieren lassen würde. Statt dessen sind wir davon überzeugt, daß der im österreichischen Schadenersatzrecht bewährte Grundsatz der Verschuldenshaftung auch in diesem Bereich mit einigen Ergänzungen aufrechterhalten werden muß.*

*Die vorgeschlagene Haftungsregelung basiert auf drei Eckpfeilern:*

*- Die Zertifizierungsstelle kann nur für das haften, was in ihrem Bereich liegt. Sie kann über diesen Bereich hinausgehend nicht beweisen, daß von ihr nichts verschuldet wurde. Daher wurde festgelegt, daß die Zertifizierungsstelle sich exkulpieren kann, wenn sie nachweist, daß sie alle Auflagen eingehalten hat, die ihr bei Vergabe der Lizenz aufgetragen wurden.*

*- Die Haftung ist je nach Zertifizierungsklasse und pro Fall auf einen Höchstbetrag beschränkt. Damit soll das wirtschaftliche Risiko für die Zertifizierungsstelle abschätzbar und damit absicher- bzw versicherbar werden. Dies wiederum kommt auch den Betroffenen zugute, die dann davon ausgehen können, daß die Zertifizierungsstelle entsprechend finanziell abgedeckt ist.*

*- Im Gegenzug sind Haftungsfälle der Regulierungsbehörde zu melden, die dann etwa eine Kontrolle der Zertifizierungsstelle vornehmen oder auch das Vorliegen der wirtschaftlichen Leistungsfähigkeit neu beurteilen kann. Bei gerichtlich geltend gemachten Ansprüchen gegen die Lizenzierungsstelle wird aus Gründen der Schadensprävention die Regulierungsbehörde zur Revision der Tätigkeit der Zertifizierungsstelle verpflichtet.*

*Die hier vorgeschlagene Regelung entspricht auch dem EU-RL-Entwurf. Auch dort finden sich Freizeichnung und Haftungshöchstgrenzen abgestuft nach Anwendungsfall (also Zertifizierungsklassen). Im Ergebnis entspricht auch die von uns vorgeschlagene Verschuldenshaftung verbunden mit der Freizeichnungsregelung bei Einhaltung aller Betreiberpflichten der wohl eher als objektive Schadenshaftung ausgebildeten Haftungsnorm des EU-RL-*

*Entwurfes, denn jede mißlungene Freizeichnung durch den Betreiber indiziert jedenfalls auch Fahrlässigkeit und damit Verschulden.*

[...]

(7) Behörden, deren nachgeordnete Dienststellen, Körperschaften öffentlichen Rechts, sowie Unternehmen, die über besondere oder ausschließliche Rechte verfügen und Zertifizierungsstellen sind, haben Zertifikate anderer Zertifizierungsstellen der gleichen Zertifizierungsklasse anzuerkennen.

*Auch diese Bestimmung soll verhindern, daß staatliche Behörden die Verwendung ihrer Zertifizierungsstellen Kraft ihres Monopols verpflichtend vorsehen können.*

[...]

### § 7 Inhalt von Zertifikaten

(1) Das Schlüsselzertifikat muß jedenfalls folgende Angaben enthalten:

1. den Namen des Schlüsselinhabers, der im Falle einer Verwechslungsmöglichkeit mit einem Zusatz zu versehen ist, oder ein dem Schlüsselinhaber zugeordnetes unverwechselbares Pseudonym, das als solches erkennbar sein muß,

2. den zugeordneten öffentlichen Schlüssel,

3. die Bezeichnung der Algorithmen, mit denen der öffentliche Schlüssel des Schlüsselinhabers benutzt werden kann,

4. die laufende Nummer des Zertifikates,

5. Beginn und Ende der Gültigkeit des Zertifikates,

6. das Zertifikat der Zertifizierungsstelle,

7. die Zertifizierungsklasse des Zertifikats.

8. einen Hinweis auf die Minderjährigkeit des Inhabers, sofern der Inhaber des Zertifikates im Ausstellungszeitpunkt minderjährig ist.

*Diese Bestimmung entspricht dem Anhang I des EU-RL-Entwurfes.*

(2) Zertifikate können zusätzliche Angaben enthalten, soweit diese die Funktionsfähigkeit des Zertifikates nicht beeinträchtigen. Diese Angaben müssen entsprechend der auf das Zertifikat anwendbaren Zertifikationsklasse von der Zertifizierungsstelle geprüft und hinzugefügt werden.

*Der Inhalt der Zertifikate ergibt sich aus der Aufgabenstellung. Abs 2 erlaubt ausdrücklich die Beifügung von weiteren sog. Attributen, soweit dies die Funktionsfähigkeit nicht beeinträchtigt und die gleiche Qualität der Authentizität dadurch gewährleistet ist.*

### § 8 Sperrung von Zertifikaten

(1) Die Zertifizierungsstelle hat ein Zertifikat zu sperren und mit Ausnahme von Z 2 den Schlüsselinhaber davon zu informieren, wenn:

1. der Schlüsselinhaber es verlangt, und seine Identität entsprechend der Zertifizierungsklasse des zu sperrenden Zertifikates nachweist, oder

2. der Schlüsselinhaber verstorben ist, oder

3. das Zertifikat auf Grund falscher Angaben zu § 7 erwirkt wurde, oder

4. die Zertifizierungsstelle ihre Tätigkeit beendet hat und diese nicht von einer anderen Zertifizierungsstelle fortgeführt wird, oder

5. die Lizenzierungsstelle gemäß § 12 Abs 5 eine Sperrung anordnet, oder

6. der begründete Verdacht auf mißbräuchliche Verwendung des Zertifikats besteht.

(2) Die Sperrung muß den Zeitpunkt enthalten, an dem sie in Kraft tritt. Eine rückwirkende Sperrung ist unzulässig.

(3) Die Liste der gesperrten Zertifikate muß von der Zertifizierungsstelle öffentlich zugänglich und elektronisch abrufbar gehalten werden.

(4) Kommt die Zertifizierungsstelle der Verpflichtung der Sperrung eines Zertifikates nicht innerhalb der für diese Zertifikationsklasse vorgesehenen Frist nach, haftet sie für den so verursachten Schaden.

**§ 9 Zeitstempel**

Die Zertifizierungsstelle hat digitale Daten auf Verlangen mit einem Zeitstempel zu versehen, soweit dies in der Zertifizierungsklasse vorgesehen ist. Die näheren Details dazu regelt die Zertifizierungsverordnung.

**§ 10 Dokumentation**

Entsprechend den Vorgaben zu den jeweiligen Zertifizierungsklassen hat die Zertifizierungsstelle die von ihr ergriffenen Sicherheitsmaßnahmen zur Einhaltung dieser Bestimmungen und die ausgestellten Zertifikate so zu dokumentieren, daß die Daten und ihre Unverfälschtheit jederzeit nachprüfbar sind.

[...]

**§ 14 Ausländische Zertifikate**

(1) Die Lizenzierungsstelle kann in Absprache mit ausländischen Zertifizierungsstellen bekanntgeben, daß deren Zertifikate einer bestimmten Zertifizierungsklasse inländischer Zertifikate entsprechen und daher diesen gleichzuhalten sind. (Äquivalenzerklärung)

(2) Bei der Erklärung der Gleichwertigkeit (Äquivalenz) ausländischer Zertifikate ist insbesondere auf die Entwicklung innerhalb der Europäischen Union Rücksicht zu nehmen.

(3) Die Lizenzierungsstelle hat ein auf elektronischem Weg zugängliches Verzeichnis bei der Telekom-Control GmbH einzurichten, in dem die Äquivalenz ausländischer Zertifikate mit österreichischen Zertifizierungsklassen festgehalten ist.

*Dieses elektronische Verzeichnis soll österreichischen Geschäftspartnern erlauben, nach Überprüfung eines ausländischen Zertifikats und dessen Äquivalenz dieses anzuerkennen.*

(4) Die Lizenzierungsstelle hat darüber hinaus alle geeigneten Maßnahmen zu ergreifen, daß durch spezifische Einrichtungen die elektronische Bestätigung der Echtheit ausländischer Zertifikate direkt durch die jeweilige ausländische Zertifizierungsstelle gewährleistet ist.

Die Überprüfung eines ausländischen Zertifikates soll im Sinne des One-Stop-Shoppings möglichst über einen einheitlichen Gateway oder ähnliche technische Einrichtungen abgewickelt werden können.

(5) Für die Abfrage des Verzeichnisses und die Benutzung von Einrichtungen gemäß Abs 4 dürfen die in der Zertifizierungsverordnung vorgesehenen angemessenen Entgelte vorge-

schrieben werden. Die Höhe dieser Entgelte darf die Höhe der Entgelte für die Überprüfung inländischer Zertifikate nicht übersteigen.

*Für den Betrieb des Verzeichnisses und der technischen Einrichtungen nach Abs 4 sind die marktüblichen Entgelte zu verrechnen.*

[...]

## § 17 Zertifizierungsverordnung

Der BM für Wissenschaft und Verkehr wird ermächtigt, im Einvernehmen mit dem BM für Justiz, unter Berücksichtigung der Vorschläge der Lizenzierungsstelle eine Zertifizierungsverordnung zu erlassen über

1. die unterschiedlichen Zertifizierungsklassen, wobei für jede dieser Klassen anzuführen ist:

   - der Anwendungsbereich der Zertifikate dieser Klasse,

   - die notwendigen technischen, organisatorischen und personellen Voraussetzungen für die Errichtung und den Betrieb einer Zertifizierungsstelle dieser Klasse, jedoch nicht die dafür einzusetzenden technischen Methoden,

   - die Gültigkeitsdauer der Zertifikate,

   - die nähere Ausgestaltung der Pflichten von Zertifizierungsstellen dieser Zertifizierungsklasse,

   - die vorzunehmende Prüfung technischer Komponenten und die Bestätigung, daß die Anforderungen erfüllt sind,

   - die Haftungsobergrenze der Zertifizierungsstelle für einen durch ihr Handeln verursachten Schaden bei Zertifikaten dieser Zertifizierungsklasse,

   - die Frist, in der die Zertifizierungsstelle eine Sperrung vorzunehmen hat,

   - der Zeitraum sowie das Verfahren, nach dem eine neue digitale Signatur dieser Klasse angebracht und erneuert wird.

2. die näheren Einzelheiten des Verfahrens der Erteilung, Übertragung und des Widerrufs einer Lizenz sowie des Verfahrens bei Einstellung lizenzierter Tätigkeit,

3. die zu entrichtenden Entgelte dem Grunde und der Höhe nach,

4. die näheren Bestimmungen zur Erteilung eines Zeitstempels.

Der Verordnungsgeber hat dabei alles zu tun, unter Berücksichtigung der Entwicklung innerhalb der Europäischen Union die Zertifizierungsklassen so zu gestalten, daß eine möglichst umfassende Gleichstellung mit ausländischen Zertifikaten erreicht werden kann.

Die Verordnung ist binnen zwei Monaten nach Inkrafttreten dieses Gesetzes zu erlassen. Sie ist mindestens einmal jährlich zu überprüfen und gegebenenfalls an die geänderten wirtschaftlichen und technischen Gegebenheiten anzupassen.

*Diese Regelung zwingt den Verordnungsgeber, den geänderten technischen und wirtschaftlichen Rahmenbedingungen ständig Rechnung zu tragen.*

[...].

# Identitätbasierte Kryptosysteme als Alternative zu Public-Key-Infrastrukturen

Dennis Kügler[1] · Markus Maurer [1] · Sachar Paulus[2]

[1] TU Darmstadt
FG Theoretische Informatik
{kuegler, mmaurer}@cdc.informatik.tu-darmstadt.de

[2] KOBIL Computer GmbH
Sachar.Paulus@t-online.de

## 1  Überblick

Der Einsatz herkömmlicher Public-Key-Kryptosysteme für Verschlüsselung und Digitale Signaturen bedingt den offensichtlich sehr aufwendigen Betrieb von Trustcentern, Zertifizierungsstellen, Verzeichnisdiensten, kurz einer kompletten Public-Key-Infrastruktur. Wir diskutieren den Ansatz identitätbasierter Systeme, welche versprechen, ohne einen solchen gigantischen Overhead auszukommen.

Wir beginnen mit den Eigenschaften von zertifikatbasierten Public-Key-Infrastrukturen und wenden uns in Abschnitt 3 den identitätbasierten Systemen zu. Wir betrachten zuerst die Grundlagen solcher Systeme und diskutieren Vorschläge für identitätbasierte Verfahren, insbesondere die Jacobi-Symbol Methode von Maurer und Yacobi. Wir schließen die Betrachtung der Systeme mit einer Zeit versus Platz Alternative ab.

## 2  Public-Key-Infrastrukturen

Die üblichen asymmetrischen Kryptosysteme benutzen zwei voneinander verschiedene aber abhängige Schlüssel, den öffentlichen Schlüssel $K_e$ zum Verschlüsseln bzw. Überprüfen einer Signatur und den privaten Schlüssel $K_d$ zum Entschlüsseln bzw. zum Erstellen einer Signatur.

Es muß garantiert werden, daß der von einem Verzeichnisdienst mitgeteilte oder auf anderem Weg erhaltene öffentliche Schlüssel authentisch ist, d.h. zu der richtigen Person gehört. Gelingt es einem Angreifer, einen fremden Schlüssel durch seinen eigenen zu ersetzen, kann er die verschlüsselten Nachrichten abfangen und unberechtigt entschlüsseln. Anschließend kann er sie mit dem echten Schlüssel erneut verschlüsseln und an den eigentlichen Empfänger senden, ohne daß Sender und Empfänger die Manipulation bemerken. Dieser Angriff wird *Man-In-The-Middle-Attack* genannt. Um die Authentizität eines Schlüssels zu beweisen, verwendet man Zertifikate.

Vertrauenswürdige Instanzen, *Certification Authorities* (CAs) genannt, und oft auch die schlüsselgenerierende Instanz, erstellen Zertifikate durch Signieren einer Datenstruktur, in der mindestens die Benutzeridentität, der öffentliche Schlüssel des Benutzers und ein Gültigkeitszeitraum enthalten sind. Die Zertifikate haben folgende Eigenschaften:

- Jeder Benutzer, der Zugriff auf den öffentlichen Schlüssel der CA hat, kann den zertifizierten öffentlichen Schlüssel zurückgewinnen.

- Niemand außer der CA kann das Zertifikat modifizieren, ohne daß dies entdeckt wird.

Durch Zertifikate ist Vertrauen in gewisser Weise übertragbar. Vertrauen zwei Benutzer nicht dem gleichen Dritten, der sie zertifiziert hat, besteht unter Umständen die Möglichkeit, eine Zertifikatskette zu bilden. Die Zertifikatskette beginnt bei der CA des einen Benutzers und endet bei der CA des anderen Benutzers. Zwischen diesen beiden CAs können sich weitere CAs befinden. Jeweils zwei in der Kette benachbarte CAs müssen sich gegenseitig zumindest aber einseitig zertifiziert haben, also vertrauen. Die Bildung einer Zertifikatskette ist eine komplizierte Aufgabe und von der Organisation der CAs abhängig. Eine hierarchische Organisation, wie sie von dem Signaturgesetz angeraten wird, erleichtert diese Aufgabe.

Dennoch bleibt es fraglich, ob Vertrauen durch Zertifikate weitergegeben werden kann. Je länger die Zertifikatskette ist, desto wahrscheinlicher wird es, daß die Kette eine CA enthält, der man selbst nicht vertrauen würde. Aus diesem Grund sollten Zertifikatsketten möglichst kurz sein.

Zertifikate können vor Ablauf des Gültigkeitszeitraumes zurückgezogen werden, z.B. wenn das Schlüsselpaar eines Benutzers kompromittiert wurde, wenn ein Benutzer nicht mehr von seiner CA zertifiziert wird, oder wenn das zum Signieren verwendete Schlüsselpaar seiner CA kompromittiert ist. Ein Schlüsselpaar (bzw. ein öffentlicher Schlüssel) ist genau dann kompromittiert, wenn der private Schlüssel zu dem öffentlichen Schlüssel bekannt ist. Kompromittierte Schlüssel dürfen nicht länger benutzt werden, weder vom Besitzer, noch von anderen. CAs führen Sperrlisten, sogenannte *Revocation Lists*, in denen von ihnen ausgestellte und zurückgezogene Zertifikate gespeichert sind, solange der Gültigkeitszeitraum der Schlüssel nicht abgelaufen ist. Die Verfügbarkeit dieser Daten muß permanent erfüllt sein; die Pflege eines synchronisierten Verzeichnisdienstes, der diese Aufgabe erfüllt, ist sehr aufwendig.

Die Verwaltung der Zertifikate ist somit mit erheblichem Aufwand verbunden. Die verantwortlichen Stellen müssen dafür eine sehr kostenintensive DV-Infrastruktur bereitstellen, die sowohl gegen Manipulation geschützt sein muß als auch Funktionskriterien wie Ausfallsicherheit und Garantie kurzer Antwortzeiten gewährleisten muß.

Auch für den einzelnen Benutzer ist die Verwendung eines öffentlichen Schlüssels mit erheblichem Aufwand behaftet: Bevor ein öffentlicher Schlüssel zum Verschlüsseln oder zur Signaturüberprüfung verwendet werden kann, ist zu prüfen, ob

- das aktuelle Datum den Gültigkeitszeitraum des Zertifikates erfüllt,

- das Zertifikat anerkannt werden kann (indem die Zertifikatskette durchwandert und jedes einzelne Zertifikat überprüft wird),

- das Zertifikat zurückgezogen wurde und

- das Zertifikat einer CA der Zertifizierungskette zurückgezogen wurde.

Diese kurze Übersicht zeigt, daß den offensichtlichen Vorteilen, die sich aus dem flächendeckenden Einsatz der Public-Key-Kryptosysteme ergeben, sich ein massiver Aufwand sowohl auf Seiten der CAs als auch auf Seiten des Benutzers entgegenstellt. Dies erklärt auch das Modell einiger CAs, die nicht nur für die Erstellung eines Zertifikats Bezahlung verlangen, sondern sogar für die Dauer der Gültigkeit des Zertifikats eine monatliche Gebühr erheben wollen.

Es gibt also einige Gründe, nach alternativen Modellen zu suchen.

# 3 Identitätbasierte Kryptosysteme

## 3.1 Grundlagen

Identitätbasierte Kryptosysteme beschreiben eine neue Generation von (asymmetrischen) Kryptosystemen, die auf den ersten Blick gegenüber den einfachen oder zertifikatbasierten Public-Key-Systemen eine Reihe von Vorteilen bieten. Nehmen wir an, daß Alice ($A$) an Bob ($B$) eine Nachricht $m$ verschlüsselt senden möchte.

Bei identitätbasierten Kryptosystemen würde man sich wünschen, daß alle Systemparameter, die Alice zum Verschlüsseln von $m$ benötigt, sich aus der Identität $ID_B$ von Bob (z.B. der Email-Adresse) ableiten lassen, also keine vertrauenswürdige, dritte Instanz notwendig ist. Dies impliziert aber, daß Bob in der Lage sein muß, allein aus seiner Identität, ohne Kenntnis einer Trapdoor (Geheiminformation), einen Schlüssel zu generieren, den er zum Entschlüsseln verwenden kann. Da Bob aber keine Trapdoor hierfür zur Verfügung hat, kann auch jeder andere aus Bob's Identität die Information zum Entschlüsseln generieren. Dies zeigt, daß es, ähnlich zu einer CA, auch für identitätbasierte Systeme eine dritte Instanz geben muß. Der Unterschied zu CAs besteht in den Zeitpunkten, zu denen diese Instanz angesprochen werden muß.

In den bislang vorgeschlagenen Systemen arbeitet diese dritte Instanz als schlüsselgenerierende Stelle, *Key Generation Center* ($KGC$). Der Ablauf bei einem identitätbasierten System sieht folgendermassen aus:

**Setup:** Das $KGC$ wählt eine Trapdoor und leitet daraus die Systemparameter ab. Insbesondere bestimmt es eine Funktion $f_{KGC}$, mit der aus einer Benutzeridentität der öffentliche Schlüssel generiert wird.

**Benutzeraufnahme:** Bei der Aufnahme eines neuen Benutzers, Bob, bestimmt das $KGC$ zum gegebenen öffentlichen Schlüssel $K_e = f_{KGC}(ID_B)$ mit Hilfe der Trapdoor den zugehörigen privaten Schlüssel $K_d$, den sie Bob mitteilt.

**Kommunikation:** Wir nehmen an, Alice kennt Bob's Identität, z.b. seine Email-Adresse. Damit Alice eine verschlüsselte Nachricht an Bob senden kann, muß Alice zuerst die Systemparameter des $KGC$s von Bob erfahren. Damit kann sie Bob's öffentlichen Schlüssel $f_{KGC}(ID_B)$ bestimmen. Dann folgt der übliche Ablauf einer Public-Key Verschlüsselung.

Wir diskutieren die Unterschiede zwischen dem $KGC$ und dem CA Ansatz. Der obige generelle Ablauf bietet gegenüber dem üblichen CA basierten Modell einen Vorteil.

• Pro $KGC$ ist eine Interaktion erforderlich, um die Systemparameter zu erfragen. Aber es ist keine Interaktion pro Benutzer notwendig, um dessen Zertifikat zu erfragen, wie im CA Ansatz.

Anstatt die Authentizität von Benutzerschlüsseln zu garantieren, muß das $KGC$ nun die *Authentizität der Systemparameter* sicherstellen. Ansonsten könnte ein Angreifer die Man-In-The-Middle Attacke verwenden. In [Shamir 84] stellt Shamir ein effizientes und sicheres identitätbasiertes Signaturverfahren vor, welches vom $KGC$ zum Signieren der Systemparameter verwendet werden kann. Z.B. kann es eine oberste Instanz geben, die identitätbasierte Signaturschlüssel an jedes $KGC$ vergibt. Die Systemparameter dieser obersten Instanz müssen jedem Benutzer bekannt sein. Erfragt ein Benutzer die Systemparameter eines $KGC$s, so signiert dieses die Parameter mit seinem identitätbasierten Signaturschlüssel. Der Benutzer kann dann ohne weitere Interaktion, mit Kenntnis der Identität des $KGC$s, dessen Unterschrift und somit die Echtheit der Systemparameter prüfen.

Der Wegfall von Interaktion mit dem $KGC$ pro Kommunikation ist der maßgebliche Vorteil von identitätbasierten Systemen. Dies hat Konsequenzen für die Handhabung *kompromittierter Schlüssel.*

1. Geht man davon aus, daß kompromittierte Schlüssel auftreten können, und will das $KGC$ die Systemteilnehmer von einer Kompromittierung in Kenntnis setzen, so muß es zum einen alle Teilnehmer speichern, die die Systemparameter erfragt haben, und diese informieren. Zum anderen müsste das $KGC$ neue Systemparameter und private Schlüssel erstellen und diese verteilen. Dieser Ansatz ist nur für eine geringe Teilnehmerzahl durchführbar.

2. Um das Auftreten von kompromittierten Schlüsseln a priori zu verhindern, sollte man kurze Gültigkeiten von Schlüsseln einführen. Z.B. kann in $f_{KGC}$ das Datum miteinfließen, und das $KGC$ gibt einem Benutzer mehrere private Schlüssel, jeweils für mehrere Zeitspannen im voraus.

Die Wahrscheinlichkeit für das Auftreten von *Kollisionen bei der Berechnung der öffentlichen Schlüssel* muß sehr gering sein. D.h. es muß unwahrscheinlich sein, daß für zwei verschiedene Benutzer mit Identitäten $ID$ und $ID'$ gilt, $f_{KGC}(ID) = f_{KGC}(ID')$. Solche Kollisionen müssen vom $KGC$ erkannt werden. Dazu muß das $KGC$ eine Datenbank mit allen Benutzern des Systems halten. Beim Auftreten einer Kollision gibt es zwei Möglichkeiten. Entweder wird die Aufnahme des Benutzers bis zur nächsten Neufestlegung der Systemparameter verschoben, oder es erfolgt eine sofortige Neuerzeugung von Systemparametern, was u.a. zur Folge hat, daß für alle registrierten Benutzer neue private Schlüssel erstellt werden müssen. Beide Lösungen sind nicht praktikabel.

Wie wir gesehen haben, liegt auch einem identitätbasierten Kryptosystem ein Public-Key-System zugrunde, nur daß die öffentlichen Schlüssel aus den Benutzeridentitäten abgeleitet werden. Wir betrachten die zusätzlichen *Anforderungen an das Public-Key System*, die sich aus diesem Konzept ergeben.

1. Es lassen sich private Schlüssel aus der Identität leicht berechnen, genau dann, wenn die Trapdoor bekannt ist.

2. Die Berechnung der Trapdoor aus einem Paar (Identität, privater Schlüssel) ist nicht möglich.

Die erste Anforderung soll es nur dem $KGC$ ermöglichen, aus einer gegebenen Identität den privaten Schlüssel schnell berechnen zu können, während ein externer Angreifer nicht in der Lage sein darf, ohne Kenntnis der Trapdoor, private Schlüssel zu berechnen. Die zweite Anforderung ergibt sich daraus, daß jeder Benutzer sowohl seine Identität als auch den zugehörigen privaten Schlüssel kennt. Insbesondere die zweite Bedingung schränkt die benutzbaren Algorithmen ein. So ist z.B. der prominenteste Vertreter, RSA, nicht einsetzbar, da dort die Kenntnis eines Schlüsselpaares die Faktorisierung des Modulus ermöglicht [MOV 97][p. 287].

Betrachtet man die Behandlung kompromittierter Schlüssel nicht als schwerwiegendes Argument gegen identitätbasierte Systeme, so liegt die Herausforderung darin, ein Public-Key System zu finden, welches obigen Anforderungen genügt.

## 3.2 Systeme

In [Shamir 84] stellt Adi Shamir ein *identitätbasiertes Signaturverfahren* vor, bei dem die gleichen Sicherheitsmerkmale gelten wie beim RSA Verschlüsselungsalgorithmus, d.h. polynomieller Aufwand für das $KGC$ gegenüber subexponentiellem Aufwand für einen Angreifer. Dieses System erfüllt die im vorigen Abschnitt beschriebenen gewünschten Anforderungen von schneller Berechenbarkeit von Information unter Kenntnis einer Trapdoor, Schutz der Trapdoor und Sicherheit gegen Fälschungen. Es war der Ausgangspunkt für die Suche nach einem Verschlüsselungsalgorithmus mit gleich guten Eigenschaften.

Verschiedene Vorschläge für *identitätbasierte Verschlüsselungsverfahren* stellten sich entweder als unsicher heraus oder sind nicht völlig interaktionslos und benutzen öffentliche Werte. Beispiele hierfür sind z.B. [Okamoto 87] oder [Günther 89].

Ein interessanter Versuch wird von Okamoto und Uchiyama [OkU 98] unternommen, basierend auf der Berechnung diskreter Logarithmen auf anormalen elliptischen Kurven. Wie von den beiden Autoren in [OkU 98] selbst gezeigt, ist dieses Verfahren jedoch hochgradig unsicher. Wir stellen die Idee dieses Verfahrens in Abschnitt 3.2.1 kurz vor und skizzieren eine Alternative, die das Sicherheitsproblem des Originalverfahrens löst, aber unpraktikabel ist.

Das derzeit erfolgversprechendste Verfahren ist der Verschlüsselungsalgorithmus von Maurer und Yacobi [MaY 96]. Dieser Ansatz basiert auf der Berechnung diskreter Logarithmen in $(\mathbb{Z}/n\mathbb{Z})^*$ für zusammengesetztes $n$. Wir beschreiben dieses Verfahren in Abschnitt 3.2.2.

Abschließend diskutieren wir eine Zeit versus Platz Alternative, bei der wir der Frage nachgehen, wie durch Erhöhung der zu speichernden Information Sicherheit gewonnen werden kann.

### 3.2.1 Verschlüsselung nach Okamoto und Uchiyama

Diskrete Logarithmen (DL) können auf anormalen elliptischen Kurven über einem Körper $GF(p)$ effizient berechnen werden [Smart 97]. Zwei anormale elliptische Kurven über $GF(p)$ und $GF(q)$ lassen sich zu einer elliptischen Kurve über dem Ring $\mathbb{Z}/n\mathbb{Z}$, $n = pq$, zusammenfassen; auf dieser elliptischen Kurve können DLs genau dann effizient berechnet werden, wenn die Faktorisierung von $n$ bekannt ist. Das $KGC$ wählt $p$ und $q$, hält diese geheim, veröffentlicht aber $n$. Da das $KGC$ die Faktorisierung kennt, kann es einen privaten Schlüssel (= diskreten Logarithmus) schnell berechnen.

Wie die Autoren in [OkU 98] selbst feststellten, ist dieses Verfahren jedoch hochgradig unsicher, denn $n$ ist öffentlich bekannt, und da $n$ gleichzeitig die Gruppenordnung der Kurve ist, läßt sich die Faktorisierung von $n$ leicht berechnen. Diese Sicherheitslücke kann man umgehen, indem man z.b. die anormalen Kurven durch supersinguläre ersetzt. Dann ist $n$ nicht mehr die Gruppenordnung, und die in [OkU 98] vorgeschlagene Attacke zur Faktorisierung von $n$ ist nicht mehr anwendbar. Gleichzeitig kann man die DL-Berechnung auf der Kurve reduzieren auf DL-Berechnungen in $GF(p^k)$ und $GF(q^k)$ für kleines $k$ [MOV 90]. Da der Angreifer die Faktorisierung nicht kennt, stehen ihm nur Methoden zur DL-Berechnung zur Verfügung, deren Laufzeit exponentiell in $\log n$ ist, wohingegen das $KGC$ mittels der Reduktion in die endlichen Körper subexponentielle Methoden anwenden kann [COS 86]. Es ist allerdings fraglich, ob dieser Ansatz praktikabel ist, da stets $k \geq 2$ gilt, und damit die endlichen Körper zu groß sind, um eine schnelle Berechung der privaten Schlüssel zu ermöglichen. Für weitere Details siehe auch [Kügler 98].

### 3.2.2 Verschlüsselung nach Maurer und Yacobi

In diesem Abschnitt stellen wir den identitätbasierten Schlüsseltausch von Maurer und Yacobi [MaY 91],[MaY 92], [MaY 96] vor. Die Sicherheit dieses Verfahrens beruht auf der Schwierigkeit, für zusammengesetztes $n \in \mathbb{Z}$, diskrete Logarithmen (DL) in $(\mathbb{Z}/n\mathbb{Z})^*$ zu berechnen. Die Trapdoor ist die Faktorisierung von $n$. Wir beschreiben den prinzipiellen Ablauf (s. Abschnitt 3.1).

**Setup:** Das $KGC$ wählt Primzahlen $p_1, \dots, p_r$, $n$ als deren Produkt, $\alpha \in (\mathbb{Z}/n\mathbb{Z})^*$, so daß, für $1 \leq i \leq r$, $\alpha \bmod p_i$ ein Erzeuger von $GF(p_i)^*$ ist und bestimmt $f_{KGC}$.

**Benutzeraufnahme:** Ein neuer Benutzer mit Identität $ID$ erhält vom $KGC$ seinen privaten Schlüssel $K$. D.h. $\alpha^K = f_{KGC}(ID)$ in $(\mathbb{Z}/n\mathbb{Z})^*$.

**Kommunikation:** Will Benutzer $A$ eine Nachricht $m$ an Benutzer $B$ senden, berechnet er den gemeinsamen Schlüssel

$$K_{AB} \equiv (f_{KGC}(ID_B))^{K_A} \equiv \alpha^{K_A K_B} \bmod n$$

und verschlüsselt $m$ mit einem symmetrischen Verschlüsselungsalgorithmus unter dem Schlüssel $K_{AB}$. Anschließend sendet er Benutzer $B$ die verschlüsselte Nachricht $c$ zusammen mit seiner Identität zu. Um $c$ zu entschlüsseln, geht Benutzer $B$ ebenso vor, und berechnet den gemeinsamen Schlüssel

$$K_{BA} \equiv (f_{KGC}(ID_A))^{K_B} \equiv \alpha^{K_A K_B} \equiv K_{AB} \bmod n.$$

Dabei sind $K_A$ bzw. $K_B$ der private Schlüssel und $ID_A$ bzw. $ID_B$ die Identität von Benutzer $A$ bzw. $B$.

Wir diskutieren zuerst die *Existenz der privaten Schlüssel*. Nach [MaY 96] ist $(\mathbb{Z}/n\mathbb{Z})^*$ zyklisch, genau dann, wenn $n \in \{2, 4, p^k, 2p^{2k-1}\}$ für eine ungerade Primzahl $p$ und $k \in \mathbb{Z}_{\geq 1}$. Da die Sicherheit des Verfahrens darauf beruhen soll, daß ein Angreifer die Faktorisierung von $n$ nicht findet, sind zyklische Gruppen nicht verwendbar. Nehmen wir also an, daß $r \geq 2$ ist, $p_1, \ldots, p_r$ ungerade Primzahlen und zusätzlich $(p_1 - 1)/2, \ldots, (p_r - 1)/2$ ungerade und paarweise teilerfremd sind. Nach [MaY 96][Seite 310] existiert dann für $1 - 2^{-r+1} \geq 1/2$ viele Werte aus $(\mathbb{Z}/n\mathbb{Z})^*$ kein diskreter Logarithmus zu fester Basis $\alpha$. Um Identitäten auf Werte abzubilden, deren diskrete Logarithmen garantiert existieren, schlagen Maurer und Yacobi zwei Methoden vor.

Die *Quadrierungsmethode* beruht auf der Tatsache, daß für ungerade Primzahlen $p_1, \ldots, p_r$, wobei $(p_1 - 1)/2, \ldots, (p_r - 1)/2$ paarweise teilerfremd, $n = p_1 \cdots p_r$ und festes $\alpha$, jedes Quadrat in $(\mathbb{Z}/n\mathbb{Z})^*$ einen diskreten Logarithmus zur Basis $\alpha$ besitzt [MaY 96][Seite 309]. Dies erklärt die Wahl von

$$f_{KGC}(ID) = ID^2 \bmod n.$$

Allerdings erlaubt die Quadrierungsmethode den Benutzern, Kongruenzen der Form

$$x^2 \equiv y^2 \bmod n \text{ mit } x \not\equiv \pm y \bmod n$$

zu finden. Damit liefert $ggT(x - y, n)$ einen Teiler von $n$. Die erste Attacke ist wie folgt: Für mindestens die Hälfte aller Benutzeridentitäten $x$ existiert kein DL zur Basis $\alpha$. Jedoch existiert $g = \log_\alpha x^2$, der diskrete Logarithmus von $x^2$. Durch die Quadrierung ist $g$ gerade und eine Quadratwurzel von $x^2$ ist $y = \alpha^{g/2}$. Da jedoch der diskrete Logarithmus von $x$ nicht existiert, haben wir $x \not\equiv \pm y$, aber $x^2 \equiv y^2 \bmod n$. Maurer und Yacobi korrigierten dies, indem das $KGC$ einen zufälligen Sicherheitsparameter $t \in (\mathbb{Z}/\varphi(n)\mathbb{Z})^*$ berechnet. Anstatt $log_\alpha(f_{KGC}(ID))$ als privaten Schlüssel zu vergeben, verbirgt das $KGC$ die diskreten Logarithmen, indem es sie mit $t$ multipliziert, also $t \cdot \log_\alpha(f_{KGC}(ID)) \bmod \varphi(n)$ an den Benutzer weitergibt. Dies ändert nichts an der Kommunikationsphase. Allerdings ist es auch trotz dieser Modifikation für zwei Benutzer, die zusammenarbeiten, möglich, $n$ zu faktorisieren [MaY 96][Seite 314]. Damit ist die Quadrierungsmethode unsicher.

Die *Jacobi-Symbol-Methode* ist die zweite Variante. Man wählt $n$ als Produkt zweier Primzahlen $p_1$ und $p_2$, wobei wiederum $(p_1 - 1)/2$ und $(p_2 - 1)/2$ teilerfremd sein sollen. Das Jacobi-Symbol $\left(\frac{ID}{n}\right)$ kann ohne Kenntnis der Trapdoor leicht berechnet werden und ist genau dann gleich eins, wenn entweder $ID$ ein quadratischer Rest in $GF(p_1)$ und $GF(p_2)$ ist, oder in keinem der beiden. In diesem Fall sind die diskreten Logarithmen in $GF(p_1)$ und $GF(p_2)$ kongruent modulo 2, und der diskrete Logarithmus modulo $n$ existiert (chinesischer Restsatz). Weiterhin gilt für das Jacobi-Symbol $\left(\frac{2}{p}\right) = 1$, falls $p \equiv \pm 1 \bmod 8$ und $\left(\frac{2}{p}\right) = -1$, falls $p \equiv \pm 3 \bmod 8$. Bei Wahl von $p_1 \equiv \pm 3 \bmod 8$ und $p_2 \equiv \pm 1 \bmod 8$ kann, wegen der Multiplikativität des Jacobi-Symbols, $f_{KGC}$ also gewählt werden als

$$f_{KGC}(ID) \equiv \begin{cases} ID \bmod n & \text{falls } \left(\frac{ID}{n}\right) = 1, \\ 2ID \bmod n & \text{falls } \left(\frac{ID}{n}\right) = -1. \end{cases}$$

Da bei dieser Variante $n$ das Produkt von nur zwei Primzahlen ist, müssen diese ausreichend groß gewählt werden, um eine Faktorisierung von $n$ durch bsp. das Number Field Sieve (NFS) zu verhindern. Die größte, bisher mit dem NFS faktorisierte Zahl war RSA130 [RSA130]. Maurer und Yacobi schlagen daher 120 Dezimalstellen für $p_1$ und $p_2$ vor. Beachtet man, daß die größte Primzahl $p$, für die diskrete Logarithmen in $GF(p)$ berechnet werden konnten, nur 90 Dezimalstellen hat, [Lercier 98], so muß man weitere Anforderungen an $p_1$ und $p_2$ stellen, um dem $KGC$ eine Berechnung der privaten Schlüssel zu ermöglichen. Daher wählen Maurer und Yacobi $(p_1 - 1)/2$ und $(p_2 - 1)/2$ als Produkte von Primzahlen mit jeweils 20 Dezimalstellen. Dann kann das $KGC$ z.B. den Algorithmus von Pohlig-Hellman mit Pollard's $\rho$ Methode zur DL-Berechnung anwenden [PoH 78]. Dessen Laufzeit ist proportional zur Quadratwurzel aus dem größten Primfaktor von $(p_1 - 1)/2$, $(p_2 - 1)/2$. Ein Angreifer kann Pollards $p - 1$ Methode zum Faktorisieren von $n$ verwenden [Pol 74]. Die Laufzeit dieses Verfahrens ist proportional zum größten Primfaktor von $(p_1 - 1)/2$, $(p_2 - 1)/2$. Hat also das $KGC$ den Aufwand $k$, so hat ein Angreifer Aufwand $k^2$. Aus diesem quadratischen Mehraufwand leitet das Verfahren seinen Sicherheitsanspruch ab.

In [LiL 92] beschreiben Lim und Lee ihre Erfahrungen mit einer Implementierung der Jacobi-Symbol Methode. Ihr Fazit ist, daß die Methode nicht praktikabel ist, da der Aufwand für das $KGC$ zu groß sei.

Bei dem hier vorgestellten Schlüsseltausch ist es notwending, daß sowohl Empfänger als auch Sender einer Nachricht private Schlüssel vom gleichen $KGC$ erhalten haben. Aber das Verfahren läßt sich leicht in ein ElGamal Kryptosystem transformieren, so daß der Sender nur die Systemparameter des $KGC$s des Empfängers kennen muß und nicht selbst einen privaten Schlüssel von dessen $KGC$ benötigt.

### 3.2.3 Zeit versus Platz

Wie wir im vorigen Abschnitt gesehen haben, existiert mit der Jacobi-Symbol Variante von Maurer und Yacobi ein funktionierender, identitätbasierter Verschlüsselungsalgorithmus. Dieser hat jedoch die Eigenschaft, daß das $KGC$ einen exponentiellen Aufwand betreiben muß, und ein Angreifer einen quadratischen Mehraufwand hat. Wünschenswert wäre ein System, bei dem der Aufwand für das $KGC$ nur polynomiell, und der Aufwand für einen Angreifer mindestens subexponentiell ist, wie dies bei den gängigen Public-Key Systemen, bsp. RSA, der Fall ist.

Wir wollen in diesem Abschnitt die Frage diskutieren, inwiefern man durch die Erhöhung des Speicherplatzbedarfes ein System mit solchen Zeitschranken für $KGC$ und Angreifer erhalten kann. Wir nehmen dazu im folgenden an, daß eine obere Schranke $n$ für die maximale Anzahl von Benutzern, die private Schlüssel benötigen, während der Setup-Phase des Systems bekannt ist. Dieses Szenario ist realistisch für eine Gruppe von Benutzern, die nicht zu stark expandiert, z.B. die Mitarbeiter einer Firma. Wird die maximale Benutzeranzahl überschritten, muß eine neue Setup-Phase erfolgen. Weiterhin gehen wir davon aus, daß die Identitäten der Benutzer Zahlen aus $\{0, \ldots, 2^N - 1\}$ sind, für $N \in \mathbb{Z}$. Ein erster Ansatz ist wie folgt (s. Abschnitt 3.1):

**Setup:** Das $KGC$ wählt eine Primzahl $p$ und einen Erzeuger $\alpha$ von $GF(p)^*$. Weiterhin wählt das $KGC$ zufällig Exponenten $0 \le e_i < p$ und berechnet $g_i \equiv \alpha^{e_i}, i = 1, \ldots, n$. Zusätzlich legt das $KGC$ eine Funktion $f_{KGC} : \{0, \ldots, 2^N - 1\} \to \{1, \ldots, n\}$ fest.

**Benutzeraufnahme:** Bei der Aufnahme eines Benutzers mit Identität $ID$ teilt das $KGC$ dem Antragsteller $e_{f_{KGC}(ID)}$ mit.

**Kommunikation:** Um mit einem Systembenutzer mit Identität $ID$ kommunizieren zu können, benötigt der Sender zuerst die Systemparameter des $KGC$s, d.h. $p, \alpha, f_{KGC}$ und $g_1, \ldots, g_n$. Dann kennt er mit $g_{f_{KGC}(ID)}$ den öffentlichen Schlüssel des Empfängers. Es folgt der übliche Ablauf einer Public-Key Verschlüsselung. Hierbei ist zu beachten, daß das $KGC$ bei einer Anfrage nach Systemparametern alle Elemente $g_1, \ldots, g_n$ verschickt, so daß nur eine Kommunikation pro $KGC$ und nicht eine Kommunikation pro Benutzer notwendig ist.

Damit das Verfahren sicher ist, muß es für einen Angreifer schwer sein, diskrete Logarithmen in $GF(p)$ zu berechnen. Der Rekord für DL Berechnungen liegt bei 90 Dezimalstellen für $p$ [Lercier 98]. Damit kann man $p$ als eine 512 Bit Primzahl wählen, mit $(p-1)/2$ ebenfalls prim. Das Verfahren ist sicherlich schnell, da das $KGC$ für jeden Benutzern nur polynomiellen Aufwand in $\log p$ betreiben muß. Allerdings benötigt jeder, der mit einem Systembenutzer kommunizieren will, einen Speicherplatz von $O(n \cdot \log p)$ Bits. Bei einer maximalen Benutzerzahl von 10000 sind dies in etwa 640 KB. Das Problem bei diesem Ansatz ist die Zuordnung von Identitäten zu Werten aus $\{1, \ldots, n\}$. Werden $n$ Benutzer in das System aufgenommen, so ist bei zufälligem, gleichverteiltem Auftreten der Benutzeridentitäten und gleichermässiger Verteilung unter $f_{KGC}$ die Wahrscheinlichkeit, daß zwei Identitäten auf den gleichen Wert abgebildet werden, $1 - n!/n^n \geq 1 - 1/2^{\lfloor n/2 \rfloor}$, also sehr hoch.

Dies läßt sich dadurch beheben, daß man den Wertebereich vergrößert. Um dabei nicht auch den Speicherplatzbedarf zu erhöhen, schlagen wir folgende Methode vor, die wir *Faktorbasis-Exponentiation* nennen [Kügler 98]. Die Setup-Phase ändert sich so, daß das $KGC$ anstatt $n$ nun $n+1$ viele $e_i, g_i, 1 \leq i \leq n+1$, wie zuvor bestimmt und eine Funktion $f_{KGC} : \{0, \ldots, 2^N - 1\} \to \{0, \ldots, 2^{n+1} - 1\}$ festlegt. Sei $ID$ die Identität eines Benutzers und $b_i \in \{0,1\}$ das $i$-te Bit in $f_{KGC}(ID)$, $1 \leq i \leq n+1$. Dann testet das $KGC$ bei Aufnahme des Benutzers, ob $g_{ID} = \prod_{i=1}^{n+1} g_i^{b_i}$ in der Datenbank enthalten ist. Falls nicht, teilt das $KGC$ dem Benutzer $K_{ID} = \sum_{i=1}^{n+1} b_i e_i$, den diskreten Logarithmus von $g_{ID}$ zur Basis $\alpha$, mit. In der Kommunikationsphase berechnet ein Sender $g_{ID}$ als öffentlichen Schlüssel des Benutzers mit Identität $ID$.

Gehen wir wieder von zufälliger Wahl und gleichmässiger Verteilung aus, ist die Wahrscheinlichkeit, daß 2 Identitäten unter $f_{KGC}$ auf gleiche Werte abgebildet werden $1 - \prod_{i=1}^{n-1}(2^{n+1} - i)/2^{n+1} \leq 1 - (1 - n/2^{n+1})^n < n^2/2^{n+1}$, also gering. Gehen wir davon aus, daß sich die Potenzprodukte $g_{ID}$ wie zufällige Elemente in $GF(p)^*$ verhalten, leiten wir analog her, daß die Wahrscheinlichkeit, daß für 2 Identitäten $ID$ und $ID'$ das gleiche Potenzprodukt berechnet wird, d.h. $g_{ID} = g_{ID'}$, kleiner ist als $n^2/(p-1)$, wobei wir annehmen können, daß $n << p$. Bei entsprechender Parameterwahl ist insgesamt die Wahrscheinlichkeit für eine Kollision gering.

Eine Eigenschaft der Faktorbasis-Exponentiation ist, daß sie unsicher gegenüber einer großen Anzahl kolaborierender Benutzer ist: Jeder private Benutzerschlüssel liefert eine Linearkombination mit den diskreten Logarithmen $e_i, 1 \leq i \leq m$, als Unbekannte. Arbeiten $m$ Benutzer zusammen, können sie diese DLs durch Lösen eines linearen Gleichungssystems bestimmen. Eine Lösungsmöglichkeit liegt darin, daß die Faktorbasis mehr Elemente enthalten muß, als es Benutzer gibt.

Ein Nachteil der Methode ist die Tatsache, daß unterschiedliche $KGC$s unterschiedliche Faktorbasen $g_1, \ldots, g_{n+1}$ benutzen, womit sich der Speicheraufwand bei Kommunikationspartnern vervielfacht. Eine Lösung dieses Problems könnte die Normierung der Faktorbasis sein; nur noch der Körper $GF(p)$ und der Erzeuger $\alpha \in GF(p)^*$ werden von jedem $KGC$ individuell festgelegt. Dann kann aber jedes $KGC$ die diskreten Logarithmen $e_i = \log_\alpha g_i, 1 \leq i \leq n+1$, nicht wählen, sondern muß sie berechnen. Der praktikabelste Algorithmus zum Bestimmen von diskreten Logarithmen in diesen Größenordnungen ist das Spezielle Number Field Sieve (SNFS). Die Schwierigkeit ist, daß das SNFS als Eingabe ein geeignetes Polynom benötigt, um die DL Berechnung in einem gegebenem Körper $GF(p)$ durchzuführen. Dieses Polynom ist in der Regel schwer zu finden. Für das $KGC$ ist die Situation allerdings einfacher, da dieses den Körper $GF(p)$ selbst festlegt. In [Gordon 92] beschreibt Gordon wie man zuerst ein geeignetes Polynom findet und aus diesem die Primzahl $p$ ableitet. Das Polynom muß dabei so gewählt werden, daß ein Angreifer nicht in der Lage ist, es zu bestimmen. Analysiert man die Komplexität des SNFS zur DL Berechnung bei vorgegebener Faktorbasis, so erhält man eine asymptotische Laufzeit, die quadratisch in der Größe der Faktorbasis ist [Gordon 98]. Allerdings ist die Praktikabilität dieses Ansatzes unklar. Für weitere Details siehe auch [Kügler 98].

# 4 Fazit

Mit der Jacobi-Symbol Variante von Maurer und Yacobi steht ein identitätbasiertes Kryptosystem zur Verfügung, das mit einer Interaktion pro $KGC$ auskommt. In ihrer Untersuchung von 1992 stellen Lim und Lee die Praktikabilität dieses Verfahrens in Frage. Um eine aktuelle Einschätzung zu erhalten, müsste die Praktikabilität dieses Systems mit heutiger Hardware getestet werden. Mit fortschreitender Rechnertechnologie erhöht sich durch den quadratischen Mehraufwand die Sicherheit des Verfahrens. Gleichwohl bietet dieser quadratische Mehraufwand eine enorm kleinere Sicherheitsspanne, als dieses bei den gängigen Public-Key Systemen, bsp. RSA, der Fall ist.

Die Jacobi-Symbol Methode hat die Eigenschaft, daß der Aufwand sowohl für das $KGC$ als auch für einen Angreifer exponentiell ist. Wünschenswert wäre ein System, bei dem der Aufwand für das $KGC$ nur polynomiell, für einen Angreifer mindestens subexponentiell ist. Mit der Faktorbasis-Exponentiation haben wir ein solches System vorgestellt, über dessen Praktikabilität kann allerdings noch keine Aussage getroffen werden.

Ein entscheidender Nachteil identitätbasierter Systeme ist das Fehlen von Revocation Lists. Entfernt man diese Komponente aus der Infrastruktur von zertifikatbasierten Systemen, vereinfacht sich auch der CA basierte Ansatz.

# Literatur

[COS 86]     D. Coppersmith, A.M. Odlyzko, R. Schroeppel, Discrete logarithms in $GF(p)$, Algorithmica 1 (1986) 1-15.

[RSA130]     J. Cowie, B. Dodson, M. Elkenbracht-Huizing, A. K. Lenstra and P. L. Montgomery, J. Zayer, A world wide number field sieve factoring record: on to 512 bits, ASIACRYPT'96.

[Gordon 92] D. Gordon, Designing and Detecting Trapdoors for Discrete Log Cryptosystems, Proc. of CRYPTO '92, Springer Verlag, Seiten 66-75.

[Gordon 93] D. Gordon, Discrete Logarithms in $GF(p)$ using the Number Field Sieve, SIAM Journal on Discrete Mathmatics, Volume 6, 1993, Seiten 124-138.

[Gordon 98] D. Gordon, private Kommunikation.

[Günther 89] C. G. Günther, An Identity-Based Key-Exchange Protocol, Proc. of Eurocrypt '89, Springer Verlag, Seiten 29-37.

[Kügler 98] Dennis Kügler, Eine Aufwandsanalyse für identitätbasierte Kryptosysteme, Diplomarbeit, TU Darmstadt, 1998, in Vorbereitung.

[Lercier 98] Reynald Lercier, Discrete logarithms in $GF(p)$, via Number Theory Net (http://listserv.nodak.edu/archives/nmbrthry.html), Mai 1998.

[LiL 92] C.H. Lim, P.J. Lee, Modified Maurer-Yacobi's scheme and its applications, Proc. of Auscrypt '92, Springer Verlag, Seiten 308-323.

[LLMP90] A.K. Lenstra, H.W. Lenstra, Jr., M.S. Manasse, J.M. Pollard, The Number Field Sieve, The development of the number field sieve, Lecture notes in Mathematics, Springer Verlag 1993, Seiten 11-42.

[MaY 91] U. M. Maurer, Y. Yacobi, Non-interaktive Public-Key Cryptography, Proc. of Eurocrypt '91, Springer-Verlag, Seiten 490-497.

[MaY 92] U. M. Maurer, Y. Yacobi, A Remark on a Non-interaktive Public-Key Distribution System, Proc. of Eurocyrpt '92, Springer-Verlag, Seiten 458-460.

[MaY 96] U.M. Maurer und Y. Yacobi, A Non-interactive Public-Key Distribution System, Designs, Codes and Cryptography 9, Kluwer Academic Publishers, 1996, Seiten 305-316.

[MOV 90] A. Menezes, S. Vanstone, T. Okamoto, Reducing Elliptic Curve Logarithms to Logarithms in a Finite Field.

[MOV 97] Alfred J. Menezes, Paul C. van Oorschot, Scott A. Vanstone, Handbook of Applied Cryptography, CRC Press.

[OkU 98] T. Okamoto, S. Uchiyama, Security of an Identity-Based Cryptosystem and the Related Reductions, Proc. of Eurocrypt '98.

[Okamoto 87] E. Okamoto, Key Distribution Systems Based on Identification Information, Proc. of Crypto '87, Springer Verlag, Seiten 195-202.

[PoH 78] S.C. Pohlig, M.E. Hellman, An improved algorithm for computing logarithms over $GF(p)$ and its cryptographic significance, IEEE Transactions on Information Theory, vol. 24, 1978, Seiten 106-110.

[Pol 74] J.M. Pollard, Theorems on factorisation and primality testing, Proc. Cambrigde Philos. Society, vol. 76, 1974, Seiten 512-528.

[RSA 78]       R.L. Rivest, A. Shamir, L.M. Adleman, A Method for Obtaining Digital Signatures and Public-Key Cryptosystems, Communications of the ACM, v. 21, n. 2, Feb. '78, Seiten 120-126.

[Shamir 84]    Shamir, A., Identity-Based Cryptosystems and Signature Schemes, Proc. of Crypto '84, LNCS 196, Springer-Verlag, Seiten 47-53.

[Smart 97]     N. Smart, A polynomial time algorithm for discrete logarithms on anomalous elliptic curves, to be published in J. Cryptology.

# Kryptographische Komponenten eines Trustcenters

Andreas Philipp

KryptoKom GmbH
andreas.philipp@kryptokom.de

**Zusammenfassung**

Im Rahmen der Gesetzgebung „Informations- und Kommunikationsdienste-Gesetz, Art. 3 Signaturgesetz" werden durch das BSI kryptographische, technische, organisatorische und infrastrukturelle Anforderungen an einen sicheren, gesetz-konformen Einsatz digitaler Signaturen formuliert. Dieser Vortrag faßt die Anforderungen des BSI zusammen und erläutert den Aufbau und die Funktion kryptographischer Komponenten eines für digitale Signaturen notwendigen TrustCenters (Zertifizierungsstelle).

## 1 Einleitung

In diesem Beitrag werden zunächst die wesentlichen Dienstleistungen eines TrustCenters und ihr Zusammenspiel betrachtet. Danach folgt eine kurze Übersicht über die notwendigen IT-Systeme und den Schutzbedarf der Dienste, die eine Zertifizierung zur Verfügung stellt.

Mit dieser Übersicht ist es nun möglich zu zeigen, wie die Architektur eines Sicherheitsbox-Systems als Grundbestandteil eines Gesamtsystems zur Bildung und Verifikation digitaler Signaturen aussieht. Hier wird besonders auf die Aspekte Sicherheit, Kompatibilität zu bestehenden CA-Tools und Skalierbarkeit eingegangen.

## 2 Der Sachstand: das Signaturgesetz

Am 1. August 1997 ist das Gesetz zur Regelung der Rahmenbedingungen für Informations- und Kommunikationsdienste [IUKDG] in Kraft getreten. Artikel 3 dieses Gesetzes formuliert die Bestimmung zur digitalen Signatur, kurz: das Signaturgesetz.

> „Zweck des Gesetzes ist es, Rahmenbedingungen für digitale Signaturen zu schaffen, unter denen diese als sicher gelten und Fälschungen digitaler Signaturen oder Verfälschungen von signierten Daten zuverlässig festgestellt werden können." IUKDG §1 (1)

Um dieser Anforderung zu genügen, ist es insbesondere notwendig, eine Sicherheitsinfrastruktur (vgl. auch [RFC1422]) aufzubauen, durch die eine authentische Zuordnung öffentlicher Signaturschlüssel zu natürlichen Personen möglich wird. Das Gesetz gibt hierzu eine Sicherheitsinfrastruktur vor, bei der eine zweistufige Hierarchie von TrustCentern etabliert wird: Die beteiligten TrustCenter werden unterschieden in Wurzelinstanz und Teilnehmerschnittstellen. Nach dem Gesetz wird die Wurzelinstanz 'Zuständige Behörde' genannt. Die Schnittstellen zu den Teilnehmern nennt man 'Zertifizierungsstellen'. In §16 des Gesetzes wird die Bundesregierung ermächtigt, durch eine Rechtsverordnung die erforderlichen

Rechtsvorschriften zu erlassen. Nach dieser Rechtsverordnung gibt die zuständige Behörde zwei Kataloge von Sicherheitsmaßnahmen (vgl. Entwurf der Signaturverordnung vom 7.7.1997, §§ 12 und 16) an, die nach den Angaben des Bundesamtes für Sicherheit in der Informationstechnik erstellt werden. Im Katalog zu §12 der Signaturverordnung werden Sicherheitsmaßnahmen formuliert, die bei der Erstellung eines Sicherheitskonzeptes für eine Zertifizierungsstelle berücksichtigt werden sollen. Der Maßnahmenkatalog nach §16 Signaturverordnung beschreibt hingegen die technischen Anforderungen an die beteiligten IT-Systeme. Diese sind Verzeichnisdienst, Zeitstempeldienst, Schlüsselgenerierung und -zertifizierung, Personalisierung, Signierkomponenten (z.Z. Chipkarten und Sicherheitsbox) und Anwenderumgebung.

# 3  TrustCenter vor dem Hintergrund des Signaturgesetzes

Der Maßnahmenkatalog nach §16 der Signaturverordnung beschreibt im Detail die technischen Anforderungen an die beteiligten IT-Systeme, die den Aufbau, die Organisation und die technische Komponente einer Zertifizierungsstelle betreffen. Anhand eines typischen allgemeinen Ablaufs einer Zertifikatserstellung sollen die Aufgaben und die Funktionseinheiten einer Zertifizierungsstelle beschrieben werden.

Die folgende Abbildung gibt gemäß [ISO14516-2] einen Überblick über den Ablauf:

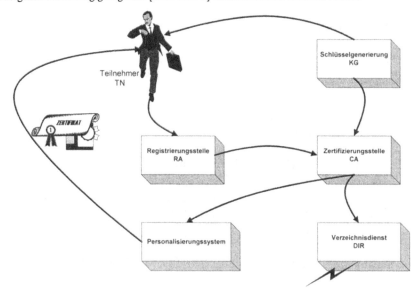

**Abb. 1:** Aufgaben einer Zertifizierungsstelle

Der Teilnehmer (TN) generiert ein Schlüsselpaar oder stellt einen Antrag zur Generierung in der Zertifizierungsstelle. Dazu ist es notwendig, sich in der Registrierungsstelle (RA) identifizieren zu lassen. Dieses Zertifikat wird nun von der Zertifizierungsstelle (CA) erstellt und anschließend an das Personalisierungssystem sowie an den Verzeichnisdienst übermittelt. Der Teilnehmer erhält abschließend die beantragte Signierkomponente.

Zusätzlich bietet ein TrustCenter den Zeitstempeldienst an. Dieser kann sowohl vom Teilnehmer als auch von der Registrierungsstelle oder der Zertifizierungsstelle in Anspruch genommen werden. Die Aufgabe des Zeitstempeldienstes liegt darin, beliebige Daten mit einem bestimmten Zeitpunkt zu verknüpfen. Sie taucht daher nicht explizit in der Darstellung auf.

Durch diese kurze Ablaufbeschreibung lassen sich nun alle notwendigen IT-Systeme eindeutig identifizieren. Es folgt eine Übersicht über die Systeme mit einer kurzen Beschreibung und Anmerkungen zu baulichen Anforderungen [MA_EMPF].

Das IT-System **Schlüsselgenerierung** sollte folgende Funktionalitäten besitzen:
* Schlüsselgenerierung für die ZS,
* Schlüsselgenerierung für Teilnehmer.

Das IT-System **Zertifizierungsstelle** dient ausschließlich der Zertifizierung öffentlicher Teilnehmerschlüssel.

Das IT-System **Personalisierungssystem** sollte folgende Funktionalitäten bereitstellen:
* Personalisierung des Trägermediums für Zertifikat, Schlüsselpaar etc.,
* Ausgabe des PSE,
* Authentisierung für das PSE und gesicherte Ausgabe der Paßwörter.

Das IT-System **Registrierung** dient zur Identitätsfeststellung bzw. -entscheidung sowie zur Registrierung der Teilnehmer.

Das IT-System **Verzeichnisdienst** hat folgende Funktionalitäten bereitzustellen:
* ein Verzeichnis mit allen Teilnehmern und ihren Zertifikaten,
* ein öffentliches Verzeichnis mit Auskunft über gültige, gesperrte und ungültige Zertifikate.

Das IT-System **Zeitstempeldienst** ermöglicht es, digitale Daten mit einer digitalen Zeit authentisch zu verknüpfen.

Jede der genannten Dienstleistungen besitzt einen spezifischen Schutzbedarf hinsichtlich Vertraulichkeit, Integrität und Verfügbarkeit. Der Schutzbedarf der jeweils unterstützenden IT-Anwendungen, IT-Systeme oder Kommunikationssysteme läßt sich daraus unmittelbar ableiten [REISE].

Eine sehr hohe Einstufung der Vertraulichkeit wird benötigt bei der Schlüsselgenerierung für das TrustCenter und den Teilnehmer. Dies gilt ebenso für die Zertifizierung öffentlicher Schlüssel, der Personalisierung des Sicherheitstokens des Teilnehmers für ein Zertifikat, bzw. für ein Schlüsselpaar, und den Zeitstempeldienst. Weiterhin müssen alle IT-Anwendungen eine hohe bis sehr hohe Einstufung der Integrität erfahren. Details zum Schutzbedarf der IT-Anwendungen werden in der im Anhang beigefügten Tab. 3 zusammengefaßt.

# 4 Architektur des Sicherheitsbox-Systems

Gerade für den Einsatz im Bereich der Großrechensysteme ist die Sicherheitsbox der zentrale Bestandteil des Architekturentwurfs. Die Sicherheitsbox stellt innerhalb des Gesamtsystems einen physikalisch und kryptographisch abgegrenzten Vertrauensbereich dar, in dem sich sicherheitsrelevante Teilschritte bzw. Abläufe gemäß dem Signaturverfahren durchführen lassen. Hieraus ergeben sich besondere Anforderungen an das Vertrauen in die Sicherheitsbox und an den Architekturentwurf der Anbindung, also an die Ansteuerung der Sicherheitsbox.

Grundlage der im folgenden vorgestellten Software Architektur, ist das von KryptoKom entwickelte Sicherheitsmodul KryptoServer, in der Systemausbildung KryptoServer LAN. Der KryptoServer KS LAN setzt sich aus zwei Komponenten zusammen, dem KryptoServer und dem Kommunikationsrechner. Dieser Rechner basiert auf einer PC-kompatiblen Technik. Er verfügt über eine Ethernetkarte und beinhaltet den KryptoServer. Seine Aufgabe ist es, die Kommunikation mit dem CA-Management zu realisieren. Hierfür stehen zwei Mechanismen zur Verfügung. Zum einem die Verbindung über einfache TCP-Kanäle, zum anderen über RPC (Remote Procedure Calls). Ein KryptoServer ist ein Sicherheitsmodul, das durch seinen Aufbau und eine Sensorik gegen Angriffe von außen geschützt ist.

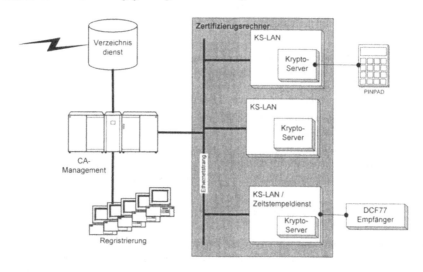

**Abb. 2:** Darstellung eines KryptoServers

Die in dem KryptoServer ablaufenden Vorgänge werden im allgemeinen von einem CA-Management aus initiiert. Des weiteren ist der KryptoServer über das CA-Management an das öffentliche Netz angebunden, um den Verzeichnis- und Zeitstempeldienst in Anspruch nehmen zu können. Aus dieser indirekten Netzwerkanbindung heraus resultieren zusätzliche Sicherheitsanforderungen, die jedoch nur in dem allgemeinen Sicherheitskonzept für die gesamte Systemumgebung ausreichend berücksichtigt werden können.

Im ersten Schritt ist es sicherlich sehr sinnvoll, eine Abgrenzung des KryptoServer / LAN gegenüber dem Gesamtsystem durchzuführen, damit die im Signaturgesetz und in der Signaturverordnung getroffenen Zielvorgaben auf den KryptoServer LAN abgebildet werden können. Hiernach lassen sich folgende Anforderungen aus dem Signaturgesetz und der zugehörigen Rechtsverordnung ableiten (s.[MA_SIG]):

- Im Rahmen der Datenverarbeitung innerhalb der Sicherheitsbox muß der Schutz, die Geheimhaltung und die Unverfälschtheit des privaten Signaturschlüssels sichergestellt sein.
- Gegenseitige Identifikation und Authentisierung zwischen Sicherheitsbox und externen Prozessen sind notwendig.
- Bei Erreichen eines unsicheren Betriebszustandes oder im Rahmen der Außerbetriebnahme sollte die automatische Löschung des privaten Signaturschlüssels erfolgen.
- Die Sicherheitsbox sollte eine direkte oder indirekte Verbindung zum Zeitstempeldienst bzw. Verzeichnisdienst aufbauen können.

Die hier aufgeführten Anforderungen sind sicherlich nicht vollständig. Die derzeitige Dynamik in der Festlegung der Maßnahmenkataloge erfordert es, die Anforderungen immer wieder zu überarbeiten.

## 4.1 Architektur-Übersicht

Ziel des Konzepts ist die Bereitstellung einer modularen und skalierbaren Lösung für die Ausrüstung von TrustCentern mit einem Sicherheitsbox-System, das den Anforderungen des Signaturgesetzes entspricht. Als Basis dient der KryptoServer/LAN. Folgende Gesichtspunkte werden in der Architektur berücksichtigt:

- Ausrüstung von TrustCentern im Hinblick auf das Signaturgesetz,
- Hoher Grad an Modularität erlaubt eine dedizierte Bereitstellung an Funktionalitäten,
- Zeitnahe Bereitstellung erster Integrationen,
- Hoher Grad an Skalierbarkeit.

Die folgenden Graphik gibt einen Überblick über die Architektur:

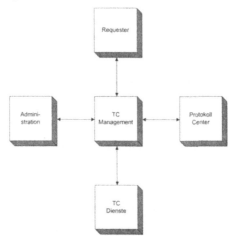

**Abb. 3**: Architektur-Übersicht

Die einzelnen Funktionseinheiten sind in der folgenden Übersicht kurz vorgestellt und beschrieben:

| Name | Beschreibung |
|---|---|
| Requester-Unit | Nehmen die externen Befehle entgegen und setzen diese auf die interne Nachrichten-Schnittstelle um (physikalisch, logisch). Gerade für eine zeitnahe Realisierung, d.h. eine Integration in bestehende CA-Management Systeme, ist hier eine Request - Einheit auf Basis des PKCS#11 Standards hoch zu priorisieren. |
| Management-Unit | Routet die Nachrichten an die geforderten Units. |
| Administration | Administriert das gesamte System wie An- und Abmelden von Units und Funktionen, Nachrichtenverwaltung, etc. |
| Protokoll-Center | Protokolliert unmanipulierbar sämtliche Aktionen. |
| Krypto - Dienste | Funktionseinheiten zur Verfügung stellen für<br>• Zertifizierung,<br>• Zeitsstempeldienst,<br>• Schlüsselgenerierung. |

**Tab.1:** Architekturübersicht der kryptographischen Komponenten eines TrustCenters in Hinblick auf das Signaturgesetz

# 5 Fazit

Der KryptoServer als zentrales Element muß für TrustCenter-Funktionalitäten bereitstellen, die nach den Anforderungen des Signaturgesetzes evaluiert werden.

Das vorliegende Konzept zeichnet sich durch einen hohen Grad an Flexibilität aus, um auf die unterschiedlichsten Anforderungen, die das Signaturgesetz an die Einrichtung eines Trust-Centers stellt, zu reagieren.

Auch in Zukunft ist diese TrustCenter Architektur ausbaufähig, da bei zunehmenden Anfragen die entsprechenden Einheiten skaliert werden können.

## Literatur

[IUKDG]     Bundesrat Drucksache 966/96 vom 20.12.1996: Entwurf eines Gesetzes zur Regelung der Rahmenbedingungen für Informations- und Kommunikationsdienste.

[RFC1422]   Kent, S.: Privacy Enhancement for Internet Electronic Mail: Part II: Certificate-Based Key Management. RFC 1422, BBN, February 1993.

[ISO14516-2] ISO/IEC 14516-2: Guidelines for the use and management of Trusted Third Parties - Part 2: Technical aspects, Working Draft Version 6, 1996.

[REISE]     Reisen, A.: Anforderungen an sichere TrustCenter vor dem Hintergrund des Signaturgesetzes. Bundesamt für Sicherheit in der Informationstechnik, Bonn 1998.

[MA_EMPF] Stumm, F.; Weber, F.: Maßnahmenempfehlungen: Infrastruktur für Zertifizierungsstellen (SigG/SigV). Bundesamt für Sicherheit in der Informationstechnik, Bonn.

[MA_SIG] Maßnahmenkatalog für technische Komponenten nach dem Signaturgesetz. Stand 15.Juli 1998.

# Anhang

Schutzbedarf der Dienste einer Zertifizierungsstelle

| Nr. | Bezeichnung | Einstufung | niedrig / mittel | hoch | sehr hoch | Begründung |
|-----|-------------|------------|------------------|------|-----------|------------|
| 1 | Schlüsselgenerierung für das TrustCenter | Vertraulichkeit | | | X | Mit dem privaten Schlüssel des TrustCenters können Zertifikate erzeugt werden. |
| | | Integrität | | X | | Nicht integre TC-Schlüssel führen zu nicht integren Zertifikaten aller Teilnehmer und damit zur Ablehnung ihrer digitalen Signaturen. |
| | | Verfügbarkeit | X | | | Die Erzeugung des TC-Schlüsselpaares ist zeitunkritisch. |
| 2 | Registrierungsstelle | Vertraulichkeit | X | | | Die Informationen sind zwar personenbezogen, aber offen. |
| | | Integrität | | | X | Die authentische Verknüpfung von Identität und Schlüsselpaar muß uneingeschränkt sichergestellt sein, um den Urheber einer Unterschrift mit Sicherheit feststellen zu können (Non Repudiation of Origin, NRO). |
| | | Verfügbarkeit | X | | | Es ist vorübergehend zulässig, daß ein neuer Teilnehmer nicht zugelassen werden kann. |
| 3 | Zertifizierung der öffentlichen Schlüssel | Vertraulichkeit | | | X | Es wird der private Zertifizierungsschlüssel des TC verwendet, der uneingeschränkt vertraulich ist. |

| | | Integrität | | | X | Das Zertifikat muß verbindliche Auskunft über die Gültigkeit eines öffentlichen Schlüssels eines Teilnehmers geben (NRO). |
|---|---|---|---|---|---|---|
| | | Verfügbarkeit | X | | | Es ist vorübergehend tragbar, daß ein neuer Teilnehmer kein Zertifikat erhält. |
| 4 | Personalisierung des Sicherheitstoken des Teilnehmers für Zertifikat, Schlüsselpaar etc. | Vertraulichkeit | | | X | Die Vertraulichkeit des privaten Schlüssels des Teilnehmers und des Paßwortes ist uneingeschränkt zu gewährleisten, um eine unbefugte Erzeugung digitaler Signaturen des Teilnehmers zu vermeiden. |
| | | Integrität | | | X | Das Zertifikat muß verbindliche Auskunft über die Verknüpfung von öffentlichem Schlüssel und Teilnehmer geben (NRO). |
| | | Verfügbarkeit | X | | | Es ist vorübergehend tragbar, daß ein neuer Teilnehmer kein Trägermedium und damit auch kein Zertifikat erhält. |
| 5 | Verzeichnisdienst | Vertraulichkeit | X | | | Die Informationen sind zwar personenbezogen, aber offen. |
| | | Integrität | | | X | Die authentische Verknüpfung von Identität und Schlüsselpaar im Verzeichnisdienst muß uneingeschränkt sichergestellt sein. |
| | | Verfügbarkeit | | X | | Es ist nur kurzfristig tragbar, daß auf die Verzeichnisdienste nicht zugegriffen werden kann. |
| 6 | Zeitstempeldienst | Vertraulichkeit | | | X | Es geht der private Schlüssel des Zeitstempeldienstes ein, der uneingeschränkt vertraulich ist. |

| | | Integrität | | | X | Der Zeitstempel gibt verbindliche Auskunft über die Verknüpfung eines Dokumentes mit einem Zeitpunkt und muß uneingeschränkt verifizierbar sein. |
|---|---|---|---|---|---|---|
| | | Verfügbarkeit | | | X | Die zu signierenden Dokumente sind unter Umständen zeitkritisch, wenn z.B. Fristen einzuhalten sind. |
| 7 | Schlüsselgenerierung für Teilnehmer | Vertraulichkeit | | | X | Mit den generierten Schlüsseln kann man Unterschriften des Teilnehmers unautorisiert erstellen, daher ist ein Mißbrauch zu verhindern. |
| | | Integrität | | X | | Es ist zu vermeiden, daß ein neuer Teilnehmer ein nicht integres Schlüsselpaar erhält und daher seine digitale Signaturen als ungültig erklärt werden. |
| | | Verfügbarkeit | X | | | Es ist vorübergehend tragbar, daß ein neuer Teilnehmer keinen Schlüssel erhält. |

**Tab. 2:** Schutzbedarf der IT-Anwendungen

# Key Recovery – Möglichkeiten und Risiken[1]

Gerhard Weck

INFODAS GmbH
GerhardWeck@compuserve.com

## Zusammenfassung

Dieser Beitrag untersucht verschiedene Möglichkeiten zur Wiederherstellung verschlüsselter Daten, ohne daß ein direkter Zugriff auf den vom intendierten Nutzer zur Entschlüsselung verwendeten Schlüssel besteht, und vergleicht sie hinsichtlich ihrer sicherheitstechnischen Eigenschaften.

## 1 Problemstellung

Der zunehmende Austausch sensitiver Informationen über offene Rechnernetze bis hin zur Abwicklung von Geschäften über das Internet erfordert die Verfügbarkeit von Verfahren zum sicheren, d.h. integren, authentischen und zumindest teilweise auch vertraulichen Datentransport über unsichere Übertragungsmedien. Der benötigte Schutz kann durch kryptographische Verfahren, nämlich die Verschlüsselung der übertragenen Daten und/oder die Verwendung digitaler Signaturen realisiert werden.

Bei korrekter Realisierung der verwendeten Kryptosysteme ist der durch Verschlüsselung gebotene Schutz allerdings so groß, daß bei Verlust der eingesetzten Schlüssel überhaupt kein Zugriff mehr auf die so gesicherten Daten möglich ist. Auch wird eventuell vorhandenen berechtigten Dritten jeder Zugriff auf diese Daten verwehrt, wenn sie keinen Zugriff auf die verwendeten Schlüssel haben.

Aus diesem Grund werden derzeit verschiedene Verfahren diskutiert und zum Teil auch in Versuchsinstallationen genauer untersucht, die Dritten Zugriff auf verschlüsselte Daten ermöglichen, ohne daß sie auf die vom Empfänger bzw. Eigentümer der Daten zu deren Entschlüsselung verwendeten Schlüssel zuzugreifen brauchen. Zwei Gründe werden gegenwärtig aufgeführt, weshalb diese Art von Zugriff verfügbar sein sollte:
- Einerseits kann der Originalschlüssel verloren gehen oder zerstört werden. Dann sollte es für die dazu Berechtigten noch einen Weg geben, trotzdem auf die verschlüsselten Daten zugreifen zu können.
- Andererseits kann das Ziel auch darin bestehen, nach Art.10, Abs.2 GG den dazu berechtigten Institutionen Zugriff auf Daten oder Kommunikationsvorgänge einzuräumen, auch wenn sie verschlüsselt sind (z.B. nach richterlichem Beschluß im Rahmen der Bekämpfung von Terrorismus oder organisiertem Verbrechen). [2]

---

[1] Dieser Beitrag basiert auf Material, das zu einem großen Teil im Rahmen der Arbeit des Präsidiumsarbeitskreises der GI „Datenschutz und IT-Sicherheit" entstand und z.t. in [Weck98] veröffentlicht wurde.

[2] Die *rechtlichen* Aspekte einer solchen Überwachung, insbesondere die Frage, ob die derzeitige Rechtslage überhaupt die Entschlüsselung abgehörter Daten abdeckt, soll hier nicht betrachtet werden. Die vorliegende

Die für diese Zwecke verwendeten Techniken werden wegen des ersten Anwendungsfalls als *Key Recovery* bezeichnet. Zu beachten ist allerdings, daß ein vorhandenes Key Recovery System nicht nur für die beiden hier genannten Ziele eingesetzt werden kann, sondern auch zu anderen Zwecken, wie etwa der Industriespionage, genutzt werden kann, wenn es nicht ausreichend abgesichert ist – oder sogar mit einem solchen Ziel im Auge installiert wurde.

Im folgenden wird aufgezeigt, welche Möglichkeiten des Key Recovery es aus technischer Sicht gibt und mit welchen Risiken für die Sicherheit der Schlüssel und der verschlüsselten Informationen diese verbunden sind. Dabei wird auch ein Spezialfall des Key Recovery behandelt, der als Message Recovery bezeichnet wird und der sich hinsichtlich seiner sicherheitstechnischen Eigenschaften von anderen Verfahren des Key Recovery zum Teil deutlich unterscheidet. Anhand verschiedener Anwendungsszenarien wird diskutiert, in welchem Umfang außer dem intendierten Datenzugriff weitere Zugriffsmöglichkeiten und Integritätsrisiken entstehen, nachdem die Schlüssel durch das Key Recovery verfügbar gemacht wurden.

## 2 Technische Grundlagen und Begriffe

Aus technischer Sicht besteht die Aufgabe des Key Recovery darin, eine Möglichkeit zum Zugriff auf verschlüsselte Daten zu gewähren, auch wenn die notwendigen Schlüssel nicht direkt verfügbar sind. Sofern man davon ausgeht, daß die zur Verschlüsselung verwendeten Verfahren kryptographisch so sicher sind, daß sie nicht (mit tragbarem Aufwand) durch Kryptanalyse gebrochen werden können, muß jedes Key Recovery Möglichkeiten bieten, bestimmte Schlüssel zu rekonstruieren. Dies sind bei

- symmetrischer Verschlüsselung die verwendeten geheimen Schlüssel.
- asymmetrischen Verfahren die zur Entschlüsselung benötigten persönlichen Schlüssel.
- hybriden Verfahren die Sitzungsschlüssel einzelner bzw. aller verschlüsselten Daten bzw. die zur Entschlüsselung der Sitzungsschlüssel benötigten persönlichen Schlüssel.

Der Diskussion des Key Recovery wird ein allgemeines Modell eines Verschlüsselungsverfahrens zugrundegelegt, das in der Abb. 1 skizziert wird.

In diesem Modell überträgt ein Sender A eine Nachricht M verschlüsselt an einen Empfänger B. Der dabei verwendete Schlüssel K ist im Fall eines hybriden Verschlüsselungsverfahrens der für diese Übertragung verwendete symmetrische Sitzungsschlüssel; im Falle eines symmetrischen Verfahrens ist es der zwischen den beiden Kommunikationspartnern abgesprochene gemeinsame geheime Schlüssel. Falls zur Verschlüsselung ein asymmetrisches Verfahren verwendet wird, so ist der für Key Recovery im Rahmen der Kommunikation interessierende Schlüssel der persönliche Schlüssel $D_B$ des Empfängers; dieser kann jedoch auch bei Verwendung eines hybriden Verfahrens für Key Recovery von Interesse sein.

Unabhängig davon kann jeder der beiden Kommunikationspartner die Nachricht M bei sich auch verschlüsselt unter Verwendung eines Schlüssels $K_A$ bzw. $K_B$ speichern, wobei wieder sowohl symmetrische als auch asymmetrische oder hybride Verschlüsselung zur Anwendung kommen kann, so daß sich auch hier für Key Recovery die genannten Alternativen ergeben können. Wesentlich ist dabei, daß die Schlüssel K, $K_A$ und $K_B$ voneinander unabhängig ge-

---

Arbeit untersucht ausschließlich die *technischen* Aspekte des Zugriffs auf Daten über Key Recovery Funktionen.

wählt werden können, so daß je nach dem Zweck des Key Recovery unterschiedliche Schlüssel zu rekonstruieren sind.

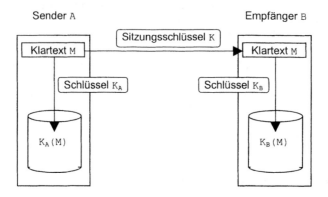

**Abb. 1:** Allgemeines Modell der Verschlüsselung

Die Art der Rekonstruktion dieser Schlüssel und die Form ihrer Bereitstellung zum Zwecke des Key Recovery können sich je nach der gewählten technischen Lösung sehr stark unterscheiden, mit zum Teil gravierenden Auswirkungen auf die Sicherheit des gesamten Kryptosystems.

# 3 Realisierungsalternativen

## 3.1 Gültigkeitsbereich der Wiederherstellung

Zugriff auf die verschlüsselten Daten (Entschlüsselung) ohne direkte Verfügbarkeit des ursprünglichen Schlüssels ist auf zwei Weisen möglich,
- entweder durch Rekonstruktion des ursprünglichen Schlüssels *(key recovery i.e.S.)*
- oder unter Benutzung eines zweiten Schlüssels *(message recovery)*.

Die Möglichkeit, daß die Verschlüsselung selbst mit kryptanalytischen Methoden gebrochen wird, soll hier nicht weiter betrachtet werden. Es wird in jedem Fall eine „starke" Verschlüsselung vorausgesetzt.

### 3.1.1 Key Recovery mit Wiederherstellung vertraulicher Schlüssel

Die erste der hier genannten Möglichkeiten wird *Key Recovery im engeren Sinne* genannt. Der einfachste Weg dazu ist, eine Kopie des persönlichen (bei asymmetrischer Verschlüsselung) oder des geheimen (bei symmetrischer Verschlüsselung) Schlüssels an sicherer Stelle zu hinterlegen und bei Bedarf darauf zuzugreifen.

Alternativ dazu kann auch der persönliche Schlüssel D bzw. geheime Schlüssel K bestimmt werden, indem er, mit einem zweiten, als *Recovery Key* bezeichneten, Schlüssel R verschlüsselt als T=R(D) bzw. T=R(K), den Daten hinzugefügt oder ebenfalls an einer sicheren Stelle hinterlegt wird. Bei Verwendung symmetrischer oder asymmetrischer Verschlüsselung ergibt sich dann das in Abb. 2 dargestellte Schema.

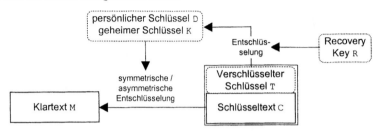

**Abb. 2:** Key Recovery bei symmetrischer oder asymmetrischer Verschlüsselung

Bei Einsatz eines hybriden Verschlüsselungssystems ist diese Form des Key Recovery insoweit etwas komplizierter, als nach Bestimmung des persönlichen Schlüssels D dieser in einem weiteren Schritt dazu verwendet werden muß, den aktuellen Sitzungsschlüssel S zu entschlüsseln, denn erst mit diesem kann der Schlüsseltext C zum Klartext M entschlüsselt werden.

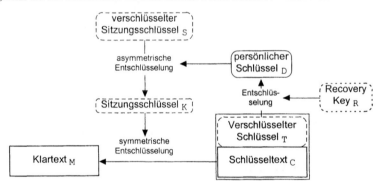

**Abb. 3:** Key Recovery bei hybrider Verschlüsselung

## 3.1.2 Message Recovery

Bei Einsatz eines hybriden Verschlüsselungssystems besteht zusätzlich zur Möglichkeit der Rekonstruktion des persönlichen Schlüssels D noch die Möglichkeit, statt dessen für jede Nachricht M den zugehörigen Sitzungsschlüssel K wiederherzustellen. Dazu wird der Sitzungsschlüssel K mit zwei verschiedenen Schlüsseln verschlüsselt: zum einen mit dem öffentlichen Schlüssel E des Benutzers, zum zweiten mit einem *Recovery Key* R. Beide verschlüsselten Sitzungsschlüssel $S_1=E(K)$ und $S_2=R(K)$ werden den verschlüsselten Daten hinzugefügt.

Wer den Recovery Key R kennt, kann mit ihm den Sitzungsschlüssel K durch Entschlüsselung des verschlüsselten Sitzungsschlüssels $S_2$ rekonstruieren und damit auf die verschlüsselten

Daten zugreifen, ohne den persönlichen Schlüssel zu kennen. Man bezeichnet diese spezielle
Form des Key Recovery als *Message Recovery*.

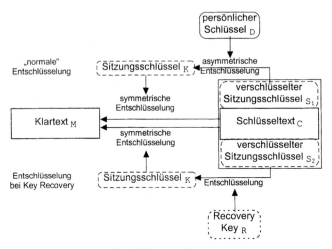

**Abb. 4:** Message Recovery

Grundsätzlich besteht beim Message Recovery auch die Möglichkeit, an Stelle des Sitzungsschlüssels auch die Nachrichten selbst zu rekonstruieren, indem man sie mit dem Recovery
Key R verschlüsselt und das Ergebnis zusammen mit dem Schlüsseltext C abspeichert bzw.
überträgt. Da dies jedoch gegenüber dem hier beschriebenen Verfahren der Rekonstruktion
des Sitzungsschlüssels keinen zusätzlichen Nutzen bringt, sondern nur wesentlich mehr Speicherplatz bzw. Übertragungskapazität benötigt, wird diese Möglichkeit hier nicht weiter betrachtet.

### 3.1.3 Vergleich der Verfahren

Beide Verfahren erlauben einen Zugriff auf die verschlüsselten Daten, ohne daß der Benutzer
seinen persönlichen Schlüssel D herausgeben muß. Das Ziel des Key Recovery läßt sich also
mit beiden Verfahren erreichen. Sie unterscheiden sich jedoch sehr stark in ihren Sicherheitseigenschaften:

- Bei Rekonstruktion des persönlichen Schlüssels D können potentiell alle Daten, deren Vertraulichkeit mit diesem Schlüssel gesichert wurde, vollständig offengelegt werden. Sobald
  der persönliche Schlüssel verfügbar ist, kann er zur Entschlüsselung beliebiger Informationen, die weit über den ursprünglichen Rekonstruktionsauftrag hinausgehen, genutzt werden. Dies ist insbesondere dann problematisch, wenn Key Recovery im Rahmen staatlicher
  Überwachungsmaßnahmen durchgeführt wird, da dann ein Zugriff auf Informationen erfolgen kann, der nicht durch den vorliegenden Überwachungsauftrag abgedeckt ist, so daß
  sich damit entweder ein Rechtsbruch oder eine Veränderung der geltenden Rechtslage er-
  gäbe.
  Weiterhin existiert, vom Zeitpunkt der Rekonstruktion an, eine Kopie des persönlichen
  Schlüssels, die einem eventuell hohen Sicherheitsrisiko ausgesetzt ist. Insbesondere wird

die Vertraulichkeit des persönlichen Schlüssels sehr gefährdet, wenn dieser Schlüssel ursprünglich nur auf einem sicheren Träger, z.b. in einer Chipkarte, gespeichert war und nach seiner Rekonstruktion in einem Rechnersystem vorliegt, dessen Sicherheit geringer ist als die der Chipkarte, oder wenn er sogar zum Zweck der weiteren Verarbeitung über ein Rechnernetz übertragen werden muß.

- Im Gegensatz hierzu erfolgt beim Message Recovery ein Zugriff nur auf Daten bzw. Nachrichten, die den mit dem Recovery Key verschlüsselten Sitzungsschlüssel $K$ enthalten. Da der persönliche Schlüssel des Benutzers nicht benötigt wird und auch nicht verfügbar ist, kann seine Vertraulichkeit auch nicht gefährdet werden. Darüber hinaus läßt sich der Zugriff auf bestimmte Informationen eingrenzen, indem beispielsweise für einen bestimmten Recovery Key nur eine beschränkte Gültigkeit und damit Anwendungszeit vorgesehen wird. Schließlich können mit diesem Verfahren auch bestimmte Daten wahlweise vom Key Recovery ausgenommen werden, indem dort auf die Nutzung des Recovery Key verzichtet wird, also die Abspeicherung bzw. Übertragung von $S_2=R(K)$ für den hier verwendeten Sitzungsschlüssel $K$ unterbleibt.

Das Verfahren der Rekonstruktion des persönlichen bzw. geheimen Schlüssels aus einem verschlüsselt gespeicherten bzw. übermittelten Schlüssel ist daher mit erheblich größeren Risiken für die kryptographisch erreichbare Sicherheit verbunden als das Verfahren des Message Recovery, ohne daß es diesen Nachteil durch erweiterte Möglichkeiten der Datenrekonstruktion kompensiert.

## 3.2 Verschlüsselungsverfahren für Key Recovery

Für die Ver- und Entschlüsselung von (Sitzungs-)Schlüsseln mit Hilfe des Key Recovery können prinzipiell sowohl symmetrische als auch asymmetrische Verschlüsselungsverfahren eingesetzt werden. Die Verwendung hybrider Verfahren macht dagegen wenig Sinn, sofern nur Schlüssel und nicht ganze Nachrichten vom Key Recovery System rekonstruiert werden.

Sofern für Key Recovery ein symmetrisches Verfahren eingesetzt wird, ist eine Schlüsselverwaltung für die verwendeten Recovery Keys erforderlich. Diese ist wenigstens so komplex und aufwendig wie die Verwaltung der zur Nutzdatenverschlüsselung verwendeten Schlüssel, unter Umständen, wenn Key Recovery als Dienstleistung für mehrere sonst voneinander unabhängige Kryptosysteme angeboten werden soll, sogar noch viel aufwendiger und im höchsten Maße sicherheitskritisch.

Es bietet sich daher an, für Key Recovery asymmetrische Verschlüsselungsverfahren einzusetzen, zumal deren Hauptnachteil, nämlich ihre relativ geringe Geschwindigkeit, hier nicht zum Tragen kommt, da jeweils nur einzelne Schlüssel, also sehr begrenzte Datenmengen, zu verschlüsseln sind.

## 3.3 Anwendungsbereich der Verschlüsselung

Wesentliche Unterschiede des Key Recovery ergeben sich je nach Art der wiederherzustellenden Daten:

- Einerseits kann Key Recovery genutzt werden, um Zugriff auf gespeicherte Daten, in der Regel also verschlüsselte Dateien und/oder Datenträger, zu erhalten. Im Sinne des allgemeinen Modells eines Verschlüsselungssystems der Abb. 1 bezieht sich diese Art des Key

Recovery auf die lokal verwendeten Schlüssel $K_A$ und $K_B$. Hier ist Key Recovery also eine lokale Funktion, die somit auch unter lokale Kontrolle, z.b. in die Verantwortung einzelner Kommunikationsteilnehmer gestellt werden kann und – zumindest prinzipiell – keiner globalen Koordination und/oder Überwachung bedarf. Der Regelfall für diese Form der Anwendung ist die Rekonstruktion gespeicherter Daten, die ohne Key Recovery endgültig verloren wären.

• Dagegen ist Key Recovery zum Zweck der Entschlüsselung von Nachrichten, die kryptiert übermittelt werden, ausschließlich für Anwendungen von Interesse, bei denen Dritte Zugriff auf diese Nachrichten wünschen, ohne auf die Zusammenarbeit mit den Kommunikationspartnern angewiesen zu sein. Beispiele dafür sind polizeiliche Ermittlungen ebenso wie Überwachung und Spionage aller Art. Eine Rekonstruktion verlorener oder zerstörter Kommunikationsschlüssel ($K$ im Sinne des allgemeinen Modells der Abb. 1) ist dabei überflüssig, da bei deren Verlust jederzeit neue Schlüssel generiert und die Nachrichten damit neu verschlüsselt und übertragen werden können [HuPf97]. Diese Form des Key Recovery ist von ihrer Struktur her eine globale Funktion, da sie immer in die Zuständigkeit mehrerer Kommunikationsteilnehmer eingreift. Sie liegt primär *nicht* im Interesse der Kommunikationsteilnehmer selbst, da sie diesen keinen Nutzen für die Abwicklung ihrer Kommunikationsvorgänge bringt, sondern im Gegenteil für sie lediglich den Effekt hat, daß sie die Sicherheit der verwendeten Kryptosysteme potentiell verringert.

Key Recovery in Kommunikationssystemen kann daher ausschließlich den Sinn haben, die Inhalte der Kommunikation durch Dritte überwachbar zu machen, Key Recovery zur Rekonstruktion gespeicherter Daten dagegen kann durchaus wirtschaftliche Verluste abwenden.

## 3.4 Verantwortungsbereich des Key Recovery

Ein weiterer Faktor, der die Sicherheit eines Key Recovery Systems maßgeblich beeinflußt, ist die Verwaltung der Recovery Keys und die Organisation des gesamten Systems. Hier bieten sich, entsprechend dem Anwendungsbereich der Verschlüsselung, unterschiedliche Organisationsstrukturen an:

• Sofern Key Recovery zur Rekonstruktion von Schlüsseln genutzt wird, die zum Schutz gespeicherter Daten eingesetzt werden, sind sowohl die Verschlüsselung als auch die Rekonstruktion von Schlüsseln lokale Operationen, die keiner übergreifenden Infrastruktur bedürfen. Es ist daher in diesem Fall möglich, Recovery Keys lokal zu erzeugen, zu verwalten und den Anwendungen verfügbar zu machen, etwa indem Key Recovery in ein lokal vorhandenes Backup-Konzept eingebunden wird.

Ein solches Vorgehen ist auch im Sinne einer Reduktion des durch Key Recovery entstehenden Risikos sinnvoll, da durch eine solche dezentrale Struktur das Risiko einer Kompromittierung von Recovery Keys verteilt und keine zentralen Angriffspunkte für eventuelle Angreifer geschaffen werden. Außerdem verbleibt in diesem Falle die Kontrolle über die Recovery Keys bei derselben Organisation, die auch die Verantwortung über die zur Verschlüsselung eingesetzten Schlüssel trägt.

• Im Falle des Key Recovery von Kommunikationssystemen ist dagegen eine solche lokale Organisation in der Regel nicht möglich, so daß hier die Erzeugung, Bereitstellung und Verwaltung der Recovery Keys global geregelt werden muß. Dies kann dadurch geschehen, daß Key Recovery als Dienstleistung des Kommunikationssystems bereitgestellt wird. Die Recovery Keys werden in diesem Fall den Anwendern extern bereitgestellt, beispielsweise durch ein eigens zu diesem Zweck eingerichtetes *Key Recovery Center (KRC)*. Hier ist es von ausschlaggebender Bedeutung für die Sicherheit des gesamten Key Recovery Systems, daß dieses Key Recovery Center sicher und vertrauenswürdig arbeitet. Nur wenn die Verantwortung für die Sicherheit der Recovery Keys an eine externe Stelle übertragen werden kann bzw. darf, ist die Inanspruchnahme eines Key Recovery Systems überhaupt vertretbar, da andernfalls jede Kontrolle über die durch das eingesetzte Kryptosystem gebotene Sicherheit verlorengeht.

Während die Verwaltung des Key Recovery im Falle des Schutzes gespeicherter Daten lokal, sicher und ohne großen Aufwand geregelt werden kann, sind die Konsequenzen im Fall des Key Recovery von Kommunikationssystemen derzeit weder klar erkennbar noch in ihren Auswirkungen überschaubar.

## 3.5 Verwaltung der Wiederherstellungsinformation

Um Key Recovery durchführen zu können, muß eine Möglichkeit vorhanden sein, sowohl auf die gespeicherten Daten bzw. die übertragene Nachricht einerseits als auch auf den mit dem Recovery Key verschlüsselten (Sitzungs-)Schlüssel $R(K)$ bzw. $R(D)$ zuzugreifen. Dazu kann diese Information

- entweder zusammen mit den Daten gespeichert bzw. zusammen mit der Nachricht übertragen
- oder separat unter Hinzufügung einer eindeutigen Daten- bzw. Nachrichtenkennung gespeichert oder an ein Key Recovery Center übermittelt werden.

Bei der ersten dieser Alternativen ist das Risiko einer Sicherheitsverletzung höher, wenn der Recovery Key $R$ kompromittiert wird, da dann ein Zugriff auf die gespeicherten Daten bzw. die übertragene Nachricht alle Informationen offenlegt, die zur Entschlüsselung benötigt werden. Im zweiten Fall entsteht jedoch durch die gemeinsame Speicherung aller dieser Schlüssel eine sehr sensitive Datensammlung, die zusätzliche Angriffspunkte schafft.

## 3.6 Nutzungsart des persönlichen Schlüssels

Ein weiterer Aspekt, der hier zu betrachten ist, ist die Nutzungsart des persönlichen Schlüssels. Wird dieser nur dazu benutzt, die Vertraulichkeit von Informationen durch Verschlüsselung sicherzustellen (Konzelation), dann kann durch Key Recovery auch nur diese Vertraulichkeit gefährdet werden. Bei der Verwendung asymmetrischer Verschlüsselung können mit dem persönlichen Schlüssel jedoch auch digitale Signaturen erzeugt und damit Integrität und Authentizität von Daten geschützt werden.

Wenn derselbe persönliche Schlüssel für beide Zwecke, also als Konzelations- *und* als Signaturschlüssel genutzt wird, dann kann der persönliche Schlüssel nach erfolgreicher Rekonstruktion auch zur Fälschung digitaler Signaturen benutzt werden. Dies ist in höchstem Maße fragwürdig, weil dann nicht einmal mehr sichergestellt ist, daß die rekonstruierten Daten tatsächlich vom Eigentümer des persönlichen Schlüssels stammen. Sie können genauso gut eine Fälschung der Person oder Instanz sein, die den persönlichen Schlüssel durch Key Recovery rekonstruiert hat.

Darüber hinaus ist Key Recovery sogar überflüssig, wenn ein Signaturschlüssel, d.h. der geheime Teil eines für digitale Signaturen verwendeten asymmetrischen Schlüsselpaares verlorengegangen ist. Bis zum Zeitpunkt des Verlusts erstellte digitale Signaturen können dann mit Hilfe des immer noch verfügbaren öffentlichen Schlüssels weiterhin verifiziert werden, es können nur keine neuen Signaturen mehr erzeugt werden. In diesem Fall ist es einfacher und auch sicherer, für die Erstellung künftiger Signaturen den verlorenen Schlüssel nicht durch Key Recovery zu rekonstruieren, sondern ein neues Schlüsselpaar zu erzeugen. Key Recovery von Signaturschlüsseln ist somit nicht nur gefährlich, sondern auch sinnlos [HuPf97].

# 4 Konsequenzen für die Sicherheit

## 4.1 Schutz des Recovery Key

Die Sicherheit jedes Verfahrens für Key Recovery hängt ganz entscheidend davon ab, wie gut die verwendeten Recovery Keys gegen Kompromittierung (unbefugten Zugriff) geschützt sind. Denn jeder Vertraulichkeitsverlust eines Recovery Key hebt zwangsweise die Vertraulichkeit aller zugeordneten (Sitzungs-)Schlüssel auf. Wenn Recovery Key und persönlicher Schlüssel übereinstimmen, ist dies direkt einsichtig. Wird dagegen der Recovery Key nur zum Verschlüsseln des persönlichen Schlüssels genutzt, so werden durch seine Offenlegung alle diejenigen persönlichen Schlüssel kompromittiert, die jemals mit diesem Recovery Key verschlüsselt in Umlauf gebracht wurden. Wird schließlich im Falle des Message Recovery der Recovery Key nur zum Verschlüsseln von Sitzungsschlüsseln benutzt, dann wird bei seiner Kompromittierung nur die Vertraulichkeit der Daten bzw. Nachrichten verletzt, deren Sitzungsschlüssel mit diesem Recovery Key verschlüsselt wurden; die persönlichen Schlüssel sind – bei Verwendung eines hybriden Verschlüsselungssystems – in diesem Fall nicht gefährdet.

Wird der Anwendungsbereich und/oder Gültigkeitszeitraum für einen Recovery Key begrenzt, dann läßt sich die Wahrscheinlichkeit reduzieren, daß für einen kompromittierten Recovery Key Daten vorliegen, die eine Rekonstruktion eines bestimmten Schlüssels ermöglichen. Ebenso läßt sich der Schaden dadurch begrenzen, daß für den Fall einer Kompromittierung eines Recovery Key geeignete Maßnahmen wie etwa ein schneller Schlüsseltausch vorgesehen werden. In jedem Fall ist jedoch bei Bekanntwerden eines Recovery Key jeder Schlüssel endgültig kompromittiert, dessen Rekonstruktion aus vorliegenden Daten – und dies können im Falle der Kommunikation alle übertragenen Daten sein – damit möglich geworden ist.

## 4.2 Bereitstellung des Recovery Key

Wenn der Zugriff auf Daten und/oder Schlüssel durch Key Recovery ermöglicht werden soll, entstehen für die Sicherheit dieser Daten bzw. Schlüssel zusätzliche Risiken, die ohne Key Recovery nicht vorhanden wären. Art und Umfang dieser Risiken hängen entscheidend davon ab, auf welche Weise die Key Recovery Funktion verwirklicht wurde.

- Die *zentrale Bereitstellung* von Key Recovery durch Rekonstruktion persönlicher bzw. geheimer Schlüssel schafft einen zentralen Angriffspunkt, der die Vertraulichkeit aller dieser Schlüssel gefährdet. Eine zentrale Bereitstellung von Message Recovery gefährdet dagegen „nur" die Vertraulichkeit aller davon betroffenen Nachrichten bzw. Daten – und dies sind in der Regel alle kryptographisch geschützten Informationen. Letztlich kann daraus ein Verlust der Kontrolle über den Schutz resultieren, den das Kryptosystem eigentlich bieten sollte.

• Es sind auch unterschiedliche Risiken möglich, je nachdem, ob Key Recovery nur zur Rekonstruktion gespeicherter Daten verwendet wird oder ob es die Überwachung von Kommunikationsvorgängen ermöglichen soll. Im zweiten Fall ist das Risiko deutlich höher, da hier das Key Recovery an ein Kommunikationsnetz angeschlossen werden muß, während im ersten Fall die Daten in einem besonders geschützten, abgeschotteten Bereich rekonstruiert werden können.

• Key Recovery zur Überwachung von Kommunikationsvorgängen ist sicherheitstechnisch auch deshalb problematisch, weil dafür der Recovery Key in der Regel sehr schnell bereitstehen muß (Überwachung in Realzeit). Hier stellt sich vor allem das Problem, innerhalb sehr kurzer Zeit überprüfen zu müssen, ob eine Anforderung für Key Recovery authentisch und unter den gegeben Randbedingungen überhaupt zulässig ist.

Für eine beschränkte Funktionalität des Key Recovery, etwa in der Form eines Message Recovery für gespeicherte Daten, die in einer abgeschlossenen Umgebung durchgeführt wird, kann das Risiko in überschaubarem Rahmen gehalten werden. Für ein allgemeines Key Recovery, das in Realzeit Zugriff auf beliebige Kommunikationen in einem umfangreichen Netz erlaubt, ist nach Meinung führender Kryptographen mit den heutigen technischen Möglichkeiten das Risiko nicht beherrschbar [Abel97]. Würde dennoch unter Mißachtung der verfügbaren sicherheitstechnischen Möglichkeiten ein solches allgemeines Key Recovery versucht, so wäre es entweder so ineffizient, daß es für den angestrebten Zweck unbrauchbar wäre, oder es würde den durch das Kryptosystem gebotenen Schutz insgesamt zunichte machen.

## 4.3 Vertraulichkeit des persönlichen Schlüssels

Wird auf die verschlüsselten Daten mit dem Verfahren des Message Recovery zugegriffen, so werden keine zusätzlichen Anforderungen an den Schutz der persönlichen Schlüssel gestellt. Denn diese werden ja für den externen Zugriff auf die Nutzdaten überhaupt nicht benötigt und werden somit von diesem Verfahren auch nicht tangiert. Eine Kompromittierung des Recovery Key gefährdet nur die Vertraulichkeit der Nutzdaten, und dieses Risiko läßt sich durch Beschränkung des Gültigkeitsbereichs und/oder der -zeitdauer des Recovery Key begrenzen.

Die Möglichkeit des Key Recovery durch Rekonstruktion des persönlichen Schlüssels, also die Verwendung von Key Recovery im engeren Sinne, stellt dagegen erhebliche zusätzliche Anforderungen an die Sicherheit des gesamten Kryptosystems. Werden sie nicht erfüllt, kann die Vertraulichkeit der persönlichen Schlüssel in hohem Maße gefährdet sein. Hier sind folgende Aspekte zu betrachten:

• Sofern der persönliche Schlüssel unmittelbar im sicheren Trägermedium mit dem Recovery Key verschlüsselt und von dort in verschlüsselter Form den Nutzdaten hinzugefügt wird, ist seine Vertraulichkeit nicht zusätzlich direkt gefährdet. Dies gilt, solange der Recovery Key selbst nicht kompromittiert und solange der persönliche Schlüssel nicht rekonstruiert wird. Alle anderen Verfahren der Bereitstellung des persönlichen Schlüssels für Key Recovery, z.B. durch Abrufen bei einem zentralen Server, eröffnen zusätzliche Verwundbarkeiten der Vertraulichkeit des persönlichen Schlüssels.

- Eine Kompromittierung des Recovery Key legt alle persönlichen Schlüssel offen, die mit diesem Recovery Key verschlüsselt wurden. Je nach Gültigkeitsbereich bzw. -zeitdauer des Recovery Key können hierdurch mehr oder weniger umfangreiche Schäden entstehen.
- Nach Rekonstruktion des persönlichen Schlüssels befindet dieser sich im Klartext in einem Rechner, dessen Fähigkeiten, die Vertraulichkeit zu gewährleisten, in aller Regel erheblich geringer sind als die des sicheren Trägermediums. Diese Sicherheitslücke läßt sich nur dann vermeiden, wenn der Schlüssel direkt in einem sicheren Trägermedium rekonstruiert wird, d.h. wenn seine Entschlüsselung und Speicherung in einer nicht auslesbaren Chipkarte erfolgt. Dabei ist zu beachten, daß eine vertrauenswürdige und *vollständige* Vernichtung von Daten in einem Rechner extrem aufwendig und risikobehaftet ist.
- Wird der rekonstruierte Schlüssel nicht an der Stelle genutzt, an der er rekonstruiert wurde, so ist er während der ganzen Zeit und auf dem ganzen Weg des Transports von seiner Rekonstruktion über die Nutzung bis zu seiner endgültigen Vernichtung gefährdet. Risiken für die Vertrauenswürdigkeit des rekonstruierten Schlüssels bleiben bestehen, wenn dieser nicht zuverlässig und vertrauenswürdig vernichtet wird.

Jede Möglichkeit des Key Recovery, die eine Rekonstruktion persönlicher Schlüssel erlaubt, setzt diese somit zusätzlichen Gefahren aus, die es ohne Key Recovery nicht gäbe. Dabei ist zu beachten, daß die Offenlegung eines persönlichen Schlüssels potentiell die Vertraulichkeit und ggf. auch die Integrität bzw. Authentizität *aller* Daten aufhebt, die jemals mit diesem Schlüssel geschützt wurden oder in Zukunft geschützt werden sollen.

## 4.4 Unterlaufen der Key Recovery Funktion

Wie im Abschnitt 3.3 dargestellt, liegt Key Recovery in Kommunikationssystemen nicht im Interesse der Kommunikationsteilnehmer, da es diesen keinen Nutzen, sondern nur ein erhöhtes Risiko bringt und da es dem möglicherweise vorhandenen Ziel der unüberwachten / unüberwachbaren Kommunikation widerspricht. Es ist daher notwendig zu untersuchen, ob und in welchem Umfang ein vorhandenes Key Recovery durch Maßnahmen der Kommunikationsteilnehmer unterlaufen, d.h. unwirksam gemacht werden kann – oder ob es im Gegenteil geeignet sein kann, das Ziel einer Überwachung der Kommunikation wirksam durchzusetzen.

Key Recovery beruht in jedem Fall darauf, daß zusätzlich zur (verschlüsselten) Nutzinformation weitere Informationen, nämlich der verschlüsselte (Sitzungs-)Schlüssel, übertragen werden, die die Rekonstruktion der Nutzinformation ermöglichen. Wird diese zusätzliche Information weggelassen oder verändert, so ist Key Recovery, gleichgültig welches Verfahren angewendet wird, nicht mehr möglich. Damit also Key Recovery eine wirksame Überwachung von Kommunikationsvorgängen ermöglicht, muß erzwungen werden, daß diese Recovery Information übertragen wird, und zwar in unveränderter Form, und es muß gewährleistet sein, daß diese Information zur Rekonstruktion der übertragenen Nachrichten ausreicht. Beide Voraussetzungen sind jedoch nicht zu erzwingen:

- Es ist jederzeit möglich, die mit dem Recovery Key verschlüsselten (Sitzungs-)Schlüssel aus den zur Übertragung vorgesehenen Nachrichten vor dieser Übertragung zu entfernen oder sie inhaltlich so zu verändern, daß ein Key Recovery unmöglich wird.
- Um derartige Manipulationen auszuschließen oder zumindest erkennbar zu machen, müßte die Recovery Information gegen Veränderungen geschützt werden. Der einzige nicht leicht zu unterlaufende Schutz bestünde dabei in der digitalen Signatur der Recovery

Information, unter Verwendung eines Schlüssels, der den Kommunikationspartnern nicht direkt zur Verfügung steht und so gegen Manipulationen geschützt ist.

- Selbst wenn kein Zugriff auf die Signierschlüssel besteht, weil diese nur in einem geschlossenen und geschützten System vorliegen, läßt sich Key Recovery verhindern, indem die Nutzdaten schon vor der Übergabe an das mit Key Recovery arbeitende Kryptosystem verschlüsselt werden. Dazu lassen sich in der Regel sogar die Funktionen dieses Kryptosystems selbst verwenden, indem die Nutzdaten zweimal, mit unterschiedlichen Schlüsseln, durch dieses System geleitet werden; dies läßt sich prinzipiell nicht verhindern, wenn es auch (mit wenig Erfolg) versucht wird.

- Unberührt davon ist es auch möglich, als Nutzdaten selbst schon Schlüsseltext zu versenden, der mit einem anderen Kryptosystem erzeugt wurde. Unter Verwendung von Steganographie lassen sich dazu noch diese Nutzdaten so verbergen, daß mit realistischem Aufwand überhaupt nicht erkannt werden kann, daß hier ein verschlüsselter, nicht dem Key Recovery unterliegender Datenaustausch erfolgt [HuPf97].

Dies bedeutet letztlich, daß Key Recovery zur Überwachung von Kommunikationsvorgängen, eben weil es unterlaufen werden kann, nur zusätzliche Risiken für die Kommunikationsteilnehmer schafft, die das Kryptosystem mit Key Recovery, doch sonst in unveränderter Form nutzen, während die eigentlich zu überwachenden Kommunikationsteilnehmer sich dieser Überwachung jederzeit entziehen können. Der Gesamteffekt ist daher nur eine Reduktion der Sicherheit des eingesetzten Kryptosystems, also eine Gefährdung der Vertraulichkeit der Daten *aller* Kommunikationsteilnehmer.

## 4.5 Nutzung eines Trust Centers

Der Ansatz, die Funktion des Key Recovery mit der eines Trust Centers zu verbinden, sieht zwar auf den ersten Blick vielversprechend aus, doch werden dabei einander wesensfremde Schutzanforderungen in unzulässiger Weise miteinander vermischt.

- Aufgabe des Trust Centers ist im wesentlichen, öffentliche Schlüssel authentisch bereitzustellen. Dies bedeutet, daß ein Trust Center sehr hohe Anforderungen an seine Integrität erfüllen muß. Es werden jedoch keine Anforderungen an die Vertraulichkeit der angebotenen Auskunftsdienste gestellt, solange nicht aufgrund der Konstruktion des Trust Centers und der angebotenen Dienstleistungen der Zugriff auf die geheimen Schlüssel der Benutzer gefordert wird.

- Soll ein Trust Center Funktionen des Key Recovery anbieten, muß es zusätzlich in der Lage sein, die Vertraulichkeit geheimer Schlüssel mit höchster Verläßlichkeit zu gewährleisten. Dies betrifft einerseits den Schutz der Recovery Keys, die möglicherweise in so großer Zahl oder so schnell benötigt werden, daß sich ihre Speicherung in vertrauenswürdigen Trägermedien – Chipkarten – aus praktischen Gründen verbietet, und andererseits auch den Schutz rekonstruierter persönlicher Schlüssel bis zu deren vertrauenswürdiger Vernichtung.

Da diese zusätzlichen Anforderungen die eigentliche Aufgabe des Trust Centers nicht unterstützen, sondern diesem nur ihm wesensfremde Arbeiten übertragen, sollten die beiden Funktionen des Trust Centers und des Key Recovery möglichst getrennt bleiben. Letztlich erhöht jede Anhäufung von Funktionalität in einem technischen, aber auch einem organisatorischen System dessen Komplexität und macht es damit fehleranfälliger und unsicherer.

# 5 Key Recovery in der Praxis

## 5.1 Datenwiedergewinnung unter PGP

PGP bietet in den neueren kommerziellen Versionen (ab 5.0) Funktionen zur Wiedergewinnung verschlüsselter Daten für den Fall, daß die zur Entschlüsselung benötigten privaten Schlüssel verlorengegangen sind; diese Funktionen werden auch als "Key Recovery" bezeichnet. Diese Funktionalität kann durch Wiederherstellung gespeicherter, verschlüsselter Daten einem Datenverlust vorbeugen, wenn ein Schlüssel oder das Zugriffspaßwort verloren ging oder wenn ein Mitarbeiter den Betrieb verlassen hat, ohne dieses Zugriffspaßwort einem anderen mitzuteilen.

Will man die Wiedergewinnungsfunktion nutzen, so definiert man einen oder zwei zusätzliche Schlüssel ("Additional Decryption Keys", ADK). Bei der Schlüsselgenerierung werden diese „Nachschlüssel" an die neu erzeugten Schlüssel angebunden, und alle Daten, die mit den neuen Schlüsseln verschlüsselt werden, enthalten zusätzlich eine Verschlüsselung des Sitzungsschlüssels mit den ADKs. So ist es im Notfall möglich, die Daten unter Verwendung dieser ADKs, ohne Nutzung des Originalschlüssels zu entschlüsseln. Damit bietet PGP im Sinne des Kapitels 3 die Funktion des Message Recovery ohne zentrale Speicherung der Wiederherstellungsinformation und ohne Verwendung eines Key Recovery Centers.

Die Nutzung des Key Recovery kann bei Verwendung vorkonfigurierter Clients erzwungen werden, so daß diese Funktionalität nicht von den einzelnen Benutzern unterlaufen werden kann. Allerdings muß man sich darüber im klaren sein, daß in diesem Fall die Sicherheit des gesamten Verschlüsselungssystems von der Vertraulichkeit der ADKs abhängt; sind diese offengelegt, so können alle Daten mit ihnen entschlüsselt werden.

Um einem Mißbrauch dieser höchst sensitiven Funktion vorzubeugen, ist es unabdingbar, daß die ADKs durch ein besonders sorgfältig ausgewähltes, sicher verwahrtes Paßwort geschützt werden. Zusätzlich können ab der Version 6.0 von PGP Schlüssel auch in mehrere Teile aufgespalten werden, so daß zu ihrer Nutzung mehrere Personen gemeinsam aktiv werden müssen. Diese Form der 4-Augen-Kontrolle sollte bei Einsatz des Key Recovery unbedingt genutzt werden. Als weiterer Schutz kann vorgesehen werden, daß Benutzer jedesmal gewarnt werden, wenn sie Daten mit einem Schlüssel verschlüsseln, an den ADKs angebunden sind; sie werden so darauf aufmerksam gemacht, daß ggf. Dritte diese Daten wieder entschlüsseln können.

Ehe PGP mit Key Recovery eingesetzt wird, sollten unbedingt die Vor- und Nachteile dieser Funktion gegeneinander abgewogen werden. Während auf der einen Seite einem Datenverlust durch Verlust eines Schlüssels oder seines Zugangspaßwortes vorgebeugt wird, schafft man andererseits einen zentralen Schwachpunkt des Verschlüsselungssystems, der eine möglicherweise nicht akzeptable Gefährdung der Vertraulichkeit der Daten verursacht. Generell sollte diese Funktion nur dann genutzt werden, wenn PGP zur Verschlüsselung gespeicherter Daten eingesetzt wird. Bei einem Einsatz rein zur Sicherung der Kommunikation über E-mail kann man dagegen auf Key Recovery verzichten – man kann ja im allgemeinen die wegen eines Schlüsselverlustes nicht entschlüsselbare E-mail erneut anfordern.

Die Einführung von Key Recovery zur Rekonstruktion gespeicherter verschlüsselter Daten sollte wegen der damit verbundenen Risiken und Aufwände, beispielsweise der dazu notwendigen 4-Augen-Kontrolle der Schlüsselrekonstruktion nur dann ins Auge gefaßt werden, wenn keine Alternativen, wie die Hinterlegung des Paßworts in einem verschlossenen Umschlag und die Abspeicherung von Sicherheitskopien der privaten Schlüsseldateien auf den Servern akzeptabel und durchsetzbar erscheinen.

## 5.2 Einsatz eines Schlüsselarchivs

Einen anderen Ansatz zur Datenwiedergewinnung verfolgt das Produkt TIS RecoverKey, das ein zentrales Schlüsselarchiv bereitstellt. Hier werden die verschlüsselten Dokumente, nicht nur an den vorgesehenen Empfänger, sondern auch an einen zusätzlichen Speicherserver übermittelt. Zusammen mit diesen Dokumenten werden die zur Verschlüsselung verwendeten Sitzungsschlüssel gespeichert, nachdem sie mit dem öffentlichen Schlüssel des Schlüsselarchivs verschlüsselt wurden. Es handelt sich hier also ebenfalls um Message Recovery, doch unter Verwendung eines Key Recovery Centers, in dem alle Sitzungsschlüssel und sogar die übermittelten Daten zentral gespeichert werden.

Dieser Ansatz ist aus mehreren Gründen problematisch: Einerseits wird hier ein zentraler Angriffspunkt geschaffen, dessen Kompromittierung die Vertraulichkeit aller Daten gefährdet, und andererseits hängt die Möglichkeit der Datenrekonstruktion von der Verfügbarkeit und korrekten Verwaltung dieses zentralen Archivs ab. Falls die Zuordnung zwischen dem gespeicherten Sitzungsschlüssel und dem verschlüsselten Dokument verlorengeht oder durch Manipulation aufgehoben wird, ist eine Rekonstruktion der Daten nicht mehr möglich. Eine derartige Manipulation erscheint hier auch wesentlich leichter möglich als bei einer Speicherung der mit dem Recovery Key verschlüsselten Sitzungsschlüssel direkt im Dokument.

Fragwürdig erscheint auch der Ansatz der zentralen Speicherung aller verschlüsselten Dokumente an einer Stelle, durch den ein Leistungsengpaß an einer Stelle geschaffen wird und der zur Anhäufung großer Mengen an Daten führt, die nur im Falle eines Recovery benötigt werden. Während dies vielleicht aus der Sicht von Überwachungsbehörden vorteilhaft erscheinen mag, läßt sich doch bei genauerem Hinsehen erkennen, daß sich auch mit diesem Verfahren keine Überwachung der Kommunikation zwischen Teilnehmern erzwingen läßt, die sich einer solchen Überwachung widersetzen wollen: Die Möglichkeit der Datenwiedergewinnung läßt sich hier mit Leichtigkeit unterlaufen, indem dem zentralen Archiv keine oder gefälschte Daten und/oder Schlüssel übermittelt werden. Speziell im Fall der Übermittlung gefälschter verschlüsselter Sitzungsschlüssel würde eine derartige Manipulation erst in dem Augenblick auffallen, in dem tatsächlich eine Datenrekonstruktion versucht würde.

## 5.3 Vergleich praktischer Lösungsansätze

In [DeBr98] wird ein – eher theoretischer – Vergleich verschiedener Ansätze zum Key Recovery versucht. Systeme zur Datenwiedergewinnung werden hier logisch in drei verschiedene Komponenten aufgespalten:

* Ein Kryptomodul, hier als User Security Component (USC) bezeichnet, führt die kryptographischen Operationen zur Ver- und Entschlüsselung durch. Die für Key Recovery be-

nötigten Operationen werden automatisch in diesem Modul durch geführt, indem beispielsweise den verschlüsselten Daten ein Feld zur Datenwiedergewinnung in Form des
zusätzlich verschlüsselten Sitzungsschlüssels hinzugefügt wird. Die von den untersuchten
Produkten / Prototypen / Ideen hinterlegten Schlüssel sind in einigen Fällen die persönlichen Schlüssel, in anderen auch die Sitzungsschlüssel, so daß sowohl Key Recovery im
engeren Sinn als auch Message Recovery vorkommt. Zur Verschlüsselung werden sowohl
globale als auch benutzerbezogene Schlüssel verwendet.

• Die für Key Recovery benötigten Schlüssel werden von einer Recovery Agent Component
  (RAC) zur Verfügung gestellt, die Teil einer Zertifizierungsinfrastruktur sein kann und
  diese Schlüssel beispielsweise zusammen mit den Zertifikaten öffentlicher Schlüssel verteilt. Diese Schlüssel können für jeden Benutzer, jedes Kryptomodul oder mehr oder weniger global gelten; in einzelnen Fällen bestehen sie einfach darin, daß Teile der den Benutzern zur Verfügung gestellten Schlüssel auf fixe Werte gesetzt werden, so daß die vom
  Kryptosystem verwendete Schlüssellänge effektiv begrenzt ist.

• Die Wiedergewinnung der Daten erfolgt schließlich in diesem Modell durch eine sogenannte Data Recovery Component (DRC), die in der Lage ist, aus den Wiedergewin-
  nungsdaten und dem vom RAC zur Verfügung gestellten Schlüssel den Klartext zu rekonstruieren. Dabei unterscheiden sich die betrachteten Lösungsansätze hinsichtlich der Granularität der Interaktion zwischen DRC und RAC; während einige Lösungen pro Sender
  oder Empfänger nur einen Schlüssel vom RAC laden müssen, erfordern andere Lösungen
  neue Schlüssel für jeden einzelnen zu rekonstruierenden Sitzungsschlüssel.

Die Vielzahl der hier betrachteten Ansätze spiegelt die im Kapitel 3 aufgezeigten Alternativen
wieder, ohne jedoch eine echte Lösung des Problems der Schwächung des Kryptosystems
durch Key Recovery zu bieten. Auffällig ist dabei, daß sich die meisten der hier behandelten
Verfahren erst im Stadium allgemeiner, noch nicht praktisch erprobter Ideen befinden. Eine
zuverlässige, auch in großem Maße praktisch einsetzbare Lösung, die weder zu unzumutbaren
Risiken führt noch von böswilligen Kommunikationsteilnehmern unterlaufen werden könnte,
ist derzeit nicht in Sicht.

# 6  Fazit

Aus den hier dargestellten Randbedingungen und Eigenschaften des Key Recovery ergibt
sich, daß die Einführung von Key Recovery nur Sinn zur Rekonstruktion von Speicherungs-
schlüsseln macht, auf keinen Fall jedoch für Kommunikationsschlüssel. Eine Vermischung
beider Anwendungen von Key Recovery, die derzeit häufig in diesbezüglichen Diskussionen
und sogar in technischen Darstellungen zu beobachten ist, führt nur zur Verwirrung des potentiellen Anwenders, bis hin zur Verschleierung der mit Key Recovery verbundenen Einzelinteressen. Eine zwangsweise flächendeckende Einführung von Key Recovery würde durch
die neu entstehenden Risiken und die dadurch notgedrungen zu erwartenden Schäden das
Vertrauen in kryptographische Techniken untergraben – und dies zu einem Zeitpunkt, wo es
zuerst einmal gilt, Vertrauen in sichere digitale Kommunikation zu schaffen.

## Literatur

[Abel97]     Abelson; H. et al.: The Risks of Key Recovery, Key Escrow, and Trusted Third-Party Encryption. In: http://www.crypto.com/key_study

[DeBr98]    Denning, D. E., Branstad, D. K.: A Taxonomy for Key Recovery Encryption Systems. In: Denning, D. E., Denning, P. J.: Internet Besieged – Countering Cyberspace Scofflaws; Addison-Wesley Longman, Inc., Bonn, Reading MA, 1998, S. 357-371.

[HuPf97]    Huhn, M., Pfitzmann, A.: Technische Randbedingungen jeder Kryptoregulierung. In: Müller, G., Pfitzmann, A.: Mehrseitige Sicherheit in der Kommunikationstechnik – Verfahren, Komponenten, Integration; Addison-Wesley Longman, Inc., Bonn, Reading MA, 1997, S. 497-506.

[Weck98]    Weck, G.: Key Recovery – Möglichkeiten und Risiken. In: Informatik-Spektrum, Springer-Verlag, Berlin/Heidelberg, Band 21, Heft 3, Juni 1998, S. 147-158.

# Benutzerüberwachte Erzeugung von DSA-Schlüsseln in Chipkarten

## Bodo Möller

Universität Hamburg
Fachbereich Informatik
bmoeller@acm.org

## Zusammenfassung

Bei Chipkarten zum digitalen Signieren soll oft auch der legitime Karteninhaber keine Möglichkeit haben, den geheimen Signierschlüssel zu erfahren. Dieser Beitrag stellt ein effizientes Verfahren zur DSA-Schlüsselerzeugung vor, das sich an Simmons' Protokoll zum Vermeiden von verdeckten Kanälen bei DSA anlehnt: Der Signierschlüssel wird durch ein Zusammenwirken von Kartenausgeber und Karte einerseits und dem Karteninhaber andererseits so erzeugt, daß schon das korrekte Verhalten *einer* Seite ausreicht, um die Qualität des resultierenden Schlüssels sicherzustellen. Diese Methode bringt die Schlüsselerzeugung in den Einflußbereich des Karteninhabers, ohne die Kapselung des Schlüssels in der Chipkarte aufzugeben.

## 1 Einführung

Die Konzeption von Chipkarten (Smart-Cards; siehe zum Beispiel [GUQ 1992]), die zum digitalen Signieren ([MvOV 1997], [DSA]) von Daten gedacht sind (»Signierkarten«), sieht oft vor, daß es keine Möglichkeit geben soll, den geheimen Signierschlüssel auszulesen – auch nicht für den legitimen Inhaber der Karte, der damit signiert. Ein Grund für diese Kapselung des Geheimschlüssels in der Karte ist die Schadensbegrenzung im Falle z. B. von »trojanischen Pferden« in der beim Signieren benutzten Systemumgebung: »Bösartige« Software kann zwar möglicherweise bei der Karte Signaturen für andere Daten einholen, als der Benutzer glaubt, oder kann ohne dessen Wissen zusätzliche Signaturen erzeugen lassen; bei einem Auslesen des Signierschlüssels aber wäre es darüberhinaus *auch in Zukunft* möglich, *beliebig viele* weitere digitale Signaturen im Namen des Karteninhabers zu berechnen. Als weiterer Grund wird oft ins Feld geführt, daß ein unehrlicher Karteninhaber sonst u. U. seinen eigenen Geheimschlüssel veröffentlichen würde, um dann mit der Behauptung, der Schlüssel sei offenbar von jemand anderem »geknackt« worden, die Gültigkeit eigener digitaler Signaturen bestreiten zu können.

Unter diesen Voraussetzungen kann auch die Schlüsselerzeugung offensichtlich nicht selbständig vom Karteninhaber durchgeführt werden, da dies der Kapselung des Schlüssels in der Karte entgegenlaufen würde.

Statt dessen könnte die Erzeugung des geheimen Schlüssels z. B. zentral bei einer Kartenausgabestelle erfolgen, und diese könnte dabei auch gleich ein Schlüsselzertifikat [MvOV 1997] produzieren, welches die Zugehörigkeit des (öffentlichen Teils des) Signierschlüssels zum Karteninhaber bestätigt. Dieses Vorgehen ist jedoch problematisch: Die Signierkarte mit ihrem Geheimschlüssel ist organisatorisch nicht dem Karteninhaber zuzuordnen; dieser hat nämlich keine Kontrolle über die Entwurfsvorgänge, kann deren Resultate nicht nachprüfen[1] und kann nicht überwachen, ob die Schlüsselerzeugung tatsächlich sachgemäß durchgeführt wird und der Geheimschlüssel dabei effektiv vor »Ausspähen« durch andere sowie vor Speicherung beim Kartenausgeber geschützt ist. Vielmehr wird die Karte ausschließlich vom Kartenhersteller und Kartenausgeber beeinflußt; die Kontrollmöglichkeit des Karteninhabers beschränkt sich darauf, daß er nach Benutzung der Karte nachprüfen kann, ob die von der Karte erzeugten Signaturen tatsächlich auf die jeweils von ihm vorgegebenen zu signierenden Dateien passen. Über die Funktionsweise der Signierkarte erfährt er dabei so gut wie nichts, eventuelle Hintertüren (z. B. [YY 1996], [YY 1997]) oder Implementierungsmängel (dazu siehe z. B. [BGM 1997]) könnte er nicht bemerken. (Aus diesem Grund brächte es auch keine wesentliche Verbesserung, den geheimen Signierschlüssel direkt auf der Karte mit Hilfe eines eingebauten Zufallsgenerators zu erzeugen statt bei der Kartenausgabestelle.)

Die Karte mit dem Schlüssel hat aus Sicht des Benutzers also *»Black-Box«*-Charakter; sie soll aber trotzdem *»in Vollmacht«* des Karteninhabers Signaturen erzeugen. Der Signierschlüssel ist als ein Schlüssel *der Karte* (und damit des Karten*ausgebers)*, nicht als ein persönlicher Schlüssel des Karten*inhabers* anzusehen.

Wenn ein Karteninhaber leugnet, eine laut seinem öffentlichen Schlüssel gültige Signatur selbst mit seiner Karte erzeugt zu haben, dann kann es erstens sein, daß er ganz einfach lügt (oder sich irrt); zweitens ist es aber auch möglich, daß die Signatur in der Tat ohne sein Zutun erfolgt ist – zum Beispiel,

- weil jemand zufällig den geheimen Schlüssel oder auch nur eine gültige Signatur erraten hat (was aber bei sinnvollen Signaturverfahren quasi unmöglich ist);

- weil das Signaturverfahren entgegen den Erwartungen unsicher ist[2];

- weil es jemandem, der physischen Zugriff auf die Chipkarte hat, trotz aller Sicherheitsvorkehrungen gelungen ist, den Schlüssel auszulesen [AK 1996];

- oder weil schon Mängel – seien es versehentliche Unzulänglichkeiten oder absichtlich geschaffene »Hintertüren« – beim Kartenentwurf und/oder bei der Schlüsselerzeugung die Sicherheit des Benutzerschlüssels kompromittiert haben.

In diesem Beitrag wird ein Verfahren für DSS-konforme Signaturen [DSA] vorgestellt, das die letztgenannte mögliche Ursache für das »Abhandenkommen« des Geheimschlüssels beseitigt:

---

[1]Zum Sicherheitskonzept der Smart-Cards gehört in der Regel auch, daß deren genaue Funktionsweise für potentielle Angreifer nicht nachvollziehbar sein soll. [AK 1996]

[2]Dieses Problem läßt sich mit *Fail-Stop*-Signaturverfahren [PP 1997] angehen.

An die Stelle der zentralen Schlüsselerzeugung tritt ein *Zusammenwirken* von Kartenausgeber und Karte einerseits und dem Karteninhaber andererseits, bei dem schon das korrekte Verhalten *einer* Seite ausreicht, um die Qualität des resultierenden Schlüssels sicherzustellen. Der endgültige Geheimschlüssel wird innerhalb der Karte berechnet; solange die Sicherheitsmaßnahmen der Karte nicht überwunden werden, kann er weder vom Karteninhaber noch vom Kartenausgeber in Erfahrung gebracht werden: Bei korrektem Verhalten der einen Seite läuft eventuelles Fehlverhalten der anderen nur darauf hinaus, das Vorankommen völlig zu blockieren. Dabei wird angenommen, daß die Karte zu einem bestimmten Zeitpunkt dem späteren Benutzer ausgehändigt wird und danach sämtliche Kommunikation zwischen Kartenausgeber und Karte von diesem Karteninhaber überwacht werden kann. (Falls die Signierkarte abhandenkommt, ist diese Voraussetzung nicht mehr gegeben. In dem Fall beruht die Geheimhaltung des Signierschlüssels notwendig auf den Sicherheitseinrichtungen der Chipkarte, in der er gespeichert ist.)

Bei Disputen über laut Überprüfungsalgorithmus gültige Signaturen stellt sich allgemein die Frage, inwieweit dem Karteninhaber tatsächlich die zu »seinem« Schlüssel passenden Signaturen zugerechnet werden können. Wenn der Karteninhaber bestreitet, eine bestimmte Signatur erzeugt zu haben, kann ein Prozeßgegner argumentieren, nach dem Prinzip des Anscheinsbeweises (Beweis des ersten Anscheins, *prima-facie-*Beweis) [Petri 1997] könne auch ohne echten Beweis als typischer Geschehensablauf unterstellt werden, daß der Karteninhaber entgegen seinen Beteuerungen für die Signatur verantwortlich sei. An Anscheinsbeweise stellt der deutsche Bundesgerichtshof zu Recht hohe Anforderungen:

> »Selbst ein nur noch sehr geringes Restrisiko genügt [ ... ] zur Begründung eines Anscheinsbeweises dann nicht, wenn der Beweisführer selbst durch geeignete und zumutbare Maßnahmen im Vorfeld seine Beweissituation verbessern kann.« [Rüßmann 1998], nach BGHZ 24, 308 ff.

> »Wer die Gegenpartei schuldhaft in der Möglichkeit beschneidet, den Anscheinsbeweis zu erschüttern oder zu widerlegen, kann sich nicht auf die Grundsätze des Anscheinsbeweises berufen.« [BGH 1998]

Auf den Fall der Signierkarten angewendet bedeutet das: Da eine zentrale Schlüsselerzeugung ohne Einfluß- und Überwachungsmöglichkeit für den Karteninhaber diesen einem potentiell erhöhten Risiko aussetzt, Opfer von Fehlern oder Betrug zu werden, steht sie bei strenger Beachtung der Grundsätze aus den BGH-Entscheidungen der gerichtlichen Verwertbarkeit der Signaturen entgegen.

In Abschnitt 2 wird der Digital Signature Algorithm (DSA) in seiner Grundform vorgestellt.

Abschnitt 3 stellt ein Verfahren von Simmons vor, das bei DSA-Signaturen mögliche »verdeckte Kanäle« beseitigen kann.

Abschnitt 4 zeigt, wie der Karteninhaber überdies bei der Erzeugung seines Signierschlüssels in der Karte mitwirken und sie überwachen kann.

Abschnitt 5 setzt das in diesem Beitrag vorgestellte Verfahren in Beziehung mit einem Vorschlag aus [FJPP 1995], dem ein vergleichbares Entwurfsziel zugrundeliegt.

# 2  Der Digital Signature Algorithm (DSA)

Bei dem im Digital Signature Standard [DSA] definierten Digital Signature Algorithm werden folgende Parameter öffentlich bekanntgemacht und können für die Schlüssel mehrerer Teilnehmer verwendet werden:

- Eine Primzahl p mit einer Länge von L Bits (d. h. mit $2^{L-1} < p < 2^L$), wobei L ein Vielfaches von 64 ist mit $512 \le L \le 1024$;

- eine Primzahl q mit einer Länge von 160 Bits (d. h. mit $2^{159} < q < 2^{160}$), für die gilt $q \mid p - 1$;

- eine Zahl g mit $0 < g < q$, die erzeugendes Element der q-elementigen Untergruppe von $\left(\mathbb{Z}/_{p}\mathbb{Z}\right)^{\times}$ ist.

Als *geheimer Schlüssel* eines Benutzers tritt eine Zufallszahl (Pseudozufallszahl) x mit $0 < x < q$ hinzu. Der zugehörige *öffentliche Schlüssel* ist die Zahl $y := g^x \bmod p$. Zur Signaturerzeugung benötigt man die Zahlen p, q, g und x. Zum Überprüfen von Signaturen benötigt man die Zahlen p, q, g und y.

**Signaturerzeugung:**  Für jede zu erzeugende Signatur auf eine Nachricht (d. h. einen Bitstring) M berechnet der Signierer mit dem Secure Hash Algorithm ([SHA-1], dem Nachfolger von [SHA]) deren Hash H(M) – einen 160-Bit-Wert – und erzeugt eine frische Zufallszahl (Pseudozufallszahl) k mit $0 < k < q$. Die Signatur auf die Nachricht M ist dann das Paar $(r, s)$ von Zahlen mit

$$r := (g^k \bmod p) \bmod q,$$

$$s := \left(k^{-1}(H(M) + xr)\right) \bmod q.$$

Hierbei bezeichnet $k^{-1}$ das mod-q-Inverse von k, also die ganze Zahl mit $k^{-1}k \equiv 1 \pmod q$ und $0 < k^{-1} < q$.

Falls $r = 0$ oder $s = 0$ gilt, kann die Signatur nicht verwendet werden; dann muß die Signaturberechnung mit einem neuen Wert k neubegonnen werden. Dieser Fall ist jedoch extrem unwahrscheinlich (vergleichbar dem Erraten des geheimen Signierschlüssels) und für die Praxis deshalb nicht relevant.

Wenn wir die Parameter p, q und g als fest vorgegeben ansehen, können wir $DSA_{x,k}(M)$ schreiben für das wie oben berechnete Paar $(r, s)$.

**Signaturüberprüfung:**  Um anhand der öffentlichen Parametern p, q, g und y eine Signatur $(r, s)$ auf eine Nachricht M zu überprüfen, testet der Prüfer zunächst, ob $0 < r < q$ und $0 < s < q$ ist. Falls dies nicht der Fall ist, wird die Signatur nicht akzeptiert. Andernfalls berechnet der Prüfer

$$w := s^{-1} \bmod q,$$

$$v := \left(\left(g^{(H(M) \cdot w) \bmod q} \cdot y^{(rw) \bmod q}\right) \bmod p\right) \bmod q,$$

und akzeptiert die Signatur, wenn dann $v = r$ ist.

Wir schreiben DSA$?_y(M, r, s)$ für das Prädikat, das hinsichtlich fest vorgegebener Parameter p, q und g angibt, ob eine Signatur nach diesem Verfahren akzeptiert wird (DSA$?_y(M, r, s)$ = wahr) oder nicht (DSA$?_y(M, r, s)$ = falsch). Man kann leicht zeigen [DSA], daß in jedem Fall DSA$?_y\big(M, \text{DSA}_{x,k}(M)\big)$ = wahr gilt.

# 3   Vermeiden von verdeckten Kanälen in DSA

Die im DSA benutzten Zufallszahlen k schaffen einen *verdeckten Kanal (covert channel)*: Wenn der Signierer A sie nicht völlig zufällig wählt, sondern dabei auf gewisse nachprüfbare Eigenschaften der Signaturen $(r, s)$ abzielt, kann er auf diesem Weg Information verschicken – selbst dann, wenn ihm die zu unterschreibenden Nachrichten M exakt vorgegeben werden.

[Simmons 1993] beschreibt ein interaktives Protokoll, mit dem ein »Wächter« B diesen verdeckten Kanal schließen kann.[3]

Zunächst überprüft B die öffentlichen Parameter p, q und g daraufhin, daß p und q tatsächlich Primzahlen sind mit $q \mid p - 1$ und daß g in $\left(\mathbb{Z}/_{p\,\mathbb{Z}}\right)^{\times}$ tatsächlich ein Element der Ordnung q ist. (Letzteres ist gleichbedeutend damit, daß $g^q \equiv 1 \pmod{p}$, aber $g \not\equiv 1 \pmod{p}$ ist, und kann so leicht nachgeprüft werden.)

Dann wird jedesmal, wenn eine Signatur auf eine Nachricht M berechnet werden soll (wobei wir annehmen, daß die Nachricht beiden Seiten bekannt ist), folgendes Protokoll durchgeführt:

1. Der Signierer A wählt eine zu q teilerfremde Zahl $k'$, berechnet $t := g^{k'} \bmod p$ und sendet t an den Wächter B. ($k'$ sollte eine Zufallszahl sein mit $0 < k' < q$, dies ist jedoch für B nicht nachprüfbar.)

2. B überprüft, daß t in $\left(\mathbb{Z}/_{p\,\mathbb{Z}}\right)^{\times}$ ein Element der Ordnung q ist.

3. B wählt eine Zufallszahl $k''$ mit $0 < k'' < q$ und sendet diese an A.

4. A überprüft, daß $0 < k'' < q$ ist, und berechnet $k := k'k'' \bmod q$.

5. A berechnet die Signatur $(r, s) := \text{DSA}_{x,k}(M)$ und schickt sie an B.

6. B überprüft das Paar $(r, s)$ daraufhin, ob in der Tat $r = \big((t)^{k''} \bmod p\big) \bmod q$ gilt und ob DSA$?_y(M, r, s)$ = wahr ist. Wenn beide Bedingungen erfüllt sind, kann B die Signatur $(r, s)$ an Dritte weitergeben.

Falls bei der Durchführung dieses Protokolles eine der angegebenen Überprüfungen fehlschlägt, hat sich eine der Seiten falsch verhalten, oder es liegt ein Datenübertragungsfehler vor. Der jeweilige Protokolldurchlauf kann dann nicht fortgesetzt werden, sondern muß von neuem begonnen werden; hierbei sollten beide Seiten die gleichen Zufallszahlen erneut einsetzen, weil B nur dann sicherstellen kann, daß A nicht doch durch selektive Kooperationsverweigerung einen verdeckten Kanal realisiert.

---

[3]Siehe auch [Desmedt 1996], wo angemerkt wird, daß mit der Entscheidungsmöglichkeit des Signierers, entweder zu kooperieren oder durch Nichtkooperation das Entstehen einer Signatur zu verhindern, trotzdem ein gewisser Kommunikationskanal zur Verfügung steht.

Bei diesem Vorgehen wirkt B zwar an der Festlegung von k mit, kann jedoch k (auch wenn k″ entgegen der Protokollvorschrift nicht völlig zufällig gewählt wird) selbst nicht berechnen [Simmons 1995].

# 4 Überwachung der Signierkarte

Wir zeigen, wie der Karteninhaber so mit der Signierkarte zusammenwirken und diese dabei überwachen kann, daß ein regulärer öffentlicher DSA-Schlüssel und reguläre DSA-Signaturen entstehen.

Zur Überwachung der Signierkarte durch den Karteninhaber sind insgesamt drei verschiedene Punkte zu betrachten:

- Die Erzeugung der allgemeinen Parameter p, q und g;

- die Erzeugung des geheimen Signierschlüssels x;

- die Erzeugung von Signaturen zu Nachrichten M.

Der erste Punkt ist bereits im Anhang 2 von [DSA] behandelt: Ein definiertes Verfahren generiert nach Vorgabe eines Startwertes *(seed)* die Primzahlen p und q. Wird der Startwert veröffentlicht, ist leicht nachzuprüfen, daß die Primzahlen nicht speziell mit einer »Falltür« konstruiert wurden, die die Sicherheit des darauf aufbauenden Signierschlüssels in Frage stellen könnte. – Wie das die q-elementige Untergruppe von $\left(\mathbb{Z}/p\mathbb{Z}\right)^\times$ erzeugende Element g gewählt wird, spielt für die Sicherheit keine Rolle.

Den dritten Punkt, die Signaturerzeugung, haben wir bereits in Abschnitt 3 angegangen: Indem für jede Signatur das Verfahren von Simmons (mit dem Karteninhaber als »Wächter«) benutzt wird, hat die Signierkarte keinerlei Möglichkeit, durch einen verdeckten Kanal etwa den geheimen Schlüssel x preiszugeben. Darüberhinaus wird der Karteninhaber – vorausgesetzt, er benutzt zur Erzeugung der Werte k″ im Protokoll aus Abschnitt 3 einen guten Zufallszahlengenerator – vor einem eventuell mangelhaften Zufallszahlengenerator der Karte [BGM 1997] geschützt: Wenn k″ gleichmäßig verteilt ist mit $0 < k'' < q$, ist dann nämlich (unabhängig von der Wahl von k′) auch $k := k'k'' \bmod q$ gleichmäßig verteilt mit $0 < k < q$.

Es bleibt der Hauptpunkt, die **Schlüsselerzeugung**. Hierbei bauen wir auf dem Protokoll von Simmons auf. Wir gehen davon aus, daß die Karte beim Kartenausgeber schon einen DSA-Schlüssel x′ erhalten hat; der zugehörige öffentliche Schlüssel $y' := g^{x'} \bmod p$ sei der Kartenausgabestelle und dem Karteninhaber bekannt. (x′ dient als Signierschlüssel der *Karte,* nicht des Karten*inhabers.)* Sobald er die Karte A erhalten hat, führt der Karteninhaber B in Zusammenwirkung mit der Karte folgendes Protokoll[4] durch, um seinen Signierschlüssel x zu erzeugen:

1. B überprüft, daß y′ in $\left(\mathbb{Z}/p\mathbb{Z}\right)^\times$ ein Element der Ordnung q ist. (Wenn dies nicht der Fall ist, wurde y′ fehlerhaft berechnet, und die Karte kann nicht verwendet werden.)

---

[4]Auf die während des Protokolles nötige Authentisierung des legitimen Karteninhabers gegenüber der Signierkarte – genau wie bei der üblichen Verwendung der Karte zum Signieren – gehen wir bei der Darstellung nicht ein.

2. B wählt eine Zufallszahl $x''$ mit $0 < x'' < q$ und sendet diese an A.

3. A überprüft, daß wirklich $0 < x'' < q$ gilt, und setzt dann $x := x'x'' \bmod q$. Dieser Wert wird als zukünftiger geheimer Signierschlüssel dauerhaft in der Karte gespeichert.

4. A berechnet mit $y = g^x \bmod p$ (oder äquivalent $y = (y')^{x''} \bmod p$) den öffentlichen Teil des neuen Schlüssels.

5. A erzeugt mit dem alten Schlüssel $x'$ eine Signatur $DSA_{x',k}(y)$ für den neuen öffentlichen Schlüssel $y$. Der Signiervorgang (also insbesondere die Festlegung von k) wird von B mit dem Protokoll aus Abschnitt 3 »überwacht«; B überprüft dabei auch, ob wirklich eine Signatur für $(y')^{x''} \bmod p$ erzeugt wird.

6. Die Signatur $DSA_{x',k}(y)$ wird über B an den Kartenausgeber weitergereicht. Dieser hat damit eine Bestätigung, daß die an B ausgebene Karte A einen geheimen Schlüssel enthält, zu dem der öffentliche Schlüssel $y$ gehört. B erhält deshalb auf Antrag vom Kartenausgeber ein Zertifikat für seinen neuerzeugten Schlüssel $y$.

Ähnlich wie für das k im Protokoll in Abschnitt 3 gilt hier, daß $x = x'x'' \bmod q$ gleichmäßig verteilt ist im Intervall $0 < x < q$, vorausgesetzt, daß $x''$ gemäß einer gleichmäßigen Verteilung zufällig erzeugt worden ist. Es spielt also für den Karteninhaber im Zweifel keine Rolle, wie der ursprüngliche Schlüssel $x'$ gewählt war. – Daß der Karteninhaber (die Protokollvorschrift verletztend) $x''$ in Abhängigkeit von x wählen kann, ermöglicht ihm nicht etwa, seinen geheimen Schlüssel x in Kenntnis zu bringen: Die Lage ist analog zu der beim gemeinsamen Erzeugen von k durch das Protokoll von Simmons (Abschnitt 3).

# 5 Einordnung

In Abschnitt 3 von [FJPP 1995] wird eine ähnliche Zielsetzung wie in diesem Beitrag verfolgt, wenn für Signaturschlüssel »eine Synthese der Standpunkte alleinige Erzeugung in Zentralen und alleinige Erzeugung unter Kontrolle der Teilnehmer« vorgeschlagen wird. Als Realisierungsmöglichkeit wird insbesondere angegeben das Zusammensetzen mehrerer mit verschiedenen Schlüsseln berechneter digitaler Signaturen zu einer Gesamtheit, die nur dann als gültig angesehen werden soll, wenn jede Einzelsignatur gültig ist. (Die Einzelsignaturen können in separaten Geräten berechnet werden.) Speziell können dabei zwei getrennte Signierschlüssel verwendet werden, von denen einer zentral und einer vom Nutzer generiert worden ist.

Diese Herangehensweise, Signaturen zu kombinieren, unterscheidet sich von dem im vorliegenden Beitrag dargestellten Ansatz außer durch das starke Anwachsen der Signaturlänge wesentlich in einem Punkt: Man hat es dabei mit (mindestens) zwei selbständigen Signiereinheiten zu tun, von denen jede einen Geheimschlüssel zu speichern und dabei dessen Auslesen zu verhindern hat. Das Signiergerät, das mit dem vom Benutzer erzeugten Schlüssel umgehen hat, sollte also einerseits über Sicherheitsmaßnahmen verfügen, die die Schlüsselgeheimhaltung gewährleisten können; andererseits soll seine Funktionsweise soweit nachvollziehbar sein, daß es für den Schlüsselinhaber als vertrauenswürdig gelten kann. Bei dem hier in Abschnitt 4 vorgestellten Verfahren zum gemeinsamen Erzeugen eines DSA-Schlüssels sowie bei Simmons' Methode zum Vermeiden von verdeckten Kanälen bei DSA gelten in dieser Hinsicht schwächere Anforderungen: Die vom Karteninhaber zusätzlich zur Signierkarte eingesetzte »Kartenumgebung«

– das System, das für ihn »seine« Schritte der Protokolle durchführt –, muß nur kurzzeitig Werte geheimhalten, und das langfristige Speichern des Geheimschlüssels bleibt alleine der Signierkarte überlassen. Letztere kann mit den entsprechenden Schutzvorrichtungen ausgerüstet werden, während die Kartenumgebung daraufhin entworfen werden kann, daß ihre Funktionsweise nachvollziehbar und überprüfbar wird. Nachteilig ist dabei allerdings, daß die langfristige Sicherung des geheimen Signierschlüssels vor Auslesen nach Verlust der Karte alleine dem Produkt eines einzigen Herstellers überlassen bleiben würde – nach dem Abhandenkommen der Signierkarte ließe sich der Grundsatz der Überwachung der Karte zwangsläufig nicht mehr aufrechterhalten. Insofern sind die beiden Ansätze als komplementär anzusehen: Beim Zusammensetzen von Signaturen gemäß [FJPP 1995] können Einzelsignaturen auf den in diesem Beitrag dargestellten Methoden beruhen.

# Literatur

[AK 1996]        R. J. Anderson, M. G. Kuhn: Tamper Resistance – a Cautionary Note. – Proceedings of the Second USENIX Workshop on Electronic Commerce. USENIX Association, 1996. 1–11.

[BGH 1998]       Bundesgerichtshof: Urteil vom 17. 6. 1997 – X ZR 119/94 (Nürnberg). – Abgedruckt in NJW 1998, 79–81.

[BGM 1997]       M. Bellare, S. Goldwasser, D. Micciancio: "Pseudo-Random" Number Generation Within Crypgraphic Algorithms: The DSS Case. – B. S. Kaliski, ed.: Advances in Cryptology – CRYPTO '97. Lecture Notes in Computer Science 1294. Springer-Verlag, 1997. 277–291.

[Desmedt 1996]   Y. Desmedt: Simmons' Protocol is Not Free of Subliminal Channels. – 9th IEEE Computer Security Foundations Workshop. 1996. 170–175.

[DSA]            National Institute of Standards and Technology (NIST): Digital Signature Standard (DSS). FIPS PUB 186. 1994 May 19.

[FJPP 1995]      H. Federrath, A. Jerichow, A. Pfitzmann, B. Pfitzmann: Mehrseitig sichere Schlüsselerzeugung. – P. Horster (Hrsg.): Trust Center. DuD-Fachbeiträge. Vieweg, 1995. 117–131.

[GUQ 1992]       L. C. Guillou, M. Ugon, J. J. Quisquater: The Smart Card: A Standardized Security Device Dedicated to Public Cryptology. – G. J. Simmons, ed.: Contemporary Cryptology. The Science of Information Integrity. IEEE Press, 1992. Chapter 12, 561–613.

[MvOV 1997]      A. J. Menezes, P. C. van Oorschot, S. A. Vanstone: Handbook of Applied Cryptography. CRC Press, 1997.

[Petri 1997]     T. B. Petri: Anscheinsbeweis. – Datenschutz und Datensicherheit 21 (1997) 11.

[PP 1997]        T. P. Pedersen, B. Pfitzmann: Fail-stop signatures. – SIAM Journal on Computing 26 (1997) 291–330.

[Rüßmann 1998] H. Rüßmann: Haftungsfragen und Risikoverteilung bei ec-Kartenmißbrauch. – Datenschutz und Datensicherheit 22 (1998) 395–400.

[SHA] National Institute of Standards and Technology (NIST): Secure Hash Standard. FIPS PUB 180. 1993 May 11.

[SHA-1] National Institute of Standards and Technology (NIST): Secure Hash Standard. FIPS PUB 180-1. 1995 April 17.

[Simmons 1993] G. J. Simmons: An Introduction to the Mathematics of Trust in Security Protocols. – The Computer Security Foundations Workshop VI. IEEE Computer Society Press, 1993. 121–127.

[Simmons 1995] G. J. Simmons: Protocols that ensure fairness. – Codes and Cyphers. Proceedings of the Fourth IMA Conference on Cryptography and Coding, December 1993. Southend-on-Sea, Essex, Formara Limited, 1995. 383–394.

[YY 1996] A. Young, M. Yung: The Dark Side of "Black-Box" Cryptography or: Should We Trust Capstone? – N. Koblitz, ed.: Advances in Cryptology – CRYPTO '96. Lecture Notes in Computer Science 1109. Springer-Verlag, 1996. 89–103.

[YY 1997] A. Young, M. Yung: Kleptography: Using Cryptography Against Cryptography. – W. Fumy, ed.: Advances in Cryptology – EUROCRYPT '97. Lecture Notes in Computer Science 1233. Springer-Verlag, 1997. 62–74.

# Hardware-Zufallsgeneratoren auf Chipkarten und ihre Auswirkungen auf Trust-Center-Sicherheitsinfrastrukturen

Thilo Zieschang

EUROSEC GmbH
Chiffriertechnik & Sicherheit
thilo.zieschang@eurosec.com

## Zusammenfassung

Zufallszahlen werden in nahezu allen kryptographischen Verfahren verwendet. Besonders wichtig sind sie bei der Erzeugung geheimer Benutzerschlüssel. Ob jene Schlüssel eher in einem Trust Center oder doch lieber vom Anwender vor Ort erzeugt werden sollen, ist eine vieldiskutierte Frage. Ein zentrales Problem stellt die Bereitstellung sogenannter *echter* Zufallszahlen dar, im Gegensatz zu den kryptographisch kritischer zu bewertenden Pseudo-Zufallszahlen, wie sie beispielsweise momentan von Krypto-Smartcards bei der Durchführung ihrer Berechnungen verwendet werden. Neu ist nun jedoch die technische Realisierbarkeit, daß eine Chipkarte über einen im Chip integrierten Hardwaregenerator echte Zufallszahlen generieren kann und somit ganz ohne Unterstützung der Außenwelt beispielsweise ihren eigenen RSA-Schlüssel erzeugt. Dies schließt eine mögliche Sicherheitslücke und erlaubt den Verzicht auf einen aufwendigen Bestandteil der zu zertifizierenden Trust Center-Funktionalität. Gleichzeitig stellen sich allerdings neuartige Probleme ein, die einer sicheren Lösung bedürfen. Wir beleuchten diese neue Technik im Hinblick auf ihre tatsächliche Sicherheit (Prüfmethoden und „Gütesiegel"), und beschreiben resultierende Vor- und Nachteile einer Schlüsselerzeugung innerhalb der Chipkarte. Lösungsmöglichkeiten, notwendige Änderungen und Verfahren zur kryptographischen Absicherung werden vorgestellt.

## 1 Einleitung

Die ersten Trust Center in Deutschland sind gerade erst im Entstehen und schon ergeben sich, bedingt durch technische Neuerungen, wie das Vorhandensein von Hardware-Zufallsgeneratoren auf Chipkarten, neue Anforderungen an spezifische Verfahrensweisen und Dienstleistungen. Bislang waren Chipkarten zur Erzeugung von Schlüsseln stets auf externen Input angewiesen, sei dies auch nur in Form eines einmaligen Startwertes zur Initialisierung des karteneigenen Pseudozufallszahlengenerators (siehe unten). An die Erzeugung und Einbringung dieses Initialwerts in die Karte waren bislang diverse Unwägbarkeiten geknüpft.

Durch die Existenz von Hardware-Zufallsgeneratoren innerhalb der Chipkarten wird dieses Problem potentiell gelöst und eine sichere Erzeugung geheimer Benutzerschlüssel auch außerhalb eines Trust Centers in dennoch vertrauenswürdiger, gesicherter Umgebung (nämlich innerhalb der Karte und nicht im PC) ermöglicht. Eine wichtige Anforderung an Zertifizierungsinfrastrukturen wird es demnach sein, den Prozeß der Schlüsselerzeugung auf der Karte als Option in den internen Ablauf zu integrieren und die erforderlichen technischen Ergänzungen und kryptographischen Mechanismen zu implementieren. Dies sollte bereits geschehen sein, schließlich ist die Ankündigung der beschriebenen Hardware-Zufallsgeneratoren durch die Chiphersteller nicht erst in diesem Jahr erfolgt. Wie wir sehen werden, sind jedoch zur Erhöhung der Sicherheit zugleich auch Ergänzungen der Chipkartensoftware bzw. –betriebssysteme erforderlich.

In den folgenden Abschnitten beschreiben wir zunächst die spezifischen Vor- und Nachteile einer Schlüsselerzeugung innerhalb der Karte und außerhalb der Karte, letzteres im Trust Center oder im eigenen Computer. Wir machen Vorschläge, wie ein innerhalb der Karte erzeugter Schlüssel sicher an die zertifizierende Instanz übermittelt werden kann, so daß diese überprüfen kann, ob der Schlüssel nicht mit inkorrekter Software außerhalb der Karte generiert wurde. Anforderungen seitens Signaturgesetz werden ebenso skizziert, wie eine Beschreibung erforderlicher Änderungen und Sicherheitsmechanismen innerhalb der zertifizierenden Instanz sowie innerhalb der Chipkartensoftware. Wir benennen Risiken im Zusammenhang mit kryptographisch schlechten (Pseudo-) Zufallszahlengeneratoren und zählen einige statistische Analyseverfahren auf. Insbesondere werden wir sehen, daß zur Prüfung und Zertifizierung von Hardware-Zufallsgeneratoren nur unzureichende offizielle Anforderungskataloge zur Verfügung stehen.

In tabellarischer Form benennen wir jene Chiphersteller, die bereits Hardware-Zufallsgeneratoren auf ihren Chips integriert haben. Ferner stellen wir an dieser Stelle die wichtigsten Informationen vergleichend zusammen hinsichtlich: verwendeter Verfahren, kryptographischer Nachbehandlung, vorhandener Prüfzertifikate, Mechanismen gegen betrügerische Manipulationen, Selbsttests und Fall-Back Strategien im Schadensfall, Performance (Anzahl Zufallsbits per Sekunde). Ferner untersuchen wir, inwieweit Chipkartensoftware und –betriebssystem durch dortige Implementierung geeigneter Zusatzfunktionalitäten von den neuen Möglichkeiten qualifizierten Gebrauch machen können.

Eine abschließende Bewertung der neu gewonnenen Möglichkeiten und Einsichten schließt die vorliegende Arbeit sodann ab.

# 2 Erzeugung von Schlüsseln außerhalb der Karte

Wird ein geheimer Benutzerschlüssel außerhalb der Chipkarte erzeugt, die ihn anschließend verwenden soll, so kann dies entweder zentral in einem Trust Center geschehen, oder beispielsweise lokal am PC des Kartenbesitzers zuhause. In beiden Fällen stellen sich, vereinfacht dargestellt, folgende Anforderungen (im Falle von Signaturanwendungen verweisen wir für Details auf SigG, SigV, sowie Maßnahmenkatalog, sofern gesetzeskonforme Signaturen gefordert werden):

1. zur Erzeugung des Schlüssels ist eine „richtige" Zufallszahl als Initialwert erforderlich,
2. die Software zur Schlüsselerzeugung muß mit an Sicherheit grenzender Wahrscheinlichkeit einen guten Schlüssel erzeugen,
3. der gesamte Prozeß der Schlüsselerzeugung muß gegen Manipulationen geschützt sein
4. die Übertragung der erzeugten Schlüssel in die Karte muß gegen Abhören und Verändern geschützt sein,
5. der Schlüssel darf nach Übertragung in die Karte nicht durch Unbefugte rekonstruierbar sein,

6. der Schlüssel muß (bei manchen Anwendungen, z.B. Verschlüsselung unternehmenseigener Laptops o.ä.) als Sicherungskopie zur Verfügung stehen und sicher aufbewahrt werden.

Schritte (1) bis (4) sind im allgemeinen leichter in einer Trust Center-Umgebung zu gewährleisten. Schritt (5) ist neben sicherheitstechnischen Aspekten auch abhängig von der Vertrauenswürdigkeit der einzelnen Beteiligten (d.h. Trust Center einerseits und Endanwender andererseits). Schritt (6) ist abhängig von der im Anwendungsfall zugrunde liegenden Sicherheitspolitik: im Falle gesetzeskonformer digitaler Signaturen ist auf eine Schlüsselkopie zu verzichten. Hat jedoch ein Staat oder ein Unternehmen sicherzustellen, daß vom Anwender verschlüsselte Texte im Bedarfsfall stets wieder entschlüsselt werden können, so läßt sich dies am einfachsten dann realisieren, wenn die betreffende Institution den Schlüssel selbst erzeugt und bei der Anfertigung und Übermittlung einer korrekten Schlüsselkopie nicht auf den Anwender angewiesen ist.

Außerhalb der Chipkarte, sei es auf dem heimischen PC oder im Trust Center, steht wesentlich mehr Rechenleistung zur Verfügung. Dies vereinfacht nicht nur die kryptographische Nachbearbeitung und Kontrolle erzeugter Zufallszahlen. Insbesondere beispielsweise im Falle zu erzeugender RSA-Primzahlen können diese Primzahlen in leistungsfähigen Rechnern umfangreicheren Qualitätstests unterzogen werden, als dies eine Krypto-Chipkarte leisten könnte. Spricht man hingegen von der Generierung geeigneter Parameter für elliptische Kurven, so ist eine Chipkarte ohnehin auf die Vorarbeit externer Rechner angewiesen.

Sollen größere Stückzahlen an zentraler Stelle personalisiert und mit Schlüsseln bestückt werden, so ist dies wesentlich zeiteffizienter mit einer Schlüsselerzeugung außerhalb der Karte zu bewerkstelligen.

Speziell die Erzeugung von geheimen Schlüsseln am eigenen Computer birgt eine Vielzahl von Risiken:
Die Gefahr betrügerischer Manipulationen (Computer-Viren, Trojanische Pferde, etc.) innerhalb eines Trust Centers (und insbesondere innerhalb einer Chipkarte) ist wesentlich geringer als am gewöhnlichen PC-Arbeitsplatz, selbst wenn dieser besonderen Sicherheitsvorkehrungen unterliegt.

Am eigenen Computer erzeugte Schlüssel erhöhen im Zweifelsfall das Haftungsrisiko für den Endanwender. Der Betreiber des Trust Centers bzw. der zugehörigen Anwendung kann bei solchen Schlüsseln zudem kaum sicherstellen, daß nicht absichtlich von einzelnen Anwendern schwache Schlüssel erzeugt werden (s.u.).

Bei Erzeugung am eigenen Computer erhält der Endanwender unter Umständen Kenntnis seines geheimen Signatur-Schlüssels. Es ist jedoch für alle Beteiligten sicherer, wenn der Anwender seinen geheimen Signatur-Schlüssel nicht kennt, obwohl er diesen mittels Chipkarte benutzt. Dies eliminiert diverse Betrugsmethoden. Für eine Auflistung möglicher Betrugsmethoden in Zertifizierungsinfrastrukturen verweisen wir auf [Zies96].

Für jedes Trust Center, das Benutzerschlüssel selbst erzeugt und in die Chipkarte einbringt, stellen sich hierdurch freilich diverse Schwierigkeiten: Jedes neu installierte Trust Center muß die komplette Problematik Schlüsselerzeugung und Einbringung in die Chipkarten erneut abhandeln und im Falle eigener Software den aufwendigen Zertifizierungsprozeß für diese Komponenten durchlaufen.

Nur finanzkräftige Institutionen können sich so den Aufwand eines Trust Centers nebst sicherer Schlüsselerzeugung leisten. Diese Hürde würde etwas reduziert durch Verlagerung einiger Sicherheitsfunktionen in die Chipkarte und folglich zum Kartenhersteller.

Der Anwender muß dem Trust Center vertrauen, daß sein geheimer Schlüssel nicht vereinbarungswidrig weitergegeben wird. Neben technischen und administrativen Maßnahmen bedeutet dies zuletzt für den Betreiber des Trust Centers auch einen erhöhten finanziellen Aufwand für zielgerichtetes Marketing, Imagepflege und Aufklärungsarbeit.

# 3 Erzeugung von Schlüsseln innerhalb der Karte

Angenommen, ein geheimer Benutzerschlüssel werde unter Verwendung eines Hardware-Zufallsgenerators innerhalb der Chipkarte erzeugt. Nehmen wir weiter an, die beteiligte Hard- und Software sei nach heutigem Kenntnisstand als sicher zu bezeichnen und sei überdies bezüglich dieser Eigenschaften evaluiert bzw. zertifiziert.

Im Falle einer Verwendung von Public-Key Verfahren hat der Benutzer nun seinen öffentlichen Schlüssel zwecks Erstellung eines Zertifikates zu übermitteln. Dies ist unproblematisch, es sei denn, ein Nachweis ist erwünscht, daß der zugehörige geheime Schlüssel tatsächlich vereinbarungsgemäß durch die Chipkarte generiert wurde. Dieser Nachweis kann beispielsweise erbracht werden, indem die Chipkarte mit einem dem Benutzer verborgenen, herstellerspezifischen und für alle Karten eines Serientyps identischen, Secret Key (z.B. RSA-Schlüssel) ausgestattet ist, mit dem sie ihren individuellen, an das Trust Center zu übermittelnden Schlüssel zuvor signiert. Das Trust Center hat dann nur noch anhand des zugehörigen Public Keys die Signatur zu überprüfen, um sich von der Korrektheit zu überzeugen. Wahlweise könnte die Chipkarte auch mit einem (symmetrischen) Transportschlüssel (z.B. DES) ausgestattet werden, der die Kommunikation zwischen Karte und Trust Center absichert. Mit diesen Methoden ließe sich zugleich auch eine gesicherte Schlüsselhinterlegung im Trust Center durchführen, ohne daß der Kartenbesitzer hierdurch selbst eine Kopie seines Schlüssels anfertigen könnte.

Als weitere mögliche Lösung schlagen wir folgendes vor. Angenommen, der Anwender möchte beispielsweise einen geheimen RSA-Schlüssel erzeugen und den zugehörigen Public Key dann zur Zertifizierung übermitteln:

1. Die Karte des Anwenders erzeugt mittels Hardware-Zufallsgenerator zehn (die Zahl zehn ist hier willkürlich und kann durch einen anderen geeigneten Parameter ersetzt werden) Bitstrings $B_1$, ..., $B_{10}$ ausreichender Länge.

2. Die Karte berechnet mit einem geeigneten Hashverfahren die Hashwerte $H_1$, ..., $H_{10}$ der Zufallsbitstrings $B_1$, ..., $B_{10}$, um auf Basis der $H_i$ sodann die zehn Secret Keys generieren zu können: die $H_i$ dienen also als Input für den deterministischen Schlüsselgenerierungsalgorithmus.

3. Die Karte des Anwenders generiert zehn Secret Keys $K_1$, ..., $K_{10}$, und merkt sich jeweils nur die zur Erzeugung verwendeten Bitstrings $B_1$, ..., $B_{10}$ (zu deren Speicherung verfügt die Karte i.a. über ausreichend Speicherplatz).
   Die Karte sendet jeden ihrer zehn zu den Secret Keys $K_i$ gehörigen Public Keys $P_i$ direkt nach dessen Erzeugung an die zertifizierende Stelle (so muß die Karte nicht alle zehn $K_i$ bzw. $P_i$ abspeichern, was zuviel Platz erfordern würde).

4. Die zertifizierende Stelle wählt einen der zehn erhaltenen Public Keys, dies sei Schlüssel $P_j$, zufällig aus und fordert zu den verbleibenden neun Public Keys von der Chipkarte die Zufallsbitstrings $B_i$, $i \neq j$, an.

5. Die zertifizierende Stelle prüft nun, ob mit Hilfe der Zufallsstrings $B_i$ nach dem vereinbarten, in der Chipkarte implementierten Verfahren tatsächlich die geeigneten Hashwerte $H_i$, und auf deren Grundlage wiederum die übermittelten Schlüssel $K_i$ und folglich $P_i$, $i \neq j$, erzeugt werden (die Schlüsselerzeugung erfolgt streng deterministisch in Abhängigkeit vom Initialwert $H_i$).

6. War dies der Fall, so geht die zertifizierende Stelle davon aus, daß auch der verbleibende, nicht aufgedeckte Secret Key $S_j$ korrekt erzeugt und nicht manipuliert wurde. Folglich akzeptiert die zertifizierende Stelle den Schlüssel $P_j$ und zertifiziert diesen für die Chipkarte.

7. Die Chipkarte verfügt noch über den zu Parameter j gehörigen Zufallsbitstring $B_j$, mit dessen Hilfe sie zunächst wieder $H_j$ und daraufhin $K_j$ wiedergewinnen kann. Dies ist nun ihr zukünftiger Secret Key.

Das zuletzt beschriebene Verfahren ist hier lediglich vereinfacht dargestellt und muß in der Praxis noch kryptographisch verfeinert werden. Die Wahl der Parameter läßt sich ebenfalls variieren. Die Grundidee ist hier dieselbe wie das sogenannte Cut and Choose im Zusammenhang mit der Erzeugung anonymen digitalen Geldes. Zusätzliche Mechanismen (Kartenbetriebssystem-eigene Signaturschlüssel) schaffen zusätzliche Sicherheit.

In abgewandelter Form läßt sich das Verfahren auch nutzen, falls der Anwender seine Schlüssel auf dem PC erzeugt hat. Lediglich der zur Erzeugung verwendete Algorithmus muß der zertifizierenden Stelle bekannt sein, um den Erzeugungsprozeß verifizieren zu können.

Der Versuch, einen vom Besitzer erzeugten und übermittelten Benutzerschlüssel im Falle von RSA beispielsweise einfach mit Hilfe eines Faktorisierungsverfahrens auf seine Brauchbarkeit bzw. Stärke hin zu untersuchen, ist in der Regel als nicht brauchbar einzustufen. Verschiedenste Merkmale einer aus zwei Primfaktoren zusammengesetzten Zahl können diese anfällig machen gegenüber einem Faktorisierungsversuch. Setzt man den „falschen" Faktorisierungsalgorithmus auf diese Zahl an, so wird dieser in brauchbarer Rechenzeit kein Resultat erzielen. Ein auf die speziellen algebraischen Eigenschaften der Primfaktoren zugeschnittener Faktorisierungsalgorithmus hingegen hätte vielleicht schnell die Faktoren geliefert. Ferner läßt sich natürlich nicht jeder Benutzerschlüssel beliebig lange (Stunden, Wochen, oder Monate??) einem Faktorisierungsversuch seitens des Trust Centers unterziehen, bevor dieses den Schlüssel anerkennt und zertifiziert.

Eine Sicherheitskopie des auf einer Karte A erzeugten Schlüssels zwecks Key Recovery oder für eigene Zwecke läßt sich beispielsweise folgendermaßen realisieren: der Anwender nimmt eine zweite Karte B und übermittelt den Public Key von Karte B an Karte A. Karte A verschlüsselt ihren Secret Key mit dem Public Key von Karte B und sendet das Ergebnis an Karte B. Diese ist hierdurch im Besitz einer Kopie des Secret Keys von Karte A, ohne daß der Kartenbesitzer Kenntnis dieses Secret Keys erhält. Sind diese Schlüsselübertragungsprotokolle in gesicherter Form in der Kartensoftware verankert, unter Umgehung beispielsweise einer „man in the middle" - Attacke, bietet dies eine problemlose Möglichkeit, Schlüsselkopien anzufertigen.

# 4 Erforderliche Änderungen der Trust Center-Konzeption

Welche Verfahrensschritte sind bei der Konzeption eines Trust Centers anzupassen, um die spezifischen Vor- und Nachteile einer Schlüsselerzeugung auf der Chipkarte geeignet zu berücksichtigen?

Einige wesentliche Merkmale wurden in den vorherigen Abschnitten bereits genannt. Wir haben gesehen, daß erwartungsgemäß die Sicherheit der an der Schlüsselerzeugung beteiligten Hard- und Software weitaus stärker auf die Chipkarten zu beschränken ist, als dies zuvor der Fall war. Insbesondere findet sich in der Trust Center-Umgebung ebenso wie beim Endanwender kein geheimer Kartenbenutzerschlüssel mehr außerhalb einer Chipkarte. Wie wir gezeigt haben, läßt sich diese Anforderung auch dann ohne Einschränkung aufrecht erhalten, wenn zwecks Key Recovery eine Kopie des Benutzerschlüssels angefertigt und in einer Ersatzkarte aufbewahrt werden soll.

Wichtig ist jedoch, die beschriebenen Prozesse und Protokolle frühzeitig in Trust Center und Sicherheitskonzept vorzusehen, geeignete Schnittstellen zu definieren und alle Varianten zu unterstützen.

Weitaus wichtiger ist die Bereitstellung der oben skizzierten kryptographischen Mechanismen durch die Chipkarte. Die Bereitstellung eines Hardware-Zufallsgenerators auf der Karte ist nicht ausreichend, um alle obengenannten Anforderungen zu realisieren. Sowohl der Nachweis korrekter Schlüsselerzeugung gegenüber der zertifizierenden Stelle als auch die gesicherte Anfertigung von Schlüsselkopien lassen sich nur dann innerhalb einer gesicherten Umgebung durchführen, sofern die erforderlichen Protokolle in der Chipkartensoftware vorhanden sind. Es empfiehlt sich, diese Mechanismen bereits in Form standardisierter Befehle im Kartenbetriebssystem unterzubringen. Solche Befehle könnten beispielsweise folgende Funktionalitäten bieten:

- Provide Key-Select by Cut and Choose:
wie oben in Abschnitt 3 beschrieben, werden hier mehrere Schlüssel erzeugt und der zertifizierenden Instanz zur Auswahl und Prüfung übermittelt.

- Transmit Secure Key Copy:
übermittelt den in der Karte befindlichen Secret Key des Benutzers in kryptographisch abgesicherter Form an eine andere Chipkarte (siehe oben, Abschnitt 3).

- Receive Secure Key Copy:
das Gegenstück zum Befehl Transmit Secure Key Copy; die beiden Befehle sind zur Vermeidung von Attacken voneinander zu unterscheiden. Insbesondere ist in jeder Chipkarte ein spezielles Schlüsselpaar für Key Copy vorzusehen. Dieses Schlüsselpaar darf nicht in andere Karten exportierbar sein.

Weitere Befehle sind für die genannten Zwecke zu definieren und mit einheitlichen Datenformaten und Schnittstellen zu versehen. Dies sollte nicht zuletzt Gegenstand einer entsprechenden Normung sein.

# 5 Risiken von Pseudozufallsgeneratoren

Zufallszahlen, die mit Hilfe eines Software-Programms erzeugt werden, entstehen stets streng deterministisch: erhält die Software zweimal dieselben Parameter als Eingabe, so liefert sie zwangsläufig auch zweimal dieselbe Folge von „Zufallszahlen". Diese sind somit natürlich nicht wirklich zufällig, weshalb man in diesem Kontext von Pseudozufallszahlen spricht. Da die Software zur Erzeugung der Pseudozufallszahlen auf jeder Chipkarte gleich ist, hängt die resultierende Folge von Pseudozufallszahlen davon ab, mit welchem Initialwert („Seed") der Generator zu Beginn gefüttert wird. Dieser Initialwert muß streng geheim gehalten werden und wird in der Regel von außen bei Initialisierung der Chipkarte beim Hersteller oder auch durch das Trust Center auf die Chipkarte gebracht. Dieser Prozeß birgt bereits das erste Risiko in sich: zum einen könnte der Initialwert beim Übertragen in die Chipkarte abgehört werden, zum anderen muß der Initialwert selbst natürlich besonders sorgfältig erzeugt werden, also „zufällig" im strengen Sinne, mit Hilfe einer geeigneten Hardware. Unter allen Umständen muß ausgeschlossen werden, daß der Initialwert nur pseudozufällig in Abhängigkeit von individuellen Kunden- oder Kartendaten generiert wird. Wird das Verfahren erst bekannt, so läßt sich der Initialwert sonst eventuell allzu leicht wieder rekonstruieren.

Weitaus problematischer ist die Frage der kryptographischen Sicherheit eines implementierten Pseudozufallsgenerators. Diverse Verfahren zur Erzeugung solcher Pseudozufallszahlen wurden in der Literatur vorgestellt. Die meisten Algorithmen fielen einer erfolgreichen Kryptoanalyse zum Opfer. Die verbleibenden Verfahren sind zum einen nicht beweisbar sicher. Zum anderen ist deren korrekte Implementierung unter Berücksichtigung aller sicherheitsrelevanten Parameter nicht immer gewährleistet. Erhält ein potentieller Angreifer hinreichend viel Datenmaterial in Form einer Folge generierter Pseudozufallszahlen, so ist er daher häufig imstande, das Verfahren zu knacken in dem Sinne, daß er eigenständig zukünftige durch das Verfahren generierte Pseudozufallszahlen vorausbestimmen kann. Entweder hält er damit direkt den gesuchten geheimen Schlüssel in Händen, oder er besitzt die erforderliche Information zum Knacken der verwendeten kryptographischen Protokolle, was ihm unter Umständen wiederum den geheimen Schlüssel liefert.

Der verwendete Generator ist im allgemeinen tief in der Chipkartensoftware verankert und läßt sich nicht ohne weiteres im Bedarfsfall ersetzen, ohne zugleich alle Chipkarten auszutauschen. Zusammenfassend läßt sich daher sagen, daß ein erfolgreicher Angriff auf den Pseudozufallsgenerator unter Umständen das Gesamtsystem kompromittiert und somit einen enormen Schaden implizieren würde.

# 6 Risiken von Hardwarezufallsgeneratoren

Die Konstruktion kryptographisch guter Hardwarezufallsgeneratoren ist nichttrivial und weitaus weniger gut erforscht als die mathematischen Eigenschaften pseudozufälliger Verfahren. Der Output eines Hardwaregenerators unterliegt physikalischen Einflüssen wie beispielsweise Wärmeunterschieden, Bauteiltoleranzen, Alterungsprozessen, Strahlungseinflüssen etc. Diese Faktoren können insbesondere auch absichtlich induziert werden und bedürfen daher besonderer Beachtung. Erweist sich ein Hardwarezufallsgenerator als weniger sicher, als zuvor geplant, so bedeutet dies zumindest nicht automatisch, daß alle zukünftig erzeugten Zufallszahlen vorausbestimmt werden können. Betroffen wäre lediglich die Wahrscheinlichkeit eines erfolgreichen Rateversuchs. So wird die Wahrscheinlichkeit p dafür, daß ein gegebenes Bit bei-spielsweise gleich Null ist, weiterhin echt zwischen Null und Eins liegen. Ist $p = \frac{1}{2} + \varepsilon$ für ein $\varepsilon \in [0, \frac{1}{2}]$, so wird man den Generator für jedes $\varepsilon \neq 0$ zwar als unsicher bezeichnen müssen, für „kleines" $\varepsilon$ hält sich der Schaden jedoch in Grenzen. Ohnehin ist es vom Standpunkt der kryptographischen Sicherheit her ratsam (und wird bei Chipkarten mit Hardwarezufallsgene-ratoren auch getan), eine gelieferte Zufallszahl vor Verwendung zunächst noch einer Nachbe-arbeitung bzw. Transformation zu unterziehen. Dies kann beispielsweise durch Anwendung einer Einwegfunktion geschehen. Zusätzlich finden sich sogenannte De-skewing Verfahren, mit deren Hilfe eine Zahlenfolge, die noch gewisse störende, nichtzufällige statistische Eigen-schaften besitzt, von letzteren weitgehend bereinigt werden kann (siehe z.B. John von Neu-mann, [Neum51]).

Ein kleines schönes Beispiel für die Stärke solcher Methoden sei im folgenden kurz beschrie-ben. Wir nehmen an, die Wahrscheinlichkeit p, daß ein Bit unseres „Zufalls"-Bitstrings gleich 1 ist, sei $p = \frac{1}{2} + \varepsilon$, und die Wahrscheinlichkeit für eine Null sei entsprechend gleich $p = \frac{1}{2} - \varepsilon$, wobei $0 \leq |\varepsilon| < \frac{1}{2}$. Zerlegen wir nun unseren Bitstring in eine Folge nicht überlap-pender Bitpaare der Form 00, 01, 10, 11, so gehen wir folgendermaßen vor:

wir streichen alle Paare der Form 00 oder 11, ersetzen ein Paar 01 durch eine 0, und ein Paar 10 durch eine 1. Die Wahrscheinlichkeiten der ursprünglichen Bitpaare berechnen sich ein-fach wie folgt:

$P(00) = (\frac{1}{2} - \varepsilon)^2 \qquad = 0.25 - \varepsilon + \varepsilon^2$

$P(11) = (\frac{1}{2} + \varepsilon)^2 \qquad = 0.25 + \varepsilon + \varepsilon^2$

$P(01) = (\frac{1}{2} - \varepsilon)(\frac{1}{2} + \varepsilon) \qquad = 0.25 - \varepsilon^2$

$P(10) = (\frac{1}{2} + \varepsilon)(\frac{1}{2} - \varepsilon) \qquad = 0.25 - \varepsilon^2$

Wie man sofort sieht, ist nach der beschriebenen Transformation die Wahrscheinlichkeit für Nullen und Einsen gleich hoch. Hiermit sind natürlich nicht alle Probleme gelöst. Insbesonde-re gehen wir hier davon aus, daß die einzelnen Bits nicht in irgendeiner Form korreliert waren, so daß etwaige Patterns etc. in weiteren Nachbearbeitungsschritten eliminiert werden müßten. Mögliche Methoden sind hier beispielsweise FFT, Kompression, symmetrische Verschlüsse-lung, Hashbildung, Schieberegister u.ä.

Insgesamt erweist sich ein gutes Hardware-unterstütztes Verfahren in der Gesamtheit als sehr viel robuster gegenüber Angriffen als ein Software-basierter Pseudozufallsgenerator. Gerade angesichts der noch sehr jungen Technik von Hardwarezufallsgeneratoren auf Chipkarten empfiehlt es sich dennoch, dem ROM der Karte als Fall Back Mode einen jederzeit aktivier-baren, reinen Pseudozufallszahlengenerator zu spendieren. Zur Erhöhung der Sicherheit wird man in der Praxis ohnehin beides, - Hardware-erzeugte und Pseudo-Zufallszahlen, miteinan-der kombinieren, beispielsweise durch eine Verknüpfung beider erzeugten Werte mittels XOR.

Details über bereits existierende Realisierungen von Hardwarezufallsgeneratoren auf Chip-karten, nebst der spezifischen Art der kryptographischen Nachbereitung, möchten die Her-steller leider nicht preisgeben. Ein von uns ursprünglich geplantes Übersichtskapitel zu exi-stierenden Lösungen fiel dieser Zurückhaltung zum Opfer.

# 7 Prüfmethoden und Anforderungen an Zufallszahlen

Im Zusammenhang mit kryptographisch sicheren Zufallszahlenfolgen stellt sich die Frage, mit welchen Maßnahmen ein Produkthersteller die Qualität seines Generators unter Beweis stellen kann. Doch welche verläßlichen, objektiven „Gütesiegel", Maßnahmenkataloge, Sicherheitskriterien etc. lassen sich zur Beurteilung anwenden? Wie aussagekräftig sind diese wirklich und mit welchen Methoden wird geprüft?

Die im vorherigen Abschnitt bereits geforderte Resistenz des Hardwaregenerators gegenüber physikalischen Störquellen und sonstigen Materialeigenschaften muß vom Hersteller gewährleistet werden. Standardisierte und offiziell anerkannte Anforderungskataloge zu diesem speziellen Zweck sind nicht vorhanden, so daß diesbezüglich nicht ohne weiteres ein gesondertes Prüfzertifikat auszustellen wäre. Den Herstellern sind die potentiellen Bedrohungen selbstverständlich bekannt, und man darf davon ausgehen, daß diesbezüglich Sorge getragen wird. Gefahr droht hier eher durch möglicherweise zukünftige, neuartige Angriffsmethoden, wie dies in anderem Kontext beispielsweise durch Differential Power Attacks oder Differential Fault Attacks zu beobachten war.

Das einzige offizielle Regelwerk, das Anforderungen an gute (Pseudo-) Zufallsgeneratoren auflistet, ist FIPS 140-1 [FIP94]. Dort finden sich einige notwendige, doch keineswegs hinreichende Kriterien im Detail beschrieben. Die mathematische Analyse beschränkt sich hier auf vier statistische Tests: monobit test, poker test, runs test, und long run test. Für eine detaillierte Beschreibung, verweisen wir auf die Originalliteratur [FIP94].

Im Vorfeld einer Serienfertigung eines bestimmten Zufallsgenerators sollten und müssen allerdings zahlreiche weitere Tests durchgeführt werden. Der Vorteil jener in FIPS 140-1 aufgezählten Tests läßt sich unter anderem darin sehen, daß diese zu automatisieren und recheneffizient durchzuführen sind. Dies erlaubt es beispielsweise einer Chipkarte, solche Tests auch im laufenden Betrieb vorzunehmen und mögliche Manipulationen oder Risiken eigenständig zu erkennen. Gegebenenfalls kann sich die Karte auf diese Weise selbst gegen Verwendung ihres Hardwarezufallsgenerators sperren.

Ein Sicherheitsgutachten anerkannter, unabhängiger Spezialisten kann das Defizit geeigneter standardisierter Prüfkataloge selbstverständlich entschärfen. Ein solches Gutachten sollte mindestens folgende Punkte einbeziehen:

- Resistenz gegenüber physikalischen Einflüssen

- Erfüllung der Anforderungen gemäß FIPS 140-1

- Bestehen umfangreicher weiterer statistischer Tests und individueller Analysen

- Güte der erforderlichen kryptographischen Nachbehandlung

- Zuverlässigkeit von Selbsttests im laufenden Betrieb

- Tamper Resistance

- Fertigungsqualität (Bauteiltoleranzen, Endkontrolle)

- Fall Back Strategien im Falle erfolgreicher Angriffe

# 8 Zusammenfassung

Die Verwendung von Hardware-Zufallsgeneratoren als Grundlage einer sicheren Schlüsselerzeugung in der Chipkarte wird sich in vielen Anwendungsbereichen durchsetzen und erlaubt - sichere Implementierung vorausgesetzt, ein hohes Maß an Sicherheit. Insbesondere der mögliche Verzicht auf kostspielige und sicherheitsgefährdete Schlüsselerzeugungsszenarien in Trust Centern ist ein Argument für Schlüsselerzeugung auf der Karte.

Zusätzliche Mechanismen im Betriebssystem der Karte sind jedoch erforderlich, um die genannten Funktionalitäten in der gewünschten Form nutzen zu können. Die ohnehin schon sehr hohen Anforderungen an die Sicherheit der Chipkartenbetriebssysteme werden im besprochenen Kontext noch verschärft. Technische Voraussetzungen und Standardverfahren zur vollen Ausschöpfung der möglichen Vorteile sind teilweise erst noch zu implementieren (z.b. sichere Schlüsselübertragungsmechanismen, s.o.).

In vielen Anwendungsszenarien wird daher vorerst weiterhin die zentrale Erzeugung der Benutzerschlüssel in einer gesicherten Trust Center Umgebung das Mittel der Wahl bleiben.

## Literatur

[FIPS94]     FIPS 140-1, Security requirements for cryptographic modules, Federal Information Processing Standards Publication 140-1, U.S. Department of Commerce/N.I.S.T., National Technical Information Service, Springfield, Virginia, 1994.

[Neum51]     John von Neumann: Various techniques used in connection with random digits, Applied Mathematics Series, U.S. National Bureau of Standards, 12 (1951), Seite 36-38.

[RFC 1750]   Randomness Recommendations for Security, December 1994.

[Zies96]     Thilo Zieschang: Security properties of key certification infrastructures, Digitale Signaturen (Hrsg. Patrick Horster), Vieweg Verlag 1996, Seite 109-122.

# Einsatz von frei definierbaren Objekten auf einer Signaturkarte im Internet

Ernst-Michael Hamann · Jutta Kreyss

IBM Deutschland Entwicklung GmbH
{mhamann, kreyss}@de.ibm.com

## Zusammenfassung

Die auf der letzten Arbeitskonferenz ‚Chipkarten' in München (März 1998) vorgestellte IBM Signaturkarte (IBM SignCard) [Hamann 1] wurde inzwischen zu der Produktlösung ‚IBM Digital Signature Solution' weiterentwickelt und befindet sich als Sicherheitskomponente für Signaturanwendungen und der Zugriffskontrolle von Netzwerkresourcen im Einsatz. Dieser Artikel erklärt die Schnittstellenarchitektur der ‚IBM Digital Signature Solution' [Hamann 2] und geht speziell auf die Verwendung frei definierbarer Datenobjekte auf den verschieden Arten der Signaturkarten (Chipkarte, virtuelle Signaturkarte und JavaCard Applet) ein. Dabei wird auf den etablierten internationalen Standards für Chipkarten und Chipkartenlesern aufgebaut, um die Interoperabilität der verschiedenen Lösungskomponenten zu gewährleisten.

Die vom Bereich IBM Smart Card Solution im Böblinger Entwicklungslabor entwickelte generische IBM SignCard erlaubt es dem Benutzer in kontrollierter Weise Objekte auf der Karte anzulegen, zu verändern und zu lesen. Die Art der bereitgestellten Objekte für kryptografische Schlüssel, Schlüsselzertifikate und Anwendungsdaten werden zusammen mit den Möglichkeiten, diese Objekte in einer Netzwerkumgebung einzusetzen, erklärt.

## 1 IBM Signaturkarte (IBM SignCard)

Die IBM SignCard ist ein auf der Chipkartentechnologie basierender Datenträger zum Speichern von frei definierbaren Datenobjekten und zur sicheren Ausführung der digitalen Signaturverfahren nach dem Public-Key Standard [Schneier]. Beliebige Anwendungen können auf die in der Signaturkarte gespeicherten Datenobjekte über die drei verfügbaren Standardprogrammierschnittstellen kontrolliert zugreifen. Einige allgemein verwendbaren Datenobjekte wurden als Erweiterung des bestehenden Standards wie z.B. PC/SC für Windows [PC/SC] definiert. Auf diese Objekte kann von mehreren Anwendungen gleichzeitig zugegriffen werden. Sie lassen sich entweder bei der Erstellung des Datenträgers oder nach der Kartenausgabe beliebig unter Beachtung vorgegebener Sicherheitsregeln im allgemein verfügbaren Datenspeicher anlegen und modifizieren. Die Datenobjekte können durch Paßwörter oder kryptografische Verfahren vor mißbräuchlicher Verwendung geschützt werden. In Tab. 1 werden die Fähigkeiten der verschieden Signaturkarten und deren Varianten, virtuelle Signaturkarte' und, JavaCard Applet' aufgelistet.

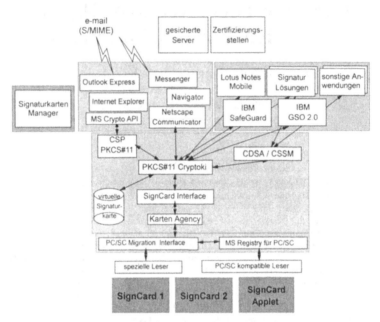

**Abb. 1:** Komponenten und Schnittstellen der IBM Digitalen Signaturlösung

Die virtuelle Signaturkarte (Virtual Signature Card, VSC) hat die gleichen kryptografischen Eigenschaften wie die IBM SignCard, jedoch werden hier der Kartenleser und die Karte in Software mittels der RSA BSAFE Routinen emuliert und der verfügbare Speicher für Daten, Schlüssel und Zertifikate ist, verglichen zur realen Chipkarte, nahezu unbegrenzt. Die VSC hilft, die Chipkartentechnologie einzuführen und die Anwendung unabhängig von der Verfügbarkeit der realen Hardwarekomponenten zu entwickeln. Wichtig ist die VSC Technologie auch für die sichere Hinterlegung der privaten Schlüssel, die für Verschlüsselungsoperationen von Nachrichten (z.B. innerhalb des S/MIME Standards für E-Mail) benutzt werden. Dazu können die Schlüsselpaare und Zertifikate in einer sicheren Rechnerumgebung direkt in der VSC generiert und von dort auf die IBM SignCard übertragen werden. Die VSC mit Schlüsseln und anderen Objekten kann in einer sicheren Datenbank hinterlegt (Key Back-up) und im Notfall (z.B. wenn die Karte verloren geht) aktiviert werden. Die Funktionalität der SignCard ist auch als ein Applet für das JavaCard Kartenbetriebssystem verfügbar. Dieses SignCard Applet kann zusammen mit weiteren Anwendungsapplets auf einer Karte geladen werden. Alle genannten verschiedenen Varianten der ‚SignCard' werden durch die gleichen Programmierschnittstellen unterstützt.

Die im Artikel [Hamann 1] beschriebene Struktur der IBM Signaturkarte mit der PKCS#11 Cryptoki Schnittstelle wurde im letzten Jahr durch zwei weitere Standardschnittstellen erweitert. Wie in der Abb. 1 gezeigt, können Anwendungsprogramme nun über drei verschiedene

Schnittstellen die kryptografischen Verfahren und die Objekte auf der Signarturkarte ansprechen:

- RSA PKCS#11 Version 2.01 (Cryptoki) [PKCS#11],
- Microsoft Crypto API (CAPI) CSP für Windows 95/98 und Windows NT 4.0 [Crypto API],
- Common Data Security Architecture [CDSA] von ‚The Open Group' über IBM Key-Works.

Diese drei Schnittstellen sind detailliert in der Literatur der IBM Digital Signature Solution [Ferrari et al.] beschrieben.

| *Unterstützte Funktionen:* | virtuelle Signaturkarte | SignCard 1 | SignCard 2 | SignCard Applet |
|---|---|---|---|---|
| Chipbezeichnung | Software | ST16CF54 | ST19CF68 | SLE66CX160S |
| Kartenbetriebssystem | RSA BSAFE | IBM MFC 4.0 | IBM MFC 4.21 | JavaCard 2.1 |
| PKCS#11 Standardversion | 2.01 erweitert | 2.01 | 2.01 erweitert | 2.01 erweitert |
| Zusätzliche Anwendungen auf der Karte | nein | nein | ja | ja |
| gesamter freier EEPROM Speicher | 1 M Byte (Plattenspeicher) | 3k Bytes | 8k Bytes | 16k Bytes |
| Anzahl RSA Schlüssel und X.509 Zertifikate | beliebige | 1 | 3 bis 5 | 2 bis 4 |
| öffentlicher/privater Datenspeicher (Bytes) | 614.400 / 409.600 | 1.792 / 704 | 3.084 / 2.048 | 3.584 / 1.408 |
| RSA Schlüssellängen (Bits) | 512, 768, 1024, 2048 | 512, 768, 1024 | 512, 768, 1024 | 512, 768, 1024, 2048 |
| Zeit für Signaturgenerierung auf Karte (1024 bits) | etwa 100 ms | 980 ms | 320 ms | etwa 900 ms |
| Anzahl von parallelen PKCS#11 Sessions | 64 | 1 | 64 | 64 |
| Benutzerpaßwort oder PIN | 4 bis 8 Zeichen | 4 bis 8 Zeichen | 4 bis 8 Zeichen | 4 bis 8 Zeichen |
| Sicherheitsbeauftragter (SO) Login Funktion | nein | ja | ja | ja |

**Tab. 1:** Versionen der IBM Signaturkarte

Der PKCS#11 Standard legt eine allgemeine Anwendungsschnittstelle für kryptografische Einheiten fest. Dieser Standard wird auch für Chipkartenleser (dort Slots) und Chipkarten (dort Token) angewandt um krytographische Eigenschaften dieser Komponenten anzusprechen. Dabei ist die Verwaltung und Verwendung von Objekten wie symmetrische und asymmetrische Schlüssel und Zertifikate für diese Schlüssel möglich. Die Schlüsselobjekte lassen sich bei der Ausführung von kryptografischen Verfahren wie die Erstellung einer digitalen Signatur, das Verschüsseln und Entschlüsseln von Daten auf der Karte oder in einem Anwendungsprogramm verwenden. Diese Schlüsselobjekte können entweder bei der Herstellung der Karte in einer sicheren Umgebung generiert und auf die Karte transferiert werden, oder sie werden direkt auf der Karte generiert und sicher abgelegt. Jede Karte ist durch eine eindeutige 16stellige Seriennummer identifizierbar und wird durch eine individuell erstelltes Benutzerpaßwort geschützt. Zusätzlich gibt es ein geheimes Sicherheitspaßwort (Security Officer PIN in PKCS#11) welches in einem besonders geschützten Paßwortbrief dem Kartenbesitzer mitgeteilt wird. Mit diesem geheimen Paßwort läßt sich im Notfall die Änderung des Benutzerpaßwortes durchführen. Wenn die Signaturkartenfunktion sich als eine von mehreren Anwendungen auf einer Firmenkarte (z.B. Mitarbeiterausweiskarte) befindet, kann die Kontrolle über das Notfallpaßwort nur über den Sicherheitsbeauftragten ausgeübt werden.

# 2  Signaturkarten Manager

Der Signaturkarten Manager (Signature Card Manager) ist ein Verwaltungsprogramm mit grafischer Benutzeroberfläche zur Verwaltung der Signaturkartenkomponenten. Das erste Menü der Anwendung zeigt alle im System vorhandenen Kartenleser (Slots) und virtuellen Signaturkarten. In Abb. 2 wird ein System mit zwei Kartenlesern (CardMan und CardMan Mobile) und einer VSC gezeigt, wobei im zweiten Leser keine Signaturkarte vorhanden ist (siehe unterschiedliches Ikon).

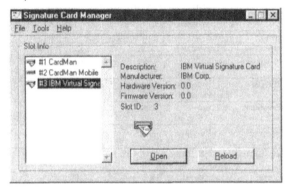

**Abb. 2:** Anzeige der Kartenleser und VSC's

Wird einer der Kartenleser selektiert und die SignCard über den Knopf ‚Open' geöffnet, werden alle auf der SignCard oder VSC befindlichen öffentlich zugänglichen Objekte grafisch angezeigt. Um auch die privaten, d.h. durch eine Benutzerpaßwort geschützten, Objekte anzuzeigen, muß das korrekte Benutzerpaßwort oder PIN eingegeben werden (Abb. 3).

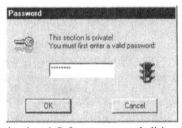

**Abb. 3:** Paßworteingabe mit Paßwortstatus symbolisiert durch die Ampel

In der Abb. 4 wird eine Signaturkarte mit einem RSA privaten Schlüssel und dem dazugehörigen Zertifikat des TC TrustCenters gezeigt. Wird das Zertifikatobjekt, wie in der Abb. 4 gezeigt, selektiert, werden die Details des X.509 Zertifikats angezeigt, wie der Name des Besitzers, seine E-Mail Adresse, die Seriennummer des Zertifikats und die Gültigkeitsdauer.

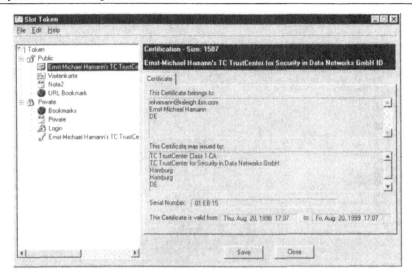

**Abb. 4:** Anzeige des X.509 Zertifikats im öffentlichen Bereich

Außer dem Schlüssel und dem Zertifikat sind noch weitere Objekte in den beiden Kartenspeicherbereichen angezeigt, die im nächsten Kapitel näher erklärt werden. In der Abb. 5 wird eine IBM SignCard 2 mit erweitertem Speicher gezeigt. Auf der gezeigten Karte sind neben anderen Objekten drei private 1024-bit Schlüssel (Mike1 Sign, Mike2 Crypt, Mike3 Authen) mit den dazugehörenden X.509 Zertifikaten auf der Karte gespeichert.

Die Schlüssel lassen sich für die wichtigsten drei Anwendungen des Public-Key-Verfahrens verwenden:

- Sign: Generierung rechtlich verbindlicher elektronischer Signaturen für E-Mail und sonstige Dokumente.
- Crypt: Verschlüsseln von symmetrischen Verschlüsselungsschlüssel für vertrauliche E-Mail (S/MIME) und sonstiger Dokumente.
- Authen: Identifikation (Authentizität) des Benutzers gegenüber z.B. gesicherten Server im Internet beim S-HTTP Protokoll.

Die Kontrolle über die Schlüsselverwendung geschieht durch Attribute in der Schlüsselinformation und im Zertifikat. Der besonders zu schützende ‚Sign' Signaturschlüssel sollte nicht als Kopie außerhalb der Karte vorhanden sein und auch nur nach der korrekten Eingabe des Signaturpaßwortes für Signaturoperationen benutzbar sein. Jede Verwendung dieses Schlüssels kann besonders protokolliert werden, um den rechtlichen Anforderungen für die Anerkennung der digitalen Unterschrift zu genügen.

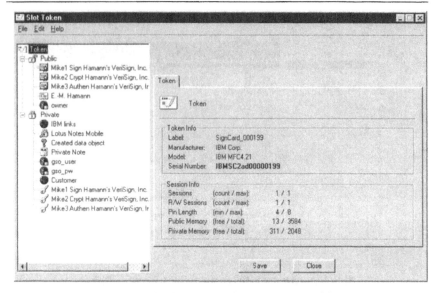

**Abb. 5:** IBM SignCard 2 mit drei Schlüssel und Zertifikate

Weitere spezielle Objekte zur Identifizierung des Benutzers durch die IBM SignCard gegenüber Anwendungen die noch nicht das Public-Key-Verfahren benutzen sind auf der in Abb. 5 gezeigten Karte vorhanden:

- IBM Global Sign-On Objekte (owner, gso-user, gso-pw) für das Öffnen mehrerer Anwendungen (single sign-on) im Netzwerk
- Lotus Notes Mobile Objekt zum automatischen Starten von Lotus Notes und Anmelden beim Notes Server

Nach dem Aktivieren der Signaturkarte und dem Öffnen des privaten Bereichs durch das korrekte Paßwort werden diese Anwendungen automatisch mit Hilfe der Objekte gestartet.

# 3 Verwendung der Schlüssel und Zertifikate

Die auf der Signaturkarte verfügbaren Schlüssel und Zertifikate lassen sich für alle Public-Key Anwendungen verwenden. Werden die drei verschieden in der Abb. 2 verwendeten SignCard Typen (SignCard2 , SignCard1 und virtuelle Signaturkarte) im Netscape Communicator [Netscape] verwendet, werden diese im Netscape Security Module angezeigt. Dabei werden, wie in Abb. 6 gezeigt, für die realen Karten die letzten sechs Ziffern der Kartenseriennummer zusammen mit dem ‚SignCard_‘ als Label der Karte erscheinen (SignCard_000199 im ‚CardMan‘ Leser und SignCard_000020 im ‚CardMan Mobile‘ Leser). Für die virtuelle Signaturkarte wird der bei der VSC Generierung gewählte Name verwendet.

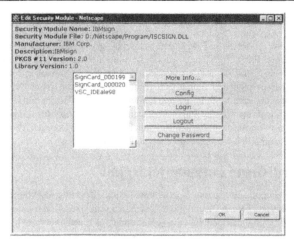

**Abb. 6:** Anzeige der IBM SignCard Typen in Netscape Communicator

Die Schlüssel und Zertifikate lassen sich ebenfalls im Communicator (Navigator für Internet Zugriff und Messenger für E-Mail) anzeigen, und die Schlüssel (Sign, Crypt, Authen) können den verschiedenen Anwendungen zugeordnet werden.

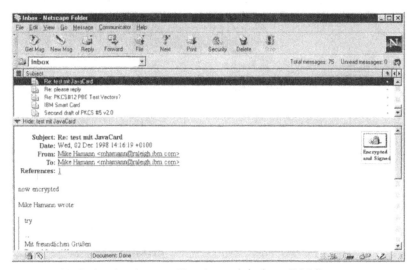

**Abb. 7:** Anzeige einer verschlüsselten und signierten E-Mail

Werden die Schlüssel für die Erstellung einer E-Mail nach dem S/MIME Standard innerhalb des Netscape Communicators für das Signieren und Verschlüsseln verwendet, wird der für die Verschlüsselung der Nachricht verwendete symmetrische Schlüssel mit dem öffentlichen

Schlüssel des Empfängers verschlüsselt und die Nachricht mit dem privaten Schlüssel des Absenders signiert. Die digitale Signatur wird in einer separaten Datei abgelegt die mit der Nachricht versandt wird. In der Abb. 7 wird eine Nachricht gezeigt, die vom Sender signiert und verschlüsselt wurde. Beim Empfänger wurde sie mittels Netscape erfolgreich entschlüsselt und die Signatur überprüft. Diesen erfolgreich durchgeführten Prozess erkennt man an dem speziellen Ikon ‚Encrypted and Signed' im rechten oberen Bereich der Nachricht. Um die Nachricht zu entschlüsseln, muß der private Schlüssel des Empfängers auf der SignCard vorhanden sein. Details dieser Überprüfung lassen sich durch Selektion des Ikons „Encrypted and Signed" ermitteln. Wenn es erforderlich ist, kann auch das Zertifikat des Absenders durch die Betätigung des Knopfs ‚View/Edit' angesehen und geprüft werden.

# 4 Standardisierte Datenobjekttypen

Im PKCS#11 Standard sind neben den Schlüssel- und Zertifikatobjekten auch allgemeine Datenobjekte definiert. Diese Datenobjekte lassen sich entweder durch ein Anwendungsprogramm über die Programmierschnittstelle (z.B. durch C_CreateObject bei Cryptoki) oder für einige standardisierte Typen auch mittels des IBM Signaturkarten Manager auf der Signaturkarte generieren.

In der Abb. 8 wird das Objektmenü des Signaturkarten Managers mit den möglichen Befehlen gezeigt. Über dieses Menü lassen sich vorhandene Objekte Anzeigen, Kopieren, Löschen, Exportieren und Importieren.

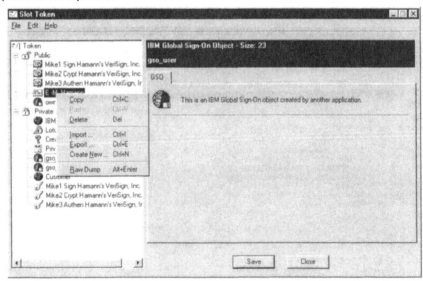

**Abb. 8:** IBM Signaturkarten Manager Objektmenü

In der Abb. 9 wird ein Auswahlmenü gezeigt, über das der Benutzer die neu zu generierenden Datenobjekte auswählen kann. Vier Objekttypen stehen zur Wahl:
1. BusinessCard        (VCard, Visitenkarte)

2. URL Bookmark   (Liste von URL Adressen im Internet)
3. Note           (Notizen des Benutzers)
4. Login-Object   (Daten zum Starten einer Anwendung)

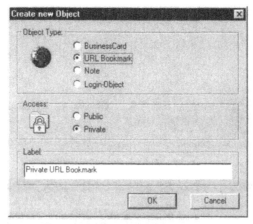

**Abb. 9:** Erstellen eines Objektes im Signaturkarten Manager

Um den Objekttyp bei der Generierung der Objekte festzulegen, wird das im Standard definierte „Application" Attribut genutzt. Die Daten der Objekte werden im „Value" Attribut gespeichert. Die Daten der Objekte werden, wenn notwendig, in einer TLV-Struktur abgespeichert. Bei der Definition der Objekte wurden die bereits vorhandenen Standards in der Windows Umgebung so weit wie möglich verwendet.

## 4.1 Objekt Visitenkarte (Business Card)

Beim Objekt ‚Visitenkarte' wurde die Datenstruktur vollständig als TLV String definiert. Bei der Generierung der Visitenkarte über den Signaturkarten Manager müssen nicht alle Datenelemente definiert werden. Die komplette Struktur ist in der Tab. 2 definiert.

| Bezeichnung | Bedeutung | Aufbau |
|---|---|---|
| VERSION | Version des VCard Standards | |
| N | Name | "Nachname; Vorname; 2.Vorname" |
| FN | anzuzeigender Name | |
| ORG | Organisation | "Name; Abteilung" |
| TITLE | Titel der Bezugsperson | |
| EMAIL; PREF; INTERNET | bevorzugte Email Adresse | |
| NOTE | Notiz | |
| TEL; WORK; VOICE | geschäftliche Telefonnummer | |

| TEL; WORK; FAX | geschäftliche Faxnummer | |
| TEL; PAGER; VOICE | Mobilfunknummer | |
| ADR; WORK | geschäftliche Adresse | "Büro; Straße; Ort; Staat; Postleitzahl; Land" |
| URL; WORK | geschäftliche WWW-Adresse | |
| TEL; HOME; VOICE | private Telefonnummer | |
| TEL; HOME; FAX | private Faxnummer | |
| TEL; CELL; VOICE | Funktelefon | |
| ADR; HOME | private Adresse | "; Straße; Ort; Staat; Postleitzahl; Land" |
| URL; HOME | private WWW-Adresse | |
| REV | letzten Modifikation | "YYYYMMDD" + 'T' + "HHMMSS" + 'Z' |

**Tab. 2:** TLV Struktur des VCard Objekts

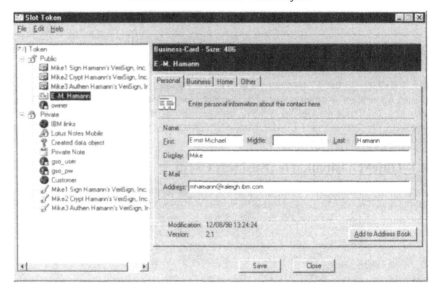

**Abb. 10:** Anzeige des ‚Business Card' Objekts im Signaturkarten Manager

Mehrere solcher Visitenkartenobjekte (s. Abb. 10) können vom Benutzer auf einer Karte an-
gelegt werden. Wenn sich ein solches Objekt auf der Karte befindet, kann der Besitzer dies
zum Beispiel bei einem Kundenbesuch in das Adreßbuch des Kunden kopieren. Dazu muß der
Knopf ‚Add to Address Book' im Menü durch Mausklick aktiviert werden, um die Standard
Adreßbuchanwendung im Betriebsystem mit den Daten des Visitenkartenobjekts aufzurufen.
Die im ‚Business' und ‚Home' Abschnitt gespeicherten geschäftlichen und privaten WWW-
Adressen können zum direkten Starten des Standard Internet Browser aus der Objektanzeige

heraus mit der gewünschten WWW Seite verwendet werden (wie beim Objekt ‚URL Bookmark').

## 4.2 Objekt Internet Adresse (URL Bookmark)

Im ‚Internet Adresse' (URL Bookmark) Objekt können beliebige Referenzen auf Adressen im Internet abgelegt werden. Ein solches Objekt könnte z.b. beim Starten eines Netzwerkcomputers alle benötigten Adressen / Namen der Server zum Laden des Betriebsystems und der Anwendungen enthalten. In der Abb. 11 sind als Beispiel innerhalb des Objektes drei URL Adressen generiert worden. Der dritte Eintrag ‚IBM Deutschland' wurde über das Menü selektiert. Die selektierte WWW Seite (http://www.ibm.de/go/...) ist direkt aus dem Menü heraus durch Mausklick auf den Knopf ‚GoTo' aufrufbar. Dabei wird der als Standard definierte Internet Browser im Betriebsystem automatisch gestartet.

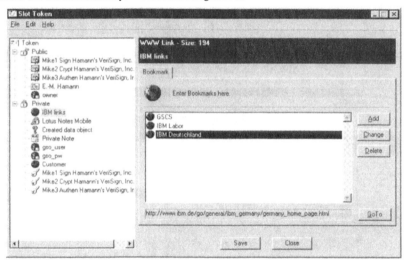

**Abb. 11:** Anzeige eines URL Objekts

## 4.3 Objekt Notiz

Im Objekt ‚Notiz' lassen sich beliebige Informationen auf der Karte speichern. Da der Name (Label) des Objektes frei wählbar ist, kann dieser zur Bestimmung des Inhaltes benutzt werden. Das Beispiel in Abb. 12 zeigt eine im privaten Bereich abgelegte ‚Private Notiz'. Da die privaten Notizobjekte nur nach Eingabe des korrekten Paßwortes zugänglich sind, können darin vertrauliche Angaben gespeichert werden.

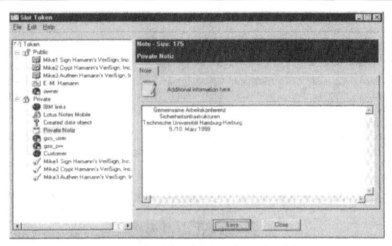

**Abb. 12:** Ein Notizobjekt im privaten Bereich

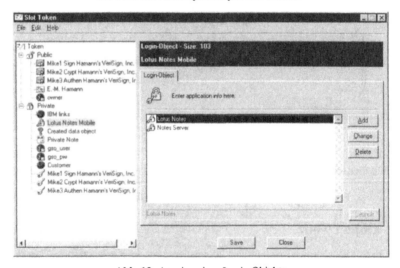

**Abb. 13:** Anzeige eines Login Objekts

## 4.4 Objekt Login

Dieses Objekt kann nur im privaten Bereich generiert werden. Jeder Eintrag im Objekt besteht aus dem Anwendungsnamen (Application ID), der Benutzeridentifikation (User ID) und dem Paßwort der Anwendung. Das Paßwort wird bei der Eingabe mit `****` verdeckt angezeigt. Das Login Objekt kann von einem Programmstarter (Launcher) zum Starten aller im Objekt definierten Anwendungen benutzt werden. In der Abb. 13 wird ein Login Objekt mit zwei Einträgen (Lotus Notes und Notes Server) gezeigt.

# 5 Schutz der Datenobjekte auf der Karte

Die im PKCS#11 Standard definierte Einteilung in öffentliche und private Objekte kann bei der Anlage und Benutzung der Objekte ausgenutzt werden. Während auf öffentliche Objekte bereits nach dem Öffnen einer Session ohne Identifikation des Benutzers zugegriffen werden kann, muß für private Objekte eine Login-Prozedur mit gültigem Paßwort durch den Chipkartenbenutzer erfolgen. Über diese Schutzmöglichkeiten hinaus können weitere Kontrollverfahren verwendet werden:

1. Bestimmte Objekttypen können nur bei der Erstellung der Karte angelegt werden (d.h. bei der Personalisierung während der Kartenausgabe).
2. Datenobjekte eines bestimmten Typs dürfen nur nach Authentisierung entweder im User-Mode (Login mit gültigem User-Paßwort) oder im SO-Mode (Login mit gültigen SO-Paßwort) angelegt, verändert oder gelesen werden.
3. Datenobjekte eines bestimmten Typs dürfen nur im 'privaten' Datenbereich abgelegt werden. Ein Beispiel dafür ist der Typ 'Login'.
4. Datenobjekte werden zusammen mit der digitalen Signatur abgelegt. Dabei kann die Signatur neben den Objektdaten auch die Seriennummer der Karte einbeziehen. Die das Objekt später benutzende Anwendung kann dann mit dem öffentlichen Schlüssel des Erstellers und der Seriennummer der Karte prüfen ob das Objekt aus korrektem Ursprung ist, nicht verändert wurde und auch nicht von einer anderen Karte kopiert wurde. Dies erlaubt z.B. eine Speicherung eines einmaligen 'Tickets' auf der Karte (wie z.B. Eintrittskarte, Medikamentenrezept).
5. Verschlüsselung des gesamten Objekts oder nur besonders vertraulicher Teile des Objekts bei der Erstellung des Objekts. Dadurch wird die Vertraulichkeit der Datenobjekte bei der Übertragung von und zu der Karte durch die Anwendung sichergestellt. Ein Beispiel ist das ‚Login' Objekt, in dem das Benutzerpaßwort verschlüsselt abgelegt werden kann.
6. Datenobjekte eines bestimmten Typs können nach der Erstellung für andere Anwendungen nur im Lesemodus zugänglich gemacht werden.

# 6 Verwendung der Objekte, Ausblick

Die Signaturlösung erlaubt es, eine anwendungsneutrale Chipkarte mit offenen jedoch vom Kartenbenutzer kontrollierbaren Dateistrukturen zu erstellen. Dabei können die Sicherheitsanforderungen beliebig bei der Erstellung eines Objektes von der Anwendung oder vom Kartenbesitzer bestimmt werden. Eine Chipkarte mit diesen Fähigkeiten erlaubt es, unabhängig vom Kartenbetriebssystem und den benutzten Chipkartenlesern Standardschnittstellen für die Programme (API) und für den Benutzer (GUI) zur Verfügung zu stellen. Die Datenobjekte lassen sich sicher in der Chipkarte ablegen. Die Karte mobilisiert den Benutzer und erlaubt ihm sich von einem beliebigen Client aus im Netzwerk den Anwendungen und Servern gegenüber zu identifizieren. Dabei verwendet er die auf der Signaturkarte gespeicherten eindeutigen privaten Schlüssel und Zertifikate. Wie in Abb. 14 gezeigt, können auch noch weitere Anwendungen (z.B. eine digitale Börse) die gleiche Karte benutzen. Eine solche Karte kann mit anderen Technologien, wie z.B. einem kontaktlosen Chip zur Gebäudezugangskontrolle, kombiniert werden und als Firmenausweiskarte benutzt werden.

Durch die Verwendung der IBM SignCard werden den Anwendungsbetreibern die Kosten für die Ausgabe von anwendungsspezifischen Chipkarten erspart. Die Kosten für die Einrichtung chipkartenspezifischer Lesegeräte und Programmierschnittstellen entstehen nur einmal für alle Anwendungen. Auch lassen sich Datenobjekte definieren (z.b. das Profil des Kartenbesitzers), die mehreren Anwendungen und dem Kartenbenutzer gleichermaßen zur Verfügung stehen. Der Benutzer einer solchen 'generischen' Chipkarte hat die Möglichkeit mehreren Anwendungen die Speicherung von Datenobjekten auf seiner Chipkarte zu gestatten.

Bestimmte Datenobjekttypen können mittels geeigneter Programme direkte Aktionen bei der Auswahl über eine graphische Benutzeroberfläche auslösen, wie z.b. das Starten einer Anwendung (Login), das Starten des Internet-Browsers (Bookmark, VCard), oder das Öffnen der Adressbuchfunktion (VCard).

Beispiele für dieses ‚Application-Launching' sind bereits wie oben beschrieben im Signaturkarten Manager der IBM Digital Signature Solution implementiert.

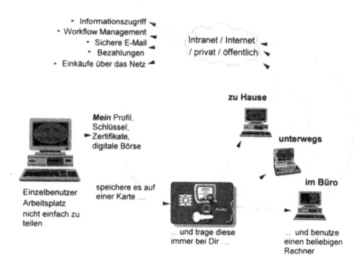

**Abb. 14:** Signaturkarte als Ausweiskarte für den Internetbenutzer

## Literatur

[CDSA]            The Open Group: Common Data Security Architecture.
                  http://www.opengroup.org/security/cdsa/index.htm.

[Crypto API]  Microsoft Security Advisor for Crypto API (CAPI) CSP's and smart cards.
                  http://www.microsoft.com/security/

[Ferrari et al.] Ferrari, Jorge, Stefan Kreusch, Peter Schulze and Jim Wiltshire (1998): IBM
                  Digital Signature Solution Software: Concepts and Implementation. IBM docu-
                  ment SG24-5283-00. http://www.redbooks.ibm.com

[Hamann 1]     Hamann, Ernst-Michael (1998): Digitale Signatur per Chipkarte zur maximalen
               Sicherheit im Internet. In: Horster, Patrick (Hrsg.): Chipkarten: Grundlagen,
               Realisierungen, Sicherheitsaspekte, Anwendungen. Vieweg, S. 181-191.

[Hamann 2]     Hamann, Ernst-Michael (1998): IBM Digital Signature Solution. White Paper,
               IBM Corporation Dezember 1998. http://www.chipcard.ibm.com

[Netscape]     Netscape Communicator 4.0: Netscape Communications Corporation, USA.
               http://www.netscape.com
               Netscape Security Library: Implementing PKCS#11.
               http://developer.netscape.com/docs/manuals/security/pkcs/pkcs.htm

[PC/SC]        PC/SC Version 1.0 (1997/98) CP8 Transac, Gemplus, Hewlett-Packard, IBM
               Corporation, Microsoft, Schlumberger, Siemens Nixdorf Informationssysteme,
               Sun: Interoperability Specification for ICCs and Personal Computer Systems.
               http://www.smartcardsys.com/overview.html.

[PKCS#11]      PKCS#11: Cryptographic Token Interface Standard 'Cryptoki', RSA Laborato-
               ries, Vers. 2.01 - December 22, 1997. http://www.rsa.com/rsalabs/pubs/PKCS

[Schneier]     Schneier, Bruce (1996): Applied Cryptography: Protocols, Algorithms, and
               Source Code in C. John Wiley & Sons. 2nd edition.

[S/MIME]       Secure Multipurpose Internet Mail Extensions. http://www.rsa.com/smime

# Effiziente Implementierung von kryptografischen Datenaustauschformaten am Beispiel von S/MIME und Openpgp

Matthias Schunter[1] · Christian Stüble[2]

[1]Universität des Saarlandes
Institut für Informatik
schunter@acm.org

[2]Universität Dortmund
Informatik LS 6
stueble@ls6.cs.uni-dortmund.de

## Zusammenfassung

Kryptobibliotheken erlauben Programmierern, Sicherheitsfunktionalitäten in beliebige Anwendungen zu integrieren. Der Austausch von Daten zwischen verschiedenen Bibliotheken wird hierbei durch standardisierte Datenaustauschformate wie S/MIME und OpenPGP ermöglicht.

Eine globale Einigung auf ein einziges Datenaustauschformat scheint unwahrscheinlich. Daher ist es wünschenswert, daß Anwendungen durch Einbindung einer einzigen Kryptobibliothek automatisch mehrere Formate, ohne Wissen über deren Details, unterstützen können.

Dieser Artikel stellt ein von uns entwickeltes und praktisch erprobtes Verfahren zum modularen Design einer Kryptobibliothek vor. Das Ziel dieses Verfahrens ist es, mehrere Datenaustauschformate bei möglichst geringem Implementierungsaufwand (gemessen in der Gesamtlänge des Codes) zu unterstützen.

Exemplarisch demonstrieren wir das Verfahren anhand von digitalen Signaturen in OpenPGP und S/MIME v.3. Die vorgestellten Designschritte führen jedoch analog auch bei Zertifikaten oder verschlüsselten Nachrichten sowie bei anderen Datenaustauschformaten zu dem gewünschten modularen und code-minimalen Design.

## 1  Einleitung

Signaturen und verschlüsselte Nachrichten sind, wie alle Daten, eine Folge von Bytes ohne weitere kontextspezifische Information. Um eine Signatur zu überprüfen sind jedoch Zusatzinformationen nötig. Das sind beispielsweise Informationen über den benutzten Signaturschlüssel, die Art des benutzten kryptografischen Algorithmus und Informationen über den Signierer. Falls dies nicht fest vereinbart ist, müssen diese Informationen zusammen mit den Signaturdaten übertragen werden. Beim Austausch von Bytefolgen zwischen verschiedenen Rechnern muß außerdem deren Interpretation definiert werden: Ein (32 Bit-) Prozessor kann die Dezimalzahl ´5´ als die hexadezimale Bytefolge ´00 00 00 05´ oder ´05 00 00 00´ kodieren. Beim Datenaustausch könnte diese somit als ´5´ oder ´83886080´ interpretiert werden. Der Kontext, nach dem eine Bytefolge ´Signatur´ oder ´Schlüsseltext´ interpretiert wird, bezeichnen wir allgemein als *Datenaustauschformat* oder kurz *Format*. Aktuelle Beispiele für solche Formate sind OpenPGP [6] und S/MIME v.3 [14].

Eine globale Einigung auf ein einziges Format scheint unwahrscheinlich. Daher ist es wünschenswert, daß Anwendungen durch Einbindung einer einzigen Kryptobibliothek automatisch mehrere Formate unterstützen können, ohne daß die Programmierer einer Anwendung hierfür Detailwissen über die Formate besitzen müssen.

Um die Entwicklung solcher Kryptobibliotheken zu vereinfachen, beschreiben wir in diesem Artikel exemplarisch einen Designprozeß einer modularen Kryptobibliothek zur Unterstützung mehrerer Formate am Beispiel von digitalen Signaturen [5, 13] und deren Formatierung mit OpenPGP und S/MIME v.3. Unser Ziel ist hierbei, mehrere Formate bei möglichst geringem Implementierungsaufwand (gemessen in der Länge des Gesamtprogrammes) in einer einzigen Kryptobibliothek zu unterstützen.

Durch eine geringe Menge von Code und einer klaren Modulstruktur mit kleinen, voneinander unabhängigen Baugruppen und klar definierten Schnittstellen sinkt sowohl der Implementierungs- und Wartungsaufwand als auch die Wahrscheinlichkeit von Fehlern in der Implementierung. Der höhere Designaufwand wird durch eine hohe Wiederverwendbarkeit des Codes (in mindestens doppelt so vielen Anwendungen) und größere Laufzeitstabilität gerechtfertigt. Desweiteren ermöglicht das hier beschriebene Verfahren das nachträgliche hinzufügen von neuen Formaten.

Abb. 1 zeigt einen Überblick über die resultierende Struktur einer solchen Formatunterstützung: Die Anwendung kennt nur die abstrakten Funktionen "verschlüsseln" oder "signieren". Intern werden diese Funktionen in eine formatabhängige Baugruppe "PGP Signatur" oder "S/MIME Signatur" umgesetzt. Diese Baugruppen benutzen dann die von der tieferen Schicht zur Verfügung gestellten formatunabhängigen Module, wie z.B. DSA, RSA, etc.

Eine formatunabhängige kryptographische API (*Application Programming Interface*; Abb. 1, oberste Schicht) erleichtert dabei die Implementierung von formatunabhängigen Applikationen bzw. kryptografischen Funktionen, da vom Benutzer der Bibliothek keine formatspezifischen Besonderheiten berücksichtigt werden müssen.

Das hier beschriebene Designverfahren wurde beim Redesign des CryptoManager++ [2] angewendet. Die ursprüngliche Version des CryptoManager++ verwendete nur ein proprietäres Datenformat. Als die Bibliothek dann nachträglich um die Formate S/MIME und OpenPGP erweitert werden sollte, wurde klar, daß dieses nicht durch einige Fallunterscheidungen möglich ist. Die etwas grundsätzlichere Betrachtung der Problematik führte dann zum hier beschriebenen Analyse- und Designverfahren.

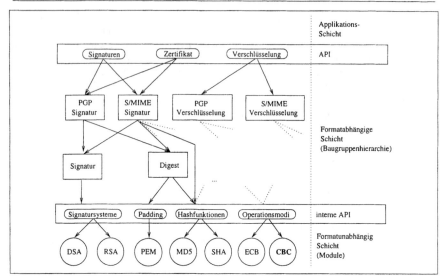

**Abb. 1:** Beschreibung der zwei formatunabhängigen Schnittstellen (API) einer kryptographischen Bibliothek.

## 1.1  Überblick

In Kapitel 2 werden die Signaturberechnungs- und Formatierungsprozesse in ihre minimalen logischen Bestandteile, sogenannte *Module* zerlegt. Die Module, die in beiden Formaten vorkommen werden anschließend in Kapitel 3 im Detail verglichen, um Kandidaten für die Zusammenfassung mehrerer Module in von beiden Formaten verwendete Einheiten zu finden. In Kapitel 4 werden diese gemeinsam verwendbaren Baugruppen beschrieben und das resultierende code-minimalen Design zusammengefaßt. Wie gewünscht spiegeln sich hier Ähnlichkeiten in den Formaten in gemeinsam verwendeten Baugruppen (und somit auch Code) wider. Eine abschließende Bewertung erfolgt schließlich in Kapitel 5.

## 1.2  Entwicklung von OpenPGP und S/MIME v.3

S/MIME v.3 [14] ist der vom IETF (*Internet Engineering Task Force*) spezifizierte Nachfolger von S/MIME v.2, welches auf den Formaten X.509 [17], PEM [7] und PKCS [11, 12] basiert. Der OpenPGP Standard [6] wurde aufbauend auf den Formaten PGP v2.x [9], PGP v5 und PGP/MIME [8] entwickelt, nachdem PGPv5 und auch PGPv6 von Network Associates (NAI) herausgegeben, und damit lizenzpflichtig wurde. Ziel der OpenPGP Spezifikationen ist es u.a. völlig ohne patentierte Algorithmen auszukommen. Eine ausführliche Beschreibung und ein kurzer Vergleich beider Formate findet sich in einem Artikel des *G5 Messaging Forum* [16]. Bruce Schneier stellt in [15] die Formate PEM, PGPv2 und PKCS kurz vor und beschreibt wie auch [3] alle in diesem Artikel vorkommenden kryptografischen Algorithmen.

# 2 Analyse der Signaturberechnungsprozesse in Module

*Datentypen* eines Formates sind alle die Bitfolgen, die eine semantische Bedeutung (im Zusammenhang mit dem jeweiligen Format) besitzen. Ein Beispiel sind die `SignatureSub-Packages` von PGP. *Elementare Datentypen* eines Formates sind Datentypen die aus Sicht des Formates nicht zusammengesetzt sind. Beispiele sind ASN.1 Objektbezeichner in S/MIME und Algorithmenbezeichner in OpenPGP.

Als *Modul* bezeichnen wir einen aus Sicht der Formatierung unteilbaren Schritt des Formatierungsprozesses welcher ausschließlich auf elementaren Datentypen arbeitet. Beispiele sind die Berechnung einer Hashfunktion oder einer Signatur.

Eine *Baugruppen* ist eine Zusammenfassung mehrerer Module in eine funktionale Einheit. Eine Baugruppe kann beliebige Datenstrukturen als Ein- und Ausgabe verwenden. Ein Beispiel ist die komplette Berechnung und Formatierung einer OpenPGP Signatur.

Basierend auf den Signaturdatenstrukturen von OpenPGP und S/MIME v.3 wird nun der Signaturprozeß in seine modularen Bestandteile zerlegt, indem in einem top-down Verfahren Baugruppen so lange rekursiv zerlegt werden, bis die gesamte Signaturerzeugung in Module, die auf elementaren Datentypen arbeiten, zerlegt ist.

## 2.1 Zerlegung des OpenPGP Signaturprozesses

Abb. 2 zeigt die Datenstruktur einer OpenPGP Signatur (Signaturversion 3), die als `SignaturePacket` bezeichnet wird[1]. Der Erzeugungsprozeß muß neben einem OpenPGP spezifischen Header (mit Längenbeschreibung und Versionsnummer) und der eigentlichen Signatur weitere Daten einfügen: Hinter dem Versionsbyte befinden sich die `Signature-SubPackets`, welche mit der Nachricht mitsigniert werden. Bis zur Signaturpacketversion 3 bestanden die Subpackets aus einem Byte, welches die Art der Signatur genauer spezifiziert hat und ein 32-Bit Timestamp, dem Zeitpunkt der Signaturberechnung. In neueren Signaturversionen sind viele neue `SubPacket`-Typen hinzugekommen, von denen einige vom Anwender bestimmt werden können. Die Gesamlänge aller `SignatureSubPackets` muß von einem Subprozeß berechnet und als Byte vor dem ersten Subpacket eingefügt werden. Zur Identifikation des öffentlichen Schlüssel des Signierers dient die aus diesem berechnete Key-ID. Danach folgt ein Bezeichner der verwendeten Hashfunktion. Um testen zu können, ob die richtige Hashfunktion zur Berechnung des Digest benutzt wurde, muß ein weiterer Subprozeß zwei Kontrollbytes des Digest im `SignaturePacket` einfügen.

Die Signatur wird von einem Signierprozeß aus einer Datenstruktur `DigestInfo` (siehe Abb. 5) erzeugt. Diese ASN.1 Struktur ist zusammengesetzt aus einem ASN-Bezeichner des verwendeten Hashalgorithmus und dem berechneten Digest. Der Digest wird durch eine Hashfunktion, welche vom Benutzer gewählt werden kann, aus den zu signierenden Daten berechnet. Diese werden wiederum aus der zu signierende Nachricht durch Anhängen aller `Signature-SubPackets` erzeugt.

---

[1]Alle OpenPGP Nachrichten sind nach Zweck in sogenannte Pakete gegliedert wobei der Pakettyp im ersten Byte des Pakets angegeben wird. Weitere Pakettypen sind u.a. `PublicKeyEncryptedPacket` und `PlaintextPackage`.

| *Anz. Bytes* | *Inhalt* |
|---|---|
| 1 | Packet Identifier |
| 2 | 8-bit or 16-bit length of this packet |
| 1 | Version byte (=3) |
| 1 | Length of following material that is included in calculation of digest |
| 1 | Signature classification field (SCF) |
| 1 | 32-bit time/date of signing |
| 8 | 64-bit key ID |
| 1 | Algorithm Identifier for public key scheme |
| 1 | Algorithm Identifier for message digest |
| 2 | First two bytes of message digest |
| (keylen) | MPI encrypted message digest |

**Abb. 2:** Struktur eines PGP Signature-Packets.

```
SignedData ::= SEQUENCE {
  version         Version,
  digestAlgorithms DigestAlgorithmIdentifiers,
  encapContentInfo EncapsulatedContentInfo,
  certificates    [0] IMPLICIT CertificateSet OPTIONAL,
  crls            [1] IMPLICIT CertificateRevocationLists
                      OPTIONAL,
  signerInfos     SignerInfos}

DigestAlgorithmIdentifiers ::= SET OF DigestAlgorithmIdentifier

SignerInfos ::= SET OF SignerInfo
```

**Abb. 3:** Struktur einer S/MIME Signatur ASN.1 Typ `SignedData` (siehe Abb. 4 für den ASN.1 Typ `SignerInfo`).

Ein Überblick über diesen in Module zerlegten Prozeß zusammen mit den stattfindenden Datenflüssen enthält Abb. 6.

## 2.2 Zerlegung des S/MIME Signaturprozesses

Eine S/MIME Signatur ist ein ASN Datentyp `SignedData` (Abb. 3). Eine signierte Nachricht kann, im Gegensatz zu PGP, von mehreren Signierern signiert sein. Die einzelnen Signaturen `SignerInfo` sind in Abb. 4 wiedergegeben. Desweiteren enthält die signierte Nachricht eine Liste `digestAlgorithms` mit allen verwendeten Hashfunktionen, eine Beschreibung `encapContentInfo` der signierten Nachricht, eine optionale Liste `certificates` von Zertifikaten und eine optionale Liste `crls` mit Certificate Revocation-Lists.

Die ASN.1 Datenstruktur `SignerInfo` besitzt neben der Signatur und den Bezeichnern der verwendeten Algorithmen unsignierte (`unsignedAttrs`) und signierte (`signedAttrs`) Attribute und einen eindeutigen Bezeichner `issuerAndSerialNumber` des Signierers. Vor

```
SignerInfo ::= SEQUENCE {
version                    Version,
issuerAndSerialNumber IssuerAndSerialNumber,
digestAlgorithm            DigestAlgorithmIdentifier,
signedAttrs                [0] IMPLICIT SignedAttributes
                           OPTIONAL,
signatureAlgorithm         SignatureAlgorithmIdentifier,
signature                  SignatureValue,
unsignedAttrs              [1] IMPLICIT UnsignedAttributes
                           OPTIONAL}

SignedAttributes ::= SET SIZE (1..MAX) OF Attribute
1..MAX) OF Attribute

UnsignedAttributes ::= SET SIZE (1..MAX) OF Attribute

Attribute ::= SEQUENCE {
 attrType OBJECT IDENTIFIER,
 attrValue SET OF AttributeValue}

AttributeValue ::= ANY

SignatureValue ::= OCTET STRING
```

**Abb. 4:** Aufbau des ASN.1 Typs SignerInfo (Teil der S/MIME Signatur in Abb. 3).

```
DigestInfo ::= SEQUENCE {
 digestAlgorithm           DigestAlgorithmIdentifier,
 digest                    Digest
}

DigestAlgorithmIdentifier ::= AlgorithmIdentifier

Digest ::= Bytestring
```

**Abb. 5:** Der Aufbau des ASN.1 Typs DigestInfo, der sowohl in OpenPGP als auch in S/MIME als Eingabetyp für das Padding dient.

der Berechnung der Signatur werden alle zu signierenden Attribute an die Nachricht angehängt und diese dann in einen ASN.1 Datentyp konvertiert. Weitere Informationen zu der Nachricht werden im Feld encapContentInfo eingetragen. Aus der Nachricht wird dann mittels einer Hashfunktion der Digest berechnet, der dann in den ASN.1 Datentyp DigestInfo (siehe Abb. 5) gewandelt wird. Der Algorithmenbezeichner der verwendeten Hashfunktion muß sowohl in der Datenstruktur SignerInfo, als auch in den Datenstrukturen SignedData und DigestInfo eingetragen werden. Nachdem die DigestInfo-Struktur kompatibel zu PEM/PKCS gepaddet wurde, kann mit dem Signaturverfahren die Signatur berechnet werden. Diese wird dann in den ASN.1 Datentyp OCTET STRING gewandelt.

Ein Überblick über diesen in Module zerlegten Prozeß zusammen mit den stattfindenden Datenflüssen enthält Abb. 6.

# 3   Vergleich der Module beider Prozesse

In diesem Kapitel werden zuerst alle Module, die in beiden Formaten ähnlich scheinen, verglichen. Gemeinsam verwendete Module werden dann in Kapitel 4 zu formatunabhängigen Baugruppen zusammengefaßt. Eine Baugruppe umfaßt hierbei alle benachbarten formatunabhängigen Module.

*Vorformatierung:* Die Vorformatierung der zu signierenden Bytefolge, bestehend aus Nachricht und zu signierenden Attributen, muß formatabhängig geschehen, weil die verwendeten Datentypen der Attribute und der Nachricht unterschiedlich sind. Der verwendete Signaturschlüssel wird in beiden Formaten auf unterschiedliche Art und Weise re-identifiziert, so daß auch diese Module getrennt implementiert werden müssen. Da sich auch die Datentypen der Algorithmenidentifikatoren unterscheiden, müssen die Module, die diese Informationen generieren, auch getrennt implementiert werden.

*Digestberechnung:* Die Hashfunktionen, soweit beide Formate sie unterstützen, können doppelt benutzt werden, da sie letztendlich auf Bytefolgen arbeiten.

*Digestformatierung:* Beide Formate konvertieren den berechneten Digest in den ASN.1 Typ DigestInfo und verwenden in dieser Struktur sogar kompatible Algorithmen-bezeichner, so daß auch diese Module formatunabhängig benutzt werden können.

*Padding:* Padding dient dem Auffüllen von Daten variabler Länge bis zu einem Vielfachen der vorgegebene Blockgröße. Das Modul zum Padding der Eingabedaten kann gemeinsam benutzt werden, da beide Formate das in PEM/PKCS beschriebene Paddingverfahren unterstützen.

*Signaturberechnung:* Die Signaturfunktion selbst arbeitet wiederum auf einer Bytefolge, so daß diese auch nur einmal implementiert werden muß.

*Signaturformatierung:* Die erhaltene Signatur wird bei S/MIME in ein ASN.1 Datentyp und bei OpenPGP in eine MPI-Zahl konvertiert. Diese Module müssen getrennt implementiert werden.

# 4   Zusammenfassung gleicher Module

## 4.1   Baugruppe Digest

Da sowohl die Berechnung der Hashfunktionen als auch die weitere Konvertierung des Digest in den ASN.1 Datentyp DigestInfo formatunabhängig ist, können beide Module zu einer Baugruppe Digest (Abb. 7) zusammengefaßt werden.

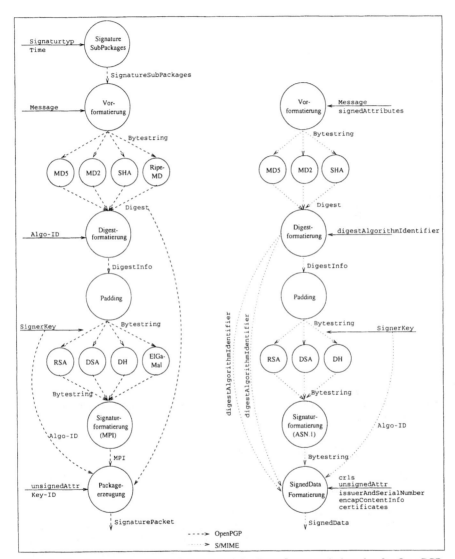

**Abb. 6:** Beschreibung der Abhängigkeiten und des Datenflusses zwischen den für OpenPGP und S/MIME Signaturen benötigten Modulen (Gestrichelte Pfeile im linken Teil bezeichnen die Datenflüsse von OpenPGP, gepunktete im rechten Teil die von S/MIME).

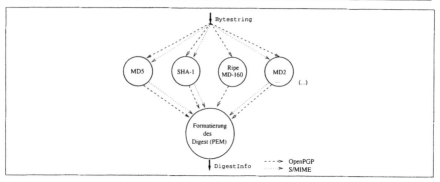

**Abb. 7:** Zusammenfassung der Hashfunktionen und der Digestformatierung zu einer formatunabhängigen Baugruppe `Digest`.

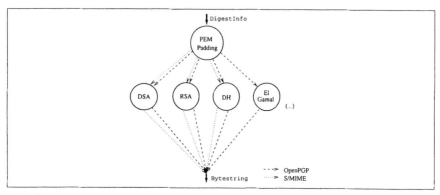

**Abb. 8:** Zusammenfassung des Paddingmoduls und der Signaturverfahren zu einer formatunabhängigen Baugruppe `Signatur`.

## 4.2 Baugruppe Signatur

Die Module `Padding` und `Signaturberechnung` können zu einer weiteren Baugruppe `Signatur` (Abb. 8) zusammengefaßt werden[2].

Die Ausgabe dieser Baugruppe kann dann von einem formatinternen Modul weiterverarbeitet werden. Alle anderen Module und Baugruppen des Signaturberechnungsprozesses sind zu formatspezifisch, um sie in formatunabhängigen Baugruppen zusammenfassen zu können. Auch die abschließende Formatierung der OpenPGP oder S/MIME Signaturstruktur aus den Ergeb-

---

[2]Obwohl beide Baugruppen formatunabhängig sind, kann die Baugruppe `Digest` nicht ohne Nebenbedingungen mit der Baugruppe `Signatur` zusammengelegt werden, da zur Generierung eines OpenPGP `SignaturePackets` ein Zugriff auf den Digest nötig ist. Es wäre jedoch eine Baugruppe `HybridSign` denkbar, die als Rückgabewert den Datentyp `DigestInfo` und die berechnete Signatur liefert.

nissen der anderen Module und Baugruppen ist zu formatspezifisch, um formatübergreifend implementiert zu werden.

## 4.3 Ergebnis

Abb. 9 zeigt, welche Module und Baugruppen aufgrund der vorangegangenen Analyse zur Erzeugung einer OpenPGP- oder S/MIME Signatur nötig sind. Von den vielen benötigten Funktionen sind nur die Baugruppen `Digest` und `Signatur` gemeinsam benutzbar. Daher scheint es sinnvoll zu sein, die Erzeugung der Signatur für jedes Format getrennt zu implementieren, beide Implementierungen jedoch gemeinsam die formatunabhängigen Baugruppen `Digest` und `Signatur` benutzen zu lassen. In einem höheren Abstraktionslevel können dann die formatabhängigen Implementierungen dann wieder als eine Baugruppe mit gleicher Schnittstelle zusammengefaßt werden. Diesen Sachverhalt stellt Abb. 1 dar, indem der Anwendung eine abstrakte Schnittstelle "Signaturen" zur Verfügung gestellt wird, die von formatspezifischen Baugruppen implementiert wird, welche wiederum auf formatunabhängige Module und Baugruppen zurückgreifen.

## 4.4 Objekt-orientierte Implementierung

Das in diesem Artikel beschriebene Analyse- und Designverfahren wurde im Rahmen eines Redesigns des `CryptoManager++` [2] entwickelt und erprobt. Im derzeitigen Prototyp sind die formatunabhängigen Module und Baugruppen in einem sogenannten Kernel implementiert (Vgl. www-krypt.cs.uni-sb.de/ cm). Die Zusammenfassung und die formatspezifischen Module sind hingegen Teil einer darüberliegenden formatspezifischen Schicht, die z.B. die Klassen `PGPEncrypter` oder `SMIMEEncrypter` beinhaltet. Da in dieser Schicht die formatspezifische Klassen die gleiche Schnittstelle besitzen, kann eine Applikation beispielsweise formatunabhängig OpenPGP- oder S/MIME-Verschlüsselungen vornehmen.

## 5 Fazit und Ausblick

In diesem Beitrag wurden die kryptografische Datenaustauschformate OpenPGP und S/MIME analysiert, die benötigten Prozesse zu deren Formatierung in Module unterteilt (Abb. 6) und gleiche Module dann zu formatunabhängigen Baugruppen kombiniert. Das resultierende codeminimale Design ist in Abb. 9 zusammengefaßt. Es spiegelt die Gemeinsamkeiten der Signaturformate von S/MIME und OpenPGP optimal in gemeinsamem Code wider.

Die gemeinsame Implementierung von OpenPGP und S/MIME Signaturen benötigt nur noch 17 Module im Vergleich zu 25 Modulen für eine getrennte Implementierung (14 Module für OpenPGP und 11 Module für S/MIME). Die Einsparung von Code ist jedoch mehr als 30%, da die gemeinsamen Baugruppen alle aufwendigen kryptografischen Algorithmen umfassen.

Das Hinzufügen weiterer Signaturformate kann nun im nachhinein nach dem gleichen Verfahren erfolgen: Nach einer Analyse des neuen Formats in Module wird für jedes Modul geprüft, ob diese schon als Module oder Baugruppen eines anderen Formats existiert. Falls dies der Fall

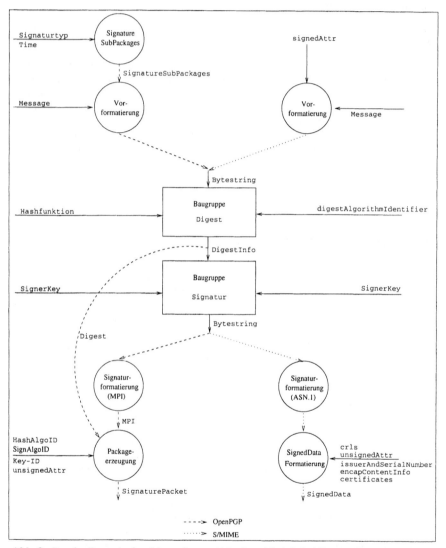

**Abb. 9:** Beschreibung der benötigten formatabhängigen Module bei Verwendung der formatunabhängigen Baugruppen `Digest` und `Signatur`.

ist, kann die bestehende Implementierung verwendet werden. Hierbei steigt die Wahrscheinlichkeit, daß benötigte Module bereits implementiert wurden, bei zunehmender Anzahl von unterstützten Formaten. Falls es das Modul noch nicht gibt, muß die Bibliothek entsprechend ergänzt werden. Dies wird auch an unserem Beispiel ersichtlich: Das nachträgliche Hinzufügen von S/MIME zu einer nach unserem Verfahren analysierten und implementierten Bibliothek für OpenPGP benötigt nur noch 3 neue Module, was eine erhebliche Einsparung im Vergleich zu den 11 zusätzlich nötigen Modulen bei einer getrennten Implementierung darstellt.

Neben den Signaturformaten kann das vorgestellte Verfahren auch auf Verschlüsselungs- und Zertifikatmanagementformate angewendet werden, wobei sich auch größere Einsparungen als in unserem Beispiel ergeben könnten.

Als eine besondere Schwierigkeit bei der Entwicklung von Baugruppen zur Verschlüsselung könnte sich herausstellen, daß OpenPGP einen etwas abgewandelten CFB-Operationsmode [9] für die symmetrische Verschlüsselung benutzt. Bei den Zertifikatmanagementfunktionen müssen die verschiedenen Vertrauensmodelle und die damit verbundenen Unterschiede in den Zertifikatstrukturen berücksichtigt werden.

# 6 Danksagung

Wir danken Tom Beiler, Ralph Kühl, Birgit Pfitzmann und Sven Wohlgemuth für hilfreiche Ratschläge zur Verbesserung des Artikels. Die Idee mehrere Formate mit einer Bibliothek zu unterstützen stammt von Gerrit Bleumer. Matthias Schunter wurde teilweise durch das Projekt ACTS.SEMPER ¡www.semper.org¿ unterstützt.

# Literatur

[1] Specification of Abstract Syntax Notation One (ASN.1); CCITT Recommendation X.208, 1988.

[2] Thilo Baldin, Gerrit Bleumer; CryptoManager++ - an object oriented software library for cryptographic mechanisms; 12th IFIP International Conference on Information Security (IFIP/Sec´96), Chapman & Hall, London, 1996, 489-491.

[3] Alfred J. Menezes, Paul C. van Oorschot, Scott A. Vanstone; Handbook of Applied Cryptography; CRC Press, Boca Raton, 1997.

[4] Information technology - ASN.1 encoding rules: Specification of Basic Encoding Rules (BER), Canonical Encoding Rules (CER) and Distinguished Encoding Rules (DER); ISO/IEC 8825-1.

[5] Shafi Goldwasser, Silvio Micali, Ronald L. Rivest: A Digital Signature Scheme Secure Against Adaptive Chosen-Message Attacks; SIAM Journal on Computing 17/2, 1988, 281-308.

[6] OpenPGP Message Formats; Internet Draft draft-ietf-openpgp-formats-*.txt

[7] D. Balenson; Privacy Enhancement for Internet Electronic Mail: Part III: Algorithms, Modes and Identifiers; RFC 1423, TIS, Oktober 1993.

[8] MIME Security with Pretty Good Privacy (PGP); RFC 2015, October 1996.

[9] Atkins, Stallings, P. Zimmermann; PGP Message Exchange Formats; RFC 1991, August 1996.

[10] PGP International Home Page http://www.pgpinternational.com/

[11] RSA Laboratories; PKCS 1: RSA Encryption, Version 2. http://www.rsa.com/rsalabs/pubs/PKCS/html/pkcs-1.html

[12] RSA Laboratories; PKCS 6: Extendend-Certificate Syntax Standard, Version 1.5; November 1998.

[13] R. L. Rivest, A. Shamir, L. Adleman: A Method for Obtaining Digital Signatures and Public-Key Cryptosystems; Communications of the ACM 21/2, 1978, 120-126, reprinted: 26/1, 1983, 96-99.

[14] Cryptographic Message Syntax; Internet Draft draft-ietf-smime-cms-*.txt

[15] Bruce Schneier; Applied Cryptography; John Wiley & Sons, Inc; 1996.

[16] http://www.group5forum.org/

[17] The Directory Authentication Framework; CCITT Recommendation X.509,1988.

# Sicherheitsunterstützung für Internet Telefonie

Christoph Rensing[1] · Ralf Ackermann[1] · Utz Roedig[1]
Lars Wolf[1] · Ralf Steinmetz[1,2]

[1]Technische Universität Darmstadt
Industrielle Prozeß- und Systemkommunikation
Fachbereich Elektrotechnik und Informationstechnik

{Christoph.Rensing, Ralf.Ackermann, Utz.Roedig, Lars.Wolf, Ralf.Steinmetz}
@KOM.tu-darmstadt.de

[2]GMD IPSI
Forschungszentrum Informationstechnik GmbH

## Zusammenfassung

IP-basierte Telefonie wird vielfach als ein neuer Schlüsseldienst für das Internet angesehen. Bei ihrer breiten und interoperierenden Nutzung ist neben der vorausgesagten Einsparung von Kosten eine Vielzahl von neuen, über die vorhandenen Angebote hinausgehenden Mehrwertdiensten realisierbar. Aktuell gibt es daher intensive Entwicklungs- und Standardisierungsbestrebungen zur Definition der zu nutzenden Architekturen, Dienste und Protokolle. Neben der Umsetzung der Basisfunktionen zum Audiodatentransfer, zur Teilnehmer-Identifizierung und -Lokalisierung sowie zur Signalisierung müssen, als Vorbedingung für eine allgemeine Akzeptanz und einen über den experimentellen oder in relativ abgeschlossenen Konfigurationen praktikablen Betrieb, diejenigen Sicherheitsmechanismen bereitgestellt werden, die in der heutigen Telekommunikationswelt selbstverständlich sind. Aus den neuen Ansätzen und Rahmenbedingungen resultieren jedoch auch neue Anforderungen, insbesondere ist aufgrund der nicht mehr festen Zuordnung eines Teilnehmers zu einem physischen Telefonanschluß die Entwicklung von einem "Trust-by-Wire" zu einem "Trust-by-Authentication" notwendig. Fragen der Sicherheit, die im Augenblick nur in begrenztem Umfang Aufmerksamkeit und Berücksichtigung finden, muß sinnvollerweise bereits bei der Entwicklung der für die Internet Telefonie zu realisierenden Protokolle und Mechanismen Rechnung getragen werden. Der Beitrag stellt ausgehend von einer Analyse typischer Anwendungsszenarien spezifische sicherheitsrelevante Anforderungen an Internet Telefonie Architekturen und Protokolle dar und diskutiert auf allgemeinen Sicherheitsmechanismen aufbauende Ergänzungen der vorliegenden Ansätze. Die vorgestellten Erweiterungsvorschläge bilden die Basis für die von den Autoren vorgesehenen Implementierungen und praktischen Untersuchungen.

## 1 Umfeld

Die Verschmelzung der Sprach- und Datenkommunikationsinfrastruktur ist heute ein allgemeiner Trend. So werden zunehmend klassische, in der Vergangenheit traditionell verbindungsorientierte Dienste unter Nutzung von paketvermittelten Datennetzen erbracht. Dafür gibt es zwei wesentliche Gründe. Durch eine bessere Ausnutzung der vorhandenen oder weiterzuentwickelnden Infrastruktur und die Möglichkeit, diese einheitlich zu betreiben und zu verwalten, lassen sich Kosten sparen. Zudem ist durch die Bereitstellung von neuartigen Mehrwertdiensten ein Zusatznutzen für die Anwender erzielbar. Dies gilt insbesondere für die, in der Regel als IP-Telefonie bezeichnete, paketbasierte Sprachkommunikation in Intranetzen oder dem Internet.

Internet Telefonie erlaubt, zum einen wegen der derzeit vorhandenen flachen Tarifstruktur im Internet, zum anderen aufgrund der möglichen gezielten Einflußnahme des Benutzers oder Netzbetreibers auf die Art der Codierung der Sprachdaten und deren aktivitätsabhängige Übertragung, eine unmittelbare Kosteneinsparung [Schu97]. Auch können IP-basierte Telefoniedienste sehr gut in andere computerbasierte Anwendungen integriert werden oder diese ergänzen. Neben der Erweiterung des Leistungsumfanges von Applikationen zum rechnergestützten kooperativen Arbeiten (CSCW) stellt gerade die gegenüber den Angeboten in heutigen leitungsvermittelten Netzen einfachere Realisierung von Multipoint-Audio- aber auch Videokonferenzen eine interessante und ökonomisch relevante Anwendung dar. Von der PINT (Public Switched Telephone Network and Internet Internetworking) Arbeitsgruppe der IETF [IETF98a] aber auch den Standardisierungsgremien der ETSI, wie der Arbeitsgruppe TIPHON [TIPH97], werden aktuell eine Vielzahl von Mehrwertdiensten konzipiert, die im öffentlichen Telefonnetz nur schwer oder nicht zu verwirklichen sind. Als Beispiele seien hier "Unified Messaging", "Voice Mail", "Automated Call Distribution" oder "Click To Dial" in Call-Centern sowie der telefonische Zugriff auf Informationen aus dem WWW oder anderen Informationsdiensten ("Voice Access To Content") genannt.

Einen weiteren und aus unserer Sicht besonders wichtigen Entwicklungstrend stellt die Schaffung und Nutzung von Übergangspunkten zwischen dem konventionellen Telefonnetz und IP-Telefonie-Endgeräten bzw. einer entsprechenden Infrastruktur dar. Diese Gateways erschließen der Internet-Telefonie unmittelbar einen sehr großen Anwenderkreis und können zu deren schnelleren Akzeptanz beitragen. Sollen Gatewaydienste kommerziell und im Wettbewerb unterschiedlicher Provider angeboten und abgerechnet werden und dabei Komponenten in einer heterogenen Gesamtkonstellation miteinander interagieren, so ist eine gesicherte und verbindliche Kommunikation unverzichtbar. Diese Überlegung sollte sich auch in den zu definierenden Architekturen und Protokollen niederschlagen.

# 2  Sicherheitsanforderungen der Internet Telefonie

Internet Telefonie hat sich, ausgehend von ersten durch die Firma VocalTec im Jahre 1995 kommerziell angebotenen Entwicklungen, zu einem wichtigen Forschungs- und Anwendungsfeld entwickelt, nachdem z. B. durch MBone-Anwendungen [Kuma95] die prinzipielle Nutzbarkeit paketvermittelter Netze zur Sprachdatenübertragung gezeigt wurde. Die einfachsten Applikationen erlauben eine simple Sprachkommunikation zwischen zwei über ein IP-Netz verbundenen, explizit zu adressierenden und mit Audio- Ein- und Ausgabemöglichkeiten ausgestatteten Rechnern.

Mittlerweile sind weitere, über diese unmittelbaren Ende-zu-Ende-Verbindungen hinausgehende Szenarien mit neuen Diensten und zusätzlichen Architekturkomponenten realisiert worden. Erste Internet Telefonie Gateways (ITG) erlauben Verbindungen zwischen dem

Internet und dem öffentlichen leitungsvermittelten Telefonnetz (PSTN). So existieren insbesondere die in Abb. 1-3 dargestellten Szenarien.

Internet Telefonie Gateway (ITG)

**Abb. 1:** Gateway-Szenario: Telefon zu PC bzw. PC zu Telefon

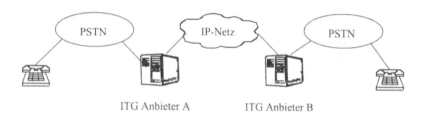

ITG Anbieter A          ITG Anbieter B

**Abb. 2:** Gateway-Szenario: Telefon zu Telefon über IP-basierte Infrastruktur

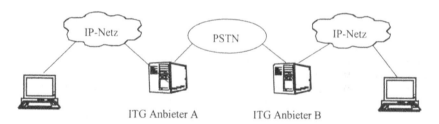

ITG Anbieter A          ITG Anbieter B

**Abb. 3:** Gateway-Szenario: PC zu PC über konventionelles Telefonnetz

Die Qualität der Sprachkommunikation hat sich, sowohl durch die Weiterentwicklung der verwendeten Codecs als auch durch die Leistungsfähigkeit der genutzten Netze und durch Maßnahmen zur Erfüllung von Dienstgütegarantien in den vergangenen Jahren wesentlich verbessert. Somit erscheint heute ein kommerzieller Einsatz als sinnvoll.

Im Rahmen unserer weiteren Diskussion sicherheitsrelevanter Fragestellungen ist zu berücksichtigen, daß in den unterschiedlichen und möglicherweise von verschiedenen Anbietern betriebenen Übertragungssegmenten jeweils Kosten anfallen und entsprechende Abrechnungsinformationen geeignet weitergegeben werden müssen. In einem heterogenen und offenen Szenario stellt zusätzlich bereits die Auswahl eines geeigneten Gateways, über das zunächst kein Wissen vorliegt und zu dem, anders als im Falle einer klassischen Telefonvermittlung, kein unmittelbares Vertrauen besteht, ein wichtiges und sensitives Problem dar.

Prinzipiell können bereits heute eine Vielzahl von nicht a priori vertrauenswürdigen Betreibern entsprechende Dienste anbieten und dabei Zugang zu den übertragenen Sprachdaten erhalten. Durch die Weitergabe von unrichtigen, nachfolgend nicht eingehaltenen oder auch verfälschten Informationen auf Anfragen zur Auswahl eines Gateways kann es zu einer Wettbewerbsverzerrung aber auch zur gezielten Überlastung einzelner Systeme durch Denial-of-Service Attacken kommen.

Neben den Netzanbietern und den Internet Service Providern, denen eine eher passive Rolle als Betreiber der unterliegenden Verbindungsinfrastruktur zukommt, lassen sich zwei Hauptakteure innerhalb der Internet Telefonie Szenarien benennen. Dies sind einerseits die Gesprächsteilnehmer mit ihren computerbasierten oder konventionellen Telefonen und andererseits die Betreiber von Gateways.

Ein Gesprächsteilnehmer verlangt zunächst die Sicherheit, die ihm im konventionellen leitungsvermittelten Telefonnetz angeboten wird. Dies sind die Vertraulichkeit seines Kommunikationsverhaltens im Sinne des Datenschutzes, die Authentifizierung des Gesprächspartners über die Rufnummer und die ihm u. U. bekannte Stimme und eine korrekte Abrechnung. Darüber hinaus geht er von einer weitestgehenden Vertraulichkeit und Integrität des Gesprächsinhaltes aus. Will er diese komplett gewährleisten muß er spezielle Endgeräte mit Verschlüsselungsfunktion einsetzen. Im Falle der IP-Telefonie stellt eine etwaige Verschlüsselung der Sprachdaten (vgl. Abb. 5) somit einen Mehrwert dar. Zudem kann ein Mehrwert der Schutz vor nicht gewünschten Anrufen, durch eine Identifikation des Anrufenden vor der Signalisierung sein. Weitere Anforderungen des Gesprächsteilnehmers sind die Authentifizierung und Autorisierung neuer Teilnehmer bei Multiparty-Konferenzen und die korrekte Informationsbereitstellung (z. B. Kosten, Verbindungsmöglichkeiten und Abrechnungsverfahren) für die optimale Gateway Bestimmung.

Für den Betreiber eines Internet Telefonie Gateways, der mit der Bereitstellung seiner Dienste ein kommerzielles Interesse verbindet, besteht die Notwendigkeit, diese mit den Endteilnehmern und anderen Infrastrukturkomponenten korrekt auszuhandeln und widerspruchsfrei abzurechnen. Voraussetzungen dafür sind die:

- Authentifizierung und Überprüfung der Autorisierung des Gesprächspartners bzw. im Falle der Inter-Gateway-Kommunikation des korrespondierenden Gateways,
- Überprüfung der Integrität der übermittelten Signalisierungsinformationen,
- Nichtabstreitbarkeit und Verbindlichkeit angeforderter Kommunikationsdienste.

In leitungsvermittelten Netzen ist anhand der Rufnummer, die einem physischen Anschluß fest zugeordnet ist, die Identifizierung des rufenden bzw. angerufenen Endsystems, die Auswahl eines Diensterbringers (unmittelbar oder auch durch Call-by-Call) und des genutzten Dienstes möglich [ScRo98]. Diese Funktionen müssen in Internet Telefonie Anwendungen explizit durch eine entsprechende Signalisierung zwischen den einbezogenen Akteuren realisiert werden und sind entsprechend sensibel für Angriffe oder mißbräuchliche Verwendung.

Nicht zuletzt sind die Regelungen des Gesetzgebers zu berücksichtigen, so fordert dieser z. B. in Deutschland von den Fest- und Mobiltelefon-Netzbetreibern die Einrichtung von Zugriffsmöglichkeiten auf die Vermittlungseinrichtungen und Gesprächsinhalte für autorisierte staatliche Behörden. Aktuell besteht Unklarheit bezüglich der für die Internet Telefonie anzuwendenden Gesetzesgrundlagen [EEC97]. Die Situation wird durch den möglichen transnationalen Charakter der Kommunikationsbeziehungen auch bei Gesprächen zwischen nationalen Teilnehmern zusätzlich kompliziert. Für zukunftssichere Lösungen sollten mögliche Forderungen wie z.b. die nach einem Key Escrow für die eventuell vorgesehene Audiodaten-Verschlüsselung in jedem Falle bereits frühzeitig berücksichtigt werden.

Bei der Entwicklung von Protokollen und Systemen für Internet-Telefonie werden Sicherheitsaspekte bisher nur unzureichend beachtet. So findet sich in den meisten Protokollen oder Protokollentwürfen unter dem Stichpunkt „Security" eine Formulierung wie „authentication and security issues ... are to be addressed in a future version of this document" [Davi98] oder allgemeine Aussagen, daß die Probleme zu berücksichtigen sind.

# 3 Internet Telefonie Architekturen und Standards

Im Gegensatz zu klassischen Telekommunikationsnetzen, in denen die Verarbeitungs- und Signalisierungsfunktionen im wesentlichen in den Knoten der Netzwerkbetreiber lokalisiert sind, verwenden Protokolle für die Internet Telefonie, wie das von der ITU vorgeschlagene H.323 [ITU98a] und das von der Internet Telephony (IPTEL) Working Group der IETF [IETF98b] favorisierte Session Initiation Protocol (SIP) [HaSS98] mit seinen telefoniespezifischen Erweiterungen, eine stark dezentrale Architektur. Dieser Ansatz resultiert einerseits aus dem Fehlen zentral verwalteter Instanzen im Internet, andererseits aus der Zielvorstellung, einen kurzfristig nutzbaren und dennoch variablen und gut skalierbaren Gesamtrahmen zu schaffen.

In einer allgemeinen Architektur für Internet Telefonie unterscheiden wir mit den End- und Netzsystemen zwei Grundkomponenten. Endsysteme sind Computer sowie konventionelle oder spezielle IP-Telefone, die von einem Anwender direkt benutzt werden, und automatisierte Systeme, wie z.B. Voice-Mailboxen.

Eine Reihe von Diensten, wie das Auffinden des Benutzers und des Ortes (IP-Adresse) seiner momentanen Erreichbarkeit anhand eines symbolischen Namens ("User Location"), die Auswahl eines geeigneten und kostengünstigen Gateways beim Übergang zwischen konventionellem und IP-basiertem Netz ("Gateway Location") [RoSc98] oder auch die klassischen Funktionen einer TK-Anlage ("Call Distribution", "Behavior-on-busy"), müssen unabhängig von der augenblicklichen Verfügbarkeit einzelner Endsysteme vielen Anwendern permanent zur Verfügung stehen. Sie können daher von den Endsystemen, die zwischenzeitlich unerreichbar oder abgeschaltet sein können, nicht erbracht werden. Vielmehr werden diese Aufgaben in den uns bekannten Internet Telefonie Architekturen von Netzsystemen erfüllt. Die Netzsysteme übernehmen die primäre Aufgabe, Signalisierungsinformationen entgegenzunehmen, zu verarbeiten, zu speichern und an andere End- bzw. Netzsysteme weiterzuleiten. Im Falle von Gateways dienen sie zusätzlich der Verbindung von Teilsystemen und zur Wandlung oder Abbildung der genutzten Datenformate.

Ein Ausschnitt der resultierenden Gesamtarchitektur und mögliche Interaktionen zwischen den einzelnen Komponenten, hier zum Zwecke der Signalisierung beim Gesprächsaufbau, sind in Abb. 4 dargestellt.

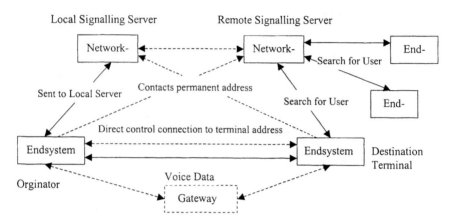

**Abb. 4:** Interaktionen beim Gesprächsaufbau innerhalb der Internet Telefonie Architektur

Die zwei wichtigsten Protokollvorschläge für Internet Telefonie orientieren sich an diesem Architekturrahmen. Sie beschreiben jeweils eine Menge von unterschiedlich komplexen Datenübertragungs- und Signalisierungsverfahren und deren Zusammenwirken.

Die ITU hat die H.323 Protokollfamilie standardisiert. Die H.323 Protokolle sind sehr komplex, besitzen einen großen Signalisierungs-Overhead und sind bisher nicht durchgängig und interoperabel implementiert. Die IETF Working Groups (iptel, pint) diskutieren daher als Alternative zu H.323 das Session Initiation Protocol (SIP) als Signalisierungsprotokoll. Beiden Vorschlägen gemein ist das Vorhandensein der oben beschriebenen Netzsysteme. In der H.323 Architektur werden diese als Gatekeeper und Gateways bezeichnet, in der alternativen SIP Welt erfüllen Proxy Server, Redirect Server, Registrars und ebenfalls Gateways ihre Aufgaben.

Allgemein senden Endsysteme Informationen an Netzsysteme, die diese geeignet auswerten, speichern und zur Erfüllung ihrer Aufgaben benutzen. So zeigt z. B. ein Nutzer im Rahmen einer Registrierung (in H.323: H.225.0 RRQ, in SIP: Register-Request) seine aktuelle Terminaladresse an. Wie in Abbildung 4 dargestellt, sendet der Orginator beim Verbindungsaufbau eine Signalisierungsnachricht an seinen lokalen Signalisierungsserver. Dieser kennt entweder die aktuelle Terminaladresse des Gerufenen oder leitet die Signalisierung weiter an einen anderen Signalisierungsserver, der nun das Endsystem benachrichtigt. Die Bestimmung des zugehörigen Servers ist Aufgabe eines entsprechenden Protokolls (z.B. Gateway Location Protocol [RoSc98] oder Gatekeeper Routing Protocol [Davi98]). Die Datenverbindung zur Übertragung der Sprachdaten wird dann direkt zwischen den Endsystemen oder über ein zwischengeschaltetes Gateway aufgebaut. Es ist unmittelbar klar, daß sich auch bei der Kommunikation mit oder zwischen Netzsystemen sicherheitsrelevante Fragestellungen ergeben. Nach einer kurzen Darstellung möglicher Basismechanismen werden wir in Abschnitt 5 eine Erweiterung der vorgestellten Architektur vorschlagen.

# 4 Sicherheitsmechanismen

Zur Erfüllung der grundsätzlichen Sicherheitsanforderungen Vertraulichkeit, Integrität, Authentizität und Verbindlichkeit sind verschiedene kryptographische Verfahren nutzbar. So bietet insbesondere die Nutzung von Ende-zu-Ende-Verschlüsselung zwischen den beteiligten Kommunikationspartnern einen Schutz vor unberechtigtem Zugriff und erlaubt es, die Authentizität eines Partners zu überprüfen. Eine zentrale Rolle spielt dabei die geeignete Bereitstellung oder Aushandlung der zu verwendenden Schlüssel.

Da es sich bei den Internet Telefonie Anwendern um eine heterogene und offene Benutzergruppe handelt, sollten Sicherheitsmechanismen auf Public Key Verfahren, für die Gesprächsdatenverschlüsselung auf symmetrischen Verfahren basieren. Mit deren Hilfe ist es möglich, daß mehrere Kommunikationsteilnehmer, die zunächst über keine Informationen übereinander verfügen, ihre Authentizität nachweisen, vertraulich Sitzungsschlüssel vereinbaren und nachfolgend gesichert miteinander kommunizieren. Public Key Verfahren basieren auf der Verwendung eines öffentlichen (Public Key) und eines zugehörigen privaten Schlüssels (Private Key), von denen nur der private geheimgehalten wird, während der öffentliche Schlüssel allgemein bekannt sein kann. Sie setzen als zentrale Vorbedingung ein Vertrauen in die Authentizität der Public Keys voraus. Die Richtigkeit der Beziehung "Entität - zugehöriger Public Key" muß geeignet überprüfbar sein. Dies ist durch Nutzung von Zertifikaten auch in einem transitiven und für eine große Anzahl von Nutzern skalierbaren Prozeß möglich. In diesem Verfahren leistet eine dritte Instanz, eine sogenannte Certification Authority (CA), eine digitale Signatur über den Identifikator eines Objekts, dessen Public Key und möglicherweise zusätzliche Informationen, wie z. B. den Gültigkeitszeitraum des entstehenden Zertifikats. Die Bindung der Zertifizierungsinstanz an den zugehörigen Public Key kann wiederum von anderen Zertifizierungsinstanzen, die eine baum- oder netzartige Zertifizierungsstruktur bilden, beglaubigt werden. Die Überprüfungskette kann abgeschlossen werden, wenn für einen Zertifikator, z.B. durch persönlichen Austausch der Information oder durch Publikation in einem allgemein zugänglichen Medium, Sicherheit über dessen zugehörigen Public Key besteht.

Aktuell existiert eine Reihe von Vorschlägen zur Realisierung von Public Key Infrastrukturen (PKI), die neben Voraussetzungen für die standardisierte Abspeicherung und den Zugriff auf Zertifikate auch technische und administrative Regelungen für deren Erteilung und Rückziehen zur Verfügung stellen müssen. Dabei seien insbesondere die Simple Distributed Security Infrastructure (SDSI), die Simple Public Key Infrastructure (SPKI) [IETF97a] und die X.509 basierte Public Key Infrastructure using X.509 (PKIX) [IETF97b] genannt.

Aufgrund des, trotz der Initiativen einiger Betreiber, aktuellen Fehlens umfassender, staatlich, gemeinnützig oder kommerziell betriebener Zertifizierungsinfrastrukturen nutzen eine Reihe von Anwendungen und Protokollvorschlägen insbesondere im Internet auch die von PGP [Garf95] zur Verfügung gestellten und auf ein "Web-of-Trust" aufbauenden Dienste. Entsprechende Paare aus einem ein Objekt beschreibenden Identifikator (z.B. Email-Adresse) und zugehörigem Public Key werden auf einer Vielzahl von Servern allgemein zur Verfügung gestellt.

Die Darstellung der kryptographischen Grundlagen der Verfahren, einer Taxonomie existierender Ansätze und der national zugrunde liegenden rechtlichen Bestimmungen ist nicht

Anliegen des Beitrages. Diese können z.b. in [BrHa95] [Schn96] [FSBS98] und [BGBL97] geeignet nachgelesen werden.

# 5 Integration von Sicherheitsmechanismen

Bisher wurden ausgehend von den vorhandenen Szenarien und deren Risiken die Anforderungen der Kommunikationsteilnehmer an und die grundsätzliche Notwendigkeit von Sicherheitsunterstützung für die Internet Telefonie aufgezeigt. Ziel ist es nun, einen Rahmen für die Integration von allgemeinen sicherheitsrelevanten Mechanismen in die Systemarchitektur für Internet Telefonie zu definieren.

Die Gewährleistung der Vertraulichkeit der Gesprächsdaten ist mittels symmetrischer Verschlüsselungsverfahren, nach Austausch oder Aushandlung entsprechender Session Keys, relativ einfach durch Software oder Hardwareverschlüsselung im Datenpfad zwischen den Codecs der verwendeten Anwendungen realisierbar, wie in Abb. 5 dargestellt. Dabei ist zu beachten, daß die Verarbeitungszeit für die Verschlüsselung zu einer zusätzlichen Verzögerung führen kann, die die Qualität der Sprachübertragung reduzieren kann. Entscheidend ist zudem die Ergänzung der Signalisierungsprotokolle. Diese sollten sowohl durch Berücksichtigung im Layout der auszutauschenden Protokolldaten als auch durch Erweiterbarkeit der jeweiligen Protokoll-Maschinen primär eine Authentifizierung der Kommunikationsteilnehmer mittels unterschiedlicher Strategien erlauben.

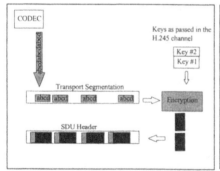 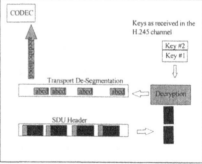

**Abb. 5:** Ver- bzw. Entschlüsselung von RTP-Paketen nach H.235

Für die Arbeit in einem offenen und nicht nur von einem Betreiber, mit einem möglichen Virtual Private Network und ausgezeichneten Zugangspunkten, genutzten Gesamtsystem ist es sinnvoll, alle Komponenten mit einem zertifizierten Public Key auszustatten und eine Anbindung an eine Public Key Infrastruktur vorzusehen. Wir schlagen daher die in Abb. 6 gezeigte Ergänzung der IP Telefonie Architektur vor. Dabei stellen spezielle Netzsysteme allen Komponenten einen Zugriff auf einen Verzeichnisdienst für Zertifikate zur Verfügung. Die aus verschiedenen Certification Authorities gebildete Public Key Infrastruktur sollte die öffentlichen Schlüssel für End- und Netzsysteme zertifizieren und einen Verzeichnisdienst zum allgemeinen Zugriff auf Zertifikate und Revocation Lists bereitstellen.

Diese Aufgaben sind nicht spezifisch für IP-Telefonie-Umgebungen, sie können im Rahmen eines allgemein nutzbaren und etablierten Dienstes erbracht werden. Die Verteilung von Zertifikaten und Revocation Lists kann z. B. über einen globalen Directory Dienst nach dem Standard X.500, in dem die Informationen verteilt gehalten werden, erfolgen. Das X.509-Directory Authentication Framework [ISO93] definiert Konzepte für den Aufbau eines entsprechenden Netzwerkes von CAs und ihrer Verzeichnisdienste. Mittels des Lightweight Directory Access Protocols (LDAP) [WaHK97] erhält der Anwender einen transparenten Zugriff auf die Verzeichnisse und kann Zertifikate abfragen.

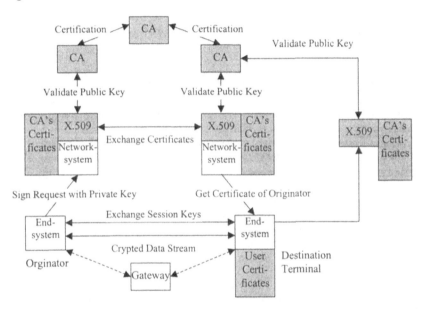

**Abb. 6:** Erweiterte Internet Telefonie Architektur

Unser modularer Ansatz erlaubt den einheitlichen Zugriff auf unterschiedliche Public Key Infrastrukturen, zu denen jeweils ein geeignetes Interface zur Verfügung zu stellen ist. Wichtig ist die Integration in die vorgestellte Gesamtarchitektur und den Protokollablauf. Dies schlägt sich in folgenden Forderungen nieder:

- Übermittelt ein System einen Request oder Informationen an ein anderes, so hat es diese Daten mit seinem privaten Schlüssel zu signieren.
- Empfangene Daten sind nur anzuerkennen, wenn deren Unversehrtheit und die Authentizität des Absenders überprüft wurde.
- Eine entsprechende Überprüfung erfolgt unter Nutzung der dafür vorgesehenen Netzsysteme vorzugsweise mit Hilfe von Zertifikaten, die bei einer Public Key Infrastruktur abfragbar sind.
- Die Autorisierung (als eine von der Authentifizierung zunächst unabhängige Leistung) kann durch so gesicherte Nachfrage bei entsprechenden Servern realisiert werden.

Registriert sich z. B. ein Endsystem an einem Netzsystem, so signiert es seinen Request unter Verwendung seines privaten Schlüssels. Das Netzsystem verfügt entweder bereits über den zertifizierten öffentlichen Schlüssel des Endsystems, erhält diesen unmittelbar oder auf Anforderung von einem anderen bereits vertrauenswürdigen Kommunikationspartner, z. B. einem anderen Netzsystem, oder fragt ihn von einem Verzeichnisdienst einer CA ab. Für mindestens eine Instanz der Zertifizierungshierarchie ist die allgemeine Kenntnis seines Zertifikates zwingend und z. B. im Programmcode oder durch initiale Konfiguration sicherzustellen. Zusätzlich sollten aus Performancegründen bereits bekannte zertifizierte Schlüssel lokal zwischengespeichert und nur nach einem bestimmten Zeitraum auf ihre Gültigkeit überprüft werden. Nach Verfügbarkeit des öffentlichen Schlüssels des Endsystems kann das Netzsystem die Authentizität dieses überprüfen. Ein analoges Vorgehen wird für alle weiteren sensitiven Signalisierungsaktionen genutzt.

# 6 Sicherheitsspezifische Protokollelemente

SIP sieht zur Realisierung der von uns identifizierten Anforderungen in allen Request Headern bereits ein Feld Authorization vor, in dem die PGP-Signatur der Nachricht transportiert werden soll. Die textbasierte und bewußt auf Erweiterbarkeit ausgelegte Implementierung des Protokolls bietet jedoch auch sehr gute Möglichkeiten für die Umsetzung zusätzlicher Protokollelemente und Funktionalitäten.

H.235 [ITU98b] beschreibt den Rahmen für Sicherheitsmechanismen für H.323 Kommunikation. Dort sind ebenfalls Public Key Verfahren zum Schutz von Punkt-zu-Punkt und Multipoint Konferenzen vorgesehen. Dabei wird zum einen die Verschlüsselung der per RTP übertragenen Sprachdaten, wie in Abb. 5 dargestellt, beschrieben. Zum anderen werden aber auch Optionen für die Gewährleistung von Authentifizierung, Integrität, Vertraulichkeit und Nichtabstreitbarkeit angeboten [Newm98]. H.235 sieht als Basis einen per TLS oder IPSEC gesicherten Signalisierungskanal zu einem bekannten Port vor. Die Authentifizierung erfolgt dann im Rahmen der Signalisierung durch den Austausch von Zertifikaten über diesen gesicherten Signalisierungskanal. Im zweiten Signalisierungsschritt ist dann ein Austausch der Verschlüsselungsfähigkeiten der Endsysteme sowie gegebenenfalls der Austausch von Sessionschlüsseln vorgeschlagen. Der Standard H.235 ist unseres Erachtens unzureichend, da er nur Protokollmechanismen zum Austausch von Zertifikaten und Schlüsseln zwischen den Endsystemen beschreibt. Die Netzsysteme werden nicht einbezogen und zudem sind keine Verfahren zur Verifizierung der Zertifikate und Verteilung der Schlüssel angegeben.

# 7 Ausblick

Voraussetzung für den Einsatz der vorgestellten Verfahren ist, daß alle Beteiligten über entsprechend zertifizierte Public Keys verfügen. Dies kann z. B. für neue Infrastrukturkomponenten bei deren Installation durch ihren Betreiber sichergestellt werden, wenn dieser über mindestens eine entsprechend als vertrauenswürdig zertifizierte Instanz verfügt. Deutlich schwieriger ist die Situation für die Endsysteme. Da sich CA-Infrastrukturen erst im Aufbau befinden, können entsprechende Zertifikate z. B. zweckgebunden von Dienstanbietern vergeben werden. Die genutzten Applikationen (User Agents) sollten sicherheitsrelevante Funktionen und die eventuell notwendige Interaktion mit dem Anwender entweder unmittelbar integrieren oder diese an zur Erweiterung vorgesehene Agenten delegieren. Für eine Übergangszeit ist auch die Interaktion mit Systemen, die die sicherheitsspezifischen Protokollerweiterungen nicht unterstützen, möglicherweise unter Einschränkung des nutzbaren Funktionsumfanges, sowie die Nutzung anderer Mechanismen wie z. B. PINs oder TANs, die geeignet durch externe Mechanismen ("Out-of-Band") ausgetauscht werden können, vorzusehen. In einem Szenario mit konventionellen Endgeräten mit deren in der Regel beschränkten Eingabe-, Signalisierungs- und Verarbeitungsmöglichkeiten kommen die entsprechenden Operationen nur auf einer Teilstrecke der Übertragung und unter Kontrolle des Internet Telephony Gateways zum Einsatz.

Aufbauend auf die im Beitrag dargestellten Architekturüberlegungen werden von den Autoren im Augenblick praktische Implementierungen zur Einbindung sicherheitsrelevanter Dienste sowohl in das H.323- als auch das SIP-Protokollszenario vorgenommen und die Anbindung an Verzeichnisdienste sowie der entstehende Kommunikations- und Verarbeitungs-Overhead evaluiert.

## Literatur

[BGBL97]    Verordnung zur digitalen Signatur (Signaturverordnung - SigV); BGBl. I
            S. 1870,1872, Juli 1997.

[BrHa95]    M. Branchaud, S. Handa: Re-Evaluating Proposals for a Public Key Infra-
            structure. Law / Technology Journal, 1995.

[Davi98]    R. Davis: A Framework for a Peer Gatekeeper Routing Protocol, IETF
            Internet-Draft, November 1998.

[EEC97]     EEC: Status of voice communications on Internet under community law and, in
            particular, under Directive 90/388. May 1997.

[FSBS98]    S. Fischer, A. Steinacker, R. Bertram, R. Steinmetz: Open Security. Springer-
            Verlag Berlin Heidelberg, 1998.

[Garf95]    S. Garfinkel: PGP: Pretty Good Privacy. O'Reilly, Sebastopol, 1995.

[HaSS98]    M. Handley, H. Schulzrinne, E. Schooler: SIP: Session Initiation Protocol.
            IETF Internet- Draft, April 1998.

[IETF97a]   Simple Public Key Infrastructure (spki) Charter.
            http://www.ietf.org/html.charters/spki-charter.html

[IETF97b]   Public-Key Infrastructure (X.509) (pkix) Charter.
            http://www.ietf.org/html.charters/pkix-charter.html

[IETF98a]   PSTN and Internet Internetworking (pint) Charter.
            http://www.ietf.cnri.reston.va.us/html.charters/pint-charter.html

[IETF98b]   IP Telephony (iptel) Charter.
            http://www.ietf.cnri.reston.va.us/html.charters/iptel-charter.html

[ISO93]     ISO / CCITT, ISO 9594-8/X.509, The Directory: Authentication Framework,
            Dec. 1993.

[ITU98a]     ITU-T Recommendation H.323 V.2 Packet-Based Multimedia Communication
             Systems. Genf, 1998.

[ITU98b]     ITU-T Draft Recommendation H.235: Security and Encryption for H. Series
             (H.323 and other H.245 based) Multimedia Terminals. Genf, 1998.

[Kuma95]     V. Kumar: Mbone: Interactive Multimedia on the Internet. Macmillan
             Publishing, November 1995.

[Newm98]     E. Newman: Security for H.323-Based Telephony, White Paper.
             http://www.databeam.com/newsroom/articles/h323security-cti.html

[RoSc98]     J. Rosenberg, H. Schulzrinne: Internet Telephony Gateway Location. Proc. of
             Infocom, (San Francisco, California), March/April 1998.

[Schn96]     B. Schneier: Applied Cryptography. Second Edition, John Wiley & Sons, New
             York, 1996.

[Schu97]     H. Schulzrinne: Re-engineering the telephone system. Proc. of IEEE Singapore
             International Conference on Networks (SICON), (Singapore), Apr. 1997.

[ScRo98]     H. Schulzrinne, J. Rosenberg: Internet Telephony: Architecture and Protocols –
             an IETF Perspective. Computer Networks and ISDN Systems, 1998.

[TIPH97]     Draft summary minutes, decisions, actions from 1st TIPHON meeting.
             http://www.iihe.ac.be/scimitar/journal/J0697/tiphon_report.htm

[WaHK97]     M. Wahl, T. Howes, S. Kille: Lightweight Directory Access Protocol (v3).
             RFC 2251, Dec. 1997.

# JANUS: Server-Anonymität im World Wide Web

Andreas Rieke · Thomas Demuth

FernUniversität Hagen
Fachgebiet Kommunikationssysteme
{andreas.rieke, thomas.demuth}@fernuni-hagen.de

### Zusammenfassung

In den vergangenen Jahren sind viele Verfahren entwickelt worden, um den Inhalt von Nachrichten vor Abhörern zu schützen. Oft ist jedoch nicht nur der Inhalt, sondern auch die Adresse und Identität des Absenders und/oder Empfängers für Angreifer von Interesse. Aus diesem Grund haben sich mehrere Projekte mit dem Ziel beschäftigt, Anonymität im Fall von Email zu realisieren und zu garantieren. Heutzutage befassen sich einige Vorhaben mit verschiedenen Möglichkeiten, um Client-Anonymität im World Wide Web (WWW) zu garantieren, allerdings gibt es bis heute keinen Dienst, der Server-Anonymität leistet. Basierend auf Chaums Lösung für unverfolgbare Email führen wir eine neue Lösung für Server-Anonymität ein, die anonymes Veröffentlichen im WWW ermöglicht, und präsentieren einen Prototypen namens JANUS, der sowohl Client- als auch Server-Anonymität garantiert.

## 1 Einleitung

Nachdem das Verschlüsseln des Inhaltes einer Nachricht Thema in verschiedensten Forschungsprojekten war, wird die Anonymität in Kommunikationssystemen heutzutage ein immer wichtigerer Faktor. Anonymität in Kommunikationssystemen wurde beispielsweise in [PfWa87] wie folgt klassifiziert:

- Empfängeranonymität: Der Empfänger einer Nachricht bleibt anonym. Eine einfache, aber unpraktische Methode liegt darin, eine Nachricht an eine große Anzahl von Empfängern zu schicken.
- Unbeobachtbarkeit der Kommunikationsbeziehung: Die Unbeobachtbarkeit einer Kommunikationsbeziehung liegt vor, wenn die Beziehung zwischen Absender und Empfänger einer Nachricht für Dritte nicht nachvollziehbar ist.
- Senderanonymität: Unter Verwendung von Senderanonymität kann der Empfänger einer Nachricht nicht feststellen, wer diese Nachricht abgeschickt hat.

Anonymität für die Kommunikation per Email wurde bereits in mehreren Projekten untersucht. Das exponentielle Wachstum des Internet wurde jedoch nicht durch Email, sondern durch das World Wide Web (WWW) ausgelöst, das in erster Linie auf dem Hypertext Transfer Protocol (HTTP) basiert.

Da HTTP und verwandte Protokolle nicht mit den Begriffen Sender und Empfänger arbeiten, führen wir im folgenden die Notation von Client- und Server-Anonymität ein. Nur einige we nige Projekte haben sich mit Anonymität im WWW befaßt und die meisten hiervon beschränken sich auf Client-Anonymität. Einige Ansätze haben ebenfalls die Unbeobachtbarkeit der Kommunikationsbeziehung einbezogen, aber Server-Anonymität wurde im Internet noch nicht realisiert.

In diesem Papier analysieren wir Server-Anonymität im WWW und präsentieren einen ersten Prototypen namens JANUS (Justly Anonymizing Numerous URLs Systematically), der sowohl Client- als auch Server-Anonymität unterstützt.

Dieses Papier ist wie folgt strukturiert: Nach dieser Einleitung wird in Kapitel 2 ein grundlegendes Konzept zur Anonymität – das Mixe-Konzept von David Chaum – beschrieben. Kapitel 3 beschreibt anschließend bekannte Ansätze zur Client-Anonymität im World Wide Web. Kapitel 4 führt die Idee der Server-Anonymität ein; es werden Beispiele angeführt, in denen Server-Anonymität benötigt wird und es wird kurz beschrieben, wie Server-Anonymität realisiert werden kann. Im folgenden Kapitel 5 wird unser Prototyp beschrieben. Einige bekannte Probleme werden in Kapitel 6 diskutiert, bevor die wesentlichen Ergebnisse dieses Papiers in Kapitel 7 zusammengefaßt werden.

# 2 Mixe

1981 veröffentlichte David Chaum ein Konzept [Chau81], das unverfolgbare Email, Rückadressen und digitale Signaturen beinhaltet. Nach dem Ansatz bestimmt der Absender einer Email eine Route zum Empfänger, die über mehrere Zwischenstationen, die sogenannten Mixe, verläuft. Jeder dieser Mixe verfügt über ein asymmetrisches Verschlüsselungsverfahren mit der Eigenschaft

$$d(e(x)) = x = e(d(x)),$$

wobei $e(x)$ die Verschlüsselungsfunktion und $d(x)$ die Entschlüsselungsfunktion darstellt. Wir werden im folgenden annehmen, daß die Verschlüsselungsfunktionen aller beteiligten Parteien in authentischer Form verfügbar sind.

Bevor der Absender $A$ eine Email abschickt, verschlüsselt er den Inhalt mit der Verschlüsselungsfunktion des Empfängers. Die Adresse des Empfängers wird an den verschlüsselten Inhalt angehängt, um beides wiederum mit der Verschlüsselungsfunktion des letzten Mixes auf der Route zu verschlüsseln.

Im nächsten Schritt wird die Adresse des letzten Mixes zur Nachricht hinzugefügt und beides wird mit der öffentlichen Verschlüsselungsfunktion des vorherigen Mixes verschlüsselt. Diese Prozedur wird wiederholt, bis der erste Mix der Route erreicht wird. Nachdem der Inhalt für diesen Mix verschlüsselt wurde, wird die Nachricht an ihn versandt.

Jeder Mix, der eine Nachricht erhält, entschlüsselt diese mit seiner geheimen Entschlüsselungsfunktion. Der entschlüsselten Nachricht entnimmt er die Adresse und die Nachricht für den nächsten Empfänger und leitet die Daten an diesen weiter.

Als Beispiel wird die Nachricht $M$ an die Adresse $A_B$ über die Mixe mit den Adressen $A_1$ und $A_2$ gesandt, die über die Verschlüsselungsfunktionen $e_1(x)$ und $e_2(x)$ verfügen. $e_B(x)$

ist die Verschlüsselungsfunktion des Empfängers. Mit "," als Symbol für das Aneinanderhängen von Daten wird

$$e_2\big(e_1\big(e_B(M),A_B\big),A_1\big)$$

als Nachricht zum ersten Mix $A_2$ geschickt.

Falls $x$ einfach mittels $e(x)$ verschlüsselt würde, könnte jedermann testen, ob $y=x$, indem $e(y)=e(x)$ überprüft wird. Um diese Bedrohung auszuschließen, wird ein langer String von Zufallsbits $R$ zu $x$ hinzugefügt, bevor beides verschlüsselt wird. Mit dieser Verbesserung wird

$$e_2\big(e_1\big(e_B(M,R_0),A_B,R_1\big),A_1,R_2\big)$$

als Nachricht zum ersten Mix $A_2$ geschickt.

Mit diesem Ansatz kann die Anonymität des Absenders garantiert werden; indem der Ansatz umgekehrt wird, wird Empfängeranonymität erreicht: Um dem Empfänger $B$ einer anonymen Email zu ermöglichen, diese zu beantworten, ohne die Anonymität aufzudecken, muß der Absender der ursprünglichen Nachricht $A$ seine eigene, verschlüsselte Adresse in die Email einfügen. Daher muß der Absender auch eine Route vom Empfänger zurück zu sich selbst finden, die wiederum über mehrere Mixe verläuft.

Beginnend mit dem Mix, der ihm selbst am nächsten liegt, verschlüsselt er seine eigene Adresse mit der Verschlüsselungsfunktion des Mixes. Diese Adresse wird dann mit der Verschlüsselungsfunktion des folgenden Mixes verschlüsselt, und das Ganze wird wiederholt, bis der letzte Mix erreicht ist. Bei $n$ Mixen liegt dann folgendes vor:

$$e_1\big(R_1,e_2\big(R_2,\cdots,e_{n-1}\big(R_{n-1},e_n\big(R_n,A_A\big)\big)\cdots\big)\big)$$

Mit der Funktion $r_i(x)$, die mit $R_i$ als geheimem Schlüssel arbeitet, verschlüsseln $B$ und alle Mixe den Inhalt der Antwort, da $R_i$ nur dem jeweiligen Mix und $A$ bekannt ist. Daher sendet $B$

$$r_0(M)$$

und $A$ empfängt

$$r_n\big(r_{n-1}\big(\cdots r_2\big(r_1\big(r_0(M)\big)\big)\cdots\big)\big).$$

# 3 Client-Anonymität

Client-Anonymität bedeutet, daß in einem Kommunikationsverhältnis nach dem Client-Server-Modell alle Informationen über den Client verborgen werden, d. h. der Client bleibt anonym.

Es gibt zwei Wege, auf denen ein Server oder ein Dritter Informationen über einen Client beziehen kann:

1. Im Internet-Protokoll (IP) enthält jedes Paket seine Quell- und Zieladresse. Bei einer direkten Verbindung kann ein Server oder ein Angreifer daher die IP-Adresse des Client bestimmen.

2. Die Daten, die zwischen Client und Server ausgetauscht werden, enthalten Verwaltungsinformationen, über die auf den Client geschlossen werden kann. Im Fall von HTTP, das oft benutzt wird, kann die Client-Software (z. B. der Netscape Communicator oder der Microsoft Internet Explorer) Daten wie die Email-Adresse des Client oder die Adresse der letzten Seite an den Server weitergeben.

In den folgenden Kapiteln werden Ansätze, die Client-Anonymität garantieren, beschrieben. Jeder dieser Ansätze wurde wenigstens einmal implementiert.

## 3.1 Proxies

Proxies erhalten Anfragen von Clients und leiten diese an Server weiter. In der ursprünglichen Bedeutung speichern sie Informationen zwischen und sorgen dadurch für einen schnellen Zugriff auf häufig benötigte Informationen und vermeiden unnötigen Verkehr auf dem Netz.

Im Gegensatz zu gewöhnlichen Proxies anonymisieren Proxies im Sinne dieses Papiers sowohl Anfragen als auch Antworten (Verweise werden beispielsweise so geändert, daß die entsprechenden Inhalte ebenfalls anonym geladen werden). Elemente, die die Anonymität gefährden, werden dabei entfernt.

Nachteile dieses Ansatzes sind:
- Der Anwender muß dem Proxy trauen.
- Obwohl die Verkettung von Proxies möglich ist, bringt sie keine Vorteile.

Der Anonymizer (http://www.anonymizer.com/) war einer der ersten Anonymitätsdienste, der im Internet basierend auf dem Proxy-Ansatz angeboten wurde. Um die Wichtigkeit anonymer Verbindungen zu demonstrieren, bietet der Anonymizer eine Seite an, auf der alle Informationen über den Nutzer dargestellt werden. Ein Beispiel ist:

> Your name is probably Andreas Rieke, and you can be reached at rieke@corona.fernuni-hagen.de. .... Your connection provider is located in Germany (Federal Republic of). Your computer is a Unix box running SunOS 5.5.1 sun4u. Your Internet browser is Netscape. You are coming from corona.fernuni-hagen.de. You just visited the Anonymizer Home Page.

Ein anderer, umfassenderer Ansatz, der Lucent Personalized Web Assistant ([BGG+98], [GGMM97], http://lpwa.com:8000/), wurde in den Bell Labs bzw. bei Lucent Technologies entwickelt. Neben Client-Anonymität bietet dieser ebenfalls Vertraulichkeit und Zugangsschutz.

## 3.2 Crowds

Crowds arbeitet mit einer großen, geographisch verteilten Gruppe, die kollektiv Anfragen im Auftrag ihrer Mitglieder stellt. Anstatt ein Dokument direkt von einem Web-Server abzurufen, leitet ein Mitglied der Gruppe die Anfrage an ein zufällig ausgewähltes anderes Mitglied weiter. Dieses Mitglied schickt die Anfrage entweder direkt an den Web-Server oder an wiederum ein anderes, zufällig ausgewähltes Mitglied. Jedes Mitglied entscheidet zufällig anhand einer Wahrscheinlichkeit $p_f$, ob es die Anfrage an ein anderes Mitglied oder an den Web-Server weiterleitet.

Web-Server können die ursprüngliche Quelle der Anfrage nicht feststellen, da diese von jedem Mitglied der Gruppe kommen kann. Selbst eine Untergruppe von korrupten Mitgliedern kann nicht feststellen, woher die ursprüngliche Anfrage kam, da auch das Mitglied aus der Untergruppe, das die Anfrage zuerst bekommt, nicht mit Sicherheit feststellen kann, woher die Anfrage tatsächlich kommt.

Da der Verkehr zwischen den Mitgliedern verschlüsselt ist, kann ein lokaler Angreifer weder den Inhalt der Anfrage noch den tatsächlichen Empfänger feststellen. Trotzdem hat das Crowds-System einige Nachteile:

- Ein Mitglied der Gruppe kann verdächtigt werden, einen Zugriff durchgeführt zu haben, der im Namen eines anderen Gruppenmitglieds durchgeführt wurde.
- Die Wahrscheinlichkeit $p_f$, eine Anfrage an ein anderes Mitglied weiterzuleiten, muß geeignet festgelegt werden:
- Im Fall einer korrupten Untergruppe kann das erste Mitglied in einer Anfragekette annehmen, daß das Mitglied, das diese Anfrage durchgeführt hat, die ursprüngliche Quelle ist. Je niedriger $p_f$ gewählt wird, desto höher ist die Wahrscheinlichkeit, daß diese Annahme richtig ist.
- Falls $p_f$ zu hoch angesetzt wird, steigt die Anzahl der Folgeanfragen, wodurch die Leistungsfähigkeit des Systems, die Geschwindigkeit und die Zuverlässigkeit verringert werden.
- Die Anzahl der Gruppenmitglieder $n$ sollte genügend groß sein.
- Es ist unwahrscheinlich, daß alle Gruppenmitglieder vertrauenswürdig sind. Da alle Zugriffe für die betroffenen Mitglieder sichtbar sind, sind diese in der Lage, sensible Informationen wie Paßwörter oder Kreditkarteninformationen zu sammeln.

Das Crowds Projekt ([ReRu97], http://www.research.att.com/projects/crowds/) wurde in den AT&T Labs durchgeführt.

## 3.3 Onion Routing

Im Onion (Zwiebel) Routing Ansatz wird eine Anfrage beliebiger Art zunächst an einen Client Proxy, der vom Client betrieben wird, geschickt. Dieser Client Proxy berechnet eine Route über einen oder mehrere Hauptproxies. Außerdem verschlüsselt er die Anfrage und die Adresse des Servers mit dem öffentlichen Schlüssel des letzten Hauptproxies auf der Route. Dies ist der Kern der Zwiebel.

Die Schichten der Zwiebel werden entsprechend der anderen Hauptproxies berechnet. Für jeden werden Adresse und Inhalt mit den entsprechenden öffentlichen Schlüssel des vorherigen Hauptproxies verschlüsselt. Die so verschlüsselten Daten werden dann an den ersten Hauptproxy auf der Route weitergeleitet, der diese mit seinem geheimen Schlüssel entschlüsselt. Dadurch erhält er die Adresse des nächsten Hauptproxies und leitet die Anfrage wiederum weiter, bis diese beim Server eintrifft.

Der Onion Routing Ansatz bringt die folgenden Nachteile mit sich:

- Da der komplette Inhalt mit asymmetrischen Verfahren ver- und entschlüsselt wird, ist der Ansatz sehr zeitaufwendig.
- Wenn Firewalls eingesetzt werden, wird ein Hauptproxy auf dem Firewallrechner erforderlich.

Eine detaillierte Beschreibung des Ansatzes kann unter http://www.onion-router.net/ und in [SyRG97] und [ReSG98] gefunden werden.

# 4  Server-Anonymität

Das Ziel der Server-Anonymität liegt darin, die Adresse und damit die Identität des Servers vor dem Client zu verheimlichen. Trotzdem muß der Client in der Lage sein, eine Verbindung zum Server aufzubauen.

Im weiteren Verlauf dieses Papiers werden wir uns sowohl mit Client- als auch mit Server-Anonymität befassen. In diesem Fall kennt weder der Client noch der Server die Adresse des jeweils anderen.

## 4.1  Warum Server-Anonymität?

Die folgenden Beispiele beantworten diese Frage:

1. Die Begutachtung von Forschungspapieren für wissenschaftliche Konferenzen wird oft anonym durchgeführt, d. h. weder der Autor noch der Gutachter kennen die Identität des jeweils anderen. Aus diesem Grund werden die Papiere über eine vertrauenswürdige dritte Instanz weitergeleitet, ohne daß der Name des Autors oder der des Gutachters verraten wird.

   Oft wollen Autoren Verweise auf ihre eigene Arbeit einfügen, dürfen jedoch keine offensichtlichen Referenzen angeben. Eine Lösung für dieses Problem liegt darin, die entsprechenden Papiere anonym im Internet zu publizieren, ohne dabei die eigene Identität bekanntzugeben.

2. Eine elektronische Zeitung möchte Anzeigen ihrer Leser veröffentlichen. Da die Auftraggeber oft anonym auftreten wollen (Chiffreanzeigen), wird den Anzeigen eine Nummer zugeordnet, anhand derer die Zeitung die Antworten an den Auftraggeber weiterleitet.

   In der elektronischen Version kann der Auftraggeber die verschlüsselte Adresse seiner elektronischen Anzeige an die Zeitung senden, die diese Adresse einfach veröffentlicht. In diesem Fall kennt nicht einmal die Zeitung die wahre Identität des Auftraggebers, obwohl der Inhalt der Anzeige auf dem WWW-Server des Inserierenden liegen kann.

3. Im jugoslawischen Bürgerkrieg war das Internet eine der wenigen Möglichkeiten für Bürgerrechtsgruppen, mit dem Rest der Welt zu kommunizieren. Die Gruppen konnten über die Ungerechtigkeit ihrer Regierung per Email und News berichten, nicht jedoch im WWW, da die Gefahr der Rückverfolgung bestand. In diesem Fall und in anderen totalitären Systemen kann Server-Anonymität die Anonymität der Meinung wenigstens im Internet garantieren und damit Verfolgung verhindern, wenn die Meinungsfreiheit nicht gewährleistet ist.

## 4.2 Wie wird Server-Anonymität realisiert?

Basierend auf Chaums Idee gibt es zahlreiche Punkte, die bei der Realisierung von Server-Anonymität im Internet zu beachten sind. Einer der wichtigsten ist das Transportprotokoll. Obwohl HTTP heutzutage das bekannteste Transportprotokoll ist, können andere, verwandte Protokolle wie Gopher oder FTP ähnlich behandelt werden.

Das Transportprotokoll enthält nicht nur Metainformationen über den Inhalt, sondern auch Adreßinformationen (z. B. die URL (uniform resource locator) der zu ladenden Seite) oder andere Informationen über Client oder Server (z. B. die Softwareversion oder Informationen über das verwendete Betriebssystem), die die Anonymität gefährden.

Der nächste Punkt betrifft den übertragenen Inhalt. Aus der Sicht eines Mixes wird nicht nur Inhalt transportiert, sondern auch Adreßinformationen, da der Inhalt, z. B. HTML-Seiten, Referenzen auf andere Seiten enthalten kann. Es ist wichtig, festzustellen, welcher Teil der Nachricht wirklichen Inhalt und welcher Adreßinformationen enthält, damit beides entsprechend behandelt werden kann.

## 5 JANUS: Der Prototyp

Unser Prototyp wurde nach JANUS, dem römischen Gott der Torbögen und Durchgänge benannt, der zwei Gesichter hatte. Der Prototyp, dessen Funktionsweise in Abb. 1 gezeigt ist, gestattet lediglich Zugriff auf öffentliche Seiten und verschlüsselt nur die Adreßinformationen, nicht jedoch den übertragenen Inhalt. Obwohl dies Angreifern ermöglicht, Informationen über den Inhalt zu bekommen, hat es die folgenden Vorteile:

- Wir sind in der Lage, Mißbrauch zu erkennen und zu verhindern. Wenn der Inhalt verschlüsselt wäre, könnten wir nicht einmal eine HTML-Seite von einer Grafik unterscheiden.
- Wegen weniger zu ver- bzw. entschlüsselnden Daten bietet diese Lösung eine höhere Geschwindigkeit.

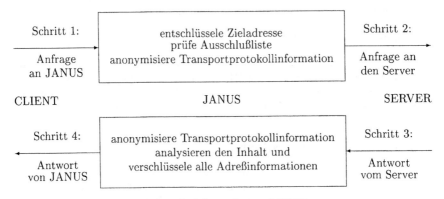

**Abb.1:** Funktionsweise von JANUS

Der Prototyp ist unter http://janus.fernuni-hagen.de/ und https://janus.fernuni-hagen.de/ erreichbar. Die zweite Adresse bietet verbindungsorientierte Sicherheit auf der Verbindung vom
Client zum JANUS mit Hilfe des SSL-Protokolls (Secure Socket Layer). JANUS läuft auf einer Ultra Sparc mit Perl 5.004_03, libwwwperl 5.14 und Cryptix 1.16.

## 5.1 Angriffsmodell

Wegen der fehlenden Verschlüsselung der übertragenen Inhalte unterscheidet sich das An-
griffsmodell unseres Prototyps von dem von Chaum. Im ursprünglichen Mix-Konzept kann
ein Angreifer alle Leitungen abhören und alle bis auf einen Mix übernehmen, ohne zu einer
gegebenen Nachricht den Zusammenhang zwischen Absender und Empfänger finden zu können.

Im Fall des JANUS-Prototyps definieren wir zwei Vertrauensbereiche: den Client- und den
Serverbereich. Jeder dieser Bereiche enthält den Client bzw. den Server, die Verbindung vom
Client/Server zum nächsten JANUS und diesen JANUS-Server.

Die Verbindung von Client und Server wird offensichtlich für jeden, der in beiden Bereichen
Zugang hat. Zum Beispiel erhält der Client Kenntnis von der Adresse des Servers, wenn er die
Verbindung vom letzten JANUS zum Server abhört. Aus diesem Grund ist es nicht sinnvoll,
mehr als zwei JANUS-Server zu benutzen, da weitere JANUS-Server die Sicherheit des Systems nicht erhöhen.

## 5.2 Übertragungsprotokolle

JANUS unterstützt zur Zeit HTTP/1.0 [BLFF96] und HTTPS (mit 128-Bit-Verschlüsselung)
als Transportprotokoll zwischen Clients und JANUS, zwischen JANUS und dem Server wird
HTTP, FTP und Gopher unterstützt. Im folgenden beschränken wir uns auf HTTP, da dies das
am meisten verwendete Protokoll ist.

Neben der Anfrage- bzw. Statuszeile besteht HTTP aus mehreren Feldern, die Verwaltungsinformationen enthalten. JANUS übermittelt nur diejenigen Felder, die die Anonymität von Client und Server nicht gefährden. Aus diesem Grund werden Cookies u. a. entfernt.

## 5.3 Übertragener Inhalt

Der Inhalt ist nur dann von Interesse, wenn er Adreßinformationen enthält; andernfalls wird er
unverändert weitergegeben. Im Fall von HTML [Ragg97] werden einige Tags (z. B. JAVA)
und Attribute (z. B. JavaScript) entfernt, da diese die Anonymität gefährden könnten. Attribute, die Adreßinformationen enthalten, werden zu absoluten Adressen erweitert und dann
verschlüsselt.

## 5.4 Ver- und Entschlüsselung

Für die Ver- und Entschlüsselung von Adreßinformationen benutzen wir das RSA-
Verschlüsselungssystem [RiSA78] mit einem Schlüssel von 768 Bit. Als öffentlicher Schlüssel wird 65537 eingesetzt, um die Verschlüsselung zu beschleunigen.

Im Gegensatz zu Chaum verschlüsseln wir keine Zufallsbits, da der Inhalt unverschlüsselt übertragen wird. Vergleiche von verschlüsselten Adressen sind in unserem Fall erlaubt; schließlich kann ein Angreifer auch die Inhalte vergleichen, die er über JANUS beziehen kann.

# 6 Bekannte Probleme

## 6.1 Schutz vor Mißbrauch

Wir definieren Mißbrauch als die Benutzung von JANUS, die deutsches, europäisches oder internationales Recht verletzt, den Betrieb anderer Server oder Teile des Internets gefährdet oder gegen allgemeine Moralvorstellungen verstößt.

Leider kann das Interesse an mißbräuchlicher Nutzung der Server-Anonymität recht hoch sein: Beispielsweise hatte ein Händler, der mit illegalen Inhalten wie z. B. pornografischen Bildern handelt, bisher immer das Problem, daß seine Identität anhand der Internet-Adresse festgestellt werden konnte. Jetzt kann er unter Verwendung von Server-Anonymität mit seinen Inhalten handeln, ohne daß er deswegen verfolgt werden kann.

Um Mißbrauch zu verhindern,

- könnten wir die Server-Anonymität abschalten oder unsere geheimen Schlüssel veröffentlichen, um JANUS als wissenschaftliches Experiment ohne praktische Relevanz zu benutzen.
  Wir sind nicht bereit, das zu tun, da wir dann vielen legalen Benutzern den Dienst vorenthalten. Sollte es allerdings erforderlich werden, könnten wir durch häufige Schlüsselwechsel die Verbreitung verschlüsselter Adressen erschweren.
- könnten wir die ver- und entschlüsselte Adresse bekanntgeben, falls Mißbrauch auftrat. Somit können die Betreiber dieses Servers nicht mehr anonym arbeiten und hätten daher keinen Anreiz mehr, JANUS zu benutzen.
  Das Problem liegt jedoch darin, daß das Interesse an Listen mit Verweisen auf illegalen Inhalt recht hoch sein könnte und wir die Verbreitung solcher Adressen nicht vorantreiben wollen.
- werden wir auf Anfrage von Strafverfolgungsbehörden Adressen entschlüsseln oder sogar die Entschlüsselungsfunktion zur Verfügung stellen, ohne unsere geheimen Schlüssel bekannt zu geben.
- führen wir Ausschlußlisten, die wir nicht veröffentlichen. Bei jeder Anfrage vergleicht JANUS die Adresse mit allen Adressen in der Ausschlußliste und gibt bei Übereinstimmung eine entsprechende Meldung, nicht jedoch die gefragte Seite zurück.

Zusätzlich werden alle Zugriffe auf JANUS wie bei einem normalen Web-Server aufgezeichnet.

## 6.2 Regeln für anonymes Publizieren

Um zuverlässige Server-Anonymität zu erreichen, ist die Beachtung der folgenden Regeln von grundlegender Bedeutung:

- Adreßinformationen sollten nur dort eingesetzt werden, wo JANUS diese als solche erkennt (z. B. in den Href-Attributen der A-Tags), nicht jedoch im Text einer Seite.
- Die zu anonymisierenden Seiten sollten getestet werden, indem sie über JANUS geladen
  und dann anhand des HTML-Quelltextes überprüft werden.
- Der Zugriff von Suchmaschinen sollte unterbunden werden. Ein möglicher Angriff liegt
  darin, mit Hilfe von Stichwörtern einer Seite nach dieser Seite zu suchen, um bei Erfolg
  die Adresse des Servers bestimmen zu können.
- In der Zukunft sollten zwei vertrauenswürdige JANUS-Server benutzt werden.
- Es sollte kein illegaler Inhalt veröffentlicht werden, da die Adresse andernfalls auf Anforderung von Strafverfolgungsbehörden entschlüsselt wird.

# 7 Zusammenfassung und Ausblick

Nachdem Anonymität im Fall von Email bereits in mehreren Ansätzen analysiert und realisiert wurde, arbeiten zur Zeit einige Projekte am Thema Anonymität im World Wide Web.
Die meisten davon konzentrieren sich auf die Client-Anonymität, und einige beziehen auch
die Unbeobachtbarkeit der Kommunikationsbeziehung mit in ihre Überlegungen ein. In diesem Papier wird erstmalig ein neuer Ansatz zur Realisierung von Server-Anonymität vorgestellt und ein entsprechender Dienst im World Wide Web angeboten.

Da das Interesse, Server-Anonymität zu mißbrauchen, recht hoch sein kann, haben wir uns
darauf beschränkt, nur die Adreßinformationen zu verschlüsseln und somit von dem Konzept
von Chaum abzuweichen. Wir sind daher in der Lage, Mißbrauch zu erkennen und zu verhindern.

Der JANUS-Prototyp basiert auf HTTP, HTTPS, FTP und Gopher als Transportprotokoll. Ein
HTML-Parser ist in der Lage, Adreßinformationen aus dem Inhalt zu extrahieren, um diese
mit einem RSA-Verschlüsselungssystem zu verschlüsseln.

Nachdem der JANUS-Prototyp im November 1997 fertiggestellt wurde, empfängt er heute
durchschnittlich 3000 Anfragen am Tag. Wir haben bis heute keinerlei Hinweise auf Mißbrauch des Prototyps erhalten.

In Abhängigkeit von weiteren Erfahrungen planen wir zur Zeit, ein Netzwerk mehrerer
JANUS-Server in verschiedenen Ländern aufzubauen. Diese werden Schritt für Schritt erweitert (Verschlüsselung des Inhaltes, Variation der Nachrichtenlänge, Verzögerung der
Nachrichten, Erzeugung von Schein-Nachrichten, ...), um dem Konzept von Chaum näher zu
kommen.

Im Gegensatz zum Chaum-Konzept möchten wir das wiederholte Abrufen von Informationen
(z. B. aus einer Bookmark-Liste) ermöglichen, da dies den praktischen Umgang mit dem System wesentlich erleichtert. Technische Lösungen für diese Anforderung existieren, indem jeder JANUS einen Zwischenspeicher (Cache) betreibt, und wiederholte Anfragen daraus beantwortet. Rechtlich gesehen ist dieses Vorgehen jedoch problematisch, so daß wir hier ebenfalls noch an Lösungen arbeiten.

Diese Arbeit wurde am Forschungsinstitut für Telekommunikation (FTK) und am Lehrgebiet
Kommunikationssysteme der FernUniversität Hagen unter Aufsicht von Prof. Dr.-Ing. F. Ka-

derali durchgeführt. Wir bedanken uns bei Prof. Kaderali, Prof. Pfitzmann und seinen Mitarbeitern und unseren Kollegen für viele interessante Diskussionen.

## Literatur

[BGG+98]   D. Bleichenbacher, E. Gabber, P.B. Gibbons, Y. Matias, A. Mayer: On Secure and Pseudonymous Client-Relationships with Multiple Servers. Bell Labs – Lucent Technologies. Murray Hill, NJ, Mai 1998.

[BLFF96]   T. Berners-Lee, R. Fielding, H. Frystyk: Hypertext Transfer Protocol – HTTP/1.0. Mai 1996. RFC 1945.

[Chau81]   D.L. Chaum: Untraceable Electronic Mail, Return Addresses, and Digital Pseudonyms. Communications of the ACM 24 (1981), Februar, Nr. 2, S. 84-88.

[GGMM97]  E. Gabber, P.B. Gibbons, Y. Matias, A. Mayer: How to Make Personalized Web Browsing Simple, Secure, and Anonymous. In: R. Hirschfeld (Hrsg.): Proceedings of Financial Cryptography '97. Berlin: Springer, 1997 (LNCS 1318), S. 17-31.

[PfWa87]   A. Pfitzmann, M. Waidner: Networks without User Observability. Computers & Security 6 (1987), S. 158-166.

[Ragg97]   D. Raggett: HTML 3.2 Reference Specification / W3C. 1997. – W3C Recommendation.

[ReRu97]   M.K. Reiter, A.D. Rubin: Crowds: Anonymity for Web Transactions / AT&T Labs. Murray Hill, NJ, August 1997. – DIMACS Technical Report 97-15.

[RiSA78]   R.L. Rivest, A. Shamir, L. Adleman: A Method for Obtaining Digital Signatures and Public-Key Cryptosystems. Communications of the ACM 21 (1978), Februar, Nr. 2, S. 120-126.

[ReSG98]   M.G. Reed, P.F. Syverson, D.M. Goldschlag: Anonymous Connections and Onion Routing. IEEE Journal on Selected Areas in Communications 16 (1998), Mai, Nr. 4, S. 482-494.

[SyRG97]   P.F. Syverson, M.G. Reed, D.M. Goldschlag: Private Web Browsing. Journal of Computer Security Special Issue on Web Security 5 (1997), Nr. 3, S. 237-248.

# TTP – Standardisierungs- und Harmonisierungsaktivitäten bei ETSI und EU

Ulrich Heister · Roland Schmitz

Deutsche Telekom AG, Technologiezentrum
{heister, schmitz}@tzd.telekom.de

## Zusammenfassung

Der vorliegende Beitrag befaßt sich mit den zurückliegenden und bevorstehenden Standardisierungs-bemühungen im TTP-Umfeld bei EU und ETSI. Dazu werden die beteiligten Gremien und Institute innerhalb ETSI und EU kurz vorgestellt und ihr Zusammenwirken beleuchtet. Danach wird ausführ-lich auf den gescheiterten Versuch, in Europa einen Standard zum Key Management für TTPs mit Key Escrow zu etablieren, eingegangen sowie auf die aktuellen Aktivitäten im Bereich Electronic Sig-natures.

## 1 Einleitung

Europa wächst allmählich zusammen, auch auf dem Telekommunikationssektor. Aber der freie und ungehinderte Austausch von Informationen über die Landesgrenzen hinweg wird immer noch durch historisch gewachsene Unterschiede zwischen den Mitgliedsländern der Europäischen Union (EU) behindert; gerade auf dem Telekommunikationssektor kann Europa es sich jedoch nicht leisten, weiterhin liebgewonnene nationale Eigenheiten zu pflegen. Die Harmonisierung der Märkte und angebotenen Dienste sind der Schlüssel bei der Entwicklung einer europaweiten Informationsgesellschaft – Standardisierung spielt hierbei die entschei-dende Rolle. Einen guten Überblick über die europäische Standardisierung in der Telekom-munikation bietet z.B. [Fran98].

Ziel der europäischen Normungsarbeit ist es, ein einheitliches und modernes Normenwerk für den Binnenmarkt zu schaffen. Diese Aufgabe erfüllen die Gemeinsame Europäische Nor-mungsorganisation CEN/CENELEC (Comité Européen de Normalisation, Europäischer Nor-mungsauschuß/Comité Européen der Normalisation Electrotechnique, Europäischer Ausschuß für Elektrotechnische Normung) sowie ETSI (European Telecommunications Standards In-stitute). CEN/CENELEC ist die Vereinigung der nationalen Normungsorganisationen und der Elektrotechnischen Komitees Europas mit Sitz in Brüssel. ETSI vereint die Interessenten auf dem Gebiet der Telekommunikation. ETSI ist das von der EU-Kommission anerkannte zu-ständige Gremium für die Telekommunikationsstandardisierung in Europa mit Sitz in Sophia Antipolis, Frankreich. Eine Gemeinsame Präsidentengruppe dieser drei Organisationen stellt sicher, daß es zu keiner Überlappung und Doppelarbeit kommt. Dies erreicht man u.a. durch gegenseitige Bezugnahme auf bestehende Normen. Standards werden erstellt aufgrund der Anforderungen aus der Industrie oder aufgrund eines Mandats der Europäischen Kommission.

Der vorliegende Beitrag befaßt sich mit den Standardisierungsbemühungen bei EU und ETSI, dem jüngsten der drei europäischen Standardisierungsgremien, insbesondere auf dem Gebiet der Kommunikationssicherheit und dort besonders mit TTPs (Trusted Third Parties). Nachdem in Kapitel 2.1 und 2.2 ETSI und seine verschiedenen Untergremien vorgestellt worden sind, wird in Kapitel 2.3 der jüngst gescheiterte Versuch, einen europäischen Standard zum Schlüsselmanagement bei TTPs mit Key-Escrow im Detail beleuchtet. In Kapitel 2.4 schließlich werden aktuelle Standardisierungsaktivitäten im Bereich TTPs / Electronic Signatures bei ETSI vorgestellt.

Kapitel 3 beschäftigt sich mit den entsprechenden Aktivitäten in der EU. Hier werden die relevanten Gremien und ihre Zuständigkeiten innerhalb der EU vorgestellt und wie es zur Verabschiedung einer gemeinsamen Vorschrift kommt. Dies wird in Kapitel 3.4 auf den Entwurf der Richtlinie des Europäischen Parlaments und des Rates über gemeinsame Rahmenbedingungen für elektronische Signaturen angewandt.

# 2 European Telecommunication Standards Institute

## 2.1 Allgemeines zu ETSI

### 2.1.1 Historie

Bis 1988 wurde die europaweite Standardisierung im Bereich der Telekommunikation von der CEPT (Conference des Administrations Europeennes des Postes et Telecommunications) übernommen. In der CEPT waren ausschließlich Repräsentanten der europäischen öffentlichen Netzbetreiber vertreten, die Einstimmigkeit erzielen mußten, bevor ein Standard verabschiedet werden konnte. Dies verlangsamte die Arbeit erheblich. Darum sollte in Zukunft eine gewichtete Abstimmungsprozedur für die Standards eingeführt werden. Zudem sollten nun auch private Netzbetreiber und die Hersteller von Endgeräten in die Standardisierung mit eingebunden werden. Deshalb kam es im März 1988 in Sophia Antipolis (Frankreich) zur Gründung von ETSI. Zwei Jahre später hatte ETSI bereits 212 Mitglieder; zur Zeit sind 490 Organisationen aus 34 Ländern innerhalb und außerhalb der EU Mitglied bei ETSI.

Aufgabe von ETSI ist die europaweite Standardisierung in der Telekommunikation, d.h. die Erstellung Europäischer Telekommunikationsstandards (ETS) mit folgenden Zielen:

- Erleichtern der Zusammenarbeit unterschiedlicher Netze
- Gewährleistung eines einwandfreien Zusammenarbeitens künftiger Dienste
- Aufbau neuer europaweiter Netze

### 2.1.2 Wie entsteht ein ETSI-Standard?

Bei ETSI erarbeiten die Technical-Committees oder Project-Teams Entwürfe zu ETSI-Standards bzw. ETSI-Richtlinien innerhalb sog. Ad-hoc Working Groups, die sich ungefähr sechsmal im Jahr treffen. Die Arbeit an einem Standard kann beginnen, nachdem in einem Technical Commitee ein Arbeitspunkt (Work Item) initiiert worden ist. Dazu muß ein neues Work Item formell eingebracht und von mindestens drei Voll-Mitgliedern unterstützt werden. Nachdem in den Ad-hoc Gruppen und dem Technical Commitee Einigkeit über einen Entwurf erzielt worden ist, stimmen die Voll-Mitglieder in einer zweimonatigen Abstimmungsphase (Member Voting) über diese Entwürfe ab. Ein Entwurf wird bei min. 71% „Ja-Stimmen" angenommen. So ist z.B. die Deutsche Telekom Voll-Mitglied und hat ein individuelles Stimmrecht mit der Maximal-Gewichtung von 45 Punkten. Die Gewichtung ist von der Beitragshöhe abhängig. Neben dem Member Voting ist auch ein National Voting möglich, bei dem nur die Mitgliedsländer von ETSI abstimmen. Auch hier gibt es eine Gewichtung, wobei Deutschland das Maximalgewicht von 10 Punkten besitzt. Grundsätzlich ist je nach Verabschiedungsprozedur zwischen drei Arten von ETSI-Standards zu unterscheiden:

- TR (Technischer Report/Spezifikation): wird als unterste Ebene eines Standards durch das jeweilige Technische Gremium (Technical Commitee oder ETSI Project, s.unten) verabschiedet. Ein solcher Technical Report dient zumeist nur als Grundlage der weiteren Standardisierungsarbeit bzw. als erste „Richtschnur"; er ist jedoch keinesfalls für die ETSI-Mitglieder bindend.

- ES/EG (ETSI-Standard, ETSI-Guide): wird durch "Membership Approval" in gewichteter individueller Abstimmung verabschiedet; die Dauer beträgt 90 Tage;

- EN (Europäischer Standard): zunächst "Public Enquiry" durch die nationalen Standardisierungs-Organisationen, anschließend gewichtete nationale Abstimmung; Die Dauer der Prozedur beträgt mehr als ½ Jahr.

Es kann entweder mit „Ja" oder „Nein" gestimmt werden; Enthaltungen sind nicht möglich. Bei einer „Nein"-Stimme ist in jedem Fall eine Begründung erforderlich. Wichtige in der Vergangenheit von ETSI verabschiedete Standards sind z.B. die europäischen Standards für den digitalen Mobilfunk (GSM, DECT) sowie EURO-ISDN mit allen Protokollen.

### 2.1.3 Organisation von ETSI

Das folgende Diagramm gibt einen ersten Überblick über die Organisation von ETSI. Die Technical Commitees spalten sich wiederum auf in sog. Ad-hoc Gruppen, in denen die eigentliche Standardisierungsarbeit geleistet wird. Für die Sicherheit im Bereich der Telekommmunikation ist das Technical Commitee Security (TC SEC) zuständig, auf das wir uns im folgenden konzentrieren wollen. Weitere Gremien, in denen sicherheitsrelevante Arbeit geleistet wird, sind die Special Commitees SMG (Special Mobile Group) und SAGE (Security Algorithm Group of Experts).

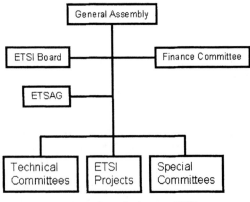

**Abb. 1:** Organisation von ETSI

## 2.2 Das Technical Commitee TC Security

Das Technical Commitee TC SEC versteht sich als der Brennpunkt der Sicherheitsstandardisierung innerhalb ETSI; insbesondere sollen die restlichen ETSI-Gremien in allen technischen und regulatorischen Fragen der Sicherheit beraten und Sorge getragen werden, daß Sicherheitsaspekte in geeigneter Weise in der Standardisierungsarbeit bei ETSI Berücksichtigung finden. Wichtige Arbeitsbereiche des TC Security sind:

- Entwicklung einer Security Policy für die technische Arbeit von ETSI,
- Erstellung von Technical Reports and Standards im Bereich der Sicherheit,
- Risiko-Analysen,
- Erstellung von Anforderungsprofilen für Crypto-Algorithmen,
- Erstellung von Sicherheitsspezifikationen und -protokollen.

Um diese Aufgaben wahrzunehmen, existieren innerhalb TC SEC derzeit eine Trusted Third Parties-Adhoc Gruppe (TTP-Adhoc) sowie eine Lawful-Interception-Adhoc Gruppe (LI-Adhoc). Aufgabe der TTP-Gruppe war es in der Vergangenheit, das Key Management vor allem bei Vertraulichkeitsdiensten, die von einer TTP angeboten werden, zu standardisieren. Von Anfang an war für diese Dienste auch eine Key Escrow[1] - Funktionalität vorgesehen. Diese Vorgabe erschwerte die Standardisierungsarbeit in außerordentlichem Maße, da nicht nur technische, sondern auch rechtliche und politische Fragen beachtet werden mußten. Letztlich konnte die Aufgabe wegen zu großer Differenzen in den politischen und rechtlichen Auffassungen der ETSI-Mitgliedsländern nicht gelöst werden.

## 2.3 Der gescheiterte Key-Escrow-Standard

Am 26. November 1996 wurde in der TTP-Adhoc Gruppe ein erster Entwurf eines European Standards mit dem Titel „Specification for TTP services: Key Management and Key Escrow/Key Recovery" eingebracht. Dieser Standard wurde von englischer Seite, d.h. vor allem vom Department of Trade and Industry (DTI) aus, initiiert. Im Frühjahr 1998 wurde über diesen Standard in einer National Voting Procedure abgestimmt; in der gewichteten Abstimmung lehnte eine Mehrheit der ETSI-Mitgliedsländer von 56,12% den Standard ab (s. Anhang), der daraufhin zurückgezogen wurde.

Wie kam es zu diesem ungewöhnlichen Vorgang?

Im Frühjahr 1996 trat ein Vertreter der EU an ETSI TC SEC heran mit dem Auftrag, einen Standard zum Schlüsselmanagement für TTPs zu erstellen, der Key Escrow beinhalten sollte. Hintergrund dieses Auftrags waren Anforderungen aus der Police Cooperation Working Group, einem Gremium der EU, das die internationale polizeiliche Zusammenarbeit innerhalb der EU koordinieren soll. Daraufhin wurde ein entsprechendes Work Item aufgesetzt und die TTP-Gruppe mit der Erstellung eines Entwurfs beauftragt. Bereits im Herbst 1996 lag ein erster Entwurf aus England, wo von politischer Seite aus ein mandatorisches Key Escrow für

---

[1] Neben „Key Escrow" sind in der Literatur auch die Begriffe „Key Recovery" oder „Key Encapsulation" mit teilweise unterschiedlichen Definitionen gebräuchlich. Die hier benutzte Definition ist die folgende: „Key escrow, key recovery und key encapsulation are functions of a cryptographic system that provide a backup decryption capability, allowing authorised parties under certain conditions to decrypt data using information supplied by one or more Trusted Third Parties".

TTPs eindeutig befürwortet wurde (und wird), auf dem Tisch. Aus deutscher Sicht hatte dieser Entwurf zwei große Schwächen: Zum einen wird in dem Entwurf nicht eindeutig zwischen dem eigentlichen Schlüsselmanagement und dem Key Escrowing getrennt, d.h. es entsteht der Eindruck, als beinhalte das Schlüsselmanagement für TTPs automatisch auch Key Escrow. Zum anderen ist für die eigentliche Schlüsselhinterlegung als einzige Möglichkeit das Jeffries-Mitchell-Walker Protokoll[2] vorgesehen, welches einige Schwächen aufweist (s. hierzu etwa [Fox98]).

Die Haltung der deutschen Politik zum Thema „Key Escrow" spiegelte den Widerstreit zwischen den Interessen der inneren Sicherheit und dem Interesse der Wirtschaft an einem vertrauenswürdigen unregulierten elektronischen Handel wieder und war deshalb zu diesem Zeitpunkt uneinheitlich. Während der damalige Bundesinnenminister Kanther ein mandatorisches Key escrow eindeutig befürwortete, lehnte Bundeswirtschaftsminister Rexroth jede Form der Kryptoregulierung ab. Da sich die deutsche Industrie ebenso mit Vehemenz gegen jede Kryptoregulierung bzw. ein mandatorisches Key Escrow aussprach, wurde im Frühjahr 1997 ein neues Work Item innerhalb ETSI TC SEC, befürwortet u.a. von IBM Germany, Siemens und Deutscher Telekom, aufgesetzt: Der Standard sollte einen zweiten Teil „ Key management without Key Escrow" bekommen, um ganz deutlich zu machen, daß Key Escrow durchaus nicht notwendigerweise im Key Management von TTPs enthalten ist, sondern lediglich als Option zu betrachten ist.

Während die Arbeit an Teil 2 des Standards begann, kam Teil 1 „Key Management with Key Escrow/Key Recovery" in die National Voting Procedure und wurde hier mit deutlicher Mehrheit abgelehnt. Offensichtlich hatten die Befürworter des Key Escrowing die mehrheitlich herrschende politische Stimmung in Europa falsch eingeschätzt, wie sie etwa in [KOM97/503] wiedergegeben wird:

„Jede Einschaltung eines Dritten in eine vertrauliche Kommunikation erhöht seine Verwundbarkeit. Der Hauptgrund, einen Dritten in die Verwaltung von Vertraulichkeitsschlüsseln einzubeziehen, besteht darin, die Schlüssel anderen als den beiden kommunizierenden Teilnehmern zugänglich zu machen, z.B. Strafverfolgungsbehörden.

Nutzer könnten daher keinen Vorteil darin sehen, sich für vertrauliche Kommunikationen und selbst nicht für gespeicherte Informationen an eine TTP zu wenden. Der Gesetzgeber müßte deshalb Anreize schaffen, damit die Nutzer bei vertraulichen Transaktionen mit zugelassenen TTPs zusammenarbeiten, beispielsweise durch ein "offizielles Sicherheitsprüfsiegel" oder gar durch die Einführung einer "Pflichtregelung". Letztere würde jedes öffentliche Angebot eines Verschlüsselungsdienstes einer Genehmigung unterwerfen und würde u.a. Schlüsselhinterlegungs/ Nachschlüsselsysteme vorschreiben.

Es bleibt abzuwarten, ob ein solches System akzeptiert würde. Aufgrund der dabei anfallenden Mehrkosten kann es nicht als Anreiz für den elektronischen Handel gesehen werden. In jedem Fall könnten Restriktionen durch innerstaatliche Genehmigungssysteme, insbesondere verbindliche Bestimmungen, zu Hindernissen für den Binnenmarkt führen und die Wettbewerbsfähigkeit der europäischen Industrie in diesem Marktsegment herabsetzen."

Nachdem Teil 1 des Standards in der Abstimmung durchgefallen war, wurde er zurückgezogen und die Arbeit an ihm gestoppt. Als negativer Nebeneffekt wurde auch die Arbeit an

---

[2] Oft auch als „Royal-Holloway Protokoll" bezeichnet.

Teil 2 beendet, so daß es in absehbarer Zeit keinen europaweiten Standard zum Schlüsselmanagement für Vertraulichkeitsdienste bei TTPs geben wird.

## 2.4 Standardisierungsaktivitäten in der TTP-Adhoc Gruppe

In diesem Unterkapitel soll ein Überblick über die momentan andauernden Aktivitäten in der TTP Adhoc-Gruppe ETSI-TCSEC gegeben werden; diese ist besonders interessant aus deutscher Sicht, da ihr Arbeitsschwerpunkt nach dem Scheitern des Key-Escrow-Standards neu bestimmt wurde, u.a. wechselte auch der Chairman der Gruppe.

Am 1.Oktober 1998 erhielten die europäischen Standardisierungsgremien CEN, CENELEC und ETSI von der Europäischen Kommission, DG III (Directorate General III Industry) ein vorläufiges Mandat zur Standardisierung im Bereich elektronischer Signaturen[3]. Hierdurch soll die Schaffung eines europäischen rechtlichen Rahmens im Umfeld elektronischer Signaturen vorbereitet und unterstützt werden (s. auch Kapitel 3). Um eine möglichst weitgehende Kompatibilität und Flexibilität gewährleisten zu können, sollen die zu erstellenden Standards möglichst technologieneutral gehalten sein.

Innerhalb ETSI hat die TTP-Adhoc Gruppe die zur Erfüllung des Mandats nötigen Arbeiten übernommen. Da auf dem Gebiet der elektronischen Signaturen eine Schlüsselhinterlegung jedweder Art nicht sinnvoll ist, bewegt man sich hier zumindest politisch auf weniger glattem Parkett. Deutschland spielt hier mit seinem Signaturgesetz und seiner Signaturverordnung bekanntlich eine Vorreiterrolle; auf europäischer Ebene sind die Überlegungen noch längst nicht so weit gediehen (vgl. [KOM98/297]). Ziel der aktuellen Arbeit der deutschen Vertreter (neben der Deutschen Telekom auch IBM Germany und Siemens) in der TTP-Gruppe muß es daher sein, einen etwaigen europäischen Standard zu elektronischen Signaturen zum deutschen Signaturgesetz und zur Signaturverordnung konform zu gestalten.

Von der TTP-Gruppe wurde zunächst ein Bericht erstellt, der die Anforderungen an einen Standard für elektronische Signaturen darstellt. Insbesondere wurden die bereits angelaufenen Aktivitäten in anderen wichtigen Gremien wie ISO/IEC/ITU-T, OECD, UNCITRAL, IETF, ABA, Europäische Kommission INFOSEC usw. mit einbezogen. Die Studie, die inzwischen von ETSI TCSEC verabschiedet worden ist, kommt zu dem Schluß, daß ein ETSI Standard sich vor allem auf den Bereich von Transaktionen zwischen Firmen konzentrieren sollte, und hier vor allem auf den Einsatz elektronischer Signaturen im Einkauf und im Vertrags- und Rechnungswesen. Die wesentlichen Felder, die ein ETSI Standard abdecken sollte, sind die Bereiche

- Namenskonventionen,
- Format von Public-Key Zertifikaten und Certificate Revocation Lists,
- Format der Electronic Signature Tokens,
- Auswahl von Protokollen zur Interaktion mit TSPs (Trust Service Providern).

Diese Bereiche sollen in Zukunft von der TTP-Adhoc Gruppe bearbeitet werden; erste Zwischenergebnisse sollen Mitte 1999 vorliegen.

---

[3] Hier ist sorgfältig zwischen „elektronischer" und „digitaler" Signatur zu unterscheiden. In [KOM98/297] wird mit elektronischer Signatur eine Klasse von Verfahren zur Unterschrift mit elektronischen Hilfsmitteln bezeichnet, die bestimmte Bedingungen erfüllen muß. Als digitale Signatur hingegen wird die spezielle Ausprägung der elektronischen Signatur bezeichnet, die sich auf Public-Key Kryptographie stützt.

# 3 Harmonisierung in der EU

Ein Ziel der EU ist u. a. der freie Verkehr von Waren, Dienstleistungen, Kapital und Personen innerhalb der EU. Um dies zu erreichen, müssen die in den verschiedenen Mitgliedstaaten existierenden unterschiedlichen Rechtsvorschriften durch gemeinschaftliche Rechtsvorschriften harmonisiert werden.

In diesem Abschnitt soll erläutert werden, welche Arten von Vorschriften die EU für die Harmonisierung zwischen den Mitgliedsstaaten erlassen kann und welche Institutionen innerhalb der EU an der Erstellung und Verabschiedung dieser Vorschriften mitwirken. Dies alles ist im Vertrag zur Gründung der Europäischen Gemeinschaft (EGV) ([Beck97]) geregelt. Anschließend wird dann diesbezüglich auf den Entwurf der Richtlinie des Europäischen Parlaments und des Rates über gemeinsame Rahmenbedingungen für elektronische Signaturen eingegangen.

## 3.1 Gemeinsame Vorschriften

Die EU[4] erläßt zur Angleichung gewisser Rechtsvorschriften für den Gemeinsamen Markt
- Verordnungen,
- Richtlinien,
- Entscheidungen,
- Empfehlungen und
- Stellungnahmen.

Die Verordnung hat allgemeine Geltung. Sie ist in allen ihren Teilen verbindlich und gilt unmittelbar in jedem Mitgliedsstaat.

Die Richtlinie ist für jeden Mitgliedsstaat, an den sie gerichtet wird, hinsichtlich des zu erreichenden Zieles verbindlich, überläßt jedoch den innerstaatlichen Stellen die Wahl der Form und der Mittel.

Die Entscheidung ist in allen ihren Teilen für diejenigen verbindlich, die sie bezeichnet.

Die Empfehlungen und Stellungnahmen sind nicht verbindlich.

## 3.2 Die Institutionen der Europäischen Union

In diesem Abschnitt sollen nur die Institutionen näher erläutert werden, die an dem Entwurf und der Verabschiedung der gemeinsamen Vorschriften beteiligt sind. Neben den hier erwähnten Institutionen verfügt die EU noch über eine Vielzahl anderer Institutionen. Detaillierte Erläuterungen zu diesen findet man z.B. in [Beck97].

### 3.2.1 Die Europäische Kommission

Die Europäische Kommission[5] (kurz Kommission) besteht aus 20 Mitgliedern. Jedes der 15 Mitgliedsländer entsendet einen Vertreter, größere Mitgliedsländer zwei. Die Kommission

---

[4] Artikel 189 EGV
[5] Artikel 155ff EGV

wird von einem Präsidenten geleitet. Deutschland wird durch zwei Mitglieder vertreten. Die Kommission hat dafür zu sorgen, daß die Völker ihrer Mitgliedstaaten immer enger zusammenwachsen und daß Waren, Dienstleistungen, Kapital und Personen in der EU frei verkehren können. Dies erreicht sie, in dem sie

- Anstoß gibt zu neuen Maßnahmen der EU, u.a. Vorschläge zu den in 0 erwähnten gemeinsamen Vorschriften,
- als Hüterin der EU-Verträge auf die ordnungsgemäße Einhaltung der europäischen Rechtsvorschriften achtet (wird allerdings überwiegend von den Mitgliedstaaten wahrgenommen) und
- als ausführendes Organ der EU politische Beschlüsse umsetzt und internationale Handels– und Kooperationsabkommen aushandelt.

Zur Erfüllung dieser Aufgaben verfügt die Kommission über einen nach Sachgebieten in verschiedenen Generaldirektionen unterteilten Verwaltungsapparat. Die Generaldirektion DG XIII[6] (DG steht für Direction Générales) ist verantwortlich für das Sachgebiet Informationstechnologien und Telekommunikation.

### 3.2.2 Der Rat der EU

Der Rat[7] der EU ist das zentrale Entscheidungsorgan. Er besteht aus je einem Vertreter jedes Mitgliedstaats auf Ministerebene, der befugt ist, für die jeweilige Regierung verbindlich zu handeln. Die Zusammensetzung jeder Ratstagung ändert sich je nach Beratungsgegenstand. So tagen z.B. die zuständigen Minister für Wirtschaft- und Finanzen als Rat, wenn es um die Erörterung von Wirtschafts- und Finanzfragen geht.

### 3.2.3 Das Europäische Parlament

Das Europäische Parlament[8] (kurz Parlament) besteht aus Vertretern der Völker der in der Gemeinschaft zusammengeschlossenen Staaten. Dem Parlament gehören zur Zeit 626 Abgeordnete an, die 370 Millionen Menschen ([EUWEB]) vertreten. Deutschland ist durch 99 Parlamentsabgeordnete vertreten. Das Parlament wirkt aktiv, wie in 3.3 näher beschrieben, an der Ausarbeitung und Annahme gemeinschaftlicher Rechtsvorschriften mit.

### 3.2.4 Der Wirtschafts- und Sozialausschuß

Der Wirtschafts- und Sozialausschuß besteht aus 222 Mitgliedern, 24 davon aus Deutschland. Der Wirtschafts- und Sozialausschuß bezieht Stellung zu den von der Kommission und dem Rat eingegebenen Vorschlägen zu gemeinsamen Vorschriften. Der Vertrag zur Gründung der Europäischen Gemeinschaft ([Beck97]) legt fest, wann der Wirtschafts- und Sozialausschuß gehört werden muß. Gehört werden muß er u.a. bei der Einführung von Richtlinien, die der Angleichung gewisser Rechtsvorschriften der Mitgliedsstaaten für den Gemeinsamen Markt dienen. Der Rat gestaltet seine Arbeiten auf drei verschiedenen Ebenen:

- auf der Ebene der Arbeitsgruppen (Sitzungen der nationalen Sachverständigen),
- auf der Ebene des Ausschusses der Ständigen Vertreter (Tagungen der Botschafter)

---

[6] Web-Seite von DGXIII: http://europa.eu.int/en/comm/dg13/13home.htm

[7] Artikel 145ff EGV

[8] Artikel 137ff EGV

- und auf der Ebene des Rates (Tagungen der Minister).

Der Wirtschafts- und Sozialausschuß ist, um zu qualifizierten Aussagen zu gelangen, in neun Abteilungen ([EUWEB]) untergliedert, die sich jeweils mit verschiedenen Sachgebieten beschäftigen.

### 3.2.5 Der Ausschuß der Regionen

Auch der Ausschuß der Regionen besteht aus 222 Mitgliedern, 24 davon aus Deutschland. Im Ausschuß der Regionen können sich lokale und regionale Instanzen wie Bürgermeister, Stadt- und Landräte, Regierungspräsidenten und Landtage entsprechend dem Subsidiaritätsprinzip zu Vorhaben der Europäischen Union, die sie direkt betreffen, äußern. Das Subsidiaritätsprinzip besagt, daß in den Bereichen, die nicht in ihre ausschließliche Zuständigkeit fallen, die Gemeinschaft nur tätig wird, „sofern und soweit die Ziele der in Betracht gezogenen Maßnahmen auf Ebene der Mitgliedstaaten nicht ausreichend erreicht werden können und daher wegen ihres Umfangs oder ihrer Wirkungen besser auf Gemeinschaftsebene erreicht werden können". Ebenso wie beim Wirtschafts- und Sozialausschuß legt der Vertrag zur Gründung der Europäischen Gemeinschaft ([Beck97]) fest, wann der Ausschuß der Regionen gehört werden muß.

## 3.3 Verabschiedung gemeinsamer Vorschriften

An der Entscheidung über gemeinsame Vorschriften sind drei Organe beteiligt. Die *Kommission* schlägt vor und der *Rat* entscheidet nach Anhörung des *Parlaments*. Je nach Vorschlag sind zwischen dem Rat und dem Parlament die folgenden Abstimmungsverfahren[9] vorgesehen:

- Verfahren der Mitentscheidung,
- Verfahren der Zusammenarbeit.

Mitentscheidung: Das Parlament und der Rat haben gleichberechtigte Entscheidungsbefugnisse. Auch hier legt der Rat mit qualifizierter Mehrheit (s.u.) auf Vorschlag der Kommission und nach Stellungnahme des Parlaments einen gemeinsamen Standpunkt fest. Wenn das Parlament beschließt, diesen gemeinsamen Standpunkt abzulehnen, kann dieser vom Rat nicht angenommen werden. Um eine derartige Situation zu vermeiden, wird ein Vermittlungsausschuß einberufen, mit dessen Hilfe eine Einigung herbeigeführt werden soll. Gelingt dies dem Vermittlungsausschuß nicht, so kann das Parlament den Vorschlag endgültig ablehnen.

Zusammenarbeit: Der Rat legt mit qualifizierter Mehrheit (s.u.) auf Vorschlag der Kommission und nach Stellungnahme des Parlaments einen gemeinsamen Standpunkt fest. Dieser gemeinsame Standpunkt kann vom Parlament abgelehnt werden. Der Rat kann sich dann nur durch die einstimmige Annahme des gemeinsamen Standpunkts über die Position des Parlaments hinwegsetzen.

---

[9] Artikel 138b EGV

Das Parlament beschließt mit der absoluten Mehrheit[10] der abgegebenen Stimmen. Der Rat beschließt normalerweise mit der Mehrheit[11] seiner Mitglieder. In den wichtigsten Bereichen, z. B. Verfahren der Zusammenarbeit, Verfahren der Mitentscheidung, wird mit qualifizierter Mehrheit[12] entschieden. Bei der qualifizierten Mehrheit haben die Stimmen der Vertreter der verschiedenen Mitgliedsstaaten unterschiedliches Gewicht. Bei 15 Mitgliedsstaaten und insgesamt 87 gewichteten Stimmen hat die Stimme Deutschlands, neben Frankreich, Italien und dem Vereinigten Königreich, das Gewicht 10, d.h. diese vier Staaten halten 40 der 87 Stimmen. Die Stimme jedes anderen Mitgliedsstaat hat kleineres Gewicht. Diese Stimmgewichtung sorgt dafür, daß weder die großen noch die kleinen Mitgliedsstaaten die anderen dominieren können. Sie verhindert weiterhin, daß einem einzelnen Staat ein Vetorecht zukommt.

## 3.4 EU-Richtlinie für elektronische Signaturen

Offene Netze gewinnen für die weltweite Kommunikation immer mehr an Bedeutung. Digitale Signaturen spielen eine zentrale Rolle für die Gewährleistung von Sicherheit und Vertrauen in diesen offenen, grenzüberschreitenden Netzen. Eine Harmonisierung unterschiedlicher ordnungspolitischer Ansätze in den Mitgliedsstaaten in bezug auf die digitale Signatur ist von daher unabdingbar. Die Kommission hat darauf schon in ihrer Mitteilung „Sicherheit und Vertrauen in elektronische Kommunikation: ein europäischer Rahmen für Digitale Signaturen und Verschlüsselung" ([KOM97/503]) hingewiesen. Basierend auf dieser Mitteilung erhielt die Kommission am 1. Dezember 1997 vom Rat den Auftrag, einen Vorschlag für eine Richtlinie des Europäischen Parlaments und des Rates über gemeinsame Rahmenbedingungen für elektronische Signaturen vorzulegen. Nach Gesprächen mit den Mitgliedsstaaten, Vertretern des Privatsektors und einer öffentlichen Expertenanhörung in Kopenhagen[13], wurde der Vorschlag, im folgenden kurz RL-Vorschlag (Richtlinien-Vorschlag), von der Generaldirektion Informationstechnologien und Telekommunikation (DGXIII) verfaßt, und am 13. Mai 1998 von der Kommission angenommen und an den Rat, das Parlament, den Wirtschafts- und Sozialausschuß und den Ausschuß der Regionen weitergeleitet. Als Rechtsgrundlage für den Entwurf der Richtlinie ([KOM98/297]) werden Artikel 57 Absatz 2, Artikel 66 und Artikel 100a des EGV herangezogen. Diese Artikel haben zum Ziel, gleiche Wettbewerbsvoraussetzungen in der EU zu schaffen und für eine Angleichung von Rechts- und Verwaltungsvorschriften für die Errichtung und das Funktionieren des Binnenmarktes zu sorgen, auch wenn dies mit der Änderung bestehender gesetzlicher Grundsätze eines Mitgliedsstaates verbunden ist. Es handelt sich also um einen Vorschlag der Kommission, der nach Stellungnahme des Wirtschafts- und Sozialausschusses und nach Stellungnahme des Ausschusses der Regionen gemäß dem Verfahren der Mitentscheidung (Kapitel 3.3) dem Europäischen Rat und dem Europäischen Parlament zur Entscheidung vorgelegt wird.

Die Richtlinie soll die Verwendung elektronischer Signaturen fördern und ihre rechtliche Anerkennung gewährleisten. Durch die Richtlinie soll die Erbringung von Zertifizierungsdien-

---

[10] Artikel 141 EGV

[11] Artikel 148 EGV

[12] Artikel 148 EGV

[13] 23.-24.04.1998

sten erleichtert werden, europaweit ohne Restriktionen möglich sein und nicht durch Akkreditierungsverfahren eingeschränkt. Sie erstreckt sich auf die Verwendung elektronische Signaturen in offenen Netzen, gilt aber nicht für elektronische Signaturen, die in geschlossenen Netzen verwandt werden. Die Bedeutung des RL-Vorschlags für das deutsche Signaturgesetz wurde bereits in [GrFo98] und [DSB98] behandelt.

# 4  Zusammenfassung und Ausblick

Bevor ein europaweiter Standard in der Telekommunikation geschaffen werden kann, muß auf politischer Ebene in Europa ein gewisser Grundkonsens vorhanden sein. Dies war offensichtlich im Fall des Key-Escrow Standards für TTPs nicht gegeben. Im Fall der elektronischen Signaturen scheint die Situation eine andere zu sein; die Notwendigkeit einer Standardisierung auf diesem wichtigen und zukunftsträchtigen Gebiet wird derzeit von kaum jemandem bestritten. Trotzdem kam es auch auf diesem Gebiet zu einem kleinem Rückschlag:

Am 27.11.1998 war eine politische Einigung im Rat vorgesehen [Ecke98]. Zu einer solchen Einigung ist es nicht gekommen, da insbesondere Deutschland, Frankreich und Italien auf der Verbindung zwischen der rechtlichen Anerkennung der elektronischen Signatur und den technischen Anforderungen an Produkte, mit denen unterschrieben wird, bestanden. Die Vertreter der einzelnen Länder versuchen nun einen gemeinsamen Standpunkt zu finden. Es ist weiterhin geplant, daß im Januar 1999 das Parlament über die Richtlinie abstimmt und eine Einigung im Rat erzielt wird.

Der Weg zu einem gemeinsamen europäischen rechtlichen Rahmen zur elektronischen Signatur ist also noch weit. Mit dem Mandat der EU an ETSI zur Standardisierung ist ein erster Schritt jedoch getan. Weitere werden hoffentlich folgen.

## Literatur

[Beck97]    Europa Recht, Beck-Texte, Deutscher Taschenbuch Verlag, 14. Auflage, 1997.

[DSB98]     Europäische Kommission schlägt Richtlinie für elektronische Signaturen vor, Datenschutz-Berater Nr.7+8, 1998.

[Ecke98]    Ein europäischer Rahmen für elektronische Signaturen, Vortrag von Detlef Eckert, EU-Kommission auf dem PKI-Workshop in Essen 1998.

[EUWEB]    http://europa.eu.int/

[Fox98]     Dirk Fox: Das Royal Holloway System. Datenschutz und Datensicherheit 22, Nr.1, 1998.

[Fran98]    Klaus Frankenberg: Europäische Standardisierung in der Telekommunikation. Telekom-Unterrichtsblätter 51, Nr.11, 1998.

[GrFo98]    Rüdiger Grimm, Dirk Fox: Entwurf einer EU-Richtlinie zu Rahmenbedingungen "elektronischer Signaturen". Datenschutz und Datensicherheit 22, Nr. 7, 1998.

[KOM97/503] Mitteilung der Europäischen Kommission, Sicherheit und Vertrauen in elektronische Kommunikation: ein europäischer Rahmen für Digitale Signaturen und Verschlüsselung, KOM(97) 503 endg.

[KOM98/297] Mitteilung der Europäischen Kommission, Vorschlag für eine Richtlinie des Europäischen Parlaments und des Rates über gemeinsame Rahmenbedingungen für elektronische Signaturen, KOM(98) 297 endg.

**Anhang:** Ergebnis der National Voting Procedure zum Draft European Standard Specification for TTP Services Part 1: Key Management with Key Escrow/Key Recovery

Voting result on EN 301 099-1/V.1.1.1 (SEC) (status as at 1998-02-27) | OP 9809

| Country | Weight | Yes | Weighted yes | No | Weighted no | Abst | General | Technical | Editorial | Related annex |
|---|---|---|---|---|---|---|---|---|---|---|
| | | | The draft is approved | | | | Attached comments | | | |
| AUSTRIA* | 4 | | | X | 4 | | X | | | 1 |
| BELGIUM* | 5 | X | 5 | | | | | | | |
| BULGARIA | 3 | X | 3 | | | | | | | |
| CROATIA | 2 | | | | | | | | | |
| CYPRUS | 2 | X | 2 | | | | | | | |
| CZECH REPUBLIC | 3 | X | 3 | | | | | | | |
| DENMARK* | 3 | | | X | 3 | | X | | | 2 |
| FINLAND* | 3 | | | X | 3 | | X | X | X | 3 |
| FRANCE* | 10 | | | | | X | X | | | 4 |
| GERMANY* | 10 | | | X | 10 | | X | X | X | 5 |
| GREECE* | 5 | | | X | 5 | | X | X | | 6 |
| HUNGARY | 3 | X | 3 | | | | | | | |
| ICELAND | 2 | | | | | | | | | |
| IRELAND* | 3 | | | X | 3 | | X | X | | 7 |
| ITALY* | 10 | | | X | 10 | | X | | | 8 |
| LITHUANIA | 2 | | | | | | | | | |
| LUXEMBOURG* | 2 | | | | | | | | | |
| MALTA | 2 | | | | | | | | | |
| NETHERLANDS* | 5 | X | 5 | | | | | | | |
| NORWAY | 3 | | | X | 3 | | X | | | 9 |
| POLAND | 5 | | | X | 5 | | X | X | X | 10 |
| PORTUGAL* | 5 | X | 5 | | | | | | | |
| ROMANIA | 3 | | | | | | | | | |
| RUSSIA | 5 | | | | | | | | | |
| SLOVAK REPUBLIC | 2 | X | 2 | | | | | | | |
| SLOVENIA | 2 | | | | | | | | | |
| SPAIN* | 8 | | | | | X | | | | |
| SWEDEN* | 4 | | | X | 4 | | X | X | | 11 |
| SWITZERLAND | 5 | | | X | 5 | | X | | | 12 |
| TURKEY | 5 | X | 5 | | | | | | | |
| UKRAINE | 5 | | | | | | | | | |
| UNITED KINGDOM* | 10 | X | 10 | | | | | | | |

| TOTALS (All) | 141 | | 43 | | 55 | | | | | |
| TOTALS (EU only) | 87 | | 25 | | 42 | | | | | |

**RESULT: All ETSI NSOs**

Percentage voting: 69,50%

Yes: 43,88% No: 56,12%

Quorum: Yes
Adopted: No

**RESULT: (*) EU NSOs only**
(see subclause 13.5.3 in "Rules of Procedures" of the ETSI Directives)

Percentage voting: 77,01%

Yes: 37,31% No: 62,69%

Quorum: Yes
Adopted: No

# Klassifizierung von Anonymisierungstechniken

## Dogan Kesdogan[1]* · Roland Büschkes[2]

[1]o.tel.o communications GmbH & Co
Abteilung Unternehmenssicherheit
Dogan.Kesdogan@o-tel-o.de

[2]RWTH Aachen
Lehrstuhl für Informatik IV
roland@i4.informatik.rwth-aachen.de

### Zusammenfassung

Mit der fortschreitenden Vernetzung von Rechner- und Kommunikationssystemen gewinnen daten-schutzfreundliche Technologien zunehmend an Bedeutung. In der aktuellen Literatur werden verschiedene Techniken diskutiert, die insbesondere auch die Anonymisierung der Nutzer ermöglichen und deren Unbeobachtbarkeit sicherstellen. Für den Nutzer, der solche Techniken anwenden will, ist es wichtig, die verschiedenen vorgeschlagenen Techniken im Hinblick auf ihre Sicherheit und Leistungsfähigkeit bewerten und vergleichen zu können. In dieser Arbeit wird die bisher auf dem Gebiet existierende modelltheoretische Welt erweitert und Klassifizierungsgrößen vorgeschlagen, welche die geforderte Einordnung der Techniken ermöglichen. Die exemplarische Anwendung dieser Größen auf aktuell diskutierte Anonymisierungstechniken wird dazu genutzt, einen Überblick über den aktuellen Forschungsstand auf dem Gebiet zu geben.

## 1 Einleitung

Die zunehmende Verschmelzung der Computer- und Telekommunikationsindustrie wird es zukünftigen Nutzern ermöglichen, immer und überall auf eine Vielzahl von Diensten zugreifen zu können. Millionen von Menschen, ob zu Hause oder unterwegs, werden die Möglichkeit haben, die digitalen Netze für die unterschiedlichsten Arten von Anwendungen zu nutzen. Beispiele sind die Telearbeit und die elektronische Abwicklung von Geschäften (ECommerce). Offen bleibt jedoch die Frage, ob und unter welchen Umständen die Nutzer diese Dienste in Anspruch nehmen werden.

Eine entscheidende Voraussetzung für die Akzeptanz der neuen Dienste ist, daß sie eine mit ihren konventionellen Pendants vergleichbare Mindestfunktionalität erbringen müssen. Unter dieser Voraussetzung ist die Vertraulichkeit (Privacy) eine wesentliche Anforderung. Es muß bei Bedarf garantiert sein, daß Informationen unbeobachtbar und/oder anonym gesendet werden können. Dies gilt im besonderen Maße für offene Systemumgebungen wie das Internet. [Pfit90] konkretisiert dies als technische Schutzanforderung wie folgt:

---

* Die Arbeit von D. Kesdogan wurde von der Gottlieb Daimler- und Karl Benz-Stiftung gefördert.

*Sender und/oder Empfänger von Nachrichten sollen voreinander anonym bleiben kön-*
*nen, und Unbeteiligte (inkl. Netzbetreiber) sollen nicht in der Lage sein, sie zu beob-*
*achten.*

Zur Erfüllung dieser technischen Schutzanforderung werden in der aktuellen Literatur verschiedene Techniken diskutiert. In dieser Arbeit werden Klassifizierungsgrößen für Techniken
zur Sicherstellung der Anonymität und Unbeobachtbarkeit (im folgenden kurz Anonymisierungstechniken genannt) vorgeschlagen, die den Vergleich und die Einordnung der Techniken
im Hinblick auf ihre Sicherheit und ihre Leistungsfähigkeit ermöglichen. Grundlage hierzu ist
die Erweiterung der bisherigen Modellwelt auf diesem Gebiet um die Klassen des probabilistischen und praktischen Schutzes. Die konkreten Verfahren werden anschließend anhand der
definierten Klassifizierungsgrößen bewertet und, damit verbunden, ein aktueller Überblick
über das Gebiet der Anonymisierung und Unbeobachtbarkeit gegeben. Die Arbeit schließt mit
einer Zusammenfassung und einem Ausblick auf zukünftige Arbeiten auf diesem Gebiet.

# 2 Klassifizierung von Anonymisierungstechniken

Die in dieser Arbeit vorgeschlagene Klassifizierung der Anonymisierungstechniken lehnt sich
an die in der Kryptographie verwendeten Modellwelten an. In der Kryptographie wird die Sicherheit in drei Modellwelten untersucht und bewiesen. Dies sind die informationstheoretische, die komplexitätstheoretische und die praktische Modellwelt. Die Kryptographie verwendet bei der Erweiterung des Modells der informationstheoretischen zur komplexitätstheoretischen Sicherheit die Komplexitätstheorie (insbesondere die Zahlentheorie). Im Bereich der
Anonymität und Unbeobachtbarkeit ist bisher nur die informationstheoretische Modellwelt
bekannt [Pfit90][Pfit98]. Diese läßt sich analog zu den kryptographischen Modellen erweitern, was insbesondere zur Einführung der probabilistischen Modellwelt auf der Basis der
Warteschlangentheorie [KeEB98] führt. Darüberhinaus exisitiert auch hier die Klasse der
praktisch sicheren Techniken. Insgesamt ergibt sich das in Abb. 1 dargestellte Bild.

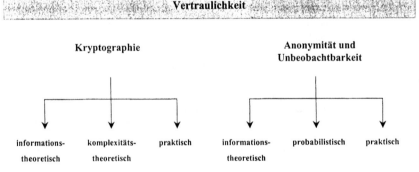

**Abb. 1:** Modellwelten in der Vertraulichkeit

In den nachfolgenden Abschnitten wird die informationstheoretische Modellwelt gemäß dem obigen Schema erweitert und damit das erste Klassifizierungsmerkmal eingeführt, nämlich die Einordnung einer Anonymisierungstechnik in die entsprechende Sicherheits- bzw. Schutzklasse.

## 2.1 Schutzklassen

Beim Schutz sogenannter Verkehrsdaten (z.B. Sender- und/oder Empfängeridentität, benutzter Dienst etc.) steht die Tarnung prinzipiell beobachtbarer Aktionen im Vordergrund. Verfahren, die diese Tarnung innerhalb des Netzes gewährleisten, existieren in großer Anzahl. Sie basieren in der Regel jedoch auf einem der folgenden drei *Grundverfahren*:

1. Implizite Adressierung und Verteilung [FaLa75][Karg77],
2. MIX [Chau81], und
3. DC-Netz [Chau88].

Das erste Verfahren geht auf Farber, Larson und Karger zurück und die weiteren auf D. Chaum. Die Sicherheit dieser Verfahren wurde von A. Pfitzmann untersucht und entsprechend erweitert [Pfit90]. Weiterhin wurden diese Verfahren von A. Pfitzmann in der gleichen Arbeit in eine informationstheoretische Modellwelt eingebettet.

In der neueren Literatur werden weitere Verfahren vorgeschlagen [FaKK96][GüTs96] [ReRu97][SyGR97][StMa96], die beweisbar nicht in der in [Pfit90] vorgeschlagenen Modellwelt liegen. Der von diesen Techniken geleistete Schutz kann somit nicht im Rahmen der informations-theoretischen Modellwelt gemessen werden, obwohl ein gewisses Maß an Schutz gewährleistet wird. Daher werden in dieser Arbeit weitere Modellwelten eingeführt, die nicht den perfekten Schutz als Ziel haben. Als Leitbild dienen die in der Kryptographie gebräuchlichen Sicherheitsmodelle. In Analogie zu diesen Modellen bieten sich hinsichtlich des Schutzes der Kommunikationsbeziehung die folgenden drei Schutzmodelle an:

4. Perfekter Schutz,
5. Probabilistischer Schutz, und
6. Praktischer Schutz.

Diese Schutzmodelle werden im folgenden definiert. Die in der Literatur diskutierten Verfahren lassen sich damit gemäß Abb. 2 gliedern. Die in Abb. 2 fett umrandeten Bereiche kennzeichnen neue Erweiterungen der bisherigen Theorie.

Das MIX-Verfahren wird in [Chau81], Stop-and-Go-MIXe in [KeEB98], Onion Routing in [GoRS96][SyGR97], NDM in [FaKK96], Babel-MIXe in [GüTs96], Remailer in [Cott] [Scha96][StMa96] und Crowds in [ReRu97] vorgestellt. Auf die einzelnen Verfahren wird zum Teil später noch genauer eingegangen. Wie Abb. 2 deutlich macht, gehen die verschiedenen Modellwelten von unterschiedlichen Annahmen bzgl. der Fähigkeiten eines Angreifers aus.

Nachfolgend wird daher zunächst auf die verschiedenen Angreifermodelle eingegangen.

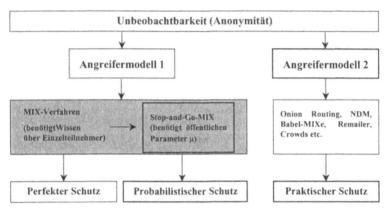

Abb. 2: Erweiterung der Modellwelt

## 2.2 Angreifermodelle

Grundlage jeder Sicherheitsbetrachtung ist die genaue Festlegung der Fähigkeiten des Angreifers, gegen den man sich schützen möchte. Die dieser Arbeit zugrundeliegenden Angreifermodelle unterscheiden sich bzgl. der Mächtigkeit des jeweiligen Angreifers. Sie werden wie folgt definiert:

**Angreifermodell 1: Omnipräsenter Angreifer**
Der omnipräsente Angreifer besitzt die folgenden Fähigkeiten:
- eingesetztes Verfahren ist dem Angreifer genau bekannt,
- kann alle Wege (Leitungen) der gesendeten Nachricht gleichzeitig abhören,
- kontrolliert alle benutzten Vermittlungsrechner und kann deshalb beliebig viele Nachrichten in das System selbst einspielen, löschen und modifizieren,
- hat unbegrenzten Speicherplatz und Kommunikationskapazität sowie beliebig kurze Reaktionszeiten, und
- kann **nicht** die benutzten Verschlüsselungsverfahren brechen.

Die Definition des omnipräsenten Angreifers erfolgt unabhängig von der tatsächlichen Netzstruktur, d.h. unabhängig von Größe und räumlicher Ausbreitung des Netzes. Für offene Kommunikationsumgebungen wie das Internet ist dies sicherlich keine realistische Annahme. Daher bietet sich als realistischeres Modell für solche Umgebungen eine netzabhängige Definition des Angreifermodells an:

**Angreifermodell 2: Teilweise präsenter Angreifer**
Der teilweise präsente Angreifer besitzt die folgenden Fähigkeiten:
- eingesetztes Verfahren ist dem Angreifer genau bekannt,
- kann nur teilweise Wege (Leitungen) der gesendeten Nachricht gleichzeitig abhören,
- kontrolliert Teile der benutzten Vermittlungsrechner und kann deshalb eingeschränkt Nachrichten in das System selber einspielen, löschen und modifizieren,

- hat unbegrenzten Speicherplatz und Kommunikationskapazität sowie beliebig kurze Reaktionszeiten, und
- kann **nicht** die benutzten Verschlüsselungsverfahren brechen.

Die Angreifermodelle selber werden nicht als Klassifizierungsmerkmal herangezogen, da sie durch das jeweiligen Schutzmodell impliziert werden.

# 3 Unbeobachtbarkeit

In diesem Abschnitt werden die Beziehungen der drei vorgeschlagenen Schutzmodelle zueinander (siehe Abb. 2) und die Schutzmodelle selbst vorgestellt.

Anonymisierungstechniken haben zum Ziel, die folgenden personenbezogenen Informationen zu verbergen:

- Die Kommunikation soll gegenüber Unbeteiligten weitgehend *unbeobachtbar* sein.
- Gegenüber Beteiligten soll die Kommunikation im allgemeinen *anonym* erfolgen.
- Verkehrsereignisse sollen *unverkettbar* sein.

Diese Begriffe werden in [Pfit93] und [Pfit98] präzisiert. Die Unbeobachtbarkeit wird dabei wie folgt definiert:

**Def. 1:** Unbeobachtbar, perfekt unbeobachtbar
Ein Ereignis E heißt unbeobachtbar bezüglich eines Angreifers A, wenn die Wahrscheinlichkeit des Auftretens von E nach jeder für A möglichen Beobachtung B sowohl echt größer 0 als auch echt kleiner 1 ist. Für A gilt für alle B: $0 < P(E|B) < 1$.

Das Ereignis E heißt perfekt unbeobachtbar bezüglich eines Angreifers A, wenn die Wahrscheinlichkeit des Auftretens von E vor und nach jeder für A möglichen Beobachtung B gleich ist, d.h. für alle B: $P(E) = P(E|B)$.

Gemäß Shannon [Shan49][Hell77] bedeutet *perfekter Schutz*, daß alle möglichen Beobachtungen durch den Angreifer diesem keinen Informationsgewinn bringen. Es handelt sich dabei also um eine Maximalforderung. Zur Realisierung dieser Maximalforderung ist eine Umgestaltung der heute existierenden Netze notwendig [PfPW88]. Darüber hinaus wird insbesondere authentisches Wissen bzgl. der Identität der Teilnehmer benötigt, da immer mehrere Teilnehmer zusammenarbeiten müssen, um Anonymität und Unbeobachtbarkeit zu gewährleisten. Diese Anforderungen lassen sich in heutigen, offenen Kommunikations-umgebungen wie dem Internet nur schwer erfüllen.

Sollen die Schutzanforderungen jedoch gemäß der heutigen Gestalt der Netze definiert werden, um diese ohne umfangreiche und kostenintensive Modifikationen und ohne die Notwendigkeit des Teilnehmerwissens weiterbenutzen zu können, so führt dies zu einem schwächeren Sicherheitsmodell, dem Modell des *probabilistischen Schutzes*:

**Def. 2:** Probabilistisch unbeobachtbar
Ein Ereignis *E* heißt probabilistisch unbeobachtbar bezüglich eines Angreifers *A*, wenn die Wahrscheinlichkeit des Auftretens von *E* nach jeder für *A* möglichen Beobachtung *B* echt größer 0 ist, mit Wahrscheinlichkeit 1-$\alpha$ auch echt kleiner 1 ist und wenn folgende Bedingungen bezüglich $\alpha$ erfüllt sind:

- Die a-posteriori-Wahrscheinlichkeit $\alpha$ ist gleich der a-priori-Wahrscheinlichkeit (d.h. unabhängig vom Angreifer).
- Es existiert ein Systemparameter $\mu$, dessen lineare Änderung $\alpha$ exponentiell gegen 0 konvergieren läßt.
- Für $A$ gilt für alle $B$: $0 < P(E|B) < 1$ mit Wahrscheinlichkeit $1$-$\alpha$ und $P(E|B) = 1$ mit Wahrscheinlichkeit $\alpha$.

Def. 2 erfüllt offensichtlich die Anforderungen einer komplexitätstheoretischen Sicherheit. Wenn ein Algorithmus bekannt ist, der probabilistische Sicherheit gewährleistet (z.b. mit $\alpha=10^{-20}$), dann besteht ein erfolgreicher Angriff darin, diesen bis zum Erfolg immer zu wiederholen. Da die Unsicherheit $\alpha$ unabhängig von der Anzahl der Versuche immer konstant bleibt, enden die Versuche im Erwartungswert erst nach $5 \lfloor 10^{19}$ Schritten. Können diese Versuche in polynomieller Zeit verwirklicht werden, dann gehört der erfolgreiche Angriff sicherlich in die Klasse NP.

Die Modellwelt des praktischen Schutzes ergibt sich, indem man vom Angreifermodell 1 zum Angreifermodell 2 wechselt, d.h. die Annahme eines omnipräsenten Angreifers fallen läßt und durch das realistischere Modell eines teilweise präsenten Angreifers ersetzt. Zu beachten ist hierbei, daß die tatsächlichen Fähigkeiten des teilweise präsenten Angreifers in ihrer konkreten Ausprägung von Fall zu Fall schwanken können. Dies bedeutet aber auch, daß dieser Klasse zuzuordnende Anonymisierungstechniken eventuell gegen die eine konkrete Ausprägung des Angreifermodells Schutz bieten, gegen eine andere konkrete Ausprägung jedoch nicht. Damit ist für die Anonymisierungstechniken dieser Klasse keine Ordnung definiert. Vielmehr ergibt sich eine entsprechende Halbordnung.

Dieses indeterministische Angreifermodell bedarf auch einer entsprechenden indeterministischen Schutzanforderung, die zur Definition *des praktischen Schutzes* führt:

**Def. 3: Praktisch unbeobachtbar**
Ein Ereignis $E$ heißt praktisch unbeobachtbar bezüglich des teilweise präsenten Angreifers $A$, wenn die Wahrscheinlichkeit des Auftretens von $E$ nach jeder für $A$ möglichen Beobachtung $B$ echt größer 0 ist und mit Wahrscheinlichkeit $1$-$\alpha$ auch echt kleiner 1 ist. Für $A$ gilt für alle $B$: $0 < P(E|B) \leq 1$.

Damit sind die drei wesentlichen Schutzklassen definiert und die formale Einordnung existierender Techniken im Hinblick auf ihre Sicherheit ist möglich. Im nachfolgenden Abschnitt werden zusätzlich Größen zur Beschreibung der Leistungsfähigkeit eingeführt.

# 4 Wirkungsgrad und Zeiteffizienz

Das Erreichen einer Anonymisierung der Kommunikationsteilnehmer und der Schutz ihrer Kommunikationsbeziehung ist in der Regel mit dem Versenden von echten Nachrichten und Scheinnachrichten verbunden. Generell ist es für Anonymisierungstechniken daher von Bedeutung, trotz des jeweiligen Angreifermodells eine hohe Nachrichtenübertragungsrate zu gewährleisten. In der Regel müssen zum Erreichen des jeweiligen Schutzziels $n>1$ Pakete von $n$ verschiedenen Teilnehmern erzeugt werden. Befinden sich unter diesen $n$ Paketen $k$ echte Nachrichtenpakete und $m$ Scheinnachrichten ($m:=n-k$), so soll das Verhältnis $\eta := k/n$ als Wirkungsgrad[1] bezeichnet werden. $\eta$ kann nie größer als 1 ($\eta \leq 1$) sein, da die Anzahl der ausgetauschten „echten" Nachrichtenpakete nie größer sein kann als die Gesamtzahl der ausgetauschten Nachrichtenpakete. Wird eine echte Nachricht zum Erreichen der Anonymisierung wiederholt gesendet (z.B. über Zwischenknoten), so werden diese zusätzlichen Übertragungen ebenfalls wie Scheinnachrichten behandelt.

Offensichtlich ist es erstrebenswert, ein Anonymisierungsverfahren mit hohem Wirkungsgrad ($\eta \approx 1$) zu entwerfen. Angenommen, es gäbe solch ein Verfahren. Das würde bedeuten, daß bei der Anwendung des Verfahrens eine Anonymitätsmenge existiert, in der alle Teilnehmer etwas zu versenden haben. Da jedoch nicht immer alle $n$ Teilnehmer etwas zu versenden haben, muß das Verfahren entsprechend lange warten, d.h. das Zeitintervall muß so groß gewählt werden, daß die $n$ Teilnehmer mit hoher Wahrscheinlichkeit etwas zu versenden haben. Dieser Zeitaufwand kann als Zeiteffizienz $\tau$ gemessen werden. Weiteren Einfluß auf die Zeiteffizienz hat die Umleitung von Nachrichten über zusätzliche Knoten, da hier ebenfalls Zeit eingebüßt wird.

Da die verschiedenen Verfahren unterschiedliche Techniken einsetzen, muß zur Berechung der beiden Kenngrößen auf ein vereinfachtes, einheitliches Modell zurückgegriffen werden. Dieses Modell geht davon aus, daß jeder Teilnehmer direkt und zeitgleich mit jedem anderen Teilnehmer kommunizieren kann (vollvermaschtes Netz). Die konkrete Netzwerktopologie, die gegebenenfalls eine Optimierung ermöglicht, bleibt dabei unberücksichtigt. Das unmittelbare Senden der Nachricht vom Sender zum Empfänger wird damit als Normfall betrachtet. Die beiden Kenngrößen definieren demzufolge den Mehraufwand bzgl. der Bandbreite sowie der Zeit und werden wie folgt berechnet:

$$\eta = \frac{Anzahl\ richtige\ Nachrichten}{Gesamt\ anzahl\ Nachrichten}, \quad \tau = \frac{Zeit\ zum\ direkten\ Senden\ einer\ Nachricht}{Zeit\ zum\ Senden\ mittels\ konkretem\ Verfahren}.$$

Mit dem Wirkungsrad und der Zeiteffizienz werden zwei Größen definiert, die eine Klassifizierung der verschiedenen Anonymisierungstechniken gemäß ihrer Leistungsfähigkeit ermöglichen. Zusammen mit den drei definierten Schutzmodellen ergibt sich ein Klassifizierungsschema, das eine Ordnung und einen Vergleich der existierenden Techniken ermöglicht und damit das Arbeitsgebiet der Anonymisierungstechniken weiter strukturiert.

# 5 Anonymisierungstechniken und ihre Klassifizierung

Im folgenden werden exemplarisch verschiedene existierende Anonymisierungstechniken gemäß dem oben definierten Schema klassifiziert und bewertet. Der Wirkungsgrad und die Zeiteffizienz werden dabei lediglich angegeben. Auf eine detaillierte Herleitung wird verzichtet. Sie beruht aber auf den jeweils angegebenen Arbeiten und kann mittels dieser einfach nachvollzogen werden.

---

[1] In der Physik wird das Verhältnis der abgegebenen Leistung an einer Maschine zur zugeführten Leistung als Wirkungsgrad $\eta$ definiert. Dies ist sinnvoll, da jede Maschine eine größere Leistung aufnimmt, als sie abgibt. Die Analogie zur Informationsrate bei den Anonymisierungstechniken ist offensichtlich.

## 5.1 Perfekter Schutz

Ziel der Verfahren dieser Klasse ist es, die Information darüber, wer wann von wo und wie lange mit wem kommuniziert hat, perfekt zu schützen.

1. *Verteilung*: Bei der Verteilung [FaLa75][Karg77][Pfit90] sendet der Sender eine Nachricht nicht nur an den eigentlichen Empfänger, sondern an eine Gruppe von Empfängern (A-nonymitätsmenge). Die Adressierung des eigentlichen Empfängers geschieht durch eine implizite Adresse.

2. *DC-Netze*: Ein DC-Netz [Chau88] sendet für jedes Nutzbit auf dem unsicheren Netz n Schlüsselbits. Diese werden mit der XOR-Funktion summiert, so daß das Nutzbit perfekt in die n Schlüsselbits der n verschiedenen Teilnehmer eingebettet ist. Für dieses überlagernde Senden benötigen die beteiligten Stationen paarweise gemeinsame geheime Schlüssel, die so lang sind, wie die zu versendende Nachricht, und nur einmal verwendet werden dürfen. Zunächst werden in jeder Station lokal die vorhandenen Schlüssel und evtl. die zu sendende Nachricht überlagert (XOR-Funktion). Danach werden global die lokalen Ergebnisse überlagert. Wenn nun genau eine Station eine Nachricht x sendet, entspricht die verteilte Gesamtsumme dieser Nachricht x, da ja alle Schlüsselwörter genau zweimal addiert werden. Falls von den n Teilnehmern mehrere in der gleichen Periode eine Nachricht senden möchten, kommt es zu einer erkennbaren Kollision, die entsprechend aufgelöst werden kann[2].

3. *MIXe*: Das MIX-Verfahren hat das Ziel, die Nachrichtenvermittlung vom Sender bis zum Empfänger durch den Einsatz von Zwischenknoten, sogenannte MIX-Stationen, unverfolgbar zu machen. Dazu sammelt eine MIX-Station genügend viele Datenpakte von genügend vielen Absendern und gibt sie so verändert wieder aus, daß ein Außenstehender ein Eingangspaket nicht zu einem Ausgangspaket in Bezug setzen kann. In der hier betrachteten Variante sammelt der MIX dazu n Datenpakete und gibt diese dann in einem Schub aus. Dies kann entweder synchron oder asynchron geschehen. Im synchronen Fall sendet jeder Teilnehmer in jedem Taktzyklus eine (Schein-)Nachricht. Im asynchronen Fall ist das System nicht getaktet. Ein Loop-Back garantiert dabei die sichere Bildung der Anonymitätsmenge. Für weitere Protokolldetails sei auf [Chau81] und [Pfit98] verwiesen.

Tab. 1 ordnet die Verfahren gemäß dem oben vorgestellten Klassifizierungsschema. Zusätzlich wird noch angegeben, ob der zugrundeliegende Gruppenbildungsmechanismus eine spontane Kommunikation zuläßt. n bezeichnet die Zahl der Empfänger (Verteilung) bzw. die Anzahl der Knoten im DC-Netz. Bei den MIX-Verfahren wird davon ausgegangen, daß N MIXe benutzt werden und jeder MIX mit der Rate $\mu_s$ senden kann und mit der Rate $\lambda$ empfängt. m bezeichnet dabei die Anzahl der von einem Knoten generierten Scheinnachrichten. Als Referenz wird zusätzlich das direkte, nicht anonyme Senden angegeben.

---

[2] In der Analyse wird dazu Slotted ALOHA benutzt. Der Gesamtverkehr des Netzes ist dabei ein Poissonstrom mit Parameter G und die mittlere Anzahl von Sendeversuchen ist gleich $e^G$.

| | Direktes Senden | Verteilung | DC-Netz | MIX-Kaskade (synchron) | MIX (asynchron) |
|---|---|---|---|---|---|
| Angreifermodell | - | 1 | 1 | 1 | 1 |
| Sender-Anonymisierung | Nein | Nein | Ja | Ja | Ja |
| Empfängeranonymisierung | Nein | Ja | Ja | Ja | Ja |
| Wirkungsgrad $\eta$ | 1 | $\dfrac{1}{n}$ | $\dfrac{1}{n \cdot (n-1) \cdot e^G}$ | $\dfrac{k}{n \cdot (N+1) + N \cdot (2 \cdot n)}$ | $\dfrac{1}{(N+1) + 2 \cdot N}$ |
| Zeiteffizienz $\tau$ | 1 | 1 | $\dfrac{1}{e^G}$ | $\dfrac{1}{(N+1) + 2 \cdot N}$ | $\dfrac{1}{(N+1) + N\mu_s \dfrac{n-1}{2\lambda} + 2 \cdot N}$ |
| Spontane Kommunikation | - | Nein | Nein | Nein | Ja |

**Tab. 1: Perfekter Schutz**

## 5.2 Probabilistischer Schutz

Der Klasse der probabilistischen Schutz bietenden Verfahren ist zur Zeit nur ein einziges Verfahren zuzuordnen, die Stop-and-Go-MIXe [KeEB98]. Ein SG-MIX arbeitet grundsätzlich wie ein konventioneller MIX, sammelt jedoch keine feste Anzahl von Nachrichten. Ein Sender A wählt zum anonymen Versenden einer Nachricht n verschiedene SG-MIXe aus. Für jeden dieser Knoten i berechnet er ein Zeitfenster $(TS^{min}, TS^{max})_i$ und eine zufällige Verzögerungszeit $T_i$ gemäß einer Exponentialverteilung mit geeignetem Parameter $\mu_w$. Diese Information wird dem Paket hinzugefügt, bevor es mit dem öffentlichen Schlüssel des Knotens verschlüsselt wird. Der SG-MIX i entschlüsselt das Paket und entnimmt das Zeitfenster $(TS^{min}, TS^{max})$. Sollte der Ankunftszeitpunkt des Pakets nicht innerhalb dieses Zeitfensters liegen, so verwirft er das Paket. Ansonsten leitet er das Paket nach $T_i$ Zeiteinheiten an den nächsten SG-MIX bzw. den Empfänger weiter. Tab. 2 ordnet das Verfahren gemäß dem oben vorgestellten Klassifizierungsschema. Es wird davon ausgegangen, daß N SG-MIXe benutzt werden und jeder SG-MIX mit der Rate $\mu_s$ sendet.

| | SG-MIX |
|---|---|
| Angreifermodell | 1 |
| Sender-Anonymisierung | ja |
| Empfänger-Anonymisierung | ja |
| Wirkungsgrad $\eta$ | $\dfrac{1}{N+1}$ |
| Zeiteffizienz $\tau$ | $\dfrac{1}{(N+1) + N\mu_s \dfrac{1}{\mu_w}}$ |
| Spontane Kommunikation | ja |

**Tab. 2: Probabilistischer Schutz**

## 5.3 Praktischer Schutz

Zu der Klasse der praktischen Schutz bietenden Verfahren gehören die meisten in der jüngeren Literatur vorgeschlagenen Verfahren.

1. *NDM*: Bei der NDM-Methode [FaKK96] wählt der Sender unabhängig und zufällig N spezielle Zwischenknoten (Security Agents, SA) aus, über die seine Nachricht geleitet werden soll. Er verschlüsselt das zu versendende Paket mit den entsprechenden öffentlichen Schlüsseln der SAs. Weiterhin lassen sich hier die von den MIXen bekannten Techniken zur Replay-Erkennung, zur indeterministischen Verschlüsselung und zur einheitlichen Nachrichtenlänge anwenden.

2. *Crowds*: Crowds [ReRu97] ermöglicht es einer Gruppe von Nutzern anonym Web-Seiten abzurufen. Dazu wird die Anfrage eines Nutzers vom aktuellen Zwischenknoten entweder an den Web-Server (mit Wahrscheinlichkeit $(1 - p_f)$) oder aber an einen weiteren Zwischenknoten (mit Wahrscheinlichkeit $p_f$) weitergeleitet.

Insbesondere in der Klasse des praktischen Schutzes gibt es noch weitere Verfahren, die hier nicht vorgestellt wurden. Diese können analog bewertet und eingeordnet werden.

| | NDM | Crowds |
|---|---|---|
| Angreifermodell | 2 | 2 |
| Sender-Anonymisierung | ja | ja |
| Empfänger-Anonymisierung | ja | ja |
| Wirkungsgrad $\eta$ | $\dfrac{1}{N+1}$ | $\dfrac{1-p_f}{2-p_f}$ |
| Zeiteffizienz $\tau$ | $\dfrac{1}{N+1}$ | $\dfrac{1-p_f}{2-p_f}$ |
| Spontane Kommunikation | ja | nein[3] |

**Tab. 3:** Praktischer Schutz

# 6 Ausblick

In dieser Arbeit wurde ein Klassifizierungschema vorgestellt, das die Beurteilung und den Vergleich von Anonymisierungstechniken hinsichtlich ihrer Sicherheit und Leistungsfähigkeit ermöglicht. Die Sicherheitsklassifikation beruht auf der Erweiterung der bisherigen informationstheoretischen Modellwelt um die probabilistische und die praktische Modellwelt. Zur Beurteilung der Leistungsfähigkeit wurden die beiden Parameter Wirkungsgrad und Zeiteffizienz eingeführt.

---

[3] Das Gruppenmanagement macht eine explizite Anmeldung erforderlich.

In zukünftigen Arbeiten soll das Klassifikationsschema zu einer allgemeinen Theorie der Anonymisierungstechniken erweitert werden, die insbesondere die gemeinsamen Grundelemente der Verfahren (Bildung der Anonymitätsmenge, Umkodierung, Adreßumsetzung etc.) formal und systemunabhängig beschreibt.

## Literatur

[Chau81]    D. Chaum: Untraceable Electronic Mail, Return Addresses, and Digital Pseudonyms. In: Comm. ACM, Vol. 24, No. 2, Februar 1981, S. 84-88.

[Chau88]    D. Chaum: The Dining Cryptographers Problem: Unconditional Sender and Recipient Untraceability. In: Journal of Cryptology 1/1, 1988, S. 65-75.

[Cott]      L. Cottrell: Mixmaster & Remailer Attacks.
            http://obscura.com/~loki/remailer-essay.html

[FePf97]    H. Federrath, A. Pfitzmann: Bausteine mehrseitiger Sicherheit. In: Mehrseitige Sicherheit in der Kommunikationstechnik, Addison-Wesley, Bonn, 1997, S. 83-104.

[GüTs96]    C. Gülcü, G. Tsudik: Mixing Email with Babel. In: Proc. Symposium on Network and Distributed System Security, San Diego, IEEE Computer Society Press, 1996.

[GoRS96]    D.M. Goldschlag, M.G. Reed, P.F. Syverson: Hiding Routing Information. In: Information Hiding, Springer-Verlag LNCS 1174, 1996, S. 137-150.

[Hell77]    M.E. Hellman: An extension of the Shannon Theory Approach to Cryptography. In: IEEE Transactions on Information Theory, Band IT-23, No. 3, Mai 1977.

[FaKK96]    A. Fasbender, D. Kesdogan, O. Kubitz: Variable and Scalable Security: Protection of Location Information in Mobile IP. In: Proc. VTC'96, Atlanta, 1996.

[FaLa75]    D.J. Farber, K.C. Larson: Network Security Via Dynamic Process Renaming. In: Fourth Data Communications Symposium, Quebec City, Canada, 1975.

[Karg77]    P.A. Karger: Non-Discretionary Access Control for Decentralized Computing Systems. Master Thesis, Massachusetts Institute of Technology, Camebridge, Massachusetts, Report MIT/LCS/TR-179, 1977.

[KeEB98]    D. Kesdogan, J. Egner, R. Büschkes: Stop-And-Go-MIXes Providing Probabilistic Anonymity in an Open System. Erscheint in: Proc. Second Workshop on Information Hiding (IHW98), LNCS (Springer-Verlag).

[PfPW88]    A. Pfitzmann, B. Pfitzmann, M. Waidner: Datenschutz garantierende offene Kommunikationsnetze. In: Informatik-Spektrum 11/3, 1988, S. 118-142.

[Pfit90]    A. Pfitzmann: Dienstintegrierende Kommunikationsnetze mit teilnehmerüberprüfbarem Datenschutz. In: IFB 234, Springer-Verlag, Heidelberg, 1990.

[Pfit93]    A. Pfitzmann: Technischer Datenschutz in öffentlichen Funknetzen. In: Datenschutz und Datensicherheit (DuD), August 1993, S. 451-463.

[Pfit98]      A. Pfitzmann: Datensicherheit   und   Kryptographie. Vorlesungsskript TU
              Dresden, WS 1997/98.

[ReRu97]      M.K. Reiter, A.D. Rubin: Crowds: Anonymity for Web Transactions.
              DIMACS Technical Report 97-15, April 1997.
              http://www.research.att.com/projects/ crowds/

[Scha96]      S. Schaarschmidt: Anonyme Remailer im Internet. Großer Beleg am Institut für
              Theoretische Informatik der TU Dresden, Januar 1996.

[Shan49]      C.E. Shannon: Communication theory of secrecy systems. In: Bell System
              Technical Journal, 28, 1949, S. 656-715.

[SyGR97]      P.F. Syverson, P.F. Goldschlag, M. G. Reed: Anonymous Connections and
              Onion Routing. In: Proc. 1997 IEEE Symposium on Security and Privacy, Mai
              1997.

[StMa96]      P. A. Strassmann, W. Marlow: Risk-Free Access Into The Global Information
              Infrarstructure Viua Anonymous Re-Mailers. In: American Programmer, Vol.
              9, Issue 5, 1996. http://www.strassmann.com/pubs/anon-remail.html

# Datenschutz in der Verkehrstelematik

Peter Ehrmann

SECUNET Security Networks GmbH
Niederlassung Eschborn
ehrmann@secunet.de

### Zusammenfassung

Im Rahmen dieses Beitrages werde ich die Verarbeitung personenbezogener Daten bei Telematikdiensten für Verkehrsteilnehmer untersuchen und die derzeitigen Möglichkeiten zur Realisierung sowie deren rechtliche Einordnung an Beispielen näher betrachten. In diesem Rahmen werde ich auf die rechtlichen Einordnung der Dienste und die anonyme / pseudonyme Nutzung eingehen.

## 1 Einleitung

Stellen Sie sich vor, Sie fahren zu einem Geschäftspartner in einer fremden Stadt. Der Atlas, den Sie auf Ihrem Steuer liegen haben, rutscht Ihnen in den Fußraum, gerade als Sie den Kreisel zum dritten mal in der Hoffnung umrunden, die richtige Straße oder ein Schild, das Ihnen weiterhilft zu finden. Wäre es nicht angenehmer von einer Stimme in jeder Stadt zu jeder Zeit freundlich auf den rechten Weg gebracht zu werden?

Moderne Verkehrstelematikdienste machen das möglich. Hierzu verarbeiten sie eine Menge von personenbezogenen Daten. Sie kennen den Standort, den Weg, das Ziel, das Hotel und wissen einiges über den Zustand des Fahrzeuges.

Die zentrale Frage hierbei ist: Sind alle Voraussetzungen vorhanden, um die Vorteile dieser Dienste zu nutzen ohne das Recht auf informelle Selbstbestimmung der Kunden und Nutzer einzuschränken?

## 2 Beschreibung und Einteilung der Telematikdienste

Betrachten wir den Telematikdienst für Verkehrsteilnehmer einmal näher. Er ist nur ein kleiner Baustein innerhalb der ganzheitlichen „intelligenten" Verkehrsführung, die u.a. im Rahmen der europäischen Forschungsprojekte DRIVE und PROMETHEUS untersucht werden. Anhand einer Einteilung der Europäischen Kommission GD XIII-C im Programm Telematikanwendungen sind folgende Teilsektoren und Aufgaben vorgesehen[1]:

- Telematikdienste für Verkehrsteilnehmer,
- Telematikdienste für den Güterverkehr,
- Telematik für Netzmanagement, -betrieb und -steuerung,
- Telematik für den Flottenbetrieb,
- Telematik für die Fahrzeugführung,

---

[1] GD XIII-C 1994.

- Validierung einer integrierten Verkehrstelematik-Infrastruktur und der dazugehörigen Dienste an Teststandorten,
- Spezifische Begleitmaßnahmen zur Verkehrstelematik.

Bei den personenbezogenen Daten, die dabei erhoben und verarbeitet werden, muß der Dienstleister einen Kompromiß finden zwischen dem vom Kunden gewünschten „persönlichen" und voraussehenden Service, einer anonymen Verwendung und dem möglichen Mißbrauchspotential.

Dieser Kompromiß hängt stark von der Zielgruppe und der Nutzungsart des Dienstes ab. Grundsätzlich muß bei der Nutzungsart unterschieden werden, ob der Dienstleistungsvertrag zwischen dem Nutzer und dem Dienstleister geschlossen wurde und die Bestandsdaten dem Dienstleister bekannt sind, oder ob der Dienst im Rahmen eines anderen Dienstes (zum Beispiel durch eine Autovermietung) durch einen Dritten angeboten wird. In diesem Fall ist der Nutzer dem Dienstleister nicht bekannt. Diese Konstellation betrachten wir ein anderes Mal.

Eine weitere Rolle spielen die verwendete Technik und die Häufigkeit der Nutzung. Ist es ein Medium, das per se einen gewissen Bezug zum Nutzer zuläßt, oder kann dieser Bezug ganz ausgeschlossen werden?

Welche datenschutzrechtlichen Vorgaben sich für Verkehrstelematikdienste ergeben und wie man sie umsetzten kann, möchte ich am Beispiel von derzeitig verfügbaren Diensten näher erläutern:

Für den Telematikdienst benötigt der Kunde ein Endgerät, welches entweder der klassischen telefonischen Dienstleistung angepaßt ist. Dies ist i.d.R. ein Radio mit integriertem GSM-Handy mit SIMM-Karte zur Identifizierung, eine Freisprecheinrichtung, ein Multi-Information-Display und ein GPS-Modul, eine GPS/GSM/Radio-Antennne sowie weitere Sensoren, die im Fahrzeug für die exakte Postionsbestimmung sorgen oder, für den „quasi online" Betrieb, andere interaktive Benutzerschnittstellen (Touchscreen, Computer-Sprachsteuerung).

Bei der dritten Gruppe von Diensten (wir nennen sie der Einfachheit halber offline-Dienste) findet die Erhebung und Verarbeitung seiner personenbezogenen Daten ausschließlich im „Hoheitsgebiet" (eigenen Fahrzeug) des Betroffenen statt. Diese Dienste sollen hier nicht weiter betrachtet werden.

**Verkehrstelematikdienste auf der Basis von Telefongesprächen**

Während der Fahrt ermittelt der GPS-Empfänger gemeinsam mit den Sensoren im Auto permanent die aktuelle Position. Die Daten werden gespeichert und zyklisch mit neuen Koordinaten überschrieben.

Möchte der Kunde nun einen solchen Dienst nutzen, so muß er einen „Start"-Knopf am Endgerät drücken und baut damit eine Telefonverbindung zum Servicecenter des Dienstleisters auf. Gleichzeitig werden die Rufnummer des Kunden (CLI), die Kennung des Fahrzeuges (Vehicle Identification Number VIN) und seine aktuelle Position mittels einer SMS-Nachricht an den Operator im Servicecenter übermittelt.

Der Operator im Servicecenter, der den Anruf entgegennimmt, erhält – initiiert durch die übermittelte CLI – die Daten des Kunden auf seinem Bildschirm und kann nun die Wünsche entgegennehmen. Er kann zum Beispiel eine Pannenhilfe anfordern, eine Routenplanung oder eine Hotelbuchung vornehmen oder einen Unfall nachbereiten und, wenn es erforderlich ist, den Kunden zurückrufen.

**Verkehrstelematikdienste auf der Basis von interaktiven Benutzerschnittstellen**

Auch hier muß der Benutzer den Dienst am Endgerät starten, bzw. er wird vom System, nachdem er das Auto gestartet hat, explizit dazu aufgefordert. Für eine klare Abgrenzung zu reinen offline-Diensten[2] nehmen wir für unsere Dienste an, daß Informationen über die Wünsche und die Position des Kunden sowie weitere Fahrzeugdaten mittels Telekommunikation an einen Dienstleister übertragen werden. Die Kommunikation zwischen Dienstleister und Nutzer findet mittels mehrerer Medien statt. Um die Betrachtung zu vereinfachen unterstellen wir, daß die Bewegungsdaten auf die gleiche Weise wie beim o.g. Dienst erhoben und übertragen werden.

# 3 Rechtliche Einordnung

Da beiden Diensten eine Übermittlung mittels Telekommunikation[3] zugrunde liegt, muß man sich die Frage stellen, ob es sich um einen Teledienst im Sinne des § 2 Teledienstegesetz ‚TDG' handelt und damit das TDDSG gilt. Für diese Annahme spricht, daß es sich bei dem Service u.a. um ein Angebot zur Information über Verkehrsdaten nach § 2 Abs. 2 Ziffer 2 TDG handelt.

Dagegen ist für den auf Telefongespräche gestützten Dienst anzuführen, daß er, entgegen den multimedialen Verkehrstelematikdiensten, der grundlegenden Definition des § 2 Abs. 1 TDG nicht entspricht, da der Nutzer keine individuelle Nutzung von kombinierbaren Daten[4] vornehmen kann, sondern ein simples Telefonat[5] mit einem Operator führt. Die Bewegungsdaten seines Fahrzeuges werden von ihm nicht im Sinne des BDSG genutzt[6]. Sie werden – ohne daß der Nutzer über die Möglichkeit verfügt, auf den Inhalt der Daten Einfluß zu nehmen – lediglich an die Servicezentrale übermittelt. Ich glaube es nicht, daß es im Sinne des Gesetzgebers ist, alle Dienstleistungen, die mittels eines Telefongespräches erbracht werden, als Teledienste einzuordnen, denn dann würden Dienste wie die Telefonauskunft oder der telefonische Wetterdienst über Nacht zum Teledienst.

Es ist also anzunehmen, daß es sich bei dem auf Telefongesprächen gestützten Dienst nicht um einen Teledienst handelt, sondern das BDSG einschlägig ist. Es ist jedoch zu beachten, daß die Wahl eines andern oder eines zusätzlichen Telekommunikationsdienstes – wie im zweiten Fall – (zum Beispiel SMS für die Übermittlung des Hotelstandortes), der eine Beeinflussung der Daten durch den Nutzer zuläßt, den „Telefon-Dienst" zum Teledienst mutieren läßt. Um bei der Einführung anderer Endgeräte hohe Kosten für gesetzlich bedingte Änderungen zu vermeiden, sollten daher von Anfang an die Regelungen des TDDSG in Betracht gezogen werden.

---

[2] Hier sind alle benötigten Straßenpläne und weitere Informationen auf einer CD-ROM vorhanden.
[3] § 3 Abs. 16 TKG.
[4] Siehe auch Begründung zum IukDG, A. Allgemeiner Teil: Einordnung der neuen Informations- und Kommunikationsdienste Abs. 1.
[5] Kap. 6.2.3 OnStar Service-specification; June 15th, 1998.
[6] § 3 Abs. 6 BDSG.

Die nachfolgenden Betrachtungen wurden nur für den auf Telefongespräche gestützten Dienst durchgeführt. Mit der Diskussion alternativer Nutzungsarten schließt sich der Kreis wieder und holt die multimedialen Verkehrstelematikdienste zurück in das Blickfeld.

# 4 Verkehrstelematik auf Basis von Telefongesprächen

## 4.1 Rollenmodell / Bestimmung der Subjekte

Die Betrachtung der verschiedenen Subjekte (Personen, Computer...), die an der Dienstleistung beteiligt sind, ermöglicht es uns, die Zusammenhänge des Dienstes näher zu untersuchen. Die nachstehende Abbildung bezeichnet die Subjekte und die Flüsse der Objekte (personenbezogene Daten) untereinander. Sie können erkennen, daß auch die sensiblen Bewegungsdaten an dritte Stellen weitergegeben werden. Es ist nicht selbstverständlich, daß sich jedes Subjekt in Deutschland befindet. Dieses Modell ist nur hier gültig, da es sich mit jeder Modifizierung des Dienstes oder der Vermarktung ändert.

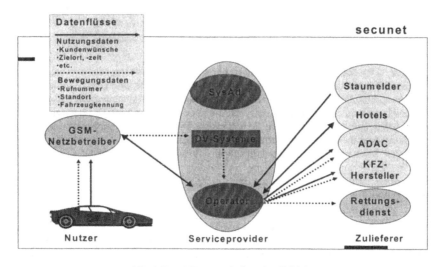

**Abb. 1:** Datenflüsse zwischen den Subjekten

## 4.2 Bestimmung der Objekte

Die im System erhobenen und verarbeiteten personenbezogenen Daten lassen sich in die vier Gruppen Bestandsdaten, Bewegungsdaten, Abrechnungsdaten und freiwillige Angaben aufteilen. Diesen Gruppen kam man abhängig von der Menge der Daten, dem schutzwürdigen Interesse des Betroffenen und ihrem Wert für das Unternehmen einen Vertraulichkeitsgrad zuordnen. Dies erleichtert später die Bewertung der Risiken und die Auswahl der probaten Sicherheitsmechanismen. Bei der Analyse der Dienste wurden die Stufen offen, intern, vertraulich und streng-vertraulich verwendet.

## 4.3 Bestandsdaten

Vor der erstmaligen Nutzung des Dienstes muß sich der Kunde angemeldet haben und seine Bestandsdaten an den Dienstleister übermitteln. Diese Daten, welche für die Begründung, Änderung und inhaltliche Ausgestaltung des Vertragsverhältnisses erforderlich sind, werden im folgenden als Bestandsdaten bezeichnet. Die Art der angebotenen Dienstleistung nimmt hier schon Einfluß auf die Bestandsdaten und darauf, wie der Kunde sich an den Dienst anmelden kann. Dienste, die einen direkten Einfluß auf des Fahrzeug haben wie zum Beispiel die Positionsbestimmung des Fahrzeugs bei einem Diebstahl, erfordern eine feste Zuordnung zwischen dem Fahrzeug und dem Kunden. Der Dienstleister muß prüfen, daß der Fahrzeughalter mit dem Kunden identisch ist, sonst kann der Kunde gegen den Willen des Fahrzeughalters die Verfügbarkeit oder die Sicherheit des Fahrzeugs beeinträchtigen.

Die Routenplanung oder die Reservierung von Hotels benötigt diese Zuordnung nicht und kann unabhängig von dem verwendeten Fahrzeug genutzt werden. Zur Zeit ist eine permanente Beziehung zwischen dem Kunden und dem Fahrzeug durch die Fahrzeugkennung vorgesehen. Die folgenden Bestandsdaten werden üblicherweise im Rahmen des Dienstes erhoben:

- Anrede (Titel und Geschlecht)      nur bei Privatkunden
- Mobile Subscriber Number CLI
- Name und Vorname      nur bei Privatkunden
- Sprache
- Geburtsdatum      nur bei Privatkunden
- Adresse
- Firmenname
- Fahrzeugkennung
- Registrierungsnummer
- Hersteller
- Fahrzeugtyp
- Fahrzeuggewicht
- Datum der Erstzulassung
- Ende der Garantiezeit
- Fahrzeugfarbe

Keine Bestandsdaten sind beispielsweise:
- ❑ Telefonnummer privat      freiwillige Angabe
- ❑ Telefonnummer geschäftlich
- ❑ Bankverbindung
- ❑ Einträge in die Kommentarzeile

Der Inhalt einer solchen Kommentarzeile muß zum Beispiel durch eine Dienstanweisung geregelt werden und bedarf der Zustimmung des betroffenen Nutzers. Die Einhaltung der Vorschrift ist regelmäßig durch den betrieblichen Datenschutzbeauftragten zu prüfen. Die freiwilligen Angaben sind als solche im Antragsformular zu kennzeichnen. Die Nutzung oder Übermittlung der Bestandsdaten für Werbung, Markt- oder Meinungsforschung ist zulässig, wenn der Kunde der Nutzung und Übermittlung nicht widerspricht[7]und der Kunde auf sein Widerspruchsrecht ausreichend hingewiesen wurde. Der Kunde kann jederzeit nachträglich der Nutzung und Übermittlung der Bestandsdaten für Werbung, Markt- oder Meinungsforschung widersprechen. Endet das Vertragsverhältnis, so verlieren die Bestandsdaten ihre Zweckbindung und sind umgehend bzw. nach einem angemessenen Zeitraum (zum Beispiel 1 Jahr) zu löschen. Ausnahmen sind in Einzelfällen (zum Beispiel bei offenen Rechnungen, laufenden Verfahren...) möglich. Eine Speicherung zum Zweck der Erfüllung anderer gesetzlicher Grundlagen (zum Beispiel Speicherung der Summenrechnung für 6 Jahre als Handelsbriefe im Sinne des § 257 HGB) hat Vorrang, muß jedoch zweckgebunden gehandhabt werden.

Die Summe der Bestandsdaten sollte vor allem wegen der Wichtigkeit für den Betreiber als streng-vertraulich eingestuft werden. Ein einzelner Datensatz ist mit vertraulich ausreichend hoch klassifiziert.

## 4.4 Bewegungs- und Nutzungsdaten

Die Bewegungsdaten geben Auskunft über die Position des Fahrzeugs, die Nutzungsdaten beschreiben den Start und den Zielpunkt der Reise sowie andere aktuelle Gegebenheiten (Unfall, Verfahren) und Vorlieben des Nutzers (bevorzugte Hotels, Restaurants...) bis hin zu medizinischen Notfalldaten. Die Führung einer Historie dieser Daten ist bedingt durch die ständigen Veränderungen, die eine Reise mit sich bringt. So werden diese Daten teilweise für Umbuchungen von Hotels, die Änderungen des Ziels durch neue Termine und Staus sowie zur Klärung von Beschwerden benötigt.

Für den Umgang mit Bewegungs- und Nutzungsdaten aus Verkehrstelematiksystemen gibt es keine speziellen Rechtsnormen. Es können jedoch artverwandte Regelungen und Grundsätze aus der Telekommunikation (Regelungen für Verbindungsdaten)[8] und der Teledienste (Nutzungsdaten)[9] herangezogen werden.

Diese Bewegungsdaten, die zur Erbringung des Dienstes erhoben und verarbeitet werden sollen, sind sehr sensibel und bieten die Möglichkeit, umfassende Bewegungsprofile der Nutzer zu erstellen. Aus der Sicht der Landesdatenschutzbeauftragten von Berlin, Bremen und Hamburg wird das Mißbrauchspotential dieser Daten angesichts der weiten Verbreitung von Kraftfahrzugen als außerordentlich hoch eingeschätzt[10]. Sie sollten deshalb als streng-vertraulich eingestuft werden.

Nicht ohne Skepsis verfolge ich die aktuellen Diskussionen über die Bestimmung des Standortes eines Mobilfunkteilnehmers auf Wunsch der Strafverfolgungsbehörden. Sie zeigen eindeutig das Bestreben der Bedarfsträger, alle verfügbaren Informationen für ihre Zwecke zu nutzen. Schnell treten im Kampf gegen das organisierte Verbrechen persönliche Grundrechte in den Hintergrund. Daraus folgt, daß jede Erhebung von Daten, jede Datensammlung dem potentiellen Risiko des staatlichen Zugriffs ausgesetzt sind. Vom Standpunkt des Dienstleisters müssen diese Risiken eingedämmt werden, um damit das Ansehen des Auftraggebers in

---

[7] § 28 Abs. 3 BDSG.
[8] § 89 TKG und TDSV.
[9] § 6 TDDSG.
[10] LFDB94 Kap. 3.3.1.3, Abs. 5 Seite 21.

der Öffentlichkeit nicht zu gefährden und das Vertrauen der Kunden zu sichern – von der Verhinderung der möglichen Auswirkungen auf unsere Gesellschaft ganz zu schweigen.

## 4.4.1 Erhebung und Speicherung der Bewegungsdaten im Fahrzeug

Die Bewegungsdaten werden im Fahrzeug gespeichert, wobei nur eine geringe Anzahl Datensätze im Speicher Platz finden. Ist der Speicher voll, so werden die zuerst gespeicherten Daten zyklisch überschrieben. Problematisch ist die Speicherung dieser Daten, wenn das Fahrzeug steht, da die zuletzt erhobenen Daten erhalten bleiben, bis sie mit dem Beginn einer neuen Fahrt überschrieben werden. Diese Daten können leicht das Interesse der Strafverfolgungsbehörden wecken, um mit ihrer Hilfe Alibis des Fahrers zu überprüfen oder nachträglich die Geschwindigkeit des Fahrzeugs zu bestimmen. Zudem können die Daten vom Kunden (Nutzer) ungewollt durch die Werkstatt eingesehen werden.

Auf der anderen Seite kann mit diesen Daten bei einem Unfall der Standort des verunglückten Fahrzeuges ermittelt und an die Rettungsleitstellen weitergeleitet werden. – eine Information, die Leben retten kann. Um die Verfügbarkeit der Daten bei einem Unfall (in der Regel steht das Fahrzeug nach einem Unfall) sicherzustellen und dennoch die o.g. Gefahren zu minimieren, gibt es verschiedene Möglichkeiten, zum Beispiel, daß

- eine festgelegte Zeit (z.B. 1h) nach dem Abzug des Zündschlüssels die vorhandenen Daten gelöscht werden oder
- der Kunde mittels eines Knopfes selber die Löschung der Daten auslösen kann.

Darüber hinaus muß der Kunde beim Kauf seiner Endeinrichtung (oder seines Fahrzeuges) auf die Erhebung und Speicherung dieser Daten in seinem Fahrzeug hingewiesen werden.

Drückt der Benutzer eine Taste, wird seine aktuelle Position wie erwähnt mittels einer SMS-Nachricht über das GSM-Netz zum Operator im Servicecenter übertragen, der direkt die Position des Kraftfahrzeuges angezeigt bekommt.

Um sein Recht auf informationelle Selbstbestimmung ausüben zu können[11], muß der Benutzer einmalig vor der Übermittlung (zum Beispiel durch Hinweise zum Datenschutz durch den Operator) und im Moment der Übermittlung darüber informiert werden, welche Daten zum Servicecenter übermittelt werden. Dies wird zur Zeit zum Beispiel dadurch realisiert, daß dem Nutzer bei längerer Betätigung der Taste alle zu übermittelnden Daten (Postition) auf seinem Display angezeigt werden. Auf die Anzeige der Fahrzeugnummer und der CLI kann dabei verzichtet werden, da sich diese nicht ständig ändern. Der Kunde muß lediglich im Vertrag im Rahmen der Informationspflicht[12] des Anbieters auf die Übermittlung hingewiesen werden.

## 4.4.2 Aktivschaltung der Freisprecheinrichtung

Durch eine für Mitfahrer und ggf. für den Nutzer unbemerkte – beabsichtigte oder unbeabsichtigte – Benutzung des Dienstes können dem Operator im Fahrzeug geführte Gespräche zur Kenntnis gelangen und damit das vom Bundesverfassungsgericht in seinem „Tonband-Beschluß"[13] manifestierte Recht am nicht öffentlich gesprochenen Wort der Fahrzeuginsassen

---

[11] BVerfGE 65, 1 (Seite 34f.).
[12] siehe auch [GoSc97] Seite 124 ff.
[13] BVerfGE 34, 238 (Seite 24f. 16).

beeinträchtigen. Dies kann durch eine optische Anzeige und ein akustisches Warnsignal bei der Aktivierung der Freisprecheinrichtung verhindert werden.

## 4.4.3 Verarbeitung und Nutzung der Daten durch das Servicecenter

An den Umgang mit den Bewegungsdaten stellen sich die folgenden Forderungen:
- Die Bewegungs- und Nutzungsdaten dürfen nur zu der Erbringung der vertraglich vereinbarten Dienstleistung verwendet werden[14].
- Ihre Verwendung für andere Zwecke (zum Beispiel für Werbezwecke) ist ohne die Einwilligung des Nutzers nicht zulässig[15].
- Nach dem Ende einer einzelnen Dienstleistung müssen aus ihren Bewegungsdaten umgehend die für die Abrechnung relevanten Daten ermittelt werden.
- Anschließend, spätestens aber nach einer festgelegten Zeit (z.b. 24h), werden alle Bewegungsdaten gelöscht.
- Daten aus verschiedenen Diensten dürfen nicht zusammengeführt werden.
- Der Operator hat nur für den Zeitraum der Diensterbringung Zugriff auf die Bewegungsdaten.

Es sind also Zeiträume für die Speicherung der Daten zu definieren. Eine zu lange Speicherzeit kann das Vertrauen der Kunden negativ beeinflussen, da sie sich u.a. einer stärkeren Kontrolle durch Strafverfolgungsbehörden ausgesetzt fühlen, da sich anhand der Bewegungsdaten zum Beispiel Regelverstöße und Alibis einfach nachvollziehen lassen[16]. Die Mindest-Speicherdauer hängt von der Dauer der Dienstleistung und dem Wunsch des Kunden nach Folgedienstleistungen (zum Beispiel die Buchung von Hotels nach einem Motorschaden, Angabe von alternativen Routen usw...). Die Ermittlung des Endes der Dienstleistung und das Ausschließen von Folgeaufträgen, sind schwierige Aufgaben. Möglich wäre eine Befragung des Nutzers zuzüglich einer in den AGB's beschriebenen maximalen Speicherzeit.

## 4.4.4 Identifizierung des Kunden

Vor der Auskunft über personenbezogene Daten müssen die Identität und Berechtigung des Anfragenden hinreichend festgestellt werden[17]. Dies erfolgt durch die Ermittlung der CLI und der VIN. Nach einer erfolgreichen Identifizierung benötigt der Operator für die Erbringung der Dienste den Zugriff auf die Bestands- und Bewegungsdaten des Kunden. Dieser Zweck ist jedoch zeitlich und personell eingeschränkt, d.h. ein Operator braucht erst dann den Zugriff auf die Daten, wenn der Kunde durch das Drücken des Knopfes den Dienst einleitet. Um eine zweckfremde Nutzung der Daten durch einen Operator zu verhindern, sollte der Zugriff auf die Daten eines Kunden nur nach der Übermittlung seiner CLI und – alternativ– der Eingabe seines Kundenkennwortes möglich sein; zudem muß jeder Zugriff auf die personenbezogenen Daten des Kunden protokolliert werden. Nur dem Operator ist das Kennwort bekannt und er muß es sich merken und zuordnen. Ohne Kennwort ist kein Zugang zu

---

[14] § 28 Abs. 1 Ziffer 1 BDSG.
[15] § 4 Abs. 1 BDSG.
[16] Dies war u.a. ein Grund für die Firma Porsche, den Heckspoiler erst zeitverzögert nach Erreichen der Geschwindigkeit des unteren Schwellwertes wieder einzufahren, da ansonsten der ausgefahrene Heckspoiler als ein Indiz für die Überschreitung von Geschwindigkeitsbegrenzungen herangezogen werden könnte.
[17] Kap. 6.2.2 OnStar Service-Specification; June 15th, 1998.

den Kundendaten möglich (außer für die Administratoren des Billingsystems und das Fraudmanagement). Bei diesem Verfahren muß beachtet werden, daß bei unkorrekter Aussprache und Sprachfehlern ggf. ein berechtigter Kunde fälschlich abgewiesen wird. Die Übermittlung erfolgt in Klartext über das Telefonnetz und ist dementsprechend so sicher wie die vom jeweiligen TK-Anbieter bereitgestellte Sicherheit.

Die Übertragung der CLI zum Servicecenter muß wissentlich vom Nutzer eingeleitet werden. Daraus folgt, daß die Anzeige der CLI vom Endgerät des Nutzers initiiert wird. Besondere Rechte an den Anschlüssen (network profile)[18] des Servicecenters in Form eines CLIP-Overwrite-Dienstmerkmals sind nicht zulässig.

## 4.4.5 Werbung und Marktforschung

Aufgrund der hohen Sensibilität der Bewegungsdaten überwiegt das schutzwürdige Interesse[19] des Kunden / Nutzers gegenüber dem berechtigten Interesse an der Nutzung oder Übermittlung der Bewegungsdaten für Werbung, Markt- oder Meinungsforschung nach § 28 Abs. 1 Ziffer 2[20]. Die Nutzung oder Übermittlung der Bewegungsdaten für Werbung, Markt- oder Meinungsforschung ist deshalb nur zulässig, wenn der Kunde in die Nutzung und Übermittlung **einwilligt**[21] und auf sein Widerspruchsrecht ausreichend hingewiesen wird oder die Bewegungsdaten ausreichen anonymisiert werden.

Der Kunde kann natürlich jederzeit nachträglich der Nutzung und Übermittlung der Bestandsdaten für Werbung, Markt- oder Meinungsforschung widersprechen. Die Nutzung von Bewegungsdaten für Statistiken und andere Zwecke ist nur zulässig, wenn die Daten vollständig anonymisiert[22] sind, d.h. es muß unmöglich sein aus den anonymisierten Daten einen Bezug zu einem Nutzer herzustellen – auch nicht durch die Zusammenführung von Daten.

## 4.5 Abrechnungsdaten

Die Abrechnungsdaten setzten sich heute i.d.R. aus einem Teil der Bestandsdaten, der Bewegungsdaten und besonderen Angaben zur Kontoverbindung sowie Angaben über die Liquidität des Kunden zusammen. Durch eine geschickte Wahl der Abrechnungsmodelle kann man auf die Bewegungsdaten verzichten und so eine anonyme oder pseudonyme Nutzung ermöglichen, worauf ich später noch eingehen werde.

Abrechnungsdaten dürfen zur ordnungsgemäßen Ermittlung und Abrechnung der Entgelte für die Dienstleistungen und zum Nachweis der Richtigkeit derselben erhoben und verarbeitet werden. Sofern der Anbieter mit einem Dritten einen Vertrag zur Ermittlung des Entgelts und zur Abrechnung mit seinen Kunden schließt, darf er diesem Dritten Abrechnungsdaten übermitteln, soweit es zum Einzug des Entgelts erforderlich ist. Der Dritte ist vertraglich zur Wahrung des Datengeheimnisses und der zweckgebundenen Nutzung zu verpflichten.

---

[18] Kap. 6.1.2 Abs. 1 OnStar Service-specification; June 15th, 1998.
[19] § 28 Abs. 1 Ziffer 2 BDSG.
[20] LFDB_94 Kap. 3.3.1.3, Abs. 5 Seite 21.
[21] § 28 Abs. 3 BDSG.
[22] § 3 Abs. 7 BDSG.

## 4.6 Freiwillige Angaben

Der Anbieter hat die Möglichkeit, weitere – über die für die drei o.g. Zwecke (Vertragsbegründung, Diensterbringung und Abrechnung) benötigten Daten hinausgehende – personenbezogenen Daten vom Kunden sowie seine Einwilligung in die Verarbeitung und Nutzung zu erfragen. Freiwillige Daten sind zum Beispiel:

* Telefonnummer privat,
* Telefonnummer geschäftlich,
* Einträge in die Kommentarzeile.

# 5 Alternative Nutzungsarten

Beide in diesem Kapitel vorgestellten Nutzungsarten müssen kritisch der Erwartungshaltung des Kunden / Nutzers gegenübergestellt werden. Dabei geht es in dieser Betrachtung nicht zuerst um zusätzliche Kosten für den Kunden, sondern um die Akzeptanz des Kunden für Einschränkungen im Service.

Gerade Geschäftskunden, die den Dienst häufig nutzen, erwarten mitdenkende Operatoren, die anhand der Erfahrung mit dem Kunden ihm sozusagen die Wünsche von den Lippen ablesen und ihm lästige Arbeit (zum Beispiel die Reiseplanung) selbständig abnehmen. Diese Dienstleistung ist – natürlich nur mit Einschränkungen – vergleichbar mit dem eines Sekretariats und erfordert gerade wegen des starken Personenbezuges ein hohes Vertrauen des Nutzers in den Dienstleister. Hier wird vom Kunden nicht der sparsame Umgang mit personenbezogenen Daten gefordert, sondern ein umfassender Service und der Schutz der hierfür notwendigen Daten.

## 5.1 Anonyme Nutzung

Eine anonyme Nutzung[23] im Sinne der Definition des Arbeitskreises Technik der Datenschutzbeauftragten des Bundes und der Länder (AKT) erscheint zum einem nur für Dienste sinnvoll, die keinen Einfluß auf das Fahrzeug nehmen, weil der Diensteanbieter bei diesem Verfahren nicht zwischen dem Halter, dem Fahrer und dem Nutzer unterscheiden kann. Solche Zugriffe sind wie bereits erwähnt nur mit der Einwilligung des Halters zulässig.

Vorstellbar für eine anonyme Nutzung sind u.a. Abrechnungsmodelle auf der Basis einer Pre-Paid-Telefonkarte, bei denen die Leistungen durch einen bestimmten Telefontarif abgerechnet werden. Alle im Rahmen einer anonymen Nutzung angefallenen Bewegungsdaten / Nutzungsdaten sind somit für die Abrechnung nicht erforderlich und müssen wegen der fehlenden Zweckbindung und dem anzunehmenden schutzwürdigen Interesse den Nutzers umgehend nach der Erbringung der Dienstleistung gelöscht werden. Die bei der Nutzung verschiedener Dienstleistungen anfallenden Daten dürfen nicht – zum Beispiel anhand einer Kennung der Pre-Paid-Karte – zusammengeführt werden.

---

[23] Anonymisierung ist eine Veränderung personenbezogener Daten derart, daß die Einzelangaben über persönliche oder sachliche Verhältnisse nicht mehr einer bestimmten oder bestimmbaren natürlichen Person zugeordnet werden können..

Dabei muß beachtet werden, daß durch die Verwendung der Sprachtelefonie und der Angabe von Start und Zielpunkten ein Nutzer vom Diensteanbieter identifiziert werden kann. Gerade wenn über eine weite Verbreitung dieses Dienstes im Privatkundenbereich nachgedacht wird, müssen Lösungen für eine anonyme Nutzung weitergehender untersucht werden.

## 5.2 Pseudonyme Nutzung

Es ist durchaus möglich, eine pseudonyme Nutzung[24] des Dienstes anzubieten. Dabei sind zwei Ansätze mit unterschiedlicher Qualität zu betrachten.

Im ersten Ansatz erfolgt schon die Anmeldung an den Dienst durch ein Pseudonym. Der Nutzer erhält durch eine vertrauenswürdigen Stelle – innerhalb oder außerhalb des Anbieters – ein Paßwort, mittels dessen er sich bei dem Dienst anmeldet. Die Abrechnung kann nun wie bei der anonymen Nutzung über die Telefongebühren[25] oder über den Dienstleister erfolgen. In beiden Fällen entfällt die Prüfung der CLI und der Fahrzeugkennung durch den Diensteanbieter, was das Mißbrauchsrisiko erhöht. Das Pseudonym wird erst im Rechungslauf aufgehoben.

Am Rande sollte bemerkt werden, daß die Abrechnung eines Telematikdienstes für Verkehrsteilnehmer über Telefongebühren aufgrund der Vielfalt und des unterschiedlichen Wesens sehr schwierig ist. Eine marktgerechte Vergebührung der auf Sprachtelefonie basierenden Dienste (zum Beispiel anhand der benötigten Zeit oder pro Dienst), ist eine anspruchsvolle Aufgabe für das Marketing. Ansätze bieten hier ggf. Wetterdienste (die sind aber nicht so verschieden) oder Hotelreservierungen (die sind aber nicht anonym).

Im zweiten Ansatz beginnt die Pseudonymisierung erst im Unternehmen und basiert, wie später dargestellt, vor allem auf technischen und organisatorischen Maßnahmen innerhalb des Dienstleisters. Es erfordert keine Änderung der derzeitigen Systeme und ist in der Tarifierung und der Gestaltung der Dienste wesentlich flexibler. Die CLI und die Fahrzeugkennung werden hierbei verdeckt, zum Beispiel mittels Einwegfunktionen, für den Administrator und den Operator unkenntlich vom System überprüft. Die verschiedenen Dienste werden getrennt verarbeitet und erst mit der Abrechnung zusammengeführt. Dies darf aber nicht darüber hinweg täuschen, daß diese Daten zur Fehlerbehebung irgendwo im Unternehmen im Klartext vorliegen. Schließlich muß auch einem berechtigten Kunden, bei dem die Authentisierung fehlschlägt, geholfen werden.

Für beide Verfahren gilt, daß jedes eingesetzte Pseudonym abhängig von der Menge und der Bandbreite der ihm zugehörigen Informationen das Maß an Anonymität, das es seinem Nutzer gewährleisten soll, verliert. Die Qualität des Pseudonyms sollte regelmäßig gemessen und bewertet werden. Dienstleister, bei denen zusätzlich ein Operator der zentrale Ansprechpartner für alle Wünsche des Nutzers ist und bei dem alle Informationen zusammenlaufen, sollten die Qualität ihrer Pseudonyme an den Handlungsspielräumen des Operators messen. Ist er in der Lage, anhand der ihm bekannten Informationen aus Routenplanung, Hotel, Flug und Re-

---

[24] Pseudonymisierung ist das Verändern personenbezogener Daten durch eine Zuordnungsvorschrift derart, daß die Einzelangaben über persönliche oder sachliche Verhältnisse ohne Kenntnis oder Nutzung der Zuordnungsvorschrift nicht mehr einer natürlichen Person zugeordnet werden können.

[25] In diesem Fall kann die Telefongesellschaft zumindestens feststellen, daß eine Nutzung stattgefunden hat.

staurant-Reservierungen usw. zum Beispiel die Adresse des Nutzers zu ermitteln, so ist der Personenbezug hergestellt und das Pseudonym unbrauchbar.

Weitere Angriffspunkte sind die Administratoren der DV-Systeme, die für die Erbringung und Abrechnung der Dienstleistung benötigt werden. Diese bringen weitere Merkmale mit in die Wertung der Qualität des Pseudonyms.

Für operatorbasierte Dienste können somit folgende die Qualität beeinflussenden Parameter abgeleitet werden:

- die Wahrscheinlichkeit, daß ein Nutzer innerhalb eines bestimmten Zeitraums mehrmals von dem selben Operator bedient wird,
- die physische und logische Trennung bei der Erbringung der Dienste,
- die Art der Prüfung der Rufnummer und der Fahrzeugkennung,
- die Anzahl der Dienste, die über ein Pseudonym abgerechnet werden,
- die Anzahl der Systeme, für die ein Administrator verantwortlich ist,
- die Rechte der Administratoren,
- der Schutz des Inhaltes der Datenfelder (sind zum Beispiel die Inhalte vor der Ablage in der Datenbank verschlüsselt worden?),
- die organisatorischen Bedingungen, unter denen das Pseudonym aufgelöst werden kann,
- die Größe und die räumliche Verteilung des Unternehmens.

Diese Liste erhebt keinen Anspruch auf Vollständigkeit, sicherlich sind hier weitere Qualitätsmerkmale denkbar.

# 6 Ausblick

Ich möchte am Ende auf eine Gruppe von Diensten hinweisen, die einen selbständigen Zugriff auf die Systeme und auf die Daten des Fahrzeuges von Subjekten außerhalb des Fahrzeuges benötigen und zulassen. Solche Dienste wie beispielsweise eine automatische Ermittlung des Standortes und die Sperrung von gestohlen Fahrzeugen, die regelmäßige Diagnose durch die Werkstatt, die Betätigung der Hupe, um sein Fahrzeug wiederzufinden, werden in den USA schon eingesetzt. Sie geben der Diskussion eine neue Richtung. Nahezu alle Systeme des Autos werden inzwischen durch Mikroprozessoren gesteuert. Im Rennsport ist die automatische Steuerung und Überwachung von Motorfunktionen durch das Service-Team durchaus üblich.

Mit diesen neuen Randbedingungen stellen sich weitere Fragen: Wer ist mein Service-Team, und werde ich gefragt, bevor mein Motor von der Leasingbank abgestellt wird? Welchen Zugriff werden die Strafverfolgungbehörden nehmen?

Dies verdeutlicht, daß remote-Zugriffe auf das Auto nur mit starken Sicherheitsmechanismen und –infrastrukturen und vertrauenswürdigen Instanzen einigermaßen sorglos genutzt werden können. Sonst wird des Deutschen liebstes Kind zu einem gläsernen Auto mit gläsernen Insassen.

Was die momentan angebotenen Dienste angeht, so fehlen meiner Meinung nach Angebote für eine pseudonyme und anonyme Nutzung. Die technischen Voraussetzungen hierfür sind vorhanden, nur mangelt es noch an sensiblen Kunden, die solche datensparsame Verfahren auch fordern.

# Literatur

[BfD94]    Der Bundesbeauftragte für den Datenschutz (Hrsg.): 15. Tätigkeitsbericht
           1993 - 1994. BT 13/1150 Bonn (Bundesdruckerei) 1995.

[BfD96]    Der Bundesbeauftragte für den Datenschutz (Hrsg.): 16. Tätigkeitsbericht
           1995 - 1996. BT 13/7500 Bonn 1997.

[DSBB94]   Hülsmann, F.W.; Mörs, S.; Schaar, P.: Mobilfunk und Datenschutz. Berlin
           1994. (= Materialien zum Datenschutz. 20)

[DSB-Br96] Der Landesbeauftragte für den Datenschutz Brandenburg (Hrsg.): Technisch -
           organisatorische Aspekte des Datenschutzes. Klein-Machnow 1996.

[Flec97]   Engel-Flechsig, S.: Die datenschutzrechtlichen Vorschriften im neuen Infor-
           mations- und Kommunikationsdienste-Gesetz. In: RDV, Jg. 1997, H. 2, S. 59-
           67.

[EC94]     Europäische Kommission GD XIII-C (Hrsg.): Programm Telematikanwendun-
           gen (1994 - 1998). Arbeitsprogramm Brüssel 1994.

[GoSc97]   Gola, P.; Schomerus, R: Bundesdatenschutzgesetz. Kommentar, 6. Auflage
           München (Beck-Verlag) 1997.

[GoJM97]   Gola, P.; Jaspers; Müthlein, T.: Das Teledienstedatenschutzgesetz – Kommen-
           tierte Einführung. In: IT-Sicherheit, Jg. 1997, S. 11-15.

[GoMü97]   Gola, P.; Müthlein, T.: Neuer Tele-Datenschutz – bei fehlenden Koordinaten
           über das Ziel hinausgeschossen? In: RDV, 13. Jg. (1997), H. 5, S. 193-238.

[HaPR93]   Hammer, V.; Pordesch, U; Roßnagel, A.: Betriebliche Telefon und ISDN-
           Anlagen rechtsgemäß gestaltet. Darmstadt (Springer-Verlag, Berlin Heidelberg
           New York) 1993.

[LfDMe98]  Arbeitskreis Technik der Datenschutzbeauftragten des Bundes und der Länder
           AKT (Hrsg.): Datenschutzfreundliche Technologien. Schwerin 1998.

[Münc97]   Münch, P.: Hinweise zu technisch-organisatorischen Maßnahmen bei der Um-
           setzung des Teledienstedatenschutzgesetztes (TDDSG). In: RDV, Jg. 1997,
           H. 6, S. 245-246.

# Sicherheitsinfrastrukturen für elektronische Nachrichten mit benutzerbezogenen Email-Proxies

Thomas Gärtner

GMD – Forschungszentrum Informationstechnik GmbH
gaertner@darmstadt.gmd.de

## Zusammenfassung

Dieser Bericht betrachtet verschiedene Aspekte eines sicheren Nachrichtenaustauschs mit Emails und hebt eine benutzerorientierte Lösung mit Email-Proxies hervor. Zunächst werden die Grundlagen und verschiedene Lösungsansätze vorgestellt. Dabei wird insbesondere auf mögliche Infrastrukturen von Mail-Tools, MTAs und zugeordneten Proxies eingegangen. Anhand einer Beispielimplementierung wird schließlich verdeutlicht, wie mit Hilfe von Proxies eine transparente und universelle Lösung realisiert werden kann.

## 1 Problembeschreibung

Eine der ersten und immer noch die häufigste Anwendung von Computernetzen ist der Umgang mit elektronischen Nachrichten (Emails). Mit der zunehmenden globalen Vernetzung von Computern zum Internet nimmt auch die Anzahl der Nachrichten, die über das Internet verschickt werden, ständig zu.

Seit dem Beginn des Informationszeitalters ist die Sicherheit des Nachrichtenaustausches keine Selbstverständlichkeit mehr, da Emails, wie auch Telefongespräche, abgehört werden können. Telefonate sind hier allerdings weniger problematisch als Emails: Es ist technisch fast unmöglich, eine große Anzahl oder gar alle Telefongespräche zu scannen, solange die Spracherkennungs-Algorithmen noch nicht weit genug fortgeschritten sind. Aufgrund nicht zugänglicher Telefonverbindungen wie GSM ("Global System for Mobile communication" – Mobilfunk) oder DECT ("Digital Enhanced Cordless Telecommunications" – schnurloses Lokaltelefon) wird das Abhören von Telefonaten zusätzlich erschwert. Emails zu scannen und nur interessante abzuhören, ist dagegen durchführbar.

Im Internet, als dem größten offenen Netz überhaupt, stellt das Versenden von Nachrichten mit persönlichem und vertraulichem Inhalt ein nicht zu vernachlässigendes Risiko dar. Neben der Gefahr des Angriffs auf die Übertragungsleitungen besteht außerdem ein Risiko darin, daß man im Internet oft mit nicht persönlich bekannten Personen kommuniziert.

Ein Ausweg wird hier durch die verschiedenen Verschlüsselungsverfahren geboten. Während das World-Wide Web mit Verschlüsselungstechniken (z.B. durch SSL) zunehmend sicherer wird, existieren zwar Möglichkeiten, Emails zu verschlüsseln, diese werden jedoch kaum genutzt. Obwohl es sehr weit verbreitet ist, Briefe in Umschlägen und nicht als Postkarten zu versenden, ist es noch nicht üblich, elektronische Nachrichten zu verschlüsseln.

Es existieren verschiedene Standards zur Verschlüsselung von Emails, wie PGP (Pretty Good Privacy), PEM (Privacy-Enhanced Mail) und S/MIME (Secure/Multipurpose Internet Mail Extensions). Diese wurden in einigen Produkten (z.B. PGP und SECUDE) realisiert, haben aber bis heute keine große Verbreitung gefunden. Ein Grund dafür kann sein, daß es sich um Mail-Tool abhängige Implementierungen handelt.

Die Akzeptanz verschlüsselter Nachrichten könnte durch transparente – d.h. für den Anwender unsichtbare – Lösungen, die dadurch einfach zu bedienen und universell einsetzbar sind, erhöht werden.

Die von Netscape entwickelte Technik des Secure-Socket-Layer (SSL) kann zur Absicherung der Kommunikation zwischen Mail-Tool und Mail-Transfer-Agent (MTA) verwendet werden. Um nicht für jedes Mail-Tool ein Plug-In erstellen zu müssen, kann die Verschlüsselung durch sogenannte SSL-Proxies erfolgen. Hierzu existieren verschiedene Produkte wie [r3] und [Medc].

In diesem Beitrag wird, auf dieser Idee aufbauend, ein Konzept mit Email-Proxies entwickelt, das sowohl eine Verschlüsselung der Emails vom Sender bis zum Empfänger als auch den Aufbau unterschiedlicher Sicherheitsinfrastrukturen ermöglicht. Die Beschreibung eines ähnlichen Produktes ist in [Worldtalk] zu finden. Dort wird allerdings nicht auf die Gestaltung von Sicherheitsinfrastrukturen eingegangen. Das Konzept wurde anhand einer Beispielimplementierung erprobt, die hier ebenfalls dargestellt wird.

# 2 Grundlagen

## 2.1 Email

### 2.1.1 Einführung

Der Transport elektronischer Nachrichten [Part86] verläuft meist über mehrere Hosts. Diese Hosts werden als MTAs bezeichnet. Um Emails von einem MTA an einen anderen weiterzureichen dienen Protokolle wie z.B. das "Simple Mail Transfer Protocol" (SMTP) [Post82]. Es ist auch möglich, daß ein MTA eine Nachricht für einen anderen Host oder eine Workstation solange aufbewahrt, bis dieser sie "abholt". Das Prinzip des Aufbewahrens ist als "Post-Office" oder "Maildrop-Service" bekannt. Protokolle zum "Abholen" von Emails sind "Post Office Protocol – Version 3" (POP3) [Myer94] und "Internet Message Access Protocol" (IMAP) [Cris96].

Im modernen Internet wird meist SMTP verwendet, um die Nachricht von einem MTA zu einem anderen und schließlich zu dem dedizierten Post-Office-Host des Empfängers zu transportieren. Der Weg der Email durch das Internet wird durch spezielle Anfragen an den Domain-Name-Server ermittelt, der mit Hilfe der Mail-Exchange-Resource-Records (MX RR) die Routing-Informationen aus den Mail-Adressen der Empfänger ableitet. Der Empfänger kann dann seine Emails von dem Post-Office-Host abholen.

## 2.1.2 Protokolle

SMTP ist ein Host-to-Host Übertragungsprotokoll für Email. Verbindungen zu SMTP-Servern werden über Transportadressen hergestellt. Meist wird dazu der Port 25 des "Transmission Control Protocol" (TCP) verwendet. Da es sich um ein zeilenorientiertes Klartextprotokoll handelt, ist es möglich, eine SMTP-Übertragung einfach mittels eines Telnet-Clients durchzuführen. Alle Antworten und Kommandos müssen mit <CRLF> abgeschlossen werden, Groß- und Kleinschreibung spielen dabei keine Rolle. Die Antworten des Servers bestehen – ähnlich wie bei anderen Internet-Protokollen (z.b. FTP - File Transfer Protocol) – aus einem einfachen Zahlencode, gefolgt von der Klartextbeschreibung der Antwort. Ein "-" hinter dem Zahlencode bedeutet, daß die Antwort in der nächsten Zeile fortgesetzt wird. Der Beginn der eigentlichen Email wird durch das Schlüsselwort "DATA" eingeleitet. Das Ende wird durch einen "." in einer eigenen Zeile angezeigt.

Das POP3-Protokoll [Myer94] ermöglicht einer Workstation einen dynamischen Zugriff auf ein Emailverzeichnis ("maildrop") eines Hosts. POP3 ist ebenfalls ein zeilenorientiertes Klartextprotokoll. Die Antworten bestehen allerdings bei diesem Protokoll nicht aus einem Zahlencode, sondern aus einem "+" bei einer erfolgreichen Durchführung oder einem "-" bei Scheitern eines Befehls, gefolgt von einem Schlüsselwort. In einigen besonderen Fällen antwortet der POP3-Server auch mit mehreren Zeilen. Solche Antworten werden (wie beim "DATA"-Kommando von SMTP) mit einem "." in einer eigenen Zeile beendet. Die Verbindung mit einem POP3-Server erfolgt ebenfalls über eine Transportadresse, gewöhnlich über den TCP-Port 110.

Einen ähnlichen Zweck wie POP3 erfüllt auch IMAP4 [Cris96], das aber weitaus umfangreicher und bisher noch weniger verbreitet ist als POP3 und in diesem Projekt nicht berücksichtigt wird.

## 2.1.3 Format

Eine Email gliedert sich immer in einen Header [Croc82] und einen Body. Der Header besteht aus einzelnen Zeilen, die sich aus Feldname, Doppelpunkt und Feldinhalt zusammensetzen. Reicht eine Zeile für den Feldinhalt nicht aus, so muß die nächste Zeile mit Leerzeichen (genauer: Whitespaces) beginnen, um sie als Fortsetzung zu kennzeichnen. Vor dem Doppelpunkt darf kein Leerzeichen stehen. Syntaxeinschränkungen des Feldinhaltes richten sich nach dem speziellen Feldnamen. So darf z.B. das Feld mit dem Namen "From" nur eine gültige Emailadresse enthalten. Weitere häufig verwendete Header-Zeilen sind: "To", "Cc", "Subject" und "Date". Es dürfen nur Header-Zeilen verwendet werden, die in [Croc82] (oder einer Erweiterung dazu) spezifiziert sind. Durch voranstellen eines "X-" besteht jedoch die Möglichkeit, benutzerdefinierte Header-Zeilen zu verwenden. Das Ende des Headers wird durch eine Leerzeile angezeigt.

Anschließend beginnt direkt der Body, der ursprünglich nur für einfache, menschen-lesbare ASCII-Nachrichten gedacht war. Aufgrund der MIME-Spezifikationen [Bore93] kann dieser aus ASCII-codierten binär-Daten und zusammengesetzten Formaten bestehen. Hierbei findet das Header-Feld "Content-Type" Verwendung. Dabei gliedert sich der Content-Type immer in Typ und Untertyp, von denen hier nur einige kurz genannt werden sollen: "text/plain", "multipart/mixed", "message/rfc822", "application/octet-stream", "image/jpeg" und "video/mpeg". Der Typ "multipart" dient dazu, Nachrichten in mehrere Teile einzuteilen, die in einer festen Reihenfolge erscheinen sollen. Die einzelnen Teile einer Multipart-Nachricht sind wiederum genauso wie eine eigenständige Email aufgebaut. Je nach Typ können auch weitere Parameter in der Headerzeile benötigt werden. So kann "multipart" immer nur in Verbindung mit dem Parameter "boundary" verwendet werden, welcher den String angibt, der die einzelnen Teile der Email voneinander trennt. Parameter werden mit "; " vom eigentlichen Feldinhalt abgetrennt und bestehen aus Parametername, "=" und Parameterwert. Sollen im Parameterwert Sonderzeichen wie z.B. ":" verwendet werden, so muß der gesamte Wert in "″″" eingeschlossen werden.

Es ist möglich, Multipart-Nachrichten rekursiv zu verschachteln.

## 2.2 Sicherheitsanforderungen

Zwei wichtige Sicherheitsanforderungen sind Vertraulichkeit und Authentizität.

Dabei kann sich Vertraulichkeit nicht nur auf den Inhalt sondern auch auf die Existenz und die Verkehrswege der Nachricht beziehen. Vertraulichkeit ist jedoch nur dann möglich, wenn man sich über die Identität seines Kommunikationspartners sicher ist. Dies wird durch den Begriff "Echtheit der Person" ausgedrückt. Authentizität bedeutet aber auch die Integrität der Nachricht ("Echtheit des Objektes").

Als weiterer Gesichtspunkt von Sicherheit kann auch die Rechtskräftigkeit (Verbindlichkeit) betrachtet werden. Diese hat allerdings eher juristische als technische Bedeutung, ist jedoch ohne Nachweisbarkeit der Authentizität nicht denkbar.

Mögliche Gefahren für diese Sicherheitsanforderungen sind das Abhören (unerlaubte Lesen), Verleugnen, Modifizieren (Unerlaubtes Ändern) und Löschen von Nachrichten, das Vortäuschen einer falschen Identität (Maskerade) und das Ändern der Reihenfolge von Nachrichten.

Die Offenheit der Übertragungsleitungen beim Internet vereinfacht solche Angriffe. So kann z.B. das unerlaubte Lesen von Nachrichten im Internet mit Hilfe weit verbreiteter "Packet Sniffer" erfolgen. Weitere Angriffsarten werden in [Nova] beschrieben

# 3 Email Sicherheit

## 3.1 Standards

PEM steht für "Privacy-Enhanced Mail". Dabei handelt es sich um den Entwurf eines Internet Standards, der aber vom Internet Architecture Board noch nicht angenommen wurde. PEM beschreibt Verschlüsselung, digitale Signatur und Schlüsselmanagement speziell für RFC 822 konforme Emails. Es kann als Public-Key- aber auch als Secret-Key-Kryptosystem verwendet werden. Als Verschlüsselungsalgorithmus wird explizit nur DES ("Data Encryption Standard") im CBC-Modus ("Ciper Block Chaining") verwendet. PEM-Nachrichten werden in verschiedene Nachrichtentypen eingeteilt. Zum Datenaustausch dienen:

- MIC-ONLY    für digital signierte Nachrichten,
- ENCRYPTED    für Nachrichten, die verschlüsselt und signiert wurden    und
- MIC-CLEAR    für digital signierte Nachrichten mit lesbarem Klartext.

Verschlüsselte Nachrichten ohne digitale Signatur werden von PEM nicht unterstützt. Zum Schlüsselmanagement werden die beiden folgenden Nachrichtentypen zur Verfügung gestellt:

• CRL zur Übermittlung einer Sperrliste und

• CRL-RETRIEVAL-REQUEST zum Abruf einer Sperrliste.

Zertifizierungsanfragen und -antworten werden als MIC-CLEAR oder MIC-ONLY übermittelt. PEM ermöglicht Zertifizierungshierarchien auf Basis von X.509-Zertifikaten. Einen Überblick über PEM gibt [Baus96], genauere Informationen kann [LiKB93] entnommen werden.

Unter der Leitung von RSA Laboratories entwickelte ein Konsortium einen Standard für Public-Key-Kryptosysteme (PKCS – siehe http://www.rsa.com), der eine Obermenge von PEM ist. Das bedeutet, daß sich jede PEM Nachricht ohne Anwendung einer Verschlüsselung in eine PKCS#7 Nachricht umwandeln läßt, die Umkehrung jedoch nicht gilt. Da die PKCS-Codierung im Gegensatz zu PEM Stream-basiert ist, erfolgt sie in der Regel schneller und kann zum anderen nicht nur ASCII-, sondern auch binäre-Daten verarbeiten. Die veröffentlichten Standards sind: PKCS #1, #3 und #5 bis #13. Insbesondere beschreibt PKCS#7 eine generelle Syntax für kryptographisch erweiterte Nachrichten und PKCS#11 eine Programmier-Schnittstelle für kryptographische Geräte wie Smartcards oder PCMCIA-Karten.

Bei S/MIME [Dusse98] handelt es sich um eine Erweiterung für MIME-Nachrichten, die der PKCS#7 Syntax folgend, Sicherheitsfunktionen zur Verfügung stellt. Seit der Integration in Netscapes Communicator gewinnt dieser Standart zunehmend an Bedeutung.

Da PEM als zu starr und unflexibel gilt, wurde PEM-MIME (oder MOSS) [CFGM95] als Nachfolger von PEM entworfen. Aufgrund der Erfahrungen mit PEM wurde der PEM-MIME Entwurf flexibler gestaltet als PEM und S/MIME. Daß es möglich ist, PEM-MIME konforme Kryptosysteme zu entwickeln, die zueinander inkompatibel sind, ist ein großer Kritikpunkt dieses Standards.

Die MailTrusT-Spezifikation wurde von der TeleTrusT Deutschland e.V. entwickelt und beschreibt, auf den Standards PEM, X.509 und PKCS#11 aufbauend:

• das Datenaustauschformat,

• die Zertifizierungsinfrastruktur und Methoden zur deren Verwaltung und

• eine Schnittstelle zur PSE.

Die Spezifikation ist in [Baus96] zu finden. MailTrusT erweitert PEM ebenfalls um die Fähigkeit, mit binären Daten umzugehen, ist aber nicht Stream-orientiert (vgl. PKCS).

Der PGP/MIME-Standard unterscheidet sich von S/MIME und MailTrusT hauptsächlich dadurch, daß er keine Zertifikate auf X.509 - Basis unterstützt, sondern sich (in PGP üblicher Weise) auf ein Endbenutzer-basiertes Vertrauensnetz stützt.

# 3.2 Möglichkeiten der Realisierung

## 3.2.1 File-basiert

Bei File-basierten Sicherheitstools muß der Anwender den Inhalt der Email zunächst als Textfile speichern (oder in eine Zwischenablage kopieren), dieses dann verschlüsseln und schließlich noch in eine Email einfügen. Diese Art der Bedienung ist sehr umständlich und wird nur von den wenigsten Benutzern akzeptiert.

## 3.2.2 Plug-Ins

Plug-In's erhöhen den Bedienungskomfort erheblich, haben aber noch keine große Verbreitung gefunden, da sie zum einen auf den proprietären Schnittstellen (APIs) der Mail-Tools aufsetzen und zum anderen einige Hersteller (z.B. Netscape) keine Schnittstelle für ihre Mail-Tools zur Verfügung stellen. Da Plug-Ins im Adressraum des jeweiligen Mail-Tools ausgeführt werden, kann ein Fehler im Plug-In den Absturz des gesamten Mail-Tools verursachen. Einen Nachteil für den Entwickler einer solchen Lösung stellt die hohe Anzahl zu erstellender Varianten dar, da pro Plattform und Mail-Tool eine eigene Variante erstellt werden muß.

## 3.2.3 Sichere Transportverbindungen

Eine Übertragung von Emails über sichere Transportverbindungen (z.B. SSL [Hick95]) stellt für den Anwender eine komfortable und transparente Lösung dar. Da Emails nach dem store-and-forward Prinzip übertragen werden, sinkt zum einen durch das Decodieren und erneute Codieren der Pakete bei jedem MTA die Effizienz. Zum anderen verbleiben Sicherheitsrisiken dadurch, daß die Email auf jedem MTA im Klartext vorliegt und der Benutzer nicht kontrollieren kann, ob eine Nachricht auf jeder Transportverbindung verschlüsselt übertragen wurde. Es handelt sich also nicht um eine End-zu-End Lösung. Aufgrund der Nachteile dieser Alternative wird sie praktisch nicht realisiert. SSL wird häufig dazu verwendet, um die Verbindung vom Mail-Client zum jeweiligen POP3-Server abzusichern. Da auf dieser Strecke das Email-Paßwort häufig und im Klartext verschickt wird, kann hiermit eine Sicherheitslücke geschlossen werden.

## 3.2.4 Email-Proxies

Email-Proxies können als eine Art Filter zwischen Emailanwendungen (wie Mail-Tools und Mail-Servern) arbeiten und alle Nachrichten auf diesem Übertragungsweg codieren (d.h. hier: verschlüsseln bzw. signieren) bzw. decodieren (d.h. hier: entschlüsseln bzw. Signatur prüfen). Für den Anwender ist dann kein wesentlicher Unterschied zur Verwendung von Plug-In's erkennbar. Mit Email-Proxies können die gleichen Sicherheitsfunktionen und der gleiche Bedienungskomfort wie mit Plug-In's erreicht werden, ohne dabei deren Nachteile in Kauf nehmen zu müssen. In beiden Fällen handelt es sich um eine benutzerbezogene End-zu-End Lösung, d.h. daß die Email auf dem gesamten Übertragungsweg durch das Internet verschlüsselt ist und daß die Kontrolle der Funktionen durch den Benutzer möglich ist. Da die Proxies auf den genormten Email-Protokollen und nicht auf proprietären APIs aufsetzen, sind sie in vorhandene Netzstrukturen leicht zu integrieren und daher vielfältig einsetzbar.

Ist der Email-Proxy konfiguriert, so erfolgt die Verschlüsselung transparent. Aus der Sicht des Mail-Clients ist kein Unterschied zwischen der Arbeitsweise des Proxies und der des MTAs, den er vertritt (an den er die Emails weiterleitet) erkennbar. Aus der Sicht des MTAs erscheint der Proxy als Mail-Client.

Die Vorteile gegenüber SSL-basierten Lösungen beruhen darauf, daß die Sicherheitsfunktionen nicht auf Transportebene, sondern auf Anwendungsebene zur Verfügung gestellt werden. Da der Proxy auf einem beliebigen Host anstelle des lokalen Rechners des Benutzers ausgeführt werden kann, können Sicherheitsfunktionen für Plattformen, für die keine Verschlüsselungssoftware existiert, zur Verfügung gestellt werden. Dadurch ist auch die Gestaltung unterschiedlicher Sicherheitsinfrastruktuen möglich. Aus wirtschaftlicher Perspektive ist von Bedeutung, daß mit einem einzigen Produkt eine große Zielgruppe (unabhängig von Plattform und Mail-Tool) erreicht werden kann.

## 3.3 Proxybasierte Infrastrukturen

Betrachtet man ein Intranet mit einem oder mehreren dedizierten Hosts als MTAs, so lassen sich bestimmte Einsatzmöglichkeiten von Email-Proxies unterscheiden.

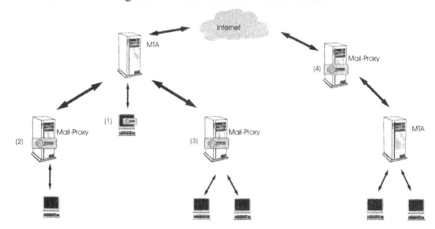

**Abb. 1:** Plazierungsmöglichkeiten von Email-Proxies

Die größtmögliche Ähnlichkeit zu Plug-In-basierten Lösungen erreicht man durch Verwendung lokaler Proxies, da bei diesen die Ausgabe von Warnungen und Meldungen des Proxies genauso wie die Konfiguration des Proxies über ein Fenster am lokalen Rechner erfolgen kann. Ein Mißbrauch des Proxy im Sinne der Maskerade ist fast ausgeschlossen, da dieser so konfiguriert werden kann, daß er nur Verbindungen vom localhost und vom MTA zuläßt. Da der Benutzer als Mail-Server nicht mehr die Adresse des MTAs, sondern die des localhost in die verwendeten Mail-Tools eingetragen muß, ist diese Lösung zwar für ihn nicht vollständig transparent, aber er behält dadurch die Kontrolle über die Verschlüsselung des Übertragungsweges. Durch den Ausfall eines Proxies wird nur ein Benutzer betroffen, wodurch die Verfügbarkeit gegenüber einem Szenario ohne Proxy nur wenig vermindert wird. Da der Proxy auf dem lokalen Rechner ausgeführt wird, leidet die Performance des Clients.

Setzt man pro Benutzer einen eigenen Rechner als Proxy ein, so läßt sich die Performance erheblich steigern. Da dieser nur Verbindungen von und zu bestimmten Rechnern akzeptieren muß, wird eine Maskerade fast ausgeschlossen. Allerdings ergeben sich bei dieser Lösung auch Nachteile. Da der Proxy nicht mehr lokal ausgeführt wird, muß die Konfiguration und die Ausgabe über eine Netzwerkverbindung erfolgen. Da nun der Ausfall eines von zwei Rechnern genügt, um einem Benutzer das Versenden bzw. Empfangen von Emails zu verhindern, ist die Verfügbarkeit schlechter als bei lokalen Proxies. Ein weiterer Nachteil dieser Lösung besteht darin, daß sich die Anzahl der benötigten Rechner erhöht.

Eine andere Ausgestaltung der Infrastruktur mit Email-Proxies ergibt sich, wenn mehrere (oder gar alle) Clients den gleichen Email-Proxy verwenden . Da nur noch wenige zusätzliche Rechner benötigt werden, reduziert sich der Hardware-Aufwand, und die Möglichkeit einer zentralen Konfiguration durch einen Administrator wird geschaffen. Die Konfigurationen und Warnungen des zentralen Proxies, die den jeweiligen Endbenutzer betreffen, sind allerdings nur über Netzwerkverbindungen möglich. Ein Absturz dieses Rechners betrifft mehrere Benutzer gleichzeitig und schränkt dadurch die Verfügbarkeit ein.

Eine transparente Lösung, die vom Benutzer unbemerkt eingeführt werden könnte, besteht darin, einen Email-Proxy zwischen dem MTA und dem Internet einzusetzen. Dieser tritt dann für die Mail-Server des Internets als einziger "Mail-Exchanger" des eigentlichen MTAs auf. Die Mail-Clients nehmen weiterhin in gewohnter Weise Verbindung zu ihrem MTA auf, ohne die Anwesenheit eines Email-Proxies zu bemerken. Dabei verringert sich zwar die Anzahl benötigter Rechner, aber ohne schnellere Hardware für den Proxy dürfte die Performance stark sinken, da nun die Verschlüsselung aller Emails alleine von diesem Rechner durchgeführt wird. Der Schutz vor Maskerade kann bei dieser Lösung nicht mehr vom Email-Proxy vorgenommen werden, sondern muß schon auf dem MTA vorhanden sein. Ist der Proxy dabei direkt mit dem Internet verbunden und nicht über einen anderen MTA oder eine Firewall, so müssen Mechanismen in dem Proxy implementiert sein, die gegenüber verschiedenen Angriffen aus dem Internet schützen.

## 3.4 Schlußfolgerungen

Eine benutzerbezogene End-zu-End Lösung kann nur erreicht werden, wenn sowohl Sender als auch Empfänger lokale Proxies verwenden. In sicherheitskritischen Anwendungen – wie beim Austausch verbindlicher und vertraulicher elektronischer Dokumente – ist es oft notwendig zu wissen, welche Sicherheitsvorkehrungen der Kommunikationspartner getroffen hat. Solche Sicherheitsinformationen müssen vor dem Versenden der Email zwischen Sender und Empfänger ausgetauscht werden. Dabei kann der Sender zunächst seine gewünschten, akzeptablen bzw. nicht akzeptablen Sicherheitsparameter (z.B. das Verschlüsselungsverfahren und ob eine sichere End-zu-End Verbindung notwendig ist) vorgeben, die der Empfänger den eigenen technischen Möglichkeiten entsprechend beantwortet. Ein solches Aushandeln der sicherheitsrelevanten Parameter bezeichnet man auch als Sicherheitsmanagement.

Die hohe Transparenz bei bestimmten Infrastrukturen mit Email-Proxies bringt auch Nachteile mit sich. So ist es mehr als fraglich, ob ein Anwender in eine Sicherheit vertraut, die er nicht kontrollieren kann und deren Ausfall er nicht bemerken würde. Damit bei einer transparenten Anwendung das Eingreifen eines Benutzers nicht notwendig wird, müßte der Email-Proxy die Nachrichten automatisch verschlüsseln und signieren. Eine "automatische Signatur" steht aber im Widerspruch zum "bewußten Akt des Unterschreibens". Im herkömmlichen Sinne bestätigt eine Unterschrift nicht nur die Echtheit des Autors bzw. Absenders eines Dokumentes, sondern gerade bei verbindlichen Dokumenten auch die Zustimmung des Unterschreibenden zum Inhalt des Dokumentes. Die Zustimmung zu einem Inhalt kann aber nicht automatisch gegeben werden. Dazu ist das bewußte Handeln des Benutzers erforderlich, das z.B. durch die Eigabe eines Kennwortes erfolgen kann. Wird ein Email-Proxy für eine Gruppe von Benutzern eingesetzt, so muß gewährleistet sein, daß diese Kennworteingabe von dem Absender der entsprechenden Email verlangt wird. Anderenfalls kann der Proxy nur mit einer ihm eigenen Signatur den Ursprung der Nachricht aus einem bestimmten Subnetz bestätigen. Diese Bestätigung kann automatisch erfolgen. Mit einer solchen Konfiguration der Proxies kann eine Art verschlüsselter Tunnel durch das Internet aufgebaut werden,der ähnlich einem "virtual private network" die sichere Verbindung zweier oder mehrerer Subnetze ermöglicht.

Eine Infrastruktur, bei der der Proxy zwischen Mailserver und Internet arbeitet, schützt nicht bei unberechtigten Zugriffen auf den Mailserver, da hier die Nachrichten im Klartext vorliegen.

In allen Infrastrukturen mit Email-Proxies liegt die Kontrolle über die Sicherheitsfunktionen "in der Nähe" des Benutzers: entweder ausschließlich in seiner Hand, wenn es sein persönlicher Proxy ist, oder in der Hand eines lokalen Gruppen- oder Netzwerkadministrators, wenn der Proxy mehrere Benutzer oder einen MTA vertritt. Von da an ist die Email selbst signiert und verschlüsselt und bleibt so auf ihrem ganzen Übertragungsweg geschützt. Darin ist die Proxy-Lösung für Emails deutlich zuverlässiger als eine Übertragung mit SSL.

# 4 Entwicklung

## 4.1 Überblick

Ein Proxy-Server wurde implementiert, der mit Hilfe der Secude-Entwicklungsumgebung [SECUDE] die oben beschriebenen Sicherheitsfunktionen bietet. Bei diesem Produkt werden alle sicherheitsrelevanten Daten in einem "Personal Security Environment" (PSE) gespeichert. Um eine Plattformunabhängigkeit zu erreichen, wurde als Programmiersprache JAVA gewählt. Da die Secude-Funktionsbibliothek in C implementiert ist, wurde eine JAVA-Schnittstelle für die benötigten C-Funktionen.

Auf die Erweiterbarkeit des Proxies hinsichtlich anderer Protokolle wird Wert gelegt, zunächst werden jedoch nur die Protokolle POP3 und SMTP unterstützt. Das oben als Email-Proxy bezeichnete Programm gliedert sich dabei in ein unterschiedliches Programm für jedes unterstützte Protokoll.

## 4.2 Funktionsweise

Zusätzlich zu der Installation der Klassen und Libraries und dem Start der Proxies muß evtl. noch in dem verwendeten Mail-Tool anstelle des Mail-Servers der Name des Hosts, auf dem der Proxy gestartet wurde, angegeben werden.

Der Proxy übernimmt dann seine Filterfunktion und codiert bzw. decodiert alle Emails, die ihn passieren. Tritt ein Fehler auf, so wird eine Warnung in einem Statusfenster ausgegeben. Dieses ist in je einen Bereich für Fehlermeldungen und Warnungen und einen für Erfolgsmeldungen eingeteilt.

Bei ausgehenden Nachrichten werden die Emailadressen der Empfänger analysiert, und anhand dieser wird dann die Nachricht codiert. Dazu müssen die Emailadressen als Alias für die X.500-Konformen Distinguished-Names in der PSE eingetragen sein. Ist die Emailadresse eines Empfängers nicht in der PSE bekannt, so wird eine Fehlermeldung ausgegeben und die Nachricht nicht abgeschickt.

Zusätzlich ermöglicht der POP3-Proxy das Speichern aller verschlüsselten Emails, um ein späteres Nachvollziehen der Kommunikation zu ermöglichen.

## 4.3 Ablaufbeschreibungen

### 4.3.1 Start von SmtpProxy2

1.   Initialisiere das Statusfensters
2.   Öffne die PSE
3.   Initialisiere den SmtpProxy
4.   Starte den SmtpProxy als Thread
4.1.   Initialisiere Serversocket
4.2.   Initialisiere Netzwerkverbindung
4.2.1.   Warte auf Netzwerkverbindung zu diesem Serversocket
4.2.2.   Initialisiere Netzwerkverbindung zum Mailserver
4.2.3.   Initialisiere Streams
4.3.   Leite Protokoll und Email weiter; bearbeite die Email dabei
4.4.   Schließe Netzwerkverbindungen
4.5.   Beginne erneut bei 4.2.

### 4.3.2 SmtpProxy2 – Weiterleiten von Protokoll und Email

Zunächst ist die Filterfunktion des Proxies deaktiviert, bis in einer Zeile vom Client das Schlüsselwort "DATA" erkannt wird. Dann werden die RFC822-Header-Zeilen und der Email-Body gelesen. Nachdem die Empfänger erkannt und überprüft wurden, kann der Body codiert werden. Diese codierte Nachricht wird dann, anstelle des Klartextes, zusammen mit dem Header, an den SMTP-Server weitergeleitet. Der abschließende "." kennzeichnet das Ende der Nachricht. Von nun an werden die Zeilen wieder direkt weitergeleitet, bis das Schlüsselwort "QUIT" das Ende der Verbindung anzeigt.

### 4.3.3 Pop3Proxy

Dieser Proxy arbeitet ähnlich wie der SMTP-Proxy. Einige Unterschiede sind:
- Der Anfang der RFC 822 - Email wird an dem Schlüsselwort "RETR" erkannt.
- Die Nachricht wird decodiert und nicht codiert.
- Informationen über den Erfolg des Decodieren werden ausgegeben.
- Empfangene Nachrichten werden lokal gespeichert.

## 5 Fazit und Ausblick

Ziel der Beispielimplementierung war es, einen Email-Proxy zu entwickeln, der in bestehende Infrastrukturen integriert werden kann und dann allen Endbenutzern Sicherheitsfunktionen zur Verfügung stellt. Im vorliegenden Implementierungszustand wurde dies für die Email-Protokolle SMTP und POP3 erreicht.

Im aktuellen Implementierungszustand können Konfigurationen nur durch Änderungen im Quellcode durchgeführt werden. Als Vereinfachung wäre zum einen ein Konfigurationsfile, das beim Start des Proxies gelesen wird, möglich. Zum anderen könnten Konfigurationen auch zur Laufzeit über eine Telnet-Sitzung geändert werden.

Da der Proxy vollständig in JAVA implementiert wurde, ist er auf beliebigen Plattformen einsetzbar. Allerdings wurde die Schnittstelle zum SECUDE-Toolkit bisher nur für Rechner mit Windows NT als Betriebssystem implementiert.

Im Laufe des Projektes wurde festgestellt, daß ähnliche Proxies dazu verwendet werden könnten, benutzerbezogene Sicherheitsfunktionen auch für andere Internet-Protokolle wie HTTP ("Hypertext Transfer Protocol") oder FTP zur Verfügung zu stellen.

Aufgrund der vielfältigen Infrastrukturen, die mit Email-Proxies aufgebaut werden können, scheinen diese den herkömmlichen Sicherheitstools für elektronische Nachrichten überlegen.

Die Verbreitung von Sicherheitssoftware für Emails ist jedoch nicht allein von deren technischen Möglichkeiten oder dem Bedienungskomfort abhängig, sondern auch von der rechtlichen Akzeptanz.

Ein großes Problem bei der Durchsetzung von Kryptosystemen stellt wohl das Fehlen einer einheitlichen Zertifizierungsinfrastruktur dar. Es werden zur Zeit zwar einige ernsthafte Versuche durchgeführt, deren Erfolg sich aber erst noch zeigen muß.

Ein weiteres Problem stellt der noch ungeklärte rechtliche Status digitaler Signaturen dar. "Es ist das (Fern-)Ziel, digital signierte Dokumente gleichwertig zu handschriftlichen Dokumenten behandeln zu können, sowohl im geschäftlichen und privaten Alltag, als auch vor Gericht. Dazu bedarf es neuer rechtlicher Regelungen."[Grim98].

# 6  Anerkennung

Der besondere Dank des Autors gilt Herrn Michael Herfert und Herrn Dr. Rüdiger Grimm für die fachliche Unterstützung während dieses Projektes und bei der Erstellung dieses Berichtes. Der Autor bedankt sich ebenfalls bei Herrn Michael Wichert für die fachliche Unterstützung während des Projektes und bei Frau Margit Gärtner und Fräulein Rommy Gierow für wiederholtes Korrekturlesen dieses Berichtes. Der Dank für die freundliche Aufnahme gilt allen Mitarbeitern im Bereich MINT.

## Literatur

[Baus96]     Fritz Bauspieß: MailTrusT Spezifikation – Version 1.1. TeleTrusT, Stand: 18.12.1996

[Bore93]     Borenstein et al., RFC: 1521: MIME (Multipurpose Internet Mail Extensions) Part One; RFC 1522, Moore: MIME (Multipurpose Internet Mail Extensions) Part Two. September 1993. Network Working Group.

[CFGM95]   S. Crocker, N. Freed, J. Galvin, und S. Murphy; RFC 1848: MIME Object Security Services. CyberCash, Inc., Innosoft International, Inc., und Trusted Information Systems, Oktober 1995. Network Working Group.

[Cris96]        Crispin, RFC: 2060: IMAP4rev1. Dezember 1996. Network Working Group.

[Croc82]        Crocker, RFC: 822: Standard for ARPA Internet Text Messages. August 1982. Network Working Group.

[Dusse98]       S/MIME Version 2; RFC 2311, Dusse, et. al.: Message Specification; RFC 2312, Dusse, et. al.: Certificate Handling. März 1998 Network Working Group.

[Grim98]        Rüdiger Grimm: Deutsche und europäische Gesetzgebung zur digitalen Signatur. In: GMD-Spiegel 2 – 1998, Seiten 48ff.

[Hick95]        K.E.B. Hickman: The SSL Protocol. December 1995.
                http://www.netscape.com/newsref/std/ssl.html

[LiKB93]        Privacy Enhancement for Internet Electronic Mail; RFC 1421, Linn: Part I: Message Encryption and Authentication Procedures; RFC 1422, Kent: Part II: Certificate-Based Key Management; RFC 1423, Balenson: Part III: Algortithms, Modes and Identifiers, Februar 1993. Network Working Group.

[Medc]          Medcom: Secure Socket Relay / SSR.
                In: http://www.isnnet.com/medcom.htm.

[Myer94]        Myers et al., RFC: 1725: Post Office Protocol – Version 3, November 1994. Network Working Group.

[Nova]          NovaNews: Security Issues when Connecting to the Internet, September 1997.
                http://www.novanw.com/novanews.htm

[Part86]        Partridge, RFC: 974: Mail Routing and the Domain System, Januar 1986. Network Working Group.

[Post82]        Postel et al. (ISI), RFC: 821: Simple Mail Transfer Protocol, August 1982. Network Working Group.

[r3]            r³ security engineering ag.: r³ Web Security Solution.
                In: https://www.r3.ch/products/cypher/index.html

[RSA]           RSA DATA SECURITY, INC: Answers to Frequently Asked Questions About Today's Cryptography – V E R S I O N 3 . 0.

[SECUDE]        SECUDE: SECUDE-5.1 Hyper Link Documentation / Tutorial.
                In: http://www.darmstadt.gmd.de/secude/Doc/htm/tutorial.htm

[Worldtalk]     Worldtalk Corp.: WorldSecure – Business–Grade E-mail for the Enterprise.

# Bemerkungen zur Erzeugung dublettenfreier Primzahlen

Patrick Horster · Peter Schartner

Universität Klagenfurt
Institute für Informatik - Systemsicherheit
{pho, peter}@ifi.uni-klu.ac.at

## Zusammenfassung

Im Kontext von Anwendungen nach dem Signaturgesetz und bei Authentifizierungssystemen wird häufig gefordert, daß die verwendeten kryptographischen Schlüssel beziehungsweise Schlüsselparameter einzigartig (dublettenfrei) und zufällig oder zumindest pseudozufällig sind. In dieser Arbeit wird aufbauend auf zwei bestehenden Verfahren eine Vorgehensweise erläutert, die es ermöglicht, daß jeder Systembenutzer seine Schlüsselparameter (Primzahlen) effizient und dublettenfrei in seiner lokalen Umgebung erzeugen kann. Trotz der Einzigartigkeit der erzeugten Primzahlen bestehen diese zu einem sehr hohen Anteil aus zufällig gewählten Bits. Zudem handelt es sich bei den Primzahlen um sogenannte „starke" Primzahlen im Sinne der Resistenz gegen die (p-1)-Faktorisierungsmethode.

## 1 Einleitung

In vielen Anwendungsbereichen wie z.B. bei Anwendungen nach dem Signaturgesetz [SigG97, SigV97] bzw. bei Authentifizierungssystemen (Wegfahrsperren, Zutrittskontrolle) besteht die Forderung, daß kryptographische Schlüssel beziehungsweise Schlüsselparameter einzigartig, also dublettenfrei, und zufällig oder zumindest pseudozufällig sind.

Betrachtet man Systeme, in denen eine einzige Instanz für die Erzeugung der Schlüssel bzw. Schlüsselparameter verantwortlich ist, so lassen sich diese Forderungen mit relativ geringem Aufwand erfüllen. Geschieht die Schlüsselerzeugung an mehreren Stellen, so ist ein erheblicher Kommunikationsaufwand erforderlich, um Dubletten zu vermeiden. Sind diese Stellen jedoch voneinander isoliert und werden die Schlüssel zufällig (und voneinander unabhängig) gewählt, so läßt sich die Wahrscheinlichkeit $p$, daß sich unter den ausgewählten Objekten mindestens zwei gleiche befinden, leicht abschätzen. Im Falle der Schlüsselgenerierung ist aber jene Anzahl $m$ von Interesse, die aus einer Menge von $N$ Objekten gewählt werden kann, ohne daß dabei die Wahrscheinlichkeit für das Auftreten einer Dublette größer als $p$ wird:

$m \leq \sqrt{-2 \cdot N \cdot \ln(1-p)}$. Für $p = 0,5$ ergibt sich die Abschätzung $m \leq 1,18 \cdot \sqrt{N}$. Dieser Zusammenhang ist auch unter dem Namen Geburtstagsparadoxon [MeOV97] bekannt.

Sind beim RSA-Verfahren [RiSA78] die erzeugten Moduln $n_A$ und $n_B$ verschiedener Systembenutzer derart erzeugt, daß die zugrundeliegenden Schlüsselparameter $p_A, q_A$ und $p_B, q_B$ nicht dublettenfrei sind, so können $n_A$ und $n_B$ gegebenenfalls durch die Berechnung des größten gemeinsamen Teilers von $n_A$ und $n_B$ faktorisiert werden.

Im folgenden werden zunächst zwei Verfahren zur dublettenfreien Schlüsselgenerierung kurz analysiert werden. Im restlichen Teil dieser Arbeit wird ein Verfahren vorgestellt, das die Schwachstellen der beiden Verfahren beseitigt.

## 2 Analyse bisheriger Verfahren

Das in [Hors98] vorgestellte Verfahren zur Erzeugung von Schlüsseln bzw. Schlüsselkomponenten (Primzahlen) besitzt drei wesentliche Eigenschaften: Die erzeugten Schlüssel sind individuell und einzigartig, aber dennoch nicht vorhersagbar. Dieses Verfahren wurde in [HSW198, HSW298] leicht modifiziert, um das Schlüsselmanagement der intern verwendeten Schlüssel zu vereinfachen.

Beide Verfahren benutzen ein hierarchisches System aus Chipherstellern (CH), Systemherstellern (SH) und Benutzern (siehe Abb. 1). Die Wurzel des Baumes (Top) dient nur dazu, jedem Chiphersteller eine eindeutige Identität zuzuordnen. Die darunterliegende Ebene stellt die Chiphersteller dar, die nächste Ebene wird von den Systemherstellern gebildet und die unterste Ebene von den Benutzern.

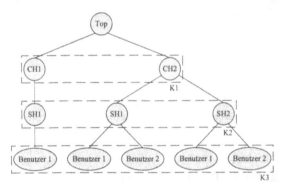

**Abb. 1:** Hierarchie der beteiligten Instanzen

Die verschiedenen IDs auf dem Weg von der Wurzel zum Benutzer werden konkateniert, um einen Benutzer eindeutig zu identifizieren. Dieses Konkatenat inklusive Zusatzinformationen wird im folgenden ID-Block genannt. Diese ID-Blöcke werden genutzt, um die Einzigartigkeit jedes Schlüsselparameters (hier Primzahl) zu erreichen. Da jedoch einige Teile des ID-Blockes in der Öffentlichkeit (oder zumindest Insidern) bekannt sein können, werden die ID-Blöcke mit einer bijektiven Verschlüsselungsfunktion E unter einem geheimen internen Schlüssel K verschlüsselt. Um eine einzigartige Primzahl zu erzeugen, wird dieser eindeutige (verschlüsselte) ID-Block E(ID,K) mit zufälligen Bits (RAND) konkateniert, wobei die niederwertigsten Bits (PP) derart verändert werden, daß aus dem gesamten Konkatenat eine Primzahl entsteht (siehe Abb. 2).

| E(ID,K) | RAND | PP |
|---------|------|-----|

**Abb. 2:** Prinzipieller Aufbau der Bitfolgen

Diese beiden Verfahren unterliegen jedoch drei Einschränkungen, die nun etwas genauer betrachtet werden sollen:

- Aufwendiges Schlüsselmanagement der intern verwendeten Schlüssel: Um nun zu garantieren, daß unterschiedliche Instanzen der gleichen Ebene auch unterschiedliche ID-Blöcke erzeugen, muß in jeder Ebene (bzw. im ganzen System) ein fixer Schlüssel K benutzt werden. Wird dieser Schlüssel kompromittiert, so werden große Teile des Systems (bzw. das ganze System) kompromittiert. In der vorliegenden Arbeit soll eine Modifikation des oben beschriebenen Verfahrens vorgestellt werden, bei der es nicht erforderlich ist, daß unterschiedliche Instanzen den gleichen Schlüssel K benutzen. Es kann sogar für jede erzeugte Primzahl ein eigener zufälliger Schlüssel gewählt werden.

- Keine Vorselektion beim Primzahltest: Die Auswahl geeigneter Kandidaten vor dem eigentlichen Primzahltest soll ebenfalls detaillierter erläutert werden und bezüglich Performacegewinn und zusätzlichem Speicherbedarf analysiert werden. Hierbei werden gewisse zusammengesetzte Zahlen nicht getestet.

- Keine Generierung starker Primzahlen: Ein weiteres Argument gegen die beiden Verfahren ist, daß sie Primzahlen erzeugt, die möglicherweise keine „starken" RSA-Primzahlen sind [RiSA78, Gord84, Gord85], wobei eine Primzahl $p$ genau dann eine „starke" RSA-Primzahl ist, wenn mindestens ein Primfaktor von $p-1$ (bzw. $p+1$) eine Länge von mehr als 100 bit besitzt [Sil297]. Das hier vorgestellte Verfahren soll probabilistische Primzahlen erzeugen, die zumindest der (p-1)-Faktorisierungsmethode von Pollard [Poll74] widerstehen.

Im folgenden werden Zahlen, die einem Primzahltest unterzogen werden sollen, als Primzahlkandidaten bezeichnet. Primzahlkandidaten sind aber meist günstig gewählte Zahlen; sie sind ungerade und keine Vielfachen von kleinen Primzahlen. Besteht ein Primzahlkandidat mehrere Durchläufe eines oder mehrerer probabilistischer Primzahltests [Bres89, Ribe91, Ries85], so wird er probabilistische Primzahl genannt.

# 3 Modifizierte Primzahlerzeugung

In den beiden beschriebenen Verfahren muß zur Verschlüsselung der ID-Blöcke für Instanzen der gleichen Ebene (bzw. systemweit) der gleiche Schlüssel verwendet werden. Um das Risiko im Falle der Kompromittierung eines dieser Schlüssel so gering wie möglich zu halten, sollten auch innerhalb einer Ebene der Baumhierarchie unterschiedliche Schlüssel verwendet werden.

Ein erster Schritt in diese Richtung könnte folgendermaßen aussehen. Ohne Abänderung der Verfahren können Instanzen einer Ebene, die nicht den gleichen Vorgänger haben, verschiedene Schlüssel verwenden (siehe Abb. 3). Betrachtet man die Bitfolgen von zwei unterschiedlichen Instanzen, so können folgende Fälle eintreten:

(1) Haben die beiden Instanzen den gleichen Vorgänger, so benutzen sie den gleichen Schlüssel, haben aber unterschiedliche IDs und daher auch nach der Verschlüsselung unterschiedliche ID-Blöcke. Damit unterscheiden sich auch die gesamten Bitfolgen in zumindest einem Bit.

(2) Die beiden Instanzen haben unterschiedliche Vorgänger.

(a) Die beiden Instanzen benutzen zufällig den gleichen Schlüssel K. Da aber die IDs der beiden Instanzen unterschiedlich sind, unterscheiden sich auch die erzeugten verschlüsselten ID-Blöcke und damit natürlich auch die gesamten Bitfolgen in zumindest einem Bit.

(b) Andernfalls verlagert sich das Problem auf die Vorgänger dieser Instanzen.

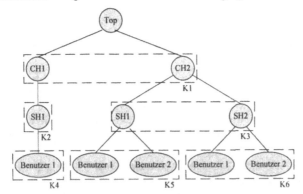

**Abb. 2:** Verteilung der Schlüssel in der Hierarchie

Das Verfahren kann aber auch derart modifiziert werden, daß jede Instanz den Schlüssel zur Verschlüsselung des eigenen ID-Blockes selbst wählen kann. In Abb. 2 ist der prinzipielle Aufbau der Bitfolgen einer probabilistischen Primzahl der beiden ursprünglichen Verfahren dargestellt. Sie bestehen im wesentlichen aus einem mit Hilfe der bijektiven Verschlüsselungsfunktion E verschlüsselten ID-Block E(ID,K), einer zufälligen Bitfolge RAND und einigen Bits PP, die mit Hilfe eines probabilistischen Primzahltests so bestimmt wurden, daß aus dem gesamten Konkatenat eine probabilistische Primzahl entsteht.

Ein ID-Block des modifizierten Verfahrens setzt sich nun aus der ID des Chipherstellers (CHID), der ID des Systemherstellers (SHID), der ID des Benutzers (UID), einer Seriennummer der Chipkarte (ICCSN), einer Seriennummer für das erzeugte Primzahlpaar (KSN), einem Bit zur Kennzeichnung der Primzahlen $p$ und $q$ (P/Q) und einem zufälligen Padding (RP) zusammen.

Die Seriennummer der Chipkarte ist eine Binärzahl der Länge $N$ und wird vom Systemhersteller für jeden Benutzer getrennt geführt. Der Startwert kann wieder zufällig gewählt werden. Ab diesem Zeitpunkt wird dieser Wert nach jeder Ausgabe einer neuen Chipkarte inkrementiert. Dieses Inkrementieren muß modulo $2^N$ erfolgen, damit alle möglichen Seriennummern durchlaufen werden. Analog erfolgt die Erzeugung der Seriennummer des Primzahlpaares, die wiederum für jede Chipkarte eindeutig sein muß, damit sich unterschiedliche Primzahlpaare der selben Chipkarte zumindest in einem Bit der unterscheiden. Daher kann diese Seriennummer auf der Chipkarte selbst erzeugt werden. Das Bit zur Unterscheidung der Primzahlen $p$ und $q$ kann ebenfalls von der Chipkarte gesetzt werden.

Die letzte Modifikation besteht nun darin, daß man den Schlüssel K einfach aus Teilen der zufälligen Bits RAND bildet (RAND = K||RAND'). Betrachtet man nun zwei unterschiedliche

Primzahlen, so unterscheiden sie sich entweder in den Bits des Schlüssels K, oder, falls beide den gleichen Schlüssel K benutzen, in einem der Bits von CHID, SHID, UID, ICCSN, KSN, P/Q. In Abb. 4 ist die endgültige Form einer probabilistischen Primzahl dargestellt.

| E(CHID‖SHID‖UID‖ICCSN‖KSN‖P/Q‖RP, K) | | K‖RAND' | | PP |
|---|---|---|---|---|

**Abb. 3:** Aufbau einer probabilistischen Primzahl

Da die Einträge CHID, SHID, ICCSN, KSN, P/Q und RP nur geschrieben, aber nicht mehr gelesen werden können, ist es nicht notwendig, diese Blöcke einzeln zu verschlüsseln. Es genügt, das Konkatenat dieser Daten zu verschlüsseln.

Ist der Zufallszahlengenerator auf der Chipkarte integriert (wie etwa im Siemens-Chip SLE66CX160S), so werden von außen nur noch öffentliche Daten (die IDs der einzelnen Instanzen) in der Chipkarte abgelegt. Es brauchen keinerlei geheime Informationen wie z.B. der Schlüssel K oder die verwendeten Zufallszahlen RAND außerhalb der Chipkarten erzeugt bzw. gespeichert werden, denn alle geheimen Anteile der Schlüsselkomponenten können nun in der Chipkarte selbst erzeugt werden.

Das vorgestellte Verfahren soll nun bezüglich der Anzahl der rein zufällig gewählten Bits analysiert werden. Die erzeugten probabilistischen Primzahlen sollen eine Länge von 1024 bit besitzen. Die beispielhaften Längen der einzelnen Komponenten einer probabilistischen Primzahl sind in Tab. 1 angegeben.

| Komponente | Länge | Verwendung |
|---|---|---|
| CHID | 10 bit | ID des Chipherstellers |
| SHID | 10 bit | ID des Systemherstellers |
| UID | 30 bit | ID des Benutzers |
| ICCSN | 10 bit | Seriennummer der Chipkarte eines bestimmten Benutzers |
| KSN | 20 bit | Seriennummer des Primzahlpaares einer bestimmten Chipkarte |
| P/Q | 1 bit | Bit, das die Primzahlen $p$ und $q$ unterscheidet |
| RP | 47 bit | Random Padding auf Blockgröße (z.B.: 128 bit) |
| K | 128 bit | Zufällige Schlüsselbits (zur Verschlüsselung des ID-Blockes) |
| RAND' | | Zufällige Bits |
| PP-Bits | | Bits, die aus dem Konkatenat eine probabilistische Primzahl erzeugen |

**Tab. 1:** Komponenten einer probabilistischen Primzahl

Gehen wir davon aus, daß die einzelnen IDs und die Seriennummer der Chipkarte zumindest Insidern bekannt sind, so sind 61 bit (CHID, SHID, UID, ICCSN, P/Q) von 1024 bit bekannt. Der Rest von 963 bit wurde zwar teilweise außerhalb der Chipkarte generiert, ist aber trotzdem für keinen Angreifer nicht vorhersagbar (bestimmbar), sofern diese Daten nicht außerhalb der Chipkarte gespeichert wurden. Damit sind rund 94% der Bits der zu generierenden Primzahlen echte Zufallsbits. Der Benutzer der Chipkarte hat allen anderen Instanzen gegenüber den Vorteil, daß er auch den Wert von RP, K und RAND' kennt. Ist der Zufallszahlengenerator jedoch auf der Chipkarte integriert, so sind selbst dem Benutzer maximal 61 von 1024 bit bekannt.

# 4 Effizienter Primzahltest

Der einfachste Ansatz geht davon aus, daß jede ungerade Zahl eine potentielle Primzahl ist. Dieses Verfahren scheidet zwar bereits 50% aller Zahlen (alle geraden Zahlen) aus, es berücksichtigt aber nicht die Vielfachen von kleinen Primzahlen wie z.B. 3, 5 oder 7. Da der eigentliche Primzahltest rechenintensiv ist, kann das Laufzeitverhalten erheblich verbessert werden, wenn ungeeignete Kandidaten, d.h. Vielfache kleiner Primzahlen, bereits im Vorfeld ausgeschieden werden.

Ein Verfahren, das sich diese Vorselektion zu Nutze macht, ist das Verfahren von Brandt, Damgård und Landrock [BrDL91]. Der Algorithmus startet mit einer zufällig gewählten ungeraden Zahl $n$. Ist diese Zahl ein Vielfaches der Primzahlen $3,5,7, \dots , l$ oder besteht diese Zahl einen der folgenden k+1 Rabin-Tests [Rabi80] nicht, so wird $n$ um 2 erhöht, und die Tests werden auf den neuen Wert von $n$ angewendet. Besteht $n$ alle Tests, so wird sie als probabilistische Primzahl angesehen.

Der beschriebene Algorithmus läuft in fünf Schritten ab:

(1) Starte mir einem zufälligen ungeraden Wert $n$

(2) Ist $n$ ein Vielfaches einer der Primzahlen $3,5,7, \dots , l$, dann setze $n = n + 2$ und gehe zu (2)

(3) Besteht $n$ den Rabin-Test mit Basis 2 nicht, dann setzte $n = n + 2$ und gehe zu (2)

(4) Besteht $n$ einen der k Rabin-Tests mit zufälligen, unterschiedlichen Basin nicht, dann setzte $n = n + 2$ und gehe zu (2)

(5) Ausgabe *der* probabilistischen Primzahl $n$

Der Vorteil dieses Algorithmus liegt darin, daß der Test in (2) ohne eine Division auskommt: In der Initialisierungsphase werden die Reste von $n$ modulo der Primzahlen $3,\dots,l$ berechnet. Danach werden, wann immer $n$ um 2 erhöht wird, auch alle Reste um 2 erhöht. Ist nach der Erhöhung einer der Reste $r_i$ gleich $0 \bmod p_i$, $p_i \in \{3,5,\dots,l\}$, dann ist $n$ ein Vielfaches einer dieser Primzahlen $p_i$. Daher werden $n$ und die Reste dann nochmals um 2 erhöht.

Analysiert man dieses Verfahren unter der Annahme, daß $l = 7$ ist und damit in Schritt (2) die Primzahlen 3, 5 und 7 zum Einsatz kommen, so kann man die Anzahl der Anweisungen wie folgt abschätzen:

1) In der Initialisierungsphase (1) ist pro Primzahl $p_i \in \{3,5,7\}$ eine Modulo-Divisionen notwendig.

2) In Schritt (2) sind pro Primzahl $p_i \in \{3,5,7\}$ eine Addition, eine Subtraktion und zwei Vergleiche (inkrementieren des Restes modulo $p$, Vergleich auf $r = 0$) notwendig. Zur Bestimmung des neuen Wertes für $n$ benötigt man eine Langzahladdition.

Es wird nun ein Verfahren betrachtet, das in der Initialisierungsphase mit einer Modulo-Division auskommt und in den Schritten (3) und (4) nur eine Addition und einen Table-Lookup (Speicherbedarf ca. 600 bit) benötigt, um alle Vielfachen von 3, 5 und 7 zu überspringen. Zur Bestimmung des neuen Wertes von $n$ wird ebenfalls eine Langzahladdition benötigt.

Der Algorithmus beruht auf einer Skipliste (siehe Tab. 2 bzw. Tab. 3), die zu einem gegebenen Rest modulo N die Differenz (Delta) auf die nächst größere Zahl enthält, die zu diesem Modulus relativ prim ist, d.h. $n \bmod p_i \neq 0$. In unserem Algorithmus ist der Modulus $N = 210$ und setzt sich aus dem Produkt der Primzahlen 2, 3, 5 und 7 zusammen.

| | 0 | 1 | 2 | 3 | 4 | 5 | 6 | 7 | 8 | 9 | 10 | 11 | 12 | 13 | 14 | 15 | 16 | 17 | 18 | 19 | 20 | |
|---|---|---|---|---|---|---|---|---|---|---|---|---|---|---|---|---|---|---|---|---|---|---|
| $n \bmod 210$ | 0 | 1 | 2 | 3 | 4 | 5 | 6 | 7 | 8 | 9 | 10 | 11 | 12 | 13 | 14 | 15 | 16 | 17 | 18 | 19 | 20 | ... |
| $n \bmod 2$ | 0 | 1 | 0 | 1 | 0 | 1 | 0 | 1 | 0 | 1 | 0 | 1 | 0 | 1 | 0 | 1 | 0 | 1 | 0 | 1 | 0 | |
| $n \bmod 3$ | 0 | 1 | 2 | 0 | 1 | 2 | 0 | 1 | 2 | 0 | 1 | 2 | 0 | 1 | 2 | 0 | 1 | 2 | 0 | 1 | 2 | ... |
| $n \bmod 5$ | 0 | 1 | 2 | 3 | 4 | 0 | 1 | 2 | 3 | 4 | 0 | 1 | 2 | 3 | 4 | 0 | 1 | 2 | 3 | 4 | 0 | ... |
| $n \bmod 7$ | 0 | 1 | 2 | 3 | 4 | 5 | 6 | 0 | 1 | 2 | 3 | 4 | 5 | 6 | 0 | 1 | 2 | 3 | 4 | 5 | 6 | ... |
| Delta | | 10 | | | | | | | | | | 2 | | 4 | | | | 2 | | 4 | | |

**Tab. 2:** Entstehung der Skipliste

Es genügt natürlich, diese Liste in kompakter Form zu speichern, denn die in Tab. 2 grau schattierten Felder enthalten keine wesentlichen Informationen. In der Initialisierungsphase wird zu einem zufällig gewählten ungeraden $n_0$ das nächst größere $n$ gesucht, das relativ prim zu 210 ist. Dazu wird $r_0 = n_0 \bmod 210$ berechnet und in der Skipliste (Tab. 3) der nächst größere Rest $r_i$ gesucht. Der Index $i$ des gefundenen Eintrags wird für spätere Berechnungen gespeichert. Abschließend wird der Startwert $n = n_0 + r_i - r_0$ berechnet. Ist $n$ keine probabilistische Primzahl, so wird der Index $i$ inkrementiert (modulo 48) und $n$ um Delta[$i$] erhöht. Danach wird der probabilistische Primzahltest auf das neue $n$ angewendet. Da probabilistische Primzahltests rechenintensiv sind, werden zusätzlich zu den Rabin-Tests in den Schritten (3) und (4) in Schritt (2) die Vielfachen der Primzahlen 11, 13, ..., $l$ ausgeschlossen. Der Wert von $l$ kann dabei relativ frei gewählt werden. Das Produkt $\Pi$ der Primzahlen 11, 13, ..., $l$ sollte innerhalb der Wortlänge der zu testenden Zahl liegen.

| Index i | 0 | 1 | 2 | 3 | 4 | 5 | 6 | 7 | 8 | 9 | 10 | 11 | 12 | 13 | 14 | 15 | 16 | 17 | 18 | |
|---|---|---|---|---|---|---|---|---|---|---|---|---|---|---|---|---|---|---|---|---|
| $r = n \bmod 210$ | 1 | 11 | 13 | 17 | 19 | 23 | 29 | 31 | 37 | 41 | 43 | 47 | 53 | 59 | 61 | 67 | 71 | 73 | 79 | ... |
| delta | 10 | 2 | 4 | 2 | 4 | 6 | 2 | 6 | 4 | 2 | 4 | 6 | 6 | 2 | 6 | 4 | 2 | 6 | 4 | ... |

**Tab. 3:** Skipliste (modulo 210)

Der modifizierte Algorithmus läuft in fünf Schritten ab:

(1) Starte mir einem zufälligen ungeraden Wert $n_0$, bestimme Startwert $n$ und Index $i$, $\Pi = 11 \cdot 13 \cdot \ldots \cdot l$

(2) Ist $ggT(n, \Pi) \neq 1$, dann setzte $i = i + 1 \;(\bmod 48)$, n = n +Delta[i] und gehe zu (2)

(3) Besteht $n$ den Rabin-Test mit Basis 2 nicht, dann setzte $i = i + 1 \;(\bmod 48)$, n = n +Delta[i] und gehe zu (2)

(4) Besteht $n$ einen der k Rabin-Tests mit zufälligen, unterschiedlichen Basen nicht, dann setzte $i = i + 1 \;(\bmod 48)$, n = n +Delta[i] und gehe zu (2)

(5) Ausgabe der probabilistischen Primzahl $n$

Die oben angeführte Vorgehensweise soll anhand eines trivialen Beispieles ($l = 23$) verdeutlicht werden:

(1) $\Pi = 11 \cdot 13 \cdot \ldots \cdot 23$, $n_0 = 843 = 3 \;(\bmod 210)$

$r_0 = 3, i = 1, r_1 = 11, n = n_0 + r_1 - r_0 = 843 + 11 - 3 = 851$

(2) $ggT(n,\Pi) = 23 \neq 1$, $i = i + 1 = 2$, $n = 851 + \text{Delta}[i] = 851 + 2 = 853$, gehe zu (2)

853 besteht die Tests in (2), (3) und (4)

(5) Ausgabe der (probabilistischen) Primzahl 853

Die Skipliste enthält $\varphi(N) = \varphi(210) = 48$ Einträge mit je 8+4 = 12 bit und hat damit einen Speicherbedarf von 576 bit. Gegenüber der Methode alle ungeraden Zahlen zu betrachten, kann die Anzahl der zu testenden Zahlen nochmals um zirka 50% reduziert werden (genau: 105-48 von 105 $\hat{=}$ 53,3%).

Will man diesen Prozentsatz weiter verkleinern, dann kann man auch noch die Vielfachen von 11, 13, 17, usw. ausschließen. Allerdings ist dann das Verhältnis zwischen der erwarteten Laufzeitverbesserung (LZV) und dafür notwendigem Speicherbedarf (SB) relativ schlecht. Der Performancegewinn und der dafür notwendige Speicherbedarf kann Tab. 4 entnommen werden.

| Modulus N | Listenlänge | Bit/Eintrag | Speicher | SB | # ungerade | % | LZV |
|---|---|---|---|---|---|---|---|
| $2 \cdot 3 \cdot 5 \cdot 7$ | 48 | 8+4 | 576 | 1 | 105 | 45,7 | 1,00 |
| $2 \cdot 3 \cdot 5 \cdot 7 \cdot 11$ | 480 | 12+4 | 7680 | 13 | 1155 | 41,6 | 0,91 |
| $2 \cdot 3 \cdot 5 \cdot 7 \cdot 11 \cdot 13$ | 5760 | 15+4 | 109440 | 190 | 15015 | 38,4 | 0,84 |
| $2 \cdot 3 \cdot 5 \cdot 7 \cdot 11 \cdot 13 \cdot 17$ | 92160 | 19+4 | 2119680 | 3680 | 255255 | 36,1 | 0,79 |

**Tab. 4:** Analyse der Skiplisten

Da die betrachteten Reste modulo 210 immer ungerade und die Werte von Delta immer gerade sind, könnte bei der Speicherung jeweils ein weiteres Bit eingespart werden. Dies würde den Speicherbedarf von 576 auf $48 \cdot (7 + 3) = 480$ bit reduzieren.

Ersetzt man die Modulo-Division $n_0 \bmod 3$ durch die Modulo-Division der Ziffernsumme von $n_0$ und die Modulo-Division $n_0 \bmod 5$ durch die Modulo-Division der Einerstelle von $n_0$, dann läßt sich der Rechenaufwand zusätzlich verringern.

Eine Verbesserung des Verfahrens besteht darin, mit dem Wert $n = n_0 - (n_0 \bmod N) + 1$ zu starten. Damit ist $i = 1$ und es ist nicht mehr nötig, den Index $i$ in der Skipliste zu suchen. Zudem wird aber auch die Speicherung der Indexwerte unnötig, da man die Skipliste immer von der Position $i = 1$ weg durchläuft. Dies reduziert den Speicherbedarf im Fall von $N = 210$ auf $48 \cdot 3 = 144$ bit. Eine Verwendung von $N = 2310$ ist jetzt ebenfalls realistisch, da der Speicherbedarf von 7680 bit auf 1440 bit gesunken ist. Durch diese drastische Reduktion des Speicherbedarfes ist dieses Verfahren vor allem für Chipkarten geeignet.

Es muß allerdings bemerkt werden, daß diese Verbesserung in Bezug auf Speicherbedarf auf Kosten der Sicherheit der erzeugten Primzahlen gehen könnte, da man die Skipliste immer von der Position 1 weg durchläuft und daher die Primzahlen $p = x \cdot N + a$ für kleinere Werte von $a$ wahrscheinlicher sind, als für größere Werte von $a$.

# 5 Resistenz gegen (p-1)-Faktorisierung

Das bisher beschriebene Verfahren liefert eine effiziente Methode, um eindeutige, aber dennoch in großem Maße zufällige Primzahlen zu erzeugen. Es kann allerdings nicht garantiert werden, daß die erzeugten Primzahlen „starke" Primzahlen sind. Dieser Mangel soll nun zumindest ansatzweise behoben werden.

Mit Hilfe des bisher beschriebenen Verfahrens wird zunächst eine probabilistische Primzahl r erzeugt. Aufbauend darauf wird eine Primzahl $p$ erzeugt, wobei $p-1$ einen großen Primfaktor besitzt.

Der Algorithmus läuft in vier Schritten ab:

(1) Erzeuge eine probabilistische Primzahl $r$

(2) $i = 1$

(3) Ist $p = r \cdot 2^i + 1$ keine Primzahl, dann setzte $i = i+1$ und gehe zu (3)

(4) Ausgabe der Primzahl $p$

Auch hier könnte durch die Verwendung von Skiplisten bzw. Skiptabellen eine Steigerung der Effizienz in Schritt (3) erreicht werden, da man damit jene Werte von $i$ überspringen kann, für die $p$ ein Vielfaches einer kleinen Primzahl ist.

Wesentlich ist hier (3). Der erste Teilschritt von (3) ist die Erzeugung des Primzahlkandidaten $p$. Da eine Multiplikation von $r$ mit $2^i$ einer Verschiebung der ursprüngliche Bitfolge um $i$ Bit nach links entspricht, führt eine Eindeutigkeit von $r$ auch zu einer Eindeutigkeit von $p$. Einzige Voraussetzung dafür ist, daß $r$ nicht mit der Bitfolge 00...00 endet. Da $r$ eine ungerade Primzahl ist, kann dieser Fall aber nicht eintreten.

Der zweite Teilschritt von (3) ist der Primzahltest von $p$. Da die Primfaktorzerlegung von $p-1$ bekannt ist und $p-1$ einen großen Primfaktor $r$ besitzt, kann die folgende Eigenschaft benutzt werden, um den Primzahltest zu beschleunigen und gleichzeitig eine Primitivwurzel $\alpha$ modulo $p$ zu finden.

Zunächst wird ein zufälliger Wert für $\alpha$ gewählt. Ist $p-1 = \prod_{j=1}^{k} p_j^{\alpha_j}$, dann ist $\alpha$ genau dann eine Primitivwurzel modulo $p$, wenn für alle $j = 1,2,...,k$ die Beziehung $\alpha^{(p-1)/p_j} \not\equiv 1 \pmod{p}$ gilt und $\alpha^{p-1} \equiv 1 \pmod{p}$ ist. In [Hors98] wurden Primzahlen der Form $p = 2 \cdot r + 1$ betrachtet. In unserem Fall ist $p-1 = r \cdot 2^i$, und damit können wir $p_1 = r$ und $p_2 = 2$ setzen. Dies reduziert den Test darauf, ob $\alpha^{2^i} \not\equiv 1 \pmod{p}$ , $\alpha^{r \cdot 2^{i-1}} \not\equiv 1 \pmod{p}$ und $\alpha^{p-1} \equiv 1 \pmod{p}$ ist und somit auf die Überprüfung ob $\alpha^{2^i} \not\equiv 1 \pmod{p}$ und $\alpha^{r \cdot 2^{i-1}} \equiv -1 \pmod{p}$ ist.

Werden diese Bedingungen erfüllt, dann sind $p$ und $r$ Primzahlen und zusätzlich ist $\alpha$ eine Primitivwurzel modulo $p$.

Ist $p$ als Primzahl und $\alpha$ als Primitivwurzel identifiziert, so kann falls erforderlich $\alpha$ leicht durch eine andere Primitivwurzel $\beta$ ersetzt werden, denn durch die Kenntnis einer Primitivwurzel $\alpha$ können alle weiteren leicht berechnet werden. Ist $k$ eine zu $p-1$ teilerfremde ganze Zahl, so ist $\beta = \alpha^k \bmod p \neq \alpha$ ebenfalls eine Primitivwurzel modulo $p$.

Anmerkung : Zu einer gegebenen Zahl $p = r \cdot 2^i + 1$ mit $p$ und $r$ prim, existieren genau $\varphi(\varphi(p)) = \varphi(p-1) = \varphi(r \cdot 2^i) = (r-1) \cdot 2^{i-1}$ viele unterschiedliche Primitivwurzeln modulo $p$. Da sich $(r-1) \cdot 2^{i-1} = r \cdot 2^{i-1} - 2^{i-1}$ mit $p/2$ abschätzen läßt, besteht bei zufälliger Wahl von

$\alpha$ eine 50% Wahrscheinlichkeit, daß $\alpha$ eine Primitivwurzel modulo $p$ ist. Der aufgeführte Primzahltest ist somit in 50% aller Fälle erfolgreich, falls $p$ eine Primzahl ist.

Bei diesem Verfahren kann zwar eine Mindestlänge der Primzahl $p$ garantiert werden, eine maximale Länge kann ohne eine Abänderung des Verfahrens jedoch nicht garantiert werden, denn für $i$ läßt sich kein Wert angeben, so daß $p = r \cdot 2^i + 1$ eine Primzahl ist. Überschreitet $p$ die maximale Länge, so wird $p$ verworfen und der Algorithmus erneut gestartet.

# 6 Schlußfolgerung und Ausblick

In dieser Arbeit wurde ein Verfahren vorgestellt, das es jedem Benutzer eines hierarchisch aufgebauten Systems erlaubt, die Komponenten für seine Schlüsselkomponenten (probabilistische Primzahlen) selbst zu erzeugen. Diese Schlüsselkomponenten sind einzigartig im System, bestehen aber dennoch aus einer großen Anzahl zufällig gewählter Bits.

Bei der Diskussion um (bzw. gegen) die rein zufällige Wahl von Schlüsselkomponenten sollten jedoch auch die folgenden zwei Aspekte nicht außer Acht gelassen werden:

1) Die verwendeten Primzahltests sind teilweise probabilistische Tests; ihr Ergebnis gibt Evidenz für eine Primzahl, aber keine Sicherheit.

2) Auch die verwendete Hardware kann fehlerhaft arbeiten und so eine Kompromittierung des Systems ermöglichen. In dieser Arbeit wurde allerdings die Fehlerfreiheit der verwendeten Hardware vorausgesetzt. Der Aspekt von Hardwarefehlern ist zu berücksichtigen, wenn die Anzahl der durchgeführten Operationen sehr groß ist, oder die Umgebung in der die Hardware eingesetzt wird die Fehlerwahrscheinlichkeit z.B. durch Strahlung drastisch erhöht. In der Regel sind Hardwarefehler jedoch zu vernachlässigen.

Ein weiterer offener Punkt ist die Größe des Feldes PP. Die Bits dieses Feldes sind letztendlich dafür verantwortlich, daß aus dem gesamten Konkatenat eine probabilistische Primzahl entsteht. Ein Abschätzung der Mindestgröße des Feldes PP und der Risiken durch probabilistische Primzahltests bzw. fehlerhafte Hardware muß allerdings noch erfolgen.

## Literatur

[BrDL91]   J. Brandt, I. Damgård, P. Landrock: Speeding up Prime Number Generation Advances in Cryptology – ASIACRYPT '91, LNCS 739, Springer (1991) 440-449.

[BrDa93]   J. Brandt, I. Damgård: On Generation of Probable Primes by Incremental Search, Advances in Cryptology – CRYPTO '92, LNCS 740, Springer (1993) 358-370.

[Bres89]   D. M. Bressoud: Factorization and Primality Testing, Springer (1989).

[Gord84]   J. Gordon: Strong RSA Keys, Electronic Lectures (1984) 514-516.

[Gord85]   J. Gordon: Strong primes are easy to find, Advances of Cryptology – EUROCRYPT '84, LNCS 209, Springer (1985) 216-223.

[Hors98]    P. Horster: Dublettenfreie Schlüsselgenerierung durch isolierte Instanzen, Chipkarten, DuD-Fachbeiträge, Vieweg Verlag (1998). 104-119.

[HSW198]    P. Horster, P. Schartner, P. Wohlmacher: Special Aspects of Key Generation, in: Information Technology: Science-Technique-Technology-Education-Health, Printed Scientific Works, Kharkov (1998) 345-350.

[HSW298]    P. Horster, P. Schartner, P. Wohlmacher: Key Management, in: G. Papp, R. Posch (Hrsg.): Global IT Security. Proceedings of the IFIP TC11 14th international Information Security (SEC'98), Schriftenreihe der Österreichischen Computer Gesellschaft Band 116 (1998) 37-48.

[Maur89]    U. M. Maurer: Fast Generation of Secure RSA-Moduli with almost maximal diversity, EUROCRYPT '89, LNCS 434, Springer (1989) 636-647.

[MeOV97]    A. J. Menezes, P. C. van Oorschot, S. A. Vanstone: Handbook of Applied Cryptography, CRC-Press, 1997.

[Poll74]    J. Pollard: Theorems of factorization and primality testing, Proc. Cambridge Philos. Soc., Vol. 76 (1974) 521-528.

[Rabi80]    M. O. Rabin: A Probabilistic Algorithm for Testing Primality, Journal of Number Theory Vol. 12 (1980) 128-138.

[Ribe91]    P. Ribenboim: The Little Book of Big Primes, Springer, 1991.

[Ries85]    H. Riesel: Prime Numbers and Computer Methods for Factorization, Progress in Mathematics Vol. 57, Birkhäuser, 1985.

[RiSA78]    R.L. Rivest, A. Shamir, L. Adleman: A Method for Obtaining Digital Signatures and Public Key Cryptosystems, Communications of the ACM (1978) 102-126.

[Sil197]    R.D. Silverman: The Request for Strong Primes in RSA Encryption, RSA Laboratories Technical Note, May 17, 1997.

[Sil297]    R.D. Silverman: Fast Generation of Random, Strong RSA Primes, CryptoBytes Vol. 3/1 (1995) 9-13.

[Saou95]    Y. Saouter: A new method for generation of strong prime numbers, IRISA – Intern publication No. 931, June 1995.

[SigG97]    Gesetz zur digitalen Signatur (Signaturgesetz - SigG) vom 22.07.1997 (BGBl. I S. 1870, 1872), verkündet als Artikel 3 des "Gesetzes zur Regelung der Rahmenbedingungen für Informations- und Kommunikationsdienste (Informations- und Kommunikationsdienste-Gesetz - IuKDG), 1997.

[SigV97]    Verordnung zur digitalen Signatur (Signaturverordnung - SigV), Stand: 8. Oktober 1997. www.iid.de/aktuelles/index.html/#iukdg

nellen, organisatorischen, technischen, sozialen und rechtlichen Voraussetzungen bilden zusammengenommen die Sicherungsinfrastruktur.

SigG / SigV, welche die erforderlichen Sicherheitsanforderungen definieren, unter denen digitale Signaturen als sicher gelten können, postulieren eine Sicherungsinfrastruktur mit den relevanten Elementen:

- eine nationale *Wurzelinstanz*, die Zertifizierungsstellen-Signaturschlüssel zertifiziert;
- mehrere private und öffentliche *Zertifizierungsstellen* als Dienstleistungsanbieter, die Teilnehmer-Zertifikate ausstellen;
- informierte *Anwender/innen*, die von einer Zertifizierungsstelle über die erforderlichen Maßnahmen zur Gewährleistung der Sicherheit der digitalen Signatur unterrichtet wurden;
- die innerhalb einer Zertifizierungsstelle geltenden *Regelungen* zur sicheren Erbringung der Dienstleistung;
- die bei Privatpersonen und Dienstleistungsanbietern zum Einsatz kommende *Informationstechnik* einschließlich der zu deren Prüfung verwendeten Standards;
- die zur Erzeugung von Signaturschlüsseln, zum Hashen zu signierender Daten oder zur Bildung und Prüfung digitaler Signaturen als geeignet bewerteten *Algorithmen* und zugehörigen Parameter.

## 2.2 An Prüfungen beteiligte Stellen

Bei den im Kontext von SigG / SigV durchzuführenden Prüfaktivitäten sind folgende Akteure[6] involviert:

- die Regulierungsbehörde für Telekommunikation und Post (Reg TP), die
- die Genehmigung für den Betrieb ein.. Zertifizierungsstelle erteilt und die Kontrolle über die genehmigten Zertifizierungsstellen ausübt;
- die Prüf- und Bestätigungsstellen für Sicherheitskonzepte sowie die Prüf- und Bestätigungsstellen für technische Komponenten anerkennt;
- die Prüf- und Bestätigungsstellen für Sicherheitskonzepte;
- die Prüf- und Bestätigungsstellen für technische Komponenten.

## 2.3 Untersuchungsgegenstände

Was die Überprüfung[7] der Sicherungsinfrastruktur, genaugenommen der einzelnen Elemente, anbelangt, differenzieren SigG / SigV in:

- die Genehmigung von und die Aufsicht über *Zertifizierungsstellen*, mit der die Zuverlässigkeit des Dienstleistungsanbieters und die Fachkunde des Personals fest- und sichergestellt wird;
- die Prüfung und Bestätigung des *Sicherheitskonzeptes*[8] einer Zertifizierungsstelle, mit der die Erfüllung der Sicherheitsanforderungen aus SigG / SigV durch die aufgezeigten und umgesetzten Maßnahmen nachgewiesen wird;

---

[6] Siehe BAnZ vom 14.02.98, 1787.

[7] Zu Empfehlungen bzgl. des Verfahrens der Genehmigung und der Anerkennung siehe [BSI97] Kap 7.4-7.6.

[8] Zu Inhalt und Form von Sicherheitskonzepten für Zertifizierungsstellen siehe [BSI97] Kap. 5.4.2.6.

- die Prüfung und Bestätigung eingesetzter, nach SigG / SigV zu bestätigender, *technischer Komponenten*, mit der die Gesetzeskonformität und die Vertrauenswürdigkeit dieser Komponenten festgestellt wird;
- die Anerkennung der *Prüf- und Bestätigungsstellen* für technische Komponenten und Sicherheitskonzepte, mit der sowohl die fachlich-qualitativen als auch die organisatorisch-technischen Voraussetzungen dieser Stellen formell bescheinigt werden.

Gerade die Einhaltung der Prinzipien Homogenität, Zuverlässigkeit, Transparenz, Unabhängigkeit und Standardisierung bei allen Elementen der Überprüfungsebenen ist unabdingbar für die ununterbrochene Vertrauenskette, auf der letztendlich die Verläßlichkeit digitaler Signaturen beruht[9]. Wenn im folgenden das Sicherheitskonzept und dessen Umsetzung sowie beider Überprüfung im Vordergrund steht, ist das keine Abwertung der anderen zu überprüfenden Gegenstände[10]. Die Konzentration auf das Sicherheitskonzept ist dadurch motiviert, daß auf diesem Gebiet z.Zt. auf eine weniger institutionalisierte Überprüfungspraxis zurückgegriffen werden muß.

# 3 Das Sicherheitskonzept einer Zertifizierungsstelle

## 3.1 Zertifizierungsstellen nach Signaturgesetz und Verordnung

Eine von der Reg TP genehmigte Zertifizierungsstelle – insbesondere die dort geltenden Regeln zur Erbringung der Pflichtdienstleistung – ist als „kleinste untersuchbare organisatorische Einheit" Gegenstand der weiteren Betrachtungen. Das System „Zertifizierungsstelle" hat:

- die in SigG / SigV formulierte Sicherheitspolitik auf ihre besonderen Bedürfnisse hin detailliert zu spezifizieren;
- alle im Sicherheitskonzept dokumentierten Maßnahmen, die zur Erfüllung der Sicherheitsanforderungen aus SigG / SigV vorgesehen sind, im operationalen Betrieb zu realisieren;
- den sicheren Zustand, in dem die Zertifizierungsstelle ihren Betrieb aufgenommen hat, im laufenden Betrieb auch beizubehalten.

Hier ist festzuhalten, daß im Hinblick auf ein angemessenes Sicherheitsniveau zwei Aspekte von Bedeutung sind. Zum einen der funktionale Aspekt, der die unmittelbar zur Leistungserbringung führenden Kernaufgaben umfaßt. Zum anderen der prozedurale Aspekt, der die mittelbar zur Zertifizierungstätigkeit beitragenden und insbesondere die sicherheitsbezogenen Tätigkeiten beinhaltet.

## 3.2 Sicherheitspolitik und Sicherheitsmanagement

Die in SigG und SigV formulierte *Sicherheitspolitik*[11] ist bezüglich der Zertifizierungsstelle zu konkretisieren mittels:

---

[9] Siehe hierzu [BSI97] Kap. 7.3.

[10] Hier ist vor allem aus Sicht der Anwender/innen, die digitale Signaturen als verläßlich (oder auch nicht) beurteilen, die Evaluierung von Anwendungsinfrastrukturen interessant.

[11] „IT security policy" wird in den [GMITS] Teil 1, Kap. 2.11 definiert als die Gesetze, Regeln und Praktiken, die festlegen, wie Betriebsmittel einschließlich sensitiver Informationen in einer Organisation und ihrem IT-

- einer Beschreibung aller Bedrohungen, gegen die das System geschützt werden soll[12];
- eines Systemmodells aus Subjekten, Objekten, Aktionen und Umfeldbedingungen;
- allen Regeln und Maßnahmen, die den Bedrohungen gegenübergestellt und die vom System eingehalten werden;
- einer Beschreibung der Schutzwürdigkeit der Objekte des Systems[13];
- einer Beschreibung der Restrisiken, die der Betreiber des Systems akzeptieren kann.

Die Gesamtheit aller von der Zertifizierungsstelle geplanten, durchgeführten und kontrollierten sicherheitsbezogenen Tätigkeiten und Ziele wird im folgenden – in Analogie zur Terminologie im Qualitätsmanagement[14] – als *Sicherheitsmanagement* bezeichnet.

Aus Managementsicht führen das Konzipieren und das Realisieren der Sicherheitsmaßnahmen zum Erreichen und Aufrechterhalten eines angemessenen Sicherheitsniveaus bei der Leistungserbringung. Die möglichen Folgen des Verlustes an Sicherheit machen die Notwendigkeit folgender Managementaufgaben[15] offensichtlich:

1. Definieren von IT-Sicherheitszielen, -strategie und -politik unter Berücksichtigung rechtlicher und unternehmerischer Aspekte;
2. Analysieren der Sicherheitsanforderungen;
3. Identifizieren von Bedrohungen und Analysieren von Risiken;
4. Spezifizieren von Maßnahmen;
5. Implementieren von Sicherheitsmaßnahmen;
6. Entwickeln von Sensibilisierungs- und Schulungsprogrammen;
7. Überprüfen sowie Warten und Pflegen von Sicherheitsmaßnahmen;
8. Aufdecken und Beheben von Zwischenfällen.

Die Sicherheitspolitik, verstanden als umfassende Absichten und Zielsetzungen zur Sicherheit, wird also durch das Sicherheitsmanagement umgesetzt.

### 3.3 Sicherheitskonzept und Sicherheitsmanagementsystem

Das *Sicherheitskonzept*[16] beschreibt die im Sinne der Sicherheitspolitik notwendigen und hinreichenden Sicherheitsmaßnahmen. Es hat daneben eine Darstellung der Ablauforganisation der Zertifizierungstätigkeit und eine Übersicht über die eingesetzten technischen Komponenten zu enthalten. Bestandteil des Sicherheitskonzeptes ist ebenfalls eine Darstellung der spezifischen Bedrohungen und Risiken bei einer Zertifizierungsstelle.

Unter dem Aspekt der Sicherheit ist es entscheidend, daß die dargelegten Maßnahmen angemessen sind, nachvollziehbar begründet werden und wie beschrieben umgesetzt sind. Darüber hinaus sind auch Angaben darüber, wie diese Umsetzung erreicht und im laufenden Betrieb aufrechterhalten wird, erforderlich. Die zur Verwirklichung des Sicherheitsmanagements er-

---

System verwaltet, geschützt und verteilt werden. Im weiteren wird der Begriff Politik synonym zu policy verwendet.

[12] d.h. Bedrohungsanalyse.

[13] d.h. Schutzbedarfsfeststellung.

[14] Siehe DGQ-Schrift 11-04, Begriffsbenennung 1.5.5.1.

[15] Zu den Managementfunktionen siehe [GMITS] Teil 1, Kap. 6. Im Anhang A zu Teil 3 findet sich eine Muster-Gliederung einer firmenspezifischen IT-Sicherheitspolitik.

[16] Siehe § 12 (1) SigV sowie Begründung hierzu bzw. [MK1298] Abschnitt 10.

forderlichen Organisationsstrukturen[17], Verfahren, Prozesse[18] und Mittel bilden – in Analogie zur Terminologie im Qualitätsmanagement[19] – das *Sicherheitsmanagementsystem*.

Somit erweitert sich der Fokus der Betrachtung vom Sicherheitskonzept aufs Sicherheitsmanagementsystem. Das Sicherheitskonzept ist demnach ein Mittel des Sicherheitsmanagements zur Umsetzung der Sicherheitspolitik, wobei das Sicherheitsmanagement sich hierzu des Sicherheitsmanagementsystems bedient. Das Sicherheitskonzept spielt also eine zentrale Rolle. Es dient nicht nur dazu, die Sicherheitsmaßnahmen darzulegen, sondern auch diese nachvollziehbar und rückführbar zu begründen. Darüber hinaus stellt es als Systembeschreibung die Grundlage für die Überprüfung der Systemumsetzung dar.

## 3.4 Vorgehensmodell zur Sicherheitskonzeption

Um von den Systemanforderungen über die Systembeschreibung zur Systemumsetzung zu gelangen, bedarf es eines *Vorgehensmodells[20]*, das folgende Schritte umfaßt:

1. Requirement-Engineering;
2. Schutzbedarfsfeststellung / Bedrohungsanalyse;
3. Risikoanalyse;
4. Maßnahmen-Selektion und -Spezifikation;
5. Implementierung;
6. Systemanalyse.

Dabei erwachsen diese Überlegungen nicht irgendeiner „grauen Theorie", sondern der praktischen Erfahrung. Es ist nämlich nicht möglich, ein Sicherheitskonzept ohne vorherige Schutzbedarfsfeststellung, Bedrohungs- und Risikoanalyse zu erstellen. Erst diese erlauben eine Aussage über die Angemessenheit bestimmter Maßnahmen. Außerdem ergibt sich hieraus ein Gewichtungsfaktor für die verschiedenen Maßnahmen, sowie eine Entscheidungshilfe zwischen unterschiedlichen Maßnahmen. Die Nachvollziehbarkeit der Maßnahmenauswahl trägt nicht unerheblich zum Verständnis des Gesamtsystems bei und macht ein einmal erstelltes Sicherheitskonzept auch pflegbar. Letztendlich basiert auch das Urteil, ob aufgedeckte Schwachstellen tragbar sind, auf der Zuordnung von Maßnahmen zu Anforderungen und Bedrohungen.

Hilfreich bei der Erstellung des Sicherheitskonzeptes sind beispielsweise folgende Fragen:

- Wie werden die Anforderungen angemessen erfüllt?
- Wie erreicht man, daß alle Maßnahmen in sich und zusammengenommen schlüssig sind?
- Wie werden die Maßnahmen dauerhaft umgesetzt?

Bei der Konstruktion des Sicherheitsmanagementsystems helfen folgende Fragen:

- In welche Phasen untergliedert sich die Zertifizierungstätigkeit und wie sehen diese im einzelnen aus?
- Welche, die Zertifizierungstätigkeit unterstützenden, Aktivitäten werden ergriffen?

---

[17] d.h. Aufbauorganisation.

[18] d.h. Ablauforganisation.

[19] Siehe DGQ-Schrift 11-04, Begriffsbenennung 1.5.6.

[20] Nach [Baue95] beschreiben Vorgehensmodelle aus welchen Schritten ein Entwicklungsvorgang besteht, in welcher Reihenfolge die Schritte ausgeführt werden und welche Ergebnisse in den Schritten zu erarbeiten sind.

• In welchen organisatorischen Rahmen ist die Zertifizierungstätigkeit eingebettet?

# 4 Bewertungsansätze beim Sicherheitsmanagement

## 4.1 Grundlagen

Die Überprüfung von Zertifizierungsstellen läßt sich auf die Bewertung des Sicherheitsmanagements zurückführen, was in eine Bewertung von Sicherheitskonzept und Sicherheitsmanagementsystem mündet.

Hilfreich bei der Bewertung des Sicherheitskonzeptes sind beispielsweise folgende Fragen:

• Sind die abstrakten Ziele korrekt in konkrete Maßnahmen verfeinert, d.h. sind die Maßnahmen geeignet?

• Sind alle Maßnahmen als Ganzes konsistent und widerspruchsfrei, d.h. sind die Maßnahmen wirksam?

Bei der Analyse des Sicherheitsmanagementsystems helfen folgende Fragen:

• Sind die Anforderungen vollständig und bezogen auf die Bedrohungen angemessen erfüllt?

• Sind alle ergriffenen Maßnahmen auch wie geplant, d.h. ordnungsgemäß umgesetzt?

Die Fragen implizieren zwei sich ergänzende Sichtweisen: Zu betrachten ist einerseits (top-down) die vollständige, eindeutige und widerspruchsfreie Herleitung aller Maßnahmen im Sicherheitskonzept aus den Anforderungen und andererseits (bottom-up) das Zusammenspiel der Maßnahmen im Sicherheitsmanagementsystem bezogen auf die Erfüllung aller Anforderungen.

## 4.2 Vorgehensweise

Bei der Bewertung[21] von Sicherheitskonzept und Sicherheitsmanagementsystem bieten sich drei Betrachtungsweisen an:

• der Abgleich der im Sicherheitskonzept aufgezeigten Anforderungen mit den nach SigG / SigV zu erfüllenden;

• der Abgleich der im Sicherheitsmanagementsystem umgesetzten mit den im Sicherheitskonzept beschriebenen Maßnahmen;

• die Beurteilung der Schlüssigkeit der Sicherheitsmaßnahmen als solche.

Eine vierte Betrachtungsweise wäre, den IT-Sicherheitsprozeß im Detail zu untersuchen, worauf im weiteren jedoch nicht näher eingegangen wird.

Sowohl beim Sicherheitskonzept als auch beim Sicherheitsmanagementsystem kann die Tiefe der Untersuchung variieren. Zum einen kommt eine formale und zum anderen eine inhaltliche Untersuchung in Frage.

Im Rahmen der formalen Untersuchung des Sicherheitskonzeptes wird zum Beispiel geprüft, ob alle Gliederungspunkte aufgelistet sind und ob von Aufbau und Umfang des Sicherheitskonzeptes auf eine entsprechende Vorgehensweise zu schließen ist. Mit inhaltlicher Untersu-

---

[21] Nicht betrachtet werden hier die Fragen, wer das Sicherheitsmanagement bewertet und wie beziehungsweise womit diese Bewertung durchgeführt wird.

chung ist gemeint, daß für jede Maßnahme auch deren Beitrag zur Anforderungserfüllung bzw. Bedrohungsabwehr hinterfragt wird.

Bei der Bewertung des Sicherheitsmanagementsystems reicht die Bandbreite von der Auditierung (formal) bis hin zum Assessment (inhaltlich). Auditierung meint eine systematische und unabhängige Untersuchung, daß die ergriffenen den geplanten Tätigkeiten entsprechen. Ein Assessment verdeutlicht, ob und inwieweit der beabsichtigte Effekt mit den realisierten Maßnahmen auch eingetreten ist. Ein Audit zeigt also nur auf, daß eine beschriebene Maßnahme umgesetzt wurde, wohingegen ein Assessment eine graduelle Aussage darüber liefert, wieviel des angestrebten Ziels durch die implementierte Maßnahme erreicht wurde.

Genaugenommen setzt eine über die formale Bewertung hinausgehende Untersuchung voraus, daß Sicherheitskonzept und Sicherheitsmanagementsystem mit Sorgfalt erstellt und konstruiert wurden. Für eine inhaltliche Bewertung ist das Vorgehensmodell (vgl. 3.4) erforderlich – im Umkehrschluß trifft die Behauptung zu, daß ohne Vorgehensmodell ausschließlich eine formale Untersuchung möglich ist. Eine formale Bewertung mag zwar in bestimmten Fällen, insbesondere was den Zeit- und Kostenfaktor anbelangt, zuträglich sein – aus Qualitätssicht ist allein die inhaltliche Bewertung zweckdienlich.

Angenommen, Sicherheitskonzept und Sicherheitsmanagement sind nicht nur zum Zweck der Genehmigungserlangung erstellt und konstruiert worden, sondern mit dem Ziel, die Zertifizierungstätigkeit im Hinblick auf Produktivitäts-, Qualitäts- und Sicherheitserwägungen zu optimieren, dann hat eine Untersuchung auf Inhalt (und nicht auf Form) ihren Anteil an einer kontinuierlichen Prozeßverbesserung. Was Sicherheitskonzept bzw. Sicherheitsmanagementsystem anbelangt, so stellen Inspektion bzw. Management-Review[22] und Baseline-Check[23] jeweils akzeptable Techniken dar, um in Abhängigkeit vom Adressaten der Untersuchungsergebnisse, zu verwertbaren Aussagen zu kommen.

Im folgenden werden Vorschläge entwickelt, wie die in Abschnitt 4.1 aufgeworfenen Fragen beantwortet werden können.

## 4.3 Mittel

### 4.3.1 Angemessenheit und Vollständigkeit

Da alle Sicherheitsanforderungen aus SigG / SigV abgedeckt werden müssen, bedarf es eines *Qualitätsmodells*[24], das die abstrakten Sicherheitsanforderungen in meß- und bewertbare Sicherheitsmerkmale, deren Gesamtheit die Sicherheit der Dienstleistung ausmacht, verfeinert. Mit der Definition von Merkmalen wird gleichzeitig eine sowohl für die konstruktive als auch die analytische Sicht relevante Basis geschaffen.

---

[22] gemäß [BS7799].

[23] nach [BSI98].

[24] Nach [Frick95] strukturieren und hierarchisieren Qualitätsmodelle Qualitätseigenschaften in Eigenschaften oder Merkmale. Ein Merkmal unterscheidet sich dadurch von einer Eigenschaft, daß diese quantitativ mittels einer Metrik oder qualitativ mittels Erfahrungswerten, Qualitätsanforderungen oder Checklisten beschrieben werden. Qualitätsmodelle dienen der Vereinheitlichung unterschiedlicher Vorstellungen von Qualität. ISO 8402 definiert Qualität als „Gesamtmenge von Merkmalen einer Einheit bezüglich ihrer Eignung, festgelegte und vorausgesetzte Erfordernisse zu erfüllen." Demnach ist Qualität kein Absolutum, sondern muß in Relation zu den an die Einheit gestellten Anforderungen stehen.

Zur Bewertung der angemessenen und vollständigen Erfüllung der Anforderungen sollten diese gegen das Qualitätsmodell abgeglichen werden. Anhand einer Konzeptprüfung kann gezeigt werden, ob und inwieweit die beschriebenen Sicherheitsmaßnahmen die Sicherheitsanforderungen erfüllen.

### 4.3.2 Eignung und Wirksamkeit

Zur Bewertung der korrekten Umsetzung der Maßnahmen wäre es sinnvoll, die Komplexität mittels einer sauberen Darstellung der Schnittstellen zu reduzieren. Beispielsweise sind mit dem Einsatz eines IT-Produktes bzw. Systemes Einschränkungen für die Einsatzumgebung verbunden, bestimmte Personen als Rolleninhaber für den Betrieb vorzusehen und zusätzliche Funktionalität zur Unterstützung der eigentlichen Produkt- bzw. Systemfunktionsfähigkeit erforderlich. Angebracht wäre hier eine Werkzeugunterstützung, die es erlaubt, Anforderungen realisierungsunabhängig zu formulieren.

Zur Bewertung der Konsistenz und Widerspruchsfreiheit des Sicherheitskonzeptes ist es sinnvoll, ein Modell der Sicherheitspolitik (Sicherheitsmodell) zu erstellen. Dieses Referenzmodell ist eine abstrakte Beschreibung der aufgrund der Sicherheitsanforderungen wesentlichen Aspekte der Systemsicherheit. Anhand des Sicherheitsmodells kann gezeigt werden, daß das Sicherheitskonzept die zugrundeliegende Sicherheitspolitik umsetzt und keine Abläufe enthält, die mit der zugrunde gelegten Sicherheitspolitik im Widerspruch stehen.

### 4.3.3 Ordnungsmäßigkeit

Da alle Sicherheitsmaßnahmen aufgezeigt werden müssen, bedarf es eines *Konzeptmodells*[25], das die relevanten Punkte, unterteilt in drei Betrachtungsebenen, aufführt. Auf der untersten Ebene steht die Untergliederung der Zertifizierungstätigkeit in einzelne, zeitlich aufeinander aufbauende Phasen[26]. In die mittlere Ebene fallen alle den Ablauf der Zertifizierungstätigkeit unterstützenden Elemente[27]. Auf der obersten Ebene findet sich der organisatorische Rahmen[28], in dem die Zertifizierungstätigkeit abläuft.

Zur Bewertung der ordnungsgemäßen Umsetzung der Maßnahmen sollten diese gegen das Konzeptmodell geprüft werden. Anhand einer Realisierungsprüfung kann gezeigt werden, ob und inwieweit die umgesetzten Sicherheitsmaßnahmen den beschriebenen entsprechen.

---

[25] Dieser Begriff ist im Sinne einer Mustergliederung für ein Sicherheitskonzept, das die Erfüllung der in SigG / SigV aufgeführten Anforderungen aufzeigt, zu verstehen.

[26] Phasenspezifischen Punkte: Identifizierung und Registrierung der Teilnehmer, Schlüsselerzeugung, Zertifikatserstellung, Personalisierung, Übergabemodalitäten, Teilnehmerunterrichtung, Zeitstempelung, Verzeichnisdienst, Sperrservice sowie zusätzliche Funktionen.

[27] Ablaufunterstützende Punkte: Kryptomodell; Zertifizierungsstellenmodell; Schutzbedarfsfeststellung / Bedrohungsanalyse; Risikoanalyse und Sicherheitsmanagement; Maßnahmenauswahl und -bewertung; Restrisikobetrachtung; materielle und infrastrukturelle Sicherheit; technische Sicherheit (Software- / Hardware- / Kommunikationssicherheit); organisatorische Sicherheit (Verantwortung und Befugnisse, Mittel und Personal, Beauftragte); administrative Sicherheit; personelle Sicherheit; Entwicklung und Pflege des Sicherheitskonzeptes; Dokumentation, Datensicherung, Notfallvorsorge; Übereinstimmung mit gesetzlichen Anforderungen.

[28] Organisatorische Punkte: Ziele, Strategie, Politik; Verantwortung der Leitung; Sicherheitsmanagementsystem; interne Audits und Korrekturmaßnahmen; Schulung.

# 5 Ausblick

Zertifizierungsstellen stellen ein wichtiges Glied in der Vertrauenskette zwischen Anwender/in und digitaler Signatur dar, da sie neben der zur Erzeugung und Prüfung digitaler Signaturen verwendeten Anwendungsinfrastruktur der einzige, direkt wahrnehmbare Berührungspunkt zwischen beiden sind. Die Überprüfung des Sicherheitskonzeptes der Zertifizierungsstelle spielt somit eine entscheidende Rolle bei der Vertrauensbildung in die digitale Signatur.

Auch wenn der Entwurf der EU-Richtlinie zu elektronischen Signaturen[29], der statt einer Vorabkontrolle der organisatorisch-technischen Sicherheit die Regelung über nachträgliche Haftung vorsieht, verabschiedet werden sollte, besteht der Bedarf, die Arbeitsweise der Zertifizierungsstellen zu bewerten. Zum einen kommt die Produkthaftung zu tragen, nach der die Hersteller bzw. Betreiber alle erforderlichen Vorkehrungen für ein(e) qualitativ hochwertige(s) Produkt (Dienstleistung) zu treffen haben; zum anderen setzt eine Haftungsregelung oft eine entsprechende Versicherung des Herstellers bzw. Betreibers voraus. Diese Versicherung wird sich zumeist wiederum an einer zuvor erfolgten Bewertung orientieren. In beiden Fällen sind ein adäquates Sicherheitskonzept, dessen Umsetzung und beider Überprüfung ein zentrales Element.

Im übrigen sieht die EU-Richtlinie[30], die den Gedanken freiwilliger Akkreditierungssysteme favorisiert, auch in der Akkreditierung ein Mittel, Homogenität bei den ermittelten Ergebnissen sowie Transparenz bei den angewandten Verfahren in den akkreditierten Stellen zu schaffen. Dies setzt jedoch voraus, daß die akkreditierten Stellen nach anerkannten, allgemein zugänglichen Standards arbeiten. Bei der Evaluierung von Sicherheitsprodukten und -systemen stellen die ITSEC, aber auch die CC, einen solchen Standard dar. Vergleichbare harmonisierte Dokumente oder Normen fehlen jedoch zur Zeit bei der Überprüfung von Sicherheitskonzepten und Sicherheitsmanagementsystemen. Ohne solche Standards kann jedoch der Akkreditierungssystemen innewohnende Nutzen von Qualität, Sicherheit und Vertrauen bezogen auf technische Produkte und organisatorisch-technische Systeme nicht zu Tage treten.

## Literatur

[Baue95]     Bauer, Günter: Softwaremanagement. Spektrum Verlag Heidelberg, 1995, S. 30.

[BS7799]     British Standards Institution: Information technology - Code of practice for information security management. 1995.

[BSI97]      BSI: Angaben des BSI zum Maßnahmenkatalog für digitale Signaturen – auf Grundlage von SigG und SigV. Version 1.0, Stand 18.11.97.

[BSI98]      BSI: IT-Grundschutzhandbuch. Schriftenreihe zur IT-Sicherheit, Band 3, 1998.

[EU98]       Amtsblatt der Europäischen Gemeinschaften: Vorschlag für eine Richtlinie des Europäischen Parlaments und des Rates über gemeinsame Rahmenbedingungen für elektronische Signaturen. 98/C 325/04, Stand 23.10.98.

---

[29] Siehe [EU98].

[30] Siehe [EU98] (8).

[Frick95] Frick, Andreas: Der Software-Entwicklungsprozeß. Hanser Verlag München, 1995, S. 293-294.

[GMITS] ISO/IEC TR 13335: Guidelines for the Management of IT-Security. Part 1-3, 1996-98.

[Hamm95] Hammer, Volker: Gestaltungsbedarf und Gestaltungsoptionen für Sicherungsinfrastrukturen. In: Hammer, V. (Hrsg.): Sicherungsinfrastrukturen Springer-Verlag Berlin, 1995, S. 41-86.

[Hamm98] Hammer, Volker: Wie nennen wir Infrastrukturen für die Schlüsselverwaltung? In: DuD (22) 1998, S. 91-92.

[ITSEC] Kriterien für die Bewertung der Sicherheit von Systemen der Informationstechnik (ITSEC). Vorläufige Form der harmonisierten Kriterien, Version 1.2, Juni 1991.

[ITSEM] Handbuch für die Bewertung der Sicherheit von Systemen der Informationstechnik (ITSEM). Vorläufige Form der harmonisierten Methodik, Version 1.0, September 1993.

[MK1298] Maßnahmenkatalog für Zertifizierungsstellen nach dem Signaturgesetz. Reg TP, Stand 15.07.98.

[MK1698] Maßnahmenkatalog für technische Komponenten nach dem Signaturgesetz. Reg TP, Stand 15.07.98.

[RaMP97] Rannenberg, Kai; Pfitzmann, Andreas; Müller, Günter: Sicherheit, insbesondere mehrseitige Sicherheit. In: Müller, G.; Pfitzmann, A. (Hrsg.): Mehrseitige Sicherheit in der Kommunikationstechnik, Verlag Addison-Wesley, 1997, S. 21-29.

[Roßn95] Roßnagel, Alexander: Rechtliche Gestaltung informationstechnischer Sicherungsinfrastrukturen. In Hammer, V. (Hrsg.): Sicherungsinfrastrukturen, Springer-Verlag Berlin, 1995, S. 135-178.

[Roßn98a] Roßnagel, Alexander: Die Sicherheitsvermutung des Signaturgesetzes. In: NJW (45) 1998, S. 3312-3320.

[Roßn98b] Roßnagel, Alexander: Das Gesetz und die Verordnung zur digitalen Signatur. In: RDV (9) 1998, S. 468-474.

[Roßn98c] Roßnagel, Alexander: Aufgaben der Regulierungsbehörde nach dem Signaturgesetz. In: MMR (1) 1998, S. 5-15.

[SigG] Gesetz zur digitalen Signatur vom 22.07.1997. In: BGBl I, 1997, 1870.

[SigV] Verordnung zur digitalen Signatur vom 22.10.1997. In: BGBl I, 1997, 2498.

# SET – Sicherheitskonzepte im praktischen Einsatz

Sonja Zwißler

Forschungszentrum Informatik
an der Universität Karlsruhe
zwissler@fzi.de

## Zusammenfassung

Bei *Secure Electronic Transaction* (SET) handelt es sich um einen Industriestandard, der die sichere kreditkartenbasierte Bezahlung über das Internet ermöglicht. Während es sich bei den eingesetzten Sicherheitsmechanismen zur Zusicherung von Vertraulichkeit, Authentizität und Integrität um Standardverfahren handelt, stellt die Tauglichkeit für den praktischen Einsatz im kommerziellen Umfeld besondere Anforderungen. Von großer Bedeutung sind hierbei insbesondere die Beherrschung des weltweiten Massenbetriebs und die Konzepte zur Reduktion des Verwaltungsaufwands durch Spezialisierung auf das konkrete Anwendungsfeld. In diesem Papier werden solche Konzepte am Beispiel von SET vorgestellt und bewertet. Besonderes Interesse gilt hierbei der Frage, inwieweit diese Spezialisierungen Angriffspunkte auf personenbezogene Daten oder Eingriffe in das Protokoll ermöglichen, und welche Auswirkungen sie auf das Systemverhalten bei Verlust oder Kompromittierung von Schlüsseln haben.

## 1 Einleitung

SET [SET97a, SET97b, SET97c] bietet Authentizität, Integrität und Vertraulichkeit. Ein besonderer Vorteil gegenüber anderen Ansätzen mittels SSL oder S-HTTP ist, daß der Kunde als rechtmäßiger Kreditkartenbenutzer authentisiert wird, dem Händler gegenüber aber dennoch nicht namentlich bekannt wird. Obwohl sich SET inzwischen weltweit immer stärker durchsetzt und von den meisten führenden Banken in Deutschland umgesetzt wird, herrscht an vielen Stellen immer noch eine große Ungewißheit, was eigentlich hinter SET steht, wie sicher es wirklich ist und schlußendlich inwieweit datenschutzrechtliche Aspekte eingehalten werden. Zur Umsetzung dieses Standards werden aus der Theorie wohl bekannte Techniken eingesetzt, wie symmetrische und asymmetrische Verschlüsselung, digitale Umschläge, Signaturen und Zertifizierung. Durch den Boom des elektronischen Handels stehen wir heute vor die Situation, daß diese Techniken zuverlässig weltweitem Massenbetrieb Stand halten müssen. Der Masseneinsatz stellt hierbei insbesondere an die Verwaltung der anfallenden Daten hohe Anforderungen, z.B. an die Zertifizierungsinfrastruktur, da diese Daten wegen des kommerziellen Umfelds natürlich teilweise auch über ihren unmittelbaren Einsatz hinaus für weitere Jahre verfügbar sein müssen. Hier ist zu beachten, daß SET lediglich den Kommunikationsaspekt bei *online* Transaktionen abdeckt, welche Daten lokal gespeichert werden und wie diese Daten gehalten werden, ist in SET nicht definiert.

Im folgenden wird zunächst einführend darauf eingegangen, was SET leistet, und auf welchen kryptographischen Grundtechniken es aufbaut. Im Anschluß werden die Maßnahmen im

Überblick aufgeführt, durch die es bei SET gelingt, den Kommunikations- und Verwaltungsaufwand bei den eingesetzten Sicherheitsmechanismen einzuschränken und damit das Protokoll tauglich für den praktischen Massenbetrieb zu machen. Dies gelingt vor allem durch die Spezialisierung auf *Electronic Commerce*. Wie diese Spezialisierungen und Maßnahmen umgesetzt wurden, wird anschließend anhand einer detaillierten Beschreibung des Aufbaus der Zertifizierungsinfrastruktur und der Mechanismen zu dessen reibungslosem Betrieb im praktischen Einsatz dargestellt. Auf die Frage, wie sicher SET eigentlich wirklich ist und wo es potentielle Angriffspunkte gibt, wird in Abschnitt 5 eingegangen. Abschließend werden Vor- und Nachteile, die diese Konzeptionen im praktischen Einsatz mit sich bringen, aufgeführt und eine Einstufung der Risiken bei der Benutzung von SET gegeben.

Als Grundlage für die Erläuterungen wurden insbesondere die drei SET Spezifikationen: Business Description (Book 1), Programmers Spezification (Book 2) und Formal Protocol Definition (Book 3) der SET Version 1.0 herangezogen.

## 1.1 Wie funktioniert SET

Die an einer Transaktion direkt beteiligten Parteien sind der Endkunde, der Händler, sowie deren Banken. Die Bank des Endkunden wird als *Issuer* bezeichnet, die des Händlers als *Acquirer*. Beide Banken haben, wie auch beim traditionellen Einsatz von Kreditkarten, Zugang zum Finanznetz des Kreditkartenunternehmens. Die Schnittstelle zwischen SET und den internen Protokollen im Finanznetz bildet das sogenannte *Payment-Gateway*, das beim *Acquirer* betrieben wird.

Der Endkunde beginnt eine SET-Transaktion indem er dem Händler eine *Initialisierungsanfrage* sendet, in der er im wesentlichen nur den Namen seines Kreditkartenunternehmens mitteilt. Als Antwort erhält er das Zertifikat des Händlers und des zur Karte passenden *Payment-Gateways*. Den zweiten Schritt bildet die *Kaufanfrage*, mit der der Kunde Daten über den beabsichtigten Kauf an den Händler schickt. Diese Nachricht enthält auch die nur für das *Payment-Gateway* lesbaren Karteninformationen des Kunden. Der Händler gibt diese Informationen im Rahmen einer kombinierten *Autorisierungs-* und *Buchungsanfrage* an das *Payment-Gateway* weiter. Im Rahmen der Autorisierung kommunizieren *Acquirer* und *Issuer* über das Finanznetz. Auf die Antwort des *Payment-Gateways* generiert der Händler eine entsprechende Antwort auf die Kaufanfrage des Kunden.

Über diese typische Anwendung hinaus definiert SET weitere Protokolle für die Registrierung von privaten Schüsseln bei Zertifizierungsinstanzen, für Zustandsabfragen, Auszahlungen und Rückbuchungen. Auch die zeitliche Trennung von Autorisierungs- und Buchungsanfragen ist möglich.

## 1.2 Auf welchen Standards basiert SET

Die SET-Protokolle bauen auf dem *Public Key Cryptography Standard PKCS #7* auf. Kunden, Händler, *Payment-Gateways* und Zertifizierungsinstanzen besitzen Zertifikate nach X.509 mit SET-spezifischen Erweiterungen. Für die Übertragung werden, außer bei der Initialisierungsanfrage, die im Klartext versandt wird, digitale Umschläge benutzt. Die Verschlüsselung der Nutzinformationen erfolgt dabei mittels DES CBC (56 Bit). Die RSA-Schlüssel zur Verschlüsselung der symmetrischen Schlüssel und für die Erzeugung von Signaturen haben eine Länge von 1024 Bit, für die *Root* der Zertifizierungshierarchie 2048 Bit. *Hashes* zur Sicherung der Datenintegrität werden über SHA-1 (160 Bit) erzeugt. Im Rahmen der Antwort auf eine Autorisierungsanfrage kann der *Acquirer* Nachrichten an den Kunden durchschleusen (*acquirer tunneling*). Diese werden mittels DES CDMF (40 Bit) verschlüsselt.

## 1.3 Was leistet SET?

Der Industriestandard SET hat die sichere Verwendung von Kreditkarten für die elektronische Bezahlung bei *online shopping* Systemen über öffentliche und private Rechnernetze zum Ziel. Das Protokoll definiert die Mechanismen für eine gesicherte Abwicklung der Bezahlung außerhalb der bestehenden Finanznetze, sowie einen Rahmen für deren Verwendung. Dabei werden Varianten unterstützt, deren Auswahl den Finanzinstituten obliegt.

**Was SET leistet:**
- Vertraulichkeit der Zahlungsinformationen.
- Integrität aller mit dem SET-Protokoll übertragenen Daten.
- Authentizität der beteiligten Partner; insbesondere wird der Kunde als rechtmäßiger Kreditkarteninhaber und der Händler als autorisierte Akzeptanzstelle ausgewiesen.
- Unabhängigkeit von verwendeten Transportprotokollen und deren Sicherheitsmechanismen.
- Interoperabilität zwischen Komponenten unterschiedlicher Hersteller [Setco98].

Es existiert auch eine Variante des Protokolls, in der der Kunde nicht authentisiert wird. Diese Betriebsart wurde zunächst aus Effizienzüberlegungen, sicher aber auch aus Marketing-Gründen vorgesehen, um die Endkunden von der Erstellung und Zertifizierung eigener Schlüssel zu entbinden und dadurch möglicherweise die Akzeptanz des Protokolls zu erhöhen. Außer der Authentisierung des Kunden bleiben alle anderen Eigenschaften des Protokolls erhalten, insbesondere die Integrität der Daten und die Geheimhaltung der Kreditkartendaten gegenüber dem Händler. Die Rechtmäßigkeit der Kartenbenutzung durch den Kunden kann hierbei nicht mehr bewiesen werden, was Konsequenzen für die Risikoverteilung zwischen Bank und Händler hat. Die Entscheidung darüber, welche Protokollvarianten unterstützt werden, obliegt dem Finanzinstitut. Mit der fehlenden Authentisierung des Kunden geht jedoch ein entscheidender Vorteil des SET Protokolls verloren. Daher wird im folgenden nur auf die SET Variante eingegangen, bei der der Kunde zertifiziert ist.

**Was SET nicht leistet:**
- Keine unbedingte Geheimhaltung der Kreditkartennummer gegenüber dem Händler, sondern lediglich Geheimhaltung des Namens des Karteninhabers.
- Darüber hinaus keine weitere Anonymität der Beteiligten.
- Keine Teilprotokolle für Bestellung und Auslieferung und damit auch keine Sicherung dieser Vorgänge.

- Keine allgemeine Bezahlung, die nicht auf (Kredit-)karten basiert.
- Keinen Schutz der Daten auf Kunden- Händler- und Bankseite. Dies obliegt den Software-Herstellern.

SET sichert zu, daß dem Händler die Kreditkarteninformationen des Kunden, d.h. Kreditkartenunternehmen, Karteninhaber, Kartennummer und Gültigkeitszeitraum, nicht vollständig bekannt gemacht werden. Er kann jedoch Kenntnis über die Kreditkartennummer erhalten. Dies ist zum einen möglich, falls diese auf der monatlichen Abrechnung mit dem Kreditkartenunternehmen aufgeführt sind. Zum anderen gibt es Betriebsvarianten von SET, die den Händler *online* über die Kartennummer unterrichten können. Dadurch wird die Anonymität des Kunden gegenüber dem Händler jedoch nicht verletzt, da dieser von der Nummer nicht auf die Identität des Käufers schließen kann.

## 2  Anwendungsabhängige Spezialisierungen

Der reibungslose Betrieb der Sicherheitsinfrastruktur stellt eine Grundvoraussetzung für den erfolgreichen Einsatz von SET dar. Dieser ist bei weltweitem Einsatz mit einer Vielzahl von Teilnehmern nicht unbedingt trivial. SET bietet folgende Mechanismen, um dieser Problematik gerecht zu werden:

- Für die Veröffentlichung von Zertifikaten und Rückruflisten wird kein dedizierter Verzeichnisdienst verwendet. Statt dessen werden die benötigten Zertifikate und Rückruflisten innerhalb des Protokolls übertragen.
- Für die überwiegende Anzahl von Zertifikaten, nämlich für die von Kunden und Händlern, existieren keine Rückruflisten. Sie können damit nach einer möglichen Kompromittierung der Schlüssel auch nicht systemweit für ungültig erklärt werden.
- Die Zertifizierung und Verwaltung von Zertifikaten ist hierarchisch organisiert. Die Hierarchie ist fest vorgegeben und sehr flach, um kurze Zertifikatsketten zu erreichen. Aktualität von Rückruflisten wird durch spezielle Kataloge zugesichert. Diese sind spezifisch für einzelne Kreditkartenunternehmen, so daß Zertifikate und Rückrufe anderer Unternehmen hier nicht berücksichtigt werden müssen.
- Um den Kommunikationsaufwand bei der Weitergabe von Zertifikaten und Rückruflisten zu reduzieren, werden diese nur bei Bedarf übertragen.

Durch diese Konzeption ist sichergestellt, daß es bei der Kommunikation keine Engpässe gibt. Außer Kunde, Händler und *Payment-Gateway* werden zur Abwicklung einer Transaktion keine weiteren Instanzen benötigt, um beispielsweise die Gültigkeit von Zertifikaten zuzusichern. Es werden lediglich die unbedingt notwendigen Informationen übertragen und nur an die Instanzen, die sie wirklich benötigen. Somit ist die Skalierbarkeit des Protokolls auch bei sehr großer Teilnehmerzahl von Kunden und Händlern nicht gefährdet.

## 3  Die Zertifizierungsinfrastruktur

### 3.1  Vertrauenshierarchie

Die Zertifizierungshierarchie, besteht aus 3 bis 4 Hierarchieebenen. Die Kreditkartenorganisationen sind in der Vertrauenshierarchie direkt unter der *Root* eingeordnet. Sie beeinflussen den Rahmen für den Betrieb von SET sehr stark, indem sie insbesondere die finanztechnischen Erweiterungen definieren, die in der SET-Spezifikation nicht festgelegt sind. Im Rahmen dieser Vorgaben können einzelne Banken weitere Spezialisierungen festlegen. Diese Freiheiten wirken sich natürlich auch auf die Zertifizierungsinstanzen aus, z.b. bei der Regelung, ob durch das Kreditkartenunternehmen Kunden ohne Zertifikat zugelassen werden, oder ob das *Payment-Gateway* dem Händler Kreditkarteninformationen zuschickt oder nicht. Entsprechend ist für jedes Kreditkartenunternehmen eine Zertifizierungsinstanz vorgesehen.

Die nächste Ebene ist pro Kreditkartenunternehmen optional. Sie erlaubt ihm die Spezialisierung der Zertifikatsverwaltung für geographische oder politische Regionen.

Schlußendlich gibt es pro Kreditkartenunternehmen die Ebene von Instanzen, die jeweils für alle an einer SET-Transaktion unmittelbar beteiligten Parteien zuständig sind. Für jede Partei, d.h. Kunde, Händler und *Payment-Gateway*, ist eine eigene Zertifizierungsinstanz vorgesehen. In der Regel übernimmt der *Issuer* die Verantwortung für die kundenspezifische Instanz, der *Acquirer* für die händlerspezifische und das Kreditkartenunternehmen für die *Payment-Gateway*-spezifische. Dadurch ist auch sichergestellt, daß der Aufwand für die Zertifizierung von Kundenschlüsseln vertretbar bleibt. Die Zertifizierungsinstanz des *Issuers* muß nur die eigenen Kunden bedienen. Zudem ist die Zertifizierung nicht zeitkritisch, da sie unabhängig von etwaigen Einkäufen erfolgt, nämlich bei der Erstregistration und beim Wechsel der privaten Schlüssel.

Die Untergliederung der Zuständigkeiten in der Vertrauenshierarchie muß sich in der Praxis natürlich keineswegs eins zu eins in einer entsprechenden Hierarchie unterschiedlicher Unternehmen widerspiegeln. So ist es beispielsweise möglich, daß ein Unternehmen die Zertifizierung von mehreren Kreditkartenunternehmen, von ganzen Unterhierarchien oder aber von mehreren Parteien übernehmen kann.

Zur Optimierung betrieblicher Abläufe können Zertifizierungsinstanzen, z.B. entsprechend der Teilaufgaben *Entgegennahme von Zertifikatsanfragen, Genehmigung* und *Ausgabe der Zertifikate*, auch in kleinere Einheiten aufgeteilt werden, die auch an unterschiedlichen Orten operieren können.

## 3.2 Zertifikatverwaltung

Die einzelnen Instanzen zertifizieren die Instanzen der unmittelbar darunterliegenden Vertrauensebene und verwalten ggf. eine Rückrufliste über die von ihnen ausgegebenen und widerrufen Zertifikate (*Certifikate Revocation List* (CRL)).

Die *Root*-Instanz generiert das *Root*-Zertifikat, die Zertifikate für die Kreditkartenunternehmen und verwaltet dafür eine Rückrufliste.

Die Zertifizierungsinstanzen der Kreditkartenunternehmen übernehmen, die Zertifizierung der geopolitischen Instanzen und/oder direkt der für Kunden, Händler und *Payment-Gateways* zuständigen Zertifizierungsinstanzen und deren Rückrufe inklusive Rückruflisten. Darüber hinaus kennt ein Kreditkartenunternehmen alle aktuellen Rückruflisten der ihm unterstellten Zertifizierungsstellen und verwaltet einen Katalog mit Kennungen dieser CRLs, den sogenannten *BrandCRLIdentifier* (BCI), im weiteren kurz als Katalog bezeichnet. Der Katalog und die Rückruflisten werden, wie im folgenden Abschnitt beschrieben, an alle Zertifizierungsinstanzen des Kreditkartenunternehmens, dessen *Payment-Gateways*, sowie an Händler und Kunden weitergegeben. Die Kataloge ermöglichen den Parteien festzustellen, ob sie im Besitz der aktuellsten Versionen aller benötigten Rückruflisten sind.

Sowohl die geopolitischen als auch die *Payment-Gateway*-spezifischen Zertifizierungsinstanzen sind lediglich für den Rückruf der von ihnen generierten Zertifikate verantwortlich. Sowohl die kundenspezifische als auch die händlerspezifische Zertifizierungsstelle, verwalten keine Rückruflisten über die von ihnen ausgegebenen Zertifikate.

# 4 Verifikation

Für die Überprüfung einer elektronischen Unterschrift werden das Zertifikat des Unterzeichners und die Zertifikate der ausstellenden Instanzen benötigt. Außerdem muß feststellbar sein, daß keines dieser Zertifikate zurückgerufen wurde.

Bei allen Anfragen, die von Kunden oder Händlern ausgehen, werden die zur Verifikation der Unterschrift benötigten Zertifikate explizit mitgeschickt. Aktuelle Rückruflisten und Kataloge sind beim Empfänger bereits vorhanden. Auch die Rückantworten auf Anfragen werden, zumindest konzeptuell, von allen zur Verifikation benötigten Zertifikaten begleitet. Außerdem werden im Rahmen der Rückantworten die aktuellen Versionen von Rückruflisten und Katalogen an Händler bzw. Kunden weitergegeben.

Um die zu übertragenden Datenmengen klein zu halten, werden diese Daten bei Rückantworten tatsächlich jedoch nur bei Bedarf verschickt. Dazu kann der Absender einer Anfrage bekannt geben, welche Zertifikate, Rückruflisten und Kataloge er bereits besitzt, indem er deren *message digests*, sogenannte Fingerabdrücke (*thumbs*), schon in seiner Anfrage mitschickt. Mit der Rückantwort brauchen dann nur noch diejenigen Daten übermittelt werden, für die keine Fingerabdrücke geschickt wurden.

Nach Empfang eines neuen Katalogs muß überprüft werden, daß auch alle darin vermerkten Rückruflisten ebenfalls lokal vorhanden sind. Jedes von einem Kommunikationspartner erhaltene Zertifikat wird nach Eingang beim Empfänger geprüft. Dazu wird untersucht, ob das Zertifikat bereits abgelaufen ist, ob es sich auf einer Rückrufliste befindet, ob die im Zertifikat enthaltenen Angaben über die ausgebende Zertifizierungsinstanz – d.h. Name der Instanz, die Seriennummer ihres Zertifikates, Name des Kreditkartenunternehmens und ggf. der Kartentyp – mit den Daten in deren Zertifikat übereinstimmen, und ob die Unterschrift auf dem Zertifikat zur angegebenen Zertifizierungsstelle paßt.

Für die Verifikation wird Schritt für Schritt die gesamte Vertrauenshierarchie bis zur *Root* durchlaufen, um jeweils auch die dabei benutzten Zertifikate verifizieren zu können. Beispielsweise wird für die Verifikation des Kunden-Zertifikats das Zertifikat der *Issuer*-Zertifizierungsstelle benötigt, dafür wiederum das der geopolitischen Zertifizierungsstelle bzw. der globalen Zertifizierungsstelle des Kreditkartenunternehmens und das der *Root*.

Das *Root*-Zertifikat ist von der *Root* selbst zertifiziert. Dieser Vorgang muß unabhängig von der Zertifizierungshierachie validiert werden. Das Zertifikat der *Root* ist in jeder SET-Software fest eingetragen. Die korrekte Weitergabe, z.B. bei der Verteilung der *Wallets*, muß mit geeigneten Mitteln außerhalb von SET sichergestellt werden. Das *Root*-Zertifikat enthält bereits einen *hash* des nächsten öffentlichen Schlüssels der *Root*, um eine Echtheitsprüfung des Folgezertifikats zu ermöglichen (*Hashed-RootKey*).

In der Praxis braucht die Hierarchie lediglich soweit zurückverfolgt werden, bis der Prüfende eine Instanz findet, die ihm bekannt ist und der er vertraut. Falls beispielsweise das *Payment-Gateway* das Zertifikat einer *Issuer*-Instanz lokal vorhält, z.B. weil sich hinter dem *Issuer* und dem *Acquirer* dieselbe Bank verbirgt, erfolgt nur eine lokale Prüfung, ansonsten wird geprüft, wer den *Issuer* zertifiziert hat.

# 5  Risiken und Mechanismen

In diesem Abschnitt wird untersucht, welche Risiken beim Einsatz von SET bestehen und inwieweit durch die Einsparungen bei Kommunikations- und Verwaltungsaufwand neue Risiken für die beteiligten Parteien entstehen.

## 5.1  Kompromittierte Schlüssel

Die Geheimhaltung der privaten Schlüssel ist vor allem ein Problem beim Endkunden. Hier werden die Schlüssel in der Regel zusammen mit den Kreditkarteninformationen verschlüsselt auf der Festplatte hinterlegt und sind dabei lediglich durch ein Paßwort geschützt. Gefährdet sind die Daten nicht nur, wenn sich Angreifer physikalisch Zugang zum Rechner bzw. der Festplatte des Karteninhabers verschaffen, sondern auch, wenn dieser auf seinem Rechner Programme ablaufen läßt, die als *Trojanische Pferde* das Ausspähen seiner Daten zum Ziel haben.

*Was passiert, wenn private Schlüssel nicht mehr geheim sind, das zugehörige Zertifikat jedoch noch nicht zurückgerufen wurde?* In diesem Fall kann sich ein Angreifer als der Inhaber des Zertifikats ausgeben, bis der Mißbrauch entdeckt wird.

Gibt sich ein Angreifer als Kunde aus und kennt er die Karteninformationen des Kunden, so kann er im Netz zu Lasten des Kunden einkaufen. Dies entspricht dem Diebstahl einer Kreditkarte inklusive PIN. Insbesondere elektronisch übertragene Güter oder Dienstleistungen kann sich der Angreifer im Namen des echten Kunden erschleichen.

Gibt sich der Angreifer als Händler aus, so kann er daraus keine direkten finanziellen Vorteile ziehen, da ihm Zahlungen nicht direkt zufließen, sondern nach wie vor dem echten Händler. Allerdings können über SET auch Auszahlungen an Kunden initiiert werden, die dann zu Lasten des echten Händlers gehen.

Gibt sich der Angreifer als *Payment-Gateway* aus, so kann er Zahlungen vortäuschen, die nicht wirklich durchgeführt werden. Dadurch kann ein Schaden für den Händler entstehen, insbesondere wenn er seine Güter oder Dienstleistungen elektronisch vertreibt.

Gibt sich ein Angreifer als Zertifizierungsinstanz aus, so kann er je nach Art der Instanz, Kundenzertifikate, Händlerzertifikate, oder Zertifikate für *Payment-Gateways* und Zertifizierungsinstanzen zu von ihm gewählten Schlüsseln ausstellen und in Folge dessen die entsprechende Identität vorspiegeln. Außerdem kommt er als Zertifizierungsinstanz in den Besitz persönlicher Daten anderer Teilnehmer, vor allem auch in den Besitz der Daten, mittels derer sie sich bei der vermeintlichen Zertifizierungsinstanz authentisieren.

Auf die Bewertung dieser Risiken gehen wir in Abschnitt 6 genauer ein.

## 5.2  Rückruf von Zertifikaten

*Was passiert, wenn private Schlüssel verloren gehen oder befürchtet werden muß, daß sie kompromittiert wurden?*

Vergißt ein Benutzer sein Paßwort, so kann er nicht mehr auf seinen privaten Schlüssel zugreifen. Dies bedeutet, daß der private Schlüssel vollständig verloren gegangen ist, und damit auch der im aktuellen Kundenzertifikat vermerkte öffentliche Schlüssel wertlos ist. In diesem Fall benötigt der Kunde ein neues Schlüsselpaar und ein neues Zertifikat.

Auch der Händler kann bei Verlust eines privaten Schlüssels einfach ein neues Schlüsselpaar und ein entsprechendes neues Zertifikat erzeugen, solange angenommen werden kann, daß der alte Schlüssel nicht kompromitiert wurde.

Zertifikate neueren Datums überschreiben ältere Versionen. Für Zertifikate von *Payment-Gateways* und Zertifizierungsinstanzen werden Rückruflisten verwaltet. Soll ein Zertifikat vor Ablauf seiner Gültigkeitsdauer ersetzt oder als ungültig erklärt werden, so wird es auf die Rückrufliste der ausstellenden Instanz gesetzt. Die aktualisierte Rückrufliste wird an die Zertifizierungsstelle des Kreditkartenunternehmens weitergeleitet. Diese übernimmt sie in eine aktualisierte Version des kartenunternehmensspezifischen Katalogs von Rückruflisten. Alle *Payment-Gateways* sind verpflichtet, sich täglich die aktuelle Version dieses Katalogs und alle neuen Rückruflisten bei der Zertifizierungsstelle des Kartenunternehmens abzuholen. Dies wird durch die Zertifizierungsstelle direkt überwacht. Die *Payment-Gateways* geben neue Kataloge und Rückruflisten, wie im vorigen Abschnitt beschrieben, an die Händler und diese wiederum an die Kunden weiter. Wird nicht schon bei den Initialisierungsschritten sondern erst während einer Transaktion, d.h. der Kaufanfrage, dem Autorisierungs- oder Buchungsschritt, bekannt, daß Rückruflisten oder Kataloge aktualisiert werden müssen, so wird die Transaktion abgebrochen und kann mit aktuellen Daten neu begonnen werden.

Besteht der Verdacht, daß ein privater Schlüssel nicht mehr geheim ist, so muß das zugehörige Zertifikat auf jeden Fall schnellstmöglich zurückgerufen werden.

Nicht für alle Zertifikate werden jedoch Rückruflisten verwaltet. Für die Zertifikate von Kunden und Händlern gibt es keine solchen Listen, die im System allgemein bekannt sind, vgl. Abschnitt 3.2.

Im Falle von Händlerzertifikaten ist es ausreichend, daß dessen *Payment-Gateway* über den Rückruf eines Zertifikats informiert ist. *Payment-Gateways* nutzen entweder die bestehende Infrastruktur des Kreditkartenunternehmens zur Authentisierung von Händlern, oder sie führen lokale Listen zurückgerufener Zertifikate, die jedoch nicht weitergegeben werden und daher auch nicht im Katalog des Kreditkartenunternehmens verzeichnet sind. In jedem Fall werden Angreifer, die sich mit Hilfe eines zurückgerufenen Zertifikats als Händler ausgeben wollen, durch diese Maßnahmen vom *Payment-Gateway* nicht authentisiert und es findet auch keine Zahlung statt. Kunden können einen solchen Angriff jedoch nicht erkennen. Kundenspezifische Kreditkarteninformationen werden dem falschen Händler in keinem Fall bekannt.

Bei Rückruf von Kundenzertifikaten wird ausgenutzt, daß der *Issuer* bei jeder Verwendung der Kreditkarte involviert ist. Da der Kontakt zum *Issuer* im Netz des Kreditkartenunternehmens und damit außerhalb der SET-Protokolle erfolgt, kann dabei nicht mehr erkannt werden, welches Zertifikat zur Authentisierung des Kunden benutzt wurde. Bei Kompromitierung des privaten Kundenschlüssels wird daher die betroffene Karte vollständig gesperrt und eine neue ausgestellt. Die unrechtmäßige Verwendung der alten Karte kann durch die auch bisher schon vorhandenen *hotlists* beim *Issuer* im Rahmen der Autorisierung erkannt werden.

Wenn sich alle Parteien wohlgefällig verhalten, befinden sie sich immer im Besitz aktueller Kataloge und Rückruflisten. *Aber kann dies auch unter allen Umständen garantiert werden?*

Solange die zum Signieren benötigten Schlüssel nicht kompromitiert wurden, kann keine Partei gefälschte Rückruflisten oder Kataloge in Umlauf bringen. Die Informationen können jedoch durch ein *Payment-Gateway* oder durch einen Händler zurückgehalten werden. Daran kann nur interessiert sein, wer verhindern will, daß ein Rückruf bei Händlern oder Kunden bekannt wird, insbesondere, wenn er sich diesen gegenüber als *Payment-Gateway* oder Zertifizierungsinstanz ausgeben will, nachdem er in den Besitz der dazu benötigten privaten Schlüssel gekommen ist. Die Auswirkungen des Zurückhaltens von Rückruflisten und Katalogen sind identisch mit den Folgen, die sich auch einem unerkannten Diebstahl eines privaten Schlüssels ergeben, siehe weiter unten. Allerdings ist es sehr unwahrscheinlich, daß das Zurückhalten unentdeckt bleibt, und somit bleibt dieses Risiko kalkulierbar. Dafür sorgen die folgenden Mechanismen:

Rückruflisten und Kataloge können nur zusammen zurückgehalten werden, da der Katalog Kennungen aller aktuellen Rückruflisten enthält, und daher zu viele oder zu wenige Rückruflisten auffallen würden.

Rückruflisten können nicht beliebig lange zurückgehalten werden, da ihre Gültigkeit zeitlich beschränkt ist und sie nach Ablauf der Gültigkeitsperiode auf jeden Fall ersetzt werden müssen.

Außerdem können die Daten einem Händler oder Kunden nur solange vorenthalten werden, wie dieser keinen Kontakt zu Zertifizierungsstellen oder anderen *Payment-Gateways* desselben Kreditkartenunternehmens aufnimmt, da diese ja, falls sie sich protokollgemäß verhalten, die aktuellen Versionen der Rückruflisten und des Katalogs weiter geben, wodurch auch das Zurückhalten erkannt wird. Im Fall des Kunden genügt bereits der Kontakt zu einem anderen Händler der die aktuellen Daten durchreicht.

# 6 Bewertung der Risiken

Mit Hilfe von *Secure Electronic Transaction* kann ein sehr hohes Maß an Sicherheit bei der Bezahlung über Rechnernetze gewährleistet werden.

Die in Abschnitt 5 skizzierten Risiken sind in der Praxis gering, insbesondere da alle finanziellen Transaktionen nur zwischen Konten stattfinden und auch im Nachhinein nachvollziehbar sind bzw. zurückgebucht werden können. Ein echter Schaden durch Fehlbuchungen kann daher nur zusammen mit weiteren Betrugsdelikten außerhalb von SET entstehen, z.B. durch Barauszahlung an einem Geldautomaten. Spätestens mit Erkennen des Mißbrauchs kann dieser durch Rückruf der entsprechenden Zertifikate, Sperrung der Karte oder Neuzertifizierung des *Payment-Gateways* auch unterbunden werden. Regelmäßiges Auswechseln der Schlüssel reduziert die Chancen von Angreifern. Zertifizierungsinstanzen setzen Hardware und physikalische Zugangsbeschränkungen zum Schutz ihrer Schlüssel ein.

Der Verzicht auf Rückruflisten für Händler-Zertifikate ist wegen der starken statischen Bindung zwischen Händlern *und Payment-Gateways* problemlos. Die größte Entlastung bei der Verwaltung ungültiger Zertifikate erreicht SET sicherlich durch den Verzicht auf Rückruflisten für Kundenzertifikate und die Abbildung von Rückrufen auf den bereits bewährten Mechanismus zum Sperren von Kreditkarten. Allerdings muß diese Entlastung auch durch die Neuausstellung von Kreditkarten bei Kompromitierung von Kundenschlüsseln erkauft werden.

Probleme beim Einsatz von SET sind bisher noch die Lagerung der Zertifikate auf der Festplatte des Kunden bzw. die Eingabe der Paßwörter über Tastatur. Hier können beispielsweise über *Trojanische Pferde* Angriffe erfolgen mit dem Ziel, die Kreditkartendaten auszuspähen. Auf der Seite des *Payment-Gateways* werden von den Herstellern bereits Hardware-Module angeboten. Sowohl das *Payment-Gateway*, als auch die Händler-Schnittstelle werden in der Regel hinter *Firewalls* aufgestellt. Bleibt als wirklicher Angriffspunkt der Kunde, bzw. die auf seinem Rechner permanent verfügbaren Daten. Hier kann durch das Einführen von *Trusted Reader* und Chipkarten, auf denen der Schlüssel gelagert ist, das Sicherheitsniveau erhöht werden. Dieser Schwachpunkt wird in der nächsten SET Version 2.0, die Anfang 1999 veröffentlicht wird, berücksichtigt werden.

Der Einsatz von SET für die Bezahlung mit Kreditkarten hat bedeutende Vorteile gegenüber verschiedenen heute im Alltag eingesetzten Techniken, wie Nutzung von SSL, SHTTP zur Übertragung von Kreditkartendaten. Insbesondere die Verschlüsselung der Kreditkarteninformationen gegenüber dem Händler und die in der Regel erfolgende Authentisierung der Kunden über Zertifikate sind hier zu nennen. Die Schlüssellängen bei den symmetrischen Verfahren können bei SSL größer sein. Sicherheitsprobleme beim Einsatz von SET entstehen jedoch viel eher, wie bisher schon bei den proprietären Zahlungsmöglichkeiten bekannt, durch den Anwender selbst, der teilweise zu sorglos mit seiner Kreditkarte umgeht.

Der Ansatz, beim Einsatz von Sicherheitsmechanismen Eigenschaften des konkreten Anwendungsszenarios zur Reduktion von Kommunikation und Verwaltung auszunutzen, läßt sich auch auf andere Bereiche übertragen. Die Untersuchung zeigt, daß die Vorteile für den praktischen Einsatz überwiegen und die Risiken sehr gut kalkulierbar bleiben.

## Literatur

[SET97a]  Secure Electronic Transaction (SET) Specification, Book 1: Business Description, Formal Protocol Definition, Version 1.0, 31.05.97.

[SET97b]  Secure Electronic Transaction (SET) Specification, Book 2: Programmer's Guide, Version 1.0, 31.05.97.

[SET97c]  Secure Electronic Transaction (SET) Specification, Book 3: Formal Protocol Definition, Version 1.0, 31.05.97.

[Setco98]  Warteliste für Tenths Mountain Zertifikate: http://www.setco.org/matrix.html. Siehe hierzu auch http://www.mastercard.com/set, http://www.visa.com/cgi bin/vee/sf/set/info.html

# Vertrauliche Videodaten sicher gemacht!

**Sicherheit für Videodaten**

von Thomas Kunkelmann

1998. X, 198 Seiten, (Multimedia Engineering; hrsg. von Wolfgang Effelsberg/ Ralf Steinmetz) Broschiert DM 88,00 ISBN 3-528-05680-0

## Aus dem Inhalt:

Digitales Video: Einsatzgebiete, Anwendungen - Verarbeitung - Kompressionsverfahren, Datenformate - Skalierung - Datensicherheit - Kryptographieverfahren - Spezielle Videoverschlüsselungsverfahren

Das Buch wendet sich an Anwender und Entwickler sowie Dozenten und Studenten, die sich mit dem Einsatz von digitalem Video und der auftretenden Problematik von Sicherheit und Vertraulichkeit beschäftigen. Der Bogen wird gespannt von Videokonferenzen über das Internet mit offenem und geschlossenem Benutzerkreis, dem digitalen Fernsehen mit den Möglichkeiten für Pay-TV-Szenarien bis hin zu Internet- und WWW-Applikationen, die digitales Video einsetzen. Es werden die dort eingesetzten Verfahren erläutert, auftretende Probleme aufgezeigt und die Lösungen dafür vorgestellt. Ein Schwerpunkt bildet hierbei die Betrachtung von skalierbaren Videoströmen, welche in zukünftigen Videoanwendungen eine wichtige Rolle spielen werden. Ebenso geht das Buch auf die Datensicherheit ein und stellt die für Videodaten geeigneten kryptographischen Methoden vor.

**vieweg**

Abraham-Lincoln-Straße 46
D-65189 Wiesbaden
Fax (0180) 5 78 78-80
www.vieweg.de

Stand Februar 1999
Änderungen vorbehalten.
Erhältlich beim Buchhandel oder beim Verlag.

# IT-Sicherheit durch niedrige Schadenspotentiale

## Die 2. Dimension der IT-Sicherheit

Verletzlichkeitsreduzierende Technikgestaltung am Beispiel von Public Key Infrastrukturen

von Volker Hammer

1999. XXIV, 666 Seiten mit 52 Abbildungen und 19 Tabellen
Broschiert DM 148,00
ISBN 3-528-05703-3

## Aus dem Inhalt:

Bewertung von Risiken - Schwerpunkt Schadenspotentiale - Ansätze und Ergänzungsbedarf der IT-Sicherheit - IT-spezifische Beiträge zu Schadenspotentialen - normative Anforderungsanalyse - verletzlichkeitsreduzierende Technikgestaltung - Gestaltung von Public Key Infrastrukturen für Teilnehmer, Organisationen und Gesellschaft

Im Mittelpunkt steht die Anforderungsanalyse zur Verringerung von Schadenspotentialen. Dieser Ansatz trägt dem überproportionalen Gewicht Rechnung, das hohen Schadenspotentialen aus der Pespektive der Überlebensfähigkeit sozialer Systeme, aus der Sicht der Psychologie und unter dem Blickwinkel der Verfassungsverträglichkeit eingeräumt werden muß. Mit den Grundlagen für die Gestaltung dieser "zweiten Dimension" wird eine wesentliche Ergänzung der IT-Sicherheit dargestellt. Die Anwendung auf das Technikfeld Public Key Infrastrukturen liefert außerdem eine Vielzahl konkreter Gestaltungsvorschläge für aktuelle Probleme und demonstriert den Einsatz der Methode für die Praxis.

**vieweg**

Abraham-Lincoln-Straße 46
D-65189 Wiesbaden
Fax (0180) 5 78 78-80
www.vieweg.de

Stand Februar 1999
Änderungen vorbehalten.
Erhältlich beim Buchhandel oder beim Verlag.

# Mehr Sicherheit beim mobilen Telefonieren

## Sicherheit mobiler Kommunikation

Schutz in GSM-Netzen, Mobilitätsmanagement und mehrseitige Sicherheit

von Hannes Federrath

1998. XX, 263 Seiten mit 68 Abb., (DuD-Fachbeiträge; hrsg. von Andreas Pfitzmann/ Helmut Reimer / Karl Rihaczek/ Alexander Roßnagel) Broschiert DM 98,00 ISBN 3-528-05695-9

### Aus dem Inhalt:

Mobilkommunikation und mehrseitige Sicherheit - Mobilkommunikation am Beispiel GSM - Mobilitäts- und Verbindungsmanagement in Funknetzen - Vertrauenswürdiges Mobilitätsmanagement in Funknetzen - Sicherheit in UMTS

Das Buch wendet sich an Informatiker und Nachrichtentechniker, die sich unter dem Aspekt Sicherheit mit Mobilkommunikationssystemen beschäftigen müssen. Die ausführlichen Einleitungskapitel zu GSM erlauben es dem Studierenden der Nachrichtentechnik und Informatik, ein Bild von der Architektur und den Sicherheitsfunktionen des bekannten und verbreiteten Mobilfunkstandards zu erlangen. Es werden die Sicherheitsanforderungen an Mobilkommunikationssysteme systematisiert sowie die Defizite in existierenden Netzen am Beispiel GSM (Global System for Mobile Communication) aufgezeigt. Lösungskonzepte zum vertrauenswürdigen Location Management in Telekommunikationsnetzen werden vorgestellt, die die Privatheit unterstützende Speicherung von Nutzerprofilen erlauben und sich zur anonymen und unbeobachtbaren Kommunikation eignen.

**vieweg**

Abraham-Lincoln-Straße 46
D-65189 Wiesbaden
Fax (0180) 5 78 78-80
www.vieweg.de

Stand Februar 1999
Änderungen vorbehalten.
Erhältlich beim Buchhandel oder beim Verlag.

MIX
Papier aus verantwortungsvollen Quellen
Paper from responsible sources
FSC® C105338

Printed by Books on Demand, Germany